Amerikanische Stahlsorten

Jetzt diesen Titel zusätzlich als E-Book downloaden und 70 % sparen!

Als Käufer dieses Buchtitels haben Sie Anspruch auf ein besonderes Kombi-Angebot: Sie können den Titel zusätzlich zum Ihnen vorliegenden gedruckten Exemplar für nur 30 % des Normalpreises als E-Book beziehen.

Der BESONDERE VORTEIL: Im E-Book recherchieren Sie in Sekundenschnelle die gewünschten Themen und Textpassagen. Denn die E-Book-Variante ist mit einer komfortablen Volltextsuche ausgestattet!

Deshalb: Zögern Sie nicht. Laden Sie sich am besten gleich Ihre persönliche E-Book-Ausgabe dieses Titels herunter.

In 3 einfachen Schritten zum E-Book:

1. Rufen Sie die Website **www.beuth.de/e-book** auf.

2. Geben Sie hier Ihren persönlichen, nur einmal verwendbaren E-Book-Code ein:

   26878K2058C68BD

3. Klicken Sie das „Download-Feld" an und gehen dann weiter zum Warenkorb. Führen Sie den normalen Bestellprozess aus.

Hinweis: Der E-Book-Code wurde individuell für Sie als Erwerber dieses Buches erzeugt und darf nicht an Dritte weitergegeben werden. Mit Zurückziehung dieses Buches wird auch der damit verbundene E-Book-Code für den Download ungültig.

US Steels

Download an eBook version of this title and save 70 %!

As a purchaser of this title you can take advantage of our special offer: Download an eBook version of this title and pay only 30 % of the normal hard copy price.

The SPECIAL ADVANTAGE: You can search any eBook to find specific subjects and text passages in an instant. Each Beuth eBook is supplied with a handy full-text search function.

Download your personal eBook edition of this title now!

It takes only 3 steps:

❶ Go to **www.beuth.de/e-book**

❷ Enter your personal eBook code. Please note that this code can only be used once.

26878K2058C68BD

❸ Click on "Download" and go to your Shopping Basket. From here, follow the normal ordering process.

Please note: This eBook code has been generated for your use only as purchaser of this printed book and may not be passed on to a third party. When this book is withdrawn the code for downloading the eBook will no longer be valid.

Amerikanische Stahlsorten
US steels

Walter Tirler

Beuth Pocket

Amerikanische Stahlsorten US steels

Leitfaden für den Vergleich amerikanischer Stahlsorten mit EN- bzw. DIN-Normen

A comparison of US and European steel grades

4. Auflage, überarbeitet und erweitert
4th edition, revised and expanded

Herausgeber:
DIN Deutsches Institut für Normung e. V.

Beuth Verlag GmbH · Berlin · Wien · Zürich

Herausgeber: DIN Deutsches Institut für Normung e. V.

Berlin · Wien · Zürich
Am DIN-Platz
Burggrafenstraße 6
10787 Berlin

Telefon: +49 30 2601-0
Telefax: +49 30 2601-1260
Internet: www.beuth.de
E-Mail: kundenservice@beuth.de

Titelbild: © gyn9037, Benutzung unter Lizenz von shutterstock.com
Satz: B & B Fachübersetzergesellschaft mbH, Berlin
Druck: COLONEL, Kraków
Gedruckt auf säurefreiem, alterungsbeständigem Papier nach DIN EN ISO 9706

ISBN 978-3-410-26878-9
ISBN (E-Book) 978-3-410-26879-6

Vorwort zur 4. Auflage

In einem zunehmend globalisierten Umfeld von Entwicklung, Industrie und internationalem Erfahrungsaustausch ist das Pocket der amerikanischen Stahlsorten zu einer unverzichtbaren Arbeitshilfe geworden.

Für diese vollständig überarbeitete Neuauflage wurden alle Stahlsorten, die mit deutschen, europäischen und amerikanischen Norm- und Regelstählen vergleichbar sind, ausgewertet und aufgenommen.

Kapitel 5 und 6 führen die europäischen und deutschen Werkstoff-Kurznamen alphanumerisch auf, um das Auffinden der entsprechenden Werkstoff-Nr. zu erleichtern. Die Werkstoff-Nr. verweist auf die entsprechenden US-Sortenbezeichnungen und US-Normen.

Die zitierten Normen können über den Beuth Verlag bezogen werden.

Overath, September 2016 Walter Tirler

Foreword to the 4th edition

In times of ever-increasing internationalization in research, industry and cooperation, this book has become a vital aid in communication between all parties.

This new edition has been fully revised and updated, and now covers all comparable US, European and German steel grades

Chapters 5 and 6 list the European and German material designations alphanumerically and enable the user to identify the relevant material number, which, in turn, refers to the corresponding US-steel grades and US-standards.

All referenced standards are available from Beuth Verlag.

Overath, September 2016 Walter Tirler

Einführung

Dieses Pocket ermöglicht einen raschen Vergleich zwischen den amerikanischen Stahlsorten mit ähnlichen Stahlsorten nach EN und DIN und soll als Leitfaden dienen für das Auffinden der entsprechenden Stahlsorten.

Die mehrheitlichen Stahlbezeichnungen wurden den ASTM-Normen entnommen, gefolgt von den SAE-, API-, AMS-Stählen, AWS-Schweißzusatzwerkstoffen und den UNS-Stahlbezeichnungen.

Die mechanischen Werkstoffeigenschaften können unterschiedlich sein, so dass die alternative Stahlsorte für den Anwendungsbereich erst nach einer sorgfältigen Prüfung der Einsatzbedingungen erfolgen sollte.

Introduction

This book enables an overview of US steel grades and the comparable European and German steels and serves as a guide to identifying the most suitable materials for specific purposes.

Most of the US steel designations are taken from ASTM-standards, others from SAE, API and AMS standards, AWS welding standards and UNS standards.

The mechanical properties of similar steel grades may differ, and alternative materials for specific purposes should be selected on the basis of the relevant standards.

Inhalt

Contents

Seite

1 Bezeichnungssystem für US-Stahlsorten

Normorganisationen

In den USA werden für die Stahlbezeichnung fast ausschließlich Werkstoffkennziffern verwendet.

Das Bezeichnungssystem wird von den folgenden Normorganisationen angewendet:

AISI (**A**merican **I**ron and **S**teel **I**nstitute)

SAE (**S**ociety of **A**utomotive **E**ngineers) und

ASTM (**A**merican **S**ociety for **T**esting **M**aterials).

Die SAE Werkstoffkennziffern stimmen weitgehend mit den AISI-Werkstoffkennziffern überein.

SAE-Nummernsystem

Aus dem Nummernsystem der amerikanischen Normen ist die Zusammensetzung der Kohlenstoffstähle und legierten Stähle im Wesentlichen zu erkennen.

- Die erste Ziffer kennzeichnet die Stahlart z. B. 1 bedeutet unlegierter Stahl, 2 = Nickelstahl, 3 = Nickel-Chrom Stahl, usw.
- Die zweite Ziffer weist auf den ungefähren Prozentsatz des vorherrschenden Legierungselementes hin.
- Die beiden letzten Ziffern geben in den meisten Fällen den mittleren Kohlenstoffgehalt in Hundertstel Prozent an.
- Bei fünfstelligen Zahlen sind es die letzten 3 Ziffern, die den Kohlenstoffgehalt angeben.

Das System der Kennzeichnung nach SAE ist aus der folgenden Aufstellung ersichtlich:

Kohlenstoffstähle:

10xx Unlegierte Stähle (Mn = 1,0 % max.)

11xx Automatenstähle (S-legiert)

12xx Automatenstähle (S- und P-legiert)

15xx Unlegierte Manganstähle (Mn = 1,0 bis 1,65 %)

Legierte Stähle:

13xx Manganstähle

23xx Nickelstähle (Mittelwert 3,5 % Ni)

25xx Nickelstähle (Mittelwert 5 % Ni)

31xx Nickel-Chrom-Stähle (1,25 % Ni, 0,6 % Cr)

32xx Nickel-Chrom-Stähle (1,75 % Ni, 1,0 % Cr)

33xx Nickel-Chrom-Stähle (3,5 % Ni, 1,5 % Cr)

34xx Nickel-Chrom-Stähle (3 % Ni, 0,8 % Cr)

40xx Molybdänstähle (Mittelwert 0,25 % Mo)

1 Designation system for US steel grades

Standardization bodies

In the USA, steel designations are almost always based on material numbers.

The designation system is used by the following standardization bodies:

AISI (**A**merican **I**ron and **S**teel **I**nstitute)

SAE (**S**ociety of **A**utomotive **E**ngineers) und

ASTM (**A**merican **S**ociety for **T**esting **M**aterials.

SAE material designations largely correspond to AISI material designations.

SAE numbering system

The numbering system for US standards is based on the chemical composition of carbon steels and alloyed steels.

- The first digit designates the steel type, e.g. 1 = unalloyed steel, 2 = nickel steel, 3 = nickel-chromium steel etc.
- The second digit indicates the approximate percentage content of the main alloying element.
- The last two digits indicate in most cases the average carbon content in hundredths of one percent.
- In the case of five-digit numbers, the last three digits indicate the carbon content.

The SAE designation system is as follows:

Carbon steels:

10xx unalloyed steel (Mn = 1,0 % max.)

11xx free-cutting steel (S-alloyed)

12xx free-cutting steel (S- and P-alloyed)

15xx Unalloyed manganese steel (Mn = 1,0 to 1,65 %)

Alloyed steels:

13xx Manganese steels

23xx Nickel steels (average 3,5 % Ni)

25xx Nickel steels (average 5 % Ni)

31xx Nickel-chromium steels (1,25 % Ni, 0,6 % Cr)

32xx Nickel-chromium steels (1,75 % Ni, 1,0 % Cr)

33xx Nickel-chromium steels (3,5 % Ni, 1,5 % Cr)

34xx Nickel-chromium steels (3 % Ni, 0,8 % Cr)

40xx Molybdenum steels (average 0,25 % Mo)

41xx	Chrom-Molybdän-Stähle
43xx	Nickel-Chrom-Molybdän-Stähle
44xx	Molybdänstähle (Mittelwert 0,50 % Mo)
46xx	Nickel-Molybdän-Stähle (Mittelwert 1,75 % Ni, Mo)
47xx	Nickel-Chrom-Molybdän-Stähle (1 % Ni, 0,45 % Cr, Mo)
48xx	Nickel-Chrom-Molybdän-Stähle (Mittelwert 3,5 % Ni, Mo)
50xx	Chromstähle (geringer Chromgehalt)
51xx	Chromstähle (mittlerer Chromgehalt)
52xx	Chromstähle (hoher Chromgehalt)
61xx	Chrom-Vanadium-Stähle (1 % Cr)
71xx	Wolfram-Chrom-Stähle
72xx	Wolfram-Chrom-Stähle
81xx	Nickel-Chrom-Molybdän-Stähle (0,30 % Ni, 0,45 % Cr, 0,1 % Mo)
86xx	Nickel-Chrom-Molybdän-Stähle (0,55 % Ni, 0,50 % Cr, 0,2 % Mo)
87xx	Nickel-Chrom-Molybdän-Stähle (0,55 % Ni, 0,50 % Cr, 0,25 % Mo)
88xx	Nickel-Chrom-Molybdän-Stähle (0,55 % Ni, 0,50 % Cr, 0,35 % Mo)
92xx	Silizium-Mangan-Stähle
93xx	Nickel-Chrom-Molybdän-Stähle
94xx	Nickel-Chrom-Molybdän-Bor-Stähle
98xx	Nickel-Chrom-Molybdän-Stähle

Für höher legierte Stähle, z. B. nichtrostende und hitzebeständige Stähle, trifft diese Bezeichnung nicht zu. Diese Stahlsorten werden mit Type und einer 3-stelligen Ziffernfolge (z. B. Type 416) oder mit einer alphanumerischen Bezeichnung gekennzeichnet (z. B. Type XM-34).

Bedeutung der Zusatzbuchstaben

Zusatzbuchstaben vor-, in der Mitte- und hinter der Kennziffer haben folgende Bedeutung:

xx**B**xx	B kennzeichnet den Borgehalt mit nicht weniger als 0,000 5 % Bor
Cxxxx	Erschmelzung erfolgt im basischen Siemens-Martin-Ofen und Lichtbogenofen
Exxxx	Erschmelzung erfolgt im basischen Elektroofen
xxxx**H**	Stähle mit gewährleistender Härtbarkeit
xx**L**xx	L kennzeichnet den Bleigehalt
Mxxxx	Stahl in Handelsqualität

41xx	Chromium-molybdenum steels
43xx	Nickel-chromium-molybdenum steels
44xx	Molybdenum steels (average 0,50 % Mo)
46xx	Nickel-molybdenum steels (average 1,75 % Ni, Mo)
47xx	Nickel-chromium-molybdenum steels (1 % Ni, 0,45 % Cr, Mo)
48xx	Nickel-chromium-molybdenum steels (average 3,5 % Ni, Mo)
50xx	Chromium steels (low chromium content)
51xx	Chromium steels (medium chromium content)
52xx	Chromium steels (high chromium content)
61xx	Chromium-vanadium steels (1 % Cr)
71xx	Tungsten-chromium steels
72xx	Tungsten-chromium steels
81xx	Nickel-chromium-molybdenum steels (0,30 % Ni, 0,45 % Cr, 0,1 % Mo)
86xx	Nickel-chromium-molybdenum steels (0,55 % Ni, 0,50 % Cr, 0,2 % Mo)
87xx	Nickel-chromium-molybdenum steels (0,55 % Ni, 0,50 % Cr, 0,25 % Mo)
88xx	Nickel-chromium-molybdenum steels (0,55 % Ni, 0,50 % Cr, 0,35 % Mo)
92xx	Silicium-manganese steels
93xx	Nickel-chromium-molybdenum steels
94xx	Nickel-chromium-molybdenum-boron steels
98xx	Nickel-chromium-molybdenum steels

Higher-alloyed steels (e.g. stainless and heat-resistant steels) are not designated using this system, but by as Type followed by a 3-digit number (e.g. Type 416) or by an alphanumerical designation (e.g. Type XM-34).

Additional letters

Additional letters before, within or after the identifier indicate the following characteristics:

xx**B**xx	boron content is not less than 0,000 5 %
Cxxxx	molten steel is produced in an open hearth furnace/ open arc furnace
Exxxx	molten steel is produced in a basic furnace
xxxx**H**	steels with safeguarded hardenability
xx**L**xx	designates the iron content
Mxxxx	merchant quality

MTxxxx Konstruktionsrohr

xxxx**RH** Stähle mit eingeschränkter Härtbarkeit

Xxxxx Von der Norm abweichende Analyse

Werkzeugstähle

Werkzeugstähle werden mit einem Großbuchstaben und einer dahinter folgenden 1- bzw. 2-stelligen Ziffer gekennzeichnet (z. B. D 5, H 41). Die Großbuchstaben stehen für:

A = Kaltarbeitsstahl, Lufthärtung

D = Kaltarbeitsstahl, Direkthärtung, hoher Kohlenstoff- und Chromgehalt

F = C-W-legierter Stahl

H = Warmarbeitsstahl

L = niedriglegierter Stahl

M = Schnellarbeitsstahl auf Molybdänbasis

O = in Öl gehärteter Stahl

P = niedrig legierter Kohlenstoffstahl

S = stoßfester Stahl

T = Schnellarbeitsstahl auf Wolframbasis

W = in Wasser gehärteter Stahl

UNS-Nummernsystem

Neben den SAE- und AISI-Werkstoffkennziffern wird noch das UNS-Nummernsystem (**U**nified **N**umbering **S**ystem) angewandt. Das UNS-Nummernsystem ist ein Werkstoffgruppensystem, in dem jedes Metall mit einem Großbuchstaben und fünf folgenden Zahlen bestimmt wird (z. B. G10220). Spezielle Eigenschaften können daraus nicht abgeleitet werden. Im Einzelnen werden die Buchstaben folgenden Werkstoffgruppen zugeordnet:

A Aluminium und Al-Legierungen

C Kupfer und Cu-Legierungen

D Stähle mit gewährleisteten mechanischen Eigenschaften

E seltene Erden und ähnliche Metalle und Legierungen

F Gusseisen

G unlegierte und legierte AISI- und SAE-Stähle

H AISI- und SAE-Stähle mit gewährleistetem Härtbarkeitsband

J Stahlguss

K verschiedene Stähle und Eisenbasislegierungen

L niedrigschmelzende Metalle und Legierungen

M verschiedene Nichteisenmetalle und -Legierungen

N Nickel und Ni-Legierungen

MTxxxx mechanical tubing

xxxx**RH** steels with limited hardenability

Xxxxx analysis deviates from the standard

Tool steels

Tool steels are designated by a capital letter and a 1 or 2 digit number (e.g. D 5, H 41). The capital letters signify:

A = cold-work tool steel

D = cold-work tool steel, case-hardened, high levels of carbon and chromium

F = C-W tool steel

H = hot-work tool steel

L = low-alloy tool steel

M = high-speed tool steel, molybdenum-based

O = oil-hardening tool steel

P = mold steel

S = shock-resisting tool steel

T – high-speed tool steel, tungsten-based

W = water hardening tool steel

UNS-numbering system

In addition to the SAE and AISI steel numbers, the Unified Numbering System is also used. This is a material group system, which identifies each metal with a capital letter and five subsequent digits (e.g. G10220). The system provides no details of special characteristics. The letters refer to the following material groups:

A aluminium and Al-alloys

C copper und Cu-alloys

D steels with safeguarded mechanical characteristics

E rare earths and similar metals and alloys

F cast iron

G unalloyed and alloyed AISI and SAE steels

H AISI and SAE steels with safeguarded hardenability

J cast steel

K various steel and iron basic alloys

L low-fusion melting metals and alloys

M various non-ferrous metals and alloys

N nickel und Ni-alloys

P Edelmetalle und Legierungen

R reaktionsfreudige und feuerbeständige Metalle und Legierungen

S hitzebeständige und nichtrostende Stähle

T Werkzeugstähle

W Schweißzusatzwerkstoffe

Z Zink und Zn-Legierungen

P	precious metals and alloys
R	reactive and fire-resistant metals and alloys
S	heat-resistant and stainless steels
T	tool steels
W	filler metals
Z	zinc und Zn-alloys

2 Übersicht der US-Normen nach Erzeugnissen
Overview of US standards according to steel products

2.1 ASTM-Stähle
ASTM steels

2.1.1 Baustähle
Structural steel

ASTM A 36-2014	Spezifikation für unlegierten Baustahl Specification for carbon structural steel
ASTM A 131-2014	Spezifikation für Baustahl für Schiffe Specification for structural steel for ships
ASTM A 242-2013	Spezifikation für hochfesten niedriglegierten Baustahl Specification for high strength low-alloy structural steel
ASTM A 529-2014	Spezifikationen für hochfesten Kohlenstoff-Mangan-Stahl in Baustahl-Qualität Specification for high-strength carbon-manganese steel of structural quality
ASTM A 572-2013	Spezifikation für hochfesten niedriglegierten Niob-Vanadium-Stahl Specification for high-strength low-alloy columbium-vanadium structural steel
ASTM A 588-2010	Spezifikation für witterungsbeständigen hochfesten niedriglegierten Baustahl mit einer Mindeststreckgrenze von 50 ksi (345 MPa) Specification for high-strength low-alloy structural steel, up to 50 ksi (345 MPa) minimum yield point, with atmospheric corrosion resistance
ASTM A 709-2013	Spezifikation für Brücken-Baustahl Specification for structural steel for bridges

2.1.2 Stäbe und Profile
Bars and sections

ASTM A 29-2012	Spezifikation für warmgeschmiedete Stäbe aus unlegiertem und legiertem Stahl für allgemeine Anforderungen Specification for general requirements for steel bars, carbon and alloy, hot-wrought

ASTM A 108-2013	Spezifikation für kalt nachgewalzte Stäbe aus unlegiertem und legiertem Stahl Specification for steel bar, carbon and alloy, cold-finished
ASTM A 276-2013	Spezifikation für Stab- und Formstähle aus nichtrostendem Stahl Specification for stainless steel bars and shapes
ASTM A 304-2011	Spezifikation für Stäbe aus unlegiertem und legiertem Stahl mit Anforderungen an die Stirnabschreckhärtbarkeit Specification for carbon and alloy steel bars subject to end-quench hardenability, requirements
ASTM A 311-2004	Spezifikation für spannungsarme kaltgezogene Stäbe aus unlegiertem Stahl für Anforderungen an mechanische Eigenschaften Specification for cold-drawn, stress-relieved carbon steel bars subject to mechanical property requirements
ASTM A 314-2013	Spezifikation für Stahlknüppel und Stangen aus rostbeständigem Schmiedestahl Specification for stainless steel billets and bars for forging
ASTM A 322-2013	Spezifikation für Stäbe aus Standardlegierungen Specification for steel bars, alloy, standard grades
ASTM A 355-1989	Spezifikation für Stäbe aus legiertem Nitrierstahl Specification for steel bars alloys, for nitriding
ASTM A 479-2014	Spezifikation für Stangen- und Formstähle aus nichtrostendem Stahl für den Einsatz in Kesseln und anderen Druckbehältern Specification for stainless steel bars and shapes for use in boilers and other pressure vessels
ASTM A 564-2013	Spezifikation für warmgewalzte und kalt nachgewalzte Stangen- und Formstähle aus aushärtendem nichtrostendem Stahl Specification for hot-rolled and cold-finished age-hardening stainless steel bars and shapes

ASTM A 565-2010	Spezifikation für Stäbe aus martensitischem nichtrostendem Stahl für Hochtemperaturanwendung Specification for martensitic stainless steel bars for high-temperature service
ASTM A 575-1996	Spezifikation für Stäbe aus unlegiertem, Handelsstahl, M-Sorten Specification for steel bars, carbon, merchant quality, M-grades
ASTM A 576-1990	Spezifikation für warm geschmiedete Stäbe aus unlegiertem Sonderstahl Specification for steel bars, carbon, hot-wrought, special quality
ASTM A 582-2012	Spezifikation für Stäbe aus nichtrostendem Automatenstahl Specification for free-machining stainless steel bars
ASTM A 739-1990	Spezifikation für geschmiedete Stäbe aus legiertem Stahl zum Einsatz bei hohen Temperaturen oder für druckfeste Teile oder beides Specification for steel bars, alloy, hot-wrought, for elevated temperature or pressure-containing parts, or both
ASTM A 913-2014	Spezifikation für Profilstähle aus hochfestem niedriglegiertem Baustahl hergestellt nach dem Abschreck- und Selbstanlassverfahren (QST) Specification for high-strength low-alloy steel shapes of structural quality, produced by Quenching and Self-Tempering Process (QST)
ASTM A 914-1992	Spezifikation für Stabstähle mit eingeschränkten Anforderungen an die Stirnabschreckhärtung Specification for steel bars subject to restricted end-quench hardenability requirements
ASTM A 968-1995	Spezifikation für Stäbe und Formstähle aus korrosions- und hitzebeständigem Chrom-, Chrom-Nickel- und Silizium-legiertem Stahl Specification for chromium, chromium-nickel, and silicon alloy steel bars and shapes for corrosion and heat-resisting service

ASTM A 1028-2009 Spezifikation für Stäbe aus nichtrostendem Stahl für Verdichter- und Turbinen-Flügel
Specification for stainless steel bars for compressor and turbine airfoils

ASTM B 639-2002 Spezifikation für aushärtbare Kobalt-Legierungen (UNS R30155 und UNS R30816). Stäbe, Stangen, Schmiedeteile für Hochtemperatureinsatz
Specification for precipitation hardening cobalt-containing alloys (UNS R30155 and UNS R30816). Rods, bars, forgings, and forging stock for high-temperature service

2.1.3 Drähte und Seile
Wires and ropes

ASTM A 229-2012 Spezifikation für vergüteten Stahldraht für mechanische Federn
Specification for steel wire, quenched and tempered for mechanical springs

ASTM A 230-2005 Spezifikation für ölvergüteten unlegierten Stahldraht für Ventilfedern
Specification for steel wire, oil-tempered carbon valve spring quality

ASTM A 231-2010 Spezifikation für Chrom-Vanadium-legierten Federstahldraht
Specification for chromium-vanadium alloy steel spring wire

ASTM A 232-2005 Spezifikation für Chrom-Vanadium-legierten Stahldraht für Ventilfedern
Specification for chromium-vanadium alloy steel valve spring quality wire

ASTM A 313-2012 Spezifikation für rostbeständigen Federstahldraht
Specification for stainless steel spring wire

ASTM A 368-1995 Spezifikation für Drahtlitzen aus nichtrostendem Stahl
Specification for stainless steel wire strand

ASTM A 401-2010 Spezifikation für Stahldraht aus Chrom-Silizium-legiertem Stahl
Specification for steel wire, chromium-silicon alloy

ASTM A 478-1997 Spezifikation für Weberei- und Stickereidraht aus nichtrostendem Chrom-Nickel-Stahl
Specification for chromium-nickel stainless steel weaving and knitting wire

ASTM A 492-1995	Spezifikation für Seildraht aus nichtrostendem Stahl Specification for stainless steel rope wire
ASTM A 493-2009	Spezifikation für Walzdraht und Drahtstäbe aus nichtrostendem und kaltumgeformtem Stahl Specification for stainless steel wire and wire rods for cold heading and cold forging
ASTM A 580-2014	Spezifikation für Draht aus nichtrostendem Stahl Specification for stainless steel wire
ASTM A 581-1995	Spezifikation für Draht und Drahtstab aus nichtrostendem Automatenstahl Specification for free-machining stainless steel wire and wire rod
ASTM A 713-2004	Spezifikation für unlegierten kohlenstoffreichen Federstahldraht für warmbehandelte Komponenten Specification for steel wire, high-carbon spring, for heat-treated components
z ASTM A 752-2004	Spezifikation für Walzdraht und runden groben Draht aus legiertem Stahl für allgemeine Erfordernisse Specification for general requipment for wire rods and coarse round wire, alloy steel
ASTM A 877-2010	Spezifikation für Draht aus Chrom-Silizium-, Chrom-Silizium-Vanadium-legiertem Stahl für Ventilfedern Specification for steel wire, chromium-silicon-, chromium-silicon-vanadium alloy valve spring quality
ASTM A 1000-2011	Spezifikation für Draht aus unlegiertem und legiertem Federstahl Specification for steel wire, carbon and alloy speciality spring quality
ASTM A 1022-2014	Spezifikation für geformten und glatten Draht aus rostbeständigem Stahl und geschweißter Draht für Stahlbeton Specification for deformed and plain stainless steel wire and welded wire for concrete reinforcement

ASTM A 1040-2010 Leitfaden für festgelegte harmonisierte zusammengesetzte Normgrößen für unlegierte, niedriglegierte und legierte Stähle
Guide for specifying harmonized standard grade compositions for wrought carbon, low-alloy, and alloy steels

2.1.4 Bleche, Bänder und sonstige Flacherzeugnisse Plates/sheets, strips and other flat products

ASTM A 109-2014 Spezifikation für Stahlband (Kohlenstoff 0,25 % max.), kalt gewalzt
Specification for steel strip (carbon 0.25 maximum percent), cold-rolled

z ASTM A 167-1999 Spezifikation für Bleche, Bänder und Streifen aus nichtrostendem hitzebeständigem Chrom-Nickel-Stahl
Specification for stainless and heat-resisting chromium-nickel steel plates/sheets and strips

ASTM A 176-1999 Spezifikation für Bleche und Bänder aus nichtrostendem hitzebeständigem Chromstahl
Specification for stainless and heat-resisting chromium steel plates/sheets and strips

ASTM A 203-2012 Spezifikation für Druckbehälterbleche aus nickellegiertem Stahl
Specification for pressure vessel plates, alloy steel, nickel

ASTM A 204-2012 Spezifikation für Druckbehälterbleche aus molybdänlegiertem Stahl
Specification for pressure vessel plates, alloy steel, molybdenum

ASTM A 225-2012 Spezifikation für Druckbehälterbleche aus Mangan-Nickel-Vanadium-legiertem Stahl
Specification for pressure vessel plates, alloy steel, manganese-vanadium-nickel

ASTM A 240-2014 Spezifikation für Chrom- und Chrom-Nickel-Bleche und Bänder aus rostfreiem Stahl für Druckbehälter und allgemeine Anwendungen
Specification for chromium and chromium-nickel stainless steel plate/sheet and strip for pressure vessels and for general applications

ASTM A 283-2013	Spezifikation für Bleche aus unlegiertem Stahl mit niedriger und mittlerer Zugfestigkeit Specification for low and intermediate tensile strength carbon steel plates
ASTM A 285-2012	Spezifikation für Druckbehälterbleche aus unlegiertem Stahl mit niedriger und mittlerer Zugfestigkeit Specification for pressure vessel plates, carbon steel, low- and intermediate-tensile strength
ASTM A 299-2009	Spezifikation für Druckbehälterbleche aus Kohlenstoffstahl, Mangan-Silizium-Stahl Specification for pressure vessel plates, carbon steel, manganese-silicon
ASTM A 302-2012	Spezifikation für Druckbehälterbleche aus Mangan-Molybdän- und Mangan-Molybdän-Nickel-legiertem Stahl Specification for pressure vessel plates, alloy steel, manganese-molybdenum and manganese-molybdenum-nickel
ASTM A 353-2009	Spezifikation für doppel-normalisiertes und angelassenes Blech aus nichtrostendem Stahl mit 9 % Nickel für Druckbehälter Specification for pressure vessel plates, alloy steel, 9 % nickel, double-normalized and tempered
ASTM A 387-2011	Spezifikation für Druckbehälterbleche aus Chrom-Molybdän-legiertem Stahl Specification for pressure vessel plates, alloy steel, chromium-molybdenum
ASTM A 414-2014	Spezifikation für Bleche aus unlegiertem und niedriglegiertem hochfestem Stahl für Druckbehälter Specification for steel, sheet, carbon, and high-strength, low-alloy for pressure vessels
ASTM A 424-2009	Spezifikation für Stahlblech, zum Emaillieren Specification for steel, sheet, for porcelain enamelling
ASTM A 455-2012	Spezifikation für Druckbehälterbleche aus hochfestem Kohlenstoff-Mangan-Stahl Specification for pressure vessel plates, carbon steel, high-strength manganese

ASTM A 506-2012 Spezifikation für Blech und Band aus warm- und kaltgewalztem legiertem Baustahl
Specification for alloy and structural alloy steel, sheet and strip, hot-rolled and cold-rolled

ASTM A 507-2012 Spezifikation für Blech und Band aus warm- und kaltgewalztem legiertem Stahl in Ziehqualität
Specification for drawing alloy steel, sheet and strip, hot-rolled and cold-rolled

ASTM A 514-2014 Spezifikation für schweißgeeignete Bleche aus legiertem und vergütetem Stahl mit hoher Streckgrenze
Specification for high-yield-strength, quenched and tempered alloy steel plate, suitable for welding

ASTM A 515-2010 Spezifikation für Druckbehälterbleche aus rostbeständigem Stahl für mittleren und hohen Temperatureinsatz
Specification for pressure vessel plates, carbon steel, for intermediate- and higher-temperature service

ASTM A 516-2010 Spezifikation für Druckbehälterbleche, aus unlegiertem Stahl für mittleren und niedrigen Temperatureinsatz
Specification for pressure vessel plates, carbon steel, for moderate- and lower-temperature service

ASTM A 517-2010 Spezifikation für Druckbehälterbleche aus legiertem hochfestem vergütetem Stahl
Specification for pressure vessel plates, alloy steel, high-strength, quenched and tempered

ASTM A 533-2009 Spezifikation für Druckbehälterbleche aus vergütetem Mangan-Molybdän- und Mangan-Molybdän-Nickel-legiertem Stahl
Specification for pressure vessel plates, alloy steel, quenched and tempered, manganese-molybdenum and manganese-molybdenum-nickel

ASTM A 537-2013 Spezifikation für Druckbehälterbleche aus wärmebehandeltem Kohlenstoff-Mangan-Silizium-Stahl
Specification for pressure vessel plates, heat-treated, carbon-manganese-silicon steel

ASTM A 542-2013	Spezifikation für Druckbehälterbleche aus vergütetem Chrom-Molybdän- und Chrom-Molybdän-Vanadium-legiertem Stahl Specification for pressure vessel plates, alloy steel, quenched and tempered, chromium-molybdenum, and chromium-molybdenum-vanadium
ASTM A 543-2009	Spezifikation für Druckbehälterbleche aus vergütetem Nickel-Chrom-Molybdän-legiertem Stahl Specification for pressure vessel plates, alloy steel, quenched and tempered, nickel-chromium-molybdenum
ASTM A 553-2014	Spezifikation für Druckbehälterbleche aus vergütetem legiertem Stahl mit 8 bis 9 % Nickel Specification for pressure vessel plates, alloy steel, quenched and tempered 8 and 9 % nickel
ASTM A 568-2014	Spezifikation für warm- und kaltgewalztes Blech aus unlegiertem Stahl und hochfestem niedriglegiertem Stahl für allgemeine Anforderungen Specification for steel, sheet, carbon, structural, and high-strength, low-alloy, hot-rolled and cold-rolled, general requirements
ASTM A 573-2013	Spezifikation für Bleche aus unlegiertem Baustahl mit verbesserter Zähigkeit Specification for structural carbon steel plates of improved toughness
ASTM A 612-2012	Spezifikation für Druckbehälterbleche aus unlegiertem Stahl hoher Festigkeit für den Einsatz bei mittleren und niedrigen Temperaturen Specification for pressure vessel plates, carbon steel, high strength, for moderate and lower temperature service
ASTM A 623-2011	Spezifikation für Blechdosen, allgemeine Anforderungen Specification for tin mill products, general requirements
ASTM A 633-2013	Spezifikation für normalgeglühte hochfeste Bleche aus niedriglegiertem Baustahl Specification for normalized high-strength low-alloy structural steel plates

ASTM A 635-2014 Spezifikation für warmgewalztes auf Spulen aufgewickeltes Blech und Band aus legiertem, unlegiertem und hochfestem Stahl und niedriglegiertem hochfestem Stahl mit verbesserter Verformbarkeit, allgemeine Anforderungen
Specification for steel and strip, heavy-thickness coils, hot-rolled, alloy, structural, high-strength low-alloy, and high-strength low alloy with improved formability, general requirements

ASTM A 645-2010 Spezifikation für Druckbehälterbleche aus legiertem Stahl mit 5 % Nickel, speziell wärmebehandelt
Specification for pressure vessel plates, 5 % nickel alloy steels, specially heat treated

ASTM A 653-2013 Spezifikation für Stahlblech, zinkstaublackiert oder mit Zink-Eisen-Legierung beschichtet, durch Hot-Dip-Prozess
Specification for steel sheet, zinc-coated (galvanized) or zinc iron alloy coated (galvannealed) by the Hot-Dip Process

ASTM A 656-2013 Spezifikation für Bleche aus warmgewalztem, hochfestem niedriglegiertem Baustahl mit verbesserter Umformbarkeit
Specification for hot-rolled structural steel, high-strength low-alloy plate with improved formability

ASTM A 659-2012 Spezifikation für warmgewalztes Blech und Band aus Handelsstahl (C = 0,16 bis maximal 0,25 %)
Specification for commercial steel (CS), sheet and strip, carbon (0.16 maximum to 0.25 maximum percent), hot-rolled

ASTM A 662-2012 Spezifikation für Druckbehälterbleche aus Kohlenstoff-Mangan-Silizium-Stahl, für mittleren und niedrigen Temperatureinsatz
Specification for pressure vessel plates, carbon-manganese-silicon steel, for moderate and lower temperature service

ASTM A 666-2010	Spezifikation für geglühtes oder kaltgearbeitetes austenitisch nichtrostendes Blech, Band, Platte und Flacheisen Specification for annealed or cold-worked austenitic stainless steel sheet, strip, plate, and flat bar
z ASTM A 678-2005	Spezifikation für vergütete unlegierte und hochfeste niedriglegierte Baustahlbleche Specification for quenched and tempered carbon and high-strength low-alloy structural steel plates
z ASTM A 682-2005	Spezifikation für kaltgewalztes Band mit hohem Kohlenstoffgehalt, für allgemeine Anforderungen Specification for steel, strip, high-carbon, cold rolled, for general requirements
ASTM A 684-2014	Spezifikation für kaltgewalztes Band mit hohem Kohlenstoffgehalt Specification for steel, strip, high-carbon, cold rolled
ASTM A 693-2013	Spezifikation für Platten, Bleche und Bänder aus aushärtbarem, rost- und hitzebeständigem Stahl Specification for precipitation-hardening stainless and heat-resisting steel plate, sheet, and strip
ASTM A 724-2009	Spezifikation für Druckbehälterbleche aus Kohlenstoff-Mangan-Silizium-Stahl, vergütet, zum Schweißen von Druckbehältern Specification for pressure vessel plates, carbon-manganese-silicon steel, quenched and tempered, for welding pressure vessels
ASTM A 737-2009	Spezifikation für Druckbehälterbleche aus hochfestem niedriglegiertem Stahl Specification for pressure vessel plates, high-strength, low-alloy steel
ASTM A 738-2013	Spezifikation für Druckbehälterbleche aus warmbehandeltem Kohlenstoff-Mangan-Silizium-Stahl zum Einsatz bei mittleren und niedrigen Temperaturen Specification for pressure vessel plates, heat-treated, carbon-manganese-silicon steel, for moderate and lower temperature service

ASTM A 792-2010 Spezifikation für feuerverzinktes Stahlblech, mit einer 55 % Aluminium-Zink-Legierung durch Hot-Dip-Prozess
Specification for steel sheet, 55 % aluminum-zinc alloy-coated by the Hot-Dip-Process

ASTM A 793-1996 Spezifikation für gewalzte Bodenbleche aus rostbeständigem Stahl
Specification for rolled floor plate, stainless steel

ASTM A 794-2012 Spezifikation für handelsübliches kaltgewalztes Stahlblech mit einem Kohlenstoffgehalt von 0,16 % bis 0,25 %
Specification for commercial steel (CS), sheet, carbon (0.16 % maxiumum to 0.25 % maximum), cold-rolled

ASTM A 827-2014 Spezifikation für Bleche zum Schmieden und ähnliche Anwendungen aus unlegiertem Stahl
Specification for plates, carbon steel, for forging and similar applications

ASTM A 829-2014 Spezifikation für Bleche aus legiertem Baustahl
Specification for alloy structural steel plates

ASTM A 830-2014 Spezifikation für Bleche aus unlegiertem Stahl, Baustahl-Qualität, angefordert nach chemischer Zusammensetzung
Specification for plates, carbon steel, structural quality, furnished to chemical composition requirements

ASTM A 832-2010 Spezifikation für Druckbehälterbleche aus Chrom-Molybdän-Vanadium-legiertem Stahl
Specification for pressure vessel plates, alloy steel chromium-molybdenum-vanadium

ASTM A 841-2013 Spezifikation für Druckbehälterbleche, hergestellt nach thermomechanisch kontrolliertem Verfahren (TMCP)
Specification for steel plates for pressure vessels, produced by Thermo-Mechanical Control Process (TMCP)

ASTM A 844-2009	Spezifikation für Druckbehälterbleche mit 9 % Nickel legiert, durch direktes Abschrecken hergestellt Specification for steel plates, 9 % nickel alloy, for pressure vessels, produced by the direct quenching process
z ASTM A 852-2003	Spezifikation für Bleche aus vergütetem niedriglegiertem Baustahl mit einer Mindeststreckgrenze von 485 MPa (70 ksi) bis zu 100 mm (4 in.) dick Specification for quenched and tempered low-alloy structural steel plates with 485 MPa (70 ksi) minimum yield strength to 100 mm (4 in.) thick
ASTM A 871-2014	Spezifikation für hochfestes niedriglegiertes witterungsbeständiges Baustahlblech Specification for high-strength low-alloy structural steel plate with atmospheric corrosion resistance
ASTM A 875-2013	Spezifikation für feuerverzinktes Stahlblech, durch Hot-Dip-Prozess hergestellt mit einer 5 % Zink-Aluminium-Legierung Specification for steel sheet, zinc-5 % aluminum alloy-coated by the Hot-Dip Process
ASTM A 895-1989	Spezifikation für das maschinelle Herstellen von rostbeständigem Stahlblech- und -Band Specification for free-machining stainless steel plate, sheet, and strip
z ASTM A 946-2004	Spezifikation für Grobblech, Feinblech, Band und Streifen aus Chrom-, Chrom-Nickel- und Silizium-legiertem Stahl, für korrosions- und hitzebeständigen Einsatz Specification for chromium, chromium-nickel and silicon alloy steel plate, sheet and strip for corrosion and heat resisting service
ASTM A 1008-2013	Spezifikation für kaltgewalztes Baustahlblech, unlegiert, hochfest niedriglegiert und hochfest niedriglegiert mit verbesserter Umformbarkeit, lösungsgeglüht, bake hardenable Specification for steel sheet, cold-rolled, carbon, structural, high-strength low-alloy, high-strength low-alloy with improved formability, solution hardened, and bake hardenable

ASTM A 1010-2013	Spezifikation für Platten, Bleche und Bänder aus hochfestem, martensitischem, rostbeständigem Stahl Specification for steel higher-strength martensitic stainless steel plate, sheet and strip
ASTM A 1011-2014	Spezifikation für Baustahlblech und -band, warmgewalzt, unlegiert, hochfest niedriglegiert und hochfest niedriglegiert mit verbesserter Umformbarkeit und ultrahochfest Specification for steel sheet and strip, hot-rolled, carbon, structural, high-strength low-alloy, high-strength low-alloy with improved formability, and ultra-high strength
ASTM A 1017-2011	Spezifikation für Druckbehälterbleche aus Chrom-Molybdän-Wolfram-legiertem Stahl Specification for pressure vessel plates, alloy steel, chromium-molybdenum-tungsten
ASTM A 1018-2010	Spezifikation für Baustahlblech und -band, schwere Bandrollen, warmgewalzt, unlegiert, tiefziehbar, hochfest niedriglegiert und hochfest niedriglegiert mit verbesserter Umformbarkeit und ultrahochfest Specification for steel and strip, heavy-thickness coils, hot-rolled, carbon, commercial, drawing, structural, high strength low-alloy, high-strength low alloy with improved formability and ultra-high strength
ASTM A 1031-2012	Spezifikation für auf Spulen aufgewickeltes Blech und Band aus warmgewalztem legiertem Baustahl, Tiefziehstahl Specification for steel, sheet and strip, heavy-thickness coils, alloys, drawing steel and structural steel, hot-rolled
ASTM B 625-2014	Spezifikation für Grob-/Feinblech und Band Specification for plate, sheet and strip
ASTM B 709-2004	Spezifikation für Eisen-Nickel-Chrom-Molybdän-legiertes Grob-/Feinblech und Band Specification for iron-nickel-chromium-molybdenum alloy plate, sheet and strip

2.1.5 Rohrstähle
Steels for tubes and pipes

2.1.5.1 Nahtlose Rohre
Seamless steel tubes and pipes

ASTM A 106-2014	Spezifikation für nahtlose Rohre aus unlegiertem Stahl bei Hochtemperaturanwendung Specification for seamless carbon steel pipe for high-temperature service
ASTM A 179-1990	Spezifikation für nahtlose kaltgezogene kohlenstoffarme Rohre für Wärmetauscher und Kondensator Specification for seamless cold-drawn low-carbon steel heat-exchanger and condenser tubes
ASTM A 192-2002	Spezifikation für nahtlose Hochdruckkesselrohre aus unlegiertem Stahl Specification for seamless carbon steel boiler tubes for high-pressure service
ASTM A 209-2003	Spezifikation für nahtlose Rohre aus Kohlenstoff-Molybdän-legiertem Stahl für Kessel und Überhitzer Specification for seamless carbon-molybdenum alloy-steel boiler and superheater tubes
ASTM A 210-2002	Spezifikation für nahtlose Rohre aus Stahl mit mittlerem Kohlenstoffgehalt für Kessel und Überhitzer Specification for seamless medium-carbon steel boiler and superheater tubes
ASTM A 213-2014	Spezifikation für nahtlose Rohre aus ferritischem und austenitischem Stahl für Kessel, Überhitzer und Wärmetauscher Specification for seamless ferritic and austenitic alloy-steel boiler, superheater, and heat-exchanger tubes
ASTM A 335-2011	Spezifikation für nahtlose Rohre aus ferritischem Stahl für Hochtemperatureinsatz Specification for seamless ferritic alloy-steel pipe for high-temperature service

ASTM A 376-2014	Spezifikation für nahtlose Rohre aus austenitischem Stahl für Hochtemperaturanwendung Specification for seamless austenitic steel pipe for high-temperature service
ASTM A 511-2012	Spezifikation für nahtlose Konstruktionsrohre aus rostbeständigem Stahl Specification for seamless stainless steel mechanical tubing
ASTM A 519-2006	Spezifikation für nahtlose Konstruktionsrohre aus unlegiertem und legiertem Stahl Specification for seamless carbon and alloy steel mechanical tubing
ASTM A 524-1996	Spezifikation für nahtlose Rohre aus unlegiertem Stahl für den Einsatz bei Umgebungstemperaturen und niedrigeren Temperaturen Specification for seamless carbon steel pipe for atmospheric and lower temperatures
ASTM A 556-1996	Spezifikation für nahtlose kaltgezogene Rohre aus unlegiertem Stahl für Speisewasservorwärmer Specification for seamless cold-drawn carbon steel feedwater heater tubes
ASTM A 595-2014	Spezifikation für konisch zulaufende Stahlrohre aus unlegiertem oder hochfestem niedriglegiertem Stahl für das Bauwesen Specification for steel tubes, low-carbon or high-strength low-alloy, tapered for structural use
ASTM A 822-2014	Spezifikation für nahtlose kaltgezogene Formstücke aus unlegiertem Stahl für hydraulische Systemanwendungen Specification for seamless cold-drawn carbon steel tubing for hydraulic system service
ASTM A 908-2003	Spezifikation für Düsenrohre aus rostbeständigem Stahl Specification for stainless steel needle tubing
ASTM A 943-2001	Spezifikation für spritzgeformte nahtlose Rohre aus austenitischem rostbeständigem Stahl Specification for spray-formed seamless austenitic stainless steel pipes

ASTM A 949-2001 Spezifikation für spritzgeformtes nahtloses Rohr aus ferritischem und austenitischem rostbeständigem Stahl
Specification for spray-formed seamless ferritic/austenitic stainless steel pipe

ASTM B 668-2014 Spezifikation für nahtlose Rohre
Specification for seamless pipe and tube

2.1.5.2 Geschweißte Rohre
Welded steel tubes and pipes

ASTM A 135-2009 Spezifikation für widerstandsgeschweißte Stahlrohre
Specification for electric-resistance-welded steel pipe

ASTM A 139-2004 Spezifikation für ARC-geschweißte Stahlrohre (NPS 4 und darüber)
Specification for electric-fusion (arc-)welded steel pipe (NPS 4 and over)

ASTM A 178-2002 Spezifikation für elektrisch-widerstandsgeschweißte Kessel- und Überhitzerrohre aus unlegiertem Stahl und Kohlenstoff-Mangan-Stahl
Specification for electric-resistance-welded carbon steel and carbon-manganese steel boiler and superheater tubes

ASTM A 214-1996 Spezifikation für elektrisch widerstandsgeschweißte Rohre aus unlegiertem Stahl für Wärmetauscher und Kondensator
Specification for electric-resistance-welded carbon steel heat-exchanger and condenser tubes

ASTM A 249-2014 Spezifikation für geschweißte Rohre aus austenitischem Stahl für Kessel, Überhitzer, Wärmetauscher und Kondensator
Specification for welded austenitic steel boiler, superheater, heat-exchanger, and condenser tubes

ASTM A 250-2005 Spezifikation für widerstandsgeschweißte Rohre aus ferritischem Stahl für Kessel und Überhitzer
Specification for electric-resistance-welded ferritic alloy-steel boiler and superheater tubes

ASTM A 358-2014	Spezifikation für elektrisch schmelzgeschweißte Rohre aus austenitischem rostfreiem Chrom-Nickel-Stahl für Hochtemperatur- Anwendungen Specification for electric-fusion-welded austenitic chromium-nickel stainless steel pipe for high-temperature service and general applications
ASTM A 381-1996	Spezifikation für lichtbogengeschweißte Stahlrohre für den Einsatz in Hochdrucksystemen Specification for metal-arc-welded steel pipe for use with high-pressure transmission systems
ASTM A 409-2014	Spezifikation für geschweißte Rohre mit großem Durchmesser aus austenitischem Stahl für den Einsatz bei korrosiver Umgebung oder hohen Temperaturen Specification for welded large diameter austenitic steel pipe for corrosive or high-temperature service
ASTM A 512-2006	Spezifikation für kaltgezogene stumpfnahtgeschweißte Konstruktionsrohre aus unlegiertem Stahl Specification for cold-drawn buttweld carbon steel mechanical tubing
ASTM A 513-2014	Spezifikation für widerstandsgeschweißte Konstruktionsrohre aus unlegiertem und legiertem Stahl Specification for electric-resistance-welded carbon and alloy steel mechanical tubing
ASTM A 554-2014	Spezifikation für geschweißte Rohre aus rostbeständigem Stahl Specification for welded stainless steel mechanical tubing
ASTM A 671-2014	Spezifikation für elektrisch schmelzgeschweißte Stahlrohre für den Einsatz bei Umgebungstemperaturen und niedrigeren Temperaturen Specification for electric-fusion-welded steel pipe for atmospheric and lower temperatures

ASTM A 672-2014	Spezifikation für elektrisch schmelzgeschweißte Druckrohre für moderate Temperaturen Specification for electric-fusion-welded steel pipe for high-pressure service at moderate temperatures
ASTM A 691-2009	Spezifikation für unlegierte und legierte elektrisch schmelzgeschweißte Stahlrohre für Hochdruckeinsatz und hohe Temperaturen Specification for carbon and alloy steel pipe, electric-fusion-welded for high-pressure service at high temperatures
ASTM A 778-2001	Spezifikation für geschweißte Rohrerzeugnisse aus ungeglühtem, austenitischem rostbeständigem Stahl Specification for welded, unannealed austenitic stainless steel tubular products
ASTM A 787-2014	Spezifikation für elektrisch-widerstandsgeschweißte metallbeschichtete Formstücke aus unlegiertem Stahl Specification for electric-resistance-welded metallic-coated carbon steel mechanical tubing
ASTM A 803-2012	Spezifikation für geschweißte Rohre aus ferritischem rostbeständigem Stahl für Speisewasservorwärmer Specification for welded ferritic stainless steel feedwater heater tubes
ASTM A 813-2014	Spezifikation für Rohre mit ein oder zwei Schweißnähten aus austenitischem rostbeständigem Stahl Specification for single- or double-welded austenitic stainless steel pipe
ASTM A 814-2008	Spezifikation für kaltverfestigte geschweißte Rohre aus austenitischem rostbeständigem Stahl Specification for cold-worked welded austenitic stainless steel pipe

ASTM A 928-2014 Spezifikation für Rohre, die mit Zusatz von Schweißzusatzwerkstoff elektrisch schmelzgeschweißt aus nichtrostendem ferritischem und austenitischem Duplex-Stahl hergestellt sind
Specification for ferritic/austenitic (duplex) stainless steel pipe electric-fusion-welded with addition of filler metal

ASTM A 1053-2012 Spezifikation für geschweißtes Rohr aus ferritisch-martensitischem rostbeständigem Stahl
Specification for welded ferritic-martensitic stainless steel pipe

2.1.5.3 Nahtlose und geschweißte Rohre Seamless and welded steel tubes and pipes

ASTM A 53-2012 Spezifikation für geschweißte und nahtlose Rohre, schwarzoxidiert, feuerverzinkt, zinkstaublackiert
Specification for pipe, steel, black and hot dipped, zinc-coated, welded and seamless

ASTM A 268-2010 Spezifikation für nahtlose und geschweißte Rohre aus ferritischem und martensitischem nichtrostendem Stahl für allgemeine Anwendung
Specification for seamless and welded ferritic and martensitic stainless steel tubing for general service

ASTM A 269-2014 Spezifikation für nahtlose und geschweißte Rohe aus austenitischem rostfreiem Stahl für allgemeine Anwendung
Specification for seamless and welded austenitic stainless steel tubing for general service

ASTM A 270-2014 Spezifikation für nahtlose und geschweißte Sanitärrohre aus austenitischem und ferritisch/austenitischem rostfreiem Stahl
Specification for seamless and welded austenitic and ferritic/austenitic stainless steel sanitary tubing

ASTM A 312-2014	Spezifikation für nahtlose und geschweißte kaltverformte Rohre aus austenitischem nichtrostendem Stahl Specification for seamless, welded, and heavily cold worked austenitic stainless steel pipes
ASTM A 333-2013	Spezifikation für nahtlose und geschweißte Stahlrohre für niedrigen Temperatureinsatz und andere Anwendungen mit erforderlicher Kerbschlagzähigkeit Specification for seamless and welded steel pipe for low temperature service and other applications with required notch toughness
ASTM A 334-2004	Spezifikation für nahtlose und geschweißte Rohre aus unlegiertem und legiertem Stahl für Tieftemperaturanwendung Specification for seamless and welded carbon and alloy-steel tubes for low-temperature service
ASTM A 423-2009	Spezifikation für nahtlose und elektrisch widerstandsgeschweißte Rohre aus niedriglegiertem Stahl Specification for seamless and electric-welded low-alloy steel tubes
ASTM A 500-2013	Spezifikation für kaltgeformte geschweißte und nahtlose Konstruktionsrohre aus unlegiertem Stahl Specification for cold-formed welded and seamless carbon steel structural tubing in rounds and shapes
ASTM A 501-2014	Spezifikation für warmgeformte geschweißte und nahtlose Konstruktionsrohre aus unlegiertem Stahl Specification for hot-formed welded and seamless carbon steel structural tubing
ASTM A 523-1996	Spezifikation für nahtlose und widerstandsgeschweißte Hochdruckrohre mit glatten Enden zur Aufnahme von elektrischen Kabeln Specification for plain and seamless and electric-resistance-welded steel pipe for high-pressure pipe-type cable circuits

ASTM A 618-2004	Spezifikation für geschweißte und nahtlose warmgeformte Konstruktionsrohre aus hochfestem niedriglegiertem Stahl Specification for hot-formed welded and seamless high-strength low-alloy structural tubing
ASTM A 632-2004	Spezifikation für nahtlose und geschweißte Rohre (kleiner Durchmesser) aus austenitischem rostbeständigem Stahl für allgemeine Anwendung Specification for seamless and welded austenitic stainless steel tubing (small diameter) for general service
ASTM A 688-2012	Spezifikation für nahtlose und geschweißte Rohre aus austenitischem rostbeständigem Stahl für Speisewasservorwärmer Specification for seamless and welded austenitic stainless steel feedwater heater tubes
z ASTM A 714-1999	Spezifikation für geschweißte und nahtlose Rohre aus hochfestem niedriglegiertem Stahl Specification for high-strength low-alloy welded and seamless steel pipe
ASTM A 789-2014	Spezifikation für nahtlose und geschweißte Formstücke aus ferritischem und austenitischem rostbeständigem Stahl für allgemeine Anwendungen Specification for seamless and welded ferritic/austenitic stainless steel tubing for general service
ASTM A 790-2014	Spezifikation für nahtlose und geschweißte Rohre aus ferritischem und austenitischem rostbeständigem Stahl Specification for seamless and welded ferritic/austenitic stainless steel pipe
ASTM A 795-2013	Spezifikation für schwarzoxidierte und feuerverzinkte (galvanisierte) geschweißte und nahtlose Rohre für den Brandschutz Specification for black and hot-dipped zinc-coated (galvanezed) welded and seamless steel pipe for fire protection use

2.1.6 Flansche und Fittinge
Flanges und fittings

ASTM A 182-2014	Spezifikation für geschmiedete oder gewalzte legierte nichtrostende Edelstahl-Rohrflansche, geschmiedete Fittinge und Ventile und Teile für Hochtemperaturanwendung Specification for forged or rolled alloy and stainless steel pipe flanges, forged fittings, and valves and parts for high-temperature service
ASTM A 234-2014	Spezifikation für Rohrfittinge aus Schmiedestahl und legiertem Stahl für den Einsatz bei mittleren und hohen Temperaturen Specification for piping fittings of wrought carbon steel and alloy steel for moderate and high temperature service
ASTM A 403-2014	Spezifikation für Rohrfittinge aus rostbeständigem austenitischem Schmiedestahl Specification for wrought austenitic stainless steel piping fittings
ASTM A 420-2014	Spezifikation für Rohrfittinge, aus unlegiertem und legiertem Schmiedestahl, für Tieftemperatureinsatz Specification for piping fittings of wrought carbon steel and alloy steel for low-temperature service
ASTM A 707-2014	Spezifikation für geschmiedete Flansche aus unlegiertem und legiertem Stahl für Tieftemperatureinsatz Specification for forged carbon and alloy steel flanges for low-temperature service
ASTM A 774-2014	Spezifikation für geschweißte Formstücke aus austenitischem rostbeständigem Stahl für allgemeinen Einsatz bei niedrigen und mittleren Temperaturen in korrosiver Umgebung Specification for as-welded wrought austenitic stainless steel fittings for general corrosive service at low and moderate temperatures

ASTM A 815-2014 Spezifikation für geschmiedete Rohrfittinge aus ferritischem, ferritisch/austenitischem und martensitischem rostbeständigem Stahl
Specification for wrought ferritic, ferritic/austenitic, and martensitic stainless steel piping fittings

ASTM A 822-2014 Spezifikation für nahtlose kaltgezogene Formstücke aus unlegiertem Stahl für hydraulische Systemanwendungen
Specification for seamless cold-drawn carbon steel tubing for hydraulic system service

ASTM A 860-2014 Spezifikation für Fittinge aus hochfestem ferritischem Schmiedestahl zum Stumpfschweißen
Specification for wrought high-strength ferritic steel butt-welding fittings

ASTM A 988-2013 Spezifikation für isostatisch heißgepresste Flansche, Fittinge, Armaturen, Ventile und Teile aus warmfestem nichtrostendem Stahl für Hochtemperatureinsatz
Specification for hot isostatically-pressed stainless steel flanges, fittings, valves, and parts for high temperature service

ASTM A 989-2013 Spezifikation für isostatisch heißgepresste Flansche, Armaturen, Ventile und Teile aus warmfestem legiertem Stahl für Hochtemperatureinsatz
Specification for hot isostatically-pressed alloy steel flanges, fittings, valves, and parts for high temperature service

ASTM B 462-2015 Spezifikation für geschmiedete oder gerollte legierte Rohrflansche, geschmiedete Fittinge und Ventile und Teile für korrosive hohe Temperaturanwendungen
Specification for forged or rolled alloy pipe flanges, forged fittings and valves and parts for corrosive high-temperature service

2.1.7 Schmiedestähle, -stücke, -rohlinge
Forging steels, forgings, rough forgings

ASTM A 105-2014 Spezifikation für Schmiedestücke aus unlegiertem Stahl für Rohrleitungsanwendungen
Specification for carbon steel forgings for piping applications

ASTM A 181-2014	Spezifikation für Schmiedestücke aus unlegiertem Stahl für Rohrleitungen allgemeiner Verwendung Specification for carbon steel forgings, for general purpose piping
ASTM A 266-2013	Spezifikation für Schmiedeteile aus unlegiertem Stahl für Druckbehälter-Komponenten Specification for carbon steel forgings for pressure vessel components
ASTM A 336-2010	Spezifikation für Schmiedestücke aus legiertem Stahl für Druck- und Hochtemperatureinsatz Specification for alloy steel forgings for pressure and high-temperature parts
ASTM A 350-2014	Spezifikation für Schmiedestücke aus unlegiertem und niedriglegiertem Stahl mit Prüfung der Kerbschlagzähigkeit für Rohrleitungskomponenten Specification for carbon and low-alloy steel forgings, requiring notch toughness testing for piping components
ASTM A 369-2011	Spezifikation für geschmiedete und gebohrte Rohre aus unlegiertem und legiertem ferritischem Stahl für Hochtemperaturanwendung Specification for carbon and ferritic alloy steel forged and bored pipe for high-temperature
ASTM A 372-2013	Spezifikation für Schmiedestücke aus unlegiertem und legiertem Stahl für dünnwandige Druckbehälter Specification for carbon and alloy steel forgings for thin-walled pressure vessels
ASTM A 469-2007	Spezifikation für vakuumbehandelte Schmiedestücke für Turbinenrotoren Specification for vacuum-treated steel forgings for generator rotors
ASTM A 470-2005	Spezifikation für vakuumbehandelte Schmiedestücke aus unlegiertem und legiertem Stahl für Turbinenrotoren und -wellen Specification for vacuum-treated carbon and alloy steel forgings for turbine rotors and shafts

ASTM A 471-2009	Spezifikation für vakuumbehandelte Schmiedestücke aus legiertem Stahl für Turbinenrotorscheiben und -laufräder Specification for vacuum-treated alloy steel forgings for turbine rotor disks and wheels
ASTM A 473-2013	Spezifikation für Schmiedestücke aus rostfreiem Stahl Specification for stainless steel forgings
ASTM A 508-2014	Spezifikation für Schmiedestücke aus vergütetem, im Vakuum behandeltem unlegiertem und legiertem Stahl für Druckbehälter Specification for quenched and tempered vacuum-treated carbon and alloy steel forgings for pressure vessels
ASTM A 521-2006	Spezifikation für Gesenkschmiedestücke, geschlossener Eindruck, für allgemeine industrielle Verwendung Specification for steel, closed-impression die forgings for general industrial use
ASTM A 522-2014	Spezifikation für geschmiedete oder gewalzte Flansche, Armaturen, Ventile und Teile aus 8 % und 9 % Nickelstahl für den Einsatz bei niedrigen Temperaturen Specification for forged or rolled 8 and 9 % nickel alloy steel flanges, fittings, valves and parts for low-temperature service
ASTM A 541-2005	Spezifikation für Schmiedestücke aus vergütetem, unlegiertem und legiertem Stahl für Druckbehälter-Komponenten Specification for quenched and tempered carbon and alloy steel forgings for pressure vessel components
ASTM A 579-2004	Spezifikation für Schmiedestücke aus legiertem Stahl mit besonderer Festigkeit Specification for superstrength alloy steel forging
ASTM A 592-2010	Spezifikationen für geschmiedete Druckbehälterteile aus hochfestem vergütetem niedriglegiertem Stahl Specification for high-strength quenched and tempered low-alloy steel forged parts for pressure vessels

ASTM A 638-2010	Spezifikation für Stäbe, Schmiedestücke und Schmiederohlinge aus hochlegierter aushärtbarer Superlegierung auf Eisenbasis für Hochtemperaturanwendung Specification for precipitation hardening iron base superalloy bars, forgings, and forging stock for high-temperature service
ASTM A 646-2006	Spezifikation für Vorblöcke und Knüppel aus legiertem Stahl von bester Qualität für Schmiedestücke für die Luft- und Raumfahrt Specification for premium quality alloy steel blooms and billets for aircraft and aerospace forgings
ASTM A 649-2010	Spezifikation für geschmiedete Walzen für die Herstellung von Wellpapier Specification for forged steel rolls used for corrugating paper machinery
ASTM A 668-2014	Spezifikation für Schmiedestücke aus unlegiertem und legiertem Stahl für allgemeinen industriellen Einsatz Specification for steel forgings, carbon and alloy, for general industrial use
ASTM A 694-2014	Spezifikation für Schmiedestücke aus unlegiertem und legiertem Stahl für Rohrflansche, Fittinge, Armaturen, Ventile und Teile für Hochdruckantriebssysteme Specification for carbon and alloy steel forgings for pipe flanges, fittings, valves, and parts for high-pressure transmission service
ASTM A 705-2013	Spezifikation für Schmiedestücke aus aushärtbarem nichtrostendem Stahl Specification for age-hardening stainless steel forgings
ASTM A 711-2007	Spezifikation für Schmiederohlinge Specification for steel forging stock
ASTM A 723-2010	Spezifikation für Schmiedestücke aus hochfestem legiertem Stahl für druckbeanspruchte Komponenten Specification for alloy steel forgings for high-strength pressure components application

ASTM A 729-2009	Spezifikation für warmbehandelte Achsen im Einsatz beim Nah- und Eisenbahnverkehr Specification for alloy steel axles, heat-treated, for mass transit and electric railway service
ASTM A 765-2007	Spezifikation für Schmiedestücke aus unlegiertem und niedriglegiertem Stahl für Druckbehälterteile mit verbindlichen Anforderungen an die Zähigkeit Specification for carbon steel and low-alloy steel pressure-vessel-component forgings with mandatory toughness requirements
ASTM A 837-2006	Spezifikation für Schmiedestücke aus legiertem Stahl zum Einsatzhärten Specification for steel forgings, alloy, for carburizing applications
ASTM A 891-2010	Spezifikation für ausgehärtete Schmiedestücke auf Fe-Basis für Turbinenrotorscheiben und -räder Specification for precipitation hardening iron base superalloy forgings for turbine rotor disks and wheels
ASTM A 959-2011	Leidfaden für festgelegte harmonisierte Gütebeschaffenheiten für nichtrostende Schmiedeeisen-Stähle Standard guide for specifying harmonized standard grade compositions for wrought stainless steels
ASTM A 965-2014	Spezifikation für Schmiedestücke aus austenitischem Stahl für Teile hoher Druckbeanspruchung und Temperatur Specification for steel forgings, austenitic, for pressure and high temperature parts
ASTM A 982-2010	Spezifikation für Schmiedestücke aus rostbeständigem Stahl für Verdichter- und Turbinenflügel Specification for steel forgings, stainless, for compressor and turbine airfoils
ASTM A 1021-2005	Spezifikation für martensitische rostbeständige Schmiedestücke und Schmiederohlinge für Hochtemperatureinsatz Specification for martensitic stainless steel forgings and forging stock for high-temperature service

ASTM A 1049-2010 Spezifikation für Schmiedestücke aus nichtrostendem, ferritischem/austenitischem (Duplex-)Stahl für Druckbehälter und ähnliche Komponenten
Specification for stainless steel forgings ferritic/austenitic (Duplex), for pressure vessels and related components

ASTM B 564-2015 Spezifikation für nickellegierte Schmiedeteile
Specification for nickel alloy forgings

ASTM F 138-2013 Spezifikation für nichtrostenden Schmiedestahl mit 18 % Chrom-14-Nickel-2,5 Molybdän für Stab und Draht für chirurgische Implantate
Specification for wrought 18chromium-14nickel-2,5molybdenum stainless steel bar and wire for surgical implants

ASTM F 899-2012 Spezifikation für nichtrostende Schmiedestähle für chirurgische Instrumente
Specification for wrought stainless steels for surgical instruments

ASTM F 1350-2015 Spezifikation für nichtrostenden Schmiedestahl mit 18 % Chrom-14-Nickel-2,5 Molybdän für chirurgischen Fixierdraht
Specification for wrought 18chromium-14nickel-2,5molybdenum stainless steel surgical fixation wire

2.1.8 Wälzlagerstähle
Bearing steels

ASTM A 295-2014 Spezifikation für hoch kohlenstoffhaltigen „anti-Reibung"-Wälzlagerstahl
Specification for high carbon anti-friction bearing steel

ASTM A 485-2014 Spezifikation für Wälzlagerstahl hoher Härtbarkeit
Specification for high hardenability anti-friction bearing steel

ASTM A 534-2014 Spezifikation für Einsatzstähle für Wälzlager
Specification for carburizing steels for anti-friction bearings

ASTM A 756-2009 Spezifikation für rostbeständigen Wälzlagerstahl
Specification for stainless anti-friction bearing steel

ASTM A 866-2014 Spezifikation für reibungsarmen Wälzlagerstahl mittleren Kohlenstoffgehaltes
Specification for medium carbon anti-friction bearing steel

2.1.9 Werkzeugstähle
Tool steels

ASTM A 600-1992 Spezifikation für Hochgeschwindigkeits-Werkzeugstahl
Specification for tool steel high speed

ASTM A 681-2208 Spezifikation für legierte Werkzeugstähle
Specification for tool steels alloy

ASTM A 686-1992 Spezifikation für unlegierte Werkzeugstähle
Specification for tool steel, carbon

2.1.10 Befestigungselemente, Schrauben, Muttern, Bolzen
Fastening elements, screws, nuts, bolts

ASTM A 193-2014 Spezifikation für Verbindungselemente aus legiertem und nichtrostendem Stahl für hohe Temperaturen oder hohe Drücke und sonstige universelle Anwendungen
Specification for alloy-steel and stainless steel bolting for high temperature or high pressure service and other special purpose applications

ASTM A 194-2014 Spezifikation für Schraubenmuttern aus unlegiertem und legiertem Stahl für hohen Druck oder hohe Temperaturanwendung, oder beides
Specification for carbon and alloy steel nuts for bolts for high pressure or high temperature service, or both

ASTM A 320-2014 Spezifikation für Verbindungselemente aus legiertem und nichtrostendem Stahl für den Einsatz bei niedrigen Temperaturen
Specification for alloy-steel and stainless steel bolting for low-temperature service

ASTM A 437-2012 Spezifikation für Verbindungselemente aus speziellem rostbeständigem, legiertem und warmfestem Stahl für den Einsatz im Turbinenbau
Specification for stainless and alloy-steel turbine-type bolting specially heat treated for high-temperature service

ASTM A 453-2012	Spezifikation für Verbindungselemente aus warmfestem Stahl mit Wärmeausdehnungskoeffizienten, die vergleichbar mit den austenitischen nichtrostenden Stählen sind Specification for high-temperature bolting, with expansion coefficients comparable to austenitic stainless steels
ASTM A 540-2011	Spezifikation für Verbindungselemente aus legiertem Stahl für spezielle Anwendungen Specification for alloy-steel bolting for special applications
ASTM A 1082-2012	Spezifikation für Bolzenverbindung aus hochfestem ausscheidungshärtendem und nichtrostendem Duplex-Stahl, für besondere Verwendungszwecke Specification for high strength precipitation hardening and duplex stainless steel bolting for special purpose applications
ASTM F 593-2013	Spezifikation für nichtrostende Bolzen, Sechskantschrauben und Stifte Specification for stainless steel bolts, hex cap screws and studs
ASTM F 594-2009	Spezifikation für nichtrostende Schraubenmuttern Specification for stainless steel nuts
ASTM F 738-2002	Spezifikation für nichtrostende metrische Bolzen, Schrauben und Stifte Specification for stainless steel metric bolts, screws and studs

2.1.11 Stahlguss
Steel castings

ASTM A 27-2013	Spezifikation für unlegierten Stahlguss für allgemeine Anforderungen Specification for steel casting, carbon, for general application
ASTM A 128-1993	Spezifikation für austenitischen Manganstahlguss Specification for steel castings, austenitic manganese
ASTM A 148-2008	Spezifikation für hochfesten Stahlguss für Bauzwecke Specification for steel castings, high strength, for structural purposes

ASTM A 216-2014	Spezifikation für unlegierten warmfesten Stahlguss, geeignet für das Schmelzschweißen Specification for steel castings, carbon, suitable for fusion welding, for high-temperature service
ASTM A 217-2014	Spezifikation für martensitischen nichtrostenden legierten Stahlguss für druckbeaufschlagte Teile, geeignet für Hochtemperatureinsatz Specification for steel castings, martensitic stainless and alloy, for pressure-containing parts, suitable for high temperature service
ASTM A 297-2014	Spezifikation für hitzebeständigen Eisen-Chrom- und Eisen-Chrom-Nickel-Stahlguss für allgemeine Anwendung Specification for steel castings, iron-chromium and iron-chromium-nickel, heat resistant, for general application
ASTM A 351-2014	Spezifikation für austenitischen Stahlguss, für Druckteile Specification for castings, austenitic, for pressure-containing parts
ASTM A 352-2006	Spezifikation für ferritischen und martensitischen Stahlguss für druckführende Teile für den Einsatz bei niedrigen Temperaturen Specification for steel castings, ferritic and martensitic, for pressure-containing parts, suitable for low-temperature service
ASTM A 356-2011	Spezifikation für dickwandigen Stahlguss aus unlegiertem, niedriglegiertem und nichtrostendem Stahl für Dampfturbinen Specification for steel castings, carbon, low alloy, and stainless steel, heavy-walled for steam turbines
ASTM A 389-2013	Spezifikation für wärmebehandelten Stahlguss aus warmfestem Stahl für druckbeanspruchte Teile, geeignet für Hochtemperaturanwendung Specification for steel castings, alloy, specially heat-treated, for pressure-containing parts, suitable for high-temperature service

ASTM A 426-2013	Spezifikation für legierte ferritische Stahlrohre aus Schleuderguss für Hochtemperatureinsatz Specification for centrifugally cast ferritic alloy steel pipe for high-temperature service
ASTM A 447-2011	Spezifikation für Chrom-Nickel-Eisen-legierten Stahlguss (Klasse 25-12), für Hochtemperatureinsatz Specification for steel castings, chromium-nickel-iron alloy (25-12 class), for high-temperature service
ASTM A 451-2014	Spezifikation für Stahlrohre aus Schleuderguss aus austenitischem Stahl für Hochtemperatureinsatz Specification for centrifugally cast austenitic steel pipe for high-temperature service
ASTM A 487-2014	Spezifikation für Stahlguss für Druckeinsatz Specification for steel castings suitable for pressure service
ASTM A 597-2014	Spezifikation für Werkzeugstahlguss Specification for cast tool steel
ASTM A 608-2014	Spezifikation für Schleudergussrohre aus warmfestem hochlegiertem Eisen-Chrom-Nickel-Stahl für druckführende Leitungen bei hohen Temperaturen Specification for centrifugally cast iron-chromium-nickel high-alloy tubing for pressure application at high temperatures
ASTM A 660-2011	Spezifikation für Schleudergussrohre aus unlegiertem Stahl für Hochtemperatureinsatz Specification for centrifugally cast carbon steel pipe for high-temperature service
ASTM A 732-2014	Spezifikation für Präzisionsguss aus unlegiertem und niedriglegiertem Stahl für allgemeine Anwendung hochfester und warmfester Kobaltlegierungen Specification for castings, investment, carbon and low alloy steel for general application, and cobalt alloy for high strength at elevated temperatures

ASTM A 743-2013	Spezifikation für korrosionsbeständigen Eisen-Chrom- und Eisen-Chrom-Nickel-Guss für allgemeine Anwendung Specification for castings, iron-chromium, iron-chromium-nickel, corrosion resistant, for general application
ASTM A 744-2013	Spezifikation für korrosionsbeständigen hochbeanspruchbaren Eisen-Chrom-Nickel-Guss Specification for castings, iron-chromium-nickel, corrosion resistant, for severe service
ASTM A 747-2012	Spezifikation für ausscheidungsgehärteten rostbeständigen Stahlgus Specification for castings, stainless, precipitation hardening
ASTM A 757-2010	Spezifikation für ferritischen und martensitischen Stahlguss für druckführende Anwendungen für den Einsatz bei niedrigen Temperaturen Specification for steel castings, ferritic and martensitic, for pressure-containing and other applications, for low-temperature service
ASTM A 872-2014	Spezifikation für Schleudergussrohre aus ferritischem und austenitischem nichtrostendem Stahl für Korrosionsumgebung Specification for centrifugally cast ferritic/austenitic stainless steel pipe for corrosive environments
ASTM A 890-2013	Spezifikation für korrosionsbeständiges Chrom-Nickel-Molybdän-legiertes Gusseisen, Duplex (austenitisch/ferritisch) für allgemeine Anwendung Spezification for castings, iron chromium-nickel-molybdenum corrosion-resistant, Duplex (austenitic/ferritic) for general application
ASTM A 915-2008	Spezifikation für Stahlguss aus unlegiertem und legiertem Stahl, chemische Anforderungen ähnlich den Schmiedeeisen – Standard-Sorten Specification for steel castings, carbon, and alloy, chemical requirements similar to standard wrought grades

ASTM A 958-2014 Spezifikation für Stahlguss, unlegiert und legiert, mit Anforderungen an die Zugfestigkeit, chemische Anforderungen ähnlich den Schmiedeeisen-Standard-Sorten
Specification for steel castings, carbon and alloy, with tensile requirements, chemical requirements similar to standard wrought grades

ASTM A 995-2013 Spezifikation für Stahlguss aus rostbeständigem, austenitischem und ferritischem Duplex-Stahl für druckbeanspruchte Teile
Specification for castings, austenitic-ferritic (Duplex) stainless steel, for pressure-containing parts

2.1.12 Betonstähle
Reinforcing steels

ASTM A 615-2014 Spezifikation für verformte und glatte unlegierte Betonstahlstäbe
Specification for deformed and plain carbon-steel bars for concrete reinforcement

ASTM A 706-2014 Spezifikation für profilierte und glatte niedriglegierte Betonstahlstäbe
Specification for deformed and plain low-alloy steel bars for concrete reinforcement

ASTM A 955-2014 Spezifikation für verformte und glatte Stäbe aus rostbeständigem Betonstahl
Specification for deformed and plain stainless steel bars for concrete reinforcement

2.1.13 Elektrobleche und -bänder
Magnetic steel sheets and strips

ASTM A 677-2012 Spezifikation für nicht kornorientierte, schlussgeglühte elektrische Stahlsorten
Specification for nonoriented electrical steel fully processed types

ASTM A 683-2005 Spezifikation für nicht kornorientierte, nicht schlussgeglühte elektrische Stahlsorten
Specification for nonoriented electrical steel, semiprocessed types

ASTM A 876-2012 Spezifikation für flachgewalzte kornorientierte schlussgeglühte elektrische Stahlsorten
Specification for flat-rolled, grain-oriented, silicon-iron, electrical steel, fully processed types

2.1.14 Schienenstähle
Rail steels

ASTM A 1-2000 Spezifikation für unlegierte Bahnschienen
Specification for carbon steel tee rails

2.1.15 Spundbleche
Steel sheet piling

ASTM A 328-2013 Spezifikation für Spundbleche
Specification for steel sheet piling

2.2 SAE-Stähle
SAE steels

SAE J 403-2014 Chemische Zusammensetzungen der unlegierten SAE-Stähle
Chemical compositions of SAE carbon steels

SAE J 404-2009 Chemische Zusammensetzungen der legierten SAE-Stähle
Chemical compositions of SAE alloy steels

SAE J 405-1998 Chemische Zusammensetzungen der rostbeständigen SAE-Schmiedestähle
Chemical compositions of SAE wrought stainless steels

SAE J 438 B-1970 Werkzeug- und Matrizenstähle
Tool and die steels

SAE J 467 B-1968 Spezielle zweckbestimmte Legierungen
Special purpose alloys

SAE J 775-2004 Maschinen-Sitzventil – Informationsbericht
Engine poppet valve information report

SAE J 1249-2008 Ehemalige SAE-Normen und ehemalige SAE-Ex-Stähle
Former SAE standard and former SAE Ex-steels

SAE J 1268-2010 Härtbarkeitsdiagramme für unlegierte und legierte H-Stähle
Hardenability bands for carbon and alloy H-steels

2.3 API-Stähle API steels

API 5 CT-2005	Spezifikation für Gehäuse und Rohre (metrische Einheiten) Specification for casing and tubing (metric units)
API 5 D-2001	Spezifikation für Bohrgestänge Specification for drill pipe
API 5 L-2008	Spezifikation für Leitungsrohre Specification for line pipe

2.4 AMS-Stähle AMS steels

z AMS 5020E-1967	Luft- und Raumfahrt – Werkstoff-Spezifikation – Stäbe, Schmiedestücke und Rohre Aerospace material specification – Steel bars, forgings and tubing
AMS 5029D-1969	Luft- und Raumfahrt – Werkstoff-Spezifikation – Schweißdraht Aerospace material specification – Steel welding wire
AMS 5342E-1963	Luft- und Raumfahrt – Werkstoff-Spezifikation – Korrosionsbeständiger Stahlguss Aerospace material specification – Steel corrosion-resistant, investment castings
AMS 5376G-1948	Luft- und Raumfahrt – Werkstoff-Spezifikation – Legierter korrosionsbeständiger und hochwarmfester Stahlguss Aerospace material specification – Alloy corrosion and heat-resistant investing castings
AMS 5649G-1951	Luft- und Raumfahrt – Werkstoff-Spezifikation – Korrosionsbeständige und hochwarmfeste Stäbe, Drähte und Schmiedestücke Aerospace material specification – Steel corrosion and heat-resistant bars, wires and forgings
AMS 5784E-1952	Luft- und Raumfahrt – Werkstoff-Spezifikation – Korrosionsbeständiger und hochwarmfester Schweißdraht 29Cr-9.5Ni Aerospace material specification – Steel corrosion and heat-resisting, welding wire 29Cr-9.5Ni

AMS 5812G-1961 Luft- und Raumfahrt – Werkstoff-Spezifikation – Korrosionsbeständiger und hochwarmfester Schweißdraht 15Cr-7.1Ni-2.4Mo-1.0Al
Aerospace material specification – Steel corrosion and heat-resistant welding wire 15Cr-7.1Ni-2.4Mo-1.0Al

AMS 5824E-1969 Luft- und Raumfahrt – Werkstoff-Spezifikation – Korrosionsbeständiger und hochwarmfester Schweißdraht 17Cr-7.1Ni-1.0Al
Aerospace material specification – Steel corrosion-resistant, welding wire 17Cr-7.1Ni-1.0Al

AMS 6330H-1939 Luft- und Raumfahrt – Werkstoff-Spezifikation – Stäbe, Schmiedestücke und Rohre
Aerospace material specification – Steel bars, forgings und tubing

AMS 6481C-1998 Luft- und Raumfahrt – Werkstoff-Spezifikation – Nitrierte Stäbe, Schmiedestücke und Rohre 3Cr-1Mo-0.2V (0.29–0.36C)
Aerospace material specification – Steel bars, forgings and tubing, nitriding 3Cr-1Mo-0.2V (0.29–0.36C)

AMS 6496A-2009 Luft- und Raumfahrt – Werkstoff-Spezifikation – Nitrierte Stäbe, Schmiedestücke und Rohre 1.4Cr-1.2Mo-0.3V (0.29–0.36C)
Aerospace material specification – Steel bars, forgings and tubing, nitriding

z AMS 7734D-1970 Luft- und Raumfahrt – Werkstoff-Spezifikation – Runddraht aus Kupfer-Eisenlegierung, kupferkaschiert
Aerospace material specification – Nickel-iron alloy wire copper clad, round

2.5 AWS-Schweißzusatzwerkstoffe AWS filler metals

AWS A 5.2-2007 Spezifikation für unlegierte und niedriglegierte Schweißstäbe für Gasschweißung
Specification for carbon and low alloy rods for oxy fuel gas welding

AWS A 5.9-2012 Spezifikation für nichtrostende Stahlelektroden und Stäbe
Specification for bar stainless steel welding electrodes and rods

AWS A 5.30-2007	Spezifikation für eingesetztes Verbrauchsmaterial Specification for consumable inserts

2.6 UNS-Stahlkennzeichnung, ohne Norm-Nr.
UNS steel designation, without standard no.

z = zurückgezogene Norm
withdrawn standard

3 US-Werkstoffbezeichnungen

Auflistung nach US-Normen in alphanumerischer Reihenfolge

US steel names

Listed by US standards in alphanumerical order

US-Norm z: zurückgezogen US standard z: withdrawn	US-Bezeichnung US-name Stahlsorte Steel Class/Grade/Type	EN/DIN Werk-stoff-Nr. Material number	Titel siehe Kapitel 2 Title see chapter 2
ASTM A 1-2000	Element 85 to 114	1.0623	*Schienen* *Rails*
	Element 115	1.0623	
ASTM A 27-2013	60-30	1.0420	*Stahlguss* *Steel castings*
	65-35	1.0446	
	70-36	1.0552	
	70-40	1.0552	
ASTM A 29-2012	12L13	1.0718	*Stäbe, warm-geschmiedet* *Bars, hot-wrought*
		1.0722	
	12L14	1.0737	
	50B44	1.7182	
		1.7185	
		1.7189	
	50B46	1.5513	
	50B50	1.7138	
	51B60	1.7137	
	1005	1.0300	
		1.0314	
		1.1110	
	1006	1.0313	
		1.1111	
	1008	1.0032	
		1.0204	
		1.0304	
		1.0330	
		1.0339	
		1.1113	
	1010	1.0034	
		1.0035	
		1.0213	
		1.0301	
		1.0310	
		1.0349	
		1.1114	
		1.1121	
		1.1207	
	1012	1.0028	
		1.0111	
		1.0214	
		1.0311	

3 US-Werkstoffbezeichnungen

Auflistung nach US-Normen in alphanumerischer Reihenfolge

US steel names

Listed by US standards in alphanumerical order

US-Norm z: zurückgezogen US standard z: withdrawn	US-Bezeichnung US-name Stahlsorte Steel Class/Grade/Type	EN/DIN Werk-stoff-Nr. Material number	Titel siehe Kapitel 2 Title see chapter 2
ASTM A 29-2012	1012	1.0439	*Stäbe, warm-geschmiedet* *Bars, hot-wrought*
		1.1124	
		1.1130	
	1013	1.0036	
		1.0037	
		1.0116	
		1.0417	
	1015	1.0401	
		1.0413	
		1.1132	
		1.1140	
		1.1141	
	1016	1.0114	
		1.0407	
		1.1142	
		1.1148	
		1.1208	
	1017	1.0416	
	1018	1.0038	
		1.0453	
		1.1129	
	1020	1.0402	
		1.0414	
		1.1137	
		1.1149	
		1.1151	
	1022	1.0432	
		1.0469	
		1.1134	
	1023	1.1152	
	1025	1.0406	
		1.0415	
		1.1139	
		1.1158	
		1.1163	
	1026	1.1139	
	1030	1.0520	
		1.0528	
		1.0530	

3 US-Werkstoffbezeichnungen

Auflistung nach US-Normen in alphanumerischer Reihenfolge

US steel names

Listed by US standards in alphanumerical order

US-Norm z: zurückgezogen US standard z: withdrawn	US-Bezeichnung US-name Stahlsorte Steel Class/Grade/Type	EN/DIN Werk-stoff-Nr. Material number	Titel siehe Kapitel 2 Title see chapter 2
ASTM A 29-2012	1030	1.1143	*Stäbe, warm-geschmiedet Bars, hot-wrought*
		1.1178	
		1.1179	
	1034	1.1145	
		1.1181	
	1035	1.0501	
		1.0516	
		1.1145	
		1.1172	
		1.1180	
		1.1181	
	1037	1.0561	
	1038	1.1150	
		1.1181	
	1039	1.1153	
		1.1157	
	1040	1.0511	
		1.1186	
		1.1189	
	1042	1.0541	
		1.1154	
	1043	1.0541	
		1.1154	
	1045	1.0503	
		1.1191	
		1.1193	
		1.1201	
		1.1730	
	1046	1.1162	
	1049	1.0540	
		1.1171	
		1.1206	
	1050	1.0540	
		1.0586	
		1.1171	
		1.1206	
		1.1210	
		1.1213	
		1.1241	

3 US-Werkstoffbezeichnungen

Auflistung nach US-Normen in alphanumerischer Reihenfolge

US steel names

Listed by US standards in alphanumerical order

US-Norm z: zurückgezogen US standard z: withdrawn	US-Bezeichnung US-name Stahlsorte Steel Class/Grade/Type	EN/DIN Werk-stoff-Nr. Material number	Titel siehe Kapitel 2 Title see chapter 2
ASTM A 29-2012	1055	1.0535	*Stäbe, warm-geschmiedet Bars, hot-wrought*
		1.1203	
		1.1209	
		1.1220	
	1059	1.1212	
		1.1228	
	1060	1.0601	
		1.0609	
		1.0610	
		1.1221	
		1.1223	
		1.1233	
	1064	1.1222	
		1.1236	
	1065	1.0611	
		1.0612	
		1.1230	
	1069	1.1234	
		1.1242	
	1070	1.0615	
		1.0617	
		1.1231	
	1074	1.0605	
		1.0614	
		1.1248	
		1.1252	
		1.1253	
	1075	1.0620	
		1.1252	
		1.1253	
	1078	1.0622	
		1.0626	
		1.1255	
		1.1262	
	1080	1.0616	
		1.1265	
	1084	1.0628	
		1.0647	
		1.1272	

3 US-Werkstoffbezeichnungen

Auflistung nach US-Normen in alphanumerischer Reihenfolge

US steel names

Listed by US standards in alphanumerical order

US-Norm z: zurückgezogen US standard z: withdrawn	US-Bezeichnung US-name Stahlsorte Steel Class/Grade/Type	EN/DIN Werk-stoff-Nr. Material number	Titel siehe Kapitel 2 Title see chapter 2
ASTM A 29-2012	1086	1.1217	*Stäbe, warm-geschmiedet* *Bars, hot-wrought*
		1.1269	
	1090	1.0618	
		1.1282	
	1095	1.1274	
		1.1283	
	1109	1.0721	
	1110	1.0702	
		1.0703	
	1117	1.0725	
	1137	1.0764	
	1140	1.0726	
	1141	1.0760	
	1144	1.0762	
	1146	1.0727	
	1151	1.0728	
	1212	1.0711	
	1213	1.0715	
	1215	1.0736	
	1330	1.1170	
	1335	1.1167	
	1340	1.5223	
	1345	1.0912	
	1513	1.0424	
	1518	1.0580	
	1522	1.1133	
	1524	1.0570	
		1.1160	
		1.1169	
	1526	1.1161	
	1527	1.1161	
	1536	1.1166	
	1541	1.1127	
	1548	1.1128	
		1.1226	
	1551	1.0524	
	1552	1.1226	
	1561	1.0908	
	1566	1.1260	

3 US-Werkstoffbezeichnungen

Auflistung nach US-Normen in alphanumerischer Reihenfolge

US steel names

Listed by US standards in alphanumerical order

US-Norm z: zurückgezogen US standard z: withdrawn	US-Bezeichnung US-name Stahlsorte Steel Class/Grade/Type	EN/DIN Werk-stoff-Nr. Material number	Titel siehe Kapitel 2 Title see chapter 2
ASTM A 29-2012	4037	1.5432	*Stäbe, warm-geschmiedet Bars, hot-wrought*
	4118	1.7321	
	4121	1.7243	
		1.7244	
		1.7319	
		1.7320	
		1.7323	
		1.7333	
	4130	1.7216	
		1.7219	
	4135	1.2330	
		1.7220	
		1.7226	
	4137	1.7220	
		1.7225	
		1.7226	
	4140	1.7225	
		1.7227	
	4142	1.2332	
		1.7223	
	4147	1.7228	
	4150	1.7228	
		1.7701	
	4161	1.7241	
	4320	1.5919	
	4340	1.6563	
		1.6565	
		1.6582	
	4419	1.5423	
	4422	1.5419	
	4718	1.6755	
	5015	1.7015	
	5046	1.3561	
	5115	1.7016	
		1.7131	
	5120	1.7147	
	5130	1.7030	
		1.7036	
		1.8401	

3 US-Werkstoffbezeichnungen

Auflistung nach US-Normen in alphanumerischer Reihenfolge

US steel names

Listed by US standards in alphanumerical order

US-Bezeichnung US-name US-Norm z: zurückgezogen US standard z: withdrawn	Stahlsorte Steel Class/Grade/Type	EN/DIN Werk-stoff-Nr. Material number	Titel siehe Kapitel 2 Title see chapter 2
ASTM A 29-2012	5132	1.7033	*Stäbe, warm-geschmiedet* *Bars, hot-wrought*
		1.7037	
	5135	1.7034	
		1.7038	
	5140	1.7035	
		1.7039	
		1.7045	
	5150	1.8404	
	5155	1.7176	
	5160	1.7176	
		1.7177	
	6118	1.7511	
	6150	1.2241	
		1.8159	
	8617	1.6523	
	8620	1.6522	
		1.6526	
	8622	1.6543	
	8625	1.7325	
	8630	1.6545	
	8640	1.6546	
	8660	1.2795	
	8720	1.6523	
		1.6526	
		1.6543	
	8740	1.6546	
	9254	1.7102	
		1.7104	
	9255	1.0904	
		1.5026	
	9260	1.0909	
		1.5027	
		1.5028	
	52100	1.3505	
	E4340	1.6562	
	E9310	1.6657	
	E50100	1.3501	
	E51100	1.2057	
		1.3503	

3 US-Werkstoffbezeichnungen

Auflistung nach US-Normen in alphanumerischer Reihenfolge

US steel names

Listed by US standards in alphanumerical order

US-Bezeichnung US-name		EN/DIN Werkstoff-Nr. Material number	Titel siehe Kapitel 2 Title see chapter 2
US-Norm z: zurückgezogen US standard z: withdrawn	Stahlsorte Steel Class/Grade/Type		
ASTM A 29-2012	E52100	1.3505	*Stäbe, warmgeschmiedet Bars, hot-wrought*
	M1008	1.0204	
		1.0304	
		1.0330	
		1.0339	
		1.1113	
	M1010	1.0213	
		1.0301	
		1.0349	
		1.1114	
		1.1121	
	M1012	1.0028	
		1.0111	
		1.0214	
		1.0439	
		1.1124	
		1.1130	
	M1015	1.0401	
		1.0413	
		1.1132	
		1.1140	
		1.1141	
	M1017	1.0416	
	M1020	1.0402	
		1.0414	
		1.1149	
		1.1151	
	M1023	1.1152	
	M1025	1.0406	
		1.0415	
		1.1158	
ASTM A 36-2014	–	1.0038	*Bleche, Stäbe, Walzprofile Plates, bars, shapes*
	–	1.0038	
	–	1.0038	
	–	1.0044	
	–	1.0044	
	–	1.0044	
ASTM A 53-2012	A type E	1.0035	
		1.0038	

3 US-Werkstoffbezeichnungen

Auflistung nach US-Normen in alphanumerischer Reihenfolge

US steel names

Listed by US standards in alphanumerical order

US-Bezeichnung US-name US-Norm z: zurückgezogen US standard z: withdrawn	Stahlsorte Steel Class/Grade/Type	EN/DIN Werk-stoff-Nr. Material number	Titel siehe Kapitel 2 Title see chapter 2
ASTM A 53-2012	A type E	1.0253	*Bleche, Stäbe, Walzprofile Plates, bars, shapes*
		1.0254	
		1.0305	
		1.0308	
	A type S	1.0035	
		1.0038	
		1.0253	
		1.0254	
		1.0305	
		1.0308	
	B type E	1.0132	
		1.0256	
		1.0408	
		1.0418	
		1.0459	
	B type S	1.0132	
		1.0256	
		1.0408	
		1.0418	
		1.0459	
ASTM A 105-2014	–	1.0570	*Schmiedestücke Forgings*
	–	1.0402	
	–	1.0436	
	–	1.0460	
ASTM A 106-2014	A	1.0254	*Rohre, nahtlos, warmfest Pipes, seamless, for high tempe-rature*
		1.0255	
		1.0305	
		1.0315	
		1.0345	
	B	1.0256	
		1.0405	
		1.0418	
	C	1.0481	
ASTM A 108-2007	12L13	1.0718	*Stäbe Bars*
		1.0722	
	12L14	1.0737	
	1010	1.0310	
	1015	1.0401	
		1.0413	

3 US-Werkstoffbezeichnungen

Auflistung nach US-Normen in alphanumerischer Reihenfolge

US steel names

Listed by US standards in alphanumerical order

US-Bezeichnung / US-name		EN/DIN Werk-stoff-Nr. Material number	Titel siehe Kapitel 2 Title see chapter 2
US-Norm z: zurückgezogen US standard z: withdrawn	Stahlsorte Steel Class/Grade/Type		
ASTM A 108-2007	1015	1.1132	*Stäbe* *Bars*
	1017	1.0416	
	1020	1.0402	
		1.0414	
	1025	1.0406	
		1.0415	
		1.1158	
		1.1163	
	1035	1.1145	
		1.1172	
		1.1180	
		1.1181	
	1040	1.1186	
		1.1189	
	1045	1.0503	
		1.1191	
		1.1193	
		1.1201	
		1.1730	
	1050	1.0586	
		1.1171	
		1.1206	
		1.1210	
		1.1213	
		1.1241	
	1212	1.0711	
	1213	1.0715	
	1215	1.0736	
ASTM A 109-2014	Temper No. 4	1.0312	*Bänder* *Strips*
	Temper No. 4	1.0347	
	Temper No. 5	1.0338	
ASTM A 128-1993	A	1.3401	*Stahlguss, Manganstahl* *Steel castings, manganese steel*
		1.3403	
		1.3802	
	B-1	1.3402	
		1.3802	
	B-2	1.3401	
		1.3403	
		1.3802	

3 US-Werkstoffbezeichnungen

Auflistung nach US-Normen in alphanumerischer Reihenfolge

US steel names

Listed by US standards in alphanumerical order

US-Bezeichnung US-name US-Norm z: zurückgezogen US standard z: withdrawn	Stahlsorte Steel Class/Grade/Type	EN/DIN Werk-stoff-Nr. Material number	Titel siehe Kapitel 2 Title see chapter 2
ASTM A 128-1993	B-3	1.3401	*Stahlguss, Manganstahl* *Steel castings, manganese steel*
		1.3403	
		1.3802	
	B-4	1.3401	
		1.3403	
		1.3802	
	C	1.3401	
		1.3403	
		1.3410	
	D	1.3425	
	E-1	1.3416	
	F	1.3415	
ASTM A 131-2014	A	1.0440	*Schiffbaustähle* *Structural steels for ships*
		1.0441	
	AH32	1.0513	
	AH36	1.0583	
	AH40	1.0532	
	B	1.0442	
	D	1.0475	
	DH32	1.0514	
	DH36	1.0584	
	DH40	1.0534	
	E	1.0476	
	EH32	1.0515	
	EH36	1.0589	
	EH40	1.0560	
ASTM A 135-2009	A	1.0037	*Rohre, geschweißt* *Pipes, welded*
		1.0254	
		1.0345	
	B	1.0130	
		1.0256	
		1.0257	
ASTM A 139-2004	B	1.0130	*Rohre, geschweißt* *Pipes, welded*
		1.0256	
	E	1.0481	
ASTM A 148-2008	80-50	1.0552	*Stahlguss* *Steel castings*
		1.1165	
	90-60	1.0558	

3 US-Werkstoffbezeichnungen

Auflistung nach US-Normen in alphanumerischer Reihenfolge

US steel names

Listed by US standards in alphanumerical order

US-Bezeichnung US-name		EN/DIN Werk-stoff-Nr. Material number	Titel siehe Kapitel 2 Title see chapter 2
US-Norm z: zurückgezogen US standard z: withdrawn	Stahlsorte Steel Class/Grade/Type		
z ASTM A 167-1999	302B	1.4326	*Bleche und Bänder Sheets and strips*
	308	1.4303	
	309	1.4828	
	310	1.4841	
	310	1.4843	
ASTM A 176-1999	403	1.4000	*Bleche und Bänder, warmfest Sheets and strips, heat resisting*
	403	1.4006	
	420	1.4021	
	420	1.4028	
	420	1.4031	
	420	1.4034	
	422	1.4929	
	422	1.4935	
	431	1.2787	
	431	1.4044	
	431	1.4057	
	446	1.4749	
	446	1.4762	
ASTM A 178-2002	A	1.0305	*Kesselrohre, geschweißt Boiler tubes, welded*
	A	1.0315	
	C	1.0405	
	C	1.0498	
ASTM A 179-1990	–	1.0254	*Rohre, nahtlos, Pipes, seamless*
	–	1.0305	
	–	1.0309	
ASTM A 181-2014	60	1.0132	*Schmiedestück, Fittinge Forgings, fittings*
	60	1.0352	
	60	1.0402	
	60	1.0460	
	70	1.0132	
	70	1.0426	
	70	1.0436	
	70	1.0460	
	70	1.0565	
ASTM A 182-2014	F 1	1.5415	*Flansche, Fittinge Flanges, fittings*
		1.5419	
		1.5421	
		1.5423	
	F 2	1.7332	

3 US-Werkstoffbezeichnungen

Auflistung nach US-Normen in alphanumerischer Reihenfolge

US steel names

Listed by US standards in alphanumerical order

US-Bezeichnung US-name US-Norm z: zurückgezogen US standard z: withdrawn	Stahlsorte Steel Class/Grade/Type	EN/DIN Werk-stoff-Nr. Material number	Titel siehe Kapitel 2 Title see chapter 2
ASTM A 182-2014	F 3VCb	1.7767	*Flansche, Fittinge* *Flanges, fittings*
	F 5	1.7362	
		1.7366	
	F 6a	1.4006	
		1.4024	
	F 6NM	1.4313	
		1.4413	
	F 9	1.7386	
	F 11 class 1	1.7335	
		1.7338	
	F 11 class 2	1.7338	
	F 11 class 3	1.7338	
	F 12 class 1	1.7335	
	F 12 class 2	1.7335	
		1.7337	
	F 20	1.4657	
	F 21	1.7381	
	F 22 class 1	1.7375	
		1.7380	
		1.7383	
	F 22 class 3	1.7375	
		1.7380	
		1.7383	
	F 22V	1.7703	
	F 23	1.8201	
	F 24	1.7378	
	F 36	1.6368	
	F 44	1.4547	
	F 45	1.4835	
		1.4893	
	F 46	1.4361	
	F 48	1.4439	
		1.4483	
	F 49	1.4565	
	F 50	1.4460	
	F 51	1.4462	
	F 53	1.4410	
	F 55	1.4501	
	F 56	1.4877	

3 US-Werkstoffbezeichnungen

Auflistung nach US-Normen in alphanumerischer Reihenfolge

US steel names

Listed by US standards in alphanumerical order

US-Bezeichnung US-name US-Norm z: zurückgezogen US standard z: withdrawn	Stahlsorte Steel Class/Grade/Type	EN/DIN Werk-stoff-Nr. Material number	Titel siehe Kapitel 2 Title see chapter 2
ASTM A 182-2014	F 58	1.4659	*Flansche, Fittinge Flanges, fittings*
	F 59	1.4507	
	F 60	1.4462	
	F 61	1.4507	
	F 62	1.4478	
	F 65	1.4477	
	F 66	1.4062	
	F 91	1.4903	
	F 92	1.4901	
	F 304	1.4301	
		1.4314	
	F 304H	1.4948	
	F 304L	1.4306	
		1.4307	
	F 304LN	1.4311	
	F 304N	1.4315	
		1.6907	
	F 309H	1.4950	
	F 310	1.4841	
	F 310H	1.4845	
		1.4951	
	F 310MoLN	1.4465	
		1.4466	
	F 316	1.4401	
		1.4436	
	F 316H	1.4919	
	F 316L	1.4404	
		1.4432	
		1.4435	
	F 316LN	1.4406	
		1.4429	
	F 316N	1.4495	
	F 316Ti	1.4571	
		1.4573	
	F 317	1.4445	
		1.4449	
	F 317L	1.4438	
	F 321	1.4541	
		1.4544	

3 US-Werkstoffbezeichnungen

Auflistung nach US-Normen in alphanumerischer Reihenfolge

US steel names

Listed by US standards in alphanumerical order

US-Bezeichnung US-name		EN/DIN Werk-stoff-Nr. Material number	Titel siehe Kapitel 2 Title see chapter 2
US-Norm z: zurückgezogen US standard z: withdrawn	Stahlsorte Steel Class/Grade/Type		
ASTM A 182-2014	F 321H	1.4878	*Flansche, Fittinge Flanges, fittings*
		1.4940	
		1.4941	
		1.6903	
	F 347	1.4550	
	F 347H	1.4912	
	F 348	1.4546	
	F 348H	1.4546	
	F 429	1.4001	
		1.4012	
	F 430	1.4016	
	F 904L	1.4539	
	F 911	1.4905	
	F XM-11	1.4375	
		1.4454	
	F XM-19	1.3964	
	F XM-27Cb	1.4131	
z ASTM A 182-1989	F 7	1.7368	
ASTM A 192-2002	–	1.0305	*Rohre, nahtlos Tubes, seamless*
	–	1.0315	
ASTM A 193-2014	B5	1.7362	*Schrauben-werkstoffe Bolting materials*
	B6	1.4000	
		1.4006	
		1.4024	
	B6X	1.4000	
		1.4006	
		1.4024	
	B7	1.7225	
		1.7227	
		1.7258	
	B7M	1.7225	
		1.7227	
		1.7258	
	B8	1.4301	
		1.4314	
	B8A	1.4301	
		1.4314	
	B8C	1.4546	
		1.4550	

3 US-Werkstoffbezeichnungen

Auflistung nach US-Normen in alphanumerischer Reihenfolge

US steel names

Listed by US standards in alphanumerical order

US-Norm z: zurückgezogen US standard z: withdrawn	US-Bezeichnung US-name Stahlsorte Steel Class/Grade/Type	EN/DIN Werk-stoff-Nr. Material number	Titel siehe Kapitel 2 Title see chapter 2
ASTM A 193-2014	B8CA	1.4546	*Schrauben-werkstoffe* *Bolting materials*
		1.4550	
	B8LN	1.4311	
	B8LNA	1.4311	
	B8M	1.4401	
		1.4436	
	B8M2	1.4401	
		1.4436	
	B8M3	1.4401	
		1.4436	
	B8MA	1.4401	
		1.4436	
	B8MLCuN	1.4547	
	B8MLCuNA	1.4547	
	B8MLN	1.4406	
		1.4429	
	B8MLNA	1.4406	
		1.4429	
	B8MN	1.4495	
	B8MNA	1.4495	
	B8N	1.4315	
		1.6907	
	B8NA	1.4315	
		1.6907	
	B8P	1.4303	
	B8PA	1.4303	
	B8R	1.3964	
	B8RA	1.3964	
	B8T	1.4541	
		1.4544	
	B8TA	1.4541	
		1.4544	
	B16	1.7711	
ASTM A 194-2010	1	1.0132	*Muttern, warmfest* *Nuts for high temperature*
	2	1.0060	
	2H	1.0501	
		1.0503	
		1.1191	
		1.1193	

3 US-Werkstoffbezeichnungen

Auflistung nach US-Normen in alphanumerischer Reihenfolge

US steel names

Listed by US standards in alphanumerical order

US-Norm z: zurückgezogen US standard z: withdrawn	US-Bezeichnung US-name Stahlsorte Steel Class/Grade/Type	EN/DIN Werk- stoff-Nr. Material number	Titel siehe Kapitel 2 Title see chapter 2
ASTM A 194-2010	3 type 501	1.7362	*Muttern, warmfest* *Nuts for high temperature*
	6 type 410	1.4000	
		1.4006	
		1.4024	
	6F type 416	1.4005	
		1.4104	
	7 type 4140	1.7225	
		1.7227	
	7M type 4140	1.7225	
		1.7227	
	7M type 4140H	1.7225	
	7M type 4142	1.7223	
	8 type 304	1.4301	
		1.4314	
	8A type 304	1.4301	
		1.4314	
	8C type 347	1.4546	
		1.4550	
	8CA type 347	1.4546	
		1.4550	
	8F type 303	1.4305	
	8F type 303Se	1.4625	
	8FA type 303	1.4305	
	8FA type 303Se	1.4625	
	8LN type 304LN	1.4311	
	8LNA type 304LN	1.4311	
	8M type 316	1.4401	
		1.4436	
	8MA type 316	1.4401	
		1.4436	
	8MLCuN	1.4547	
	8MLCuNA	1.4547	
	8MLN type 316LN	1.4406	
		1.4429	
	8MLNA type 316LN	1.4406	
		1.4429	
	8MN type316N	1.4495	
	8MNA type 316N	1.4495	
	8N type 304N	1.4315	

3 US-Werkstoffbezeichnungen

Auflistung nach US-Normen in alphanumerischer Reihenfolge

US steel names

Listed by US standards in alphanumerical order

US-Norm z: zurückgezogen US standard z: withdrawn	US-Bezeichnung / US-name Stahlsorte Steel Class/Grade/Type	EN/DIN Werk-stoff-Nr. Material number	Titel siehe Kapitel 2 Title see chapter 2
ASTM A 194-2010	8N type 307N	1.6907	*Muttern, warmfest* *Nuts for high temperature*
	8NA type 304N	1.4315	
	8NA type 307N	1.6907	
	8P type 305	1.4303	
	8PA type 305	1.4303	
	8R	1.3964	
	8RA	1.3964	
	8T type 321	1.4541	
		1.4544	
	8TA type 321	1.4541	
	8TA type 321	1.4544	
	9C	1.4478	
	9CA	1.4478	
	16	1.7711	
ASTM A 203-2012	A	1.5622	*Bleche für Druckbehälter* *Plates for pressure vessel*
		1.5635	
	B	1.5622	
	D	1.5637	
		1.5639	
	E	1.5637	
		1.5639	
	F	1.5637	
		1.5639	
ASTM A 204-2012	A	1.5415	*Bleche für Druckbehälter* *Plates for pressure vessel*
		1.5423	
	B	1.5423	
	C	1.5423	
ASTM A 209-2003	T1	1.5415	*Rohre, nahtlos* *Tubes, seamless*
		1.5423	
	T1a	1.5415	
		1.5423	
ASTM A 210-2002	A-1	1.0405	*Rohre, nahtlos* *Tubes, seamless*
	C	1.0481	
ASTM A 213-2010	800	1.4558	*Rohre, nahtlos* *Tubes, seamless*
		1.4958	
	800H	1.4876	
		1.4958	
		1.4959	
	T2	1.7332	

3 US-Werkstoffbezeichnungen

Auflistung nach US-Normen in alphanumerischer Reihenfolge

US steel names

Listed by US standards in alphanumerical order

US-Bezeichnung US-name US-Norm z: zurückgezogen US standard z: withdrawn	Stahlsorte Steel Class/Grade/Type	EN/DIN Werkstoff-Nr. Material number	Titel siehe Kapitel 2 Title see chapter 2
ASTM A 213-2010	T5	1.7362	*Rohre, nahtlos* *Tubes, seamless*
		1.7366	
	T9	1.7386	
	T11	1.7335	
		1.7338	
	T12	1.7335	
	T17	1.6981	
	T21	1.7381	
	T22	1.7375	
		1.7380	
		1.7383	
	T23	1.8201	
	T24	1.7378	
	T36	1.6368	
	T91	1.4903	
	T92	1.4901	
	T911	1.4905	
	TP201	1.4372	
	TP202	1.3965	
		1.4373	
	TP304	1.4301	
		1.4314	
	TP304H	1.4948	
	TP304L	1.4306	
		1.4307	
	TP304LN	1.4311	
	TP304N	1.4315	
		1.6907	
	TP309H	1.4950	
	TP309S	1.4833	
		1.4950	
	TP310H	1.4845	
		1.4951	
	TP310HCbN	1.4952	
	TP310MoLN	1.4465	
		1.4466	
	TP310S	1.4842	
		1.4845	
	TP316	1.4401	

3 US-Werkstoffbezeichnungen

Auflistung nach US-Normen in alphanumerischer Reihenfolge

US steel names

Listed by US standards in alphanumerical order

US-Norm z: zurückgezogen US standard z: withdrawn	US-Bezeichnung / US-name Stahlsorte Steel Class/Grade/Type	EN/DIN Werk-stoff-Nr. Material number	Titel siehe Kapitel 2 Title see chapter 2
ASTM A 213-2010	TP316	1.4436	*Rohre, nahtlos* *Tubes, seamless*
	TP316H	1.4918	
		1.4919	
	TP316L	1.4404	
		1.4432	
		1.4435	
	TP316LN	1.4406	
		1.4429	
	TP316N	1.4495	
	TP316Ti	1.4571	
		1.4573	
	TP317	1.4445	
		1.4449	
	TP317L	1.4438	
	TP317LM	1.4439	
		1.4483	
	TP317LMN	1.4439	
		1.4483	
	TP321	1.4541	
		1.4544	
	TP321H	1.4878	
		1.4940	
		1.4941	
		1.6903	
	TP347	1.4550	
	TP347H	1.4908	
		1.4912	
	TP347HFG	1.4908	
		1.4912	
	TP348	1.4546	
	TP348H	1.4546	
	TP444	1.4521	
	UNS: N08811	1.4876	
		1.4959	
	UNS: N08904	1.4539	
	UNS: N08925	1.4529	
	UNS: N08926	1.4529	
	UNS: S21500	1.4982	
	UNS: S30432	1.4907	

3 US-Werkstoffbezeichnungen

Auflistung nach US-Normen in alphanumerischer Reihenfolge

US steel names

Listed by US standards in alphanumerical order

US-Norm z: zurückgezogen US standard z: withdrawn	US-Bezeichnung / US-name Stahlsorte Steel Class/Grade/Type	EN/DIN Werk-stoff-Nr. Material number	Titel siehe Kapitel 2 Title see chapter 2
ASTM A 213-2010	UNS: S30434	1.4917	*Rohre, nahtlos* *Tubes, seamless*
	UNS: S30815	1.4835	
		1.4893	
	UNS: S31002	1.4335	
	UNS: S31035	1.4990	
	UNS: S31254	1.4547	
	UNS: S33228	1.4877	
	UNS: S34565	1.4565	
	XM-19	1.3964	
z ASTM A 213-1989	T7	1.7368	
ASTM A 214-1996	–	1.0036	*Rohre, geschweißt* *Pipes, welded*
	–	1.0305	
	–	1.0315	
ASTM A 216-2014	WCA	1.0619	*Stahlguss, warmfest* *Steel castings for high temperature*
		1.0621	
		1.1156	
	WCB	1.0619	
	WCC	1.0619	
		1.0625	
		1.1131	
		1.1138	
		1.6220	
ASTM A 217-2014	C5	1.7363	*Stahlguss* *Steel castings*
		1.7365	
	C12	1.7389	
	C12A	1.4903	
	CA15	1.4008	
		1.4011	
		1.4027	
		1.4107	
	WC1	1.5419	
	WC6	1.7338	
		1.7357	
	WC9	1.7379	
		1.7380	
		1.7383	
		1.7387	
	WC11	1.7357	

3 US-Werkstoffbezeichnungen

Auflistung nach US-Normen in alphanumerischer Reihenfolge

US steel names

Listed by US standards in alphanumerical order

US-Norm z: zurückgezogen US standard z: withdrawn	US-Bezeichnung US-name Stahlsorte Steel Class/Grade/Type	EN/DIN Werk-stoff-Nr. Material number	Titel siehe Kapitel 2 Title see chapter 2
ASTM A 225-2012	C	1.8907	*Bleche für Druckbehälter* *Plates for pressure vessel*
		1.8917	
		1.8937	
	D	1.0539	
		1.8905	
ASTM A 229-2014	–	1.1230	*Federstahldrähte* *Spring steel wires*
ASTM A 230-2005	–	1.1250	*Stahldrähte* *Steel wires*
ASTM A 231-2010	–	1.8154	*Federstahldrähte* *Spring steel wires*
ASTM A 232-2005	–	1.8154	*Federstahldrähte* *Spring steel wires*
ASTM A 234-2014	WP1	1.5415	*Fittinge aus Schmiedestahl* *Fittings of wrought steel*
		1.5423	
	WP5 class 1	1.7362	
		1.7366	
	WP5 class 3	1.7362	
		1.7366	
	WP9 class 1	1.7386	
	WP9 class 3	1.7386	
	WP11 class 1	1.7335	
		1.7338	
	WP11 class 2	1.7335	
		1.7338	
	WP11 class 3	1.7335	
		1.7338	
	WP12 class 1	1.7335	
	WP12 class 2	1.7335	
		1.7337	
	WP22 class 1	1.7375	
		1.7380	
		1.7383	
	WP22 class 3	1.7375	
		1.7380	
		1.7383	
	WP24	1.7378	
	WP91	1.4903	
	WP92	1.4901	

3 US-Werkstoffbezeichnungen

Auflistung nach US-Normen in alphanumerischer Reihenfolge

US steel names

Listed by US standards in alphanumerical order

US-Bezeichnung / US-name: US-Norm z: zurückgezogen US standard z: withdrawn	US-Bezeichnung / US-name: Stahlsorte Steel Class/Grade/Type	EN/DIN Werk-stoff-Nr. Material number	Titel siehe Kapitel 2 Title see chapter 2
ASTM A 234-2014	WP911	1.4905	*Fittinge aus Schmiedestahl* *Fittings of wrought steel*
	WPB	1.0305	
		1.0405	
		1.0418	
	WPC	1.0481	
z ASTM A 234-1989	WP7	1.7368	
ASTM A 240-2010	201	1.4372	*Bleche und Bänder, nichtrostend* *Plates/sheets and strips, stainless*
	202	1.3965	
		1.4373	
	255	1.4507	
	301	1.4310	
		1.4324	
	301L	1.4319	
	301LN	1.4318	
	302	1.4300	
		1.4325	
	304	1.4301	
		1.4314	
	304H	1.4948	
	304L	1.4306	
		1.4307	
	304LN	1.4311	
	304N	1.4315	
		1.6907	
	305	1.4303	
	309H	1.4833	
		1.4950	
	309S	1.4833	
		1.4950	
	310H	1.4845	
		1.4951	
	310MoLN	1.4465	
		1.4466	
	310S	1.4842	
		1.4845	
	316	1.4401	
		1.4436	
	316Cb	1.4580	
	316H	1.4918	

3 US-Werkstoffbezeichnungen

Auflistung nach US-Normen in alphanumerischer Reihenfolge

US steel names

Listed by US standards in alphanumerical order

US-Bezeichnung US-name US-Norm z: zurückgezogen US standard z: withdrawn	Stahlsorte Steel Class/Grade/Type	EN/DIN Werk-stoff-Nr. Material number	Titel siehe Kapitel 2 Title see chapter 2
ASTM A 240-2010	316H	1.4919	*Bleche und Bänder, nichtrostend Plates/sheets and strips, stainless*
	316L	1.4404	
		1.4432	
		1.4435	
	316LN	1.4406	
		1.4429	
	316N	1.4495	
	316Ti	1.4571	
		1.4573	
	317	1.4445	
		1.4449	
	317L	1.4438	
	317LM	1.4439	
		1.4483	
	317LMN	1.4439	
		1.4483	
	317LN	1.4434	
		1.4442	
	321	1.4541	
		1.4544	
		1.4941	
	321H	1.4878	
		1.4940	
		1.4941	
		1.6903	
	329	1.4480	
	334	1.4847	
	347	1.4550	
	347H	1.4912	
	348	1.4546	
	348H	1.4546	
	405	1.4002	
	409	1.4512	
		1.4720	
	410	1.4006	
		1.4024	
	410S	1.4000	
	429	1.4001	
		1.4012	

3 US-Werkstoffbezeichnungen

Auflistung nach US-Normen in alphanumerischer Reihenfolge

US steel names

Listed by US standards in alphanumerical order

US-Norm z: zurückgezogen US standard z: withdrawn	US-Bezeichnung US-name Stahlsorte Steel Class/Grade/Type	EN/DIN Werk-stoff-Nr. Material number	Titel siehe Kapitel 2 Title see chapter 2
ASTM A 240-2010	430	1.4016	*Bleche und Bänder, nichtrostend Plates/sheets and strips, stainless*
	434	1.4113	
	436	1.4526	
	439	1.4510	
	444	1.4521	
	800	1.4558	
	800H	1.4876	
		1.4958	
		1.4959	
	904L	1.4539	
	2205	1.4462	
	2304	1.4362	
	2507	1.4410	
	UNS: N08020	1.4657	
	UNS: N08367	1.4478	
	UNS: N08800	1.4558	
	UNS: N08811	1.4876	
		1.4959	
	UNS: N08904	1.4539	
	UNS: N08925	1.4529	
	UNS: N08926	1.4529	
	UNS: S20103	1.4371	
	UNS: S20153	1.4371	
	UNS: S20433	1.4618	
	UNS: S30415	1.4818	
		1.4891	
	UNS: S30600	1.4361	
	UNS: S30815	1.4835	
		1.4893	
	UNS: S31200	1.4460	
	UNS: S31254	1.4547	
	UNS: S31260	1.4481	
	UNS: S31266	1.4659	
	UNS: S31803	1.4462	
	UNS: S32001	1.4482	
	UNS: S32101	1.4162	
	UNS: S32202	1.4062	
	UNS: S32550	1.4507	
	UNS: S32654	1.4652	

3 US-Werkstoffbezeichnungen

Auflistung nach US-Normen in alphanumerischer Reihenfolge

US steel names

Listed by US standards in alphanumerical order

US-Norm z: zurückgezogen US standard z: withdrawn	US-Bezeichnung US-name Stahlsorte Steel Class/Grade/Type	EN/DIN Werk-stoff-Nr. Material number	Titel siehe Kapitel 2 Title see chapter 2
ASTM A 240-2010	UNS: S32760	1.4501	*Bleche und Bänder, nichtrostend* *Plates/sheets and strips, stainless*
	UNS: S32803	1.4575	
	UNS: S32900	1.4480	
	UNS: S32906	1.4477	
	UNS: S33228	1.4877	
	UNS: S34565	1.4565	
	UNS: S35315	1.4854	
	UNS: S40975	1.4516	
	UNS: S40977	1.4003	
	UNS: S41003	1.4003	
	UNS: S41500	1.4313	
		1.4413	
	UNS: S42035	1.4589	
	UNS: S43330	1.4622	
	UNS: S43940	1.4509	
	UNS: S44500	1.4621	
	UNS: S44535	1.4760	
	UNS: S44660	1.4750	
	UNS: S44700	1.4592	
	UNS: S82012	1.4635	
	UNS: S82031	1.4637	
	UNS: S82441	1.4662	
	XM-11	1.4375	
		1.4454	
	XM-19	1.3964	
	XM-27	1.4131	
ASTM A 242-2013	1	1.8946	*Baustähle* *Structural steels*
		1.8962	
ASTM A 249-2014	800	1.4558	*Rohre, geschweißt* *Tubes, welded*
	800H	1.4958	
	TP201	1.4372	
	TP201LN	1.4371	
	TP202	1.3965	
		1.4373	
	TP304	1.4301	
		1.4314	
	TP304H	1.4948	
	TP304L	1.4306	
		1.4307	

3 US-Werkstoffbezeichnungen

Auflistung nach US-Normen in alphanumerischer Reihenfolge

US steel names

Listed by US standards in alphanumerical order

US-Bezeichnung US-name US-Norm z: zurückgezogen US standard z: withdrawn	Stahlsorte Steel Class/Grade/Type	EN/DIN Werk-stoff-Nr. Material number	Titel siehe Kapitel 2 Title see chapter 2
ASTM A 249-2014	TP304LN	1.4311	*Rohre, geschweißt* *Tubes, welded*
	TP304N	1.4315	
		1.6907	
	TP305	1.4303	
	TP309H	1.4950	
	TP309S	1.4833	
		1.4950	
	TP310H	1.4845	
		1.4951	
	TP310S	1.4842	
		1.4845	
	TP316	1.4401	
		1.4436	
	TP316H	1.4918	
		1.4919	
	TP316L	1.4404	
		1.4432	
		1.4435	
	TP316LN	1.4406	
		1.4429	
	TP316N	1.4495	
	TP317	1.4445	
		1.4449	
	TP317L	1.4438	
	TP321	1.4541	
		1.4544	
	TP321H	1.4878	
		1.4940	
		1.4941	
		1.6903	
	TP347	1.4546	
		1.4550	
	TP347H	1.4912	
	TP348	1.4546	
	TP348H	1.4546	
	TPXM-19	1.3964	
	UNS: N08367	1.4478	
	UNS: N08811	1.4876	
		1.4959	

3 US-Werkstoffbezeichnungen

Auflistung nach US-Normen in alphanumerischer Reihenfolge

US steel names

Listed by US standards in alphanumerical order

US-Norm z: zurückgezogen US standard z: withdrawn	US-Bezeichnung US-name Stahlsorte Steel Class/Grade/Type	EN/DIN Werk-stoff-Nr. Material number	Titel siehe Kapitel 2 Title see chapter 2
ASTM A 249-2014	UNS: N08904	1.4539	*Rohre, geschweißt* *Tubes, welded*
	UNS: N08926	1.4529	
	UNS: S30415	1.4818	
		1.4891	
	UNS: S30815	1.4835	
		1.4893	
	UNS: S31050	1.4465	
		1.4466	
	UNS: S31254	1.4547	
	UNS: S31725	1.4439	
		1.4483	
	UNS: S31726	1.4439	
		1.4483	
	UNS: S32654	1.4652	
	UNS: S33228	1.4877	
	UNS: S34565	1.4565	
ASTM A 250-2005	T1	1.5415	*Rohre, wider-standsgeschweißt* *Tubes, electric resistance welded*
		1.5423	
	T1a	1.5415	
		1.5423	
	T1b	1.5415	
		1.5423	
	T2	1.7332	
	T11	1.7338	
	T12	1.7335	
	T22	1.7375	
		1.7380	
		1.7383	
ASTM A 266-2003	1	1.0352	*Schmiedestücke* *Forgings*
		1.0402	
		1.0406	
	2	1.0352	
		1.0501	
	4	1.0436	
		1.0565	
ASTM A 268-2010	18Cr-2Mo	1.4521	*Rohre, nahtlos und geschweißt* *Tubes, seamless and welded*
	26-3-3	1.4750	
	29-4	1.4592	
	TP405	1.4002	

3 US-Werkstoffbezeichnungen

Auflistung nach US-Normen in alphanumerischer Reihenfolge

US steel names

Listed by US standards in alphanumerical order

US-Norm z: zurückgezogen US standard z: withdrawn	US-Bezeichnung US-name Stahlsorte Steel Class/Grade/Type	EN/DIN Werk-stoff-Nr. Material number	Titel siehe Kapitel 2 Title see chapter 2
ASTM A 268-2010	TP409	1.4512	*Rohre, nahtlos und geschweißt Tubes, seamless and welded*
		1.4720	
	TP410	1.4006	
		1.4024	
	TP429	1.4001	
		1.4012	
	TP430	1.4016	
	TP430Ti	1.4510	
	TP439	1.4510	
	TP446-1	1.4749	
		1.4762	
	TP446-2	1.4749	
		1.4762	
	TPXM-27	1.4131	
	UNS: S32803	1.4575	
	UNS: S40977	1.4003	
	UNS: S41500	1.4313	
		1.4413	
	UNS: S42035	1.4589	
	UNS: S43940	1.4509	
	UNS: S44400	1.4521	
	UNS: S44660	1.4750	
	UNS: S44700	1.4592	
ASTM A 269-2007	TP201	1.4372	*Rohre, nahtlos und geschweißt Tubes, seamless and welded*
	TP201LN	1.4371	
	TP304	1.4301	
		1.4314	
	TP304L	1.4306	
		1.4307	
	TP304LN	1.4311	
	TP316	1.4401	
		1.4436	
	TP316L	1.4404	
		1.4432	
		1.4435	
	TP316LN	1.4406	
		1.4429	
	TP317	1.4445	
		1.4449	

3 US-Werkstoffbezeichnungen

Auflistung nach US-Normen in alphanumerischer Reihenfolge

US steel names

Listed by US standards in alphanumerical order

US-Norm z: zurückgezogen US standard z: withdrawn	US-Bezeichnung US-name Stahlsorte Steel Class/Grade/Type	EN/DIN Werk-stoff-Nr. Material number	Titel siehe Kapitel 2 Title see chapter 2
ASTM A 269-2007	TP321	1.4541	*Rohre, nahtlos und geschweißt* *Tubes, seamless and welded*
		1.4544	
		1.4941	
	TP347	1.4550	
	TP348	1.4546	
	TPXM-10	1.4454	
	TPXM-11	1.4454	
		1.4375	
	TPXM-19	1.3964	
	UNS: N08367	1.4478	
	UNS: N08904	1.4539	
	UNS: N08925	1.4529	
	UNS: N08926	1.4529	
	UNS: S30600	1.4361	
	UNS: S31254	1.4547	
	UNS: S31726	1.4439	
		1.4483	
	UNS: S32654	1.4652	
	UNS: S34565	1.4565	
ASTM A 270-2014	TP304	1.4301	*Rohre, nahtlos und geschweißt* *Tubes, seamless and welded*
		1.4314	
	TP304L	1.4306	
		1.4307	
	TP316	1.4401	
		1.4436	
	TP316L	1.4404	
		1.4432	
		1.4435	
	UNS: N08367	1.4478	
	UNS: N08926	1.4529	
	UNS: S31254	1.4547	
	UNS: S31803	1.4462	
	UNS: S32205	1.4462	
	UNS: S32750	1.4410	
ASTM A 276-2013	201	1.4372	*Stäbe und Formstücke* *Bars and shapes*
	202	1.3965	
		1.4373	
	302	1.4300	
		1.4325	

3 US-Werkstoffbezeichnungen

Auflistung nach US-Normen in alphanumerischer Reihenfolge

US steel names

Listed by US standards in alphanumerical order

US-Norm z: zurückgezogen US standard z: withdrawn	US-Bezeichnung US-name Stahlsorte Steel Class/Grade/Type	EN/DIN Werk-stoff-Nr. Material number	Titel siehe Kapitel 2 Title see chapter 2
ASTM A 276-2013	302B	1.4326	*Stäbe und Form-stücke* *Bars and shapes*
	304	1.4301	
		1.4314	
	304L	1.4306	
		1.4307	
	304LN	1.4311	
	304N	1.4315	
		1.6907	
	305	1.4303	
	309	1.4828	
	309S	1.4833	
		1.4950	
	310	1.4841	
	310S	1.4842	
		1.4845	
	314	1.4841	
		1.4843	
	316	1.4401	
		1.4436	
	316Cb	1.4580	
	316L	1.4404	
		1.4432	
		1.4435	
	316LN	1.4406	
		1.4429	
	316N	1.4495	
	316Ti	1.4571	
		1.4573	
	317	1.4445	
		1.4449	
	321	1.4541	
		1.4544	
		1.4941	
	347	1.4550	
	348	1.4546	
	403	1.4000	
		1.4006	
	405	1.4002	
	410	1.4006	

3 US-Werkstoffbezeichnungen

Auflistung nach US-Normen in alphanumerischer Reihenfolge

US steel names

Listed by US standards in alphanumerical order

US-Bezeichnung US-name US-Norm z: zurückgezogen US standard z: withdrawn	Stahlsorte Steel Class/Grade/Type	EN/DIN Werk-stoff-Nr. Material number	Titel siehe Kapitel 2 Title see chapter 2
ASTM A 276-2013	410	1.4024	*Stäbe und Form-stücke* *Bars and shapes*
	420	1.2082	
		1.4021	
		1.4028	
		1.4031	
		1.4034	
	429	1.4001	
		1.4012	
	430	1.4016	
	431	1.2787	
		1.4044	
		1.4057	
	440A	1.4109	
	440B	1.4112	
	440C	1.3543	
		1.4125	
	444	1.4521	
	446	1.4749	
		1.4762	
	800	1.4558	
	800H	1.4876	
		1.4958	
		1.4959	
	904L	1.4539	
	UNS: N08367	1.4478	
	UNS: N08811	1.4876	
		1.4958	
		1.4959	
	UNS: N08925	1.4529	
	UNS: N08926	1.4529	
	UNS: S30815	1.4835	
		1.4893	
	UNS: S31254	1.4547	
	UNS: S31725	1.4439	
		1.4483	
	UNS: S31726	1.4439	
		1.4483	
	UNS: S31803	1.4462	
	UNS: S32101	1.4162	

3 US-Werkstoffbezeichnungen

Auflistung nach US-Normen in alphanumerischer Reihenfolge

US steel names

Listed by US standards in alphanumerical order

US-Bezeichnung US-name US-Norm z: zurückgezogen US standard z: withdrawn	Stahlsorte Steel Class/Grade/Type	EN/DIN Werk-stoff-Nr. Material number	Titel siehe Kapitel 2 Title see chapter 2
ASTM A 276-2013	UNS: S32202	1.4062	*Stäbe und Form-stücke* *Bars and shapes*
	UNS: S32205	1.4462	
	UNS: S32304	1.4362	
	UNS: S32550	1.4507	
	UNS: S32654	1.4652	
	UNS: S32750	1.4410	
	UNS: S32760	1.4501	
	UNS: S34565	1.4565	
	UNS: S41500	1.4313	
		1.4413	
	UNS: S44700	1.4592	
	UNS: S82441	1.4662	
	XM-10	1.4454	
	XM-11	1.4375	
		1.4454	
	XM-19	1.3964	
	XM-27	1.4131	
ASTM A 283-2013	C	1.0037	*Bleche* *Plates*
		1.0038	
		1.0039	
		1.0114	
		1.0143	
	D	1.0044	
		1.0045	
		1.0143	
		1.0144	
z ASTM A 283-2003	A	1.0035	
	B	1.0116	
ASTM A 285-2012	A	1.0345	*Bleche* *Plates*
	B	1.0345	
	C	1.0425	
ASTM A 295-2014	1070M	1.1244	*Wälzlagerstähle* *Bearing steels*
	5160	1.7176	
	52100	1.2067	
		1.3505	
ASTM A 297-2014	CT15C	1.4859	*Stahlguss, warmfest* *Steel castings, heat resistant*
	HC	1.4776	
		1.4822	
	HD	1.4823	

3 US-Werkstoffbezeichnungen

Auflistung nach US-Normen in alphanumerischer Reihenfolge

US steel names

Listed by US standards in alphanumerical order

US-Bezeichnung US-name US-Norm z: zurückgezogen US standard z: withdrawn	Stahlsorte Steel Class/Grade/Type	EN/DIN Werk-stoff-Nr. Material number	Titel siehe Kapitel 2 Title see chapter 2
ASTM A 297-2014	HE	1.4339	*Stahlguss, warmfest Steel castings, heat resistant*
	HF	1.4825	
		1.4826	
	HH	1.4837	
	HI	1.4846	
	HK	1.4848	
	HN	1.4805	
	HP	1.4852	
		1.4857	
	HU	1.4849	
		1.4865	
ASTM A 299-2009	A	1.0473	*Bleche Plates*
		1.0482	
		1.0485	
		1.0539	
		1.0545	
		1.0562	
		1.0565	
	B	1.0473	
		1.0482	
		1.0485	
		1.0539	
		1.0545	
		1.0562	
		1.0565	
ASTM A 302-2012	A	1.8812	*Bleche Plates*
		1.8815	
	B	1.8812	
		1.8815	
	C	1.5403	
		1.6311	
	D	1.6310	
		1.6368	
ASTM A 304-2011	15B21H	1.5508	*Stäbe, legiert Bars, alloyed*
		1.5520	
		1.5523	
	50B40H	1.7007	
	50B50H	1.7138	
	51B60H	1.7137	

3 US-Werkstoffbezeichnungen

Auflistung nach US-Normen in alphanumerischer Reihenfolge

US steel names

Listed by US standards in alphanumerical order

US-Norm z: zurückgezogen US standard z: withdrawn	US-Bezeichnung US-name Stahlsorte Steel Class/Grade/Type	EN/DIN Werk-stoff-Nr. Material number	Titel siehe Kapitel 2 Title see chapter 2
ASTM A 304-2011	1038H	1.1181	*Stäbe, legiert* *Bars, alloyed*
	1045H	1.1191	
		1.1193	
		1.1730	
	1335H	1.1167	
	1522H	1.1133	
	1524H	1.1160	
	4037H	1.5432	
	4118H	1.7321	
	4130H	1.7216	
		1.7218	
		1.7219	
	4135H	1.2330	
		1.7220	
	4137H	1.7220	
		1.7225	
	4140H	1.7225	
	4142H	1.7223	
	4147H	1.7228	
	4150H	1.7228	
	4161H	1.7241	
	4320H	1.3576	
		1.5919	
	4340H	1.6565	
	4419H	1.5423	
	4718H	1.6755	
	5046H	1.7002	
	5120H	1.7027	
		1.7147	
	5130H	1.7030	
		1.7036	
	5132H	1.7033	
		1.7037	
	5135H	1.7034	
		1.7038	
	5140H	1.7003	
		1.7035	
		1.7039	
		1.7045	

3 US-Werkstoffbezeichnungen

Auflistung nach US-Normen in alphanumerischer Reihenfolge

US steel names

Listed by US standards in alphanumerical order

US-Bezeichnung US-name		EN/DIN Werk-stoff-Nr. Material number	Titel siehe Kapitel 2 Title see chapter 2
US-Norm z: zurückgezogen US standard z: withdrawn	Stahlsorte Steel Class/Grade/Type		
ASTM A 304-2011	5150H	1.8404	*Stäbe, legiert Bars, alloyed*
	5155H	1.7176	
	5160H	1.7176	
	8617H	1.6523	
	8620H	1.6522	
		1.6523	
		1.6526	
	8622H	1.6543	
	8625H	1.7325	
	8630H	1.6545	
	8640H	1.6546	
	8720H	1.6523	
		1.6526	
		1.6543	
	8740H	1.6546	
	9260H	1.0909	
		1.5027	
		1.5028	
	9310H	1.6657	
	E4340H	1.6562	
ASTM A 311-2004	1018	1.0038	*Stäbe, kaltgezogen Bars, cold drawn*
		1.0453	
		1.1129	
	1035	1.0501	
		1.0516	
		1.1145	
		1.1172	
		1.1180	
		1.1181	
	1045	1.0503	
		1.1191	
		1.1193	
		1.1201	
		1.1730	
	1050	1.0540	
		1.0586	
		1.1171	
		1.1206	
		1.1210	

3 US-Werkstoffbezeichnungen

Auflistung nach US-Normen in alphanumerischer Reihenfolge

US steel names

Listed by US standards in alphanumerical order

US-Norm z: zurückgezogen US standard z: withdrawn	US-Bezeichnung US-name Stahlsorte Steel Class/Grade/Type	EN/DIN Werk-stoff-Nr. Material number	Titel siehe Kapitel 2 Title see chapter 2
ASTM A 311-2004	1050	1.1213	*Stäbe, kaltgezogen* *Bars, cold drawn*
		1.1241	
	1117	1.0725	
	1137	1.0764	
	1141	1.0760	
	1144	1.0762	
	1541	1.1127	
ASTM A 312-2014	304H	1.4948	*Rohre, nahtlos und geschweißt* *Pipes, seamless and welded*
	316Ti	1.4573	
	800	1.4558	
	800H	1.4876	
		1.4958	
		1.4959	
	TP201	1.4372	
	TP201LN	1.4371	
	TP304	1.4301	
		1.4314	
	TP304L	1.4306	
		1.4307	
	TP304LN	1.4311	
	TP304N	1.4315	
		1.6907	
	TP309H	1.4950	
	TP309S	1.4833	
		1.4950	
	TP310H	1.4845	
		1.4951	
	TP310S	1.4842	
		1.4845	
	TP316	1.4401	
		1.4401	
		1.4436	
		1.4436	
	TP316H	1.4918	
		1.4919	
		1.4919	
	TP316L	1.4404	
		1.4432	
		1.4435	

3 US-Werkstoffbezeichnungen

Auflistung nach US-Normen in alphanumerischer Reihenfolge

US steel names

Listed by US standards in alphanumerical order

US-Norm z: zurückgezogen US standard z: withdrawn	US-Bezeichnung / US-name Stahlsorte Steel Class/Grade/Type	EN/DIN Werk-stoff-Nr. Material number	Titel siehe Kapitel 2 Title see chapter 2
ASTM A 312-2014	TP316LN	1.4406	*Rohre, nahtlos und geschweißt* *Pipes, seamless and welded*
		1.4406	
		1.4429	
		1.4429	
	TP316N	1.4495	
		1.4495	
	TP316Ti	1.4571	
	TP317	1.4445	
		1.4449	
	TP317L	1.4438	
	TP321	1.4541	
		1.4544	
	TP321H	1.4878	
		1.4940	
		1.4941	
		1.6903	
	TP347	1.4550	
	TP347H	1.4912	
	TP348	1.4546	
	TP348H	1.4546	
	TPXM-10	1.4454	
	TPXM-11	1.4375	
		1.4454	
	TPXM-19	1.3964	
	304H	1.4948	
	UNS: N08367	1.4478	
	UNS: N08811	1.4876	
		1.4959	
	UNS: N08904	1.4539	
	UNS: N08925	1.4529	
	UNS: N08926	1.4529	
	UNS: S30415	1.4818	
		1.4891	
	UNS: S30600	1.4361	
	UNS: S30815	1.4835	
		1.4893	
	UNS: S31002	1.4335	
	UNS: S31035	1.4990	
	UNS: S31050	1.4465	

3 US-Werkstoffbezeichnungen

Auflistung nach US-Normen in alphanumerischer Reihenfolge

US steel names

Listed by US standards in alphanumerical order

US-Norm z: zurückgezogen US standard z: withdrawn	US-Bezeichnung US-name Stahlsorte Steel Class/Grade/Type	EN/DIN Werk-stoff-Nr. Material number	Titel siehe Kapitel 2 Title see chapter 2
ASTM A 312-2014	UNS: S31050	1.4466	*Rohre, nahtlos und geschweißt* *Pipes, seamless and welded*
	UNS: S31254	1.4547	
	UNS: S31266	1.4659	
	UNS: S31726	1.4439	
		1.4483	
	UNS: S32654	1.4652	
	UNS: S33228	1.4877	
	UNS: S34565	1.4565	
	UNS: S35315	1.4854	
ASTM A 313-2013	302	1.4300	*Federstahldrähte* *Spring steel wires*
		1.4325	
	304	1.4301	
		1.4314	
	305	1.4303	
	316	1.4401	
		1.4436	
	321	1.4541	
		1.4544	
		1.4941	
	347	1.4550	
	631	1.4504	
		1.4568	
	UNS: S20430	1.4597	
	UNS: S30151	1.4310	
	UNS: S32205	1.4462	
	XM-16	1.4543	
ASTM A 314-2013	202	1.3965	*Schmiederohlinge und Schmiede-stäbe* *Billets and bars for forging*
		1.4373	
	302	1.4300	
		1.4325	
	302B	1.4326	
	303	1.4305	
	303Se	1.4625	
	304	1.4301	
		1.4314	
	304L	1.4306	
		1.4307	
	305	1.4303	
	308	1.4303	

3 US-Werkstoffbezeichnungen

Auflistung nach US-Normen in alphanumerischer Reihenfolge

US steel names

Listed by US standards in alphanumerical order

US-Norm z: zurückgezogen US standard z: withdrawn	US-Bezeichnung US-name Stahlsorte Steel Class/Grade/Type	EN/DIN Werk-stoff-Nr. Material number	Titel siehe Kapitel 2 Title see chapter 2
ASTM A 314-2013	309	1.4828	*Schmiederohlinge und Schmiede-stäbe Billets and bars for forging*
	309S	1.4833	
		1.4950	
	310	1.4841	
	310S	1.4842	
		1.4845	
	314	1.4841	
		1.4843	
	316	1.4401	
		1.4436	
	316Cb	1.4580	
	316L	1.4404	
		1.4432	
		1.4435	
	316Ti	1.4571	
		1.4573	
	317	1.4445	
		1.4449	
	321	1.4541	
		1.4544	
	347	1.4550	
	348	1.4546	
	403	1.4000	
		1.4006	
	410	1.4006	
		1.4024	
	416	1.4005	
	420	1.2082	
		1.4021	
		1.4028	
		1.4031	
		1.4034	
	429	1.4001	
		1.4012	
	430	1.4016	
	430F	1.4004	
		1.4104	
		1.4105	
	431	1.2787	

3 US-Werkstoffbezeichnungen

Auflistung nach US-Normen in alphanumerischer Reihenfolge

US steel names

Listed by US standards in alphanumerical order

US-Norm z: zurückgezogen US standard z: withdrawn	US-Bezeichnung US-name Stahlsorte Steel Class/Grade/Type	EN/DIN Werkstoff-Nr. Material number	Titel siehe Kapitel 2 Title see chapter 2
ASTM A 314-2013	431	1.4044	*Schmiederohlinge und Schmiedestäbe Billets and bars for forging*
		1.4057	
	440A	1.4109	
	440B	1.4112	
	440C	1.3543	
		1.4125	
	446	1.4749	
		1.4762	
	501	1.7362	
	502	1.7362	
	XM-10	1.4454	
	XM-11	1.4375	
		1.4454	
	XM-19	1.3964	
	XM-27	1.4131	
	UNS: S31803	1.4462	
	UNS: S32101	1.4162	
	UNS: S32202	1.4062	
	UNS: S32205	1.4462	
	UNS: S32304	1.4362	
	UNS: S32750	1.4410	
	UNS: S32760	1.4501	
	UNS: S33228	1.4877	
	UNS: S38031	1.4562	
	UNS: S82441	1.4662	
ASTM A 320-2014	B8	1.4301	*Schraubenwerkstoffe Bolting materials*
		1.4314	
	B8A	1.4301	
		1.4314	
	B8C	1.4546	
		1.4550	
	B8CA	1.4546	
		1.4550	
	B8F type 303	1.4305	
	B8F type 303Se	1.4625	
	B8FA type 303	1.4305	
	B8FA type 303Se	1.4625	
	B8LN	1.4311	
	B8LNA	1.4311	

3 US-Werkstoffbezeichnungen

Auflistung nach US-Normen in alphanumerischer Reihenfolge

US steel names

Listed by US standards in alphanumerical order

US-Norm z: zurückgezogen US standard z: withdrawn	US-Bezeichnung US-name Stahlsorte Steel Class/Grade/Type	EN/DIN Werk-stoff-Nr. Material number	Titel siehe Kapitel 2 Title see chapter 2
ASTM A 320-2014	B8M	1.4401	*Schrauben-werkstoffe* *Bolting materials*
		1.4436	
	B8MA	1.4401	
		1.4436	
	B8MLN	1.4406	
		1.4429	
	B8MLNA	1.4406	
		1.4429	
	B8P	1.4303	
	B8PA	1.4303	
	B8T	1.4541	
		1.4544	
	B8TA	1.4541	
		1.4544	
	L1	1.5506	
	L7	1.7223	
		1.7225	
		1.7227	
		1.7258	
	L7A	1.5432	
	L7B	1.2330	
		1.7220	
	L7C	1.6546	
	L7M	1.7223	
		1.7225	
		1.7227	
		1.7258	
	L43	1.6565	
		1.6582	
	L70	1.7223	
		1.7225	
		1.7227	
		1.7258	
	L71	1.5432	
	L72	1.2330	
		1.7220	
	L73	1.6546	

3 US-Werkstoffbezeichnungen

Auflistung nach US-Normen in alphanumerischer Reihenfolge

US steel names

Listed by US standards in alphanumerical order

US-Bezeichnung US-name		EN/DIN Werk-stoff-Nr. Material number	Titel siehe Kapitel 2 Title see chapter 2
US-Norm z: zurückgezogen US standard z: withdrawn	Stahlsorte Steel Class/Grade/Type		
ASTM A 322-2013	50B44	1.7182	*Stäbe, Standardgüten Bars, standard grades*
		1.7185	
		1.7189	
	50B46	1.5513	
	50B50	1.7138	
	51B60	1.7137	
	1330	1.1170	
	1335	1.1167	
	1340	1.5223	
	1345	1.0912	
	4037	1.5432	
	4118	1.7321	
	4121	1.7243	
		1.7244	
		1.7319	
		1.7320	
		1.7323	
		1.7333	
	4130	1.7216	
		1.7219	
	4135	1.2330	
		1.7220	
		1.7226	
	4137	1.7220	
		1.7225	
		1.7226	
	4140	1.7225	
		1.7227	
	4142	1.2332	
		1.7223	
	4147	1.7228	
	4150	1.7228	
		1.7701	
	4161	1.7241	
	4320	1.5919	
	4340	1.6563	
		1.6565	
		1.6582	
	4419	1.5423	

3 US-Werkstoffbezeichnungen

Auflistung nach US-Normen in alphanumerischer Reihenfolge

US steel names

Listed by US standards in alphanumerical order

US-Norm z: zurückgezogen US standard z: withdrawn	US-Bezeichnung US-name Stahlsorte Steel Class/Grade/Type	EN/DIN Werk-stoff-Nr. Material number	Titel siehe Kapitel 2 Title see chapter 2
ASTM A 322-2013	4422	1.5419	*Stäbe, Standard-güten* *Bars, standard grades*
	4718	1.6755	
	5015	1.7015	
	5046	1.3561	
	5115	1.7016	
		1.7131	
	5117	1.7016	
	5120	1.7147	
	5130	1.7030	
		1.7036	
		1.8401	
	5132	1.7033	
		1.7037	
	5135	1.7034	
		1.7038	
	5140	1.7035	
		1.7039	
		1.7045	
	5150	1.8404	
	5155	1.7176	
	5160	1.7176	
		1.7177	
	6118	1.7511	
	6150	1.2241	
		1.8159	
	8617	1.6523	
	8620	1.6522	
		1.6526	
	8622	1.6543	
	8625	1.7325	
	8630	1.6545	
	8640	1.6546	
	8660	1.2795	
	8720	1.6523	
		1.6526	
		1.6543	
	8740	1.6546	
	9254	1.7102	
		1.7104	

3 US-Werkstoffbezeichnungen

Auflistung nach US-Normen in alphanumerischer Reihenfolge

US steel names

Listed by US standards in alphanumerical order

US-Norm z: zurückgezogen US standard z: withdrawn	US-Bezeichnung US-name Stahlsorte Steel Class/Grade/Type	EN/DIN Werk-stoff-Nr. Material number	Titel siehe Kapitel 2 Title see chapter 2
ASTM A 322-2013	9255	1.0904	*Stäbe, Standard-güten Bars, standard grades*
		1.5026	
	9260	1.0909	
		1.5027	
		1.5028	
	9310	1.6657	
	52100	1.3505	
	E4340	1.6562	
	E50100	1.3501	
	E51100	1.2057	
		1.3503	
	E52100	1.3505	
ASTM A 328-2013	–	1.0023	*Spundbohlen sheet pilings*
ASTM A 333-2013	1	1.0356	*Rohre, nahtlos und geschweißt Pipes, seamless and welded*
		1.1101	
	3	1.5637	
		1.5639	
	6	1.0256	
		1.0405	
		1.0418	
		1.0437	
	7	1.6227	
	8	1.5662	
		1.5663	
		1.5682	
	11	1.3912	
ASTM A 334-2004	1	1.0356	*Rohre, nahtlos und geschweißt Pipes, seamless and welded*
		1.1101	
	3	1.5637	
		1.5639	
	6	1.0256	
		1.0405	
		1.0418	
		1.0437	
	7	1.6227	
	8	1.5662	
		1.5663	

3 US-Werkstoffbezeichnungen

Auflistung nach US-Normen in alphanumerischer Reihenfolge

US steel names

Listed by US standards in alphanumerical order

US-Bezeichnung US-name US-Norm z: zurückgezogen US standard z: withdrawn	Stahlsorte Steel Class/Grade/Type	EN/DIN Werk-stoff-Nr. Material number	Titel siehe Kapitel 2 Title see chapter 2
ASTM A 334-2004	8	1.5682	*Rohre, nahtlos und geschweißt Pipes, seamless and welded*
	11	1.3912	
ASTM A 335-2011	P1	1.5415	*Rohre, nahtlos, warmfest Pipes, seamless for high temperature*
		1.5423	
	P2	1.7332	
	P5	1.7362	
		1.7366	
	P5c	1.7362	
	P9	1.7386	
	P11	1.7335	
		1.7338	
	P12	1.7335	
	P21	1.7381	
	P22	1.7375	
		1.7380	
		1.7383	
	P23	1.8201	
	P24	1.7378	
	P36	1.6368	
	P91	1.4903	
	P92	1.4901	
	P911	1.4905	
ASTM A 336-2010	F1	1.5415	*Schmiedestücke Forgings*
		1.5423	
	F3VCb	1.7767	
	F5	1.7362	
		1.7366	
	F6	1.4006	
		1.4024	
	F6NM	1.4313	
		1.4413	
	F9	1.7386	
	F11 class 1	1.7335	
		1.7338	
	F12	1.7335	
		1.7337	
	F21 class 1	1.7381	

3 US-Werkstoffbezeichnungen

Auflistung nach US-Normen in alphanumerischer Reihenfolge

US steel names

Listed by US standards in alphanumerical order

US-Bezeichnung US-name		EN/DIN Werk-stoff-Nr. Material number	Titel siehe Kapitel 2 Title see chapter 2
US-Norm z: zurückgezogen US standard z: withdrawn	Stahlsorte Steel Class/Grade/Type		
ASTM A 336-2010	F21 class 3	1.7381	*Schmiedestücke Forgings*
	F22 class 1	1.7375	
		1.7380	
		1.7383	
	F22 class 3	1.7375	
		1.7380	
		1.7383	
	F22V	1.7703	
	F91	1.4903	
	F92	1.4901	
	F911	1.4905	
ASTM A 350-2014	LF1	1.0356	*Schmiedestücke, Flansche, Fittinge, Klappen Forgings, flanges, fittings, valves*
		1.0437	
		1.0488	
		1.0546	
		1.0570	
	LF2	1.0356	
		1.0437	
		1.0488	
		1.0546	
		1.0570	
	LF3	1.5637	
		1.5639	
	LF6	1.0566	
		1.8935	
ASTM A 351-2014	CF10	1.4308	*Gussstücke für druckführende Teile Castings for pressure containing parts*
	CF10M	1.4408	
		1.4581	
	CF3	1.4306	
		1.4309	
	CF3A	1.4306	
		1.4309	
	CF3M	1.4409	
	CF3MA	1.4409	
	CF3MN	1.4404	
	CF8	1.4308	
		1.4815	
		1.6902	
	CF8A	1.4308	

3 US-Werkstoffbezeichnungen

Auflistung nach US-Normen in alphanumerischer Reihenfolge

US steel names

Listed by US standards in alphanumerical order

US-Norm z: zurückgezogen US standard z: withdrawn	US-Bezeichnung US-name Stahlsorte Steel Class/Grade/Type	EN/DIN Werk-stoff-Nr. Material number	Titel siehe Kapitel 2 Title see chapter 2
ASTM A 351-2014	CF8A	1.4815	*Gussstücke für druckführende Teile* *Castings for pressure containing parts*
		1.6902	
	CF8C	1.4308	
		1.4552	
		1.4827	
		1.6905	
	CF8M	1.4408	
		1.4581	
	CG3M	1.4446	
	CG6MMN	1.3964	
	CG8M	1.4412	
		1.4431	
	CH8	1.4833	
		1.4950	
	CK20	1.4840	
		1.4843	
	CK3MCuN	1.4557	
	CN3MN	1.4588	
	CN7M	1.4458	
		1.4500	
		1.4527	
	CT15C	1.4859	
	HK30	1.4848	
	HK40	1.4846	
		1.4848	
ASTM A 352-2006	CA6NM	1.4313	*Stahlguss* *Steel castings*
		1.4317	
		1.4414	
		1.6982	
	LC1	1.5419	
	LC2	1.5621	
		1.5636	
	LC2-1	1.6781	
		1.6783	
	LC3	1.5637	
		1.5638	
	LCA	1.0619	
		1.1156	
	LCB	1.0621	

3 US-Werkstoffbezeichnungen

Auflistung nach US-Normen in alphanumerischer Reihenfolge

US steel names

Listed by US standards in alphanumerical order

US-Bezeichnung US-name US-Norm z: zurückgezogen US standard z: withdrawn	Stahlsorte Steel Class/Grade/Type	EN/DIN Werk-stoff-Nr. Material number	Titel siehe Kapitel 2 Title see chapter 2
ASTM A 352-2006	LCB	1.1156	*Stahlguss* *Steel castings*
		1.5422	
	LCC	1.0625	
		1.1120	
		1.1131	
		1.6220	
ASTM A 353-2009	–	1.5662	*Bleche* *Plates*
	–	1.5663	
ASTM A 355-1989	A	1.8509	*Stäbe* *Bars*
	B	1.8506	
	C	1.8550	
	D	1.8507	
ASTM A 356-2011	1	1.0552	*Stahlguss* *Steel castings*
	6	1.7338	
		1.7357	
	9	1.7706	
	10	1.7375	
	CA6NM	1.4313	
		1.4317	
		1.4414	
		1.6982	
z ASTM A 356-2007	12A	1.4903	
ASTM A 358-2014	201	1.4372	*Rohre, geschweißt* *Pipes, welded*
	201LN	1.4371	
	304	1.4301	
		1.4314	
	304H	1.4948	
	304L	1.4306	
		1.4307	
	304LN	1.4311	
	304N	1.4315	
		1.6907	
	309S	1.4833	
		1.4950	
	310S	1.4842	
		1.4845	
	316	1.4401	
		1.4436	
	316H	1.4918	

3 US-Werkstoffbezeichnungen

Auflistung nach US-Normen in alphanumerischer Reihenfolge

US steel names

Listed by US standards in alphanumerical order

US-Bezeichnung US-name		EN/DIN Werk-stoff-Nr. Material number	Titel siehe Kapitel 2 Title see chapter 2
US-Norm z: zurückgezogen US standard z: withdrawn	Stahlsorte Steel Class/Grade/Type		
ASTM A 358-2014	316H	1.4919	*Rohre, geschweißt Pipes, welded*
	316L	1.4404	
		1.4432	
		1.4435	
	316LN	1.4406	
		1.4429	
	316N	1.4495	
	317	1.4449	
	317L	1.4438	
	321	1.4541	
		1.4544	
	321H	1.4878	
	347	1.4550	
	347H	1.4912	
	348	1.4546	
	800H	1.4876	
		1.4958	
	UNS: N08020	1.4657	
	UNS: N08367	1.4478	
	UNS: N08800	1.4558	
	UNS: N08811	1.4876	
		1.4959	
	UNS: N08904	1.4539	
	UNS: N08926	1.4529	
	UNS: S30415	1.4818	
		1.4891	
	UNS: S30600	1.4361	
	UNS: S30815	1.4835	
		1.4893	
	UNS: S31254	1.4547	
	UNS: S31266	1.4659	
	UNS: S31725	1.4439	
		1.4483	
	UNS: S31726	1.4439	
		1.4483	
	UNS: S32654	1.4652	
	UNS: S34565	1.4565	
	XM-19	1.3964	

3 US-Werkstoffbezeichnungen

Auflistung nach US-Normen in alphanumerischer Reihenfolge

US steel names

Listed by US standards in alphanumerical order

US-Norm z: zurückgezogen US standard z: withdrawn	US-Bezeichnung US-name Stahlsorte Steel Class/Grade/Type	EN/DIN Werk-stoff-Nr. Material number	Titel siehe Kapitel 2 Title see chapter 2
ASTM A 368-1995	302	1.4300	*Drahtlitzen* *Wire strands*
		1.4325	
	304	1.4301	
		1.4314	
	305	1.4303	
	316	1.4401	
		1.4436	
	316Cb	1.4580	
	316Ti	1.4571	
		1.4573	
ASTM A 369-2011	FP1	1.5415	*Rohre, geschmiedet, gebohrt und überdreht* *Pipes, forged, bored and turned*
		1.5423	
	FP2	1.7332	
	FP5	1.7362	
		1.7366	
	FP9	1.7386	
	FP11	1.7338	
	FP12	1.7335	
	FP21	1.7381	
	FP22	1.7375	
		1.7380	
		1.7383	
	FP91	1.4903	
	FP92	1.4901	
	FPA	1.0254	
		1.0305	
	FPB	1.0256	
		1.0405	
		1.0418	
ASTM A 372-2013	F class 55	1.7226	*Schmiedestücke* *Forgings*
	F class 65	1.2330	
		1.7220	
		1.7226	
	F class 70	1.7226	
	B	1.0482	
	D	1.5432	
	E class 55	1.7216	
		1.7219	
	E class 65	1.7216	

3 US-Werkstoffbezeichnungen

Auflistung nach US-Normen in alphanumerischer Reihenfolge

US steel names

Listed by US standards in alphanumerical order

US-Norm z: zurückgezogen US standard z: withdrawn	US-Bezeichnung US-name Stahlsorte Steel Class/Grade/Type	EN/DIN Werk-stoff-Nr. Material number	Titel siehe Kapitel 2 Title see chapter 2
ASTM A 372-2013	E class 65	1.7219	*Schmiedestücke Forgings*
	E class 70	1.7216	
		1.7219	
	J class 55	1.7225	
	J class 65	1.7225	
	J class 70	1.7225	
	J class 110	1.7225	
	K	1.6780	
ASTM A 376-2014	TP304	1.4301	*Rohre, nahtlos, warmfest Pipes, seamless for high temperature*
		1.4314	
	TP304H	1.4948	
	TP304LN	1.4311	
	TP304N	1.4315	
		1.6907	
	TP316	1.4401	
		1.4436	
	TP316H	1.4918	
		1.4919	
	TP316LN	1.4406	
		1.4429	
	TP316N	1.4495	
	TP321	1.4541	
		1.4544	
	TP321H	1.4878	
		1.4940	
		1.4941	
		1.6903	
	TP347	1.4550	
	TP347H	1.4912	
	TP348	1.4546	
	P348H	1.4546	
	UNS: S31266	1.4659	
	UNS: S31725	1.4439	
		1.4483	
	UNS: S31726	1.4439	
		1.4483	
	UNS: S34565	1.4565	
ASTM A 381-1996	Y 35	1.0132	*Rohre, geschweißt Tubes, welded*
	Y 48	1.0570	

3 US-Werkstoffbezeichnungen

Auflistung nach US-Normen in alphanumerischer Reihenfolge

US steel names

Listed by US standards in alphanumerical order

US-Norm z: zurückgezogen US standard z: withdrawn	US-Bezeichnung US-name Stahlsorte Steel Class/Grade/Type	EN/DIN Werk-stoff-Nr. Material number	Titel siehe Kapitel 2 Title see chapter 2
ASTM A 381-1996	Y 50	1.0570	*Rohre, geschweißt* *Tubes, welded*
ASTM A 387-2011	2	1.7332	*Bleche* *Plates*
	5	1.7362	
		1.7366	
	9	1.7386	
	11	1.7336	
		1.7338	
	12	1.7335	
		1.7337	
	21	1.7381	
	21L	1.7381	
	22	1.7375	
		1.7380	
		1.7383	
	22L	1.7375	
		1.7380	
		1.7383	
	91	1.4903	
z ASTM A 387-1998	9CR	1.7386	
ASTM A 389-2013	C23	1.7338	*Stahlguss* *Steel castings*
		1.7357	
	C24	1.7706	
ASTM A 401-2010	9254	1.7102	*Drähte* *Wires*
		1.7104	
ASTM A 403-2014	CR6XN	1.4478	*Fittinge aus Schmiedestahl* *Fittings of wrought steel*
	CR20CB	1.4657	
	CR304	1.4301	
		1.4314	
	CR304H	1.4948	
	CR304L	1.4306	
		1.4307	
	CR304LN	1.4311	
	CR304N	1.4315	
		1.6907	
	CR309	1.4828	
	CR310S	1.4842	
		1.4845	
	CR316	1.4401	

3 US-Werkstoffbezeichnungen

Auflistung nach US-Normen in alphanumerischer Reihenfolge

US steel names

Listed by US standards in alphanumerical order

US-Norm z: zurückgezogen US standard z: withdrawn	US-Bezeichnung US-name Stahlsorte Steel Class/Grade/Type	EN/DIN Werk-stoff-Nr. Material number	Titel siehe Kapitel 2 Title see chapter 2
ASTM A 403-2014	CR316	1.4436	*Fittinge aus Schmiedestahl* *Fittings of wrought steel*
	CR316H	1.4401	
		1.4919	
	CR316L	1.4404	
		1.4432	
		1.4435	
	CR316LN	1.4406	
		1.4429	
	CR316N	1.4495	
	CR317	1.4445	
		1.4449	
	CR317L	1.4438	
	CR321	1.4541	
		1.4544	
	CR321H	1.4878	
		1.4940	
		1.4941	
		1.6903	
	CR347	1.4550	
	CR347H	1.4912	
	CR348	1.4546	
	CR348H	1.4546	
	CR904L	1.4539	
	CR1925	1.4529	
	CR1925N	1.4529	
	CRNIC	1.4558	
	CRNIC10	1.4958	
	CRNIC11	1.4876	
		1.4959	
	CRS31254	1.4547	
	CRS31725	1.4439	
		1.4483	
	CRS31726	1.4439	
		1.4483	
	CRS33228	1.4877	
	CRS34565	1.4565	
	CRXM-19	1.3964	
	WP6XN	1.4478	
	WP20CB	1.4657	

3 US-Werkstoffbezeichnungen

Auflistung nach US-Normen in alphanumerischer Reihenfolge

US steel names

Listed by US standards in alphanumerical order

US-Norm z: zurückgezogen US standard z: withdrawn	US-Bezeichnung US-name Stahlsorte Steel Class/Grade/Type	EN/DIN Werk-stoff-Nr. Material number	Titel siehe Kapitel 2 Title see chapter 2
ASTM A 403-2014	WP304	1.4301	*Fittinge aus Schmiedestahl* *Fittings of wrought steel*
		1.4314	
	WP304H	1.4948	
	WP304L	1.4306	
		1.4307	
	WP304LN	1.4311	
	WP304N	1.4315	
		1.6907	
	WP309	1.4828	
	WP310S	1.4842	
		1.4845	
	WP316	1.4401	
		1.4436	
	WP316H	1.4401	
		1.4919	
	WP316L	1.4404	
		1.4432	
		1.4435	
	WP316LN	1.4406	
		1.4429	
	WP316N	1.4495	
	WP317	1.4445	
		1.4449	
	WP317L	1.4438	
	WP321	1.4541	
		1.4544	
	WP321H	1.4878	
		1.4940	
		1.4941	
		1.6903	
	WP347	1.4550	
	WP347H	1.4912	
	WP348	1.4546	
	WP348H	1.4546	
	WP904L	1.4539	
	WP1925	1.4529	
	WP1925N	1.4529	
	WPNIC	1.4558	
	WPNIC10	1.4958	

3 US-Werkstoffbezeichnungen

Auflistung nach US-Normen in alphanumerischer Reihenfolge

US steel names

Listed by US standards in alphanumerical order

US-Bezeichnung US-name US-Norm z: zurückgezogen US standard z: withdrawn	Stahlsorte Steel Class/Grade/Type	EN/DIN Werk-stoff-Nr. Material number	Titel siehe Kapitel 2 Title see chapter 2
ASTM A 403-2014	WPNIC11	1.4876	*Fittinge aus Schmiedestahl* *Fittings of wrought steel*
		1.4959	
	WPS31254	1.4547	
	WPS31725	1.4439	
		1.4483	
	WPS31726	1.4439	
		1.4483	
	WPS33228	1.4877	
	WPS34565	1.4565	
	WPXM-19	1.3964	
ASTM A 409-2014	TP201	1.4372	*Rohre, großer Durchmesser, geschweißt* *Pipes, large diameter, welded*
	TP201LN	1.4371	
	TP304	1.4301	
		1.4314	
	TP304L	1.4306	
		1.4307	
	TP309S	1.4833	
		1.4950	
	TP310S	1.4842	
		1.4845	
	TP316	1.4401	
		1.4436	
	TP316L	1.4404	
		1.4432	
		1.4435	
	TP317	1.4445	
		1.4449	
	TP321	1.4541	
		1.4544	
	TP347	1.4550	
	TP348	1.4546	
	UNS: N08367	1.4478	
	UNS: S30815	1.4835	
		1.4893	
	UNS: S31254	1.4547	
	UNS: S31266	1.4659	
	UNS: S31725	1.4439	
		1.4483	

3 US-Werkstoffbezeichnungen

Auflistung nach US-Normen in alphanumerischer Reihenfolge

US steel names

Listed by US standards in alphanumerical order

US-Bezeichnung US-name US-Norm z: zurückgezogen US standard z: withdrawn	Stahlsorte Steel Class/Grade/Type	EN/DIN Werk-stoff-Nr. Material number	Titel siehe Kapitel 2 Title see chapter 2
ASTM A 409-2014	UNS: S31726	1.4439	*Rohre, großer Durchmesser, geschweißt* *Pipes, large diameter, welded*
		1.4483	
	UNS: S34565	1.4565	
ASTM A 414-2014	A	1.0345	*Bleche* *Plates*
	B	1.0345	
	C	1.0435	
	D	1.0423	
		1.0425	
		1.0435	
	E	1.0435	
		1.0437	
		1.0481	
	F	1.0445	
		1.0557	
	G	1.0473	
		1.0482	
		1.0557	
ASTM A 420-2014	WPL3	1.5637	*Fittinge aus Schmiedestahl* *Fittings of wrought steel*
		1.5639	
	WPL6	1.0256	
		1.0356	
		1.0405	
		1.0418	
		1.0437	
		1.0453	
		1.0546	
		1.0566	
	WPL8	1.5662	
		1.5663	
ASTM A 423-2009	1	1.8945	*Rohre, nahtlos und geschweißt* *Pipes, seamless and welded*
		1.8962	
ASTM A 424-2009	Type I	1.0390	*Bleche zur Porzel-lanemaillierung* *Sheets for porce-lain enamelling*
		1.0392	
		1.0394	
		1.0399	
		1.0872	

3 US-Werkstoffbezeichnungen

Auflistung nach US-Normen in alphanumerischer Reihenfolge

US steel names

Listed by US standards in alphanumerical order

US-Bezeichnung US-name US-Norm z: zurückgezogen US standard z: withdrawn	Stahlsorte Steel Class/Grade/Type	EN/DIN Werk-stoff-Nr. Material number	Titel siehe Kapitel 2 Title see chapter 2
ASTM A 424-2009	Type II	1.0390	*Bleche zur Porzellanemaillierung Sheets for porcelain enamelling*
		1.0392	
		1.0394	
		1.0399	
		1.0872	
	Type III	1.0390	
		1.0392	
		1.0394	
		1.0399	
		1.0872	
ASTM A 426-2013	CP1	1.5415	*Stahlleitungen aus Schleuderguss Steel pipes of centrifugal casting*
		1.5423	
	CP2	1.7332	
	CP5	1.7363	
		1.7365	
	CP9	1.7386	
		1.7389	
	CP11	1.7338	
		1.7357	
	CP12	1.7335	
		1.7357	
	CP21	1.7381	
	CP22	1.7379	
		1.7380	
		1.7387	
	CPCA15	1.4008	
		1.4011	
		1.4107	
z ASTM A 426-2010	CP91	1.4903	
ASTM A 437-2012	B4B	1.4935	*Schraubenwerkstoffe Bolting materials*
	B4C	1.4935	
	B4D	1.7711	
ASTM A 447-2011	Type I	1.4837	*Stahlguss Steel castings*
	Type II	1.4837	
ASTM A 451-2014	CPF3	1.4306	*Schleuderguss Centrifugal castings*
		1.4309	
	CPF3A	1.4306	
		1.4309	
	CPF3M	1.4409	

3 US-Werkstoffbezeichnungen

Auflistung nach US-Normen in alphanumerischer Reihenfolge

US steel names

Listed by US standards in alphanumerical order

US-Bezeichnung US-name		EN/DIN Werk-stoff-Nr. Material number	Titel siehe Kapitel 2 Title see chapter 2
US-Norm z: zurückgezogen US standard z: withdrawn	Stahlsorte Steel Class/Grade/Type		
ASTM A 451-2014	CPF8	1.4308	*Schleuderguss Centrifugal castings*
		1.4815	
		1.6902	
	CPF8A	1.4308	
		1.4815	
		1.6902	
	CPF8C	1.4552	
		1.6905	
	CPF8M	1.4408	
		1.4581	
	CPK20	1.4840	
		1.4843	
ASTM A 453-2012	660	1.2779	*Schrauben-werkstoffe Bolting materials*
		1.3980	
		1.4606	
		1.4943	
		1.4944	
		1.4954	
		1.4980	
	662	1.4643	
ASTM A 455-2011	–	1.0473	*Bleche Plates*
		1.0425	
		1.0482	
		1.0485	
ASTM A 469-2007	6	1.6952	*Schmiedestücke Forgings*
	7	1.6952	
	8	1.6952	
ASTM A 470-2005	C	1.6952	*Schmiedestücke Forgings*
	D	1.7735	
ASTM A 471-2009	1	1.6948	*Schmiedestücke Forgings*
	2	1.6948	
	3	1.6948	
	4	1.6948	
	5	1.6948	
	6	1.6948	
ASTM A 473-2013	201	1.4372	*Schmiedestücke Forgings*
	202	1.3965	
		1.4373	
	302	1.4300	

3 US-Werkstoffbezeichnungen

Auflistung nach US-Normen in alphanumerischer Reihenfolge

US steel names

Listed by US standards in alphanumerical order

US-Norm z: zurückgezogen US standard z: withdrawn	US-Bezeichnung US-name Stahlsorte Steel Class/Grade/Type	EN/DIN Werk-stoff-Nr. Material number	Titel siehe Kapitel 2 Title see chapter 2
ASTM A 473-2013	302	1.4325	*Schmiedestücke* *Forgings*
	302B	1.4326	
	303	1.4305	
	303Se	1.4625	
	304	1.4301	
		1.4314	
	304L	1.4306	
		1.4307	
	305	1.4303	
	308	1.4303	
	309	1.4828	
	309S	1.4833	
		1.4950	
	310	1.4841	
	310S	1.4842	
		1.4845	
	314	1.4841	
		1.4843	
	316	1.4401	
		1.4436	
	316L	1.4404	
		1.4432	
		1.4435	
	317	1.4445	
		1.4449	
	321	1.4541	
		1.4544	
	347	1.4550	
	348	1.4546	
	403	1.4000	
		1.4006	
	405	1.4002	
	410	1.4006	
		1.4024	
	410S	1.4000	
	416	1.4005	
	420	1.2082	
		1.4021	
		1.4028	

3 US-Werkstoffbezeichnungen

Auflistung nach US-Normen in alphanumerischer Reihenfolge

US steel names

Listed by US standards in alphanumerical order

US-Norm z: zurückgezogen US standard z: withdrawn	US-Bezeichnung US-name Stahlsorte Steel Class/Grade/Type	EN/DIN Werkstoff-Nr. Material number	Titel siehe Kapitel 2 Title see chapter 2
ASTM A 473-2013	420	1.4031	*Schmiedestücke* *Forgings*
		1.4034	
	429	1.4001	
		1.4012	
	430	1.4016	
	430F	1.4004	
		1.4104	
		1.4105	
	431	1.2787	
		1.4044	
		1.4057	
	440A	1.4109	
	440B	1.4112	
	440C	1.3543	
		1.4125	
	446	1.4749	
		1.4762	
	UNS: S30815	1.4835	
		1.4893	
	UNS: S31254	1.4547	
	UNS: S32550	1.4507	
	UNS: S32760	1.4501	
	UNS: S41500	1.4313	
		1.4413	
	XM-10	1.4454	
	XM-11	1.4375	
		1.4454	
ASTM A 478-1997	302	1.4300	*Drähte* *Wires*
		1.4325	
	304	1.4301	
		1.4314	
	304L	1.4306	
		1.4307	
	305	1.4303	
	309S	1.4833	
		1.4950	
	316	1.4401	
		1.4436	
	316Cb	1.4580	

3 US-Werkstoffbezeichnungen

Auflistung nach US-Normen in alphanumerischer Reihenfolge

US steel names

Listed by US standards in alphanumerical order

US-Bezeichnung US-name		EN/DIN Werk-stoff-Nr. Material number	Titel siehe Kapitel 2 Title see chapter 2
US-Norm z: zurückgezogen US standard z: withdrawn	Stahlsorte Steel Class/Grade/Type		
ASTM A 478-1997	316L	1.4404	*Drähte Wires*
		1.4432	
		1.4435	
	316Ti	1.4571	
		1.4573	
	317	1.4445	
		1.4449	
ASTM A 479-2014	302	1.4300	*Stäbe und Formstücke Bars and shapes*
		1.4325	
	304	1.4301	
		1.4314	
	304H	1.4948	
	304L	1.4306	
		1.4307	
	304LN	1.4311	
	304N	1.4315	
		1.6907	
	309H	1.4950	
	309S	1.4833	
		1.4950	
	310H	1.4845	
		1.4951	
	310S	1.4842	
		1.4845	
	316	1.4401	
		1.4436	
	316Cb	1.4580	
	316H	1.4918	
		1.4919	
	316L	1.4404	
		1.4432	
		1.4435	
	316LN	1.4406	
		1.4429	
	316N	1.4495	
	316Ti	1.4571	
		1.4573	
	317	1.4445	
		1.4449	

3 US-Werkstoffbezeichnungen

Auflistung nach US-Normen in alphanumerischer Reihenfolge

US steel names

Listed by US standards in alphanumerical order

US-Bezeichnung US-name US-Norm z: zurückgezogen US standard z: withdrawn	Stahlsorte Steel Class/Grade/Type	EN/DIN Werk-stoff-Nr. Material number	Titel siehe Kapitel 2 Title see chapter 2
ASTM A 479-2014	321	1.4541	*Stäbe und Formstücke* *Bars and shapes*
		1.4544	
	321H	1.4878	
		1.4940	
		1.4941	
		1.6903	
	347	1.4550	
	347H	1.4912	
	348	1.4546	
	348H	1.4546	
	403	1.4000	
		1.4006	
	405	1.4002	
	410	1.4006	
		1.4024	
	430	1.4016	
	431	1.2787	
		1.4044	
		1.4057	
	439	1.4510	
	444	1.4521	
	800	1.4558	
	800H	1.4876	
		1.4958	
	904L	1.4539	
	UNS: N08020	1.4657	
	UNS: N08367	1.4478	
	UNS: N08811	1.4876	
		1.4959	
	UNS: N08925	1.4529	
	UNS: N08926	1.4529	
	UNS: S30600	1.4361	
	UNS: S30815	1.4835	
		1.4893	
	UNS: S31050	1.4465	
		1.4466	
	UNS: S31254	1.4547	
	UNS: S31725	1.4439	
		1.4483	

3 US-Werkstoffbezeichnungen

Auflistung nach US-Normen in alphanumerischer Reihenfolge

US steel names

Listed by US standards in alphanumerical order

US-Norm z: zurückgezogen US standard z: withdrawn	US-Bezeichnung / US-name Stahlsorte Steel Class/Grade/Type	EN/DIN Werk-stoff-Nr. Material number	Titel siehe Kapitel 2 Title see chapter 2
ASTM A 479-2014	UNS: S31726	1.4439	*Stäbe und Form-stücke* *Bars and shapes*
		1.4483	
	UNS: S31803	1.4462	
	UNS: S32101	1.4162	
	UNS: S32202	1.4062	
	UNS: S32205	1.4462	
	UNS: S32550	1.4507	
	UNS: S32654	1.4652	
	UNS: S32750	1.4410	
	UNS: S32760	1.4501	
	UNS: S32906	1.4477	
	UNS: S33228	1.4877	
	UNS: S34565	1.4565	
	UNS: S35315	1.4854	
	UNS: S41500	1.4313	
		1.4413	
	UNS: S44700	1.4592	
	UNS: S82441	1.4662	
	XM-11	1.4375	
		1.4454	
	XM-19	1.3964	
	XM-27	1.4131	
ASTM A 485-2014	100CrMnMoSi8-4-6	1.3539	*Wälzlagerstähle* *Bearing steels*
	100CrMnSi4-4	1.3518	
	100CrMnSi6-4	1.3520	
	100CrMnSi6-6	1.3519	
	100CrMo7	1.3537	
	100CrMo7-3	1.3536	
	100CrMo7-4	1.3538	
	Grade 1	1.2127	
ASTM A 487-2014	8 class A	1.7379	*Stahlguss* *Steel castings*
	8 class B	1.7379	
	8 class C	1.7379	
	CA15 class A	1.4008	
		1.4107	
	CA15 class B	1.4008	
		1.4107	
	CA15 class C	1.4008	
		1.4107	

3 US-Werkstoffbezeichnungen

Auflistung nach US-Normen in alphanumerischer Reihenfolge

US steel names

Listed by US standards in alphanumerical order

US-Norm z: zurückgezogen US standard z: withdrawn	US-Bezeichnung US-name Stahlsorte Steel Class/Grade/Type	EN/DIN Werk-stoff-Nr. Material number	Titel siehe Kapitel 2 Title see chapter 2
ASTM A 487-2014	CA15 class D	1.4008	*Stahlguss* *Steel castings*
		1.4107	
	CA15M class A	1.4011	
	CA6NM class A	1.4313	
		1.4317	
		1.4414	
		1.6982	
	CA6NM class B	1.4313	
		1.4317	
		1.4414	
		1.6982	
ASTM A 492-1995	302	1.4300	*Drähte, Seildrähte* *Wires, rope wires*
		1.4325	
	304	1.4301	
		1.4314	
	305	1.4303	
	316	1.4401	
		1.4436	
ASTM A 493-2009	302	1.4300	*Walzdrähte* *Wire rods*
		1.4325	
	304	1.4301	
		1.4314	
	304L	1.4306	
		1.4307	
	305	1.4303	
	316	1.4401	
		1.4436	
	316L	1.4404	
		1.4432	
		1.4435	
	384	1.4389	
	410	1.4006	
		1.4024	
	429	1.4001	
		1.4012	
	430	1.4016	
	431	1.4044	
		1.4057	
	440C	1.3543	

3 US-Werkstoffbezeichnungen

Auflistung nach US-Normen in alphanumerischer Reihenfolge

US steel names

Listed by US standards in alphanumerical order

US-Bezeichnung US-name US-Norm z: zurückgezogen US standard z: withdrawn	Stahlsorte Steel Class/Grade/Type	EN/DIN Werk-stoff-Nr. Material number	Titel siehe Kapitel 2 Title see chapter 2
ASTM A 493-2009	440C	1.4125	*Walzdrähte* *Wire rods*
	UNS: S30430	1.4567	
	UNS: S44625	1.4131	
	UNS: S44700	1.4592	
ASTM A 500-2013	A	1.0038	*Rohre, geschweißt und nahtlos* *Tubes, welded and seamless*
		1.0044	
		1.0144	
		1.0308	
	B	1.0044	
		1.0408	
	C	1.0539	
	D	1.0044	
ASTM A 501-2014	A	1.0144	*Rohre, geschweißt und nahtlos* *Tubes, welded and seamless*
	B	1.0038	
		1.0039	
		1.0044	
		1.0149	
		1.0408	
ASTM A 506-2012	4118	1.7321	*Bleche und Bänder* *Sheets and strips*
	4130	1.7216	
		1.7219	
	4135	1.2330	
		1.7220	
		1.7226	
	4137	1.7220	
	4140	1.7225	
		1.7227	
	4142	1.2332	
		1.7223	
	4147	1.7228	
	4150	1.7228	
		1.7701	
	4320	1.5919	
	4340	1.6563	
		1.6565	
		1.6582	
	4520	1.5423	
	4718	1.6755	
	5015	1.7015	

3 US-Werkstoffbezeichnungen

Auflistung nach US-Normen in alphanumerischer Reihenfolge

US steel names

Listed by US standards in alphanumerical order

US-Norm z: zurückgezogen US standard z: withdrawn	US-Bezeichnung US-name Stahlsorte Steel Class/Grade/Type	EN/DIN Werk-stoff-Nr. Material number	Titel siehe Kapitel 2 Title see chapter 2
ASTM A 506-2012	5046	1.3561	*Bleche und Bänder* *Sheets and strips*
	5115	1.7016	
		1.7131	
	5120	1.7147	
	5130	1.7030	
		1.7036	
		1.8401	
	5132	1.7033	
		1.7037	
	5140	1.7035	
		1.7039	
		1.7045	
	5150	1.8404	
	5160	1.7176	
		1.7177	
	6150	1.2241	
		1.8159	
	8617	1.6523	
	8620	1.6522	
		1.6523	
		1.6526	
	8630	1.6545	
	8640	1.6546	
	8660	1.2795	
	8720	1.6523	
		1.6526	
		1.6543	
	8740	1.6546	
	9260	1.0909	
		1.5027	
		1.5028	
	9262	1.7108	
	E3310	1.5752	
	E4340	1.6562	
	E9310	1.6657	
	E51100	1.2057	
		1.3503	
	E52100	1.3505	

3 US-Werkstoffbezeichnungen

Auflistung nach US-Normen in alphanumerischer Reihenfolge

US steel names

Listed by US standards in alphanumerical order

US-Norm z: zurückgezogen US standard z: withdrawn	US-Bezeichnung US-name Stahlsorte Steel Class/Grade/Type	EN/DIN Werk-stoff-Nr. Material number	Titel siehe Kapitel 2 Title see chapter 2
ASTM A 507-2012	4118	1.7321	*Bleche und Bänder Sheets and strips*
	4130	1.7216	
		1.7219	
	4135	1.2330	
		1.7220	
		1.7226	
	4137	1.7220	
	4140	1.7225	
		1.7227	
	4142	1.2332	
		1.7223	
	4147	1.7228	
	4150	1.7228	
		1.7701	
	4320	1.5919	
	4340	1.6563	
		1.6565	
		1.6582	
	4520	1.5423	
	4718	1.6755	
	5015	1.7015	
	5046	1.3561	
	5115	1.7016	
		1.7131	
	5120	1.7147	
	5130	1.7030	
		1.7036	
		1.8401	
	5132	1.7033	
		1.7037	
	5140	1.7035	
		1.7039	
		1.7045	
	5150	1.8404	
	5160	1.7176	
		1.7177	
	6150	1.2241	
		1.8159	
	8617	1.6523	

3 US-Werkstoffbezeichnungen

Auflistung nach US-Normen in alphanumerischer Reihenfolge

US steel names

Listed by US standards in alphanumerical order

US-Norm z: zurückgezogen US standard z: withdrawn	US-Bezeichnung US-name Stahlsorte Steel Class/Grade/Type	EN/DIN Werk-stoff-Nr. Material number	Titel siehe Kapitel 2 Title see chapter 2
ASTM A 507-2012	8620	1.6522	*Bleche und Bänder* *Sheets and strips*
		1.6523	
		1.6526	
	8630	1.6545	
	8640	1.6546	
	8660	1.2795	
	8720	1.6523	
		1.6543	
	8740	1.6546	
	9260	1.0909	
		1.5027	
		1.5028	
	9262	1.7108	
	E3310	1.5752	
	E4340	1.6562	
	E9310	1.6657	
	E51100	1.2057	
		1.3503	
	E52100	1.3505	
ASTM A 508-2014	1A	1.0436	*Schmiedestücke* *Forgings*
		1.0565	
	2	1.6755	
	3	1.6310	
		1.6368	
	3V	1.7767	
	3VCb	1.7767	
	22	1.7375	
		1.7380	
		1.7383	
ASTM A 511-2012	29-4	1.4592	*Rohre, nahtlos* *Tubes, seamless*
	MT302	1.4300	
		1.4325	
	MT303	1.4305	
	MT303Se	1.4625	
	MT304	1.4301	
		1.4314	
	MT304L	1.4306	
		1.4307	
	MT305	1.4303	

3 US-Werkstoffbezeichnungen

Auflistung nach US-Normen in alphanumerischer Reihenfolge

US steel names

Listed by US standards in alphanumerical order

US-Norm z: zurückgezogen US standard z: withdrawn	US-Bezeichnung US-name Stahlsorte Steel Class/Grade/Type	EN/DIN Werk-stoff-Nr. Material number	Titel siehe Kapitel 2 Title see chapter 2
ASTM A 511-2012	MT309S	1.4833	*Rohre, nahtlos*
		1.4950	*Tubes, seamless*
	MT310S	1.4842	
		1.4845	
	MT316	1.4401	
		1.4436	
	MT316L	1.4404	
		1.4432	
		1.4435	
	MT317	1.4445	
		1.4449	
	MT321	1.4541	
		1.4544	
	MT347	1.4550	
	MT403	1.4000	
	MT405	1.4002	
	MT410	1.4006	
		1.4024	
	MT429	1.4001	
		1.4012	
	MT430	1.4016	
	MT431	1.4044	
		1.4057	
	MT440A	1.4040	
		1.4109	
	MT446-1	1.4749	
		1.4762	
	MT446-2	1.4749	
		1.4762	
	UNS: S31803	1.4462	
	UNS: S32101	1.4162	
	UNS: S32205	1.4462	
	UNS: S32304	1.4362	
	UNS: S32550	1.4507	
	UNS: S32707	1.4658	
	UNS: S32750	1.4410	
	UNS: S32760	1.4501	
	UNS: S32906	1.4477	

3 US-Werkstoffbezeichnungen

Auflistung nach US-Normen in alphanumerischer Reihenfolge

US steel names

Listed by US standards in alphanumerical order

US-Norm z: zurückgezogen US standard z: withdrawn	US-Bezeichnung US-name Stahlsorte Steel Class/Grade/Type	EN/DIN Werk-stoff-Nr. Material number	Titel siehe Kapitel 2 Title see chapter 2
ASTM A 512-2006	1008	1.0032	*Rohre, stumpfnaht-geschweißt* *Tubes, buttwelded*
		1.0204	
		1.0304	
		1.0318	
		1.0330	
		1.0339	
		1.1113	
	1010	1.0034	
		1.1114	
		1.1207	
	1012	1.0111	
		1.0214	
		1.0439	
		1.1130	
	1015	1.1132	
		1.1141	
	1016	1.0114	
		1.0407	
		1.0419	
		1.0467	
		1.1142	
		1.1148	
		1.1208	
	1018	1.0038	
		1.0453	
		1.1129	
	1020	1.0132	
		1.0408	
		1.1149	
		1.1151	
	1021	1.0044	
		1.0408	
	1025	1.0406	
		1.0415	
		1.1158	
		1.1163	
	1026	1.0044	
	1030	1.0520	
		1.0528	

3 US-Werkstoffbezeichnungen

Auflistung nach US-Normen in alphanumerischer Reihenfolge

US steel names

Listed by US standards in alphanumerical order

US-Norm z: zurückgezogen US standard z: withdrawn	US-Bezeichnung US-name Stahlsorte Steel Class/Grade/Type	EN/DIN Werk-stoff-Nr. Material number	Titel siehe Kapitel 2 Title see chapter 2
ASTM A 512-2006	1030	1.0530	*Rohre, stumpfnaht-geschweißt* *Tubes, buttwelded*
		1.1143	
		1.1178	
		1.1179	
	1035	1.0501	
		1.0516	
		1.1172	
		1.1180	
		1.1181	
	1110	1.0702	
		1.0703	
	1115	1.0710	
	1117	1.0725	
	MT1010	1.0213	
		1.0301	
		1.0349	
		1.1121	
	MT1015	1.0401	
		1.0413	
		1.1140	
		1.1141	
	MT1020	1.0402	
		1.0414	
		1.1149	
		1.1151	
ASTM A 513-2014	1008	1.0212	*Rohre, wider-standsgeschweißt* *Tubes, electric resistance welded*
		1.0032	
		1.0204	
		1.0211	
		1.0304	
		1.0318	
		1.0330	
		1.0339	
		1.1113	
	1010	1.0034	
		1.1114	
		1.1207	
	1012	1.0028	
		1.0111	

3 US-Werkstoffbezeichnungen

Auflistung nach US-Normen in alphanumerischer Reihenfolge

US steel names

Listed by US standards in alphanumerical order

US-Bezeichnung US-name US-Norm z: zurückgezogen US standard z: withdrawn	Stahlsorte Steel Class/Grade/Type	EN/DIN Werk-stoff-Nr. Material number	Titel siehe Kapitel 2 Title see chapter 2
ASTM A 513-2014	1012	1.0214	*Rohre, wider-standsgeschweißt Tubes, electric resistance welded*
		1.0439	
		1.1124	
		1.1130	
	1015	1.1132	
		1.1140	
		1.1141	
	1016	1.0114	
		1.0407	
		1.0419	
		1.0467	
		1.1142	
		1.1148	
	1017	1.0416	
	1018	1.0038	
		1.0453	
		1.1129	
	1020	1.0132	
		1.0408	
		1.1149	
		1.1151	
	1021	1.0044	
		1.0408	
	1022	1.0432	
		1.0469	
		1.1134	
	1023	1.1152	
	1024	1.0421	
		1.0570	
	1025	1.0406	
		1.0415	
		1.1158	
		1.1163	
	1026	1.0044	
	1027	1.1161	
	1030	1.0520	
		1.0528	
		1.0530	
		1.1143	

3 US-Werkstoffbezeichnungen

Auflistung nach US-Normen in alphanumerischer Reihenfolge

US steel names

Listed by US standards in alphanumerical order

US-Norm z: zurückgezogen US standard z: withdrawn	US-Bezeichnung US-name Stahlsorte Steel Class/Grade/Type	EN/DIN Werk- stoff-Nr. Material number	Titel siehe Kapitel 2 Title see chapter 2
ASTM A 513-2014	1030	1.1178	*Rohre, wider-standsgeschweißt* *Tubes, electric resistance welded*
		1.1179	
	1033	1.1146	
	1035	1.0501	
		1.0516	
		1.1172	
		1.1180	
		1.1181	
	1040	1.0511	
		1.1186	
		1.1189	
	1050	1.0540	
		1.1206	
		1.1210	
		1.1213	
		1.1241	
	1060	1.0601	
		1.1221	
		1.1223	
		1.1233	
	1340	1.5223	
	1524	1.1160	
		1.1169	
	4118	1.7321	
	4130	1.7216	
		1.7219	
	4140	1.7225	
		1.7227	
	5130	1.7030	
		1.7036	
		1.8401	
	8620	1.6522	
		1.6523	
		1.6526	
	8630	1.6545	
	MT1010	1.0213	
		1.0301	
		1.0349	
		1.1121	

3 US-Werkstoffbezeichnungen

Auflistung nach US-Normen in alphanumerischer Reihenfolge

US steel names

Listed by US standards in alphanumerical order

US-Bezeichnung US-name US-Norm z: zurückgezogen US standard z: withdrawn	Stahlsorte Steel Class/Grade/Type	EN/DIN Werk-stoff-Nr. Material number	Titel siehe Kapitel 2 Title see chapter 2
ASTM A 513-2014	MT1015	1.0401	*Rohre, wider-standsgeschweißt Tubes, electric resistance welded*
		1.0413	
	MT1020	1.0402	
		1.0414	
ASTM A 514-2014	B	1.8907	*Bleche Plates*
		1.8917	
		1.8937	
	F	1.8907	
		1.8917	
		1.8928	
		1.8931	
		1.8937	
	H	1.8907	
		1.8917	
		1.8928	
		1.8937	
	Q	1.8907	
		1.8917	
		1.8928	
		1.8937	
ASTM A 515-2010	60	1.0425	*Bleche Plates*
	65	1.0435	
		1.0436	
		1.0477	
		1.8821	
		1.8832	
		1.8833	
	70	1.0445	
		1.0481	
		1.0482	
ASTM A 516-2010	55	1.0346	*Bleche Plates*
		1.0356	
		1.0426	
		1.0461	
		1.0462	
		1.0463	
		1.1101	
	60	1.0425	
		1.0486	

3 US-Werkstoffbezeichnungen

Auflistung nach US-Normen in alphanumerischer Reihenfolge

US steel names

Listed by US standards in alphanumerical order

US-Norm z: zurückgezogen US standard z: withdrawn	US-Bezeichnung US-name Stahlsorte Steel Class/Grade/Type	EN/DIN Werk-stoff-Nr. Material number	Titel siehe Kapitel 2 Title see chapter 2
ASTM A 516-2010	60	1.0487	*Bleche* *Plates*
		1.0488	
		1.0426	
		1.0437	
	65	1.0435	
		1.0436	
		1.0505	
		1.0506	
		1.0508	
		1.0576	
		1.8832	
		1.8833	
	70	1.0445	
		1.0473	
		1.0481	
		1.0482	
		1.0485	
		1.0488	
		1.0562	
ASTM A 517-2010	B	1.8907	*Bleche* *Plates*
		1.8917	
		1.8937	
	F	1.8907	
		1.8917	
		1.8928	
		1.8937	
	H	1.8907	
		1.8917	
		1.8928	
		1.8937	
	P	1.8907	
		1.8917	
		1.8937	
	Q	1.8928	
ASTM A 519-2006	12L14	1.0737	*Rohre, nahtlos* *Tubes, seamless*
	50B40	1.7007	
	50B44	1.7182	
		1.7185	
		1.7189	

3 US-Werkstoffbezeichnungen

Auflistung nach US-Normen in alphanumerischer Reihenfolge

US steel names

Listed by US standards in alphanumerical order

US-Norm z: zurückgezogen US standard z: withdrawn	US-Bezeichnung US-name Stahlsorte Steel Class/Grade/Type	EN/DIN Werk-stoff-Nr. Material number	Titel siehe Kapitel 2 Title see chapter 2
ASTM A 519-2006	50B50	1.7138	*Rohre, nahtlos* *Tubes, seamless*
	51B60	1.7137	
	1008	1.0032	
		1.0204	
		1.0304	
		1.0318	
		1.0330	
		1.0339	
		1.1113	
	1010	1.0034	
		1.0213	
		1.0301	
		1.0349	
		1.1114	
		1.1121	
		1.1207	
	1012	1.0028	
		1.0111	
		1.0214	
		1.0439	
		1.1124	
		1.1130	
	1015	1.0401	
		1.0413	
		1.1132	
		1.1140	
		1.1141	
	1016	1.0114	
		1.0407	
		1.0419	
		1.0467	
		1.1142	
		1.1148	
		1.1208	
	1017	1.0416	
	1018	1.0038	
		1.0453	
		1.1129	
	1020	1.0132	

3 US-Werkstoffbezeichnungen

Auflistung nach US-Normen in alphanumerischer Reihenfolge

US steel names

Listed by US standards in alphanumerical order

US-Norm z: zurückgezogen US standard z: withdrawn	US-Bezeichnung US-name Stahlsorte Steel Class/Grade/Type	EN/DIN Werk-stoff-Nr. Material number	Titel siehe Kapitel 2 Title see chapter 2
ASTM A 519-2006	1020	1.0254	*Rohre, nahtlos* *Tubes, seamless*
		1.0408	
		1.1149	
		1.1151	
	1021	1.0044	
		1.0408	
	1022	1.0432	
		1.0469	
		1.1134	
	1025	1.0406	
		1.0415	
		1.1158	
		1.1163	
	1026	1.0044	
	1030	1.0070	
		1.0520	
		1.0528	
		1.0530	
		1.1143	
		1.1178	
		1.1179	
	1035	1.0256	
		1.0501	
		1.0516	
		1.1172	
		1.1180	
		1.1181	
	1040	1.0511	
		1.1186	
		1.1189	
	1045	1.0503	
		1.1191	
		1.1193	
		1.1201	
		1.1730	
	1050	1.0540	
		1.1206	
		1.1210	
		1.1213	

3 US-Werkstoffbezeichnungen

Auflistung nach US-Normen in alphanumerischer Reihenfolge

US steel names

Listed by US standards in alphanumerical order

US-Norm z: zurückgezogen US standard z: withdrawn	US-Bezeichnung US-name Stahlsorte Steel Class/Grade/Type	EN/DIN Werkstoff-Nr. Material number	Titel siehe Kapitel 2 Title see chapter 2
ASTM A 519-2006	1050	1.1241	*Rohre, nahtlos* *Tubes, seamless*
	1137	1.0764	
	1141	1.0760	
	1144	1.0762	
	1213	1.0715	
	1215	1.0736	
	1330	1.1170	
	1335	1.1167	
		1.5069	
	1340	1.5223	
	1345	1.0912	
	1518	1.0580	
		1.0831	
	1524	1.0421	
		1.0570	
		1.1160	
		1.1169	
	1541	1.1127	
	3140	1.5711	
	4037	1.5432	
	4118	1.7321	
	4130	1.7216	
		1.7219	
	4135	1.2330	
		1.7220	
		1.7226	
	4137	1.7220	
		1.7225	
	4140	1.7225	
		1.7227	
	4142	1.7223	
		1.7225	
	4147	1.7228	
	4150	1.7228	
		1.7701	
	4320	1.5919	
	4337	1.6582	
		1.6944	
	4340	1.6563	

3 US-Werkstoffbezeichnungen

Auflistung nach US-Normen in alphanumerischer Reihenfolge

US steel names

Listed by US standards in alphanumerical order

US-Norm z: zurückgezogen US standard z: withdrawn	US-Bezeichnung / US-name Stahlsorte Steel Class/Grade/Type	EN/DIN Werk-stoff-Nr. Material number	Titel siehe Kapitel 2 Title see chapter 2
ASTM A 519-2006	4340	1.6565	*Rohre, nahtlos* *Tubes, seamless*
	4422	1.5419	
	4520	1.5423	
	4718	1.6755	
	5015	1.7015	
	5046	1.3561	
	5115	1.7131	
	5120	1.7147	
	5130	1.7030	
		1.7036	
		1.8401	
	5132	1.7033	
		1.7037	
	5135	1.7034	
		1.7038	
	5140	1.7035	
		1.7039	
		1.7045	
	5150	1.8404	
	5155	1.7176	
	5160	1.7176	
		1.7177	
	6118	1.7511	
	6150	1.2241	
		1.8154	
		1.8159	
	8617	1.6523	
	8620	1.6522	
		1.6523	
		1.6526	
	8622	1.6543	
	8625	1.7325	
	8630	1.6545	
	8640	1.6546	
	8720	1.6523	
		1.6526	
		1.6543	
	8740	1.6546	
	8742	1.6546	

3 US-Werkstoffbezeichnungen

Auflistung nach US-Normen in alphanumerischer Reihenfolge

US steel names

Listed by US standards in alphanumerical order

US-Norm z: zurückgezogen US standard z: withdrawn	US-Bezeichnung US-name Stahlsorte Steel Class/Grade/Type	EN/DIN Werk-stoff-Nr. Material number	Titel siehe Kapitel 2 Title see chapter 2
ASTM A 519-2006	9255	1.5026	*Rohre, nahtlos* *Tubes, seamless*
	9260	1.0909	
		1.5027	
		1.5028	
	9262	1.7108	
	9840	1.6511	
	E3310	1.5752	
	E4337	1.6944	
	E4340	1.6562	
	E7140	1.8509	
	E9310	1.6657	
	E50100	1.3501	
	E51100	1.2057	
		1.3503	
	E52100	1.3505	
	MT1010	1.0213	
		1.0301	
		1.0349	
		1.1121	
	MT1015	1.0401	
		1.0413	
		1.1140	
		1.1141	
	MT1020	1.0402	
		1.0414	
		1.1149	
		1.1151	
ASTM A 521-2006	1561	1.0908	*Gesenk-schmiedestücke* *Die forgings*
ASTM A 522-2014	Type I	1.5662	*Schmiedestücke* *Forgings*
		1.5663	
ASTM A 523-1996	A	1.0253	*Rohre, nahtlos und widerstands-geschweißt* *Pipes, seamless and electric resis-tance welded*
		1.0253	
		1.0254	
		1.0254	
		1.0305	
		1.0305	
		1.0307	

3 US-Werkstoffbezeichnungen

Auflistung nach US-Normen in alphanumerischer Reihenfolge

US steel names

Listed by US standards in alphanumerical order

US-Bezeichnung US-name US-Norm z: zurückgezogen US standard z: withdrawn	Stahlsorte Steel Class/Grade/Type	EN/DIN Werk-stoff-Nr. Material number	Titel siehe Kapitel 2 Title see chapter 2
ASTM A 523-1996	A	1.0307	*Rohre, nahtlos und widerstands-geschweißt Pipes, seamless and electric resis-tance welded*
		1.0308	
		1.0308	
		1.0408	
		1.0408	
	B	1.0256	
		1.0256	
		1.0418	
		1.0418	
		1.0459	
		1.0459	
ASTM A 524-1996	Type I	1.0437	*Rohre, nahtlos Tubes, seamless*
		1.0463	
	Type II	1.0437	
		1.0463	
ASTM A 529-2014	50	1.0044	*C-Mn-Stähle, hochfest C-Mn steels, high strength*
		1.0050	
		1.0486	
		1.0487	
		1.0488	
	55	1.0044	
		1.0050	
		1.0486	
		1.0487	
		1.0488	
ASTM A 533-2009	A	1.8812	*Bleche Plates*
		1.8815	
	B	1.5403	
		1.6310	
		1.6311	
		1.6368	
	C	1.5403	
		1.6310	
		1.6311	
		1.6368	
	D	1.5403	
		1.6310	
		1.6311	
		1.6368	

3 US-Werkstoffbezeichnungen

Auflistung nach US-Normen in alphanumerischer Reihenfolge

US steel names

Listed by US standards in alphanumerical order

US-Norm z: zurückgezogen US standard z: withdrawn	US-Bezeichnung / US-name Stahlsorte Steel Class/Grade/Type	EN/DIN Werk-stoff-Nr. Material number	Titel siehe Kapitel 2 Title see chapter 2
ASTM A 534-2014	15CrMo4	1.3566	*Wälzlagerstähle* *Anti friction bea-ring steels*
	16NiCrMo16-5	1.3532	
	17MnCr5	1.3521	
	18CrNiMo7-6	1.6587	
	18NiCrMo14-6	1.3533	
	19MnCr5	1.3523	
	20Cr3	1.3559	
	20Cr4	1.7027	
	20CrMo4	1.3567	
	20MnCr4-2	1.3515	
	20MnCrMo4-2	1.3570	
	20NiCrMo2	1.6522	
	20NiCrMo7	1.3576	
	4118H	1.7321	
	4320H	1.3576	
		1.5919	
	5120H	1.3559	
		1.7027	
		1.7147	
	8617H	1.6522	
	8620H	1.6522	
		1.6523	
		1.6526	
	9310H	1.6657	
ASTM A 537-2013	1	1.0473	*Bleche* *Plates*
		1.0482	
		1.0485	
		1.0539	
		1.0562	
	2	1.8902	
		1.8905	
		1.8912	
		1.8915	
		1.8918	
ASTM A 540-2011	B21 class 1	1.7711	*Schrauben-werkstoffe* *Bolting materials*
	B21 class 2	1.7711	
	B21 class 3	1.7711	
	B21 class 4	1.7711	
	B21 class 5	1.7711	

3 US-Werkstoffbezeichnungen

Auflistung nach US-Normen in alphanumerischer Reihenfolge

US steel names

Listed by US standards in alphanumerical order

US-Norm z: zurückgezogen US standard z: withdrawn	US-Bezeichnung US-name Stahlsorte Steel Class/Grade/Type	EN/DIN Werk-stoff-Nr. Material number	Titel siehe Kapitel 2 Title see chapter 2
ASTM A 540-2011	B22 class 1	1.7225	*Schrauben-werkstoffe Bolting materials*
	B22 class 2	1.7225	
	B22 class 3	1.7225	
	B22 class 4	1.7225	
	B22 class 5	1.7225	
	B23 class 1	1.6562	
	B23 class 2	1.6562	
	B23 class 3	1.6562	
	B23 class 4	1.6562	
	B23 class 5	1.6562	
	B24 class 1	1.6562	
	B24 class 2	1.6562	
	B24 class 3	1.6562	
	B24 class 4	1.6562	
	B24 class 5	1.6562	
ASTM A 541-2005	1A	1.0436	*Schmiedestücke Forgings*
		1.0565	
	2	1.6755	
		1.0552	
	3	1.0545	
		1.0546	
		1.0562	
		1.0566	
		1.6308	
	3VCb	1.7767	
	4N	1.6742	
	11 class 4	1.7338	
	22 class 3	1.7375	
		1.7380	
		1.7383	
	22 class 4	1.7375	
		1.7380	
	22 class 5	1.7375	
		1.7380	
	22V	1.7703	
ASTM A 542-2013	A	1.7375	*Bleche Plates*
		1.7380	
		1.7383	
	B	1.7375	

3 US-Werkstoffbezeichnungen

Auflistung nach US-Normen in alphanumerischer Reihenfolge

US steel names

Listed by US standards in alphanumerical order

US-Bezeichnung US-name US-Norm z: zurückgezogen US standard z: withdrawn	Stahlsorte Steel Class/Grade/Type	EN/DIN Werk-stoff-Nr. Material number	Titel siehe Kapitel 2 Title see chapter 2
ASTM A 542-2013	B	1.7380	*Bleche*
		1.7383	*Plates*
	D	1.7703	
	E	1.7767	
ASTM A 543-2009	C	1.6782	*Bleche* *Plates*
ASTM A 553-2014	Type I	1.5662	*Bleche*
		1.5663	*Plates*
ASTM A 554-2014	410S	1.4000	*Rohre, geschweißt*
	434	1.4113	*Tubes, welded*
	436	1.4526	
	444	1.4521	
	MT-301	1.4310	
		1.4324	
	MT-302	1.4300	
		1.4325	
	MT-304	1.4301	
		1.4314	
	MT-304L	1.4306	
		1.4307	
	MT-305	1.4303	
	MT-309S	1.4833	
		1.4950	
	MT-310S	1.4842	
		1.4845	
	MT-316	1.4401	
		1.4436	
	MT-316L	1.4404	
		1.4432	
		1.4435	
	MT-317	1.4445	
		1.4449	
	MT-321	1.4541	
		1.4544	
	MT-330	1.4864	
	MT-347	1.4550	
	MT-429	1.4001	
		1.4012	
	MT-430	1.4016	

3 US-Werkstoffbezeichnungen

Auflistung nach US-Normen in alphanumerischer Reihenfolge

US steel names

Listed by US standards in alphanumerical order

US-Norm z: zurückgezogen US standard z: withdrawn	US-Bezeichnung US-name Stahlsorte Steel Class/Grade/Type	EN/DIN Werk-stoff-Nr. Material number	Titel siehe Kapitel 2 Title see chapter 2
ASTM A 554-2014	MT-430Ti	1.4510	*Rohre, geschweißt* *Tubes, welded*
	TP409	1.4512	
		1.4720	
	UNS: S40900	1.4512	
		1.4720	
	UNS: S41003	1.4003	
	UNS: S41008	1.4000	
	UNS: S43400	1.4113	
	UNS: S44400	1.4521	
ASTM A 556-1996	A2	1.0305	*Rohre, nahtlos* *Tubes, seamless*
	C2	1.0256	
		1.0352	
		1.0405	
		1.0418	
		1.0481	
ASTM A 564-2013	630	1.4542	*Stäbe und Formstücke* *Bars and shapes*
		1.4548	
	631	1.4504	
		1.4568	
	632	1.4532	
		1.4574	
	UNS: S46910	1.4645	
	XM-12	1.4545	
	XM-13	1.4534	
	XM-16	1.4543	
	XM-25	1.4594	
ASTM A 565-2010	616	1.4935	*Stäbe* *Bars*
	XM-32	1.4933	
		1.4938	
		1.4939	
ASTM A 568-2014	1005	1.0314	*Bleche* *Sheets*
	1006	1.0313	
		1.1111	
	1008	1.0204	
		1.0304	
		1.0330	
		1.0339	
		1.1113	
	1010	1.0034	

3 US-Werkstoffbezeichnungen

Auflistung nach US-Normen in alphanumerischer Reihenfolge

US steel names

Listed by US standards in alphanumerical order

US-Norm z: zurückgezogen US standard z: withdrawn	US-Bezeichnung US-name Stahlsorte Steel Class/Grade/Type	EN/DIN Werk-stoff-Nr. Material number	Titel siehe Kapitel 2 Title see chapter 2
ASTM A 568-2014	1010	1.0213	*Bleche* *Sheets*
		1.0301	
		1.0310	
		1.0349	
		1.1114	
		1.1121	
		1.1207	
	1012	1.0028	
		1.0036	
		1.0111	
		1.0214	
		1.0439	
		1.1124	
		1.1130	
	1015	1.0401	
		1.0413	
		1.1132	
		1.1140	
		1.1141	
	1016	1.0114	
		1.0407	
		1.0467	
		1.1142	
		1.1148	
		1.1208	
	1017	1.0416	
	1018	1.0038	
		1.1129	
		1.0453	
	1020	1.0132	
		1.0402	
		1.0414	
		1.1149	
		1.1151	
	1021	1.0044	
		1.0408	
	1022	1.0432	
		1.0469	
		1.1134	

3 US-Werkstoffbezeichnungen

Auflistung nach US-Normen in alphanumerischer Reihenfolge

US steel names

Listed by US standards in alphanumerical order

US-Bezeichnung US-name		EN/DIN Werk-stoff-Nr. Material number	Titel siehe Kapitel 2 Title see chapter 2
US-Norm z: zurückgezogen US standard z: withdrawn	Stahlsorte Steel Class/Grade/Type		
ASTM A 568-2014	1023	1.1152	*Bleche Sheets*
	1025	1.0406	
		1.0415	
		1.1158	
		1.1163	
	1026	1.1139	
	1030	1.0520	
		1.0528	
		1.0530	
		1.1143	
		1.1178	
		1.1179	
	1033	1.1146	
	1035	1.0501	
		1.0516	
		1.1172	
		1.1180	
	1037	1.0561	
	1038	1.1150	
		1.1181	
	1039	1.1157	
	1040	1.0511	
		1.1186	
		1.1189	
	1042	1.0541	
	1043	1.0541	
	1045	1.0503	
		1.1191	
		1.1193	
		1.1201	
	1046	1.1162	
	1049	1.0540	
		1.1171	
		1.1206	
	1050	1.0540	
		1.1171	
		1.1206	
		1.1210	
		1.1213	

3 US-Werkstoffbezeichnungen

Auflistung nach US-Normen in alphanumerischer Reihenfolge

US steel names

Listed by US standards in alphanumerical order

US-Bezeichnung US-name		EN/DIN Werk-stoff-Nr. Material number	Titel siehe Kapitel 2 Title see chapter 2
US-Norm z: zurückgezogen US standard z: withdrawn	Stahlsorte Steel Class/Grade/Type		
ASTM A 568-2014	1050	1.1241	*Bleche Sheets*
	1055	1.0535	
		1.1203	
		1.1209	
	1060	1.0601	
		1.1221	
		1.1223	
	1064	1.1222	
		1.1236	
	1065	1.1230	
	1070	1.1231	
	1074	1.0605	
		1.0614	
		1.1248	
		1.1252	
		1.1253	
	1075	1.1252	
		1.1253	
	1078	1.0622	
		1.0626	
		1.1255	
	1080	1.0616	
		1.1265	
	1084	1.0628	
		1.0647	
		1.1272	
	1085	1.1273	
	1086	1.1217	
		1.1269	
	1090	1.0618	
		1.1282	
	1095	1.1274	
		1.1283	
	1522	1.1133	
	1524	1.0570	
		1.1160	
		1.1169	
	1526	1.1161	
	1527	1.1161	

3 US-Werkstoffbezeichnungen

Auflistung nach US-Normen in alphanumerischer Reihenfolge

US steel names

Listed by US standards in alphanumerical order

US-Bezeichnung US-name		EN/DIN Werk-stoff-Nr. Material number	Titel siehe Kapitel 2 Title see chapter 2
US-Norm z: zurückgezogen US standard z: withdrawn	**Stahlsorte Steel Class/Grade/Type**		
ASTM A 568-2014	1536	1.1166	*Bleche Sheets*
	1541	1.1127	
	1548	1.1128	
		1.1226	
	1552	1.1226	
	1566	1.1260	
z ASTM A 570-1998	30	1.0036	*Baustähle, Bleche und Bänder Structural steels, sheets and strips*
		1.0037	
		1.0038	
	33	1.0036	
		1.0037	
		1.0038	
		1.0114	
		1.0116	
	36 type 1	1.0038	
		1.0116	
	36 type 2	1.0038	
		1.0116	
	40	1.0044	
	50	1.0050	
		1.0507	
	55	1.0050	
ASTM A 572-2013	42	1.0044	*Baustähle, hochfest Structural steels, high strength*
		1.0138	
		1.0143	
		1.0144	
		1.0486	
		1.0487	
		1.0488	
		1.0497	
		1.8823	
		1.8834	
	50	1.0045	
		1.0050	
		1.0505	
		1.0506	
		1.0507	
		1.0508	
		1.0547	

3 US-Werkstoffbezeichnungen

Auflistung nach US-Normen in alphanumerischer Reihenfolge

US steel names

Listed by US standards in alphanumerical order

US-Bezeichnung US-name US-Norm z: zurückgezogen US standard z: withdrawn	Stahlsorte Steel Class/Grade/Type	EN/DIN Werkstoff-Nr. Material number	Titel siehe Kapitel 2 Title see chapter 2
ASTM A 572-2013	50	1.0553	*Baustähle, hochfest Structural steels, high strength*
		1.0562	
		1.0570	
		1.0576	
		1.8834	
	55	1.0050	
		1.0070	
		1.8825	
		1.8836	
		1.8900	
		1.8910	
		1.8930	
	60	1.8902	
		1.8912	
		1.8932	
	65	1.0044	
		1.0060	
		1.0143	
		1.8901	
		1.8905	
		1.8915	
		1.8918	
		1.8935	
		1.8953	
ASTM A 573-2013	58	1.0044	*Bleche Plates*
		1.0116	
		1.0144	
	65	1.0038	
		1.0044	
		1.0060	
		1.0505	
		1.0506	
		1.0508	
		1.0570	
	70	1.0045	
		1.0050	
		1.0138	
		1.0473	
		1.0562	

3 US-Werkstoffbezeichnungen

Auflistung nach US-Normen in alphanumerischer Reihenfolge

US steel names

Listed by US standards in alphanumerical order

US-Bezeichnung US-name		EN/DIN Werk-stoff-Nr. Material number	Titel siehe Kapitel 2 Title see chapter 2
US-Norm z: zurückgezogen US standard z: withdrawn	**Stahlsorte Steel Class/Grade/Type**		
ASTM A 573-2013	70	1.0565	*Bleche Plates*
		1.0566	
ASTM A 575-1996	M1008	1.0204	*Stäbe, Handelsgüte Bars, merchant quality*
		1.0304	
		1.0330	
		1.0339	
		1.1113	
	M1010	1.0213	
		1.0301	
		1.0349	
		1.1114	
		1.1121	
	M1012	1.0028	
		1.0111	
		1.0214	
		1.0439	
		1.1124	
		1.1130	
	M1015	1.0401	
		1.0413	
		1.1132	
		1.1140	
		1.1141	
	M1017	1.0416	
	M1020	1.0402	
		1.0414	
		1.1149	
		1.1151	
	M1023	1.1152	
	M1025	1.0406	
		1.0415	
		1.1158	
		1.1163	
ASTM A 576-1990	12L14	1.0737	*Stäbe Bars*
	1008	1.0032	
		1.0204	
		1.0304	
		1.0330	
		1.0339	

3 US-Werkstoffbezeichnungen

Auflistung nach US-Normen in alphanumerischer Reihenfolge

US steel names

Listed by US standards in alphanumerical order

US-Bezeichnung US-name US-Norm z: zurückgezogen US standard z: withdrawn	Stahlsorte Steel Class/Grade/Type	EN/DIN Werkstoff-Nr. Material number	Titel siehe Kapitel 2 Title see chapter 2
ASTM A 576-1990	1008	1.1113	*Stäbe* *Bars*
	1010	1.0034	
		1.0213	
		1.0301	
		1.0310	
		1.0349	
		1.1114	
		1.1121	
		1.1207	
	1012	1.0028	
		1.0111	
		1.0214	
		1.0311	
		1.0439	
		1.1124	
		1.1130	
	1015	1.0401	
		1.0413	
		1.1132	
		1.1140	
		1.1141	
	1016	1.0114	
		1.0407	
		1.1142	
		1.1148	
		1.1208	
	1017	1.0416	
	1018	1.0038	
		1.0453	
		1.1129	
	1020	1.0402	
		1.0414	
		1.1137	
		1.1149	
		1.1151	
	1021	1.0044	
		1.0408	
	1022	1.0432	
		1.0469	

3 US-Werkstoffbezeichnungen

Auflistung nach US-Normen in alphanumerischer Reihenfolge

US steel names

Listed by US standards in alphanumerical order

US-Norm z: zurückgezogen US standard z: withdrawn	US-Bezeichnung / US-name Stahlsorte Steel Class/Grade/Type	EN/DIN Werk-stoff-Nr. Material number	Titel siehe Kapitel 2 Title see chapter 2
ASTM A 576-1990	1022	1.1134	*Stäbe* *Bars*
	1023	1.1152	
	1025	1.0406	
		1.0415	
		1.1139	
		1.1158	
		1.1163	
	1026	1.1139	
	1030	1.0520	
		1.0528	
		1.0530	
		1.1143	
		1.1178	
		1.1179	
	1035	1.0501	
		1.0516	
		1.1145	
		1.1172	
		1.1180	
		1.1181	
	1037	1.0561	
	1038	1.1150	
		1.1181	
	1039	1.1157	
	1040	1.0511	
		1.1186	
		1.1189	
	1042	1.0541	
		1.1154	
	1043	1.0541	
		1.1154	
	1045	1.0503	
		1.1191	
		1.1193	
		1.1201	
		1.1730	
	1046	1.1162	
	1049	1.0540	
		1.1171	

3 US-Werkstoffbezeichnungen

Auflistung nach US-Normen in alphanumerischer Reihenfolge

US steel names

Listed by US standards in alphanumerical order

US-Bezeichnung US-name		EN/DIN Werk-stoff-Nr. Material number	Titel siehe Kapitel 2 Title see chapter 2
US-Norm z: zurückgezogen US standard z: withdrawn	Stahlsorte Steel Class/Grade/Type		
ASTM A 576-1990	1049	1.1206	*Stäbe* *Bars*
	1050	1.0540	
		1.0586	
		1.1171	
		1.1206	
		1.1210	
		1.1213	
		1.1241	
	1055	1.0535	
		1.1203	
		1.1209	
		1.1220	
	1060	1.0601	
		1.0609	
		1.0610	
		1.1221	
		1.1223	
		1.1233	
	1070	1.0615	
		1.0617	
		1.1231	
	1078	1.0622	
		1.0626	
		1.1255	
		1.1262	
	1080	1.0616	
		1.1265	
	1084	1.0628	
		1.0647	
		1.1272	
	1090	1.0618	
		1.1282	
	1095	1.1274	
		1.1283	
	1109	1.0721	
	1110	1.0702	
		1.0703	
	1117	1.0725	
	1137	1.0764	

3 US-Werkstoffbezeichnungen

Auflistung nach US-Normen in alphanumerischer Reihenfolge

US steel names

Listed by US standards in alphanumerical order

US-Bezeichnung US-name		EN/DIN Werk-stoff-Nr. Material number	Titel siehe Kapitel 2 Title see chapter 2
US-Norm z: zurückgezogen US standard z: withdrawn	**Stahlsorte Steel Class/Grade/Type**		
ASTM A 576-1990	1140	1.0726	*Stäbe Bars*
	1141	1.0760	
	1144	1.0762	
	1146	1.0727	
	1151	1.0728	
	1212	1.0711	
	1213	1.0715	
	1215	1.0736	
	1513	1.0424	
	1518	1.0580	
	1522	1.1133	
	1524	1.0570	
		1.1160	
		1.1169	
	1526	1.1161	
	1527	1.1161	
	1536	1.1166	
	1541	1.1127	
	1548	1.1128	
		1.1226	
	1551	1.0524	
	1552	1.1226	
	1561	1.0908	
	1566	1.1260	
ASTM A 579-2004	32	1.6928	*Schmiedestücke Forgings*
	41	1.7783	
	53	1.4044	
		1.4057	
	62	1.4504	
		1.4568	
	63	1.4532	
		1.4574	
	72	1.6359	
	73	1.6354	
		1.6358	
	82	1.6974	
ASTM A 580-2014	302	1.4300	*Drähte Wires*
		1.4325	
	302B	1.4326	

3 US-Werkstoffbezeichnungen

Auflistung nach US-Normen in alphanumerischer Reihenfolge

US steel names

Listed by US standards in alphanumerical order

US-Norm z: zurückgezogen US standard z: withdrawn	US-Bezeichnung US-name Stahlsorte Steel Class/Grade/Type	EN/DIN Werkstoff-Nr. Material number	Titel siehe Kapitel 2 Title see chapter 2
ASTM A 580-2014	304	1.4301	*Drähte* *Wires*
		1.4314	
	304L	1.4306	
		1.4307	
	305	1.4303	
	308	1.4303	
	309	1.4828	
	309S	1.4833	
		1.4950	
	310	1.4841	
	310S	1.4842	
		1.4845	
	314	1.4841	
		1.4843	
	316	1.4401	
		1.4436	
	316L	1.4404	
		1.4432	
		1.4435	
	317	1.4445	
		1.4449	
	321	1.4541	
		1.4544	
		1.4941	
	347	1.4550	
	348	1.4546	
	403	1.4000	
		1.4006	
	405	1.4002	
	410	1.4006	
		1.4024	
	420	1.2082	
		1.4021	
		1.4028	
		1.4031	
		1.4034	
	430	1.4016	
	431	1.2787	
		1.4044	

3 US-Werkstoffbezeichnungen

Auflistung nach US-Normen in alphanumerischer Reihenfolge

US steel names

Listed by US standards in alphanumerical order

US-Bezeichnung US-name		EN/DIN Werk-stoff-Nr. Material number	Titel siehe Kapitel 2 Title see chapter 2
US-Norm z: zurückgezogen US standard z: withdrawn	Stahlsorte Steel Class/Grade/Type		
ASTM A 580-2014	431	1.4057	*Drähte Wires*
	440A	1.4109	
	440B	1.4112	
	440C	1.3543	
		1.4125	
	446	1.4749	
		1.4762	
	UNS: N08367	1.4478	
	UNS: N08926	1.4529	
	UNS: S32202	1.4062	
	UNS: S44400	1.4521	
	UNS: S44535	1.4760	
	UNS: S44700	1.4592	
	UNS: S82441	1.4662	
	XM-10	1.4454	
	XM-11	1.4375	
		1.4454	
	XM-19	1.3964	
ASTM A 581-1995	303	1.4305	*Drähte und Drahtstangen Wires and wire rods*
	303Se	1.4625	
	416	1.4005	
	430F	1.4004	
		1.4104	
		1.4105	
	UNS: S18235	1.4523	
	XM-34	1.4114	
ASTM A 582-2012	303	1.4305	*Stäbe Bars*
	303Se	1.4625	
	416	1.4005	
	420F	1.4029	
		1.4004	
		1.4104	
		1.4105	
	440F	1.4025	
	UNS: S18235	1.4523	
	XM-34	1.4114	
ASTM A 588-2010	A	1.8959	*Baustähle Structural steels*
		1.8963	
		1.8965	

3 US-Werkstoffbezeichnungen

Auflistung nach US-Normen in alphanumerischer Reihenfolge

US steel names

Listed by US standards in alphanumerical order

US-Norm z: zurückgezogen US standard z: withdrawn	US-Bezeichnung US-name Stahlsorte Steel Class/Grade/Type	EN/DIN Werk-stoff-Nr. Material number	Titel siehe Kapitel 2 Title see chapter 2
ASTM A 588-2010	A	1.8966	*Baustähle* *Structural steels*
	B	1.0545	
		1.0562	
		1.8825	
		1.8836	
		1.8959	
	K	1.8825	
		1.8836	
		1.8959	
		1.8967	
z ASTM A 588-2005	C	1.8825	
		1.8836	
		1.8959	
		1.8963	
ASTM A 592-2010	F	1.8907	*Fittinge* *Fittings*
		1.8917	
ASTM A 595-2014	C element A 588/A	1.8963	*Rohre, geschweißt* *Tubes, welded*
		1.8965	
		1.8966	
	C element A 588/B	1.0545	
		1.0562	
	C element A 588/K	1.8825	
		1.8836	
		1.8959	
		1.8967	
ASTM A 597-2014	CM-2	1.3343	*Stahlguss für Werkzeuge* *Steel casting for tool steels*
	CA-2	1.2370	
	CH-12	1.2607	
	CH-13	1.2348	
	CS-7	1.2355	
		1.2357	
ASTM A 600-1992	M1	1.3327	*Schnellarbeits-stähle* *High speed steels*
		1.3346	
	M2 high C	1.3342	
	M2 regular C	1.3339	
		1.3343	
		1.3553	
		1.3554	
	M3 class 1	1.3342	

3 US-Werkstoffbezeichnungen

Auflistung nach US-Normen in alphanumerischer Reihenfolge

US steel names

Listed by US standards in alphanumerical order

US-Norm z: zurückgezogen US standard z: withdrawn	US-Bezeichnung US-name Stahlsorte Steel Class/Grade/Type	EN/DIN Werk-stoff-Nr. Material number	Titel siehe Kapitel 2 Title see chapter 2
ASTM A 600-1992	M3 class 2	1.3344	*Schnellarbeits-stähle* *High speed steels*
	M4	1.3351	
	M7	1.3348	
	M33	1.3249	
	M34	1.3249	
	M36	1.3243	
	M41	1.3246	
	M42	1.3247	
	M44	1.3207	
	M50	1.2369	
		1.3551	
	T1	1.3355	
		1.3558	
	T4	1.3255	
	T5	1.3265	
	T6	1.3257	
	T15	1.3202	
ASTM A 608-2014	HD50	1.4823	*Schleuderguss* *Centrifugal castings*
	HE35	1.4339	
	HF30	1.4825	
		1.4826	
	HH30	1.4837	
	HH33	1.4837	
		1.4846	
	HK30	1.4848	
	HK40	1.4846	
		1.4848	
	HU50	1.4849	
		1.4865	
ASTM A 612-2012	–	1.0473	*Bleche* *Plates*
		1.0562	
		1.8905	
		1.8915	
		1.8935	
ASTM A 615-2014	60	1.0428	*Betonstähle* *Steels for concrete reinforcement*
	75	1.0438	

3 US-Werkstoffbezeichnungen

Auflistung nach US-Normen in alphanumerischer Reihenfolge

US steel names

Listed by US standards in alphanumerical order

US-Norm z: zurückgezogen US standard z: withdrawn	US-Bezeichnung US-name Stahlsorte Steel Class/Grade/Type	EN/DIN Werk-stoff-Nr. Material number	Titel siehe Kapitel 2 Title see chapter 2
ASTM A 618-2004	Type Ib	1.0116	*Rohre, geschweißt und nahtlos* *Pipe, welded and seamless*
		1.0144	
		1.0345	
		1.0505	
		1.0506	
		1.0508	
		1.0545	
	Type II	1.0549	
		1.0562	
		1.0565	
		1.8963	
	Type III	1.0539	
		1.0570	
		1.0576	
		1.8978	
ASTM A 623-2011	DR-7.5	1.0384	*Weißblech* *Tin mill*
	DR-8	1.0373	
	DR-8.5	1.0382	
	DR-9	1.0374	
	T-1	1.0371	
	T-2	1.0372	
	T-3	1.0375	
	T-4	1.0377	
	T-5	1.0378	
ASTM A 632-2004	TP304	1.4301	*Rohre, nahtlos u. geschweißt, kleiner Durchmesser* *Tubes, seamless and welded, small diameter*
		1.4314	
	TP304L	1.4306	
		1.4307	
	TP310	1.4841	
	TP316	1.4401	
		1.4436	
	TP316L	1.4404	
		1.4432	
		1.4435	
	TP317	1.4445	
		1.4449	
	TP321	1.4541	
		1.4544	

3 US-Werkstoffbezeichnungen

Auflistung nach US-Normen in alphanumerischer Reihenfolge

US steel names

Listed by US standards in alphanumerical order

US-Bezeichnung US-name US-Norm z: zurückgezogen US standard z: withdrawn	Stahlsorte Steel Class/Grade/Type	EN/DIN Werk-stoff-Nr. Material number	Titel siehe Kapitel 2 Title see chapter 2
ASTM A 632-2004	TP347	1.4550	*Rohre, nahtlos u. geschweißt, kleiner Durchmesser Tubes, seamless and welded, small diameter*
	TP348	1.4546	
ASTM A 633-2013	A	1.0044	*Bleche, hochfest Plates, high strength*
		1.0486	
		1.0487	
		1.0488	
		1.0491	
		1.0497	
		1.0505	
		1.0506	
		1.0508	
		1.8823	
		1.8834	
	C	1.0045	
		1.0143	
		1.0553	
	D	1.0545	
		1.0546	
		1.0549	
		1.0562	
		1.0565	
		1.0566	
		1.8825	
		1.8836	
	E	1.8900	
		1.8901	
		1.8902	
		1.8903	
		1.8905	
		1.8910	
		1.8912	
		1.8913	
		1.8915	
		1.8918	
		1.8930	

3 US-Werkstoffbezeichnungen

Auflistung nach US-Normen in alphanumerischer Reihenfolge

US steel names

Listed by US standards in alphanumerical order

US-Bezeichnung / US-name US-Norm z: zurückgezogen US standard z: withdrawn	Stahlsorte Steel Class/Grade/Type	EN/DIN Werk-stoff-Nr. Material number	Titel siehe Kapitel 2 Title see chapter 2
ASTM A 633-2013	E	1.8932	*Bleche, hochfest Plates, high strength*
		1.8935	
		1.8956	
ASTM A 635-2014	1005	1.0300	*Bleche und Bänder Sheets and strips*
		1.0314	
	1006	1.0313	
		1.1111	
	1008	1.0204	
		1.0304	
		1.0330	
		1.1113	
	1010	1.0213	
		1.0301	
		1.0310	
		1.0349	
		1.1114	
		1.1121	
		1.1207	
	1012	1.0111	
		1.0214	
		1.0311	
		1.0439	
		1.1124	
		1.1130	
	1015	1.0401	
		1.0413	
		1.1132	
		1.1140	
		1.1141	
	1016	1.0114	
		1.0407	
		1.1142	
		1.1148	
		1.1208	
	1017	1.0416	
	1018	1.0453	
		1.1129	
	1020	1.0402	
		1.0414	

3 US-Werkstoffbezeichnungen

Auflistung nach US-Normen in alphanumerischer Reihenfolge

US steel names

Listed by US standards in alphanumerical order

US-Norm z: zurückgezogen US standard z: withdrawn	US-Bezeichnung US-name Stahlsorte Steel Class/Grade/Type	EN/DIN Werk-stoff-Nr. Material number	Titel siehe Kapitel 2 Title see chapter 2
ASTM A 635-2014	1020	1.1137	*Bleche und Bänder* *Sheets and strips*
		1.1149	
		1.1151	
	1021	1.0044	
		1.0408	
	1022	1.0432	
		1.0469	
		1.1134	
	1023	1.1152	
	1025	1.0406	
		1.0415	
		1.1139	
		1.1158	
		1.1163	
	1030	1.0520	
		1.0528	
		1.0530	
		1.1143	
		1.1178	
		1.1179	
	1033	1.1146	
	1035	1.0501	
		1.0516	
		1.1145	
		1.1172	
		1.1180	
		1.1181	
	1037	1.0561	
		1.1150	
	1038	1.1181	
	1039	1.1153	
		1.1157	
	1040	1.0511	
		1.1186	
		1.1189	
	1042	1.0541	
		1.1154	
	1043	1.0541	
		1.1154	

3 US-Werkstoffbezeichnungen

Auflistung nach US-Normen in alphanumerischer Reihenfolge

US steel names

Listed by US standards in alphanumerical order

US-Bezeichnung US-name		EN/DIN Werk-stoff-Nr. Material number	Titel siehe Kapitel 2 Title see chapter 2
US-Norm z: zurückgezogen US standard z: withdrawn	Stahlsorte Steel Class/Grade/Type		
ASTM A 635-2014	1045	1.0503	*Bleche und Bänder Sheets and strips*
		1.1191	
		1.1193	
		1.1201	
		1.1730	
	1046	1.1162	
	1049	1.0540	
		1.1171	
		1.1206	
	1050	1.0540	
		1.1171	
		1.1206	
		1.1210	
		1.1213	
		1.1241	
	1055	1.0535	
		1.1203	
		1.1209	
		1.1220	
	1060	1.0601	
		1.0609	
		1.0610	
		1.1221	
		1.1223	
		1.1233	
	1064	1.1222	
		1.1236	
	1065	1.0611	
		1.0612	
		1.1230	
	1070	1.0615	
		1.0617	
		1.1231	
	1074	1.0605	
		1.0614	
		1.1248	
		1.1252	
		1.1253	
	1075	1.0620	

3 US-Werkstoffbezeichnungen

Auflistung nach US-Normen in alphanumerischer Reihenfolge

US steel names

Listed by US standards in alphanumerical order

US-Norm z: zurückgezogen US standard z: withdrawn	US-Bezeichnung US-name Stahlsorte Steel Class/Grade/Type	EN/DIN Werk-stoff-Nr. Material number	Titel siehe Kapitel 2 Title see chapter 2
ASTM A 635-2014	1075	1.1252	*Bleche und Bänder* *Sheets and strips*
		1.1253	
	1078	1.0622	
		1.0626	
		1.1255	
		1.1262	
	1080	1.0616	
		1.1265	
	1084	1.0628	
		1.0647	
		1.1272	
	1085	1.1273	
	1086	1.1217	
		1.1269	
	1090	1.0618	
		1.1282	
	1095	1.1274	
		1.1283	
	1522	1.1133	
	1524	1.0570	
		1.1160	
		1.1169	
	1526	1.1161	
	1527	1.1161	
	1536	1.1166	
	1541	1.1127	
	1548	1.1128	
		1.1226	
	1552	1.1226	
	1566	1.1260	
ASTM A 638-2010	660	1.2779	*Stäbe und Schmiedestücke* *Bars and forgings*
		1.3980	
		1.4606	
		1.4943	
		1.4944	
		1.4954	
		1.4980	
	662	1.4644	

3 US-Werkstoffbezeichnungen

Auflistung nach US-Normen in alphanumerischer Reihenfolge

US steel names

Listed by US standards in alphanumerical order

US-Norm z: zurückgezogen US standard z: withdrawn	US-Bezeichnung US-name Stahlsorte Steel Class/Grade/Type	EN/DIN Werkstoff-Nr. Material number	Titel siehe Kapitel 2 Title see chapter 2
ASTM A 645-2010	A	1.5680	*Bleche* *Plates*
ASTM A 646-2006	300M	1.6928	*Schmiederohlinge* *Rough forgings*
	3310	1.5752	
	4130	1.7216	
		1.7219	
	4140	1.7225	
		1.7227	
	4340	1.6563	
		1.6565	
		1.6582	
	6150	1.2241	
		1.8159	
	8620	1.6522	
		1.6526	
	9310	1.6657	
	52100	1.3505	
	H11	1.2343	
		1.7783	
		1.7784	
	HP 9-4-30	1.6974	
	Marage 250	1.6359	
	Marage 300	1.6354	
		1.6358	
	Nit.135	1.8509	
ASTM A 649-2010	3	1.7216	*Schmiedestähle* *Forging steels*
		1.7219	
ASTM A 653-2013	CS type C	1.0917	*Bleche für Zinküberzug, Hot-Dip-Prozess* *Sheets for zinc coating, Hot-Dip Process*
	DDS type A	1.0951	
		1.0952	
		1.0962	
	FS type A	1.0918	
	CS type A	1.0330	
	CS type B	1.0330	
	CS type C	1.0226	
	DDS type A	1.0306	
		1.0309	
		1.0355	
	EDDS	1.0873	

3 US-Werkstoffbezeichnungen

Auflistung nach US-Normen in alphanumerischer Reihenfolge

US steel names

Listed by US standards in alphanumerical order

US-Norm z: zurückgezogen US standard z: withdrawn	US-Bezeichnung US-name Stahlsorte Steel Class/Grade/Type	EN/DIN Werk-stoff-Nr. Material number	Titel siehe Kapitel 2 Title see chapter 2
ASTM A 653-2013	FS type A	1.0350	*Bleche für Zinküberzug, Hot-Dip-Prozess* *Sheets for zinc coating, Hot-Dip Process*
	HSLAS grade 50	1.0529	
	HSLAS grade 55 class 1	1.0550	
	HSLAS grade 55 class 2	1.0550	
	HSLAS grade 60	1.0556	
	SS: Grade 33	1.0241	
	SS: Grade 37	1.0242	
	SS: Grade 40	1.0244	
	SS: Grade 50 class 1	1.0250	
	SS: Grade 50 class 2	1.0250	
	SS: Grade 50 class 4	1.0250	
	SS: Grade 80 class 1	1.0531	
	SS: Grade 80 class 3	1.0531	
ASTM A 656-2013	8 grade 50	1.8834	*Bleche* *Plates*
	8 grade 60	1.8825	
		1.8836	
		1.8917	
ASTM A 659-2012	1015	1.0401	*Bleche und Bänder* *Sheets and strips*
		1.0413	
		1.1132	
		1.1140	
		1.1141	
	1016	1.0114	
		1.0407	
		1.1142	
		1.1148	
		1.1208	
	1017	1.0416	
	1018	1.0453	
		1.1129	
	1020	1.0402	
		1.0414	
		1.1149	
		1.1151	
	1021	1.0408	
	1023	1.1152	
ASTM A 660-2011	WCB	1.1156	*Schleuderguss* *Centrifugal castings*
		1.5422	

3 US-Werkstoffbezeichnungen

Auflistung nach US-Normen in alphanumerischer Reihenfolge

US steel names

Listed by US standards in alphanumerical order

US-Norm z: zurückgezogen US standard z: withdrawn	US-Bezeichnung US-name Stahlsorte Steel Class/Grade/Type	EN/DIN Werk-stoff-Nr. Material number	Titel siehe Kapitel 2 Title see chapter 2
ASTM A 660-2011	WCC	1.1120	*Schleuderguss Centrifugal castings*
		1.1131	
ASTM A 662-2012	A	1.0425	*Bleche Plates*
		1.0426	
		1.0437	
		1.0462	
		1.0486	
		1.0487	
		1.0488	
		1.0491	
		1.0497	
	B	1.0481	
		1.0488	
		1.0490	
		1.0505	
		1.0506	
		1.0508	
		1.0562	
		1.1106	
	C	1.0436	
		1.0545	
		1.0546	
		1.0565	
		1.0566	
ASTM A 666-2010	201	1.4372	*Bleche, Bänder, Flachstähle Plates/sheets, strips, flat bars*
	201L	1.4371	
	201LN	1.4371	
	202	1.3965	
		1.4373	
	301	1.4310	
		1.4324	
		1.6900	
	301L	1.4319	
	301LN	1.4318	
	302	1.4300	
		1.4325	
	304	1.4301	
		1.4314	

3 US-Werkstoffbezeichnungen

Auflistung nach US-Normen in alphanumerischer Reihenfolge

US steel names

Listed by US standards in alphanumerical order

US-Bezeichnung US-name US-Norm z: zurückgezogen US standard z: withdrawn	Stahlsorte Steel Class/Grade/Type	EN/DIN Werk-stoff-Nr. Material number	Titel siehe Kapitel 2 Title see chapter 2
ASTM A 666-2010	304L	1.4306	*Bleche, Bänder, Flachstähle Plates/sheets, strips, flat bars*
		1.4307	
	304LN	1.4311	
	304N	1.4315	
		1.6907	
	316	1.4401	
		1.4436	
	316L	1.4404	
		1.4432	
		1.4435	
	316N	1.4495	
	XM-11	1.4375	
		1.4454	
ASTM A 668-2014	B	1.0486	*Schmiedestücke Forgings*
	C	1.0038	
	X2	1.0501	
		1.0540	
ASTM A 671-2014	CA 55	1.0425	*Rohre, elektrisch schmelzgeschweißt Pipes, electric-fusion-welded*
	CB 65	1.0477	
	CB 70	1.0445	
		1.0481	
		1.0482	
	CC 60	1.0426	
		1.0437	
		1.0486	
		1.0487	
	CC 65	1.0436	
		1.0505	
		1.0506	
	CC 70	1.0473	
		1.0482	
		1.0485	
		1.0488	
		1.0562	
	CD 70	1.0473	
		1.0482	
		1.0485	
		1.0539	
	CD 80	1.8902	

3 US-Werkstoffbezeichnungen

Auflistung nach US-Normen in alphanumerischer Reihenfolge

US steel names

Listed by US standards in alphanumerical order

US-Norm z: zurückgezogen US standard z: withdrawn	US-Bezeichnung US-name Stahlsorte Steel Class/Grade/Type	EN/DIN Werk-stoff-Nr. Material number	Titel siehe Kapitel 2 Title see chapter 2
ASTM A 671-2014	CD 80	1.8905	*Rohre, elektrisch schmelzgeschweißt* *Pipes, electric-fusion-welded*
		1.8912	
		1.8915	
		1.8918	
	CF 65	1.5622	
		1.5635	
		1.5637	
		1.5639	
	CF 70	1.5622	
		1.5637	
		1.5639	
	CG 100	1.5662	
		1.5663	
	CH 115	1.5662	
		1.5663	
	CJB 115	1.8907	
		1.8917	
		1.8937	
	CJF 115	1.8928	
	CJH 115	1.8928	
	CJP 115	1.8937	
	CK 75	1.0539	
		1.0545	
		1.0562	
		1.0565	
ASTM A 672-2014	A 45	1.0345	*Rohre, elektrisch schmelzgeschweißt* *Pipes, electric-fusion-welded*
	A 50	1.0345	
	A 55	1.0425	
	B 60	1.0425	
	B 65	1.0435	
		1.0436	
		1.0477	
	B 70	1.0445	
		1.0481	
		1.0482	
	C 55	1.0315	
		1.0346	
		1.0356	
		1.0461	

3 US-Werkstoffbezeichnungen

Auflistung nach US-Normen in alphanumerischer Reihenfolge

US steel names

Listed by US standards in alphanumerical order

US-Norm z: zurückgezogen US standard z: withdrawn	US-Bezeichnung US-name Stahlsorte Steel Class/Grade/Type	EN/DIN Werk-stoff-Nr. Material number	Titel siehe Kapitel 2 Title see chapter 2
ASTM A 672-2014	C 55	1.0462	*Rohre, elektrisch schmelzgeschweißt* *Pipes, electric-fusion-welded*
	C 60	1.0426	
		1.0437	
		1.0486	
		1.0487	
	C 65	1.0436	
		1.0505	
		1.0506	
	C 70	1.0473	
		1.0482	
		1.0485	
		1.0488	
		1.0562	
	D 70	1.0473	
		1.0482	
		1.0485	
		1.0539	
	D 80	1.8902	
		1.8905	
		1.8912	
		1.8915	
		1.8918	
	H 75	1.8812	
		1.8815	
	H 80	1.5403	
		1.8812	
		1.8815	
	J 80	1.6310	
		1.6311	
		1.6368	
	J 90	1.6310	
		1.6311	
		1.6368	
	J 100	1.6310	
		1.6311	
		1.6368	
	L 65	1.5415	
		1.5423	
	L 70	1.5423	

3 US-Werkstoffbezeichnungen

Auflistung nach US-Normen in alphanumerischer Reihenfolge

US steel names

Listed by US standards in alphanumerical order

US-Norm z: zurückgezogen US standard z: withdrawn	US-Bezeichnung US-name Stahlsorte Steel Class/Grade/Type	EN/DIN Werk-stoff-Nr. Material number	Titel siehe Kapitel 2 Title see chapter 2
ASTM A 672-2014	L 75	1.5423	*Rohre, elektrisch schmelzgeschweißt* *Pipes, electric-fusion-welded*
	N 75	1.0473	
		1.0482	
		1.0485	
		1.0539	
		1.0545	
ASTM A 677-2012	36F145	1.0800	*Elektrobleche und -bänder, schluss-geglüht* *Electrical steel sheets and strips, fully processed*
	36F155	1.0801	
	36F175	1.0803	
	36F185	1.0804	
	36F320M	1.0800	
	36F342M	1.0801	
	36F386M	1.0803	
	36F408M	1.0804	
	47F165	1.0807	
	47F180	1.0808	
	47F190	1.0809	
	47F200	1.0810	
	47F240	1.0811	
	47F280	1.0812	
	47F364M	1.0807	
	47F397M	1.0808	
	47F400	1.0815	
	47F419M	1.0809	
	47F441M	1.0810	
	47F450	1.0816	
	47F529M	1.0811	
	47F617M	1.0812	
	47F882M	1.0815	
	47F992M	1.0816	
	64F1102M	1.0827	
	64F210	1.0820	
	64F235	1.0821	
	64F275	1.0823	
	64F320	1.0824	
	64F463M	1.0820	
	64F500	1.0827	
	64F518M	1.0821	
	64F606M	1.0823	
	64F705M	1.0824	

3 US-Werkstoffbezeichnungen

Auflistung nach US-Normen in alphanumerischer Reihenfolge

US steel names

Listed by US standards in alphanumerical order

US-Bezeichnung US-name US-Norm z: zurückgezogen US standard z: withdrawn	Stahlsorte Steel Class/Grade/Type	EN/DIN Werk-stoff-Nr. Material number	Titel siehe Kapitel 2 Title see chapter 2
z ASTM A 678-2005	A	1.0050	*Bleche* *Plates*
		1.0562	
	B	1.0045	
		1.0565	
		1.0566	
		1.0595	
		1.0596	
		1.8902	
		1.8912	
		1.8932	
		1.8953	
	C	1.0070	
		1.8917	
ASTM A 681-2008	A2	1.2363	*Werkzeugstähle* *Tool steels*
	A6	1.2824	
	A8	1.2606	
	D2	1.2379	
	D3	1.2080	
		1.2436	
	D4	1.2884	
	D5	1.2880	
	D7	1.2378	
		1.2380	
	F1	1.2414	
	F2	1.2562	
	H10	1.2365	
	H11	1.2343	
		1.7783	
		1.7784	
	H12	1.2605	
		1.2606	
	H13	1.2344	
	H14	1.2567	
	H19	1.2661	
		1.2678	
	H21	1.2581	
	H23	1.2625	
	H41	1.3346	
	L2	1.2235	

3 US-Werkstoffbezeichnungen

Auflistung nach US-Normen in alphanumerischer Reihenfolge

US steel names

Listed by US standards in alphanumerical order

US-Bezeichnung US-name US-Norm z: zurückgezogen US standard z: withdrawn	Stahlsorte Steel Class/Grade/Type	EN/DIN Werkstoff-Nr. Material number	Titel siehe Kapitel 2 Title see chapter 2
ASTM A 681-2008	L3	1.2067	*Werkzeugstähle* *Tool steels*
	L6	1.2713	
		1.2714	
	O1	1.2510	
		1.2825	
	O2	1.2842	
	P3	1.5713	
	P6	1.2735	
		1.2745	
	P20	1.2302	
		1.2328	
	S1	1.2542	
		1.2550	
	S4	1.2103	
		1.2826	
	S5	1.2823	
	S7	1.2355	
		1.2357	
z ASTM A 682-2005	1030	1.0520	*Bänder* *Strips*
		1.0528	
		1.0530	
		1.1143	
		1.1178	
		1.1179	
	1035	1.0501	
		1.0516	
		1.1172	
		1.1180	
		1.1181	
	1040	1.0511	
		1.1186	
		1.1189	
	1045	1.0503	
		1.1191	
		1.1193	
		1.1201	
		1.1730	
	1050	1.0540	
		1.1206	

3 US-Werkstoffbezeichnungen

Auflistung nach US-Normen in alphanumerischer Reihenfolge

US steel names

Listed by US standards in alphanumerical order

US-Norm z: zurückgezogen US standard z: withdrawn	US-Bezeichnung US-name Stahlsorte Steel Class/Grade/Type	EN/DIN Werk-stoff-Nr. Material number	Titel siehe Kapitel 2 Title see chapter 2
z ASTM A 682-2005	1050	1.1210	*Bänder* *Strips*
		1.1213	
		1.1241	
	1055	1.0535	
		1.1203	
		1.1204	
		1.1209	
		1.1220	
	1060	1.0601	
		1.1211	
		1.1221	
		1.1223	
		1.1233	
	1064	1.1222	
		1.1236	
	1065	1.0612	
		1.1230	
	1070	1.0603	
		1.1231	
	1074	1.0605	
		1.0614	
		1.1248	
		1.1252	
		1.1253	
	1080	1.0616	
		1.1265	
	1085	1.1273	
	1086	1.1217	
		1.1269	
	1095	1.1274	
		1.1283	
ASTM A 683-2005	47S155	1.0841	*Elektrobleche und -bänder, nicht schlussgeglüht* *Magnetic steel sheets and strips, semi-processed*
	47S165	1.0842	
	47S175	1.0843	
	64S200	1.0846	
	64S210	1.0847	
	64S220	1.0848	
ASTM A 684-2014	1030	1.0520	*Bänder* *Strips*
		1.0528	

3 US-Werkstoffbezeichnungen

Auflistung nach US-Normen in alphanumerischer Reihenfolge

US steel names

Listed by US standards in alphanumerical order

US-Norm z: zurückgezogen US standard z: withdrawn	US-Bezeichnung US-name Stahlsorte Steel Class/Grade/Type	EN/DIN Werk-stoff-Nr. Material number	Titel siehe Kapitel 2 Title see chapter 2
ASTM A 684-2014	1030	1.0530	*Bänder* *Strips*
		1.1143	
		1.1178	
		1.1179	
	1035	1.0501	
		1.0516	
		1.1145	
		1.1172	
		1.1180	
		1.1181	
	1040	1.0511	
		1.1186	
		1.1189	
	1045	1.0503	
		1.1191	
		1.1193	
		1.1201	
		1.1730	
	1050	1.0540	
		1.0586	
		1.1171	
		1.1206	
		1.1210	
		1.1213	
		1.1241	
	1055	1.0535	
		1.1203	
		1.1204	
		1.1209	
		1.1220	
	1060	1.0601	
		1.0609	
		1.0610	
		1.1211	
		1.1221	
		1.1223	
		1.1233	
	1064	1.1222	
		1.1236	

3 US-Werkstoffbezeichnungen

Auflistung nach US-Normen in alphanumerischer Reihenfolge

US steel names

Listed by US standards in alphanumerical order

US-Bezeichnung US-name		EN/DIN Werk-stoff-Nr. Material number	Titel siehe Kapitel 2 Title see chapter 2
US-Norm z: zurückgezogen US standard z: withdrawn	Stahlsorte Steel Class/Grade/Type		
ASTM A 684-2014	1065	1.0611	*Bänder Strips*
		1.0612	
		1.1230	
	1070	1.0615	
		1.0617	
		1.1231	
	1074	1.0605	
		1.0614	
		1.1248	
		1.1252	
		1.1253	
	1075	1.1252	
		1.1253	
	1080	1.0616	
		1.1265	
	1085	1.1273	
	1086	1.1217	
		1.1269	
	1095	1.1274	
		1.1283	
ASTM A 686-1992	W1A-8	1.1525	*Werkzeugstähle Tool steels*
		1.1625	
		1.1830	
	W1A-8 1/2	1.1535	
	W1A-9 1/2	1.1645	
		1.2833	
	W1A-10	1.1545	
		1.2834	
	W1C-11 1/2	1.1555	
	W2C-13	1.1573	
	W5	1.2002	
		1.2056	
ASTM A 688-2012	800	1.4558	*Rohre, nahtlos und geschweißt Tubes, seamless and welded*
		1.4876	
	800H	1.4876	
		1.4958	
	TP304	1.4301	
		1.4314	
	TP304L	1.4306	

3 US-Werkstoffbezeichnungen

Auflistung nach US-Normen in alphanumerischer Reihenfolge

US steel names

Listed by US standards in alphanumerical order

US-Norm z: zurückgezogen US standard z: withdrawn	US-Bezeichnung US-name Stahlsorte Steel Class/Grade/Type	EN/DIN Werk-stoff-Nr. Material number	Titel siehe Kapitel 2 Title see chapter 2
ASTM A 688-2012	TP304L	1.4307	*Rohre, nahtlos und geschweißt* *Tubes, seamless and welded*
	TP304LN	1.4311	
	TP304N	1.4315	
		1.6907	
	TP316	1.4401	
		1.4436	
	TP316L	1.4404	
		1.4432	
		1.4435	
	TP316LN	1.4406	
		1.4429	
	TP316N	1.4495	
	UNS: N08367	1.4478	
	UNS: N08800	1.4558	
		1.4876	
	UNS: N08810	1.4958	
	UNS: N08811	1.4876	
		1.4958	
		1.4959	
	UNS: N08926	1.4529	
	UNS: S31254	1.4547	
	UNS: S32654	1.4652	
ASTM A 691-2009	1 1/4 CR	1.7335	*Rohre, elektrisch schmelzgeschweißt* *Pipes, electric-fusion-welded*
		1.7336	
		1.7338	
	1/2 CR	1.7332	
	1CR	1.7335	
		1.7337	
	2 1/4 CR	1.7375	
		1.7380	
		1.7383	
	3 CR	1.7381	
	5 CR	1.7362	
		1.7366	
	9 CR	1.7386	
	91	1.4903	
	CM-65	1.5415	
		1.5423	
	CM-70	1.5423	

3 US-Werkstoffbezeichnungen

Auflistung nach US-Normen in alphanumerischer Reihenfolge

US steel names

Listed by US standards in alphanumerical order

US-Bezeichnung US-name		EN/DIN Werk-stoff-Nr. Material number	Titel siehe Kapitel 2 Title see chapter 2
US-Norm z: zurückgezogen US standard z: withdrawn	Stahlsorte Steel Class/Grade/Type		
ASTM A 691-2009	CM-75	1.5423	*Rohre, elektrisch schmelzgeschweißt Pipes, electric-fusion-welded*
	CMS-75	1.0565	
	CMSH-70	1.0473	
		1.0482	
		1.0485	
		1.0539	
		1.0562	
	CMSH-80	1.8902	
		1.8905	
		1.8912	
		1.8915	
		1.8918	
ASTM A 693-2013	630	1.4542	*Bleche und Bänder Plates/sheets and strips*
		1.4548	
	631	1.4504	
		1.4568	
	632	1.4532	
		1.4574	
	633	1.4457	
	UNS: S46910	1.4645	
	XM-12	1.4545	
	XM-13	1.4534	
	XM-16	1.4543	
	XM-25	1.4594	
ASTM A 694-2014	F42	1.0486	*Schmiedestücke Forgings*
	F46	1.0409	
	F52	1.0562	
	F60	1.8902	
	F65	1.8905	
	F70	1.0570	
ASTM A 705-2013	630	1.4542	*Schmiedestücke Forgings*
		1.4548	
	631	1.4504	
		1.4568	
	632	1.4532	
		1.4574	
	XM-12	1.4545	
	XM-13	1.4534	
	XM-16	1.4543	

3 US-Werkstoffbezeichnungen

Auflistung nach US-Normen in alphanumerischer Reihenfolge

US steel names

Listed by US standards in alphanumerical order

US-Norm z: zurückgezogen US standard z: withdrawn	US-Bezeichnung US-name Stahlsorte Steel Class/Grade/Type	EN/DIN Werk-stoff-Nr. Material number	Titel siehe Kapitel 2 Title see chapter 2
ASTM A 705-2013	XM-25	1.4594	*Schmiedestücke Forgings*
ASTM A 706-2014	60	1.0045	*Betonformstähle für Bewehrung Deformed bars for concrete reinforce-ment*
		1.0438	
	80	1.0045	
		1.0438	
ASTM A 707-2014	L1	1.0566	*Flansche, geschmiedet Flanges, forged*
		1.1104	
	L2	1.0566	
	L3	1.1106	
	L7	1.5637	
	L8	1.6742	
ASTM A 709-2013	50	1.0487	*Brückenbaustähle Structural steels for bridges*
	50 type 1	1.0044	
		1.0143	
	50 type 2	1.0044	
		1.0143	
	50 type 3	1.0044	
		1.0143	
	50 type 5	1.0044	
		1.0143	
	50W type A	1.8959	
		1.8963	
		1.8965	
		1.8966	
		1.8967	
	50W type B	1.8963	
		1.8965	
		1.8966	
		1.8967	
	HPS 100W	1.8928	
		1.8931	
		1.8988	
		1.8995	
z ASTM A 709-2006	100 type P	1.6587	
z ASTM A 709-2010	100 type B	1.8931	
		1.8988	
		1.8995	
		1.8996	

3 US-Werkstoffbezeichnungen

Auflistung nach US-Normen in alphanumerischer Reihenfolge

US steel names

Listed by US standards in alphanumerical order

US-Norm z: zurückgezogen US standard z: withdrawn	US-Bezeichnung US-name Stahlsorte Steel Class/Grade/Type	EN/DIN Werk-stoff-Nr. Material number	Titel siehe Kapitel 2 Title see chapter 2
z ASTM A 709-2010	100 type C	1.8963	*Brückenbaustähle Structural steels for bridges*
	100 type E	1.8931	
		1.8988	
		1.8995	
		1.8996	
	100 type F	1.8928	
		1.8931	
		1.8988	
		1.8995	
		1.8996	
	100 type H	1.8928	
		1.8931	
		1.8988	
		1.8995	
		1.8996	
	100 type Q	1.8928	
		1.8931	
		1.8988	
		1.8995	
		1.8996	
ASTM A 711-2007	51B60	1.7137	*Schmiedestücke Forgings*
	1005	1.0314	
	1008	1.0304	
	1010	1.0213	
		1.0349	
		1.1114	
		1.1121	
		1.1207	
	1012	1.0028	
		1.0111	
		1.0214	
		1.0439	
		1.1124	
		1.1130	
	1013	1.0036	
		1.0037	
		1.0116	
		1.0417	
	1018	1.1129	

3 US-Werkstoffbezeichnungen

Auflistung nach US-Normen in alphanumerischer Reihenfolge

US steel names

Listed by US standards in alphanumerical order

US-Bezeichnung US-name US-Norm z: zurückgezogen US standard z: withdrawn	Stahlsorte Steel Class/Grade/Type	EN/DIN Werkstoff-Nr. Material number	Titel siehe Kapitel 2 Title see chapter 2
ASTM A 711-2007	1020	1.0402	*Schmiedestücke* *Forgings*
		1.1149	
		1.1151	
	1022	1.0432	
		1.0469	
		1.1134	
	1023	1.1152	
	1025	1.0406	
		1.0415	
		1.1158	
		1.1163	
	1030	1.0520	
		1.0528	
		1.0530	
		1.1178	
		1.1179	
	1034	1.1181	
	1035	1.0501	
		1.0516	
		1.1172	
		1.1180	
		1.1181	
	1038	1.1181	
	1039	1.1157	
	1040	1.0511	
		1.1186	
		1.1189	
	1042	1.0541	
	1043	1.0541	
	1045	1.0503	
		1.1191	
		1.1193	
		1.1201	
		1.1730	
	1046	1.1162	
	1049	1.0540	
		1.1206	
	1050	1.0540	
		1.1206	

3 US-Werkstoffbezeichnungen

Auflistung nach US-Normen in alphanumerischer Reihenfolge

US steel names

Listed by US standards in alphanumerical order

US-Norm z: zurückgezogen US standard z: withdrawn	US-Bezeichnung US-name Stahlsorte Steel Class/Grade/Type	EN/DIN Werk-stoff-Nr. Material number	Titel siehe Kapitel 2 Title see chapter 2
ASTM A 711-2007	1050	1.1210	*Schmiedestücke* *Forgings*
		1.1213	
		1.1241	
	1055	1.0535	
		1.1203	
		1.1209	
		1.1220	
	1059	1.1228	
	1060	1.0601	
		1.1221	
		1.1223	
	1064	1.1222	
	1065	1.1230	
	1069	1.1234	
		1.1242	
	1070	1.1231	
	1074	1.1252	
		1.1253	
	1075	1.1252	
		1.1253	
	1078	1.0622	
		1.0626	
		1.1255	
		1.1262	
	1080	1.1265	
	1090	1.1282	
	1095	1.1283	
	1330	1.1170	
	1345	1.0912	
	1522	1.1133	
	1524	1.1160	
		1.1169	
	1527	1.1161	
	1536	1.1166	
	1541	1.1127	
	1561	1.0908	
	1566	1.1260	
	4118	1.7321	
	4121	1.7243	

3 US-Werkstoffbezeichnungen

Auflistung nach US-Normen in alphanumerischer Reihenfolge

US steel names

Listed by US standards in alphanumerical order

US-Bezeichnung US-name US-Norm z: zurückgezogen US standard z: withdrawn	Stahlsorte Steel Class/Grade/Type	EN/DIN Werk-stoff-Nr. Material number	Titel siehe Kapitel 2 Title see chapter 2
ASTM A 711-2007	4121	1.7323	*Schmiedestücke Forgings*
	4130	1.7216	
		1.7219	
	4140	1.7225	
		1.7227	
	4142	1.2332	
		1.7223	
	4147	1.7228	
	4150	1.7228	
		1.7701	
	4161	1.7241	
	4340	1.6563	
		1.6565	
		1.6582	
	5015	1.7015	
		1.7016	
		1.7131	
	5120	1.7147	
	5130	1.8401	
	5132	1.7033	
		1.7037	
	5135	1.7034	
		1.7038	
	5140	1.7035	
		1.7039	
		1.7045	
	5150	1.8404	
	5155	1.7176	
	5160	1.7176	
		1.7177	
	6118	1.7511	
	6150	1.2241	
		1.8159	
	8617	1.6523	
	8620	1.6522	
		1.6526	
	8625	1.7325	
	8630	1.6545	
	8640	1.6546	

3 US-Werkstoffbezeichnungen

Auflistung nach US-Normen in alphanumerischer Reihenfolge

US steel names

Listed by US standards in alphanumerical order

US-Norm z: zurückgezogen US standard z: withdrawn	US-Bezeichnung US-name Stahlsorte Steel Class/Grade/Type	EN/DIN Werk-stoff-Nr. Material number	Titel siehe Kapitel 2 Title see chapter 2
ASTM A 711-2007	8720	1.6526	*Schmiedestücke* *Forgings*
	8740	1.6546	
	9255	1.0904	
		1.5026	
	52100	1.3505	
	E4340	1.6562	
	E9310	1.6657	
	E50100	1.3501	
	E51100	1.2057	
		1.3503	
ASTM A 713-2004	1055	1.0535	*Drähte, Federstahl-drähte* *Wires, spring steel wires*
		1.1203	
		1.1209	
		1.1220	
	1059	1.1212	
		1.1228	
	1060	1.0601	
		1.1221	
		1.1223	
		1.1233	
	1064	1.1222	
		1.1236	
	1065	1.0612	
		1.1230	
	1069	1.1234	
		1.1242	
	1070	1.0603	
		1.0615	
		1.0617	
		1.1231	
	1074	1.0605	
		1.0614	
		1.1248	
		1.1252	
		1.1253	
	1075	1.1252	
		1.1253	
	1078	1.0622	
		1.0626	

3 US-Werkstoffbezeichnungen

Auflistung nach US-Normen in alphanumerischer Reihenfolge

US steel names

Listed by US standards in alphanumerical order

US-Bezeichnung US-name US-Norm z: zurückgezogen US standard z: withdrawn	Stahlsorte Steel Class/Grade/Type	EN/DIN Werk-stoff-Nr. Material number	Titel siehe Kapitel 2 Title see chapter 2
ASTM A 713-2004	1078	1.1255	*Drähte, Federstahldrähte* *Wires, spring steel wires*
		1.1262	
	1080	1.0616	
		1.1265	
	1084	1.0628	
		1.0647	
		1.1272	
	1086	1.1217	
		1.1269	
	1090	1.0618	
		1.1282	
	1095	1.1274	
		1.1283	
	1561	1.0908	
	1566	1.1260	
z ASTM A 714-1999	Grade II	1.0562	*Rohre, geschweißt und nahtlos* *Pipes, welded and seamless*
		1.0565	
	Grade III	1.0545	
		1.0570	
		1.0576	
		1.8978	
	Grade VII	1.8962	
ASTM A 723-2010	1	1.6586	*Schmiedestücke* *Forgings*
ASTM A 724-2009	A	1.0565	*Bleche* *Plates*
	B	1.0565	
	C	1.0549	
ASTM A 729-2009	D	1.6545	*Achsenstähle* *Axle steels*
ASTM A 732-2014	7Q	1.7216	*Stahlguss* *Steel castings*
		1.7230	
	8Q	1.7225	
		1.7231	
	12Q	1.8159	
		1.8160	
	13Q	1.6522	
	14Q	1.6545	
	15A	1.3505	

3 US-Werkstoffbezeichnungen

Auflistung nach US-Normen in alphanumerischer Reihenfolge

US steel names

Listed by US standards in alphanumerical order

US-Norm z: zurückgezogen US standard z: withdrawn	US-Bezeichnung US-name Stahlsorte Steel Class/Grade/Type	EN/DIN Werk-stoff-Nr. Material number	Titel siehe Kapitel 2 Title see chapter 2
ASTM A 737-2009	B	1.0562	*Bleche* *Plates*
		1.0565	
ASTM A 738-2012	A	1.8826	*Bleche* *Plates*
		1.8831	
		1.8837	
	B	1.8912	
		1.8935	
	C	1.0436	
		1.0577	
ASTM A 739-1990	B11	1.7335	*Stäbe* *Bars*
	B22	1.7380	
ASTM A 743-2013	CA6NM	1.4313	*Gussteile, korro-sionsbeständig* *Castings, corrosion resistant*
		1.4317	
		1.4414	
		1.6982	
	CA15	1.4008	
		1.4027	
		1.4107	
	CA15M	1.4011	
	CA28MWV	1.4931	
	CA40	1.4729	
	CA40F	1.4729	
	CB6	1.4421	
	CB30	1.4059	
	CC50	1.4085	
		1.4086	
		1.4340	
		1.4776	
	CE30	1.4339	
	CF3	1.4306	
		1.4307	
		1.4309	
	CF3M	1.4409	
	CF3MN	1.4404	
	CF8	1.4308	
		1.4815	
		1.6902	
	CF8C	1.4552	
		1.6905	

3 US-Werkstoffbezeichnungen

Auflistung nach US-Normen in alphanumerischer Reihenfolge

US steel names

Listed by US standards in alphanumerical order

US-Bezeichnung US-name US-Norm z: zurückgezogen US standard z: withdrawn	Stahlsorte Steel Class/Grade/Type	EN/DIN Werk-stoff-Nr. Material number	Titel siehe Kapitel 2 Title see chapter 2
ASTM A 743-2013	CF8M	1.4408	*Gussteile, korrosionsbeständig Castings, corrosion resistant*
		1.4581	
	CF20	1.4825	
	CG3M	1.4446	
	CG6MMN	1.3964	
	CG8M	1.4412	
		1.4431	
	CK3MCuN	1.4557	
	CK20	1.4840	
		1.4843	
	CN3M	1.4416	
	CN3MN	1.4588	
	CN7M	1.4458	
		1.4500	
		1.4527	
	CN7MS	1.4536	
		1.4538	
ASTM A 744-2013	CF3	1.4306	*Gussteile, korrosionsbeständig Castings, corrosion resistant*
		1.4307	
		1.4309	
	CF3M	1.4409	
	CF8	1.4308	
		1.4815	
		1.6902	
	CF8C	1.4552	
		1.6905	
	CF8M	1.4408	
		1.4581	
	CG3M	1.4446	
	CG8M	1.4412	
		1.4431	
	CK3MCuN	1.4557	
	CN3MN	1.4588	
	CN7M	1.4458	
		1.4500	
		1.4527	
	CN7MS	1.4536	
		1.4538	

3 US-Werkstoffbezeichnungen

Auflistung nach US-Normen in alphanumerischer Reihenfolge

US steel names

Listed by US standards in alphanumerical order

US-Bezeichnung US-name US-Norm z: zurückgezogen US standard z: withdrawn	Stahlsorte Steel Class/Grade/Type	EN/DIN Werk-stoff-Nr. Material number	Titel siehe Kapitel 2 Title see chapter 2
ASTM A 747-2012	Grade CB7Cu-1	1.4525	*Stahlguss, nicht-rostend Steel castings, stainless*
		1.4540	
		1.4542	
	Grade CB7Cu-2	1.4545	
	UNS: J92110	1.4545	
	UNS: J92180	1.4525	
		1.4540	
		1.4542	
z ASTM A 752-2004	50B44	1.7182	*Drähte Wires*
		1.7185	
		1.7189	
	50B46	1.5513	
	50B50	1.7138	
	51B60	1.7137	
	1330	1.1170	
	1335	1.1167	
	1340	1.5223	
	1345	1.0912	
	4037	1.5432	
	4118	1.7321	
	4130	1.7216	
		1.7219	
	4137	1.7220	
		1.7225	
		1.7226	
	4140	1.7225	
		1.7227	
	4142	1.2332	
		1.7223	
	4147	1.7228	
	4150	1.7228	
		1.7701	
	4161	1.7241	
	4320	1.5919	
	4340	1.6563	
		1.6565	
		1.6582	
	4419	1.5423	
	5015	1.7015	

3 US-Werkstoffbezeichnungen

Auflistung nach US-Normen in alphanumerischer Reihenfolge

US steel names

Listed by US standards in alphanumerical order

US-Norm z: zurückgezogen US standard z: withdrawn	US-Bezeichnung US-name Stahlsorte Steel Class/Grade/Type	EN/DIN Werk-stoff-Nr. Material number	Titel siehe Kapitel 2 Title see chapter 2
z ASTM A 752-2004	5120	1.7147	*Drähte* *Wires*
	5130	1.7030	
		1.8401	
	5132	1.7033	
		1.7037	
	5135	1.7034	
		1.7038	
	5140	1.7035	
		1.7039	
		1.7045	
	5150	1.8404	
	5155	1.7176	
	5160	1.7176	
		1.7177	
	6118	1.7511	
	6150	1.2241	
		1.8159	
	8617	1.6523	
	8620	1.6522	
		1.6526	
	8622	1.6543	
	8625	1.7325	
	8630	1.6545	
	8640	1.6546	
	8720	1.6523	
		1.6526	
		1.6543	
	8740	1.6546	
	9254	1.7102	
		1.7104	
	9255	1.0904	
		1.5026	
	9260	1.0909	
		1.5027	
		1.5028	
	E4340	1.6562	
	E51100	1.2057	
		1.3503	
	E52100	1.3505	

3 US-Werkstoffbezeichnungen

Auflistung nach US-Normen in alphanumerischer Reihenfolge

US steel names

Listed by US standards in alphanumerical order

US-Norm z: zurückgezogen US standard z: withdrawn	US-Bezeichnung US-name Stahlsorte Steel Class/Grade/Type	EN/DIN Werk-stoff-Nr. Material number	Titel siehe Kapitel 2 Title see chapter 2
ASTM A 756-2009	440C	1.3544	*Wälzlagerstahle, nichtrostend* *Anti friction bearing steels, stainless*
		1.4023	
		1.4125	
	X108CrMo17	1.3543	
	X30CrMoN15-1	1.4108	
	X47Cr14	1.3541	
	X65Cr14	1.3542	
		1.4037	
	X89CrMoV18-1	1.3549	
ASTM A 757-2010	B2N	1.5636	*Stahlguss* *Steel castings*
	B2Q	1.5636	
	A1Q	1.0619	
		1.1131	
		1.1156	
	A2Q	1.1138	
		1.6220	
	B2N	1.5633	
	B2Q	1.5633	
	B3N	1.5638	
	B3Q	1.5638	
	B4N	1.5681	
	B4Q	1.5681	
	D1N1	1.7377	
	D1N2	1.7377	
	D1N3	1.7377	
	D1Q1	1.7377	
	D1Q2	1.7377	
	D1Q3	1.7377	
	E1Q	1.6783	
	E3N	1.4407	
ASTM A 765-2007	Grade III	1.5639	*Schmiedestücke* *Forgings*
	Grade IV	1.0571	
ASTM A 774-2014	TP304L	1.4306	*Fittinge* *Fittings*
		1.4307	
	TP316L	1.4404	
		1.4432	
		1.4435	
	TP317L	1.4438	
	TP321	1.4541	

3 US-Werkstoffbezeichnungen

Auflistung nach US-Normen in alphanumerischer Reihenfolge

US steel names

Listed by US standards in alphanumerical order

US-Bezeichnung US-name		**EN/DIN Werk-stoff-Nr. Material number**	**Titel siehe Kapitel 2 Title see chapter 2**
US-Norm z: zurückgezogen US standard z: withdrawn	**Stahlsorte Steel Class/Grade/Type**		
ASTM A 774-2014	TP321	1.4544	*Fittinge Fittings*
	TP347	1.4550	
ASTM A 778-2001	TP304L	1.4306	*Rohr-Formteile, geschweißt Tubular products, welded*
		1.4307	
	TP316L	1.4404	
		1.4432	
		1.4435	
	TP317L	1.4438	
	TP321	1.4541	
		1.4544	
	TP347	1.4550	
ASTM A 787-2014	1008	1.0032	*Rohre, widerstandsgeschweißt Tubes, electric resistance welded*
		1.0204	
		1.0304	
		1.0318	
		1.0330	
		1.0339	
		1.1113	
	1010	1.0034	
		1.0213	
		1.0301	
		1.0349	
		1.1114	
		1.1121	
		1.1207	
	1015	1.0401	
		1.0413	
		1.1132	
		1.1140	
		1.1141	
	1016	1.0114	
		1.0407	
		1.0419	
		1.0467	
		1.1142	
		1.1148	
		1.1208	
	1017	1.0416	
	1018	1.0038	

3 US-Werkstoffbezeichnungen

Auflistung nach US-Normen in alphanumerischer Reihenfolge

US steel names

Listed by US standards in alphanumerical order

US-Norm z: zurückgezogen US standard z: withdrawn	US-Bezeichnung US-name Stahlsorte Steel Class/Grade/Type	EN/DIN Werkstoff-Nr. Material number	Titel siehe Kapitel 2 Title see chapter 2
ASTM A 787-2014	1018	1.0453	*Rohre, widerstandsgeschweißt Tubes, electric resistance welded*
		1.1129	
	1021	1.0044	
		1.0408	
	MT1010	1.0301	
	MT1015	1.0401	
		1.1140	
		1.1141	
	MT1020	1.0402	
		1.0414	
		1.1149	
		1.1151	
ASTM A 789-2014	UNS: S31200	1.4460	*Rohre, nahtlos und geschweißt Tubes, seamless and welded*
	UNS: S31500	1.4424	
	UNS: S31803	1.4462	
	UNS: S32101	1.4162	
	UNS: S32202	1.4062	
	UNS: S32205	1.4462	
	UNS: S32304	1.4362	
	UNS: S32550	1.4507	
	UNS: S32707	1.4658	
	UNS: S32750	1.4410	
	UNS: S32760	1.4501	
	UNS: S32900	1.4480	
	UNS: S32906	1.4477	
	UNS: S33207	1.4485	
ASTM A 790-2014	255	1.4507	*Rohre, nahtlos und geschweißt Tubes, seamless and welded*
	329	1.4480	
	2205	1.4462	
	2304	1.4362	
	2507	1.4410	
	UNS: S31200	1.4460	
	UNS: S31500	1.4424	
	UNS: S31803	1.4462	
	UNS: S32101	1.4162	
	UNS: S32202	1.4062	
	UNS: S32205	1.4462	
	UNS: S32304	1.4362	
	UNS: S32520	1.4507	

3 US-Werkstoffbezeichnungen

Auflistung nach US-Normen in alphanumerischer Reihenfolge

US steel names

Listed by US standards in alphanumerical order

US-Norm z: zurückgezogen US standard z: withdrawn	US-Bezeichnung US-name Stahlsorte Steel Class/Grade/Type	EN/DIN Werk-stoff-Nr. Material number	Titel siehe Kapitel 2 Title see chapter 2
ASTM A 790-2014	UNS: S32707	1.4658	*Rohre, nahtlos und geschweißt Tubes, seamless and welded*
	UNS: S32750	1.4410	
	UNS: S32760	1.4501	
	UNS: S32900	1.4480	
	UNS: S32906	1.4477	
	UNS: S33207	1.4485	
ASTM A 792-2010	CS type C	1.0917	*Bleche, 55 % Aluminium-Zinküberzug Sheets, 55 % aluminium-zinc coating*
	CS type A	1.0330	
	CS type B	1.0330	
	CS type C	1.0226	
	DS	1.0306	
		1.0309	
		1.0350	
		1.0355	
		1.0918	
		1.0951	
		1.0952	
		1.0962	
	80 class 1	1.0531	
	80 class 3	1.0531	
	SS: 33	1.0241	
	SS: 37	1.0242	
	SS: 40	1.0244	
	SS: 50 class 1	1.0250	
	SS: 50 class 1	1.0529	
	SS: 50 class 2	1.0250	
	SS: 50 class 2	1.0529	
	SS: 50 class 4	1.0250	
	SS: 50 class 4	1.0529	
ASTM A 793-1996	304	1.4301	*Bodenbleche, nichtrostend Floor plates, stainless*
		1.4314	
	304L	1.4306	
		1.4307	
	316	1.4401	
		1.4436	
	316L	1.4404	
		1.4432	
		1.4435	

3 US-Werkstoffbezeichnungen

Auflistung nach US-Normen in alphanumerischer Reihenfolge

US steel names

Listed by US standards in alphanumerical order

US-Bezeichnung US-name		EN/DIN Werk-stoff-Nr. Material number	Titel siehe Kapitel 2 Title see chapter 2
US-Norm z: zurückgezogen US standard z: withdrawn	Stahlsorte Steel Class/Grade/Type		
ASTM A 794-2012	1015	1.0401	*Bleche, kaltgewalzt Sheets, cold rolled*
		1.0413	
		1.1132	
		1.1140	
		1.1141	
	1016	1.0407	
		1.0419	
		1.0467	
		1.1142	
		1.1148	
		1.1208	
	1017	1.0416	
	1018	1.0038	
		1.0453	
		1.1129	
	1020	1.0402	
		1.0414	
		1.1137	
		1.1149	
		1.1151	
	1021	1.0044	
		1.0408	
	1023	1.1152	
ASTM A 795-2013	A type E	1.0039	*Rohre, geschweißt und nahtlos Tubes, welded and seamless*
	A type S	1.0039	
ASTM A 803-2012	18-2	1.4521	*Rohre, geschweißt Tubes, welded*
	26-3-3	1.4750	
	29-4	1.4592	
	TP409	1.4512	
		1.4720	
	TP439	1.4510	
	UNS: S40900	1.4512	
		1.4720	
	UNS: S43035	1.4510	
	UNS: S44400	1.4521	
	UNS: S44627	1.4131	
	UNS: S44660	1.4750	

3 US-Werkstoffbezeichnungen

Auflistung nach US-Normen in alphanumerischer Reihenfolge

US steel names

Listed by US standards in alphanumerical order

US-Norm z: zurückgezogen US standard z: withdrawn	US-Bezeichnung US-name Stahlsorte Steel Class/Grade/Type	EN/DIN Werk-stoff-Nr. Material number	Titel siehe Kapitel 2 Title see chapter 2
ASTM A 803-2012	UNS: S44700	1.4592	*Rohre, geschweißt* *Tubes, welded*
	XM-27	1.4131	
ASTM A 813-2014	TP201	1.4372	*Rohre, ein- oder beidseitig geschweißt* *Pipes, single or double-welded*
	TP201LN	1.4371	
	TP304	1.4301	
		1.4314	
	TP304H	1.4948	
	TP304L	1.4306	
		1.4307	
	TP304LN	1.4311	
	TP304N	1.4315	
		1.6907	
	TP309S	1.4833	
		1.4950	
	TP310S	1.4842	
		1.4845	
	TP316	1.4401	
		1.4436	
	TP316H	1.4918	
		1.4919	
	TP316L	1.4404	
		1.4432	
		1.4435	
	TP316LN	1.4406	
		1.4429	
	TP316N	1.4495	
	TP317	1.4445	
		1.4449	
	TP317L	1.4438	
	TP321	1.4541	
		1.4544	
	TP321H	1.4878	
		1.4940	
		1.4941	
		1.6903	
	TP347	1.4550	
	TP347H	1.4912	
	TP348	1.4546	
	TP348H	1.4546	

3 US-Werkstoffbezeichnungen

Auflistung nach US-Normen in alphanumerischer Reihenfolge

US steel names

Listed by US standards in alphanumerical order

US-Norm z: zurückgezogen US standard z: withdrawn	US-Bezeichnung US-name Stahlsorte Steel Class/Grade/Type	EN/DIN Werk-stoff-Nr. Material number	Titel siehe Kapitel 2 Title see chapter 2
ASTM A 813-2014	UNS: N08367	1.4478	*Rohre, ein- oder beidseitig geschweißt* *Pipes, single or double-welded*
	UNS: S30815	1.4835	
	UNS: S30815	1.4893	
	UNS: S31254	1.4547	
	TPXM-10	1.4454	
	TPXM-11	1.4375	
		1.4454	
	TPXM-19	1.3964	
ASTM A 814-2008	TP201	1.4372	*Rohre, geschweißt* *Pipes, welded*
	TP201LN	1.4371	
	TP304	1.4301	
		1.4314	
	TP304H	1.4948	
	TP304L	1.4306	
		1.4307	
	TP304LN	1.4311	
	TP304N	1.4315	
		1.6907	
	TP309S	1.4833	
		1.4950	
	TP310S	1.4842	
		1.4845	
	TP316	1.4401	
		1.4436	
	TP316H	1.4918	
		1.4919	
	TP316L	1.4404	
		1.4432	
		1.4435	
	TP316LN	1.4406	
		1.4429	
	TP316N	1.4495	
	TP317	1.4445	
		1.4449	
	TP317L	1.4438	
	TP321	1.4541	
		1.4544	
	TP321H	1.4878	
		1.4940	

3 US-Werkstoffbezeichnungen

Auflistung nach US-Normen in alphanumerischer Reihenfolge

US steel names

Listed by US standards in alphanumerical order

US-Norm z: zurückgezogen US standard z: withdrawn	US-Bezeichnung / US-name Stahlsorte Steel Class/Grade/Type	EN/DIN Werk-stoff-Nr. Material number	Titel siehe Kapitel 2 Title see chapter 2
ASTM A 814-2008	TP321H	1.4941	*Rohre, geschweißt* *Pipes, welded*
		1.6903	
	TP347	1.4550	
	TP347H	1.4912	
	TP348	1.4546	
	TP348H	1.4546	
	UNS: N08367	1.4478	
	UNS: S30815	1.4835	
		1.4893	
	UNS: S31254	1.4547	
	TPXM-10	1.4454	
	TPXM-11	1.4375	
		1.4454	
	TPXM-19	1.3964	
ASTM A 815-2014	CR27	1.4131	*Rohrfittinge* *Piping fittings*
	CR410	1.4006	
		1.4024	
	CR429	1.4001	
		1.4012	
	CR430	1.4016	
	CR430Ti	1.4510	
	CR446	1.4749	
		1.4762	
	CRS31803	1.4462	
	CRS32101	1.4162	
	CRS32202	1.4062	
	CRS32205	1.4462	
	CRS32550	1.4507	
		1.4410	
	CRS32760	1.4501	
	CRS41008	1.4000	
	CRS41500	1.4313	
		1.4413	
	UNS: S32101	1.4162	
	WP27	1.4131	
	WP410	1.4006	
		1.4024	
	WP429	1.4001	
		1.4012	

3 US-Werkstoffbezeichnungen

Auflistung nach US-Normen in alphanumerischer Reihenfolge

US steel names

Listed by US standards in alphanumerical order

US-Bezeichnung / US-name		EN/DIN Werk-stoff-Nr. Material number	Titel siehe Kapitel 2 Title see chapter 2
US-Norm z: zurückgezogen US standard z: withdrawn	Stahlsorte Steel Class/Grade/Type		
ASTM A 815-2014	WP430	1.4016	*Rohrfittinge Piping fittings*
	WP430Ti	1.4510	
	WP446	1.4749	
		1.4762	
	WPS31803	1.4462	
	WPS32101	1.4162	
	WPS32202	1.4062	
	WPS32205	1.4462	
	WPS32550	1.4507	
	WPS32750	1.4410	
	WPS32760	1.4501	
	WPS41008	1.4000	
	WPS41500	1.4313	
		1.4413	
ASTM A 822-2004	–	1.0305	*Rohre Tubes*
ASTM A 827-2014	1020	1.0402	*Bleche Plates*
		1.0414	
		1.1149	
		1.1151	
	1035	1.0501	
		1.0516	
		1.1172	
		1.1180	
		1.1181	
	1040	1.0511	
		1.1186	
		1.1189	
	1045	1.0503	
		1.1191	
		1.1193	
		1.1201	
		1.1730	
	1050	1.0540	
		1.1171	
		1.1206	
		1.1210	
		1.1213	
		1.1241	

3 US-Werkstoffbezeichnungen

Auflistung nach US-Normen in alphanumerischer Reihenfolge

US steel names

Listed by US standards in alphanumerical order

US-Bezeichnung US-name US-Norm z: zurückgezogen US standard z: withdrawn	Stahlsorte Steel Class/Grade/Type	EN/DIN Werk-stoff-Nr. Material number	Titel siehe Kapitel 2 Title see chapter 2
ASTM A 829-2014	1330	1.1170	*Bleche, Baustahl Plates, structural steel*
	1335	1.1167	
	1340	1.5223	
	1345	1.0912	
	4118	1.7321	
	4130	1.7216	
		1.7219	
	4135	1.2330	
		1.7220	
		1.7226	
	4137	1.7220	
		1.7225	
		1.7226	
	4140	1.7225	
		1.7227	
	4142	1.2332	
		1.7223	
	4150	1.7228	
		1.7701	
	4340	1.6563	
		1.6565	
		1.6582	
	5160	1.7176	
		1.7177	
	6150	1.2241	
		1.8159	
	8617	1.6523	
	8620	1.6522	
		1.6526	
	8622	1.6543	
	8625	1.7325	
	8630	1.6545	
	8640	1.6546	
	8742	1.6546	
	E4340	1.6562	
ASTM A 830-2014	1006	1.0313	*Bleche, Baustahl Plates, structural steel*
		1.1111	
	1008	1.0204	
		1.0304	

3 US-Werkstoffbezeichnungen

Auflistung nach US-Normen in alphanumerischer Reihenfolge

US steel names

Listed by US standards in alphanumerical order

US-Bezeichnung US-name US-Norm z: zurückgezogen US standard z: withdrawn	Stahlsorte Steel Class/Grade/Type	EN/DIN Werk-stoff-Nr. Material number	Titel siehe Kapitel 2 Title see chapter 2
ASTM A 830-2014	1008	1.0330	*Bleche, Baustahl Plates, structural steel*
		1.0339	
		1.1113	
	1010	1.0213	
		1.0301	
		1.0349	
		1.1114	
		1.1121	
		1.1207	
	1012	1.0028	
		1.0111	
		1.0214	
		1.0439	
		1.1124	
		1.1130	
	1015	1.0401	
		1.0413	
		1.1132	
		1.1140	
		1.1141	
	1016	1.0407	
		1.1142	
		1.1148	
		1.1208	
	1017	1.0416	
	1018	1.0038	
		1.0453	
		1.1129	
	1020	1.0402	
		1.0414	
		1.1137	
		1.1149	
		1.1151	
	1021	1.0044	
		1.0408	
	1022	1.0432	
		1.0469	
		1.1134	
	1023	1.1152	

3 US-Werkstoffbezeichnungen

Auflistung nach US-Normen in alphanumerischer Reihenfolge

US steel names

Listed by US standards in alphanumerical order

US-Norm z: zurückgezogen US standard z: withdrawn	US-Bezeichnung US-name Stahlsorte Steel Class/Grade/Type	EN/DIN Werk-stoff-Nr. Material number	Titel siehe Kapitel 2 Title see chapter 2
ASTM A 830-2014	1025	1.0406	*Bleche, Baustahl Plates, structural steel*
		1.0415	
		1.1158	
		1.1163	
	1026	1.1139	
	1030	1.0520	
		1.0528	
		1.0530	
		1.1143	
		1.1178	
		1.1179	
	1033	1.1146	
	1035	1.0501	
		1.0516	
		1.1145	
		1.1172	
		1.1180	
		1.1181	
	1037	1.0561	
		1.1145	
	1038	1.1150	
		1.1181	
	1039	1.1153	
		1.1157	
	1040	1.0511	
		1.1186	
		1.1189	
	1042	1.0541	
		1.1154	
	1043	1.0541	
		1.1154	
	1045	1.0503	
		1.1191	
		1.1193	
		1.1201	
		1.1730	
	1046	1.1162	
	1049	1.0540	
		1.1171	

3 US-Werkstoffbezeichnungen

Auflistung nach US-Normen in alphanumerischer Reihenfolge

US steel names

Listed by US standards in alphanumerical order

US-Norm z: zurückgezogen US standard z: withdrawn	US-Bezeichnung US-name Stahlsorte Steel Class/Grade/Type	EN/DIN Werk- stoff-Nr. Material number	Titel siehe Kapitel 2 Title see chapter 2
ASTM A 830-2014	1049	1.1206	*Bleche, Baustahl Plates, structural steel*
		1.1210	
	1050	1.0540	
		1.0586	
		1.1171	
		1.1206	
		1.1210	
		1.1213	
		1.1241	
	1055	1.0535	
		1.1203	
		1.1209	
		1.1220	
	1060	1.0601	
		1.0609	
		1.0610	
		1.1221	
		1.1223	
		1.1233	
	1064	1.1222	
		1.1236	
	1065	1.0611	
		1.0612	
		1.1230	
	1070	1.0615	
		1.0617	
		1.1231	
	1074	1.0605	
		1.0614	
		1.1248	
		1.1252	
		1.1253	
	1078	1.0622	
		1.0626	
		1.1255	
		1.1262	
	1080	1.0616	
		1.1265	
	1084	1.0628	

3 US-Werkstoffbezeichnungen

Auflistung nach US-Normen in alphanumerischer Reihenfolge

US steel names

Listed by US standards in alphanumerical order

US-Norm z: zurückgezogen US standard z: withdrawn	US-Bezeichnung US-name Stahlsorte Steel Class/Grade/Type	EN/DIN Werk-stoff-Nr. Material number	Titel siehe Kapitel 2 Title see chapter 2
ASTM A 830-2014	1084	1.0647	*Bleche, Baustahl* *Plates, structural steel*
		1.1272	
	1085	1.1273	
	1086	1.1217	
		1.1269	
	1090	1.0618	
		1.1282	
	1095	1.1274	
		1.1283	
	1524	1.0570	
		1.1160	
		1.1169	
	1527	1.1161	
	1536	1.1166	
	1541	1.1127	
	1548	1.1128	
		1.1226	
	1552	1.1226	
ASTM A 832-2010	22V	1.7703	*Bleche* *Plates*
ASTM A 837-2006	410	1.4006	*Schmiedestähle, legiert* *Steel forgings, alloyed*
		1.4024	
	4320	1.5919	
	8620	1.6522	
		1.6523	
		1.6526	
	9310	1.6657	
	E3310	1.5752	
ASTM A 841-2013	A class 1	1.0425	*Bleche* *Plates*
		1.0562	
		1.0565	
		1.0566	
		1.1106	
	B class 1	1.1106	
	C class 1	1.1106	
ASTM A 844-2009	–	1.5662	*Bleche mit 9 % Nickel* *Plates with 9 % nickel*
	–	1.5663	

3 US-Werkstoffbezeichnungen

Auflistung nach US-Normen in alphanumerischer Reihenfolge

US steel names

Listed by US standards in alphanumerical order

US-Norm z: zurückgezogen US standard z: withdrawn	US-Bezeichnung US-name Stahlsorte Steel Class/Grade/Type	EN/DIN Werk-stoff-Nr. Material number	Titel siehe Kapitel 2 Title see chapter 2
z ASTM A 852-2003	–	1.8904	*Bleche bis 100 mm Dicke* *Plates to 100 mm thickness*
		1.8926	
		1.8986	
		1.8991	
		1.8992	
ASTM A 860-2014	WPHY 42	1.0484	*Fittinge* *Fittings*
		1.0486	
	WPHY 46	1.0409	
	WPHY 52	1.0562	
		1.0582	
	WPHY 60	1.8902	
		1.8972	
	WPHY 65	1.8905	
		1.8975	
	WPHY 70	1.8977	
ASTM A 866-2014	43CrMo4	1.3563	*Wälzlagerstähle* *Anti friction bearing steels*
	56Mn4	1.1233	
	C56E2	1.1219	
	1030	1.0520	
		1.0528	
		1.0530	
		1.1143	
		1.1178	
		1.1179	
	1040	1.0511	
		1.1186	
		1.1189	
	1050	1.0540	
		1.1171	
		1.1206	
		1.1210	
		1.1213	
		1.1241	
	1541	1.1127	
	1552	1.1226	
	4130	1.7216	
		1.7219	
	4140	1.7225	
		1.7227	

3 US-Werkstoffbezeichnungen

Auflistung nach US-Normen in alphanumerischer Reihenfolge

US steel names

Listed by US standards in alphanumerical order

US-Norm z: zurückgezogen US standard z: withdrawn	US-Bezeichnung US-name Stahlsorte Steel Class/Grade/Type	EN/DIN Werk-stoff-Nr. Material number	Titel siehe Kapitel 2 Title see chapter 2
ASTM A 866-2014	4150	1.7228	*Wälzlagerstähle Anti friction bearing steels*
		1.7701	
	5140	1.7035	
		1.7039	
		1.7045	
	5150	1.8404	
	6150	1.2241	
		1.8159	
ASTM A 871-2014	Type IV	1.8959	*Bleche, wetterfest Plates, resistant to weathering*
		1.8963	
		1.8965	
		1.8966	
ASTM A 872-2014	UNS: J93183	1.4470	*Schleuderguss Centrifugal castings*
	UNS: J93550	1.4468	
ASTM A 875-2013	CS type A	1.0330	*Bleche mit Zn-5%-Al-Beschichtung Sheets with Zn-5% Al coating*
	CS type B	1.0330	
	CS type C	1.0226	
		1.0917	
	DDS	1.0951	
	DDS	1.0952	
	DDS	1.0306	
	DDS	1.0309	
	DDS	1.0355	
	EDDS	1.0873	
	FS type A	1.0350	
		1.0918	
	HSLAS 50	1.0529	
	HSLAS 60	1.0556	
	SS: 33	1.0241	
	SS: 37	1.0242	
	SS: 50 class 1	1.0250	
	SS: 50 class 2	1.0250	
	SS: 80	1.0531	
ASTM A 876-2012	23H045	1.0863	*Elektrobleche und -bänder Magnetic steel sheets and strips*
	23H070	1.0864	
	23P060	1.0879	
	23Q054	1.0835	
	27G051	1.0866	

3 US-Werkstoffbezeichnungen

Auflistung nach US-Normen in alphanumerischer Reihenfolge

US steel names

Listed by US standards in alphanumerical order

US-Bezeichnung US-name US-Norm z: zurückgezogen US standard z: withdrawn	Stahlsorte Steel Class/Grade/Type	EN/DIN Werk-stoff-Nr. Material number	Titel siehe Kapitel 2 Title see chapter 2
ASTM A 876-2012	27H074	1.0868	*Elektrobleche und -bänder Magnetic steel sheets and strips*
	27P066	1.0880	
	27Q057	1.0839	
	30G058	1.0861	
	30H083	1.0862	
	35G066	1.0856	
	35H094	1.0857	
ASTM A 877-2010	A	1.7102	*Drähte Wires*
		1.7104	
ASTM A 890-2013	1B	1.4517	*Gussteile, korrosionsbeständig Castings, corrosion resistant*
	3A	1.4460	
	4A	1.4462	
		1.4470	
	5A	1.4468	
		1.4469	
	6A	1.4417	
		1.4508	
	CD3MN	1.4462	
		1.4470	
	CD3MWCuN	1.4417	
		1.4508	
	CD4MCuN	1.4517	
	CD6MN	1.4460	
	CE3MN	1.4468	
		1.4469	
	UNS: J92205	1.4462	
		1.4470	
	UNS: J93371	1.4460	
	UNS: J93372	1.4517	
	UNS: J93380	1.4417	
		1.4508	
	UNS: J93404	1.4468	
		1.4469	
z ASTM A 830-2003	1A	1.4517	
ASTM A 891-2010	–	1.2779	*Schmiedestücke Forgings*
		1.4943	
		1.4944	
		1.4954	
		1.4980	

3 US-Werkstoffbezeichnungen

Auflistung nach US-Normen in alphanumerischer Reihenfolge

US steel names

Listed by US standards in alphanumerical order

US-Norm z: zurückgezogen US standard z: withdrawn	US-Bezeichnung US-name Stahlsorte Steel Class/Grade/Type	EN/DIN Werk-stoff-Nr. Material number	Titel siehe Kapitel 2 Title see chapter 2
ASTM A 895-1989	303	1.4305	*Bleche und Bänder Plates/sheets and strips*
	303Se	1.4625	
	416	1.4005	
	420F	1.4029	
	430F	1.4004	
		1.4104	
ASTM A 908-2003	–	1.4301	*Rohrstähle Tubing steels*
		1.4314	
ASTM A 913-2014	50	1.8823	*Formstähle Steel shapes*
		1.8834	
	65	1.8827	
		1.8838	
ASTM A 914-1992	15B21RH	1.5520	*Stäbe Bars*
		1.5523	
	50B40RH	1.7007	
	3310RH	1.5752	
	4118RH	1.7321	
	4130RH	1.7216	
		1.7218	
		1.7219	
	4140RH	1.7225	
	4161RH	1.7241	
	4320RH	1.3576	
		1.5919	
	5130RH	1.7030	
	5140RH	1.7035	
	8620RH	1.6526	
	8622RH	1.6543	
	8720RH	1.6523	
		1.6526	
		1.6543	
	9310RH	1.6657	
ASTM A 915-2008	SC 1025	1.1155	*Stahlguss Steel castings*
	SC 4130	1.7216	
		1.7219	
		1.7221	
		1.7230	
	SC 4140	1.7225	
	SC 4330	1.6570	

3 US-Werkstoffbezeichnungen

Auflistung nach US-Normen in alphanumerischer Reihenfolge

US steel names

Listed by US standards in alphanumerical order

US-Norm z: zurückgezogen US standard z: withdrawn	US-Bezeichnung US-name Stahlsorte Steel Class/Grade/Type	EN/DIN Werk-stoff-Nr. Material number	Titel siehe Kapitel 2 Title see chapter 2
ASTM A 915-2008	SC 4330	1.6740	*Stahlguss* *Steel castings*
ASTM A 928-2014	2205	1.4462	*Rohre, elektrisch schmelzgeschweißt* *Pipes, electric fusion welded*
	2304	1.4362	
	2507	1.4410	
	UNS: S31200	1.4460	
	UNS: S31260	1.4481	
	UNS: S31500	1.4424	
	UNS: S31803	1.4462	
	UNS: S32001	1.4482	
	UNS: S32101	1.4162	
	UNS: S32202	1.4062	
	UNS: S32550	1.4507	
	UNS: S32760	1.4501	
	UNS: S32900	1.4480	
	UNS: S82441	1.4662	
ASTM A 943-2001	TP304	1.4301	*Rohre, nahtlos* *Pipes, seamless*
		1.4314	
	TP304H	1.4948	
	TP304L	1.4306	
		1.4307	
	TP304LN	1.4311	
	TP304N	1.4315	
		1.6907	
	TP309H	1.4950	
	TP309S	1.4833	
		1.4950	
	TP310H	1.4845	
		1.4951	
	TP310S	1.4842	
		1.4845	
	TP316	1.4401	
		1.4436	
	TP316H	1.4918	
		1.4919	
	TP316L	1.4404	
		1.4432	
		1.4435	
	TP316LN	1.4406	

3 US-Werkstoffbezeichnungen

Auflistung nach US-Normen in alphanumerischer Reihenfolge

US steel names

Listed by US standards in alphanumerical order

US-Norm z: zurückgezogen US standard z: withdrawn	US-Bezeichnung US-name Stahlsorte Steel Class/Grade/Type	EN/DIN Werk-stoff-Nr. Material number	Titel siehe Kapitel 2 Title see chapter 2
ASTM A 943-2001	TP316LN	1.4429	*Rohre, nahtlos* *Pipes, seamless*
	TP316N	1.4495	
	TP317	1.4445	
		1.4449	
	TP317L	1.4438	
	TP321	1.4541	
		1.4544	
	TP321H	1.4878	
		1.4940	
		1.4941	
		1.6903	
	TP347	1.4550	
	TP347H	1.4912	
	TP348	1.4546	
	TP348H	1.4546	
	UNS: S30600	1.4361	
	UNS: S30815	1.4835	
		1.4893	
	UNS: S31050	1.4465	
		1.4466	
	UNS: S31254	1.4547	
	UNS: S31726	1.4439	
		1.4483	
	UNS: S34565	1.4565	
	TPXM-10	1.4454	
	TPXM-11	1.4375	
		1.4454	
	TPXM-19	1.3964	
z ASTM A 946-1995	UNS: S70003	1.4390	*Bleche* *Plates/sheets*
ASTM A 949-2001	UNS: S31200	1.4460	*Rohre, nahtlos* *Pipes, seamless*
	UNS: S31500	1.4424	
	UNS: S31803	1.4462	
	UNS: S32304	1.4362	
	UNS: S32550	1.4507	
	UNS: S32750	1.4410	
	UNS: S32900	1.4480	

3 US-Werkstoffbezeichnungen

Auflistung nach US-Normen in alphanumerischer Reihenfolge

US steel names

Listed by US standards in alphanumerical order

US-Norm z: zurückgezogen US standard z: withdrawn	US-Bezeichnung US-name Stahlsorte Steel Class/Grade/Type	EN/DIN Werk-stoff-Nr. Material number	Titel siehe Kapitel 2 Title see chapter 2
ASTM A 955-2014	304	1.4301	*Stäbe für Betonstahl* *Bars for concrete reinforcement*
		1.4314	
	316L	1.4404	
		1.4432	
		1.4435	
	316LN	1.4406	
		1.4429	
	UNS: S31803	1.4462	
ASTM A 958-2014	SC 1025	1.1155	*Stahlguss* *Steel castings*
	SC 4130	1.7216	
		1.7219	
		1.7221	
		1.7230	
	SC 4140	1.7225	
	SC 4330	1.6570	
		1.6740	
ASTM A 959-2011	26-3-3	1.4750	*Schmiedestähle* *Forgings*
	201	1.4372	
	201L	1.4371	
	201LN	1.4371	
	202	1.3965	
		1.4373	
	255	1.4507	
	301	1.4310	
		1.4324	
	301L	1.4319	
	301LN	1.4318	
	302	1.4300	
		1.4325	
	302B	1.4326	
	303	1.4305	
	303Se	1.4625	
	304	1.4301	
		1.4314	
	304H	1.4948	
	304L	1.4306	
		1.4307	
	304LN	1.4311	
	304N	1.4315	

3 US-Werkstoffbezeichnungen

Auflistung nach US-Normen in alphanumerischer Reihenfolge

US steel names

Listed by US standards in alphanumerical order

US-Bezeichnung US-name US-Norm z: zurückgezogen US standard z: withdrawn	Stahlsorte Steel Class/Grade/Type	EN/DIN Werkstoff-Nr. Material number	Titel siehe Kapitel 2 Title see chapter 2
ASTM A 959-2011	304N	1.6907	*Schmiedestähle Forgings*
	305	1.4303	
	308	1.4303	
	309	1.4828	
	309H	1.4950	
	309S	1.4833	
		1.4950	
	310	1.4841	
	310H	1.4845	
		1.4951	
	310HCbN	1.4952	
	310MoLN	1.4465	
		1.4466	
	310S	1.4842	
		1.4845	
	314	1.4841	
		1.4843	
	316	1.4401	
		1.4436	
	316Cb	1.4580	
	316H	1.4919	
	316L	1.4404	
		1.4432	
		1.4435	
	316N	1.4495	
	316LN	1.4406	
		1.4429	
	316Ti	1.4571	
		1.4573	
	317	1.4445	
		1.4449	
	317L	1.4438	
	317LM	1.4439	
		1.4483	
	317LMN	1.4439	
		1.4483	
	317LN	1.4434	
		1.4442	
	321	1.4541	

3 US-Werkstoffbezeichnungen

Auflistung nach US-Normen in alphanumerischer Reihenfolge

US steel names

Listed by US standards in alphanumerical order

US-Norm z: zurückgezogen US standard z: withdrawn	US-Bezeichnung US-name Stahlsorte Steel Class/Grade/Type	EN/DIN Werk-stoff-Nr. Material number	Titel siehe Kapitel 2 Title see chapter 2
ASTM A 959-2011	321	1.4544	*Schmiedestähle Forgings*
		1.4941	
	321H	1.4878	
		1.4940	
		1.4941	
		1.6903	
	329	1.4480	
	334	1.4847	
	347	1.4550	
	347H	1.4912	
	348	1.4546	
	348H	1.4546	
	403	1.4000	
		1.4006	
	405	1.4002	
	409	1.4512	
		1.4720	
	410	1.4006	
		1.4024	
	410S	1.4000	
	416	1.4005	
	420	1.2082	
		1.4021	
		1.4028	
		1.4031	
		1.4034	
	420F	1.4029	
	429	1.4001	
		1.4012	
	430	1.4016	
	430F	1.4004	
		1.4104	
		1.4105	
	430Ti	1.4510	
	431	1.2787	
		1.4044	
		1.4057	
	434	1.4113	
	436	1.4526	

3 US-Werkstoffbezeichnungen

Auflistung nach US-Normen in alphanumerischer Reihenfolge

US steel names

Listed by US standards in alphanumerical order

US-Norm z: zurückgezogen US standard z: withdrawn	US-Bezeichnung US-name Stahlsorte Steel Class/Grade/Type	EN/DIN Werk-stoff-Nr. Material number	Titel siehe Kapitel 2 Title see chapter 2
ASTM A 959-2011	439	1.4510	*Schmiedestähle Forgings*
	440A	1.4109	
	440B	1.4112	
	440C	1.3543	
		1.4125	
	440F	1.4025	
	444	1.4521	
	446	1.4749	
		1.4762	
	616	1.4935	
	630	1.4542	
		1.4548	
	631	1.4504	
		1.4568	
	632	1.4532	
		1.4574	
	633	1.4457	
	660	1.2779	
		1.3980	
		1.4606	
		1.4943	
		1.4944	
		1.4954	
		1.4980	
	662	1.4643	
	800	1.4558	
	800H	1.4876	
		1.4958	
	904L	1.4539	
	2205	1.4462	
	2304	1.4362	
	2507	1.4410	
	UNS: N08020	1.4657	
	UNS: N08367	1.4478	
	UNS: N08811	1.4876	
		1.4959	
	UNS: N08926	1.4529	
	UNS: S18235	1.4523	

3 US-Werkstoffbezeichnungen

Auflistung nach US-Normen in alphanumerischer Reihenfolge

US steel names

Listed by US standards in alphanumerical order

US-Norm z: zurückgezogen US standard z: withdrawn	US-Bezeichnung US-name Stahlsorte Steel Class/Grade/Type	EN/DIN Werk-stoff-Nr. Material number	Titel siehe Kapitel 2 Title see chapter 2
ASTM A 959-2011	UNS: S20430	1.4597	*Schmiedestähle Forgings*
	UNS: S21500	1.4982	
	UNS: S30415	1.4818	
		1.4891	
	UNS: S30430	1.4567	
	UNS: S30432	1.4907	
	UNS: S30600	1.4361	
	UNS: S30815	1.4835	
		1.4893	
	UNS: S31002	1.4335	
	UNS: S31200	1.4460	
	UNS: S31254	1.4547	
	UNS: S31260	1.4481	
	UNS: S31266	1.4659	
	UNS: S31500	1.4424	
	UNS: S31803	1.4462	
	UNS: S32101	1.4162	
	UNS: S32205	1.4462	
	UNS: S32654	1.4652	
	UNS: S32760	1.4501	
	UNS: S32803	1.4575	
	UNS: S32900	1.4480	
	UNS: S32906	1.4477	
	UNS: S33228	1.4877	
	UNS: S34565	1.4565	
	UNS: S35315	1.4854	
	UNS: S40975	1.4516	
	UNS: S40977	1.4003	
	UNS: S41003	1.4003	
	UNS: S41500	1.4313	
		1.4413	
	UNS: S42035	1.4589	
	UNS: S43940	1.4509	
	UNS: S44500	1.4621	
	UNS: S44535	1.4760	
	UNS: S44660	1.4750	
	UNS: S46910	1.4645	
	UNS: S66286	1.2779	
		1.3980	

3 US-Werkstoffbezeichnungen

Auflistung nach US-Normen in alphanumerischer Reihenfolge

US steel names

Listed by US standards in alphanumerical order

US-Norm z: zurückgezogen US standard z: withdrawn	US-Bezeichnung US-name Stahlsorte Steel Class/Grade/Type	EN/DIN Werk-stoff-Nr. Material number	Titel siehe Kapitel 2 Title see chapter 2
ASTM A 959-2011	UNS: S66286	1.4606	*Schmiedestähle Forgings*
		1.4943	
		1.4944	
		1.4954	
		1.4980	
	XM-10	1.4454	
	XM-11	1.4375	
		1.4454	
	XM-12	1.4545	
	XM-13	1.4534	
	XM-16	1.4543	
	XM-19	1.3964	
	XM-25	1.4594	
	XM-27	1.4131	
	XM-32	1.4933	
		1.4938	
		1.4939	
	XM-34	1.4114	
ASTM A 965-2014	F46	1.4361	*Schmiedestücke Forgings*
	F304	1.4301	
		1.4314	
	F304H	1.4948	
	F304L	1.4306	
		1.4307	
	F304LN	1.4311	
	F304N	1.4315	
		1.6907	
	F309H	1.4950	
	F310	1.4841	
	F310H	1.4845	
		1.4951	
	F316	1.4401	
		1.4436	
	F316H	1.4919	
	F316L	1.4404	
		1.4432	
		1.4435	
	F316LN	1.4406	
		1.4429	

3 US-Werkstoffbezeichnungen

Auflistung nach US-Normen in alphanumerischer Reihenfolge

US steel names

Listed by US standards in alphanumerical order

US-Norm z: zurückgezogen US standard z: withdrawn	US-Bezeichnung US-name Stahlsorte Steel Class/Grade/Type	EN/DIN Werk-stoff-Nr. Material number	Titel siehe Kapitel 2 Title see chapter 2
ASTM A 965-2014	F316N	1.4495	*Schmiedestücke* *Forgings*
	F321	1.4541	
		1.4544	
	F321H	1.4878	
		1.4940	
		1.4941	
		1.6903	
	F347	1.4550	
	F347H	1.4912	
	F348	1.4546	
	F348H	1.4546	
	FXM-11	1.4375	
		1.4454	
	FXM-19	1.3964	
ASTM A 968-1996	UNS: S70003	1.4390	*Stäbe und Form-stücke* *Bars and shapes*
ASTM A 982-2010	A	1.4024	*Schmiedestähle* *Steel forgings*
		1.4006	
	F	1.4542	
		1.4548	
ASTM A 988-2013	UNS: N08367	1.4478	*Flansche, Fittinge, Ventile* *Flanges, fittings, valves*
	UNS: S17400	1.4542	
		1.4548	
	UNS: S21904	1.4375	
		1.4454	
	UNS: S30400	1.4301	
		1.4314	
	UNS: S30403	1.4306	
		1.4307	
	UNS: S30451	1.4315	
		1.6907	
	UNS: S30453	1.4311	
	UNS: S31254	1.4547	
	UNS: S31600	1.4401	
		1.4436	
		1.4919	
	UNS: S31603	1.4404	
		1.4432	

3 US-Werkstoffbezeichnungen

Auflistung nach US-Normen in alphanumerischer Reihenfolge

US steel names

Listed by US standards in alphanumerical order

US-Bezeichnung US-name		EN/DIN Werk-stoff-Nr. Material number	Titel siehe Kapitel 2 Title see chapter 2
US-Norm z: zurückgezogen US standard z: withdrawn	**Stahlsorte Steel Class/Grade/Type**		
ASTM A 988-2013	UNS: S31603	1.4435	*Flansche, Fittinge, Ventile Flanges, fittings, valves*
	UNS: S31651	1.4495	
	UNS: S31653	1.4406	
		1.4429	
	UNS: S31700	1.4445	
		1.4449	
	UNS: S31703	1.4438	
	UNS: S31725	1.4439	
		1.4483	
	UNS: S31726	1.4439	
		1.4483	
	UNS: S31803	1.4462	
	UNS: S32205	1.4462	
	UNS: S32505	1.4507	
	UNS: S32654	1.4652	
	UNS: S32750	1.4410	
	UNS: S32760	1.4501	
	UNS: S41000	1.4006	
		1.4024	
	UNS: S41500	1.4313	
		1.4413	
ASTM A 989-2013	UNS: K21590 class 1	1.7375	*Flansche, Fittinge und warmfeste Teile Flanges, fittings and parts for high temperature*
		1.7380	
		1.7383	
	UNS: K21590 class 3	1.7375	
		1.7380	
		1.7383	
	UNS: K31545	1.7381	
	UNS: K90901	1.4903	
	UNS: K90941	1.7386	
ASTM A 995-2013	1B	1.4517	*Gussteile Castings*
	3A	1.4460	
	4A	1.4462	
		1.4470	
	5A	1.4468	
		1.4469	
	6A	1.4417	
		1.4508	
	CD3MN	1.4462	

3 US-Werkstoffbezeichnungen

Auflistung nach US-Normen in alphanumerischer Reihenfolge

US steel names

Listed by US standards in alphanumerical order

US-Bezeichnung US-name US-Norm z: zurückgezogen US standard z: withdrawn	Stahlsorte Steel Class/Grade/Type	EN/DIN Werk-stoff-Nr. Material number	Titel siehe Kapitel 2 Title see chapter 2
ASTM A 995-2013	CD3MN	1.4470	*Gussteile* *Castings*
	CD3MWCuN	1.4417	
		1.4508	
	CD4MCuN	1.4517	
	CD6MN	1.4460	
	CE3MN	1.4468	
		1.4469	
ASTM A 1000-2011	A	1.7102	*Federstahldrähte* *Spring steel wires*
	C	1.7503	
		1.8150	
ASTM A 1008-2013	CS type A	1.0330	*Bleche, kaltgewalzt* *Sheets, cold rolled*
	CS type B	1.0330	
	CS type C	1.0330	
	DDS	1.0338	
		1.0355	
	DS type A	1.0335	
		1.0347	
	DS type B	1.0335	
		1.0347	
	EDDS	1.0873	
	HSLAS 45 class 1	1.0972	
	HSLAS 45 class 2	1.0972	
	HSLAS 50 class 1	1.0974	
	HSLAS 50 class 2	1.0974	
	HSLAS 55 class 1	1.0550	
	HSLAS 55 class 2	1.0550	
	HSLAS 60 class 1	1.0556	
		1.0980	
	HSLAS 60 class 2	1.0556	
		1.0980	
	HSLAS 65 class 1	1.0982	
	HSLAS 65 class 2	1.0982	
	HSLAS 70 class 1	1.0984	
	HSLAS 70 class 2	1.0984	
	HSLAS-F 50	1.0974	
	HSLAS-F 60	1.0980	
	HSLAS-F 70	1.0984	
	HSLAS-F 80	1.0986	

3 US-Werkstoffbezeichnungen

Auflistung nach US-Normen in alphanumerischer Reihenfolge

US steel names

Listed by US standards in alphanumerical order

US-Bezeichnung US-name US-Norm z: zurückgezogen US standard z: withdrawn	Stahlsorte Steel Class/Grade/Type	EN/DIN Werk-stoff-Nr. Material number	Titel siehe Kapitel 2 Title see chapter 2
ASTM A 1010-2013	UNS: S41003	1.4003	*Bleche und Bänder Plate/sheets and strips*
ASTM A 1011-2014	CS type A	1.0330	*Bleche und Bänder Sheets and strips*
	CS type B	1.0330	
	CS type C	1.0330	
	DS type A	1.0335	
		1.0347	
	DS type B	1.0335	
		1.0347	
	HSLAS 45 class 1	1.0972	
	HSLAS 45 class 2	1.0972	
	HSLAS 50 class 1	1.0974	
	HSLAS 50 class 2	1.0974	
	HSLAS 55 class 1	1.0550	
	HSLAS 55 class 2	1.0550	
	HSLAS 60 class 1	1.0556	
		1.0980	
	HSLAS 60 class 2	1.0556	
		1.0980	
	HSLAS 65 class 1	1.0982	
	HSLAS 65 class 2	1.0982	
	HSLAS 70 class 1	1.0984	
	HSLAS 70 class 2	1.0984	
	HSLAS-F 50	1.0974	
	HSLAS-F 60	1.0980	
	HSLAS-F 70	1.0984	
	HSLAS-F 80	1.0986	
ASTM A 1017-2011	23	1.8201	*Bleche Plates*
	92	1.4901	
	911	1.4905	
ASTM A 1018-2010	CS type A	1.0330	*Bleche und Bänder Sheets and strips*
	CS type B	1.0330	
	DS type A	1.0335	
		1.0347	
	DS type B	1.0335	
		1.0347	
ASTM A 1021-2005	A	1.4006	*Schmiedestähle Steel forgings*
		1.4024	

3 US-Werkstoffbezeichnungen

Auflistung nach US-Normen in alphanumerischer Reihenfolge

US steel names

Listed by US standards in alphanumerical order

US-Bezeichnung US-name US-Norm z: zurückgezogen US standard z: withdrawn	Stahlsorte Steel Class/Grade/Type	EN/DIN Werk-stoff-Nr. Material number	Titel siehe Kapitel 2 Title see chapter 2
ASTM A 1022-2014	304	1.4301	*Drähte für Bewehrung Wires for concrete reinforcement*
		1.4314	
	304L	1.4306	
		1.4307	
	316	1.4401	
		1.4436	
	316L	1.4404	
		1.4432	
		1.4435	
	316LN	1.4406	
		1.4429	
	316N	1.4495	
	329	1.4480	
	2205	1.4462	
ASTM A 1028-2003	A	1.4006	*Stäbe Bars*
		1.4024	
	F	1.4542	
		1.4548	
ASTM A 1031-2012	4118	1.7321	*Bleche und Bänder Sheets and strips*
	4130	1.7216	
		1.7219	
	4135	1.2330	
		1.7220	
		1.7226	
	4137	1.7220	
		1.7225	
		1.7226	
	4140	1.7225	
		1.7227	
	4142	1.2332	
		1.7223	
	4150	1.7228	
		1.7701	
	4320	1.5919	
	4340	1.6563	
		1.6565	
		1.6582	
	4520	1.5423	
	4718	1.6755	

3 US-Werkstoffbezeichnungen

Auflistung nach US-Normen in alphanumerischer Reihenfolge

US steel names

Listed by US standards in alphanumerical order

US-Bezeichnung US-name US-Norm z: zurückgezogen US standard z: withdrawn	Stahlsorte Steel Class/Grade/Type	EN/DIN Werk-stoff-Nr. Material number	Titel siehe Kapitel 2 Title see chapter 2
ASTM A 1031-2012	5015	1.7015	*Bleche und Bänder Sheets and strips*
	5046	1.3561	
	5115	1.7016	
		1.7131	
	5120	1.7147	
	5130	1.7030	
		1.7036	
		1.8401	
	5132	1.7033	
		1.7037	
	5140	1.7035	
		1.7039	
		1.7045	
	5150	1.8404	
	5160	1.7176	
		1.7177	
	6150	1.2241	
		1.8159	
	8617	1.6523	
	8620	1.6522	
		1.6523	
		1.6526	
	8630	1.6545	
	8640	1.6546	
	8660	1.2795	
	8720	1.6523	
		1.6526	
	8740	1.6546	
	9260	1.0909	
		1.5027	
		1.5028	
	9262	1.7108	
	E3310	1.5752	
	E4340	1.6562	
	E9310	1.6657	
	E51100	1.2057	
		1.3503	
	E52100	1.3505	

3 US-Werkstoffbezeichnungen

Auflistung nach US-Normen in alphanumerischer Reihenfolge

US steel names

Listed by US standards in alphanumerical order

US-Norm z: zurückgezogen US standard z: withdrawn	US-Bezeichnung US-name Stahlsorte Steel Class/Grade/Type	EN/DIN Werk-stoff-Nr. Material number	Titel siehe Kapitel 2 Title see chapter 2
ASTM A 1040-2010	12L13	1.0718	*Walzdrähte, Schmiedestähle* *Wire rods, wrought steels*
		1.0722	
	12L14	1.0737	
	15B21H	1.5508	
		1.5520	
		1.5523	
	15B21RH	1.5520	
		1.5523	
	50B40	1.7007	
	50B40H	1.7007	
	50B40RH	1.7007	
	50B46	1.5513	
	50B50H	1.7138	
	51B60H	1.7137	
	1005	1.0300	
		1.0314	
		1.1110	
	1006	1.0313	
		1.1111	
	1008	1.0032	
		1.0204	
		1.0304	
		1.0330	
		1.0339	
		1.1113	
	1010	1.0034	
		1.0213	
		1.0301	
		1.0310	
		1.0349	
		1.1114	
		1.1121	
		1.1207	
	1012	1.0028	
		1.0111	
		1.0214	
		1.0311	
		1.0439	
		1.1124	

3 US-Werkstoffbezeichnungen

Auflistung nach US-Normen in alphanumerischer Reihenfolge

US steel names

Listed by US standards in alphanumerical order

US-Bezeichnung US-name US-Norm z: zurückgezogen US standard z: withdrawn	Stahlsorte Steel Class/Grade/Type	EN/DIN Werk-stoff-Nr. Material number	Titel siehe Kapitel 2 Title see chapter 2
ASTM A 1040-2010	1012	1.1130	*Walzdrähte, Schmiedestähle Wire rods, wrought steels*
	1013	1.0036	
		1.0037	
		1.0116	
		1.0417	
	1015	1.0401	
		1.0413	
		1.1132	
		1.1140	
		1.1141	
	1016	1.0114	
		1.0407	
		1.1142	
		1.1148	
		1.1208	
	1017	1.0416	
	1018	1.0038	
		1.0453	
		1.1129	
	1020	1.0402	
		1.0414	
		1.1137	
		1.1149	
		1.1151	
	1021	1.0044	
		1.0408	
	1022	1.0432	
		1.0469	
		1.1134	
	1023	1.1152	
	1024	1.0421	
		1.0570	
	1025	1.0406	
		1.0415	
		1.1139	
		1.1158	
		1.1163	
	1026	1.1139	
	1027	1.1161	

3 US-Werkstoffbezeichnungen

Auflistung nach US-Normen in alphanumerischer Reihenfolge

US steel names

Listed by US standards in alphanumerical order

US-Norm z: zurückgezogen US standard z: withdrawn	US-Bezeichnung US-name Stahlsorte Steel Class/Grade/Type	EN/DIN Werk-stoff-Nr. Material number	Titel siehe Kapitel 2 Title see chapter 2
ASTM A 1040-2010	1030	1.0520	*Walzdrähte, Schmiedestähle* *Wire rods, wrought steels*
		1.0528	
		1.0530	
		1.1143	
		1.1178	
		1.1179	
	1033	1.1146	
	1034	1.1145	
		1.1181	
	1035	1.1145	
		1.1172	
		1.1180	
		1.1181	
	1037	1.0561	
	1038	1.1150	
		1.1181	
	1038H	1.1181	
	1039	1.1153	
		1.1157	
	1040	1.0511	
		1.1186	
		1.1189	
	1042	1.0541	
		1.1154	
	1043	1.0541	
		1.1154	
	1045	1.0503	
		1.1191	
		1.1193	
		1.1201	
		1.1730	
	1045H	1.1191	
		1.1193	
		1.1730	
	1046	1.1162	
	1049	1.0540	
		1.1171	
		1.1206	
	1050	1.0540	

3 US-Werkstoffbezeichnungen

Auflistung nach US-Normen in alphanumerischer Reihenfolge

US steel names

Listed by US standards in alphanumerical order

US-Norm z: zurückgezogen US standard z: withdrawn	US-Bezeichnung US-name Stahlsorte Steel Class/Grade/Type	EN/DIN Werk-stoff-Nr. Material number	Titel siehe Kapitel 2 Title see chapter 2
ASTM A 1040-2010	1050	1.0586	*Walzdrähte, Schmiedestähle* *Wire rods, wrought steels*
		1.1171	
		1.1206	
		1.1210	
		1.1213	
		1.1241	
	1055	1.0535	
		1.1203	
		1.1209	
		1.1220	
	1059	1.1212	
		1.1228	
	1060	1.0601	
		1.0609	
		1.0610	
		1.1221	
		1.1223	
		1.1233	
	1064	1.1222	
		1.1236	
	1065	1.0611	
		1.0612	
		1.1230	
	1069	1.1234	
		1.1242	
	1070	1.0615	
		1.0617	
		1.1231	
	1070m	1.1244	
	1074	1.0605	
		1.0614	
		1.1248	
		1.1252	
		1.1253	
	1075	1.0620	
		1.1252	
		1.1253	
	1078	1.0622	
		1.0626	

3 US-Werkstoffbezeichnungen

Auflistung nach US-Normen in alphanumerischer Reihenfolge

US steel names

Listed by US standards in alphanumerical order

US-Bezeichnung US-name US-Norm z: zurückgezogen US standard z: withdrawn	Stahlsorte Steel Class/Grade/Type	EN/DIN Werk-stoff-Nr. Material number	Titel siehe Kapitel 2 Title see chapter 2
ASTM A 1040-2010	1078	1.1255	*Walzdrähte, Schmiedestähle Wire rods, wrought steels*
		1.1262	
	1080	1.0616	
		1.1265	
	1084	1.0628	
		1.0647	
		1.1272	
	1085	1.1273	
	1086	1.1217	
		1.1269	
	1090	1.0618	
		1.1282	
	1095	1.1274	
		1.1283	
	1109	1.0721	
	1110	1.0702	
		1.0703	
	1115	1.0710	
	1117	1.0725	
	1137	1.0764	
	1140	1.0726	
	1141	1.0760	
	1144	1.0762	
	1146	1.0727	
	1151	1.0728	
	1212	1.0711	
	1213	1.0715	
	1215	1.0736	
	1330	1.1170	
	1335	1.1167	
	1340	1.5223	
	1345	1.0912	
	1513	1.0424	
	1518	1.0580	
	1522	1.1133	
	1522H	1.1133	
	1524	1.0570	
		1.1160	
		1.1169	

3 US-Werkstoffbezeichnungen

Auflistung nach US-Normen in alphanumerischer Reihenfolge

US steel names

Listed by US standards in alphanumerical order

US-Norm z: zurückgezogen US standard z: withdrawn	US-Bezeichnung US-name Stahlsorte Steel Class/Grade/Type	EN/DIN Werk-stoff-Nr. Material number	Titel siehe Kapitel 2 Title see chapter 2
ASTM A 1040-2010	1524H	1.1160	*Walzdrähte, Schmiedestähle* *Wire rods, wrought steels*
	1526	1.1161	
	1527	1.1161	
	1536	1.1166	
	1541	1.1127	
	1548	1.1128	
		1.1226	
	1551	1.0524	
	1552	1.1226	
	1561	1.0908	
	1566	1.1260	
	3140	1.5711	
	3310	1.5752	
	3310RH	1.5752	
	4037	1.5432	
	4037H	1.5432	
	4118	1.7321	
	4118H	1.7321	
	4118RH	1.7321	
	4121	1.7243	
		1.7244	
		1.7319	
		1.7320	
		1.7323	
		1.7333	
	4130	1.7216	
		1.7219	
	4130H	1.7216	
		1.7218	
		1.7219	
	4130RH	1.7216	
		1.7218	
		1.7219	
	4135	1.2330	
		1.7220	
		1.7226	
	4135H	1.2330	
		1.7220	
	4137	1.7220	

3 US-Werkstoffbezeichnungen

Auflistung nach US-Normen in alphanumerischer Reihenfolge

US steel names

Listed by US standards in alphanumerical order

US-Norm z: zurückgezogen US standard z: withdrawn	US-Bezeichnung US-name Stahlsorte Steel Class/Grade/Type	EN/DIN Werk-stoff-Nr. Material number	Titel siehe Kapitel 2 Title see chapter 2
ASTM A 1040-2010	4137	1.7225	*Walzdrähte, Schmiedestähle* *Wire rods, wrought steels*
		1.7226	
	4137H	1.7220	
		1.7225	
	4140	1.7225	
		1.7227	
	4140H	1.7225	
	4140RH	1.7225	
	4142	1.2332	
		1.7223	
	4142H	1.7223	
	4147	1.7228	
	4147H	1.7228	
	4150	1.7228	
		1.7701	
	4150H	1.7228	
	4161	1.7241	
	4161H	1.7241	
	4161RH	1.7241	
	4320	1.5919	
	4320H	1.3576	
		1.5919	
	4320RH	1.3576	
		1.5919	
	4337	1.6582	
		1.6944	
	4340	1.6563	
		1.6565	
		1.6582	
	4340H	1.6565	
	4419	1.5423	
	4419H	1.5423	
	4422	1.5419	
	4520	1.5423	
	4718	1.6755	
	4718H	1.6755	
	5015	1.7015	
	5046	1.3561	
	5046H	1.7002	

3 US-Werkstoffbezeichnungen

Auflistung nach US-Normen in alphanumerischer Reihenfolge

US steel names

Listed by US standards in alphanumerical order

US-Norm z: zurückgezogen US standard z: withdrawn	US-Bezeichnung US-name Stahlsorte Steel Class/Grade/Type	EN/DIN Werk-stoff-Nr. Material number	Titel siehe Kapitel 2 Title see chapter 2
ASTM A 1040-2010	5115	1.7016	*Walzdrähte, Schmiedestähle* *Wire rods, wrought steels*
		1.7131	
	5117	1.7016	
	5120	1.7147	
	5120H	1.7027	
		1.7147	
	5130	1.7030	
		1.7036	
		1.8401	
	5130H	1.7030	
		1.7036	
	5130RH	1.7030	
	5132	1.7033	
		1.7037	
	5132H	1.7033	
		1.7037	
	5135	1.7034	
		1.7038	
	5135H	1.7034	
		1.7038	
	5140	1.7035	
		1.7039	
		1.7045	
	5140H	1.7003	
		1.7035	
		1.7039	
		1.7045	
	5140RH	1.7035	
	5150	1.8404	
	5150H	1.8404	
	5155	1.7176	
	5155H	1.7176	
	5160	1.7176	
		1.7177	
	5160H	1.7176	
	5160RH	1.7176	
	6118	1.7511	
	6150	1.2241	
		1.8159	

3 US-Werkstoffbezeichnungen

Auflistung nach US-Normen in alphanumerischer Reihenfolge

US steel names

Listed by US standards in alphanumerical order

US-Norm z: zurückgezogen US standard z: withdrawn	US-Bezeichnung US-name Stahlsorte Steel Class/Grade/Type	EN/DIN Werk-stoff-Nr. Material number	Titel siehe Kapitel 2 Title see chapter 2
ASTM A 1040-2010	8617	1.6523	*Walzdrähte, Schmiedestähle Wire rods, wrought steels*
	8617H	1.6523	
	8620	1.6522	
		1.6523	
		1.6526	
	8620H	1.6522	
		1.6523	
		1.6526	
	8620RH	1.6523	
		1.6526	
	8622	1.6543	
	8622H	1.6543	
	8622RH	1.6543	
	8625	1.7325	
	8625H	1.7325	
	8630	1.6545	
	8630H	1.6545	
	8640	1.6546	
	8640H	1.6546	
	8660	1.2795	
	8720	1.6523	
		1.6526	
		1.6543	
	8720H	1.6523	
		1.6526	
		1.6543	
	8720RH	1.6523	
		1.6526	
		1.6543	
	8740	1.6546	
	8740H	1.6546	
	8742	1.6546	
	9254	1.7102	
		1.7104	
	9255	1.0904	
		1.5026	
	9260	1.0909	
		1.5027	
		1.5028	

3 US-Werkstoffbezeichnungen

Auflistung nach US-Normen in alphanumerischer Reihenfolge

US steel names

Listed by US standards in alphanumerical order

US-Norm z: zurückgezogen US standard z: withdrawn	US-Bezeichnung US-name Stahlsorte Steel Class/Grade/Type	EN/DIN Werk-stoff-Nr. Material number	Titel siehe Kapitel 2 Title see chapter 2
ASTM A 1040-2010	9260H	1.0909	*Walzdrähte, Schmiedestähle* *Wire rods, wrought steels*
		1.5027	
		1.5028	
	9262	1.7108	
	9310	1.6657	
	9310H	1.6657	
	9310RH	1.6657	
	9840	1.6511	
	52100	1.3505	
	E3310	1.5752	
	E4337	1.6944	
	E4340	1.6562	
	E4340H	1.6562	
	E9310	1.6657	
	E50100	1.3501	
	E51100	1.2057	
		1.3503	
	E52100	1.3505	
	M1008	1.0204	
		1.0304	
		1.0330	
		1.0339	
		1.1113	
	M1010	1.0213	
		1.0301	
		1.0349	
		1.1114	
		1.1121	
	M1012	1.0028	
		1.0111	
		1.0214	
		1.0439	
		1.1124	
		1.1130	
	M1015	1.0401	
		1.0413	
		1.1132	
		1.1140	
		1.1141	

3 US-Werkstoffbezeichnungen

Auflistung nach US-Normen in alphanumerischer Reihenfolge

US steel names

Listed by US standards in alphanumerical order

US-Bezeichnung US-name US-Norm z: zurückgezogen US standard z: withdrawn	Stahlsorte Steel Class/Grade/Type	EN/DIN Werk-stoff-Nr. Material number	Titel siehe Kapitel 2 Title see chapter 2
ASTM A 1040-2010	M1017	1.0416	*Walzdrähte, Schmiedestähle Wire rods, wrought steels*
	M1020	1.0402	
		1.0414	
		1.1149	
		1.1151	
	M1023	1.1152	
	M1025	1.0406	
		1.0415	
		1.1158	
ASTM A 1049-2010	F50	1.4460	*Schmiedestücke Forgings*
	F51	1.4462	
	F53	1.4410	
	F55	1.4501	
	F60	1.4462	
	F61	1.4507	
ASTM A 1053-2012	UNS: S41003	1.4003	*Rohre, geschweißt Tubes, welded*
ASTM A 1082-2012	255	1.4507	*Stahlbolzen Steel boltings*
	630	1.4542	
		1.4548	
	631	1.4504	
		1.4564	
		1.4568	
	632	1.4574	
	2205	1.4462	
	2304	1.4362	
	2507	1.4410	
	UNS: S15700	1.4574	
	UNS: S17400	1.4542	
		1.4548	
	UNS: S17700	1.4504	
		1.4568	
	UNS: S31260	1.4481	
	UNS: S31803	1.4462	
	UNS: S32101	1.4162	
	UNS: S32202	1.4062	
	UNS: S32205	1.4462	
	UNS: S32304	1.4362	
	UNS: S32550	1.4507	

3 US-Werkstoffbezeichnungen

Auflistung nach US-Normen in alphanumerischer Reihenfolge

US steel names

Listed by US standards in alphanumerical order

US-Bezeichnung US-name		EN/DIN Werk-stoff-Nr. Material number	Titel siehe Kapitel 2 Title see chapter 2
US-Norm z: zurückgezogen US standard z: withdrawn	Stahlsorte Steel Class/Grade/Type		
ASTM A 1082-2012	UNS: S32750	1.4410	*Stahlbolzen Steel boltings*
	UNS: S32760	1.4501	
ASTM B 462-2015	UNS: N08031	1.4562	*Rohre, Flansche, Fittinge, Ventile Pipes, flanges, fittings, valves*
ASTM B 564-2015	UNS: N08031	1.4562	*Schmiedestücke Forging parts*
ASTM B 625-2014	UNS: N08932	1.4537	*Bleche und Bänder Plates/sheets and strips*
ASTM B 639-2002	661	1.4956	*Stäbe Bars*
		1.4971	
ASTM B 668-2014	UNS: N08028	1.4563	*Rohre, nahtlos Pipes and tubes, seamless*
ASTM B 709-2004	UNS: N08028	1.4563	*Bleche und Bänder Plates/sheets and strips*
ASTM F 593-2013	303	1.4305	*Bolzen, Stifte Bolts, studs*
	303Se	1.4625	
	304	1.4301	
		1.4314	
	304L	1.4306	
		1.4307	
	305	1.4303	
	316	1.4401	
		1.4436	
	316L	1.4404	
		1.4432	
		1.4435	
	321	1.4541	
		1.4544	
		1.4941	
	347	1.4550	
	384	1.4389	
	410	1.4006	
		1.4024	
	416	1.4005	
	430	1.4016	

3 US-Werkstoffbezeichnungen

Auflistung nach US-Normen in alphanumerischer Reihenfolge

US steel names

Listed by US standards in alphanumerical order

US-Bezeichnung US-name		EN/DIN Werk-stoff-Nr. Material number	Titel siehe Kapitel 2 Title see chapter 2
US-Norm z: zurückgezogen US standard z: withdrawn	Stahlsorte Steel Class/Grade/Type		
ASTM F 593-2013	430F	1.4004	*Bolzen, Stifte Bolts, studs*
		1.4104	
		1.4105	
	431	1.2787	
		1.4044	
		1.4057	
	630	1.4542	
		1.4548	
	UNS: S30430	1.4567	
ASTM F 138-2013	UNS: S31673	1.4441	*Stäbe u. Drähte Bars and wires*
ASTM F 594-2009	303	1.4305	*Schraubenmuttern Nuts*
	303Se	1.4625	
	304	1.4301	
		1.4314	
	304L	1.4306	
		1.4307	
	305	1.4303	
	316	1.4401	
		1.4436	
	316L	1.4404	
		1.4432	
		1.4435	
	321	1.4541	
		1.4544	
		1.4941	
	347	1.4550	
	384	1.4389	
	410	1.4006	
		1.4024	
	416	1.4005	
	430	1.4016	
	430F	1.4004	
		1.4104	
		1.4105	
	431	1.2787	
		1.4044	
		1.4057	
	630	1.4542	

3 US-Werkstoffbezeichnungen

Auflistung nach US-Normen in alphanumerischer Reihenfolge

US steel names

Listed by US standards in alphanumerical order

US-Bezeichnung US-name US-Norm z: zurückgezogen US standard z: withdrawn	Stahlsorte Steel Class/Grade/Type	EN/DIN Werk-stoff-Nr. Material number	Titel siehe Kapitel 2 Title see chapter 2
ASTM F 594-2009	630	1.4548	*Schraubenmuttern Nuts*
	UNS: S30430	1.4567	
ASTM F 738-2002	303	1.4305	*Bolzen, Schrauben, Stifte, metrisch Bolts, screws, studs, metric*
	303Se	1.4625	
	304	1.4301	
		1.4314	
	304L	1.4306	
		1.4307	
	305	1.4303	
	316	1.4401	
		1.4436	
	316L	1.4404	
		1.4432	
		1.4435	
	321	1.4541	
		1.4544	
		1.4941	
	347	1.4550	
	384	1.4389	
	410	1.4006	
		1.4024	
	416	1.4005	
	430	1.4016	
	430F	1.4004	
		1.4104	
		1.4105	
	431	1.2787	
		1.4044	
		1.4057	
	630	1.4542	
		1.4548	
	UNS: S30430	1.4567	
ASTM F 899-2012	301	1.4310	*Instrumenten-stähle, nicht-rostend Instruments steels, stainless*
		1.4324	
	302	1.4300	
		1.4325	
	303	1.4305	
	304	1.4301	
		1.4314	

3 US-Werkstoffbezeichnungen

Auflistung nach US-Normen in alphanumerischer Reihenfolge

US steel names

Listed by US standards in alphanumerical order

US-Norm z: zurückgezogen US standard z: withdrawn	US-Bezeichnung US-name Stahlsorte Steel Class/Grade/Type	EN/DIN Werk-stoff-Nr. Material number	Titel siehe Kapitel 2 Title see chapter 2
ASTM F 899-2012	316	1.4401	*Instrumentenstähle, nichtrostend* *Instruments steels, stainless*
		1.4436	
	317	1.4445	
		1.4449	
	410	1.4006	
		1.4024	
	416	1.4005	
	420 A	1.4021	
	420F	1.4029	
	430 F	1.4004	
		1.4104	
		1.4105	
	431	1.2787	
		1.4044	
		1.4057	
	440A	1.4109	
	440B	1.4112	
	440C	1.3543	
		1.4125	
	440F	1.4025	
	630	1.4542	
		1.4548	
	631	1.4504	
		1.4568	
	XM-7	1.4567	
	XM-13	1.4534	
	XM-16	1.4543	
	XM-25	1.4594	
	XM-34	1.4114	
	UNS: S18235	1.4523	
	UNS: S46910	1.4645	
ASTM F 1350-2015	UNS: S31673	1.4441	*Fixierdrähte* *Fixation wires*
SAE J 403-2001	12L14	1.0737	*Kohlenstoffstähle, allgemein* *Carbon steels, general*
	1005	1.0314	
	1006	1.0313	
	1008	1.1113	
	1010	1.0213	
		1.0301	

3 US-Werkstoffbezeichnungen

Auflistung nach US-Normen in alphanumerischer Reihenfolge

US steel names

Listed by US standards in alphanumerical order

US-Norm z: zurückgezogen US standard z: withdrawn	US-Bezeichnung US-name Stahlsorte Steel Class/Grade/Type	EN/DIN Werk-stoff-Nr. Material number	Titel siehe Kapitel 2 Title see chapter 2
SAE J 403-2001	1010	1.0349	*Kohlenstoffstähle, allgemein* *Carbon steels, general*
		1.1121	
	1012	1.0028	
		1.0111	
		1.0214	
		1.0439	
		1.1124	
		1.1130	
	1015	1.0401	
		1.0413	
		1.1132	
		1.1141	
	1016	1.0407	
		1.1142	
		1.1148	
	1017	1.0416	
	1018	1.1129	
	1020	1.0402	
		1.0414	
		1.1149	
		1.1151	
	1023	1.1152	
	1025	1.0406	
		1.0415	
		1.1158	
		1.1163	
	1030	1.0520	
		1.0528	
		1.0530	
		1.1143	
		1.1178	
		1.1179	
	1035	1.0501	
		1.0516	
		1.1172	
		1.1180	
		1.1181	
	1039	1.1157	
	1040	1.0511	

3 US-Werkstoffbezeichnungen

Auflistung nach US-Normen in alphanumerischer Reihenfolge

US steel names

Listed by US standards in alphanumerical order

US-Norm z: zurückgezogen US standard z: withdrawn	US-Bezeichnung US-name Stahlsorte Steel Class/Grade/Type	EN/DIN Werk-stoff-Nr. Material number	Titel siehe Kapitel 2 Title see chapter 2
SAE J 403-2001	1040	1.1186	*Kohlenstoffstähle, allgemein Carbon steels, general*
	1045	1.0503	
		1.1191	
		1.1193	
		1.1201	
		1.1730	
	1046	1.1162	
	1049	1.0540	
		1.1206	
	1050	1.0540	
		1.1206	
		1.1210	
		1.1241	
	1055	1.0535	
		1.1203	
		1.1209	
	1060	1.0601	
		1.1221	
		1.1223	
	1065	1.0612	
		1.1230	
	1080	1.0616	
	1085	1.1273	
	1117	1.0725	
	1137	1.0764	
	1140	1.0726	
	1141	1.0760	
	1144	1.0762	
	1146	1.0727	
	1151	1.0728	
	1212	1.0711	
	1213	1.0715	
	1215	1.0736	
	1522	1.1133	
	1524	1.1160	
	1524	1.1169	
	1548	1.1226	
	1552	1.1226	
	1566	1.1260	

3 US-Werkstoffbezeichnungen

Auflistung nach US-Normen in alphanumerischer Reihenfolge

US steel names

Listed by US standards in alphanumerical order

US-Norm z: zurückgezogen US standard z: withdrawn	US-Bezeichnung / US-name Stahlsorte Steel Class/Grade/Type	EN/DIN Werk- stoff-Nr. Material number	Titel siehe Kapitel 2 Title see chapter 2
SAE J 404-2009	4037	1.5432	*Stähle, legiert* *Steels, alloyed*
	4130	1.7216	
	4140	1.7225	
	4142	1.7223	
	4150	1.7228	
	4340	1.6565	
		1.6582	
	8617	1.6523	
	8620	1.6523	
	8630	1.6545	
	8640	1.6546	
	8740	1.6546	
	9260	1.0909	
		1.5028	
SAE J 405-1998	201	1.4372	*Schmiedestähle, nichtrostend* *Wrought steels, stainless*
	201L	1.4371	
	202	1.3965	
		1.4373	
	301	1.4310	
		1.4324	
	302	1.4300	
		1.4325	
	304	1.4301	
		1.4314	
	304H	1.4948	
	304L	1.4306	
		1.4307	
	304LN	1.4311	
	304N	1.4315	
		1.6907	
	305	1.4303	
	309H	1.4950	
	309S	1.4833	
		1.4950	
	310H	1.4845	
		1.4951	
	310S	1.4842	
		1.4845	
	316	1.4401	

3 US-Werkstoffbezeichnungen

Auflistung nach US-Normen in alphanumerischer Reihenfolge

US steel names

Listed by US standards in alphanumerical order

US-Norm z: zurückgezogen US standard z: withdrawn	US-Bezeichnung US-name Stahlsorte Steel Class/Grade/Type	EN/DIN Werk-stoff-Nr. Material number	Titel siehe Kapitel 2 Title see chapter 2
SAE J 405-1998	316Cb	1.4580	*Schmiedestähle, nichtrostend* *Wrought steels, stainless*
	316H	1.4919	
	316LN	1.4406	
		1.4429	
	316Ti	1.4571	
	317	1.4445	
		1.4449	
	317L	1.4438	
	317LN	1.4434	
		1.4442	
	321H	1.4878	
		1.4940	
		1.6903	
	347	1.4550	
	347H	1.4912	
	348	1.4546	
	409	1.4512	
		1.4720	
	410	1.4006	
		1.4024	
	429	1.4001	
		1.4012	
	430	1.4016	
	430Ti	1.4510	
	434	1.4113	
	439	1.4510	
	444	1.4521	
	UNS: N08810	1.4958	
	UNS: N08926	1.4529	
	XM-19	1.3964	
SAE J 438 B-1970	A2	1.2363	*Werkzeugstähle* *Tool steels*
	D2	1.2379	
	D3	1.2080	
	H11	1.2343	
		1.7783	
		1.7784	
	H13	1.2344	
	L7	1.2303	

3 US-Werkstoffbezeichnungen

Auflistung nach US-Normen in alphanumerischer Reihenfolge

US steel names

Listed by US standards in alphanumerical order

US-Bezeichnung US-name		EN/DIN Werk-stoff-Nr. Material number	Titel siehe Kapitel 2 Title see chapter 2
US-Norm z: zurückgezogen US standard z: withdrawn	Stahlsorte Steel Class/Grade/Type		
SAE J 467 B-1968	17-7PH	1.4504	*Stähle, nicht-rostend* *Steels, stainless*
		1.4568	
SAE J 775-2004	EV8	1.4871	*Ventilstähle* *Valve steels*
		1.4890	
	UNS: H15410	1.1167	
	UNS: H41400	1.7225	
	UNS: K14072	1.7711	
	UNS: S30430	1.4567	
	UNS: S30500	1.4303	
	UNS: S42200	1.4935	
	UNS: S63012	1.4875	
	UNS: S63019	1.4882	
	UNS: S65006	1.4747	
	X 33 CrMnNiN 23 8	1.4866	
	X 45 CrSi 9 3	1.4718	
	X 50 CrMnNiNbN 21 9	1.4882	
	X 53 CrMnNiN 21 9	1.4871	
SAE J 1249-2008	1109	1.0721	*SAE-Stähle, früher* *SAE-steels, formerly*
	1330	1.1170	
	1551	1.0524	
	3135	1.5710	
	3140	1.5711	
	3415	1.5732	
	3435	1.5736	
	4419	1.5423	
	5045	1.7006	
	6145	1.8159	
	8632	1.6545	
	8717	1.6523	
	8719	1.6543	
	9255	1.5026	
	9262	1.7108	
	9840	1.6511	
	A2317	1.5639	
	A2515	1.5680	
	A3115	1.5713	
		1.5714	
	A3120	1.5714	

3 US-Werkstoffbezeichnungen

Auflistung nach US-Normen in alphanumerischer Reihenfolge

US steel names

Listed by US standards in alphanumerical order

US-Bezeichnung US-name		EN/DIN Werk-stoff-Nr. Material number	Titel siehe Kapitel 2 Title see chapter 2
US-Norm z: zurückgezogen US standard z: withdrawn	Stahlsorte Steel Class/Grade/Type		
SAE J 1249-2008	A3141	1.5711	*SAE-Stähle, früher SAE-steels, formerly*
	B1212	1.0711	
	E2512	1.5681	
	E2517	1.5680	
	E3310	1.5752	
SAE J 1268-2010	4130H	1.7216	*Standardstähle mit Härtbarkeitsband Standard alloy H steels*
		1.7218	
	4145H	1.3563	
API 5CT-2005	N-80	1.0564	*Futter- und Steig-rohre Casing tubes and ascending pipes*
API 5D-2001	E-75	1.0563	*Gestängerohre Drill pipes*
API 5L-2008	A	1.0307	*Rohre für Fern-leitung, nahtlos und geschweißt Pipes for pipeline, seamless and welded*
		1.0307	
		1.0319	
		1.0319	
		1.8713	
		1.8713	
	A25	1.8700	
		1.8700	
	A25P	1.8707	
		1.8707	
	B	1.0459	
		1.0459	
		1.8723	
		1.8723	
	BM	1.8746	
	BME	1.0418	
	BMO	1.1050	
	BMS	1.1030	
	BN	1.8790	
	BNE	1.0457	
	BNO	1.1040	
	BNS	1.1020	
	BQ	1.8737	
	BQO	1.1045	
	BQS	1.1025	

3 US-Werkstoffbezeichnungen

Auflistung nach US-Normen in alphanumerischer Reihenfolge

US steel names

Listed by US standards in alphanumerical order

US-Norm z: zurückgezogen US standard z: withdrawn	US-Bezeichnung US-name Stahlsorte Steel Class/Grade/Type	EN/DIN Werk-stoff-Nr. Material number	Titel siehe Kapitel 2 Title see chapter 2
API 5L-2008	BR	1.8788	*Rohre für Fern-leitung, nahtlos und geschweißt* *Pipes for pipeline, seamless and welded*
	X42	1.0483	
		1.0483	
		1.0486	
		1.0486	
		1.8728	
		1.8728	
	X42M	1.8747	
	X42ME	1.0429	
	X42MO	1.1051	
	X42MS	1.1031	
	X42N	1.8791	
	X42NE	1.0484	
	X42NO	1.1041	
	X42NS	1.1021	
	X42Q	1.8738	
	X42QO	1.1046	
	X42QS	1.1026	
	X42R	1.0486	
		1.8789	
	X46	1.0409	
		1.0409	
		1.0430	
		1.0430	
		1.8729	
		1.8729	
	X46M	1.8748	
	X46MO	1.1052	
	X46MS	1.1032	
	X46N	1.8792	
	X46NO	1.1042	
	X46NS	1.1022	
	X46Q	1.8739	
	X46QO	1.1047	
	X46QS	1.1027	
	X52	1.0499	
		1.0499	
		1.0562	
		1.0562	

3 US-Werkstoffbezeichnungen

Auflistung nach US-Normen in alphanumerischer Reihenfolge

US steel names

Listed by US standards in alphanumerical order

US-Norm z: zurückgezogen US standard z: withdrawn	US-Bezeichnung US-name Stahlsorte Steel Class/Grade/Type	EN/DIN Werk-stoff-Nr. Material number	Titel siehe Kapitel 2 Title see chapter 2
API 5L-2008	X52	1.8730	*Rohre für Fernleitung, nahtlos und geschweißt* *Pipes for pipeline, seamless and welded*
		1.8730	
	X52M	1.8749	
	X52ME	1.0578	
	X52MO	1.8781	
	X52MS	1.1033	
	X52N	1.8793	
	X52NE	1.0582	
	X52NO	1.8778	
	X52NS	1.8757	
	X52Q	1.8741	
	X52QE	1.8948	
	X52QO	1.8771	
	X52QS	1.8759	
	X56	1.8724	
	X56M	1.8971	
	X56MO	1.8782	
	X56MS	1.1034	
	X56N	1.8970	
	X56Q	1.8740	
	X56QO	1.8772	
	X56QS	1.8760	
	X60	1.8725	
		1.8902	
		1.8902	
		1.8972	
		1.8972	
	X60M	1.8752	
	X60ME	1.8973	
	X60MO	1.8783	
	X60MS	1.8766	
	X60N	1.8736	
	X60NE	1.8972	
	X60Q	1.8742	
	X60QE	1.8947	
	X60QO	1.8773	
	X60QS	1.8761	
	X65	1.8726	
		1.8905	

3 US-Werkstoffbezeichnungen

Auflistung nach US-Normen in alphanumerischer Reihenfolge

US steel names

Listed by US standards in alphanumerical order

US-Bezeichnung US-name US-Norm z: zurückgezogen US standard z: withdrawn	Stahlsorte Steel Class/Grade/Type	EN/DIN Werk-stoff-Nr. Material number	Titel siehe Kapitel 2 Title see chapter 2
API 5L-2008	X65	1.8905	*Rohre für Fern-leitung, nahtlos und geschweißt Pipes for pipeline, seamless and welded*
	X65M	1.8754	
	X65ME	1.8975	
	X65MO	1.8784	
	X65MS	1.8767	
	X65Q	1.8743	
	X65QE	1.8952	
	X65QO	1.8774	
	X65QS	1.8762	
	X70	1.8727	
	X70M	1.8756	
	X70ME	1.8977	
	X70MO	1.8785	
	X70MS	1.8768	
	X70Q	1.8744	
	X70QE	1.8955	
	X70QO	1.8775	
	X70QS	1.8763	
	X80M	1.8758	
	X80ME	1.8978	
	X80MO	1.8786	
	X80Q	1.8745	
	X80QE	1.8957	
	X80QO	1.8776	
	X90M	1.8753	
	X90Q	1.8764	
	X90QO	1.8777	
	X100M	1.8979	
	X100Q	1.8765	
	X100QO	1.8779	
	X120M	1.8755	
AMS 5029D-1969	UNS: K33517	1.6944	*Schweißdrähte Welding wires*
AMS 5342E-1963	UNS: J92200	1.4540	*Stahlguss Castings*
		1.4549	
AMS 5376G-1948	UNS: R30155	1.4971	
AMS 5649G-1951	UNS: S31620	1.4427	*Stäbe, Drähte, Schmiedestücke Bars, wires, forgings*

3 US-Werkstoffbezeichnungen

Auflistung nach US-Normen in alphanumerischer Reihenfolge

US steel names

Listed by US standards in alphanumerical order

US-Norm z: zurückgezogen US standard z: withdrawn	US-Bezeichnung US-name Stahlsorte Steel Class/Grade/Type	EN/DIN Werk-stoff-Nr. Material number	Titel siehe Kapitel 2 Title see chapter 2
AMS 5784E-1952	UNS: S64299	1.4337	*Schweißdrähte* *Welding wires*
AMS 5812G-1961	UNS: S15789	1.4514	
AMS 5824E-1969	UNS: S17780	1.4504	
AMS 6330H-1939	UNS: K22033	1.5710	*Stäbe, Schmiedestücke, Rohre* *Bars, forgings, tubing*
AMS 6481C-1998	UNS: K24340	1.7765	
AMS 6496A-2009	UNS: K23280	1.8545	
AWS A 5.2-2007	UNS: K12147	1.6523	*Schweißzusatzwerkstoffe* *Filler metals*
AWS A 5.9-2012	UNS: S30888 (308LSi)	1.4331	
	UNS: S41080 (410)	1.4009	
AWS A 5.30-2007	UNS: S30883 (308L)	1.4316	
	UNS: S30983 (309L)	1.4332	
	UNS: S31683 (316L)	1.4430	

3 US-Werkstoffbezeichnungen

UNS-Stahlkennzeichnung (ohne Norm-Nr.)

US steel names

UNS steel designation (without standard no.)

US-Bezeichnung US-name		EN/DIN Werk-stoff-Nr. Material number	Titel Title
Norm Standard	UNS-Nr. Unified Number		
–	J42015 (HY80)	1.6780	*Stahlguss, legiert Steel castings, alloyed*
	J92200 (17-4)	1.4540	
	J92610 (304)	1.6902	
	J92650	1.4308	
	J92810 (316)	1.4437	
–	K21509	1.7358	*Baustähle Structural steels*
	K31820 (HY80)	1.6780	
	K41910	1.6660	
	K93540 (Alloy C-350)	1.6355	
–	K94100	1.3917	*Knetlegierung Malleable alloy*
–	N08936	1.4479	*Ni-Baustähle Ni-structural steels*
–	S30330 (303Cu)	1.4667	*Baustähle, nicht-rostend Structural steels, stainless*
	S30331	1.4570	
	S32101 (LDX 2101)	1.4162	
	S41426 (SM13CRS)	1.4415	
	S42025	1.4123	
	S42400	1.4313	
–	S63011 (746)	1.4881	*Ventilstähle Valve steels*
	S64006 (F)	1.4704	

4 US-Sortenbezeichnungen (Grade) ohne Norm-Nr.

Auflistung in alphabetischer Reihenfolge (Auswahl)

US steel names without standard number

Listed in alpabetical order (selection)

Werkstoffangaben auf kennzeichnungspflichtigen Bauteilen können aufgrund von Platzmangel bei geringer Werkstückgröße verkürzt (nur durch Sortenbezeichnung ohne Normbenennung) angegeben sein.

z. B.: statt ASTM A 182 F9
nur F9

Mandatory details on small components may be abbreviated to save space (giving only the type designation, not the standard number)

e.g.: instead of ASTM A 182 F9
only F9

Sorte Grade	Erzeugnisse Products	Norm Standard
2H	Schraubenmuttern Nuts	ASTM A 194
6		
8C		
8MLN		
8P		
8R		
8TA		
B..	Verbindungselemente Fasteners	ASTM A 320
		ASTM A 437
B6	Verbindungselemente Fasteners	ASTM A 193
B7M		
B8		
B8A		
B8T		
B16		
C..	Stahlguss/Steel castings	ASTM A 217
CA..	Stahlguss/Steel castings	ASTM A 217
		ASTM A 743
CB..	Stahlguss/Steel castings	ASTM A 743
CC..		
CE..		
CF..	Stahlguss/Steel castings	ASTM A 351
		ASTM A 743
		ASTM A 744

4 US-Sortenbezeichnungen (Grade) ohne Norm-Nr.

Auflistung in alphabetischer Reihenfolge (Auswahl)

US steel names without standard number

Listed in alpabetical order (selection)

Werkstoffangaben auf kennzeichnungspflichtigen Bauteilen können aufgrund von Platzmangel bei geringer Werkstückgröße verkürzt (nur durch Sortenbezeichnung ohne Normbenennung) angegeben sein.

z.B.: statt ASTM A 182 F9
nur F9

Mandatory details on small components may be abbreviated to save space (giving only the type designation, not the standard number)

e.g.: instead of ASTM A 182 F9
only F9

Sorte Grade	Erzeugnisse Products	Norm Standard
CK..	Stahlguss/Steel castings	ASTM A 351
		ASTM A 743
		ASTM A 744
CR..	Rohrfittinge/Piping fittings	ASTM A 403
F..	Schmiedestahl: Flansche und Fittinge Wrought steel: Fittings and flanges	ASTM A 182
		ASTM A 336
H..	Stahlguss/Steel castings	ASTM A 297
HK..	Stahlguss/Steel castings	ASTM A 351
L..	Verbindungselemente/Fasteners	ASTM A 320
LC..	Stahlguss/Steel castings	ASTM A 352
LF..	Schmiedestücke/Forgings	ASTM A 350
WC..	Stahlguss/Steel castings	ASTM A 216
WP..	Rohrfittinge/Piping fittings	ASTM A 403
		ASTM A 420

5 EN-Werkstoffbezeichnungen

Auflistung in alphanumerischer Reihenfolge

EN steel names

Listed in alphanumerical order

EN-Werkstoffbezeichnung EN steel name		US-Bezeichnung US steel name	
Werkstoff-Kurzname EN steel name	EN/DIN Werk-stoff-Nr. EN/DIN Material no.	Norm Standard	Stahlsorte Steel class/grade/type
7CrMoVTiB10-10	1.7378	ASTM A 182	F 24
		ASTM A 213	T24
		ASTM A 234	WP24
		ASTM A 335	P24
7CrWVMoNb9-6	1.8201	ASTM A 182	F 23
		ASTM A 213	T23
		ASTM A 335	P23
		ASTM A 1017	23
10CrMo5-5	1.7338	ASTM A 182	F 11 class 1
		ASTM A 182	F 11 class 2
		ASTM A 182	F 11 class 3
		ASTM A 213	T11
		ASTM A 217	WC6
		ASTM A 234	WP11 class 1
		ASTM A 234	WP11 class 2
		ASTM A 234	WP11 class 3
		ASTM A 250	T11
		ASTM A 335	P11
		ASTM A 336	F11 class 1
		ASTM A 356	6
		ASTM A 369	FP11
		ASTM A 387	11
		ASTM A 389	C23
		ASTM A 426	CP11
		ASTM A 541	11 class 4
		ASTM A 691	1 1/4 CR
10CrMo9-10	1.7380	ASTM A 182	F 22 class 1
		ASTM A 182	F 22 class 3
		ASTM A 213	T22
		ASTM A 217	WC9
		ASTM A 234	WP22 class 1
		ASTM A 234	WP22 class 3
		ASTM A 250	T22
		ASTM A 335	P22
		ASTM A 336	F22 class 1
		ASTM A 336	F22 class 3
		ASTM A 369	FP22

5 EN-Werkstoffbezeichnungen

Auflistung in alphanumerischer Reihenfolge

EN steel names

Listed in alphanumerical order

EN-Werkstoffbezeichnung EN steel name		US-Bezeichnung US steel name	
Werkstoff-Kurzname EN steel name	EN/DIN Werkstoff-Nr. EN/DIN Material no.	Norm Standard	Stahlsorte Steel class/grade/type
10CrMo9-10	1.7380	ASTM A 387	22
		ASTM A 387	22L
		ASTM A 426	CP22
		ASTM A 508	22
		ASTM A 541	22 class 3
		ASTM A 541	22 class 4
		ASTM A 541	22 class 5
		ASTM A 542	A
		ASTM A 542	B
		ASTM A 691	2 1/4 CR
		ASTM A 739	B22
		ASTM A 989	UNS: K21590 class 1
		ASTM A 989	UNS: K21590 class 3
10S10	1.0711	ASTM A 29	1212
		ASTM A 108	1212
		ASTM A 576	1212
		ASTM A 1040	1212
		SAE J 403	SAE 1212
		SAE J 1249	AISI B1212
10S20	1.0721	ASTM A 29	1109
		ASTM A 576	1109
		ASTM A 1040	1109
		SAE J 1249	AISI 1109
10SPb20	1.0722	ASTM A 29	12L13
		ASTM A 108	12L13
		ASTM A 1040	12L13
11CrMo9-10	1.7383	ASTM A 182	F 22 class 1
		ASTM A 182	F 22 class 3
		ASTM A 213	T22
		ASTM A 217	WC9
		ASTM A 234	WP22 class 1
		ASTM A 234	WP22 class 3
		ASTM A 250	T22
		ASTM A 335	P22
		ASTM A 336	F22 class 1
		ASTM A 336	F22 class 3
		ASTM A 369	FP22

5 EN-Werkstoffbezeichnungen

Auflistung in alphanumerischer Reihenfolge

EN steel names

Listed in alphanumerical order

EN-Werkstoffbezeichnung EN steel name		US-Bezeichnung US steel name	
Werkstoff-Kurzname EN steel name	EN/DIN Werk-stoff-Nr. EN/DIN Material no.	Norm Standard	Stahlsorte Steel class/grade/type
11CrMo9-10	1.7383	ASTM A 387	22
		ASTM A 387	22L
		ASTM A 508	22
		ASTM A 541	22 class 3
		ASTM A 542	A
		ASTM A 542	B
		ASTM A 691	2 1/4 CR
		ASTM A 989	UNS: K21590 class 1
		ASTM A 989	UNS: K21590 class 3
11SMn30	1.0715	ASTM A 29	1213
		ASTM A 108	1213
		ASTM A 519	1213
		ASTM A 576	1213
		ASTM A 1040	1213
		SAE J 403	SAE 1213
11SMn37	1.0736	ASTM A 29	1215
		ASTM A 108	1215
		ASTM A 519	1215
		ASTM A 576	1215
		ASTM A 1040	1215
		SAE J 403	SAE 1215
11SMnPb30	1.0718	ASTM A 29	12L13
		ASTM A 108	12L13
		ASTM A 1040	12L13
11SMnPb37	1.0737	ASTM A 29	12L14
		ASTM A 108	12L14
		ASTM A 519	12L14
		ASTM A 576	12L14
		ASTM A 1040	12L14
		SAE J 403	SAE 12L14
12CrMo9-10	1.7375	ASTM A 182	F 22 class 1
		ASTM A 182	F 22 class 3
		ASTM A 213	T22
		ASTM A 234	WP22 class 1
		ASTM A 234	WP22 class 3
		ASTM A 250	T22
		ASTM A 335	P22

5 EN-Werkstoffbezeichnungen

Auflistung in alphanumerischer Reihenfolge

EN steel names

Listed in alphanumerical order

EN-Werkstoffbezeichnung EN steel name		US-Bezeichnung US steel name	
Werkstoff-Kurzname EN steel name	EN/DIN Werk-stoff-Nr. EN/DIN Material no.	Norm Standard	Stahlsorte Steel class/grade/type
12CrMo9-10	1.7375	ASTM A 336	F22 class 1
		ASTM A 336	F22 class 3
		ASTM A 356	10
		ASTM A 369	FP22
		ASTM A 387	22
		ASTM A 387	22L
		ASTM A 508	22
		ASTM A 541	22 class 3
		ASTM A 541	22 class 4
		ASTM A 541	22 class 5
		ASTM A 542	A
		ASTM A 542	B
		ASTM A 691	2 1/4 CR
		ASTM A 989	UNS: K21590 class 1
		ASTM A 989	UNS: K21590 class 3
12CrMo12-5	1.7358	–	UNS: K21509
12CrMoV12-10	1.7767	ASTM A 182	F3VCb
		ASTM A 336	F3VCb
		ASTM A 508	3V
		ASTM A 508	3VCb
		ASTM A 541	3VCb
		ASTM A 542	E
12Ni9	1.5635	ASTM A 203	A
		ASTM A 671	CF 65
12Ni14	1.5637	ASTM A 203	D
		ASTM A 203	E
		ASTM A 203	F
		ASTM A 333	3
		ASTM A 334	3
		ASTM A 350	LF3
		ASTM A 352	LC3
		ASTM A 420	WPL3
		ASTM A 671	CF 65
		ASTM A 671	CF 70
		ASTM A 707	L7
13CrMo4-5	1.7335	ASTM A 182	F 11 class 1
		ASTM A 182	F 12 class 1

5 EN-Werkstoffbezeichnungen

Auflistung in alphanumerischer Reihenfolge

EN steel names

Listed in alphanumerical order

EN-Werkstoffbezeichnung EN steel name		US-Bezeichnung US steel name	
Werkstoff-Kurzname EN steel name	EN/DIN Werk-stoff-Nr. EN/DIN Material no.	Norm Standard	Stahlsorte Steel class/grade/type
13CrMo4-5	1.7335	ASTM A 182	F 12 class 2
		ASTM A 213	T11
		ASTM A 213	T12
		ASTM A 234	WP11 class 1
		ASTM A 234	WP11 class 2
		ASTM A 234	WP11 class 3
		ASTM A 234	WP12 class 1
		ASTM A 234	WP12 class 2
		ASTM A 250	T12
		ASTM A 335	P11
		ASTM A 335	P12
		ASTM A 336	F11 class 1
		ASTM A 336	F12
		ASTM A 369	FP12
		ASTM A 387	12
		ASTM A 426	CP12
		ASTM A 691	1CR
		ASTM A 691	1 1/4 CR
		ASTM A 739	B11
13CrMoSi5-5	1.7336	ASTM A 387	11
		ASTM A 691	1 1/4 CR
13CrMoV9-10	1.7703	ASTM A 182	F 22V
		ASTM A 336	F22V
		ASTM A 541	22V
		ASTM A 542	D
		ASTM A 832	22V
13NiCr6	1.5713	ASTM A 681	P3
		SAE J 1249	AISI A3115
14CrMoV6-9	1.7735	ASTM A 470	D
14NiCrMo13-4	1.6657	ASTM A 29	E9310
		ASTM A 304	9310H
		ASTM A 322	9310
		ASTM A 506	E9310
		ASTM A 507	E9310
		ASTM A 519	E9310
		ASTM A 534	9310H
		ASTM A 646	9310

5 EN-Werkstoffbezeichnungen

Auflistung in alphanumerischer Reihenfolge

EN steel names

Listed in alphanumerical order

EN-Werkstoffbezeichnung EN steel name		US-Bezeichnung US steel name	
Werkstoff-Kurzname EN steel name	EN/DIN Werk-stoff-Nr. EN/DIN Material no.	Norm Standard	Stahlsorte Steel class/grade/type
14NiCrMo13-4	1.6657	ASTM A 711	E9310
		ASTM A 837	9310
		ASTM A 914	9310RH
		ASTM A 1031	E9310
		ASTM A 1040	9310
		ASTM A 1040	9310H
		ASTM A 1040	9310RH
		ASTM A 1040	E9310
15Cr3	1.7015	ASTM A 29	5015
		ASTM A 322	5015
		ASTM A 506	5015
		ASTM A 507	5015
		ASTM A 519	5015
		ASTM A 711	5015
		ASTM A 752	5015
		ASTM A 1031	5015
		ASTM A 1040	5015
15CrMo4	1.3566	ASTM A 534	15CrMo4
15NiCuMoNb5-6-4	1.6368	ASTM A 182	F 36
		ASTM A 213	T36
		ASTM A 302	D
		ASTM A 335	P36
		ASTM A 508	3
		ASTM A 533	B
		ASTM A 533	C
		ASTM A 533	D
		ASTM A 672	J 80
		ASTM A 672	J 90
		ASTM A 672	J 100
15NiCr13	1.5752	ASTM A 506	E3310
		ASTM A 507	E3310
		ASTM A 519	E3310
		ASTM A 646	3310
		ASTM A 837	E3310
		ASTM A 914	3310RH
		ASTM A 1031	E3310
		ASTM A 1040	3310

5 EN-Werkstoffbezeichnungen

Auflistung in alphanumerischer Reihenfolge

EN steel names

Listed in alphanumerical order

EN-Werkstoffbezeichnung EN steel name		US-Bezeichnung US steel name	
Werkstoff-Kurzname EN steel name	EN/DIN Werk-stoff-Nr. EN/DIN Material no.	Norm Standard	Stahlsorte Steel class/grade/type
15NiCr13	1.5752	ASTM A 1040	3310RH
		ASTM A 1040	E3310
		SAE J 1249	AISI E3310
15S10	1.0710	ASTM A 512	1115
		ASTM A 1040	1115
15SMn13	1.0725	ASTM A 29	1117
		ASTM A 311	1117
		ASTM A 512	1117
		ASTM A 576	1117
		ASTM A 1040	1117
		SAE J 403	SAE 1117
16CrMo4-4	1.7337	ASTM A 182	F 12 class 2
		ASTM A 234	WP12 class 2
		ASTM A 336	F12
		ASTM A 387	12
		ASTM A 691	1CR
16MnCr5	1.7131	ASTM A 29	5115
		ASTM A 322	5115
		ASTM A 506	5115
		ASTM A 507	5115
		ASTM A 519	5115
		ASTM A 711	5115
		ASTM A 1031	5115
		ASTM A 1040	5115
16Mo3	1.5415	ASTM A 182	F 1
		ASTM A 204	A
		ASTM A 209	T1a
		ASTM A 209	T1
		ASTM A 234	WP1
		ASTM A 250	T1a
		ASTM A 250	T1b
		ASTM A 250	T1
		ASTM A 335	P1
		ASTM A 336	F1
		ASTM A 369	FP1
		ASTM A 426	CP1
		ASTM A 672	L 65

5 EN-Werkstoffbezeichnungen

Auflistung in alphanumerischer Reihenfolge

EN steel names

Listed in alphanumerical order

EN-Werkstoffbezeichnung EN steel name		US-Bezeichnung US steel name	
Werkstoff-Kurzname EN steel name	EN/DIN Werk-stoff-Nr. EN/DIN Material no.	Norm Standard	Stahlsorte Steel class/grade/type
16Mo3	1.5415	ASTM A 691	CM-65
16Mo5	1.5423	ASTM A 29	4419
		ASTM A 182	F 1
		ASTM A 204	A
		ASTM A 204	B
		ASTM A 204	C
		ASTM A 209	T1
		ASTM A 209	T1a
		ASTM A 234	WP1
		ASTM A 250	T1
		ASTM A 250	T1a
		ASTM A 250	T1b
		ASTM A 304	4419H
		ASTM A 322	4419
		ASTM A 335	P1
		ASTM A 336	F1
		ASTM A 369	FP1
		ASTM A 426	CP1
		ASTM A 506	4520
		ASTM A 507	4520
		ASTM A 519	4520
		ASTM A 672	L 65
		ASTM A 672	L 70
		ASTM A 672	L 75
		ASTM A 691	CM-65
		ASTM A 691	CM-70
		ASTM A 691	CM-75
		ASTM A 752	4419
		ASTM A 1031	4520
		ASTM A 1040	4419
		ASTM A 1040	4419H
		ASTM A 1040	4520
		SAE J 1249	AISI 4419
16NiCr4	1.5714	SAE J 1249	AISI A3115
		SAE J 1249	AISI A3120
16NiCrMo16-5	1.3532	ASTM A 534	16NiCrMo16-5
17Cr3	1.7016	ASTM A 29	5115

5 EN-Werkstoffbezeichnungen

Auflistung in alphanumerischer Reihenfolge

EN steel names

Listed in alphanumerical order

EN-Werkstoffbezeichnung EN steel name		US-Bezeichnung US steel name	
Werkstoff-Kurzname EN steel name	EN/DIN Werk-stoff-Nr. EN/DIN Material no.	Norm Standard	Stahlsorte Steel class/grade/type
17Cr3	1.7016	ASTM A 322	5115
		ASTM A 322	5117
		ASTM A 506	5115
		ASTM A 507	5115
		ASTM A 711	5115
		ASTM A 1031	5115
		ASTM A 1040	5115
		ASTM A 1040	5117
17CrMo3-5	1.7332	ASTM A 182	F 2
		ASTM A 213	T2
		ASTM A 250	T2
		ASTM A 335	P2
		ASTM A 369	FP2
		ASTM A 387	2
		ASTM A 426	CP2
		ASTM A 691	1/2 CR
17MnB3	1.5506	ASTM A 320	L1
17MnB4	1.5520	ASTM A 304	15B21H
		ASTM A 914	15B21RH
		ASTM A 1040	15B21H
		ASTM A 1040	15B21RH
17MnCr5	1.3521	ASTM A 534	17MnCr5
17MnMoV6-4	1.5403	ASTM A 302	C
		ASTM A 533	B
		ASTM A 533	C
		ASTM A 533	D
		ASTM A 672	H 80
18CrMo4	1.7243	ASTM A 29	4121
		ASTM A 322	4121
		ASTM A 711	4121
		ASTM A 1040	4121
18CrMoS4	1.7244	ASTM A 29	4121
		ASTM A 322	4121
		ASTM A 1040	4121
18CrNiMo7-6	1.6587	ASTM A 534	18CrNiMo7-6
		ASTM A 709	100 type P
18MnMoNi5-5	1.6308	ASTM A 541	3

5 EN-Werkstoffbezeichnungen

Auflistung in alphanumerischer Reihenfolge

EN steel names

Listed in alphanumerical order

EN-Werkstoffbezeichnung EN steel name		US-Bezeichnung US steel name	
Werkstoff-Kurzname EN steel name	EN/DIN Werkstoff-Nr. EN/DIN Material no.	Norm Standard	Stahlsorte Steel class/grade/type
18NiCrMo14-6	1.3533	ASTM A 534	18NiCrMo14-6
19MnB4	1.5523	ASTM A 304	15B21H
		ASTM A 914	15B21RH
		ASTM A 1040	15B21H
		ASTM A 1040	15B21RH
19MnCr5	1.3523	ASTM A 534	19MnCr5
20Cr3	1.3559	ASTM A 534	20Cr3
		ASTM A 534	5120H
20CrMo4	1.3567	ASTM A 534	20CrMo4
20MnCr5	1.7147	ASTM A 29	5120
		ASTM A 304	5120H
		ASTM A 322	5120
		ASTM A 506	5120
		ASTM A 507	5120
		ASTM A 519	5120
		ASTM A 534	5120H
		ASTM A 711	5120
		ASTM A 752	5120
		ASTM A 1031	5120
		ASTM A 1040	5120
		ASTM A 1040	5120H
20MnCrMo4-2	1.3570	ASTM A 534	20MnCrMo4-2
20MnMo3-5	1.5421	ASTM A 182	F 1
20MnMoNi4-5	1.6311	ASTM A 302	C
		ASTM A 533	B
		ASTM A 533	C
		ASTM A 533	D
		ASTM A 672	J 80
		ASTM A 672	J 90
		ASTM A 672	J 100
20MoCr3	1.7320	ASTM A 29	4121
		ASTM A 322	4121
		ASTM A 1040	4121
20MoCr4	1.7321	ASTM A 29	4118
		ASTM A 304	4118H
		ASTM A 322	4118
		ASTM A 506	4118

5 EN-Werkstoffbezeichnungen

Auflistung in alphanumerischer Reihenfolge

EN steel names

Listed in alphanumerical order

EN-Werkstoffbezeichnung EN steel name		US-Bezeichnung US steel name	
Werkstoff-Kurzname EN steel name	EN/DIN Werk-stoff-Nr. EN/DIN Material no.	Norm Standard	Stahlsorte Steel class/grade/type
20MoCr4	1.7321	ASTM A 507	4118
		ASTM A 513	4118
		ASTM A 519	4118
		ASTM A 534	4118H
		ASTM A 711	4118
		ASTM A 752	4118
		ASTM A 829	4118
		ASTM A 914	4118RH
		ASTM A 1031	4118
		ASTM A 1040	4118
		ASTM A 1040	4118H
		ASTM A 1040	4118RH
20MoCrS3	1.7319	ASTM A 29	4121
		ASTM A 322	4121
		ASTM A 1040	4121
20MoCrS4	1.7323	ASTM A 29	4121
		ASTM A 322	4121
		ASTM A 711	4121
		ASTM A 1040	4121
20Mn5	1.1133	ASTM A 29	1522
		ASTM A 304	1522H
		ASTM A 568	1522
		ASTM A 576	1522
		ASTM A 635	1522
		ASTM A 711	1522
		ASTM A 1040	1522
		ASTM A 1040	1522H
		SAE J 403	SAE 1522
20Mn6	1.1169	ASTM A 29	1524
		ASTM A 513	1524
		ASTM A 519	1524
		ASTM A 568	1524
		ASTM A 576	1524
		ASTM A 635	1524
		ASTM A 711	1524
		ASTM A 830	1524
		ASTM A 1040	1524

5 EN-Werkstoffbezeichnungen

Auflistung in alphanumerischer Reihenfolge

EN steel names

Listed in alphanumerical order

EN-Werkstoffbezeichnung EN steel name		US-Bezeichnung US steel name	
Werkstoff-Kurzname EN steel name	EN/DIN Werkstoff-Nr. EN/DIN Material no.	Norm Standard	Stahlsorte Steel class/grade/type
20Mn6	1.1169	SAE J 403	SAE 1524
20MnCr4-2	1.3515	ASTM A 534	20MnCr4-2
20MnMo3-3	1.5421	ASTM A 182	F 1
20NiCrMo2	1.6522	ASTM A 29	8620
		ASTM A 304	8620H
		ASTM A 322	8620
		ASTM A 506	8620
		ASTM A 507	8620
		ASTM A 513	8620
		ASTM A 519	8620
		ASTM A 534	20NiCrMo2
		ASTM A 534	8617H
		ASTM A 534	8620H
		ASTM A 646	8620
		ASTM A 711	8620
		ASTM A 732	13Q
		ASTM A 752	8620
		ASTM A 829	8620
		ASTM A 837	8620
		ASTM A 1031	8620
		ASTM A 1040	8620
		ASTM A 1040	8620H
20NiCrMo2-2	1.6523	ASTM A 29	8617
		ASTM A 29	8720
		ASTM A 304	8617H
		ASTM A 304	8620H
		ASTM A 304	8720H
		ASTM A 322	8617
		ASTM A 322	8720
		ASTM A 506	8617
		ASTM A 506	8620
		ASTM A 506	8720
		ASTM A 507	8617
		ASTM A 507	8620
		ASTM A 507	8720
		ASTM A 513	8620
		ASTM A 519	8617

5 EN-Werkstoffbezeichnungen

Auflistung in alphanumerischer Reihenfolge

EN steel names

Listed in alphanumerical order

EN-Werkstoffbezeichnung EN steel name		US-Bezeichnung US steel name	
Werkstoff-Kurzname EN steel name	EN/DIN Werk-stoff-Nr. EN/DIN Material no.	Norm Standard	Stahlsorte Steel class/grade/type
20NiCrMo2-2	1.6523	ASTM A 519	8620
		ASTM A 519	8720
		ASTM A 534	8620H
		ASTM A 711	8617
		ASTM A 752	8617
		ASTM A 752	8720
		ASTM A 829	8617
		ASTM A 837	8620
		ASTM A 914	8720RH
		ASTM A 1031	8617
		ASTM A 1031	8620
		ASTM A 1031	8720
		ASTM A 1040	8617
		ASTM A 1040	8617H
		ASTM A 1040	8620
		ASTM A 1040	8620H
		ASTM A 1040	8620RH
		ASTM A 1040	8720
		ASTM A 1040	8720H
		ASTM A 1040	8720RH
		AWS A 5.2	UNS: K12147
		SAE J 404	SAE 8617
		SAE J 404	SAE 8620
		SAE J 1249	AISI 8717
20NiCrMo7	1.3576	ASTM A 304	4320H
		ASTM A 534	20NiCrMo7
		ASTM A 534	4320H
		ASTM A 914	4320RH
		ASTM A 1040	4320RH
20NiCrMo13-4	1.6660	–	UNS: K41910
20NiCrMo14-6	1.6742	ASTM A 541	4N
		ASTM A 707	L8
20NiCrMoS2-2	1.6526	ASTM A 29	8620
		ASTM A 29	8720
		ASTM A 304	8620H
		ASTM A 304	8720H
		ASTM A 322	8620

5 EN-Werkstoffbezeichnungen

Auflistung in alphanumerischer Reihenfolge

EN steel names

Listed in alphanumerical order

EN-Werkstoffbezeichnung EN steel name		US-Bezeichnung US steel name	
Werkstoff-Kurzname EN steel name	EN/DIN Werk-stoff-Nr. EN/DIN Material no.	Norm Standard	Stahlsorte Steel class/grade/type
20NiCrMoS2-2	1.6526	ASTM A 322	8720
		ASTM A 506	8620
		ASTM A 506	8720
		ASTM A 507	8620
		ASTM A 513	8620
		ASTM A 519	8620
		ASTM A 519	8720
		ASTM A 534	8620H
		ASTM A 646	8620
		ASTM A 711	8620
		ASTM A 711	8720
		ASTM A 752	8620
		ASTM A 752	8720
		ASTM A 829	8620
		ASTM A 837	8620
		ASTM A 914	8620RH
		ASTM A 914	8720RH
		ASTM A 1031	8620
		ASTM A 1031	8720
		ASTM A 1040	8620
		ASTM A 1040	8620H
		ASTM A 1040	8620RH
		ASTM A 1040	8720
		ASTM A 1040	8720H
		ASTM A 1040	8720RH
21CrMoNiV4-7	1.6981	ASTM A 213	T17
21Mn6	1.0485	ASTM A 299	A
		ASTM A 299	B
		ASTM A 455	–
		ASTM A 516	70
		ASTM A 537	1
		ASTM A 671	CC 70
		ASTM A 671	CD 70
		ASTM A 672	C 70
		ASTM A 672	D 70
		ASTM A 672	N 75
		ASTM A 691	CMSH-70

5 EN-Werkstoffbezeichnungen

Auflistung in alphanumerischer Reihenfolge

EN steel names

Listed in alphanumerical order

EN-Werkstoffbezeichnung EN steel name		US-Bezeichnung US steel name	
Werkstoff-Kurzname EN steel name	EN/DIN Werkstoff-Nr. EN/DIN Material no.	Norm Standard	Stahlsorte Steel class/grade/type
22CrMoS3-5	1.7333	ASTM A 29	4121
		ASTM A 322	4121
		ASTM A 1040	4121
22CrV3	1.7511	ASTM A 29	6118
		ASTM A 322	6118
		ASTM A 519	6118
		ASTM A 711	6118
		ASTM A 752	6118
		ASTM A 1040	6118
22Mn6	1.1160	ASTM A 29	1524
		ASTM A 304	1524H
		ASTM A 513	1524
		ASTM A 519	1524
		ASTM A 568	1524
		ASTM A 576	1524
		ASTM A 635	1524
		ASTM A 711	1524
		ASTM A 830	1524
		ASTM A 1040	1524
		ASTM A 1040	1524H
		SAE J 403	SAE 1524
23B2	1.5508	ASTM A 304	15B21H
		ASTM A 1040	15B21H
24Ni8	1.5633	ASTM A 757	B2N
		ASTM A 757	B2Q
24NiCrMoV14-6	1.6952	ASTM A 469	6
		ASTM A 469	7
		ASTM A 469	8
		ASTM A 470	C
25CrMo4	1.7218	ASTM A 304	4130H
		ASTM A 914	4130RH
		ASTM A 1040	4130H
		ASTM A 1040	4130RH
		SAE J 1268	AISI 4130H
25MoCr4	1.7325	ASTM A 29	8625
		ASTM A 304	8625H
		ASTM A 322	8625

5 EN-Werkstoffbezeichnungen

Auflistung in alphanumerischer Reihenfolge

EN steel names

Listed in alphanumerical order

EN-Werkstoffbezeichnung EN steel name		US-Bezeichnung US steel name	
Werkstoff-Kurzname EN steel name	EN/DIN Werk-stoff-Nr. EN/DIN Material no.	Norm Standard	Stahlsorte Steel class/grade/type
25MoCr4	1.7325	ASTM A 519	8625
		ASTM A 711	8625
		ASTM A 752	8625
		ASTM A 829	8625
		ASTM A 1040	8625
		ASTM A 1040	8625H
26CrMo4-2	1.7219	ASTM A 29	4130
		ASTM A 304	4130H
		ASTM A 322	4130
		ASTM A 372	E class 55
		ASTM A 372	E class 65
		ASTM A 372	E class 70
		ASTM A 506	4130
		ASTM A 507	4130
		ASTM A 513	4130
		ASTM A 519	4130
		ASTM A 646	4130
		ASTM A 649	3
		ASTM A 711	4130
		ASTM A 752	4130
		ASTM A 829	4130
		ASTM A 866	4130
		ASTM A 914	4130RH
		ASTM A 915	SC 4130
		ASTM A 958	SC 4130
		ASTM A 1031	4130
		ASTM A 1040	4130
		ASTM A 1040	4130H
		ASTM A 1040	4130RH
26Mn5	1.1161	ASTM A 29	1526
		ASTM A 29	1527
		ASTM A 513	1027
		ASTM A 568	1526
		ASTM A 568	1527
		ASTM A 576	1526
		ASTM A 576	1527
		ASTM A 635	1526

5 EN-Werkstoffbezeichnungen

Auflistung in alphanumerischer Reihenfolge

EN steel names

Listed in alphanumerical order

EN-Werkstoffbezeichnung EN steel name		US-Bezeichnung US steel name	
Werkstoff-Kurzname EN steel name	EN/DIN Werkstoff-Nr. EN/DIN Material no.	Norm Standard	Stahlsorte Steel class/grade/type
26Mn5	1.1161	ASTM A 635	1527
		ASTM A 711	1527
		ASTM A 830	1527
		ASTM A 1040	1027
		ASTM A 1040	1526
		ASTM A 1040	1527
27MnCrB5-2	1.7182	ASTM A 29	50B44
		ASTM A 322	50B44
		ASTM A 519	50B44
		ASTM A 752	50B44
28Cr4	1.7030	ASTM A 29	5130
		ASTM A 304	5130 H
		ASTM A 322	5130
		ASTM A 506	5130
		ASTM A 507	5130
		ASTM A 513	5130
		ASTM A 519	5130
		ASTM A 752	5130
		ASTM A 914	5130RH
		ASTM A 1031	5130
		ASTM A 1040	5130
		ASTM A 1040	5130H
		ASTM A 1040	5130RH
28CrS4	1.7036	ASTM A 29	5130
		ASTM A 304	5130H
		ASTM A 322	5130
		ASTM A 506	5130
		ASTM A 507	5130
		ASTM A 513	5130
		ASTM A 519	5130
		ASTM A 1031	5130
		ASTM A 1040	5130
		ASTM A 1040	5130H
28Mn6	1.1170	ASTM A 29	1330
		ASTM A 322	1330
		ASTM A 519	1330
		ASTM A 711	1330

5 EN-Werkstoffbezeichnungen

Auflistung in alphanumerischer Reihenfolge

EN steel names

Listed in alphanumerical order

EN-Werkstoffbezeichnung EN steel name		US-Bezeichnung US steel name	
Werkstoff-Kurzname EN steel name	EN/DIN Werkstoff-Nr. EN/DIN Material no.	Norm Standard	Stahlsorte Steel class/grade/type
28Mn6	1.1170	ASTM A 752	1330
		ASTM A 829	1330
		ASTM A 1040	1330
		SAE J 1249	AISI 1330
30CrMo4	1.7216	ASTM A 29	4130
		ASTM A 304	4130H
		ASTM A 322	4130
		ASTM A 372	E class 55
		ASTM A 372	E class 65
		ASTM A 372	E class 70
		ASTM A 506	4130
		ASTM A 507	4130
		ASTM A 513	4130
		ASTM A 519	4130
		ASTM A 646	4130
		ASTM A 649	3
		ASTM A 711	4130
		ASTM A 732	7Q
		ASTM A 752	4130
		ASTM A 829	4130
		ASTM A 866	4130
		ASTM A 914	4130RH
		ASTM A 915	SC 4130
		ASTM A 958	SC 4130
		ASTM A 1031	4130
		ASTM A 1040	4130
		ASTM A 1040	4130H
		ASTM A 1040	4130RH
		SAE J 404	SAE 4130
		SAE J 1268	AISI 4130H
30Mn4	1.1146	ASTM A 513	1033
		ASTM A 568	1033
		ASTM A 635	1033
		ASTM A 830	1033
		ASTM A 1040	1033
30MnCrTi4	1.8401	ASTM A 29	5130
		ASTM A 322	5130

5 EN-Werkstoffbezeichnungen

Auflistung in alphanumerischer Reihenfolge

EN steel names

Listed in alphanumerical order

EN-Werkstoffbezeichnung EN steel name		US-Bezeichnung US steel name	
Werkstoff-Kurzname EN steel name	EN/DIN Werk-stoff-Nr. EN/DIN Material no.	Norm Standard	Stahlsorte Steel class/grade/type
30MnCrTi4	1.8401	ASTM A 506	5130
		ASTM A 507	5130
		ASTM A 513	5130
		ASTM A 519	5130
		ASTM A 711	5130
		ASTM A 752	5130
		ASTM A 1031	5130
		ASTM A 1040	5130
30NiCrMo2-2	1.6545	ASTM A 29	8630
		ASTM A 304	8630H
		ASTM A 322	8630
		ASTM A 506	8630
		ASTM A 507	8630
		ASTM A 513	8630
		ASTM A 519	8630
		ASTM A 711	8630
		ASTM A 729	D
		ASTM A 732	14Q
		ASTM A 752	8630
		ASTM A 829	8630
		ASTM A 1031	8630
		ASTM A 1040	8630
		ASTM A 1040	8630H
		SAE J 404	SAE 8630
		SAE J 1249	AISI 8632
30WCrV17-2	1.2567	ASTM A 681	H14
31Mn4	1.0520	ASTM A 29	1030
		ASTM A 512	1030
		ASTM A 513	1030
		ASTM A 519	1030
		ASTM A 568	1030
		ASTM A 576	1030
		ASTM A 635	1030
		ASTM A 682	1030
		ASTM A 684	1030
		ASTM A 711	1030
		ASTM A 830	1030

5 EN-Werkstoffbezeichnungen

Auflistung in alphanumerischer Reihenfolge

EN steel names

Listed in alphanumerical order

EN-Werkstoffbezeichnung EN steel name		US-Bezeichnung US steel name	
Werkstoff-Kurzname EN steel name	EN/DIN Werk-stoff-Nr. EN/DIN Material no.	Norm Standard	Stahlsorte Steel class/grade/type
31Mn4	1.0520	ASTM A 866	1030
		ASTM A 1040	1030
		SAE J 403	SAE 1030
32CrMoV12-28	1.2365	ASTM A 681	H10
33CrMoNiV5-12	1.8545	AMS 6496	UNS: K23280
33MnCrB5-2	1.7185	ASTM A 29	50B44
		ASTM A 322	50B44
		ASTM A 519	50B44
		ASTM A 752	50B44
34Cr4	1.7033	ASTM A 29	5132
		ASTM A 304	5132H
		ASTM A 322	5132
		ASTM A 506	5132
		ASTM A 507	5132
		ASTM A 519	5132
		ASTM A 711	5132
		ASTM A 752	5132
		ASTM A 1031	5132
		ASTM A 1040	5132
		ASTM A 1040	5132H
34CrAlMo5-10	1.8507	ASTM A 355	D
34CrAlNi7-10	1.8550	ASTM A 355	C
34CrAlS5	1.8506	ASTM A 355	B
34CrMo4	1.7220	ASTM A 29	4135
		ASTM A 29	4137
		ASTM A 304	4135H
		ASTM A 304	4137H
		ASTM A 320	L7B
		ASTM A 320	L72
		ASTM A 322	4135
		ASTM A 322	4137
		ASTM A 372	F class 65
		ASTM A 506	4135
		ASTM A 506	4137
		ASTM A 507	4135
		ASTM A 507	4137
		ASTM A 519	4135

5 EN-Werkstoffbezeichnungen

Auflistung in alphanumerischer Reihenfolge

EN steel names

Listed in alphanumerical order

EN-Werkstoffbezeichnung EN steel name		US-Bezeichnung US steel name	
Werkstoff-Kurzname EN steel name	EN/DIN Werk-stoff-Nr. EN/DIN Material no.	Norm Standard	Stahlsorte Steel class/grade/type
34CrMo4	1.7220	ASTM A 519	4137
		ASTM A 752	4137
		ASTM A 829	4135
		ASTM A 829	4137
		ASTM A 1031	4135
		ASTM A 1031	4137
		ASTM A 1040	4135
		ASTM A 1040	4135H
		ASTM A 1040	4137
		ASTM A 1040	4137H
34CrMoS4	1.7226	ASTM A 29	4135
		ASTM A 29	4137
		ASTM A 322	4135
		ASTM A 322	4137
		ASTM A 372	F class 55
		ASTM A 372	F class 65
		ASTM A 372	F class 70
		ASTM A 506	4135
		ASTM A 507	4135
		ASTM A 519	4135
		ASTM A 752	4137
		ASTM A 829	4135
		ASTM A 829	4137
		ASTM A 1031	4135
		ASTM A 1031	4137
		ASTM A 1040	4135
		ASTM A 1040	4137
34CrNiMo6	1.6582	ASTM A 29	4340
		ASTM A 320	L43
		ASTM A 322	4340
		ASTM A 506	4340
		ASTM A 507	4340
		ASTM A 519	4337
		ASTM A 646	4340
		ASTM A 711	4340
		ASTM A 752	4340
		ASTM A 829	4340

5 EN-Werkstoffbezeichnungen

Auflistung in alphanumerischer Reihenfolge

EN steel names

Listed in alphanumerical order

EN-Werkstoffbezeichnung EN steel name		US-Bezeichnung US steel name	
Werkstoff-Kurzname EN steel name	EN/DIN Werk-stoff-Nr. EN/DIN Material no.	Norm Standard	Stahlsorte Steel class/grade/type
34CrNiMo6	1.6582	ASTM A 1031	4340
		ASTM A 1040	4337
		ASTM A 1040	4340
		SAE J 404	SAE 4340
34CrS4	1.7037	ASTM A 29	5132
		ASTM A 304	5132H
		ASTM A 322	5132
		ASTM A 506	5132
		ASTM A 507	5132
		ASTM A 519	5132
		ASTM A 711	5132
		ASTM A 752	5132
		ASTM A 1031	5132
		ASTM A 1040	5132
		ASTM A 1040	5132H
34Mn5	1.1166	ASTM A 29	1536
		ASTM A 568	1536
		ASTM A 576	1536
		ASTM A 635	1536
		ASTM A 711	1536
		ASTM A 830	1536
		ASTM A 1040	1536
35CrMo7	1.2302	ASTM A 681	P20
35S20	1.0726	ASTM A 29	1140
		ASTM A 576	1140
		ASTM A 1040	1140
		SAE J 403	SAE 1140
36CrNiMo4	1.6511	ASTM A 519	9840
		ASTM A 1040	9840
		SAE J 1249	AISI 9840
36Mn4	1.0561	ASTM A 29	1037
		ASTM A 568	1037
		ASTM A 576	1037
		ASTM A 635	1037
		ASTM A 830	1037
		ASTM A 1040	1037
36Mn5	1.1167	ASTM A 29	1335

5 EN-Werkstoffbezeichnungen

Auflistung in alphanumerischer Reihenfolge

EN steel names

Listed in alphanumerical order

EN-Werkstoffbezeichnung EN steel name		US-Bezeichnung US steel name	
Werkstoff-Kurzname EN steel name	EN/DIN Werk-stoff-Nr. EN/DIN Material no.	Norm Standard	Stahlsorte Steel class/grade/type
36Mn5	1.1167	ASTM A 304	1335H
		ASTM A 322	1335
		ASTM A 519	1335
		ASTM A 752	1335
		ASTM A 829	1335
		ASTM A 1040	1335
		SAE J 775	UNS: H15410
36Mn7	1.5069	ASTM A 519	1335
36SMn14	1.0764	ASTM A 29	1137
		ASTM A 311	1137
		ASTM A 519	1137
		ASTM A 576	1137
		ASTM A 1040	1137
		SAE J 403	SAE 1137
36SMnPb14	1.0765	AMS 5020	UNS: G11374
37Cr4	1.7034	ASTM A 29	5135
		ASTM A 304	5135H
		ASTM A 322	5135
		ASTM A 519	5135
		ASTM A 711	5135
		ASTM A 752	5135
		ASTM A 1040	5135
		ASTM A 1040	5135H
37CrB1	1.7007	ASTM A 304	50B40H
		ASTM A 519	50B40
		ASTM A 914	50B40RH
		ASTM A 1040	50B40
		ASTM A 1040	50B40H
		ASTM A 1040	50B40RH
37CrS4	1.7038	ASTM A 29	5135
		ASTM A 304	5135H
		ASTM A 322	5135
		ASTM A 519	5135
		ASTM A 711	5135
		ASTM A 752	5135
		ASTM A 1040	5135
		ASTM A 1040	5135H

5 EN-Werkstoffbezeichnungen

Auflistung in alphanumerischer Reihenfolge

EN steel names

Listed in alphanumerical order

EN-Werkstoffbezeichnung EN steel name		US-Bezeichnung US steel name	
Werkstoff-Kurzname EN steel name	EN/DIN Werkstoff-Nr. EN/DIN Material no.	Norm Standard	Stahlsorte Steel class/grade/type
38Cr2	1.7003	ASTM A 304	5140H
		ASTM A 1040	5140H
38CrCoWV18-17-17	1.2661	ASTM A 681	H19
38Mn6	1.1127	ASTM A 29	1541
		ASTM A 311	1541
		ASTM A 519	1541
		ASTM A 568	1541
		ASTM A 576	1541
		ASTM A 635	1541
		ASTM A 711	1541
		ASTM A 830	1541
		ASTM A 866	1541
		ASTM A 1040	1541
38SMn28	1.0760	ASTM A 29	1141
		ASTM A 311	1141
		ASTM A 519	1141
		ASTM A 576	1141
		ASTM A 1040	1141
		SAE J 403	SAE 1141
39MnCrB6-2	1.7189	ASTM A 29	50B44
		ASTM A 322	50B44
		ASTM A 519	50B44
		ASTM A 752	50B44
40CrMoV4-6	1.7711	ASTM A 193	B16
		ASTM A 194	16
		ASTM A 437	B4D
		ASTM A 540	B21 class 1
		ASTM A 540	B21 class 2
		ASTM A 540	B21 class 3
		ASTM A 540	B21 class 4
		ASTM A 540	B21 class 5
		SAE J 775	UNS: K14072
40Mn4	1.1157	ASTM A 29	1039
		ASTM A 568	1039
		ASTM A 576	1039
		ASTM A 635	1039
		ASTM A 711	1039

5 EN-Werkstoffbezeichnungen

Auflistung in alphanumerischer Reihenfolge

EN steel names

Listed in alphanumerical order

EN-Werkstoffbezeichnung EN steel name		US-Bezeichnung US steel name	
Werkstoff-Kurzname EN steel name	EN/DIN Werk-stoff-Nr. EN/DIN Material no.	Norm Standard	Stahlsorte Steel class/grade/type
40Mn4	1.1157	ASTM A 830	1039
		ASTM A 1040	1039
		SAE J 403	SAE 1039
40NiCr6	1.5711	ASTM A 519	3140
		ASTM A 1040	3140
		SAE J 1249	AISI 3140
		SAE J 1249	AISI A3141
40NiCrMo2-2	1.6546	ASTM A 29	8640
		ASTM A 29	8740
		ASTM A 304	8640H
		ASTM A 304	8740H
		ASTM A 320	L73
		ASTM A 320	L7C
		ASTM A 322	8640
		ASTM A 322	8740
		ASTM A 506	8640
		ASTM A 506	8740
		ASTM A 507	8640
		ASTM A 507	8740
		ASTM A 519	8640
		ASTM A 519	8740
		ASTM A 519	8742
		ASTM A 711	8640
		ASTM A 711	8740
		ASTM A 752	8640
		ASTM A 752	8740
		ASTM A 829	8640
		ASTM A 829	8742
		ASTM A 1031	8640
		ASTM A 1031	8740
		ASTM A 1040	8640
		ASTM A 1040	8640H
		ASTM A 1040	8740
		ASTM A 1040	8740H
		ASTM A 1040	8742
		SAE J 404	SAE 8640
		SAE J 404	SAE 8740

5 EN-Werkstoffbezeichnungen

Auflistung in alphanumerischer Reihenfolge

EN steel names

Listed in alphanumerical order

EN-Werkstoffbezeichnung EN steel name		US-Bezeichnung US steel name	
Werkstoff-Kurzname EN steel name	EN/DIN Werkstoff-Nr. EN/DIN Material no.	Norm Standard	Stahlsorte Steel class/grade/type
40NiCrMo6	1.6565	ASTM A 29	4340
		ASTM A 304	4340H
		ASTM A 320	L43
		ASTM A 322	4340
		ASTM A 506	4340
		ASTM A 507	4340
		ASTM A 519	4340
		ASTM A 646	4340
		ASTM A 711	4340
		ASTM A 752	4340
		ASTM A 829	4340
		ASTM A 1031	4340
		ASTM A 1040	4340
		ASTM A 1040	4340H
		SAE J 404	SAE 4340
40NiCrMo7-3-2	1.6563	ASTM A 29	4340
		ASTM A 322	4340
		ASTM A 506	4340
		ASTM A 507	4340
		ASTM A 519	4340
		ASTM A 646	4340
		ASTM A 711	4340
		ASTM A 752	4340
		ASTM A 829	4340
		ASTM A 1031	4340
		ASTM A 1040	4340
41Cr4	1.7035	ASTM A 29	5140
		ASTM A 304	5140H
		ASTM A 322	5140
		ASTM A 506	5140
		ASTM A 507	5140
		ASTM A 519	5140
		ASTM A 711	5140
		ASTM A 752	5140
		ASTM A 866	5140
		ASTM A 914	5140RH
		ASTM A 1031	5140

5 EN-Werkstoffbezeichnungen

Auflistung in alphanumerischer Reihenfolge

EN steel names

Listed in alphanumerical order

EN-Werkstoffbezeichnung EN steel name		US-Bezeichnung US steel name	
Werkstoff-Kurzname EN steel name	EN/DIN Werk-stoff-Nr. EN/DIN Material no.	Norm Standard	Stahlsorte Steel class/grade/type
41Cr4	1.7035	ASTM A 1040	5140
		ASTM A 1040	5140H
		ASTM A 1040	5140RH
41CrAlMo7-10	1.8509	ASTM A 355	A
		ASTM A 519	E7140
		ASTM A 646	Nit.135
41CrS4	1.7039	ASTM A 29	5140
		ASTM A 304	5140H
		ASTM A 322	5140
		ASTM A 506	5140
		ASTM A 507	5140
		ASTM A 519	5140
		ASTM A 711	5140
		ASTM A 752	5140
		ASTM A 866	5140
		ASTM A 1031	5140
		ASTM A 1040	5140
		ASTM A 1040	5140H
41SiNiCrMoV7-6	1.6928	ASTM A 579	32
		ASTM A 646	300M
42CrMo4	1.7225	ASTM A 29	4137
		ASTM A 29	4140
		ASTM A 193	B7
		ASTM A 193	B7M
		ASTM A 194	7 type 4140
		ASTM A 194	7M type 4140
		ASTM A 194	7M type 4140H
		ASTM A 304	4137H
		ASTM A 304	4140H
		ASTM A 320	L7
		ASTM A 320	L7M
		ASTM A 320	L70
		ASTM A 322	4137
		ASTM A 322	4140
		ASTM A 372	J class 55
		ASTM A 372	J class 65
		ASTM A 372	J class 70

5 EN-Werkstoffbezeichnungen

Auflistung in alphanumerischer Reihenfolge

EN steel names

Listed in alphanumerical order

EN-Werkstoffbezeichnung EN steel name		US-Bezeichnung US steel name	
Werkstoff-Kurzname EN steel name	EN/DIN Werkstoff-Nr. EN/DIN Material no.	Norm Standard	Stahlsorte Steel class/grade/type
42CrMo4	1.7225	ASTM A 372	J class 110
		ASTM A 506	4140
		ASTM A 507	4140
		ASTM A 513	4140
		ASTM A 519	4137
		ASTM A 519	4140
		ASTM A 519	4142
		ASTM A 540	B22 class 1
		ASTM A 540	B22 class 2
		ASTM A 540	B22 class 3
		ASTM A 540	B22 class 4
		ASTM A 540	B22 class 5
		ASTM A 646	4140
		ASTM A 711	4140
		ASTM A 732	8Q
		ASTM A 752	4137
		ASTM A 752	4140
		ASTM A 829	4137
		ASTM A 829	4140
		ASTM A 866	4140
		ASTM A 914	4140RH
		ASTM A 915	SC 4140
		ASTM A 958	SC 4140
		ASTM A 1031	4137
		ASTM A 1031	4140
		ASTM A 1040	4137
		ASTM A 1040	4137H
		ASTM A 1040	4140
		ASTM A 1040	4140H
		ASTM A 1040	4140RH
		SAE J 404	SAE 4140
		SAE J 775	UNS: H41400
42CrMoS4	1.7227	ASTM A 29	4140
		ASTM A 193	B7
		ASTM A 193	B7M
		ASTM A 194	7 type 4140
		ASTM A 194	7M type 4140

5 EN-Werkstoffbezeichnungen

Auflistung in alphanumerischer Reihenfolge

EN steel names

Listed in alphanumerical order

EN-Werkstoffbezeichnung EN steel name		US-Bezeichnung US steel name	
Werkstoff-Kurzname EN steel name	EN/DIN Werkstoff-Nr. EN/DIN Material no.	Norm Standard	Stahlsorte Steel class/grade/type
42CrMoS4	1.7227	ASTM A 320	L7
		ASTM A 320	L7M
		ASTM A 320	L70
		ASTM A 322	4140
		ASTM A 506	4140
		ASTM A 507	4140
		ASTM A 513	4140
		ASTM A 519	4140
		ASTM A 646	4140
		ASTM A 711	4140
		ASTM A 752	4140
		ASTM A 829	4140
		ASTM A 866	4140
		ASTM A 1031	4140
		ASTM A 1040	4140
42MnMo7	1.5432	ASTM A 29	4037
		ASTM A 304	4037H
		ASTM A 320	L71
		ASTM A 320	L7A
		ASTM A 322	4037
		ASTM A 372	D
		ASTM A 519	4037
		ASTM A 752	4037
		ASTM A 1040	4037
		ASTM A 1040	4037H
		SAE J 404	SAE 4037
42MnV7	1.5223	ASTM A 752	1340
		ASTM A 1040	1340
		ASTM A 29	1340
		ASTM A 322	1340
		ASTM A 513	1340
		ASTM A 519	1340
		ASTM A 829	1340
43CrMo4	1.3563	ASTM A 866	43CrMo4
		SAE J 1268	AISI 4145H
44SMn28	1.0762	ASTM A 29	1144
		ASTM A 311	1144

5 EN-Werkstoffbezeichnungen

Auflistung in alphanumerischer Reihenfolge

EN steel names

Listed in alphanumerical order

EN-Werkstoffbezeichnung EN steel name		US-Bezeichnung US steel name	
Werkstoff-Kurzname EN steel name	**EN/DIN Werk-stoff-Nr. EN/DIN Material no.**	**Norm Standard**	**Stahlsorte Steel class/grade/type**
44SMn28	1.0762	ASTM A 519	1144
		ASTM A 576	1144
		ASTM A 1040	1144
		SAE J 403	SAE 1144
45B2	1.5513	ASTM A 29	50B46
		ASTM A 322	50B46
		ASTM A 752	50B46
		ASTM A 1040	50B46
45SiCr16-11	1.4704	–	UNS: S64006 (F)
45WCrV7	1.2542	ASTM A 681	S1
46Cr1	1.7002	ASTM A 304	5046H
		ASTM A 1040	5046H
46Cr2	1.7006	SAE J 1249	AISI 5045
46Mn5	1.1128	ASTM A 29	1548
		ASTM A 568	1548
		ASTM A 576	1548
		ASTM A 635	1548
		ASTM A 830	1548
		ASTM A 1040	1548
46Mn7	1.0912	ASTM A 29	1345
		ASTM A 322	1345
		ASTM A 519	1345
		ASTM A 711	1345
		ASTM A 752	1345
		ASTM A 829	1345
		ASTM A 1040	1345
46S20	1.0727	ASTM A 29	1146
		ASTM A 576	1146
		ASTM A 1040	1146
		SAE J 403	SAE 1146
50CrMo4	1.7228	ASTM A 29	4147
		ASTM A 29	4150
		ASTM A 304	4147H
		ASTM A 304	4150H
		ASTM A 322	4147
		ASTM A 322	4150
		ASTM A 506	4147

5 EN-Werkstoffbezeichnungen

Auflistung in alphanumerischer Reihenfolge

EN steel names

Listed in alphanumerical order

EN-Werkstoffbezeichnung EN steel name		US-Bezeichnung US steel name	
Werkstoff-Kurzname EN steel name	EN/DIN Werk-stoff-Nr. EN/DIN Material no.	Norm Standard	Stahlsorte Steel class/grade/type
50CrMo4	1.7228	ASTM A 506	4150
		ASTM A 507	4147
		ASTM A 507	4150
		ASTM A 519	4147
		ASTM A 519	4150
		ASTM A 711	4147
		ASTM A 711	4150
		ASTM A 752	4147
		ASTM A 752	4150
		ASTM A 829	4150
		ASTM A 866	4150
		ASTM A 1031	4150
		ASTM A 1040	4147
		ASTM A 1040	4147H
		ASTM A 1040	4150
		ASTM A 1040	4150H
		SAE J 404	SAE 4150
50CrMoV13-15	1.2355	ASTM A 597	CS-7
		ASTM A 681	S7
51CrV4	1.8159	ASTM A 29	6150
		ASTM A 322	6150
		ASTM A 506	6150
		ASTM A 507	6150
		ASTM A 519	6150
		ASTM A 646	6150
		ASTM A 711	6150
		ASTM A 732	12Q
		ASTM A 752	6150
		ASTM A 829	6150
		ASTM A 866	6150
		ASTM A 1031	6150
		ASTM A 1040	6150
		SAE J 1249	AISI 6145
52CrMoV4	1.7701	ASTM A 29	4150
		ASTM A 322	4150
		ASTM A 506	4150
		ASTM A 507	4150

5 EN-Werkstoffbezeichnungen

Auflistung in alphanumerischer Reihenfolge

EN steel names

Listed in alphanumerical order

EN-Werkstoffbezeichnung EN steel name		US-Bezeichnung US steel name	
Werkstoff-Kurzname EN steel name	EN/DIN Werk-stoff-Nr. EN/DIN Material no.	Norm Standard	Stahlsorte Steel class/grade/type
52CrMoV4	1.7701	ASTM A 519	4150
		ASTM A 711	4150
		ASTM A 752	4150
		ASTM A 829	4150
		ASTM A 866	4150
		ASTM A 1031	4150
		ASTM A 1040	4150
52Mn5	1.1226	ASTM A 29	1548
		ASTM A 29	1552
		ASTM A 568	1548
		ASTM A 568	1552
		ASTM A 576	1548
		ASTM A 576	1552
		ASTM A 635	1548
		ASTM A 635	1552
		ASTM A 830	1548
		ASTM A 830	1552
		ASTM A 866	1552
		ASTM A 1040	1548
		ASTM A 1040	1552
		SAE J 403	SAE 1548
		SAE J 403	SAE 1552
52MnCrB3	1.7138	ASTM A 29	50B50
		ASTM A 304	50B50H
		ASTM A 322	50B50
		ASTM A 519	50B50
		ASTM A 752	50B50
		ASTM A 1040	50B50H
54SiCr6	1.7102	ASTM A 29	9254
		ASTM A 322	9254
		ASTM A 401	9254
		ASTM A 752	9254
		ASTM A 877	A
		ASTM A 1000	A
		ASTM A 1040	9254
55Cr3	1.7176	ASTM A 29	5155
		ASTM A 29	5160

5 EN-Werkstoffbezeichnungen

Auflistung in alphanumerischer Reihenfolge

EN steel names

Listed in alphanumerical order

EN-Werkstoffbezeichnung EN steel name		US-Bezeichnung US steel name	
Werkstoff-Kurzname EN steel name	EN/DIN Werk-stoff-Nr. EN/DIN Material no.	Norm Standard	Stahlsorte Steel class/grade/type
55Cr3	1.7176	ASTM A 295	5160
		ASTM A 304	5155H
		ASTM A 304	5160H
		ASTM A 322	5155
		ASTM A 322	5160
		ASTM A 506	5160
		ASTM A 507	5160
		ASTM A 519	5155
		ASTM A 519	5160
		ASTM A 711	5155
		ASTM A 711	5160
		ASTM A 752	5155
		ASTM A 752	5160
		ASTM A 829	5160
		ASTM A 1031	5160
		ASTM A 1040	5155
		ASTM A 1040	5155H
		ASTM A 1040	5160
		ASTM A 1040	5160H
		ASTM A 1040	5160RH
55NiCrMoV7	1.2714	ASTM A 681	L6
56Mn4	1.1233	ASTM A 29	1060
		ASTM A 513	1060
		ASTM A 576	1060
		ASTM A 635	1060
		ASTM A 682	1060
		ASTM A 684	1060
		ASTM A 713	1060
		ASTM A 830	1060
		ASTM A 866	56Mn4
		ASTM A 1040	1060
56Si7	1.5026	ASTM A 752	9255
		ASTM A 1040	9255
		ASTM A 29	9255
		ASTM A 322	9255
		ASTM A 519	9255
		ASTM A 711	9255

5 EN-Werkstoffbezeichnungen

Auflistung in alphanumerischer Reihenfolge

EN steel names

Listed in alphanumerical order

EN-Werkstoffbezeichnung EN steel name		US-Bezeichnung US steel name	
Werkstoff-Kurzname EN steel name	EN/DIN Werk-stoff-Nr. EN/DIN Material no.	Norm Standard	Stahlsorte Steel class/grade/type
56Si7	1.5026	SAE J 1249	AISI 9255
60Cr3	1.7177	ASTM A 29	5160
		ASTM A 322	5160
		ASTM A 506	5160
		ASTM A 507	5160
		ASTM A 519	5160
		ASTM A 711	5160
		ASTM A 752	5160
		ASTM A 829	5160
		ASTM A 1031	5160
		ASTM A 1040	5160
60CrMo3-3	1.7241	ASTM A 29	4161
		ASTM A 304	4161H
		ASTM A 322	4161
		ASTM A 711	4161
		ASTM A 752	4161
		ASTM A 914	4161RH
		ASTM A 1040	4161
		ASTM A 1040	4161H
		ASTM A 1040	4161RH
60MnCrTi4	1.8404	ASTM A 29	5150
		ASTM A 304	5150H
		ASTM A 322	5150
		ASTM A 506	5150
		ASTM A 507	5150
		ASTM A 519	5150
		ASTM A 711	5150
		ASTM A 752	5150
		ASTM A 866	5150
		ASTM A 1031	5150
		ASTM A 1040	5150
		ASTM A 1040	5150H
60S20	1.0728	ASTM A 29	1151
		ASTM A 576	1151
		ASTM A 1040	1151
		SAE J 403	SAE 1151
60Si7	1.5027	ASTM A 29	9260

5 EN-Werkstoffbezeichnungen

Auflistung in alphanumerischer Reihenfolge

EN steel names

Listed in alphanumerical order

EN-Werkstoffbezeichnung EN steel name		US-Bezeichnung US steel name	
Werkstoff-Kurzname EN steel name	EN/DIN Werk-stoff-Nr. EN/DIN Material no.	Norm Standard	Stahlsorte Steel class/grade/type
60Si7	1.5027	ASTM A 304	9260H
		ASTM A 322	9260
		ASTM A 506	9260
		ASTM A 507	9260
		ASTM A 519	9260
		ASTM A 752	9260
		ASTM A 1031	9260
		ASTM A 1040	9260
		ASTM A 1040	9260H
60WCrV8	1.2550	ASTM A 681	S1
61SiCr7	1.7108	ASTM A 506	9262
		ASTM A 507	9262
		ASTM A 519	9262
		ASTM A 1031	9262
		ASTM A 1040	9262
		SAE J 1249	AISI 9262
65Si7	1.5028	ASTM A 752	9260
		ASTM A 1031	9260
		ASTM A 1040	9260
		ASTM A 1040	9260H
		ASTM A 29	9260
		ASTM A 304	9260H
		ASTM A 322	9260
		ASTM A 506	9260
		ASTM A 507	9260
		ASTM A 519	9260
		SAE J 404	SAE 9260
70Mn4	1.1244	ASTM A 295	1070M
		ASTM A 1040	1070m
70MnMoCr8	1.2824	ASTM A 681	A6
70Si7	1.2823	ASTM A 681	S5
80CrV2	1.2235	ASTM A 681	L2
80MoCrV42-16	1.2369	ASTM A 600	M50
	1.3551	ASTM A 600	M50
90MnCrV8	1.2842	ASTM A 681	O2
95MnWCr5	1.2825	ASTM A 681	O1
100Cr6	1.3505	ASTM A 29	52100

5 EN-Werkstoffbezeichnungen

Auflistung in alphanumerischer Reihenfolge

EN steel names

Listed in alphanumerical order

EN-Werkstoffbezeichnung EN steel name		US-Bezeichnung US steel name	
Werkstoff-Kurzname EN steel name	EN/DIN Werk-stoff-Nr. EN/DIN Material no.	Norm Standard	Stahlsorte Steel class/grade/type
100Cr6	1.3505	ASTM A 29	E52100
		ASTM A 295	52100
		ASTM A 322	52100
		ASTM A 322	E52100
		ASTM A 506	E52100
		ASTM A 507	E52100
		ASTM A 519	E52100
		ASTM A 646	52100
		ASTM A 711	52100
		ASTM A 732	15A
		ASTM A 752	E52100
		ASTM A 1031	E52100
		ASTM A 1040	52100
		ASTM A 1040	E52100
100CrMnMoSi8-4-6	1.3539	ASTM A 485	100CrMnMoSi8-4-6
100CrMnSi4-4	1.3518	ASTM A 485	100CrMnSi4-4
100CrMnSi6-4	1.3520	ASTM A 485	100CrMnSi6-4
100CrMnSi6-6	1.3519	ASTM A 485	100CrMnSi6-6
100CrMo5	1.2303	SAE J 438B	AISI L7
100CrMo7	1.3537	ASTM A 485	100CrMo7
100CrMo7-3	1.3536	ASTM A 485	100CrMo7-3
100CrMo7-4	1.3538	ASTM A 485	100CrMo7-4
100MnCrW4	1.2510	ASTM A 681	O1
100V1	1.2833	ASTM A 686	W1A-9 1/2
102Cr6	1.2067	ASTM A 295	52100
		ASTM A 681	L3
105V	1.2834	ASTM A 686	W1A-10
125Cr2	1.2002	ASTM A 686	W5
142WV13	1.2562	ASTM A 681	F2
C2C	1.0314	ASTM A 29	1005
		ASTM A 568	1005
		ASTM A 635	1005
		ASTM A 711	1005
		ASTM A 1040	1005
		SAE J 403	SAE 1005
C3D2	1.1110	ASTM A 29	1005
		ASTM A 1040	1005

5 EN-Werkstoffbezeichnungen

Auflistung in alphanumerischer Reihenfolge

EN steel names

Listed in alphanumerical order

EN-Werkstoffbezeichnung EN steel name		US-Bezeichnung US steel name	
Werkstoff-Kurzname EN steel name	EN/DIN Werk-stoff-Nr. EN/DIN Material no.	Norm Standard	Stahlsorte Steel class/grade/type
C4D	1.0300	ASTM A 29	1005
		ASTM A 635	1005
		ASTM A 1040	1005
C5D2	1.1111	ASTM A 29	1006
		ASTM A 568	1006
		ASTM A 635	1006
		ASTM A 830	1006
		ASTM A 1040	1006
C7D	1.0313	ASTM A 29	1006
		ASTM A 568	1006
		ASTM A 635	1006
		ASTM A 830	1006
		ASTM A 1040	1006
		SAE J 403	SAE 1006
C8C	1.0213	ASTM A 29	1010
		ASTM A 29	M1010
		ASTM A 512	MT1010
		ASTM A 513	MT1010
		ASTM A 519	1010
		ASTM A 519	MT1010
		ASTM A 568	1010
		ASTM A 575	M1010
		ASTM A 576	1010
		ASTM A 635	1010
		ASTM A 711	1010
		ASTM A 787	1010
		ASTM A 830	1010
		ASTM A 1040	1010
		ASTM A 1040	M1010
		SAE J 403	SAE 1010
C8D2	1.1113	ASTM A 29	1008
		ASTM A 29	M1008
		ASTM A 512	1008
		ASTM A 513	1008
		ASTM A 519	1008
		ASTM A 568	1008
		ASTM A 575	M1008

5 EN-Werkstoffbezeichnungen

Auflistung in alphanumerischer Reihenfolge

EN steel names

Listed in alphanumerical order

EN-Werkstoffbezeichnung EN steel name		US-Bezeichnung US steel name	
Werkstoff-Kurzname EN steel name	EN/DIN Werk-stoff-Nr. EN/DIN Material no.	Norm Standard	Stahlsorte Steel class/grade/type
C8D2	1.1113	ASTM A 576	1008
		ASTM A 635	1008
		ASTM A 787	1008
		ASTM A 830	1008
		ASTM A 1040	1008
		ASTM A 1040	M1008
		SAE J 403	SAE 1008
C9D	1.0304	ASTM A 29	1008
		ASTM A 29	M1008
		ASTM A 512	1008
		ASTM A 513	1008
		ASTM A 519	1008
		ASTM A 568	1008
		ASTM A 575	M1008
		ASTM A 576	1008
		ASTM A 635	1008
		ASTM A 711	1008
		ASTM A 787	1008
		ASTM A 830	1008
		ASTM A 1040	1008
		ASTM A 1040	M1008
C10	1.0301	ASTM A 29	1010
		ASTM A 29	M1010
		ASTM A 512	MT1010
		ASTM A 513	MT1010
		ASTM A 519	1010
		ASTM A 519	MT1010
		ASTM A 568	1010
		ASTM A 575	M1010
		ASTM A 576	1010
		ASTM A 635	1010
		ASTM A 787	1010
		ASTM A 787	MT1010
		ASTM A 830	1010
		ASTM A 1040	1010
		ASTM A 1040	M1010
		SAE J 403	SAE 1010

5 EN-Werkstoffbezeichnungen

Auflistung in alphanumerischer Reihenfolge

EN steel names

Listed in alphanumerical order

EN-Werkstoffbezeichnung EN steel name		US-Bezeichnung US steel name	
Werkstoff-Kurzname EN steel name	EN/DIN Werk-stoff-Nr. EN/DIN Material no.	Norm Standard	Stahlsorte Steel class/grade/type
C10C	1.0214	ASTM A 29	1012
		ASTM A 29	M1012
		ASTM A 512	1012
		ASTM A 513	1012
		ASTM A 519	1012
		ASTM A 568	1012
		ASTM A 575	M1012
		ASTM A 576	1012
		ASTM A 635	1012
		ASTM A 711	1012
		ASTM A 830	1012
		ASTM A 1040	1012
		ASTM A 1040	M1012
		SAE J 403	SAE 1012
C10D	1.0310	ASTM A 29	1010
		ASTM A 108	1010
		ASTM A 568	1010
		ASTM A 576	1010
		ASTM A 635	1010
		ASTM A 1040	1010
C10D2	1.1114	ASTM A 29	1010
		ASTM A 29	M1010
		ASTM A 512	1010
		ASTM A 513	1010
		ASTM A 519	1010
		ASTM A 568	1010
		ASTM A 575	M1010
		ASTM A 576	1010
		ASTM A 635	1010
		ASTM A 711	1010
		ASTM A 787	1010
		ASTM A 830	1010
		ASTM A 1040	1010
		ASTM A 1040	M1010
C10E	1.1121	ASTM A 29	1010
		ASTM A 29	M1010
		ASTM A 512	MT1010

5 EN-Werkstoffbezeichnungen

Auflistung in alphanumerischer Reihenfolge

EN steel names

Listed in alphanumerical order

EN-Werkstoffbezeichnung EN steel name		US-Bezeichnung US steel name	
Werkstoff-Kurzname EN steel name	EN/DIN Werk-stoff-Nr. EN/DIN Material no.	Norm Standard	Stahlsorte Steel class/grade/type
C10E	1.1121	ASTM A 513	MT1010
		ASTM A 519	1010
		ASTM A 519	MT1010
		ASTM A 568	1010
		ASTM A 575	M1010
		ASTM A 576	1010
		ASTM A 635	1010
		ASTM A 711	1010
		ASTM A 787	1010
		ASTM A 830	1010
		ASTM A 1040	1010
		ASTM A 1040	M1010
		SAE J 403	SAE 1010
C10R	1.1207	ASTM A 29	1010
		ASTM A 512	1010
		ASTM A 513	1010
		ASTM A 519	1010
		ASTM A 568	1010
		ASTM A 576	1010
		ASTM A 635	1010
		ASTM A 711	1010
		ASTM A 787	1010
		ASTM A 830	1010
		ASTM A 1040	1010
C10RG2	1.0703	ASTM A 29	1110
		ASTM A 512	1110
		ASTM A 576	1110
		ASTM A 1040	1110
C10WSi	1.0339	ASTM A 29	1008
		ASTM A 29	M1008
		ASTM A 512	1008
		ASTM A 513	1008
		ASTM A 519	1008
		ASTM A 568	1008
		ASTM A 575	M1008
		ASTM A 576	1008
		ASTM A 787	1008

5 EN-Werkstoffbezeichnungen

Auflistung in alphanumerischer Reihenfolge

EN steel names

Listed in alphanumerical order

EN-Werkstoffbezeichnung EN steel name		US-Bezeichnung US steel name	
Werkstoff-Kurzname EN steel name	EN/DIN Werkstoff-Nr. EN/DIN Material no.	Norm Standard	Stahlsorte Steel class/grade/type
C10WSi	1.0339	ASTM A 830	1008
		ASTM A 1040	1008
		ASTM A 1040	M1008
C12D	1.0311	ASTM A 29	1012
		ASTM A 576	1012
		ASTM A 635	1012
		ASTM A 1040	1012
C12D2	1.1124	ASTM A 29	1012
		ASTM A 29	M1012
		ASTM A 513	1012
		ASTM A 519	1012
		ASTM A 568	1012
		ASTM A 575	M1012
		ASTM A 576	1012
		ASTM A 635	1012
		ASTM A 711	1012
		ASTM A 830	1012
		ASTM A 1040	1012
		ASTM A 1040	M1012
		SAE J 403	SAE 1012
C12E	1.1130	ASTM A 29	1012
		ASTM A 29	M1012
		ASTM A 512	1012
		ASTM A 513	1012
		ASTM A 519	1012
		ASTM A 568	1012
		ASTM A 575	M1012
		ASTM A 576	1012
		ASTM A 635	1012
		ASTM A 711	1012
		ASTM A 830	1012
		ASTM A 1040	1012
		ASTM A 1040	M1012
		SAE J 403	SAE 1012
C15	1.0401	ASTM A 29	1015
		ASTM A 29	M1015
		ASTM A 108	1015

5 EN-Werkstoffbezeichnungen

Auflistung in alphanumerischer Reihenfolge

EN steel names

Listed in alphanumerical order

EN-Werkstoffbezeichnung EN steel name		US-Bezeichnung US steel name	
Werkstoff-Kurzname EN steel name	EN/DIN Werk-stoff-Nr. EN/DIN Material no.	Norm Standard	Stahlsorte Steel class/grade/type
C15	1.0401	ASTM A 512	MT1015
		ASTM A 513	MT1015
		ASTM A 519	1015
		ASTM A 519	MT1015
		ASTM A 568	1015
		ASTM A 575	M1015
		ASTM A 576	1015
		ASTM A 635	1015
		ASTM A 659	1015
		ASTM A 787	1015
		ASTM A 787	MT1015
		ASTM A 794	1015
		ASTM A 830	1015
		ASTM A 1040	1015
		ASTM A 1040	M1015
		SAE J 403	SAE 1015
C15D	1.0413	ASTM A 29	1015
		ASTM A 29	M1015
		ASTM A 108	1015
		ASTM A 512	MT1015
		ASTM A 513	MT1015
		ASTM A 519	1015
		ASTM A 519	MT1015
		ASTM A 568	1015
		ASTM A 575	M1015
		ASTM A 576	1015
		ASTM A 635	1015
		ASTM A 659	1015
		ASTM A 787	1015
		ASTM A 794	1015
		ASTM A 830	1015
		ASTM A 1040	1015
		ASTM A 1040	M1015
		SAE J 403	SAE 1015
C15E	1.1141	ASTM A 29	1015
		ASTM A 29	M1015
		ASTM A 512	1015

5 EN-Werkstoffbezeichnungen

Auflistung in alphanumerischer Reihenfolge

EN steel names

Listed in alphanumerical order

EN-Werkstoffbezeichnung EN steel name		US-Bezeichnung US steel name	
Werkstoff-Kurzname EN steel name	EN/DIN Werk-stoff-Nr. EN/DIN Material no.	Norm Standard	Stahlsorte Steel class/grade/type
C15E	1.1141	ASTM A 512	MT1015
		ASTM A 513	1015
		ASTM A 519	1015
		ASTM A 519	MT1015
		ASTM A 568	1015
		ASTM A 575	M1015
		ASTM A 576	1015
		ASTM A 635	1015
		ASTM A 659	1015
		ASTM A 787	1015
		ASTM A 787	MT1015
		ASTM A 794	1015
		ASTM A 830	1015
		ASTM A 1040	1015
		ASTM A 1040	M1015
		SAE J 403	SAE 1015
C15E2C	1.1132	ASTM A 29	1015
		ASTM A 29	M1015
		ASTM A 108	1015
		ASTM A 512	1015
		ASTM A 513	1015
		ASTM A 519	1015
		ASTM A 568	1015
		ASTM A 575	M1015
		ASTM A 576	1015
		ASTM A 635	1015
		ASTM A 659	1015
		ASTM A 787	1015
		ASTM A 794	1015
		ASTM A 830	1015
		ASTM A 1040	1015
		ASTM A 1040	M1015
		SAE J 403	SAE 1015
C15R	1.1140	ASTM A 29	1015
		ASTM A 29	M1015
		ASTM A 512	MT1015
		ASTM A 513	1015

5 EN-Werkstoffbezeichnungen

Auflistung in alphanumerischer Reihenfolge

EN steel names

Listed in alphanumerical order

EN-Werkstoffbezeichnung EN steel name		US-Bezeichnung US steel name	
Werkstoff-Kurzname EN steel name	EN/DIN Werk-stoff-Nr. EN/DIN Material no.	Norm Standard	Stahlsorte Steel class/grade/type
C15R	1.1140	ASTM A 519	1015
		ASTM A 519	MT1015
		ASTM A 568	1015
		ASTM A 575	M1015
		ASTM A 576	1015
		ASTM A 635	1015
		ASTM A 659	1015
		ASTM A 787	1015
		ASTM A 787	MT1015
		ASTM A 794	1015
		ASTM A 830	1015
		ASTM A 1040	1015
		ASTM A 1040	M1015
C16	1.0407	ASTM A 29	1016
		ASTM A 512	1016
		ASTM A 513	1016
		ASTM A 519	1016
		ASTM A 568	1016
		ASTM A 576	1016
		ASTM A 635	1016
		ASTM A 659	1016
		ASTM A 787	1016
		ASTM A 794	1016
		ASTM A 830	1016
		ASTM A 1040	1016
		SAE J 403	SAE 1016
C16E	1.1148	ASTM A 29	1016
		ASTM A 512	1016
		ASTM A 513	1016
		ASTM A 519	1016
		ASTM A 568	1016
		ASTM A 576	1016
		ASTM A 635	1016
		ASTM A 659	1016
		ASTM A 787	1016
		ASTM A 794	1016
		ASTM A 830	1016

5 EN-Werkstoffbezeichnungen

Auflistung in alphanumerischer Reihenfolge

EN steel names

Listed in alphanumerical order

EN-Werkstoffbezeichnung EN steel name		US-Bezeichnung US steel name	
Werkstoff-Kurzname EN steel name	EN/DIN Werk-stoff-Nr. EN/DIN Material no.	Norm Standard	Stahlsorte Steel class/grade/type
C16E	1.1148	ASTM A 1040	1016
		SAE J 403	SAE 1016
C16R	1.1208	ASTM A 29	1016
		ASTM A 512	1016
		ASTM A 519	1016
		ASTM A 568	1016
		ASTM A 576	1016
		ASTM A 635	1016
		ASTM A 659	1016
		ASTM A 787	1016
		ASTM A 794	1016
		ASTM A 830	1016
		ASTM A 1040	1016
C18D	1.0416	ASTM A 29	1017
		ASTM A 29	M1017
		ASTM A 108	1017
		ASTM A 513	1017
		ASTM A 519	1017
		ASTM A 568	1017
		ASTM A 575	M1017
		ASTM A 576	1017
		ASTM A 635	1017
		ASTM A 659	1017
		ASTM A 787	1017
		ASTM A 794	1017
		ASTM A 830	1017
		ASTM A 1040	1017
		ASTM A 1040	M1017
		SAE J 403	SAE 1017
C18D2	1.1129	ASTM A 29	1018
		ASTM A 311	1018
		ASTM A 512	1018
		ASTM A 513	1018
		ASTM A 519	1018
		ASTM A 568	1018
		ASTM A 576	1018
		ASTM A 635	1018

5 EN-Werkstoffbezeichnungen

Auflistung in alphanumerischer Reihenfolge

EN steel names

Listed in alphanumerical order

EN-Werkstoffbezeichnung EN steel name		US-Bezeichnung US steel name	
Werkstoff-Kurzname EN steel name	EN/DIN Werk-stoff-Nr. EN/DIN Material no.	Norm Standard	Stahlsorte Steel class/grade/type
C18D2	1.1129	ASTM A 659	1018
		ASTM A 711	1018
		ASTM A 787	1018
		ASTM A 794	1018
		ASTM A 830	1018
		ASTM A 1040	1018
		SAE J 403	SAE 1018
C20D	1.0414	ASTM A 29	1020
		ASTM A 29	M1020
		ASTM A 108	1020
		ASTM A 512	MT1020
		ASTM A 513	MT1020
		ASTM A 519	MT1020
		ASTM A 568	1020
		ASTM A 575	M1020
		ASTM A 576	1020
		ASTM A 635	1020
		ASTM A 659	1020
		ASTM A 787	MT1020
		ASTM A 794	1020
		ASTM A 827	1020
		ASTM A 830	1020
		ASTM A 1040	1020
		ASTM A 1040	M1020
		SAE J 403	SAE 1020
C20D2	1.1137	ASTM A 29	1020
		ASTM A 576	1020
		ASTM A 635	1020
		ASTM A 794	1020
		ASTM A 830	1020
		ASTM A 1040	1020
C20E2C	1.1152	ASTM A 29	1023
		ASTM A 29	M1023
		ASTM A 513	1023
		ASTM A 568	1023
		ASTM A 575	M1023
		ASTM A 576	1023

5 EN-Werkstoffbezeichnungen

Auflistung in alphanumerischer Reihenfolge

EN steel names

Listed in alphanumerical order

EN-Werkstoffbezeichnung EN steel name		US-Bezeichnung US steel name	
Werkstoff-Kurzname EN steel name	EN/DIN Werk-stoff-Nr. EN/DIN Material no.	Norm Standard	Stahlsorte Steel class/grade/type
C20E2C	1.1152	ASTM A 635	1023
		ASTM A 659	1023
		ASTM A 711	1023
		ASTM A 794	1023
		ASTM A 830	1023
		ASTM A 1040	1023
		ASTM A 1040	M1023
		SAE J 403	SAE 1023
C21	1.0432	ASTM A 29	1022
		ASTM A 513	1022
		ASTM A 519	1022
		ASTM A 568	1022
		ASTM A 576	1022
		ASTM A 635	1022
		ASTM A 711	1022
		ASTM A 830	1022
		ASTM A 1040	1022
C22	1.0402	ASTM A 29	1020
		ASTM A 29	M1020
		ASTM A 105	–
		ASTM A 108	1020
		ASTM A 181	60
		ASTM A 266	1
		ASTM A 512	MT1020
		ASTM A 513	MT1020
		ASTM A 519	MT1020
		ASTM A 568	1020
		ASTM A 575	M1020
		ASTM A 576	1020
		ASTM A 635	1020
		ASTM A 659	1020
		ASTM A 711	1020
		ASTM A 787	MT1020
		ASTM A 794	1020
		ASTM A 827	1020
		ASTM A 830	1020
		ASTM A 1040	1020

5 EN-Werkstoffbezeichnungen

Auflistung in alphanumerischer Reihenfolge

EN steel names

Listed in alphanumerical order

EN-Werkstoffbezeichnung EN steel name		US-Bezeichnung US steel name	
Werkstoff-Kurzname EN steel name	EN/DIN Werk-stoff-Nr. EN/DIN Material no.	Norm Standard	Stahlsorte Steel class/grade/type
C22	1.0402	ASTM A 1040	M1020
		SAE J 403	SAE 1020
C22E	1.1151	ASTM A 29	1020
		ASTM A 29	M1020
		ASTM A 512	1020
		ASTM A 512	MT1020
		ASTM A 513	1020
		ASTM A 519	1020
		ASTM A 519	MT1020
		ASTM A 568	1020
		ASTM A 575	M1020
		ASTM A 576	1020
		ASTM A 635	1020
		ASTM A 659	1020
		ASTM A 711	1020
		ASTM A 787	MT1020
		ASTM A 794	1020
		ASTM A 827	1020
		ASTM A 830	1020
		ASTM A 1040	1020
		ASTM A 1040	M1020
		SAE J 403	SAE 1020
C22R	1.1149	ASTM A 29	1020
		ASTM A 29	M1020
		ASTM A 512	1020
		ASTM A 512	MT1020
		ASTM A 513	1020
		ASTM A 519	1020
		ASTM A 519	MT1020
		ASTM A 568	1020
		ASTM A 575	M1020
		ASTM A 576	1020
		ASTM A 635	1020
		ASTM A 659	1020
		ASTM A 711	1020
		ASTM A 787	MT1020
		ASTM A 794	1020

5 EN-Werkstoffbezeichnungen

Auflistung in alphanumerischer Reihenfolge

EN steel names

Listed in alphanumerical order

EN-Werkstoffbezeichnung EN steel name		US-Bezeichnung US steel name	
Werkstoff-Kurzname EN steel name	EN/DIN Werkstoff-Nr. EN/DIN Material no.	Norm Standard	Stahlsorte Steel class/grade/type
C22R	1.1149	ASTM A 827	1020
		ASTM A 830	1020
		ASTM A 1040	1020
		ASTM A 1040	M1020
		SAE J 403	SAE 1020
C25	1.0406	ASTM A 29	1025
		ASTM A 29	M1025
		ASTM A 108	1025
		ASTM A 266	1
		ASTM A 512	1025
		ASTM A 513	1025
		ASTM A 519	1025
		ASTM A 568	1025
		ASTM A 575	M1025
		ASTM A 576	1025
		ASTM A 635	1025
		ASTM A 711	1025
		ASTM A 830	1025
		ASTM A 1040	1025
		ASTM A 1040	M1025
		SAE J 403	SAE 1025
C25E	1.1158	ASTM A 29	1025
		ASTM A 29	M1025
		ASTM A 108	1025
		ASTM A 512	1025
		ASTM A 513	1025
		ASTM A 519	1025
		ASTM A 568	1025
		ASTM A 575	M1025
		ASTM A 576	1025
		ASTM A 635	1025
		ASTM A 711	1025
		ASTM A 830	1025
		ASTM A 1040	1025
		ASTM A 1040	M1025
		SAE J 403	SAE 1025
C25R	1.1163	ASTM A 29	1025

5 EN-Werkstoffbezeichnungen

Auflistung in alphanumerischer Reihenfolge

EN steel names

Listed in alphanumerical order

EN-Werkstoffbezeichnung EN steel name		US-Bezeichnung US steel name	
Werkstoff-Kurzname EN steel name	EN/DIN Werk-stoff-Nr. EN/DIN Material no.	Norm Standard	Stahlsorte Steel class/grade/type
C25R	1.1163	ASTM A 108	1025
		ASTM A 512	1025
		ASTM A 513	1025
		ASTM A 519	1025
		ASTM A 568	1025
		ASTM A 575	M1025
		ASTM A 576	1025
		ASTM A 635	1025
		ASTM A 711	1025
		ASTM A 830	1025
		ASTM A 1040	1025
		SAE J 403	SAE 1025
C26D	1.0415	ASTM A 29	1025
		ASTM A 29	M1025
		ASTM A 108	1025
		ASTM A 512	1025
		ASTM A 513	1025
		ASTM A 519	1025
		ASTM A 568	1025
		ASTM A 575	M1025
		ASTM A 576	1025
		ASTM A 635	1025
		ASTM A 711	1025
		ASTM A 830	1025
		ASTM A 1040	1025
		ASTM A 1040	M1025
		SAE J 403	SAE 1025
C26D2	1.1139	ASTM A 29	1025
		ASTM A 29	1026
		ASTM A 568	1026
		ASTM A 576	1025
		ASTM A 576	1026
		ASTM A 635	1025
		ASTM A 830	1026
		ASTM A 1040	1025
		ASTM A 1040	1026
C30	1.0528	ASTM A 29	1030

5 EN-Werkstoffbezeichnungen

Auflistung in alphanumerischer Reihenfolge

EN steel names

Listed in alphanumerical order

EN-Werkstoffbezeichnung EN steel name		US-Bezeichnung US steel name	
Werkstoff-Kurzname EN steel name	EN/DIN Werkstoff-Nr. EN/DIN Material no.	Norm Standard	Stahlsorte Steel class/grade/type
C30	1.0528	ASTM A 512	1030
		ASTM A 513	1030
		ASTM A 519	1030
		ASTM A 568	1030
		ASTM A 576	1030
		ASTM A 635	1030
		ASTM A 682	1030
		ASTM A 684	1030
		ASTM A 711	1030
		ASTM A 830	1030
		ASTM A 866	1030
		ASTM A 1040	1030
		SAE J 403	SAE 1030
C30E	1.1178	ASTM A 29	1030
		ASTM A 512	1030
		ASTM A 513	1030
		ASTM A 519	1030
		ASTM A 568	1030
		ASTM A 576	1030
		ASTM A 635	1030
		ASTM A 682	1030
		ASTM A 684	1030
		ASTM A 711	1030
		ASTM A 830	1030
		ASTM A 866	1030
		ASTM A 1040	1030
		SAE J 403	SAE 1030
C30R	1.1179	ASTM A 29	1030
		ASTM A 512	1030
		ASTM A 513	1030
		ASTM A 519	1030
		ASTM A 568	1030
		ASTM A 576	1030
		ASTM A 635	1030
		ASTM A 682	1030
		ASTM A 684	1030
		ASTM A 711	1030

5 EN-Werkstoffbezeichnungen

Auflistung in alphanumerischer Reihenfolge

EN steel names

Listed in alphanumerical order

EN-Werkstoffbezeichnung EN steel name		US-Bezeichnung US steel name	
Werkstoff-Kurzname EN steel name	EN/DIN Werk-stoff-Nr. EN/DIN Material no.	Norm Standard	Stahlsorte Steel class/grade/type
C30R	1.1179	ASTM A 830	1030
		ASTM A 866	1030
		ASTM A 1040	1030
		SAE J 403	SAE 1030
C32D	1.0530	ASTM A 29	1030
		ASTM A 512	1030
		ASTM A 513	1030
		ASTM A 519	1030
		ASTM A 568	1030
		ASTM A 576	1030
		ASTM A 635	1030
		ASTM A 682	1030
		ASTM A 684	1030
		ASTM A 711	1030
		ASTM A 830	1030
		ASTM A 866	1030
		ASTM A 1040	1030
		SAE J 403	SAE 1030
C32D2	1.1143	ASTM A 29	1030
		ASTM A 512	1030
		ASTM A 513	1030
		ASTM A 519	1030
		ASTM A 568	1030
		ASTM A 576	1030
		ASTM A 635	1030
		ASTM A 682	1030
		ASTM A 684	1030
		ASTM A 830	1030
		ASTM A 866	1030
		ASTM A 1040	1030
		SAE J 403	SAE 1030
C35	1.0501	ASTM A 29	1035
		ASTM A 194	2H
		ASTM A 266	2
		ASTM A 311	1035
		ASTM A 512	1035
		ASTM A 513	1035

5 EN-Werkstoffbezeichnungen

Auflistung in alphanumerischer Reihenfolge

EN steel names

Listed in alphanumerical order

EN-Werkstoffbezeichnung EN steel name		US-Bezeichnung US steel name	
Werkstoff-Kurzname EN steel name	EN/DIN Werkstoff-Nr. EN/DIN Material no.	Norm Standard	Stahlsorte Steel class/grade/type
C35	1.0501	ASTM A 519	1035
		ASTM A 568	1035
		ASTM A 576	1035
		ASTM A 635	1035
		ASTM A 668	X2
		ASTM A 682	1035
		ASTM A 684	1035
		ASTM A 711	1035
		ASTM A 827	1035
		ASTM A 830	1035
		SAE J 403	SAE 1035
C35E	1.1181	ASTM A 29	1034
		ASTM A 29	1035
		ASTM A 29	1038
		ASTM A 108	1035
		ASTM A 304	1038H
		ASTM A 311	1035
		ASTM A 512	1035
		ASTM A 513	1035
		ASTM A 519	1035
		ASTM A 568	1038
		ASTM A 576	1035
		ASTM A 576	1038
		ASTM A 635	1035
		ASTM A 635	1038
		ASTM A 682	1035
		ASTM A 684	1035
		ASTM A 711	1034
		ASTM A 711	1035
		ASTM A 711	1038
		ASTM A 827	1035
		ASTM A 830	1035
		ASTM A 830	1038
		ASTM A 1040	1034
		ASTM A 1040	1035
		ASTM A 1040	1038
		ASTM A 1040	1038H

5 EN-Werkstoffbezeichnungen

Auflistung in alphanumerischer Reihenfolge

EN steel names

Listed in alphanumerical order

EN-Werkstoffbezeichnung EN steel name		US-Bezeichnung US steel name	
Werkstoff-Kurzname EN steel name	EN/DIN Werk-stoff-Nr. EN/DIN Material no.	Norm Standard	Stahlsorte Steel class/grade/type
C35E	1.1181	SAE J 403	SAE 1035
C35EC	1.1172	ASTM A 29	1035
		ASTM A 108	1035
		ASTM A 311	1035
		ASTM A 512	1035
		ASTM A 513	1035
		ASTM A 519	1035
		ASTM A 568	1035
		ASTM A 576	1035
		ASTM A 635	1035
		ASTM A 682	1035
		ASTM A 684	1035
		ASTM A 711	1035
		ASTM A 827	1035
		ASTM A 830	1035
		ASTM A 1040	1035
		SAE J 403	SAE 1035
C35R	1.1180	ASTM A 29	1035
		ASTM A 108	1035
		ASTM A 311	1035
		ASTM A 512	1035
		ASTM A 513	1035
		ASTM A 519	1035
		ASTM A 568	1035
		ASTM A 576	1035
		ASTM A 635	1035
		ASTM A 682	1035
		ASTM A 684	1035
		ASTM A 711	1035
		ASTM A 827	1035
		ASTM A 830	1035
		ASTM A 1040	1035
		SAE J 403	SAE 1035
C36D2	1.1145	ASTM A 29	1034
		ASTM A 29	1035
		ASTM A 108	1035
		ASTM A 311	1035

5 EN-Werkstoffbezeichnungen

Auflistung in alphanumerischer Reihenfolge

EN steel names

Listed in alphanumerical order

EN-Werkstoffbezeichnung EN steel name		US-Bezeichnung US steel name	
Werkstoff-Kurzname EN steel name	EN/DIN Werkstoff-Nr. EN/DIN Material no.	Norm Standard	Stahlsorte Steel class/grade/type
C36D2	1.1145	ASTM A 576	1035
		ASTM A 635	1035
		ASTM A 684	1035
		ASTM A 830	1035
		ASTM A 830	1037
		ASTM A 1040	1034
		ASTM A 1040	1035
C38D	1.0516	ASTM A 29	1035
		ASTM A 311	1035
		ASTM A 512	1035
		ASTM A 513	1035
		ASTM A 519	1035
		ASTM A 568	1035
		ASTM A 576	1035
		ASTM A 635	1035
		ASTM A 682	1035
		ASTM A 684	1035
		ASTM A 711	1035
		ASTM A 827	1035
		ASTM A 830	1035
		SAE J 403	SAE 1035
C38D2	1.1150	ASTM A 29	1038
		ASTM A 568	1038
		ASTM A 576	1038
		ASTM A 635	1037
		ASTM A 830	1038
		ASTM A 1040	1038
C40	1.0511	ASTM A 29	1040
		ASTM A 513	1040
		ASTM A 519	1040
		ASTM A 568	1040
		ASTM A 576	1040
		ASTM A 635	1040
		ASTM A 682	1040
		ASTM A 684	1040
		ASTM A 711	1040
		ASTM A 827	1040

5 EN-Werkstoffbezeichnungen

Auflistung in alphanumerischer Reihenfolge

EN steel names

Listed in alphanumerical order

EN-Werkstoffbezeichnung EN steel name		US-Bezeichnung US steel name	
Werkstoff-Kurzname EN steel name	EN/DIN Werkstoff-Nr. EN/DIN Material no.	Norm Standard	Stahlsorte Steel class/grade/type
C40	1.0511	ASTM A 830	1040
		ASTM A 866	1040
		ASTM A 1040	1040
		SAE J 403	SAE 1040
C40D2	1.1153	ASTM A 29	1039
		ASTM A 635	1039
		ASTM A 830	1039
		ASTM A 1040	1039
C40E	1.1186	ASTM A 29	1040
		ASTM A 108	1040
		ASTM A 513	1040
		ASTM A 519	1040
		ASTM A 568	1040
		ASTM A 576	1040
		ASTM A 635	1040
		ASTM A 682	1040
		ASTM A 684	1040
		ASTM A 711	1040
		ASTM A 827	1040
		ASTM A 830	1040
		ASTM A 866	1040
		ASTM A 1040	1040
		SAE J 403	SAE 1040
C40R	1.1189	ASTM A 29	1040
		ASTM A 108	1040
		ASTM A 513	1040
		ASTM A 519	1040
		ASTM A 568	1040
		ASTM A 576	1040
		ASTM A 635	1040
		ASTM A 682	1040
		ASTM A 684	1040
		ASTM A 711	1040
		ASTM A 827	1040
		ASTM A 830	1040
		ASTM A 866	1040
		ASTM A 1040	1040

5 EN-Werkstoffbezeichnungen

Auflistung in alphanumerischer Reihenfolge

EN steel names

Listed in alphanumerical order

EN-Werkstoffbezeichnung EN steel name		US-Bezeichnung US steel name	
Werkstoff-Kurzname EN steel name	EN/DIN Werk-stoff-Nr. EN/DIN Material no.	Norm Standard	Stahlsorte Steel class/grade/type
C42D	1.0541	ASTM A 29	1042
		ASTM A 29	1043
		ASTM A 568	1042
		ASTM A 568	1043
		ASTM A 576	1042
		ASTM A 576	1043
		ASTM A 635	1042
		ASTM A 635	1043
		ASTM A 711	1042
		ASTM A 711	1043
		ASTM A 830	1042
		ASTM A 830	1043
		ASTM A 1040	1042
		ASTM A 1040	1043
C42D2	1.1154	ASTM A 29	1042
		ASTM A 29	1043
		ASTM A 576	1042
		ASTM A 576	1043
		ASTM A 635	1042
		ASTM A 635	1043
		ASTM A 830	1042
		ASTM A 830	1043
		ASTM A 1040	1042
		ASTM A 1040	1043
C45	1.0503	ASTM A 29	1045
		ASTM A 108	1045
		ASTM A 194	2H
		ASTM A 311	1045
		ASTM A 519	1045
		ASTM A 568	1045
		ASTM A 576	1045
		ASTM A 635	1045
		ASTM A 682	1045
		ASTM A 684	1045
		ASTM A 711	1045
		ASTM A 827	1045
		ASTM A 830	1045

5 EN-Werkstoffbezeichnungen

Auflistung in alphanumerischer Reihenfolge

EN steel names

Listed in alphanumerical order

EN-Werkstoffbezeichnung EN steel name		US-Bezeichnung US steel name	
Werkstoff-Kurzname EN steel name	EN/DIN Werkstoff-Nr. EN/DIN Material no.	Norm Standard	Stahlsorte Steel class/grade/type
C45	1.0503	ASTM A 1040	1045
		SAE J 403	SAE 1045
C45E	1.1191	ASTM A 29	1045
		ASTM A 108	1045
		ASTM A 194	2H
		ASTM A 304	1045H
		ASTM A 311	1045
		ASTM A 519	1045
		ASTM A 568	1045
		ASTM A 576	1045
		ASTM A 635	1045
		ASTM A 682	1045
		ASTM A 684	1045
		ASTM A 711	1045
		ASTM A 827	1045
		ASTM A 830	1045
		ASTM A 1040	1045
		ASTM A 1040	1045H
		SAE J 403	SAE 1045
C45R	1.1201	ASTM A 29	1045
		ASTM A 108	1045
		ASTM A 311	1045
		ASTM A 519	1045
		ASTM A 568	1045
		ASTM A 576	1045
		ASTM A 635	1045
		ASTM A 682	1045
		ASTM A 684	1045
		ASTM A 711	1045
		ASTM A 827	1045
		ASTM A 830	1045
		ASTM A 1040	1045
		SAE J 403	SAE 1045
C45U	1.1730	ASTM A 29	1045
		ASTM A 108	1045
		ASTM A 304	1045H
		ASTM A 311	1045

5 EN-Werkstoffbezeichnungen

Auflistung in alphanumerischer Reihenfolge

EN steel names

Listed in alphanumerical order

EN-Werkstoffbezeichnung EN steel name		US-Bezeichnung US steel name	
Werkstoff-Kurzname EN steel name	EN/DIN Werk-stoff-Nr. EN/DIN Material no.	Norm Standard	Stahlsorte Steel class/grade/type
C45U	1.1730	ASTM A 519	1045
		ASTM A 576	1045
		ASTM A 635	1045
		ASTM A 682	1045
		ASTM A 684	1045
		ASTM A 711	1045
		ASTM A 827	1045
		ASTM A 830	1045
		ASTM A 1040	1045
		ASTM A 1040	1045H
		SAE J 403	SAE 1045
C46D2	1.1162	ASTM A 29	1046
		ASTM A 568	1046
		ASTM A 576	1046
		ASTM A 635	1046
		ASTM A 711	1046
		ASTM A 830	1046
		ASTM A 1040	1046
		SAE J 403	SAE 1046
C50	1.0540	ASTM A 29	1049
		ASTM A 29	1050
		ASTM A 311	1050
		ASTM A 513	1050
		ASTM A 519	1050
		ASTM A 568	1049
		ASTM A 568	1050
		ASTM A 576	1049
		ASTM A 576	1050
		ASTM A 635	1049
		ASTM A 635	1050
		ASTM A 668	X2
		ASTM A 682	1050
		ASTM A 684	1050
		ASTM A 711	1049
		ASTM A 711	1050
		ASTM A 827	1050
		ASTM A 830	1049

5 EN-Werkstoffbezeichnungen

Auflistung in alphanumerischer Reihenfolge

EN steel names

Listed in alphanumerical order

EN-Werkstoffbezeichnung EN steel name		US-Bezeichnung US steel name	
Werkstoff-Kurzname EN steel name	EN/DIN Werkstoff-Nr. EN/DIN Material no.	Norm Standard	Stahlsorte Steel class/grade/type
C50	1.0540	ASTM A 830	1050
		ASTM A 866	1050
		ASTM A 1040	1049
		ASTM A 1040	1050
		SAE J 403	SAE 1049
		SAE J 403	SAE 1050
C50D	1.0586	ASTM A 29	1050
		ASTM A 108	1050
		ASTM A 311	1050
		ASTM A 576	1050
		ASTM A 684	1050
		ASTM A 830	1050
		ASTM A 1040	1050
C50D2	1.1171	ASTM A 29	1049
		ASTM A 29	1050
		ASTM A 108	1050
		ASTM A 311	1050
		ASTM A 568	1049
		ASTM A 568	1050
		ASTM A 576	1049
		ASTM A 576	1050
		ASTM A 635	1049
		ASTM A 635	1050
		ASTM A 684	1050
		ASTM A 827	1050
		ASTM A 830	1049
		ASTM A 830	1050
		ASTM A 866	1050
		ASTM A 1040	1049
		ASTM A 1040	1050
C50E	1.1206	ASTM A 29	1049
		ASTM A 29	1050
		ASTM A 108	1050
		ASTM A 311	1050
		ASTM A 513	1050
		ASTM A 519	1050
		ASTM A 568	1049

5 EN-Werkstoffbezeichnungen

Auflistung in alphanumerischer Reihenfolge

EN steel names

Listed in alphanumerical order

EN-Werkstoffbezeichnung EN steel name		US-Bezeichnung US steel name	
Werkstoff-Kurzname EN steel name	EN/DIN Werk-stoff-Nr. EN/DIN Material no.	Norm Standard	Stahlsorte Steel class/grade/type
C50E	1.1206	ASTM A 568	1050
		ASTM A 576	1049
		ASTM A 576	1050
		ASTM A 635	1049
		ASTM A 635	1050
		ASTM A 682	1050
		ASTM A 684	1050
		ASTM A 711	1049
		ASTM A 711	1050
		ASTM A 827	1050
		ASTM A 830	1049
		ASTM A 830	1050
		ASTM A 866	1050
		ASTM A 1040	1049
		ASTM A 1040	1050
		SAE J 403	SAE 1049
		SAE J 403	SAE 1050
C50R	1.1241	ASTM A 29	1050
		ASTM A 108	1050
		ASTM A 311	1050
		ASTM A 513	1050
		ASTM A 519	1050
		ASTM A 568	1050
		ASTM A 576	1050
		ASTM A 635	1050
		ASTM A 682	1050
		ASTM A 684	1050
		ASTM A 711	1050
		ASTM A 827	1050
		ASTM A 830	1050
		ASTM A 866	1050
		ASTM A 1040	1050
		SAE J 403	SAE 1050
C53E	1.1210	ASTM A 29	1050
		ASTM A 108	1050
		ASTM A 311	1050
		ASTM A 513	1050

5 EN-Werkstoffbezeichnungen

Auflistung in alphanumerischer Reihenfolge

EN steel names

Listed in alphanumerical order

EN-Werkstoffbezeichnung EN steel name		US-Bezeichnung US steel name	
Werkstoff-Kurzname EN steel name	EN/DIN Werk-stoff-Nr. EN/DIN Material no.	Norm Standard	Stahlsorte Steel class/grade/type
C53E	1.1210	ASTM A 519	1050
		ASTM A 568	1050
		ASTM A 576	1050
		ASTM A 635	1050
		ASTM A 682	1050
		ASTM A 684	1050
		ASTM A 711	1050
		ASTM A 827	1050
		ASTM A 830	1049
		ASTM A 830	1050
		ASTM A 866	1050
		ASTM A 1040	1050
		SAE J 403	SAE 1050
C55	1.0535	ASTM A 29	1055
		ASTM A 568	1055
		ASTM A 576	1055
		ASTM A 635	1055
		ASTM A 682	1055
		ASTM A 684	1055
		ASTM A 711	1055
		ASTM A 713	1055
		ASTM A 830	1055
		ASTM A 1040	1055
		SAE J 403	SAE 1055
C55E	1.1203	ASTM A 29	1055
		ASTM A 568	1055
		ASTM A 576	1055
		ASTM A 635	1055
		ASTM A 682	1055
		ASTM A 684	1055
		ASTM A 711	1055
		ASTM A 713	1055
		ASTM A 830	1055
		ASTM A 1040	1055
		SAE J 403	SAE 1055
C55R	1.1209	ASTM A 29	1055
		ASTM A 568	1055

5 EN-Werkstoffbezeichnungen

Auflistung in alphanumerischer Reihenfolge

EN steel names

Listed in alphanumerical order

EN-Werkstoffbezeichnung EN steel name		US-Bezeichnung US steel name	
Werkstoff-Kurzname EN steel name	EN/DIN Werk-stoff-Nr. EN/DIN Material no.	Norm Standard	Stahlsorte Steel class/grade/type
C55R	1.1209	ASTM A 576	1055
		ASTM A 635	1055
		ASTM A 682	1055
		ASTM A 684	1055
		ASTM A 711	1055
		ASTM A 713	1055
		ASTM A 830	1055
		ASTM A 1040	1055
		SAE J 403	SAE 1055
C55S	1.1204	ASTM A 682	1055
		ASTM A 684	1055
C56D2	1.1220	ASTM A 29	1055
		ASTM A 576	1055
		ASTM A 635	1055
		ASTM A 682	1055
		ASTM A 684	1055
		ASTM A 711	1055
		ASTM A 713	1055
		ASTM A 830	1055
		ASTM A 1040	1055
C58D	1.0609	ASTM A 29	1060
		ASTM A 576	1060
		ASTM A 635	1060
		ASTM A 684	1060
		ASTM A 830	1060
		ASTM A 1040	1060
C58D2	1.1212	ASTM A 29	1059
		ASTM A 713	1059
		ASTM A 1040	1059
C60	1.0601	ASTM A 29	1060
		ASTM A 513	1060
		ASTM A 568	1060
		ASTM A 576	1060
		ASTM A 635	1060
		ASTM A 682	1060
		ASTM A 684	1060
		ASTM A 711	1060

5 EN-Werkstoffbezeichnungen

Auflistung in alphanumerischer Reihenfolge

EN steel names

Listed in alphanumerical order

EN-Werkstoffbezeichnung EN steel name		US-Bezeichnung US steel name	
Werkstoff-Kurzname EN steel name	EN/DIN Werkstoff-Nr. EN/DIN Material no.	Norm Standard	Stahlsorte Steel class/grade/type
C60	1.0601	ASTM A 713	1060
		ASTM A 830	1060
		ASTM A 1040	1060
		SAE J 403	SAE 1060
C60D	1.0610	ASTM A 29	1060
		ASTM A 576	1060
		ASTM A 635	1060
		ASTM A 684	1060
		ASTM A 830	1060
		ASTM A 1040	1060
C60D2	1.1228	ASTM A 29	1059
		ASTM A 711	1059
		ASTM A 713	1059
		ASTM A 1040	1059
C60E	1.1221	ASTM A 29	1060
		ASTM A 513	1060
		ASTM A 568	1060
		ASTM A 576	1060
		ASTM A 635	1060
		ASTM A 682	1060
		ASTM A 684	1060
		ASTM A 711	1060
		ASTM A 713	1060
		ASTM A 830	1060
		ASTM A 1040	1060
		SAE J 403	SAE 1060
C60R	1.1223	ASTM A 29	1060
		ASTM A 513	1060
		ASTM A 568	1060
		ASTM A 576	1060
		ASTM A 635	1060
		ASTM A 682	1060
		ASTM A 684	1060
		ASTM A 711	1060
		ASTM A 713	1060
		ASTM A 830	1060
		ASTM A 1040	1060

5 EN-Werkstoffbezeichnungen

Auflistung in alphanumerischer Reihenfolge

EN steel names

Listed in alphanumerical order

EN-Werkstoffbezeichnung EN steel name		US-Bezeichnung US steel name	
Werkstoff-Kurzname EN steel name	EN/DIN Werk-stoff-Nr. EN/DIN Material no.	Norm Standard	Stahlsorte Steel class/grade/type
C60R	1.1223	SAE J 403	SAE 1060
C60S	1.1211	ASTM A 682	1060
		ASTM A 684	1060
C62D	1.0611	ASTM A 29	1065
		ASTM A 635	1065
		ASTM A 684	1065
		ASTM A 830	1065
		ASTM A 1040	1065
C62D2	1.1222	ASTM A 29	1064
		ASTM A 568	1064
		ASTM A 635	1064
		ASTM A 682	1064
		ASTM A 684	1064
		ASTM A 711	1064
		ASTM A 713	1064
		ASTM A 830	1064
		ASTM A 1040	1064
C65S1	1.1230	ASTM A 29	1065
		ASTM A 229	–
		ASTM A 568	1065
		ASTM A 635	1065
		ASTM A 682	1065
		ASTM A 684	1065
		ASTM A 711	1065
		ASTM A 713	1065
		ASTM A 830	1065
		ASTM A 1040	1065
		SAE J 403	SAE 1065
C65S2	1.1250	ASTM A 230	–
C66D	1.0612	ASTM A 29	1065
		ASTM A 635	1065
		ASTM A 682	1065
		ASTM A 684	1065
		ASTM A 713	1065
		ASTM A 830	1065
		ASTM A 1040	1065
		SAE J 403	SAE 1065

5 EN-Werkstoffbezeichnungen

Auflistung in alphanumerischer Reihenfolge

EN steel names

Listed in alphanumerical order

EN-Werkstoffbezeichnung EN steel name		US-Bezeichnung US steel name	
Werkstoff-Kurzname EN steel name	EN/DIN Werk-stoff-Nr. EN/DIN Material no.	Norm Standard	Stahlsorte Steel class/grade/type
C66D2	1.1236	ASTM A 29	1064
		ASTM A 568	1064
		ASTM A 635	1064
		ASTM A 682	1064
		ASTM A 684	1064
		ASTM A 713	1064
		ASTM A 830	1064
		ASTM A 1040	1064
C67	1.0603	ASTM A 682	1070
		ASTM A 713	1070
C67S	1.1231	ASTM A 29	1070
		ASTM A 568	1070
		ASTM A 576	1070
		ASTM A 635	1070
		ASTM A 682	1070
		ASTM A 684	1070
		ASTM A 711	1070
		ASTM A 713	1070
		ASTM A 830	1070
		ASTM A 1040	1070
C68E	1.1234	ASTM A 29	1069
		ASTM A 711	1069
		ASTM A 713	1069
		ASTM A 1040	1069
C70D	1.0615	ASTM A 29	1070
		ASTM A 576	1070
		ASTM A 635	1070
		ASTM A 684	1070
		ASTM A 713	1070
		ASTM A 830	1070
		ASTM A 1040	1070
C72D	1.0617	ASTM A 29	1070
		ASTM A 576	1070
		ASTM A 635	1070
		ASTM A 684	1070
		ASTM A 713	1070
		ASTM A 830	1070

5 EN-Werkstoffbezeichnungen

Auflistung in alphanumerischer Reihenfolge

EN steel names

Listed in alphanumerical order

EN-Werkstoffbezeichnung EN steel name		US-Bezeichnung US steel name	
Werkstoff-Kurzname EN steel name	EN/DIN Werkstoff-Nr. EN/DIN Material no.	Norm Standard	Stahlsorte Steel class/grade/type
C72D	1.0617	ASTM A 1040	1070
C72D2	1.1242	ASTM A 29	1069
		ASTM A 711	1069
		ASTM A 713	1069
		ASTM A 1040	1069
C75	1.0605	ASTM A 29	1074
		ASTM A 568	1074
		ASTM A 635	1074
		ASTM A 682	1074
		ASTM A 684	1074
		ASTM A 713	1074
		ASTM A 830	1074
		ASTM A 1040	1074
C75S	1.1248	ASTM A 29	1074
		ASTM A 568	1074
		ASTM A 635	1074
		ASTM A 682	1074
		ASTM A 684	1074
		ASTM A 713	1074
		ASTM A 830	1074
		ASTM A 1040	1074
C76D	1.0614	ASTM A 29	1074
		ASTM A 568	1074
		ASTM A 635	1074
		ASTM A 682	1074
		ASTM A 684	1074
		ASTM A 713	1074
		ASTM A 830	1074
		ASTM A 1040	1074
C76D2	1.1253	ASTM A 29	1074
		ASTM A 29	1075
		ASTM A 568	1074
		ASTM A 568	1075
		ASTM A 635	1074
		ASTM A 635	1075
		ASTM A 682	1074
		ASTM A 684	1074

5 EN-Werkstoffbezeichnungen

Auflistung in alphanumerischer Reihenfolge

EN steel names

Listed in alphanumerical order

EN-Werkstoffbezeichnung EN steel name		US-Bezeichnung US steel name	
Werkstoff-Kurzname EN steel name	EN/DIN Werkstoff-Nr. EN/DIN Material no.	Norm Standard	Stahlsorte Steel class/grade/type
C76D2	1.1253	ASTM A 684	1075
		ASTM A 711	1074
		ASTM A 711	1075
		ASTM A 713	1074
		ASTM A 713	1075
		ASTM A 830	1074
		ASTM A 1040	1074
		ASTM A 1040	1075
C78D	1.0620	ASTM A 29	1075
		ASTM A 635	1075
		ASTM A 1040	1075
C78D2	1.1252	ASTM A 29	1074
		ASTM A 29	1075
		ASTM A 568	1074
		ASTM A 568	1075
		ASTM A 635	1074
		ASTM A 635	1075
		ASTM A 682	1074
		ASTM A 684	1074
		ASTM A 684	1075
		ASTM A 711	1074
		ASTM A 711	1075
		ASTM A 713	1074
		ASTM A 713	1075
		ASTM A 830	1074
		ASTM A 1040	1074
		ASTM A 1040	1075
C80D	1.0622	ASTM A 29	1078
		ASTM A 568	1078
		ASTM A 576	1078
		ASTM A 635	1078
		ASTM A 711	1078
		ASTM A 713	1078
		ASTM A 830	1078
		ASTM A 1040	1078
C80D2	1.1255	ASTM A 29	1078
		ASTM A 568	1078

5 EN-Werkstoffbezeichnungen

Auflistung in alphanumerischer Reihenfolge

EN steel names

Listed in alphanumerical order

EN-Werkstoffbezeichnung EN steel name		US-Bezeichnung US steel name	
Werkstoff-Kurzname EN steel name	EN/DIN Werkstoff-Nr. EN/DIN Material no.	Norm Standard	Stahlsorte Steel class/grade/type
C80D2	1.1255	ASTM A 576	1078
		ASTM A 635	1078
		ASTM A 711	1078
		ASTM A 713	1078
		ASTM A 830	1078
		ASTM A 1040	1078
C80U	1.1525	ASTM A 686	W1A-8
C82D	1.0626	ASTM A 29	1078
		ASTM A 568	1078
		ASTM A 576	1078
		ASTM A 635	1078
		ASTM A 711	1078
		ASTM A 713	1078
		ASTM A 830	1078
		ASTM A 1040	1078
C82D2	1.1262	ASTM A 29	1078
		ASTM A 576	1078
		ASTM A 635	1078
		ASTM A 711	1078
		ASTM A 713	1078
		ASTM A 830	1078
		ASTM A 1040	1078
C85	1.0647	ASTM A 29	1084
		ASTM A 568	1084
		ASTM A 576	1084
		ASTM A 635	1084
		ASTM A 713	1084
		ASTM A 830	1084
		ASTM A 1040	1084
C85S	1.1269	ASTM A 29	1086
		ASTM A 568	1086
		ASTM A 635	1086
		ASTM A 682	1086
		ASTM A 684	1086
		ASTM A 713	1086
		ASTM A 830	1086
		ASTM A 1040	1086

5 EN-Werkstoffbezeichnungen

Auflistung in alphanumerischer Reihenfolge

EN steel names

Listed in alphanumerical order

EN-Werkstoffbezeichnung EN steel name		US-Bezeichnung US steel name	
Werkstoff-Kurzname EN steel name	EN/DIN Werk-stoff-Nr. EN/DIN Material no.	Norm Standard	Stahlsorte Steel class/grade/type
C86D	1.0616	ASTM A 29	1080
		ASTM A 568	1080
		ASTM A 576	1080
		ASTM A 635	1080
		ASTM A 682	1080
		ASTM A 684	1080
		ASTM A 713	1080
		ASTM A 830	1080
		ASTM A 1040	1080
		SAE J 403	SAE 1080
C86D2	1.1265	ASTM A 29	1080
		ASTM A 568	1080
		ASTM A 576	1080
		ASTM A 635	1080
		ASTM A 682	1080
		ASTM A 684	1080
		ASTM A 711	1080
		ASTM A 713	1080
		ASTM A 830	1080
		ASTM A 1040	1080
C88D	1.0628	ASTM A 29	1084
		ASTM A 568	1084
		ASTM A 576	1084
		ASTM A 635	1084
		ASTM A 713	1084
		ASTM A 830	1084
		ASTM A 1040	1084
C88D2	1.1272	ASTM A 29	1084
		ASTM A 568	1084
		ASTM A 576	1084
		ASTM A 635	1084
		ASTM A 713	1084
		ASTM A 830	1084
		ASTM A 1040	1084
C90S	1.1217	ASTM A 29	1086
		ASTM A 568	1086
		ASTM A 635	1086

5 EN-Werkstoffbezeichnungen

Auflistung in alphanumerischer Reihenfolge

EN steel names

Listed in alphanumerical order

EN-Werkstoffbezeichnung EN steel name		US-Bezeichnung US steel name	
Werkstoff-Kurzname EN steel name	EN/DIN Werk-stoff-Nr. EN/DIN Material no.	Norm Standard	Stahlsorte Steel class/grade/type
C90S	1.1217	ASTM A 682	1086
		ASTM A 684	1086
		ASTM A 713	1086
		ASTM A 830	1086
		ASTM A 1040	1086
C90U	1.1535	ASTM A 686	W1A-8 1/2
C92D	1.0618	ASTM A 29	1090
		ASTM A 568	1090
		ASTM A 576	1090
		ASTM A 635	1090
		ASTM A 713	1090
		ASTM A 830	1090
		ASTM A 1040	1090
C92D2	1.1282	ASTM A 29	1090
		ASTM A 568	1090
		ASTM A 576	1090
		ASTM A 635	1090
		ASTM A 711	1090
		ASTM A 713	1090
		ASTM A 830	1090
		ASTM A 1040	1090
C98D2	1.1283	ASTM A 29	1095
		ASTM A 568	1095
		ASTM A 576	1095
		ASTM A 635	1095
		ASTM A 682	1095
		ASTM A 684	1095
		ASTM A 711	1095
		ASTM A 713	1095
		ASTM A 830	1095
		ASTM A 1040	1095
C100S	1.1274	ASTM A 29	1095
		ASTM A 568	1095
		ASTM A 576	1095
		ASTM A 635	1095
		ASTM A 682	1095
		ASTM A 684	1095

5 EN-Werkstoffbezeichnungen

Auflistung in alphanumerischer Reihenfolge

EN steel names

Listed in alphanumerical order

EN-Werkstoffbezeichnung EN steel name		US-Bezeichnung US steel name	
Werkstoff-Kurzname EN steel name	EN/DIN Werk-stoff-Nr. EN/DIN Material no.	Norm Standard	Stahlsorte Steel class/grade/type
C100S	1.1274	ASTM A 713	1095
		ASTM A 830	1095
		ASTM A 1040	1095
C105U	1.1545	ASTM A 686	W1A-10
C120U	1.1555	ASTM A 686	W1C-11 1/2
C135U	1.1573	ASTM A 686	W2C-13
DC01	1.0330	ASTM A 29	1008
		ASTM A 29	M1008
		ASTM A 512	1008
		ASTM A 513	1008
		ASTM A 519	1008
		ASTM A 568	1008
		ASTM A 575	M1008
		ASTM A 576	1008
		ASTM A 635	1008
		ASTM A 653	CS type A
		ASTM A 653	CS type B
		ASTM A 787	1008
		ASTM A 792	CS type A
		ASTM A 792	CS type B
		ASTM A 830	1008
		ASTM A 875	CS type A
		ASTM A 875	CS type B
		ASTM A 1008	CS type A
		ASTM A 1008	CS type B
		ASTM A 1008	CS type C
		ASTM A 1011	CS type B
		ASTM A 1011	CS type C
		ASTM A 1011	CS type A
		ASTM A 1018	CS type B
		ASTM A 1018	CS type A
		ASTM A 1040	1008
		ASTM A 1040	M1008
DC01EK	1.0390	ASTM A 424	Type I
		ASTM A 424	Type II
		ASTM A 424	Type III
DC03	1.0347	ASTM A 109	Temper No. 4

5 EN-Werkstoffbezeichnungen

Auflistung in alphanumerischer Reihenfolge

EN steel names

Listed in alphanumerical order

EN-Werkstoffbezeichnung EN steel name		US-Bezeichnung US steel name	
Werkstoff-Kurzname EN steel name	EN/DIN Werkstoff-Nr. EN/DIN Material no.	Norm Standard	Stahlsorte Steel class/grade/type
DC03	1.0347	ASTM A 1008	DS type A
		ASTM A 1008	DS type B
		ASTM A 1011	DS type A
		ASTM A 1011	DS type B
		ASTM A 1018	DS type A
		ASTM A 1018	DS type B
DC03ED	1.0399	ASTM A 424	Type I
		ASTM A 424	Type II
		ASTM A 424	Type III
DC04	1.0338	ASTM A 109	Temper No. 5
		ASTM A 1008	DDS
DC04ED	1.0394	ASTM A 424	Type I
		ASTM A 424	Type II
		ASTM A 424	Type III
DC04EK	1.0392	ASTM A 424	Type I
		ASTM A 424	Type II
		ASTM A 424	Type III
DC05	1.0312	ASTM A 109	Temper No. 4
DC06	1.0873	ASTM A 653	EDDS
		ASTM A 875	EDDS
		ASTM A 1008	EDDS
DC06ED	1.0872	ASTM A 424	Type I
		ASTM A 424	Type II
		ASTM A 424	Type III
DD13	1.0335	ASTM A 1008	DS type A
		ASTM A 1008	DS type B
		ASTM A 1011	DS type A
		ASTM A 1011	DS type B
		ASTM A 1018	DS type A
		ASTM A 1018	DS type B
DR 550	1.0373	ASTM A 623	DR-8
DR 620	1.0374	ASTM A 623	DR-9
DX51D	1.0226	ASTM A 653	CS type C
		ASTM A 792	CS type C
		ASTM A 875	CS type C
DX51D	1.0917	ASTM A 653	CS type C
		ASTM A 792	CS type C

5 EN-Werkstoffbezeichnungen

Auflistung in alphanumerischer Reihenfolge

EN steel names

Listed in alphanumerical order

EN-Werkstoffbezeichnung EN steel name		US-Bezeichnung US steel name	
Werkstoff-Kurzname EN steel name	EN/DIN Werk-stoff-Nr. EN/DIN Material no.	Norm Standard	Stahlsorte Steel class/grade/type
DX51D	1.0917	ASTM A 875	CS type C
DX52D	1.0350	ASTM A 653	FS type A
		ASTM A 792	DS
		ASTM A 875	FS type A
DX52D	1.0918	ASTM A 653	FS type A
		ASTM A 792	DS
		ASTM A 875	FS type A
DX53D	1.0355	ASTM A 653	DDS type A
		ASTM A 792	DS
		ASTM A 875	DDS
		ASTM A 1008	DDS
DX53D	1.0951	ASTM A 653	DDS type A
		ASTM A 792	DS
		ASTM A 875	DDS
DX54D	1.0306	ASTM A 653	DDS type A
		ASTM A 792	DS
		ASTM A 875	DDS
DX54D	1.0952	ASTM A 653	DDS type A
		ASTM A 792	DS
		ASTM A 875	DDS
DX55D	1.0309	ASTM A 179	–
		ASTM A 653	DDS type A
		ASTM A 792	DS
		ASTM A 875	DDS
DX55D	1.0962	ASTM A 653	DDS type A
		ASTM A 792	DS
E-75	1.0563	API 5D	E-75
E195	1.0034	ASTM A 29	1010
		ASTM A 512	1010
		ASTM A 513	1010
		ASTM A 519	1010
		ASTM A 568	1010
		ASTM A 576	1010
		ASTM A 787	1010
		ASTM A 1040	1010
E215	1.0212	ASTM A 513	1008
E235	1.0308	ASTM A 53	A type E

5 EN-Werkstoffbezeichnungen

Auflistung in alphanumerischer Reihenfolge

EN steel names

Listed in alphanumerical order

EN-Werkstoffbezeichnung EN steel name		US-Bezeichnung US steel name	
Werkstoff-Kurzname EN steel name	EN/DIN Werk-stoff-Nr. EN/DIN Material no.	Norm Standard	Stahlsorte Steel class/grade/type
E235	1.0308	ASTM A 53	A type S
		ASTM A 500	A
		ASTM A 523	A
E255	1.0408	ASTM A 53	B type E
		ASTM A 53	B type S
		ASTM A 500	B
		ASTM A 501	B
		ASTM A 512	1020
		ASTM A 512	1021
		ASTM A 513	1020
		ASTM A 513	1021
		ASTM A 519	1020
		ASTM A 519	1021
		ASTM A 523	A
		ASTM A 568	1021
		ASTM A 576	1021
		ASTM A 635	1021
		ASTM A 659	1021
		ASTM A 787	1021
		ASTM A 794	1021
		ASTM A 830	1021
		ASTM A 1040	1021
E295	1.0050	ASTM A 529	50
		ASTM A 529	55
		ASTM A 570	50
		ASTM A 570	55
		ASTM A 572	50
		ASTM A 572	55
		ASTM A 573	70
		ASTM A 678	A
E335	1.0060	ASTM A 194	2
		ASTM A 572	65
		ASTM A 573	65
E355	1.0580	ASTM A 29	1518
		ASTM A 519	1518
		ASTM A 576	1518
		ASTM A 1040	1518

5 EN-Werkstoffbezeichnungen

Auflistung in alphanumerischer Reihenfolge

EN steel names

Listed in alphanumerical order

EN-Werkstoffbezeichnung EN steel name		US-Bezeichnung US steel name	
Werkstoff-Kurzname EN steel name	EN/DIN Werkstoff-Nr. EN/DIN Material no.	Norm Standard	Stahlsorte Steel class/grade/type
E360	1.0070	ASTM A 519	1030
		ASTM A 572	55
		ASTM A 678	C
G9Ni10	1.5636	ASTM A 352	LC2
		ASTM A 757	B2N
		ASTM A 757	B2Q
G9Ni14	1.5638	ASTM A 352	LC3
		ASTM A 757	B3N
		ASTM A 757	B3Q
G12CrMo9-10	1.7387	ASTM A 217	WC9
		ASTM A 426	CP22
G17CrMo5-5	1.7357	ASTM A 217	WC11
		ASTM A 217	WC6
		ASTM A 356	6
		ASTM A 389	C23
		ASTM A 426	CP11
		ASTM A 426	CP12
G17CrMo9-10	1.7379	ASTM A 217	WC9
		ASTM A 426	CP22
		ASTM A 487	8 class A
		ASTM A 487	8 class B
		ASTM A 487	8 class C
G17CrMoV5-10	1.7706	ASTM A 356	9
		ASTM A 389	C24
G17Mn5	1.1131	ASTM A 216	WCC
		ASTM A 352	LCC
		ASTM A 660	WCC
		ASTM A 757	A1Q
G17NiCrMo13-6	1.6781	ASTM A 352	LC2-1
G18Mo5	1.5422	ASTM A 352	LCB
		ASTM A 660	WCB
G19NiCrMo12- 6	1.6783	ASTM A 352	LC2-1
		ASTM A 757	E1Q
G20Mn5	1.6220	ASTM A 216	WCC
		ASTM A 352	LCC
		ASTM A 757	A2Q
G20Mo5	1.5419	ASTM A 29	4422

5 EN-Werkstoffbezeichnungen

Auflistung in alphanumerischer Reihenfolge

EN steel names

Listed in alphanumerical order

EN-Werkstoffbezeichnung EN steel name		US-Bezeichnung US steel name	
Werkstoff-Kurzname EN steel name	EN/DIN Werk-stoff-Nr. EN/DIN Material no.	Norm Standard	Stahlsorte Steel class/grade/type
G20Mo5	1.5419	ASTM A 182	F 1
		ASTM A 217	WC1
		ASTM A 322	4422
		ASTM A 352	LC1
		ASTM A 519	4422
		ASTM A 1040	4422
G26CrMo4	1.7221	ASTM A 915	SC 4130
		ASTM A 958	SC 4130
G28Mn6	1.1165	ASTM A 148	80-50
G32NiCrMo8-5-4	1.6570	ASTM A 915	SC 4330
		ASTM A 958	SC 4330
G34CrMo4	1.7230	ASTM A 732	7Q
		ASTM A 915	SC 4130
		ASTM A 958	SC 4130
G42CrMo4	1.7231	ASTM A 732	8Q
G51CrV4	1.8160	ASTM A 732	12Q
GC16E	1.1142	ASTM A 29	1016
		ASTM A 512	1016
		ASTM A 513	1016
		ASTM A 519	1016
		ASTM A 568	1016
		ASTM A 576	1016
		ASTM A 635	1016
		ASTM A 659	1016
		ASTM A 787	1016
		ASTM A 794	1016
		ASTM A 830	1016
		ASTM A 1040	1016
		SAE J 403	SAE 1016
GC24E	1.1156	ASTM A 216	WCA
		ASTM A 352	LCA
		ASTM A 352	LCB
		ASTM A 660	WCB
		ASTM A 757	A1Q
GC25E	1.1155	ASTM A 915	SC 1025
		ASTM A 958	SC 1025
GE200	1.0420	ASTM A 27	60-30

5 EN-Werkstoffbezeichnungen

Auflistung in alphanumerischer Reihenfolge

EN steel names

Listed in alphanumerical order

EN-Werkstoffbezeichnung EN steel name		US-Bezeichnung US steel name	
Werkstoff-Kurzname EN steel name	EN/DIN Werk-stoff-Nr. EN/DIN Material no.	Norm Standard	Stahlsorte Steel class/grade/type
GE240	1.0446	ASTM A 27	65-35
GE300	1.0558	ASTM A 148	90-60
GP240GH	1.0619	ASTM A 216	WCA
		ASTM A 216	WCB
		ASTM A 216	WCC
		ASTM A 352	LCA
		ASTM A 757	A1Q
GP240GR	1.0621	ASTM A 216	WCA
		ASTM A 352	LCB
GP280GH	1.0625	ASTM A 216	WCC
		ASTM A 352	LCC
GX2CrNi19-11	1.4309	ASTM A 351	CF3
		ASTM A 351	CF3A
		ASTM A 451	CPF3
		ASTM A 451	CPF3A
		ASTM A 743	CF3
		ASTM A 744	CF3
GX2CrNiMo19-11-2	1.4409	ASTM A 351	CF3M
		ASTM A 351	CF3MA
		ASTM A 451	CPF3M
		ASTM A 743	CF3M
		ASTM A 744	CF3M
GX2CrNiMoCuN20-18-6	1.4557	ASTM A 351	CK3MCuN
		ASTM A 743	CK3MCuN
		ASTM A 744	CK3MCuN
GX2CrNiMoCuN25-6-3-3	1.4517	ASTM A 890	1A
		ASTM A 890	CD4MCuN
		ASTM A 890	1B
		ASTM A 890	UNS: J93372
		ASTM A 995	CD4MCuN
		ASTM A 995	1B
GX2CrNiMoN17-13-4	1.4446	ASTM A 351	CG3M
		ASTM A 743	CG3M
		ASTM A 744	CG3M
GX2CrNiMoN22-5-3	1.4470	ASTM A 872	UNS: J93183
		ASTM A 890	CD3MN
		ASTM A 890	4A

5 EN-Werkstoffbezeichnungen

Auflistung in alphanumerischer Reihenfolge

EN steel names

Listed in alphanumerical order

EN-Werkstoffbezeichnung EN steel name		US-Bezeichnung US steel name	
Werkstoff-Kurzname EN steel name	EN/DIN Werk-stoff-Nr. EN/DIN Material no.	Norm Standard	Stahlsorte Steel class/grade/type
GX2CrNiMoN22-5-3	1.4470	ASTM A 890	UNS: J92205
		ASTM A 995	CD3MN
		ASTM A 995	4A
GX2CrNiMoN25-6-3	1.4468	ASTM A 872	UNS: J93550
		ASTM A 890	CE3MN
		ASTM A 890	5A
		ASTM A 890	UNS: J93404
		ASTM A 995	CE3MN
		ASTM A 995	5A
GX2CrNiMoN25-7-3	1.4417	ASTM A 890	CD3MWCuN
		ASTM A 890	6A
		ASTM A 890	UNS: J93380
		ASTM A 995	CD3MWCuN
		ASTM A 995	6A
GX2CrNiMoN26-7-4	1.4469	ASTM A 890	CE3MN
		ASTM A 890	5A
		ASTM A 890	UNS: J93404
		ASTM A 995	CE3MN
		ASTM A 995	5A
GX2NiCrMo28-20-2	1.4458	ASTM A 351	CN7M
		ASTM A 743	CN7M
		ASTM A 744	CN7M
GX2NiCrMoCuN25-20-6	1.4588	ASTM A 351	CN3MN
		ASTM A 743	CN3MN
		ASTM A 744	CN3MN
GX2NiCrMoN25-20-5	1.4416	ASTM A 743	CN3M
GX3CrNi13-4	1.6982	ASTM A 352	CA6NM
		ASTM A 356	CA6NM
		ASTM A 487	CA6NM class A
		ASTM A 487	CA6NM class B
		ASTM A 743	CA6NM
GX4CrNi13-4	1.4317	ASTM A 352	CA6NM
		ASTM A 356	CA6NM
		ASTM A 487	CA6NM class A
		ASTM A 487	CA6NM class B
		ASTM A 743	CA6NM
GX4NiCrCuMo30-20-4	1.4527	ASTM A 351	CN7M

5 EN-Werkstoffbezeichnungen

Auflistung in alphanumerischer Reihenfolge

EN steel names

Listed in alphanumerical order

EN-Werkstoffbezeichnung EN steel name		US-Bezeichnung US steel name	
Werkstoff-Kurzname EN steel name	EN/DIN Werk-stoff-Nr. EN/DIN Material no.	Norm Standard	Stahlsorte Steel class/grade/type
GX4NiCrCuMo30-20-4	1.4527	ASTM A 743	CN7M
		ASTM A 744	CN7M
GX5CrNi19-10	1.4308	–	UNS: J92650
		ASTM A 351	CF8
		ASTM A 351	CF8A
		ASTM A 351	CF8C
		ASTM A 351	CF10
		ASTM A 451	CPF8
		ASTM A 451	CPF8A
		ASTM A 743	CF8
		ASTM A 744	CF8
GX5CrNiCu16-4	1.4525	ASTM A 747	CB7Cu-1
		ASTM A 747	UNS: J92180
GX5CrNiCuNb16-4	1.4549	AMS 5342	UNS: J92200
GX5CrNiMo19-11-2	1.4408	ASTM A 351	CF10M
		ASTM A 351	CF8M
		ASTM A 451	CPF8M
		ASTM A 743	CF8M
		ASTM A 744	CF8M
GX5CrNiMo19-11-3	1.4412	ASTM A 351	CG8M
		ASTM A 743	CG8M
		ASTM A 744	CG8M
GX5CrNiMoNb19-11-2	1.4581	ASTM A 351	CF8M
		ASTM A 351	CF10M
		ASTM A 451	CPF8M
		ASTM A 743	CF8M
		ASTM A 744	CF8M
GX5CrNiNb19-11	1.4552	ASTM A 351	CF8C
		ASTM A 451	CPF8C
		ASTM A 743	CF8C
		ASTM A 744	CF8C
GX5CrNiNb19-11	1.6905	ASTM A 351	CF8C
		ASTM A 451	CPF8C
		ASTM A 743	CF8C
		ASTM A 744	CF8C
GX6CrNiMo18-12	1.4437	–	UNS: J92810 (316)
GX7CrNiMo12-1	1.4008	ASTM A 217	CA15

5 EN-Werkstoffbezeichnungen

Auflistung in alphanumerischer Reihenfolge

EN steel names

Listed in alphanumerical order

EN-Werkstoffbezeichnung EN steel name		US-Bezeichnung US steel name	
Werkstoff-Kurzname EN steel name	EN/DIN Werkstoff-Nr. EN/DIN Material no.	Norm Standard	Stahlsorte Steel class/grade/type
GX7CrNiMo12-1	1.4008	ASTM A 426	CPCA15
		ASTM A 487	CA15 class A
		ASTM A 487	CA15 class B
		ASTM A 487	CA15 class C
		ASTM A 487	CA15 class D
		ASTM A 743	CA15
GX8CrNi12	1.4107	ASTM A 217	CA15
		ASTM A 426	CPCA15
		ASTM A 487	CA15 class A
		ASTM A 487	CA15 class B
		ASTM A 487	CA15 class C
		ASTM A 487	CA15 class D
		ASTM A 743	CA15
GX9Ni5	1.5681	ASTM A 757	B4N
		ASTM A 757	B4Q
		SAE J 1249	AISI E2512
GX10NiCrSiNb32-20	1.4859	ASTM A 297	CT15C
		ASTM A 351	CT15C
GX12Cr12	1.4011	ASTM A 217	CA15
		ASTM A 426	CPCA15
		ASTM A 487	CA15M class A
		ASTM A 743	CA15M
GX15CrMo5	1.7365	ASTM A 217	C5
		ASTM A 426	CP5
GX23CrMoV12-1	1.4931	ASTM A 743	CA28MWV
GX25CrNiSi18-9	1.4825	ASTM A 297	HF
		ASTM A 608	HF30
		ASTM A 743	CF20
GX32CrNi28-10	1.4339	ASTM A 297	HE
		ASTM A 608	HE35
		ASTM A 743	CE30
GX35NiCrSi25-21	1.4805	ASTM A 297	HN
GX40CrNi24-5	1.4822	ASTM A 297	HC
GX40CrNiSi22-10	1.4826	ASTM A 297	HF
		ASTM A 608	HF30
GX40CrNiSi25-12	1.4837	ASTM A 297	HH
		ASTM A 447	Type I

5 EN-Werkstoffbezeichnungen

Auflistung in alphanumerischer Reihenfolge

EN steel names

Listed in alphanumerical order

EN-Werkstoffbezeichnung EN steel name		US-Bezeichnung US steel name	
Werkstoff-Kurzname EN steel name	EN/DIN Werkstoff-Nr. EN/DIN Material no.	Norm Standard	Stahlsorte Steel class/grade/type
GX40CrNiSi25-12	1.4837	ASTM A 447	Type II
		ASTM A 608	HH30
		ASTM A 608	HH33
GX40CrNiSi25-20	1.4848	ASTM A 297	HK
		ASTM A 351	HK30
		ASTM A 351	HK40
		ASTM A 608	HK30
		ASTM A 608	HK40
GX40CrNiSi27-4	1.4823	ASTM A 297	HD
		ASTM A 608	HD50
GX40CrSi13	1.4729	ASTM A 743	CA40
		ASTM A 743	CA40F
GX40CrSi28	1.4776	ASTM A 297	HC
		ASTM A 743	CC50
GX40NiCrSi35-26	1.4857	ASTM A 297	HP
GX40NiCrSi38-19	1.4865	ASTM A 297	HU
		ASTM A 608	HU50
GX40NiCrSiNb35-26	1.4852	ASTM A 297	HP
GX40NiCrSiNb38-19	1.4849	ASTM A 297	HU
		ASTM A 608	HU50
GX110MnMo13-1	1.3416	ASTM A 128	E-1
GX120Mn12	1.3403	ASTM A 128	A
		ASTM A 128	B-2
		ASTM A 128	B-3
		ASTM A 128	B-4
		ASTM A 128	C
GX120Mn13	1.3802	ASTM A 128	A
		ASTM A 128	B-1
		ASTM A 128	B-2
		ASTM A 128	B-3
		ASTM A 128	B-4
GX120MnCr13-2	1.3410	ASTM A 128	C
GX120MnMo7-1	1.3415	ASTM A 128	F
GX120MnNi13-3	1.3425	ASTM A 128	D
H300BD	1.0445	ASTM A 414	F
		ASTM A 515	70
		ASTM A 516	70

5 EN-Werkstoffbezeichnungen

Auflistung in alphanumerischer Reihenfolge

EN steel names

Listed in alphanumerical order

EN-Werkstoffbezeichnung EN steel name		US-Bezeichnung US steel name	
Werkstoff-Kurzname EN steel name	EN/DIN Werk-stoff-Nr. EN/DIN Material no.	Norm Standard	Stahlsorte Steel class/grade/type
H300BD	1.0445	ASTM A 671	CB 70
		ASTM A 672	B 70
HC220I	1.0346	ASTM A 516	55
		ASTM A 672	C 55
HC260I	1.0349	ASTM A 29	1010
		ASTM A 29	M1010
		ASTM A 512	MT1010
		ASTM A 513	MT1010
		ASTM A 519	1010
		ASTM A 519	MT1010
		ASTM A 568	1010
		ASTM A 575	M1010
		ASTM A 576	1010
		ASTM A 635	1010
		ASTM A 711	1010
		ASTM A 787	1010
		ASTM A 830	1010
		ASTM A 1040	1010
		ASTM A 1040	M1010
		SAE J 403	SAE 1010
HC260P	1.0417	ASTM A 29	1013
		ASTM A 711	1013
		ASTM A 1040	1013
HC380LA	1.0550	ASTM A 653	HSLAS 55 class 1
		ASTM A 653	HSLAS 55 class 2
		ASTM A 1008	HSLAS 55 class 1
		ASTM A 1008	HSLAS 55 class 2
		ASTM A 1011	HSLAS 55 class 1
		ASTM A 1011	HSLAS 55 class 2
HC420LA	1.0556	ASTM A 653	HSLAS 60
		ASTM A 875	HSLAS 60
		ASTM A 1008	HSLAS 60 class 1
		ASTM A 1008	HSLAS 60 class 2
		ASTM A 1011	HSLAS 60 class 1
		ASTM A 1011	HSLAS 60 class 2
HS1-8-1	1.3327	ASTM A 600	M1
HS2-9-1	1.3346	ASTM A 600	M1

5 EN-Werkstoffbezeichnungen

Auflistung in alphanumerischer Reihenfolge

EN steel names

Listed in alphanumerical order

EN-Werkstoffbezeichnung EN steel name		US-Bezeichnung US steel name	
Werkstoff-Kurzname EN steel name	EN/DIN Werk-stoff-Nr. EN/DIN Material no.	Norm Standard	Stahlsorte Steel class/grade/type
HS2-9-1	1.3346	ASTM A 681	H41
HS2-9-1-8	1.3247	ASTM A 600	M42
HS2-9-2	1.3348	ASTM A 600	M7
HS2-9-2-8	1.3249	ASTM A 600	M33
		ASTM A 600	M34
HS6-3-2	1.3339	ASTM A 600	M2 regular C
HS6-5-2C	1.3343	ASTM A 597	CM-2
		ASTM A 600	M2 regular C
HS6-5-2-5	1.3243	ASTM A 600	M36
HS6-5-3	1.3344	ASTM A 600	M3 class 2
HS6-5-4	1.3351	ASTM A 600	M4
HS10-4-3-10	1.3207	ASTM A 600	M44
HS18-0-1	1.3355	ASTM A 600	T1
HS18-1-2-10	1.3265	ASTM A 600	T5
HS18-1-2-15	1.3257	ASTM A 600	T6
L175	1.8700	API 5L	A25
L175P	1.8707	API 5L	A25P
L210	1.8713	API 5L	A
L210GA	1.0319	API 5L	A
L245	1.8723	API 5L	B
L245GA	1.0459	ASTM A 53	B type E
		ASTM A 53	B type S
		ASTM A 523	B
		API 5L	B
L245M	1.8746	API 5L	BM
L245MB	1.0418	ASTM A 53	B type E
		ASTM A 53	B type S
		ASTM A 106	B
		ASTM A 234	WPB
		ASTM A 333	6
		ASTM A 334	6
		ASTM A 369	FPB
		ASTM A 420	WPL6
		ASTM A 523	B
		ASTM A 523	B
		ASTM A 556	C2
		API 5L	BME

5 EN-Werkstoffbezeichnungen

Auflistung in alphanumerischer Reihenfolge

EN steel names

Listed in alphanumerical order

EN-Werkstoffbezeichnung EN steel name		US-Bezeichnung US steel name	
Werkstoff-Kurzname EN steel name	EN/DIN Werk-stoff-Nr. EN/DIN Material no.	Norm Standard	Stahlsorte Steel class/grade/type
L245MO	1.1050	API 5L	BMO
L245MS	1.1030	API 5L	BMS
L245N	1.8790	API 5L	BN
L245NB	1.0457	API 5L	BNE
L245NO	1.1040	API 5L	BNO
L245NS	1.1020	API 5L	BNS
L245Q	1.8737	API 5L	BQ
L245QO	1.1045	API 5L	BQO
L245QS	1.1025	API 5L	BQS
L245R	1.8788	API 5L	BR
L290	1.8728	API 5L	X42
L290GA	1.0483	API 5L	X42
L290M	1.8747	API 5L	X42M
L290MB	1.0429	API 5L	X42ME
L290MO	1.1051	API 5L	X42MO
L290MS	1.1031	API 5L	X42MS
L290N	1.8791	API 5L	X42N
L290NB	1.0484	ASTM A 860	WPHY 42
		API 5L	X42NE
L290NO	1.1041	API 5L	X42NO
L290NS	1.1021	API 5L	X42NS
L290Q	1.8738	API 5L	X42Q
L290QO	1.1046	API 5L	X42QO
L290QS	1.1026	API 5L	X42QS
L290R	1.8789	API 5L	X42R
L320	1.0409	ASTM A 694	F46
		ASTM A 860	WPHY 46
		API 5L	X46
L320	1.8729	API 5L	X46
L320M	1.0430	API 5L	X46
L320M	1.8748	API 5L	X46M
L320MO	1.1052	API 5L	X46MO
L320MS	1.1032	API 5L	X46MS
L320N	1.8792	API 5L	X46N
L320NO	1.1042	API 5L	X46NO
L320NS	1.1022	API 5L	X46NS
L320Q	1.8739	API 5L	X46Q

5 EN-Werkstoffbezeichnungen

Auflistung in alphanumerischer Reihenfolge

EN steel names

Listed in alphanumerical order

EN-Werkstoffbezeichnung EN steel name		US-Bezeichnung US steel name	
Werkstoff-Kurzname EN steel name	EN/DIN Werk-stoff-Nr. EN/DIN Material no.	Norm Standard	Stahlsorte Steel class/grade/type
L320QO	1.1047	API 5L	X46QO
L320QS	1.1027	API 5L	X46QS
L355	1.0419	ASTM A 512	1016
		ASTM A 513	1016
		ASTM A 519	1016
		ASTM A 787	1016
		ASTM A 794	1016
L360	1.8730	API 5L	X52
L360GA	1.0499	API 5L	X52
L360M	1.8749	API 5L	X52M
L360MB	1.0578	API 5L	X52ME
L360MO	1.8781	API 5L	X52MO
L360MS	1.1033	API 5L	X52MS
L360N	1.8793	API 5L	X52N
L360NB	1.0582	ASTM A 860	WPHY 52
		API 5L	X52NE
L360NO	1.8778	API 5L	X52NO
L360NS	1.8757	API 5L	X52NS
L360Q	1.8741	API 5L	X52Q
L360QB	1.8948	API 5L	X52QE
L360QO	1.8771	API 5L	X52QO
L360QS	1.8759	API 5L	X52QS
L390	1.8724	API 5L	X56
L390MO	1.8782	API 5L	X56MO
L390MS	1.1034	API 5L	X56MS
L390Q	1.8740	API 5L	X56Q
L390QO	1.8772	API 5L	X56QO
L390QS	1.8760	API 5L	X56QS
L415	1.8725	API 5L	X60
L415M	1.8752	API 5L	X60M
L415MB	1.8973	API 5L	X60ME
L415MO	1.8783	API 5L	X60MO
L415MS	1.8766	API 5L	X60MS
L415N	1.8736	API 5L	X60N
L415NB	1.8972	ASTM A 860	WPHY 60
		API 5L	X60
		API 5L	X60NE

5 EN-Werkstoffbezeichnungen

Auflistung in alphanumerischer Reihenfolge

EN steel names

Listed in alphanumerical order

EN-Werkstoffbezeichnung EN steel name		US-Bezeichnung US steel name	
Werkstoff-Kurzname EN steel name	EN/DIN Werk-stoff-Nr. EN/DIN Material no.	Norm Standard	Stahlsorte Steel class/grade/type
L415Q	1.8742	API 5L	X60Q
L415QB	1.8947	API 5L	X60QE
L415QO	1.8773	API 5L	X60QO
L415QS	1.8761	API 5L	X60QS
L450	1.8726	API 5L	X65
L450M	1.8754	API 5L	X65M
L450MB	1.8975	ASTM A 860	WPHY 65
		API 5L	X65ME
L450MO	1.8784	API 5L	X65MO
L450MS	1.8767	API 5L	X65MS
L450Q	1.8743	API 5L	X65Q
L450QB	1.8952	API 5L	X65QE
L450QO	1.8774	API 5L	X65QO
L450QS	1.8762	API 5L	X65QS
L485	1.8727	API 5L	X70
L485M	1.8756	API 5L	X70M
L485MB	1.8977	ASTM A 860	WPHY 70
		API 5L	X70ME
L485MO	1.8785	API 5L	X70MO
L485MS	1.8768	API 5L	X70MS
L485Q	1.8744	API 5L	X70Q
L485QB	1.8955	API 5L	X70QE
L485QO	1.8775	API 5L	X70QO
L485QS	1.8763	API 5L	X70QS
L555M	1.8758	API 5L	X80M
L555MB	1.8978	ASTM A 618	Grade III
		ASTM A 714	Grade III
		API 5L	X80ME
L555MO	1.8786	API 5L	X80MO
L555Q	1.8745	API 5L	X80Q
L555QB	1.8957	API 5L	X80QE
L555QO	1.8776	API 5L	X80QO
L625M	1.8753	API 5L	X90M
L625Q	1.8764	API 5L	X90Q
L625QO	1.8777	API 5L	X90QO
L690M	1.8979	API 5L	X100M
L690Q	1.8765	API 5L	X100Q

5 EN-Werkstoffbezeichnungen

Auflistung in alphanumerischer Reihenfolge

EN steel names

Listed in alphanumerical order

EN-Werkstoffbezeichnung EN steel name		US-Bezeichnung US steel name	
Werkstoff-Kurzname EN steel name	EN/DIN Werk-stoff-Nr. EN/DIN Material no.	Norm Standard	Stahlsorte Steel class/grade/type
L690QO	1.8779	API 5L	X100QO
L830M	1.8755	API 5L	X120M
M90-23P	1.0835	ASTM A 876	23Q054
M95-27P	1.0839	ASTM A 876	27Q057
M100-23P	1.0879	ASTM A 876	23P060
M103-27P	1.0880	ASTM A 876	27P066
M110-23S	1.0863	ASTM A 876	23H045
M120-23S	1.0864	ASTM A 876	23H070
M120-27S	1.0868	ASTM A 876	27H074
M130-27S	1.0866	ASTM A 876	27G051
M140-30S	1.0862	ASTM A 876	30H083
M150-30S	1.0861	ASTM A 876	30G058
M150-35S	1.0857	ASTM A 876	35H094
M165-35S	1.0856	ASTM A 876	35G066
M250-35A	1.0800	ASTM A 677	36F145
		ASTM A 677	36F320M
M270-35A	1.0801	ASTM A 677	36F155
		ASTM A 677	36F342M
M290-50A	1.0807	ASTM A 677	47F165
		ASTM A 677	47F364M
M300-35A	1.0803	ASTM A 677	36F175
		ASTM A 677	36F386M
M310-50A	1.0808	ASTM A 677	47F180
		ASTM A 677	47F397M
M330-35A	1.0804	ASTM A 677	36F185
		ASTM A 677	36F408M
M330-50A	1.0809	ASTM A 677	47F190
		ASTM A 677	47F419M
M340-50K	1.0841	ASTM A 683	47S155
M350-50A	1.0810	ASTM A 677	47F200
		ASTM A 677	47F441M
M350-65A	1.0820	ASTM A 677	64F210
		ASTM A 677	64F463M
M390-50K	1.0842	ASTM A 683	47S165
M390-65K	1.0846	ASTM A 683	64S200
M400-50A	1.0811	ASTM A 677	47F240
		ASTM A 677	47F529M

5 EN-Werkstoffbezeichnungen

Auflistung in alphanumerischer Reihenfolge

EN steel names

Listed in alphanumerical order

EN-Werkstoffbezeichnung EN steel name		US-Bezeichnung US steel name	
Werkstoff-Kurzname EN steel name	EN/DIN Werk-stoff-Nr. EN/DIN Material no.	Norm Standard	Stahlsorte Steel class/grade/type
M400-65A	1.0821	ASTM A 677	64F235
		ASTM A 677	64F518M
M450-50K	1.0843	ASTM A 683	47S175
M450-65K	1.0847	ASTM A 683	64S210
M470-50A	1.0812	ASTM A 677	47F280
		ASTM A 677	47F617M
M470-65A	1.0823	ASTM A 677	64F275
		ASTM A 677	64F606M
M520-65K	1.0848	ASTM A 683	64S220
M530-65A	1.0824	ASTM A 677	64F320
		ASTM A 677	64F705M
M700-50A	1.0815	ASTM A 677	47F400
		ASTM A 677	47F882M
M800-50A	1.0816	ASTM A 677	47F450
		ASTM A 677	47F992M
M800-65A	1.0827	ASTM A 677	64F1102M
		ASTM A 677	64F500
N-80	1.0564	API 5CT	N-80
P235GH	1.0345	ASTM A 106	A
		ASTM A 135	A
		ASTM A 285	A
		ASTM A 285	B
		ASTM A 414	A
		ASTM A 414	B
		ASTM A 618	Grade Ib
		ASTM A 672	A 45
		ASTM A 672	A 50
P235TR1	1.0254	ASTM A 53	A type E
		ASTM A 53	A type S
		ASTM A 106	A
		ASTM A 135	A
		ASTM A 179	–
		ASTM A 369	FPA
		ASTM A 519	1020
		ASTM A 523	A
P235TR2	1.0255	ASTM A 106	A
P245GH	1.0352	ASTM A 181	60

5 EN-Werkstoffbezeichnungen

Auflistung in alphanumerischer Reihenfolge

EN steel names

Listed in alphanumerical order

EN-Werkstoffbezeichnung EN steel name		US-Bezeichnung US steel name	
Werkstoff-Kurzname EN steel name	EN/DIN Werk-stoff-Nr. EN/DIN Material no.	Norm Standard	Stahlsorte Steel class/grade/type
P245GH	1.0352	ASTM A 266	1
		ASTM A 266	2
		ASTM A 556	C2
P245NB	1.0111	ASTM A 29	1012
		ASTM A 29	M1012
		ASTM A 512	1012
		ASTM A 513	1012
		ASTM A 519	1012
		ASTM A 568	1012
		ASTM A 575	M1012
		ASTM A 576	1012
		ASTM A 635	1012
		ASTM A 711	1012
		ASTM A 830	1012
		ASTM A 1040	1012
		ASTM A 1040	M1012
		SAE J 403	SAE 1012
P250GH	1.0460	ASTM A 105	–
		ASTM A 181	60
		ASTM A 181	70
P265GH	1.0425	ASTM A 285	C
		ASTM A 414	D
		ASTM A 455	–
		ASTM A 515	60
		ASTM A 516	60
		ASTM A 662	A
		ASTM A 671	CA 55
		ASTM A 672	A 55
		ASTM A 672	B 60
		ASTM A 841	A class 1
P265NB	1.0423	ASTM A 414	D
P265NL	1.0453	ASTM A 29	1018
		ASTM A 311	1018
		ASTM A 420	WPL6
		ASTM A 512	1018
		ASTM A 513	1018
		ASTM A 519	1018

5 EN-Werkstoffbezeichnungen

Auflistung in alphanumerischer Reihenfolge

EN steel names

Listed in alphanumerical order

EN-Werkstoffbezeichnung EN steel name		US-Bezeichnung US steel name	
Werkstoff-Kurzname EN steel name	EN/DIN Werkstoff-Nr. EN/DIN Material no.	Norm Standard	Stahlsorte Steel class/grade/type
P265NL	1.0453	ASTM A 568	1018
		ASTM A 576	1018
		ASTM A 635	1018
		ASTM A 659	1018
		ASTM A 787	1018
		ASTM A 794	1018
		ASTM A 830	1018
		ASTM A 1040	1018
P265S	1.0130	ASTM A 135	B
		ASTM A 139	B
P275N	1.0486	ASTM A 516	60
		ASTM A 529	Grade
		ASTM A 529	55
		ASTM A 572	42
		ASTM A 633	A
		ASTM A 662	A
		ASTM A 668	B
		ASTM A 671	CC 60
		ASTM A 672	C 60
		ASTM A 694	F42
		ASTM A 860	WPHY 42
		API 5L	X42
		API 5L	X42R
P275NH	1.0487	ASTM A 516	60
		ASTM A 529	50
		ASTM A 529	55
		ASTM A 572	42
		ASTM A 633	A
		ASTM A 662	A
		ASTM A 671	CC 60
		ASTM A 672	C 60
		ASTM A 709	50
P275NL1	1.0488	ASTM A 350	LF1
		ASTM A 350	LF2
		ASTM A 516	60
		ASTM A 516	70
		ASTM A 529	50

5 EN-Werkstoffbezeichnungen

Auflistung in alphanumerischer Reihenfolge

EN steel names

Listed in alphanumerical order

EN-Werkstoffbezeichnung EN steel name		US-Bezeichnung US steel name	
Werkstoff-Kurzname EN steel name	EN/DIN Werkstoff-Nr. EN/DIN Material no.	Norm Standard	Stahlsorte Steel class/grade/type
P275NL1	1.0488	ASTM A 529	55
		ASTM A 572	42
		ASTM A 633	A
		ASTM A 662	A
		ASTM A 662	B
		ASTM A 671	CC 70
		ASTM A 672	C 70
P275NL2	1.1104	ASTM A 707	L1
P280GH	1.0426	ASTM A 181	70
		ASTM A 516	55
		ASTM A 516	60
		ASTM A 662	A
		ASTM A 671	CC 60
		ASTM A 672	C 60
P285NH	1.0477	ASTM A 515	65
		ASTM A 671	CB 65
		ASTM A 672	B 65
P295GH	1.0481	ASTM A 106	C
		ASTM A 139	E
		ASTM A 210	C
		ASTM A 234	WPC
		ASTM A 414	E
		ASTM A 515	70
		ASTM A 516	70
		ASTM A 556	C2
		ASTM A 662	B
		ASTM A 671	CB 70
		ASTM A 672	B 70
P305GH	1.0436	ASTM A 105	–
		ASTM A 181	70
		ASTM A 266	4
		ASTM A 508	1A
		ASTM A 515	65
		ASTM A 516	65
		ASTM A 541	1A
		ASTM A 662	C
		ASTM A 671	CC 65

5 EN-Werkstoffbezeichnungen

Auflistung in alphanumerischer Reihenfolge

EN steel names

Listed in alphanumerical order

EN-Werkstoffbezeichnung EN steel name		US-Bezeichnung US steel name	
Werkstoff-Kurzname EN steel name	EN/DIN Werk-stoff-Nr. EN/DIN Material no.	Norm Standard	Stahlsorte Steel class/grade/type
P305GH	1.0436	ASTM A 672	B 65
		ASTM A 672	C 65
		ASTM A 738	C
P310NB	1.0437	ASTM A 333	6
		ASTM A 334	6
		ASTM A 350	LF1
		ASTM A 350	LF2
		ASTM A 414	E
		ASTM A 420	WPL6
		ASTM A 516	60
		ASTM A 524	Grade I
		ASTM A 524	Grade II
		ASTM A 662	A
		ASTM A 671	CC 60
		ASTM A 672	C 60
P315N	1.0505	ASTM A 516	65
		ASTM A 572	50
		ASTM A 573	65
		ASTM A 618	Grade Ib
		ASTM A 633	A
		ASTM A 662	B
		ASTM A 671	CC 65
		ASTM A 672	C 65
P315NH	1.0506	ASTM A 516	65
		ASTM A 572	50
		ASTM A 573	65
		ASTM A 618	Grade Ib
		ASTM A 633	A
		ASTM A 662	B
		ASTM A 671	CC 65
		ASTM A 672	C 65
P315NL	1.0508	ASTM A 516	65
		ASTM A 572	50
		ASTM A 573	65
		ASTM A 618	Ib
		ASTM A 633	A
		ASTM A 662	B

5 EN-Werkstoffbezeichnungen

Auflistung in alphanumerischer Reihenfolge

EN steel names

Listed in alphanumerical order

EN-Werkstoffbezeichnung EN steel name		US-Bezeichnung US steel name	
Werkstoff-Kurzname EN steel name	EN/DIN Werk-stoff-Nr. EN/DIN Material no.	Norm Standard	Stahlsorte Steel class/grade/type
P355GH	1.0473	ASTM A 299	A
		ASTM A 299	B
		ASTM A 414	G
		ASTM A 455	–
		ASTM A 516	70
		ASTM A 537	1
		ASTM A 573	70
		ASTM A 612	–
		ASTM A 671	CC 70
		ASTM A 671	CD 70
		ASTM A 672	C 70
		ASTM A 672	D 70
		ASTM A 672	N 75
		ASTM A 691	CMSH-70
P355M	1.8821	ASTM A 515	65
P355ML1	1.8832	ASTM A 515	65
		ASTM A 516	65
P355ML2	1.8833	ASTM A 515	65
		ASTM A 516	65
P355N	1.0562	ASTM A 299	A
		ASTM A 299	B
		ASTM A 516	70
		ASTM A 537	1
		ASTM A 541	3
		ASTM A 572	50
		ASTM A 573	70
		ASTM A 588	B
		ASTM A 595	C element A 588/B
		ASTM A 612	–
		ASTM A 618	Grade II
		ASTM A 633	D
		ASTM A 662	B
		ASTM A 671	CC 70
		ASTM A 671	CK 75
		ASTM A 672	C 70
		ASTM A 678	A
		ASTM A 691	CMSH-70

5 EN-Werkstoffbezeichnungen

Auflistung in alphanumerischer Reihenfolge

EN steel names

Listed in alphanumerical order

EN-Werkstoffbezeichnung EN steel name		US-Bezeichnung US steel name	
Werkstoff-Kurzname EN steel name	EN/DIN Werk-stoff-Nr. EN/DIN Material no.	Norm Standard	Stahlsorte Steel class/grade/type
P355N	1.0562	ASTM A 694	F52
		ASTM A 714	Grade II
		ASTM A 737	B
		ASTM A 841	A class 1
		ASTM A 860	WPHY 52
		API 5L	X52
P355NB	1.0557	ASTM A 414	F
		ASTM A 414	G
P355NH	1.0565	ASTM A 181	70
		ASTM A 266	4
		ASTM A 299	A
		ASTM A 299	B
		ASTM A 508	1A
		ASTM A 541	1A
		ASTM A 573	70
		ASTM A 618	Grade II
		ASTM A 633	D
		ASTM A 662	C
		ASTM A 671	CK 75
		ASTM A 678	B
		ASTM A 691	CMS-75
		ASTM A 714	Grade II
		ASTM A 724	A
		ASTM A 724	B
		ASTM A 737	B
		ASTM A 841	A class 1
P355NL1	1.0566	ASTM A 350	LF6
		ASTM A 420	WPL6
		ASTM A 541	3
		ASTM A 573	70
		ASTM A 633	D
		ASTM A 662	C
		ASTM A 678	B
		ASTM A 707	L1
		ASTM A 707	L2
		ASTM A 841	A class 1
P355NL2	1.1106	ASTM A 662	B

5 EN-Werkstoffbezeichnungen

Auflistung in alphanumerischer Reihenfolge

EN steel names

Listed in alphanumerical order

EN-Werkstoffbezeichnung EN steel name		US-Bezeichnung US steel name	
Werkstoff-Kurzname EN steel name	EN/DIN Werkstoff-Nr. EN/DIN Material no.	Norm Standard	Stahlsorte Steel class/grade/type
P355NL2	1.1106	ASTM A 707	L3
		ASTM A 841	A class 1
		ASTM A 841	B class 1
		ASTM A 841	C class 1
P355QH1	1.0571	ASTM A 765	Grade IV
P420NH	1.8932	ASTM A 572	60
		ASTM A 633	E
		ASTM A 678	B
P460M	1.8826	ASTM A 738	A
P460ML1	1.8837	ASTM A 738	A
P460ML2	1.8831	ASTM A 738	A
P460N	1.8905	ASTM A 225	D
		ASTM A 537	2
		ASTM A 572	65
		ASTM A 612	–
		ASTM A 633	E
		ASTM A 671	CD 80
		ASTM A 672	D 80
		ASTM A 691	CMSH-80
		ASTM A 694	F65
		ASTM A 860	WPHY 65
		API 5L	X65
P460NH	1.8935	ASTM A 350	LF6
		ASTM A 572	65
		ASTM A 612	–
		ASTM A 633	E
		ASTM A 738	B
P460NL1	1.8915	ASTM A 537	2
		ASTM A 572	65
		ASTM A 612	–
		ASTM A 633	E
		ASTM A 671	CD 80
		ASTM A 672	D 80
		ASTM A 691	CMSH-80
P460NL2	1.8918	ASTM A 537	2
		ASTM A 572	65
		ASTM A 633	E

5 EN-Werkstoffbezeichnungen

Auflistung in alphanumerischer Reihenfolge

EN steel names

Listed in alphanumerical order

EN-Werkstoffbezeichnung EN steel name		US-Bezeichnung US steel name	
Werkstoff-Kurzname EN steel name	EN/DIN Werk-stoff-Nr. EN/DIN Material no.	Norm Standard	Stahlsorte Steel class/grade/type
P460NL2	1.8918	ASTM A 671	CD 80
		ASTM A 672	D 80
		ASTM A 691	CMSH-80
R220	1.0524	ASTM A 29	1551
		ASTM A 576	1551
		ASTM A 1040	1551
		SAE J 1249	AISI 1551
R260	1.0623	ASTM A 1	Element 85 to 114
		ASTM A 1	Element 115
S180GT	1.0318	ASTM A 512	1008
		ASTM A 513	1008
		ASTM A 519	1008
		ASTM A 787	1008
S185	1.0035	ASTM A 29	1010
		ASTM A 53	A type S
		ASTM A 53	A type E
		ASTM A 283	A
S205G1T	1.0028	ASTM A 29	1012
		ASTM A 29	M1012
		ASTM A 513	1012
		ASTM A 519	1012
		ASTM A 568	1012
		ASTM A 575	M1012
		ASTM A 576	1012
		ASTM A 711	1012
		ASTM A 830	1012
		ASTM A 1040	1012
		ASTM A 1040	M1012
		SAE J 403	SAE 1012
S205GT	1.0032	ASTM A 29	1008
		ASTM A 512	1008
		ASTM A 513	1008
		ASTM A 519	1008
		ASTM A 576	1008
		ASTM A 787	1008
		ASTM A 1040	1008
S220GD	1.0241	ASTM A 653	SS: 33

5 EN-Werkstoffbezeichnungen

Auflistung in alphanumerischer Reihenfolge

EN steel names

Listed in alphanumerical order

EN-Werkstoffbezeichnung EN steel name		US-Bezeichnung US steel name	
Werkstoff-Kurzname EN steel name	EN/DIN Werk-stoff-Nr. EN/DIN Material no.	Norm Standard	Stahlsorte Steel class/grade/type
S220GD	1.0241	ASTM A 792	SS: 33
		ASTM A 875	SS: 33
S235J2G3	1.0116	ASTM A 29	1013
		ASTM A 283	B
		ASTM A 570	33
		ASTM A 570	36 type 1
		ASTM A 570	36 type 2
		ASTM A 573	58
		ASTM A 618	Ib
		ASTM A 711	1013
		ASTM A 1040	1013
S235J0	1.0114	ASTM A 29	1016
		ASTM A 283	C
		ASTM A 512	1016
		ASTM A 513	1016
		ASTM A 519	1016
		ASTM A 568	1016
		ASTM A 570	33
		ASTM A 576	1016
		ASTM A 635	1016
		ASTM A 659	1016
		ASTM A 787	1016
		ASTM A 1040	1016
S235JR	1.0037	ASTM A 29	1013
		ASTM A 135	A
		ASTM A 283	C
		ASTM A 570	30
		ASTM A 570	33
		ASTM A 711	1013
		ASTM A 1040	1013
S235JRG1	1.0036	ASTM A 29	1013
		ASTM A 214	–
		ASTM A 568	1012
		ASTM A 570	30
		ASTM A 570	33
		ASTM A 711	1013
		ASTM A 1040	1013

5 EN-Werkstoffbezeichnungen

Auflistung in alphanumerischer Reihenfolge

EN steel names

Listed in alphanumerical order

EN-Werkstoffbezeichnung EN steel name		US-Bezeichnung US steel name	
Werkstoff-Kurzname EN steel name	EN/DIN Werk-stoff-Nr. EN/DIN Material no.	Norm Standard	Stahlsorte Steel class/grade/type
S235JRG2 / S235JR	1.0038	ASTM A 29	1018
		ASTM A 36	–
		ASTM A 53	A type E
		ASTM A 53	A type S
		ASTM A 283	C
		ASTM A 311	1018
		ASTM A 500	A
		ASTM A 501	B
		ASTM A 512	1018
		ASTM A 513	1018
		ASTM A 519	1018
		ASTM A 568	1018
		ASTM A 570	30
		ASTM A 570	33
		ASTM A 570	36 type 1
		ASTM A 570	36 type 2
		ASTM A 573	65
		ASTM A 576	1018
		ASTM A 668	C
		ASTM A 787	1018
		ASTM A 794	1018
		ASTM A 830	1018
		ASTM A 1040	1018
S235JRH	1.0039	ASTM A 283	C
		ASTM A 501	B
		ASTM A 795	A type S
		ASTM A 795	A type E
S250GD	1.0242	ASTM A 653	SS: 37
		ASTM A 792	SS: 37
		ASTM A 875	SS: 37
S270GP	1.0023	ASTM A 328	–
S275J2G3	1.0144	ASTM A 283	D
		ASTM A 500	A
		ASTM A 501	A
		ASTM A 572	42
		ASTM A 573	58
		ASTM A 618	Ib

5 EN-Werkstoffbezeichnungen

Auflistung in alphanumerischer Reihenfolge

EN steel names

Listed in alphanumerical order

EN-Werkstoffbezeichnung EN steel name		US-Bezeichnung US steel name	
Werkstoff-Kurzname EN steel name	EN/DIN Werk-stoff-Nr. EN/DIN Material no.	Norm Standard	Stahlsorte Steel class/grade/type
S275J2H	1.0138	ASTM A 572	42
		ASTM A 573	70
S275J0	1.0143	ASTM A 283	C
		ASTM A 283	D
		ASTM A 572	42
		ASTM A 572	65
		ASTM A 633	C
		ASTM A 709	50 type 1
		ASTM A 709	50 type 2
		ASTM A 709	50 type 3
		ASTM A 709	50 type 5
S275J0H	1.0149	ASTM A 501	B
S275JR	1.0044	ASTM A 36	–
		ASTM A 283	D
		ASTM A 500	A
		ASTM A 500	B
		ASTM A 500	D
		ASTM A 501	B
		ASTM A 512	1021
		ASTM A 512	1026
		ASTM A 513	1021
		ASTM A 513	1026
		ASTM A 519	1021
		ASTM A 519	1026
		ASTM A 529	55
		ASTM A 529	50
		ASTM A 568	1021
		ASTM A 570	40
		ASTM A 572	42
		ASTM A 572	65
		ASTM A 573	58
		ASTM A 573	65
		ASTM A 576	1021
		ASTM A 633	A
		ASTM A 635	1021
		ASTM A 709	50 type 1
		ASTM A 709	50 type 2

5 EN-Werkstoffbezeichnungen

Auflistung in alphanumerischer Reihenfolge

EN steel names

Listed in alphanumerical order

EN-Werkstoffbezeichnung EN steel name		US-Bezeichnung US steel name	
Werkstoff-Kurzname EN steel name	EN/DIN Werkstoff-Nr. EN/DIN Material no.	Norm Standard	Stahlsorte Steel class/grade/type
S275JR	1.0044	ASTM A 709	50 type 3
		ASTM A 709	50 type 5
		ASTM A 787	1021
		ASTM A 794	1021
		ASTM A 830	1021
		ASTM A 1040	1021
S275N	1.0490	ASTM A 662	B
S275NL	1.0491	ASTM A 633	A
		ASTM A 662	A
S275NLH	1.0497	ASTM A 572	42
		ASTM A 633	A
		ASTM A 662	A
S280GD	1.0244	ASTM A 653	SS: 40
		ASTM A 792	SS: 40
S315MC	1.0972	ASTM A 1008	HSLAS 45 class 1
		ASTM A 1008	HSLAS 45 class 2
		ASTM A 1011	HSLAS 45 class 1
		ASTM A 1011	HSLAS 45 class 2
S320GD	1.0250	ASTM A 653	SS: 50 class 1
		ASTM A 653	SS: 50 class 2
		ASTM A 653	SS: 50 class 4
		ASTM A 792	SS: 50 class 1
		ASTM A 792	SS: 50 class 2
		ASTM A 792	SS: 50 class 4
		ASTM A 875	SS: 50 class 1
		ASTM A 875	SS: 50 class 2
S350GD	1.0529	ASTM A 653	HSLAS 50
		ASTM A 792	SS: 50 class 1
		ASTM A 792	SS: 50 class 2
		ASTM A 792	SS: 50 class 4
		ASTM A 875	HSLAS 50
S355J2G1W	1.8963	ASTM A 588	A
		ASTM A 588	C
		ASTM A 595	C element A 588/A
		ASTM A 618	Grade II
		ASTM A 709	50W type A
		ASTM A 709	50W type B

5 EN-Werkstoffbezeichnungen

Auflistung in alphanumerischer Reihenfolge

EN steel names

Listed in alphanumerical order

EN-Werkstoffbezeichnung EN steel name		US-Bezeichnung US steel name	
Werkstoff-Kurzname EN steel name	EN/DIN Werkstoff-Nr. EN/DIN Material no.	Norm Standard	Stahlsorte Steel class/grade/type
S355J2G1W	1.8963	ASTM A 709	100 type C
		ASTM A 871	Type IV
S355J2G3	1.0570	ASTM A 29	1524
		ASTM A 105	–
		ASTM A 350	LF1
		ASTM A 350	LF2
		ASTM A 381	Y 48
		ASTM A 381	Y 50
		ASTM A 513	1024
		ASTM A 519	1524
		ASTM A 568	1524
		ASTM A 572	50
		ASTM A 573	65
		ASTM A 576	1524
		ASTM A 618	Grade III
		ASTM A 635	1524
		ASTM A 694	F70
		ASTM A 714	Grade III
		ASTM A 830	1524
		ASTM A 1040	1024
		ASTM A 1040	1524
S355J2G4 / S355J2	1.0577	ASTM A 738	C
S355J2H	1.0576	ASTM A 516	65
		ASTM A 572	50
		ASTM A 618	Grade III
		ASTM A 714	Grade III
S355J2W	1.8965	ASTM A 588	A
		ASTM A 595	C element A 588/A
		ASTM A 709	50W type A
		ASTM A 709	50W type B
		ASTM A 871	Type IV
S355J2WP	1.8946	ASTM A 242	1
S355J0	1.0553	ASTM A 572	50
		ASTM A 633	C
S355J0Cu	1.0507	ASTM A 570	50
		ASTM A 572	50
S355J0H	1.0547	ASTM A 572	50

5 EN-Werkstoffbezeichnungen

Auflistung in alphanumerischer Reihenfolge

EN steel names

Listed in alphanumerical order

EN-Werkstoffbezeichnung EN steel name		US-Bezeichnung US steel name	
Werkstoff-Kurzname EN steel name	EN/DIN Werk-stoff-Nr. EN/DIN Material no.	Norm Standard	Stahlsorte Steel class/grade/type
S355J0W	1.8959	ASTM A 588	A
		ASTM A 588	B
		ASTM A 588	C
		ASTM A 588	K
		ASTM A 595	C element A 588/K
		ASTM A 709	50W type A
		ASTM A 871	Type IV
S355J0WP	1.8945	ASTM A 423	1
S355JR	1.0045	ASTM A 283	D
		ASTM A 572	50
		ASTM A 573	70
		ASTM A 633	C
		ASTM A 678	B
		ASTM A 706	60
		ASTM A 706	80
S355K2 / S355K2G4	1.0596	ASTM A 678	B
S355K2G1W	1.8966	ASTM A 588	A
		ASTM A 595	C element A 588/A
		ASTM A 709	50W type A
		ASTM A 709	50W type B
		ASTM A 871	Type IV
S355K2G3	1.0595	ASTM A 678	B
S355K2W	1.8967	ASTM A 588	K
		ASTM A 595	C element A 588/K
		ASTM A 709	50W type A
		ASTM A 709	50W type B
S355M	1.8823	ASTM A 572	42
		ASTM A 633	A
		ASTM A 913	50
S355ML	1.8834	ASTM A 572	42
		ASTM A 572	50
		ASTM A 633	A
		ASTM A 656	8 grade 50
		ASTM A 913	50
S355N	1.0545	ASTM A 299	A
		ASTM A 299	B
		ASTM A 541	3

5 EN-Werkstoffbezeichnungen

Auflistung in alphanumerischer Reihenfolge

EN steel names

Listed in alphanumerical order

EN-Werkstoffbezeichnung EN steel name		US-Bezeichnung US steel name	
Werkstoff-Kurzname EN steel name	EN/DIN Werk-stoff-Nr. EN/DIN Material no.	Norm Standard	Stahlsorte Steel class/grade/type
S355N	1.0545	ASTM A 588	B
		ASTM A 595	C element A 588/B
		ASTM A 618	Grade Ib
		ASTM A 633	D
		ASTM A 662	C
		ASTM A 671	CK 75
		ASTM A 672	N 75
		ASTM A 714	Grade III
S355NH	1.0539	ASTM A 225	D
		ASTM A 299	A
		ASTM A 299	B
		ASTM A 500	C
		ASTM A 537	1
		ASTM A 618	Grade III
		ASTM A 671	CD 70
		ASTM A 671	CK 75
		ASTM A 672	D 70
		ASTM A 672	N 75
		ASTM A 691	CMSH-70
S355NL	1.0546	ASTM A 350	LF1
		ASTM A 350	LF2
		ASTM A 420	WPL6
		ASTM A 541	3
		ASTM A 633	D
		ASTM A 662	C
S355NLH	1.0549	ASTM A 618	Grade II
		ASTM A 633	D
		ASTM A 724	C
S420M	1.8825	ASTM A 572	55
		ASTM A 588	B
		ASTM A 588	C
		ASTM A 588	K
		ASTM A 595	C element A 588/K
		ASTM A 633	D
		ASTM A 656	8 grade 60
S420MC	1.0980	ASTM A 1008	HSLAS 60 class 1
		ASTM A 1008	HSLAS 60 class 2

5 EN-Werkstoffbezeichnungen

Auflistung in alphanumerischer Reihenfolge

EN steel names

Listed in alphanumerical order

EN-Werkstoffbezeichnung EN steel name		US-Bezeichnung US steel name	
Werkstoff-Kurzname EN steel name	EN/DIN Werk-stoff-Nr. EN/DIN Material no.	Norm Standard	Stahlsorte Steel class/grade/type
S420MC	1.0980	ASTM A 1008	HSLAS-F 60
		ASTM A 1011	HSLAS 60 class 1
		ASTM A 1011	HSLAS 60 class 2
		ASTM A 1011	HSLAS-F 60
S420ML	1.8836	ASTM A 572	55
		ASTM A 588	B
		ASTM A 588	C
		ASTM A 588	K
		ASTM A 595	C element A 588/K
		ASTM A 633	D
		ASTM A 656	8 grade 60
S420N	1.8902	ASTM A 678	B
		ASTM A 537	2
		ASTM A 572	60
		ASTM A 633	E
		ASTM A 671	CD 80
		ASTM A 672	D 80
		ASTM A 691	CMSH-80
		ASTM A 694	F60
		ASTM A 860	WPHY 60
		API 5L	X60
S420NL	1.8912	ASTM A 537	2
		ASTM A 572	60
		ASTM A 633	E
		ASTM A 671	CD 80
		ASTM A 672	D 80
		ASTM A 678	B
		ASTM A 691	CMSH-80
		ASTM A 738	B
S460M	1.8827	ASTM A 913	65
S460MC	1.0982	ASTM A 1008	HSLAS 65 class 1
		ASTM A 1008	HSLAS 65 class 2
		ASTM A 1011	HSLAS 65 class 1
		ASTM A 1011	HSLAS 65 class 2
S460ML	1.8838	ASTM A 913	65
S460N	1.8901	ASTM A 572	65
		ASTM A 633	E

5 EN-Werkstoffbezeichnungen

Auflistung in alphanumerischer Reihenfolge

EN steel names

Listed in alphanumerical order

EN-Werkstoffbezeichnung EN steel name		US-Bezeichnung US steel name	
Werkstoff-Kurzname EN steel name	EN/DIN Werk-stoff-Nr. EN/DIN Material no.	Norm Standard	Stahlsorte Steel class/grade/type
S460NH	1.8953	ASTM A 572	65
		ASTM A 678	B
S460NL	1.8903	ASTM A 633	E
S460NLH	1.8956	ASTM A 633	E
S500MC	1.0984	ASTM A 1008	HSLAS 70 class 1
		ASTM A 1008	HSLAS 70 class 2
		ASTM A 1008	HSLAS-F 70
		ASTM A 1011	HSLAS 70 class 1
		ASTM A 1011	HSLAS 70 class 2
		ASTM A 1011	HSLAS-F 70
S550A	1.8991	ASTM A 852	–
S550AL	1.8992	ASTM A 852	–
S550GD	1.0531	ASTM A 653	SS: 80 class 1
		ASTM A 653	SS: 80 class 3
		ASTM A 792	80 class 1
		ASTM A 792	80 class 3
		ASTM A 875	SS: 80
S550MC	1.0986	ASTM A 1008	HSLAS-F 80
		ASTM A 1011	HSLAS-F 80
S550Q	1.8904	ASTM A 852	–
S550QL	1.8926	ASTM A 852	–
S550QL1	1.8986	ASTM A 852	–
S690A	1.8995	ASTM A 709	100 type B
		ASTM A 709	100 type E
		ASTM A 709	100 type F
		ASTM A 709	100 type H
		ASTM A 709	100 type Q
		ASTM A 709	HPS 100W
S690AL	1.8996	ASTM A 709	100 type B
		ASTM A 709	100 type E
		ASTM A 709	100 type F
		ASTM A 709	100 type H
		ASTM A 709	100 type Q
S690Q	1.8931	ASTM A 514	F
		ASTM A 709	100 type B
		ASTM A 709	100 type E
		ASTM A 709	100 type F

5 EN-Werkstoffbezeichnungen

Auflistung in alphanumerischer Reihenfolge

EN steel names

Listed in alphanumerical order

EN-Werkstoffbezeichnung EN steel name		US-Bezeichnung US steel name	
Werkstoff-Kurzname EN steel name	EN/DIN Werkstoff-Nr. EN/DIN Material no.	Norm Standard	Stahlsorte Steel class/grade/type
S690Q	1.8931	ASTM A 709	100 type H
		ASTM A 709	100 type Q
		ASTM A 709	HPS 100W
S690QL	1.8928	ASTM A 514	F
		ASTM A 514	H
		ASTM A 514	Q
		ASTM A 517	F
		ASTM A 517	H
		ASTM A 517	Q
		ASTM A 671	CJF 115
		ASTM A 671	CJH 115
		ASTM A 709	100 type F
		ASTM A 709	100 type H
		ASTM A 709	100 type Q
		ASTM A 709	HPS 100W
S690QL1	1.8988	ASTM A 709	100 type B
		ASTM A 709	100 type E
		ASTM A 709	100 type F
		ASTM A 709	100 type H
		ASTM A 709	100 type Q
		ASTM A 709	HPS 100W
T 50	1.0371	ASTM A 623	T-1
T 52	1.0372	ASTM A 623	T-2
T 57	1.0375	ASTM A 623	T-3
T 61	1.0377	ASTM A 623	T-4
T 65	1.0378	ASTM A 623	T-5
TH415	1.0377	ASTM A 623	T-4
TH435	1.0378	ASTM A 623	T-5
TH550	1.0373	ASTM A 623	DR-8
	1.0384	ASTM A 623	DR-7.5
TH580	1.0382	ASTM A 623	DR-8.5
TH620	1.0374	ASTM A 623	DR-9
TS230	1.0371	ASTM A 623	T-1
TS245	1.0372	ASTM A 623	T-2
TS275	1.0375	ASTM A 623	T-3
X1CrMo26-1	1.4131	ASTM A 182	F XM-27Cb
		ASTM A 240	XM-27

5 EN-Werkstoffbezeichnungen

Auflistung in alphanumerischer Reihenfolge

EN steel names

Listed in alphanumerical order

EN-Werkstoffbezeichnung EN steel name		US-Bezeichnung US steel name	
Werkstoff-Kurzname EN steel name	EN/DIN Werk-stoff-Nr. EN/DIN Material no.	Norm Standard	Stahlsorte Steel class/grade/type
X1CrMo26-1	1.4131	ASTM A 268	TPXM-27
		ASTM A 276	XM-27
		ASTM A 314	XM-27
		ASTM A 479	XM-27
		ASTM A 493	UNS: S44625
		ASTM A 803	XM-27
		ASTM A 803	UNS: S44627
		ASTM A 815	CR27
		ASTM A 815	WP27
		ASTM A 959	XM-27
X1CrNi25-21	1.4335	ASTM A 213	UNS: S31002
		ASTM A 312	UNS: S31002
		ASTM A 959	UNS: S31002
X1CrNiMoCuN20-18-7	1.4547	ASTM A 182	F 44
		ASTM A 193	B8MLCuN
		ASTM A 193	B8MLCuNA
		ASTM A 194	8MLCuN
		ASTM A 194	8MLCuNA
		ASTM A 213	UNS: S31254
		ASTM A 240	UNS: S31254
		ASTM A 249	UNS: S31254
		ASTM A 269	UNS: S31254
		ASTM A 270	UNS: S31254
		ASTM A 276	UNS: S31254
		ASTM A 312	UNS: S31254
		ASTM A 358	UNS: S31254
		ASTM A 403	CRS31254
		ASTM A 403	WPS31254
		ASTM A 409	UNS: S31254
		ASTM A 473	UNS: S31254
		ASTM A 479	UNS: S31254
		ASTM A 688	UNS: S31254
		ASTM A 813	UNS: S31254
		ASTM A 814	UNS: S31254
		ASTM A 943	UNS: S31254
		ASTM A 959	UNS: S31254
		ASTM A 988	UNS: S31254

5 EN-Werkstoffbezeichnungen

Auflistung in alphanumerischer Reihenfolge

EN steel names

Listed in alphanumerical order

EN-Werkstoffbezeichnung EN steel name		US-Bezeichnung US steel name	
Werkstoff-Kurzname EN steel name	EN/DIN Werk-stoff-Nr. EN/DIN Material no.	Norm Standard	Stahlsorte Steel class/grade/type
X1CrNiMoCuN24-22-8	1.4652	ASTM A 240	UNS: S32654
		ASTM A 249	UNS: S32654
		ASTM A 269	UNS: S32654
		ASTM A 276	UNS: S32654
		ASTM A 312	UNS: S32654
		ASTM A 358	UNS: S32654
		ASTM A 479	UNS: S32654
		ASTM A 688	UNS: S32654
		ASTM A 959	UNS: S32654
		ASTM A 988	UNS: S32654
X1CrNiMoCuN25-25-5	1.4537	ASTM B 625	UNS: N08932
X1CrNiMoCuNW24-22-6	1.4659	ASTM A 182	F 58
		ASTM A 240	UNS: S31266
		ASTM A 312	UNS: S31266
		ASTM A 358	UNS: S31266
		ASTM A 376	UNS: S31266
		ASTM A 409	UNS: S31266
		ASTM A 959	UNS: S31266
X1CrNiMoN25-22-2	1.4466	ASTM A 182	F 310MoLN
		ASTM A 213	TP310MoLN
		ASTM A 240	310MoLN
		ASTM A 249	UNS: S31050
		ASTM A 312	UNS: S31050
		ASTM A 479	UNS: S31050
		ASTM A 943	UNS: S31050
		ASTM A 959	310MoLN
X1CrNiMoNb28-4-2	1.4575	ASTM A 240	UNS: S32803
		ASTM A 268	UNS: S32803
		ASTM A 959	UNS: S32803
X1CrNiSi18-15-4	1.4361	ASTM A 182	F 46
		ASTM A 240	UNS: S30600
		ASTM A 269	UNS: S30600
		ASTM A 312	UNS: S30600
		ASTM A 358	UNS: S30600
		ASTM A 479	UNS: S30600
		ASTM A 943	UNS: S30600
		ASTM A 959	UNS: S30600

5 EN-Werkstoffbezeichnungen

Auflistung in alphanumerischer Reihenfolge

EN steel names

Listed in alphanumerical order

EN-Werkstoffbezeichnung EN steel name		US-Bezeichnung US steel name	
Werkstoff-Kurzname EN steel name	EN/DIN Werk-stoff-Nr. EN/DIN Material no.	Norm Standard	Stahlsorte Steel class/grade/type
X1CrNiSi18-15-4	1.4361	ASTM A 965	F46
X1CrTiLa22	1.4760	ASTM A 240	UNS: S44535
		ASTM A 580	UNS: S44535
		ASTM A 959	UNS: S44535
X1NiCrMoCu25-20-5	1.4539	ASTM A 182	F 904L
		ASTM A 213	UNS: N08904
		ASTM A 240	904L
		ASTM A 240	UNS: N08904
		ASTM A 249	UNS: N08904
		ASTM A 269	UNS: N08904
		ASTM A 276	904L
		ASTM A 312	UNS: N08904
		ASTM A 358	UNS: N08904
		ASTM A 403	CR904L
		ASTM A 403	WP904L
		ASTM A 479	904L
		ASTM A 959	904L
X1NiCrMoCu31-27-4	1.4563	ASTM B 668	UNS: N08028
		ASTM B 709	UNS: N08028
X1NiCrMoCuN25-20-7	1.4529	ASTM A 213	UNS: N08925
		ASTM A 213	UNS: N08926
		ASTM A 240	UNS: N08925
		ASTM A 240	UNS: N08926
		ASTM A 249	UNS: N08926
		ASTM A 269	UNS: N08925
		ASTM A 269	UNS: N08926
		ASTM A 270	UNS: N08926
		ASTM A 276	UNS: N08925
		ASTM A 276	UNS: N08926
		ASTM A 312	UNS: N08925
		ASTM A 312	UNS: N08926
		ASTM A 358	UNS: N08926
		ASTM A 403	CR1925N
		ASTM A 403	WP1925
		ASTM A 403	WP1925N
		ASTM A 403	CR1925
		ASTM A 479	UNS: N08925

5 EN-Werkstoffbezeichnungen

Auflistung in alphanumerischer Reihenfolge

EN steel names

Listed in alphanumerical order

EN-Werkstoffbezeichnung EN steel name		US-Bezeichnung US steel name	
Werkstoff-Kurzname EN steel name	EN/DIN Werk-stoff-Nr. EN/DIN Material no.	Norm Standard	Stahlsorte Steel class/grade/type
X1NiCrMoCuN25-20-7	1.4529	ASTM A 479	UNS: N08926
		ASTM A 580	UNS: N08926
		ASTM A 688	UNS: N08926
		ASTM A 959	UNS: N08926
		SAE J 405	UNS: N08926
X1NiCrMoMnN34-27-6-5	1.4479	–	UNS: N08936
X2CrMnNiMoCuN20-3-1-1	1.4635	ASTM A 240	UNS: S82012
X2CrMnNiMoN21-5-3	1.4482	ASTM A 240	UNS: S32001
		ASTM A 928	UNS: S32001
X2CrMnNiN17-7-5	1.4371	ASTM A 240	UNS: S20103
		ASTM A 240	UNS: S20153
		ASTM A 249	TP201LN
		ASTM A 269	201LN
		ASTM A 312	TP201LN
		ASTM A 358	201LN
		ASTM A 409	TP201LN
		ASTM A 666	201L
		ASTM A 666	201LN
		ASTM A 813	TP201LN
		ASTM A 814	TP201LN
		ASTM A 959	201L
		ASTM A 959	201LN
		SAE J 405	201L
X2CrMnNiN21-5-1	1.4162	–	UNS: S32101 (LDX 2101)
		ASTM A 240	UNS: S32101
		ASTM A 276	UNS: S32101
		ASTM A 314	UNS: S32101
		ASTM A 479	UNS: S32101
		ASTM A 511	UNS: S32101
		ASTM A 789	UNS: S32101
		ASTM A 790	UNS: S32101
		ASTM A 815	CRS32101
		ASTM A 815	WPS32101
		ASTM A 815	UNS: S32101
		ASTM A 928	UNS: S32101
		ASTM A 959	UNS: S32101
		ASTM A 1082	UNS: S32101

5 EN-Werkstoffbezeichnungen

Auflistung in alphanumerischer Reihenfolge

EN steel names

Listed in alphanumerical order

EN-Werkstoffbezeichnung EN steel name		US-Bezeichnung US steel name	
Werkstoff-Kurzname EN steel name	EN/DIN Werkstoff-Nr. EN/DIN Material no.	Norm Standard	Stahlsorte Steel class/grade/type
X2CrMoNi27-4-2	1.4750	ASTM A 240	UNS: S44660
		ASTM A 268	26-3-3
		ASTM A 268	UNS: S44660
		ASTM A 803	26-3-3
		ASTM A 803	UNS: S44660
		ASTM A 959	26-3-3
		ASTM A 959	UNS: S44660
X2CrMoTi18-2	1.4521	ASTM A 213	TP444
		ASTM A 240	444
		ASTM A 268	UNS: S44400
		ASTM A 268	18Cr-2Mo
		ASTM A 276	444
		ASTM A 479	444
		ASTM A 554	444
		ASTM A 554	UNS: S44400
		ASTM A 580	UNS: S44400
		ASTM A 803	UNS: S44400
		ASTM A 803	18-2
		ASTM A 959	444
		SAE J 405	AISI 444
X2CrMoTi29-4	1.4592	ASTM A 240	UNS: S44700
		ASTM A 268	29-4
		ASTM A 268	UNS: S44700
		ASTM A 276	UNS: S44700
		ASTM A 479	UNS: S44700
		ASTM A 493	UNS: S44700
		ASTM A 511	29-4
		ASTM A 580	UNS: S44700
		ASTM A 803	29-4
		ASTM A 803	UNS: S44700
X2CrMoTiS18-2	1.4523	ASTM A 581	UNS: S18235
		ASTM A 582	UNS: S18235
		ASTM A 959	UNS: S18235
		ASTM F 899	UNS: S18235
X2CrNbCu21	1.4621	ASTM A 240	UNS: S44500
		ASTM A 959	UNS: S44500
X2CrNi12	1.4003	ASTM A 240	UNS: S40977

5 EN-Werkstoffbezeichnungen

Auflistung in alphanumerischer Reihenfolge

EN steel names

Listed in alphanumerical order

EN-Werkstoffbezeichnung EN steel name		US-Bezeichnung US steel name	
Werkstoff-Kurzname EN steel name	EN/DIN Werk-stoff-Nr. EN/DIN Material no.	Norm Standard	Stahlsorte Steel class/grade/type
X2CrNi12	1.4003	ASTM A 240	UNS: S41003
		ASTM A 268	UNS: S40977
		ASTM A 554	UNS: S41003
		ASTM A 959	UNS: S40977
		ASTM A 959	UNS: S41003
		ASTM A 1010	UNS: S41003
		ASTM A 1053	UNS: S41003
X2CrNi18-9	1.4307	ASTM A 182	F 304L
		ASTM A 213	TP304L
		ASTM A 240	304L
		ASTM A 249	TP304L
		ASTM A 269	TP304L
		ASTM A 270	TP304L
		ASTM A 276	304L
		ASTM A 312	TP304L
		ASTM A 314	304L
		ASTM A 358	304L
		ASTM A 403	CR304L
		ASTM A 403	WP304L
		ASTM A 409	TP304L
		ASTM A 473	304L
		ASTM A 478	304L
		ASTM A 479	304L
		ASTM A 493	304L
		ASTM A 511	MT304L
		ASTM A 554	MT-304L
		ASTM A 580	304L
		ASTM A 632	TP304L
		ASTM A 666	304L
		ASTM A 688	TP304L
		ASTM A 743	CF3
		ASTM A 744	CF3
		ASTM A 774	TP304L
		ASTM A 778	TP304L
		ASTM A 793	304L
		ASTM A 813	TP304L
		ASTM A 814	TP304L

5 EN-Werkstoffbezeichnungen

Auflistung in alphanumerischer Reihenfolge

EN steel names

Listed in alphanumerical order

EN-Werkstoffbezeichnung EN steel name		US-Bezeichnung US steel name	
Werkstoff-Kurzname EN steel name	EN/DIN Werk-stoff-Nr. EN/DIN Material no.	Norm Standard	Stahlsorte Steel class/grade/type
X2CrNi18-9	1.4307	ASTM A 943	TP304L
		ASTM A 959	304L
		ASTM A 965	F304L
		ASTM A 988	UNS: S30403
		ASTM A 1022	304L
		ASTM F 593	304L
		ASTM F 594	304L
		ASTM F 738	304L
		SAE J 405	AISI 304L
X2CrNi19-11	1.4306	ASTM A 182	F 304L
		ASTM A 213	TP304L
		ASTM A 240	304L
		ASTM A 249	TP304L
		ASTM A 269	TP304L
		ASTM A 270	TP304L
		ASTM A 276	304L
		ASTM A 312	TP304L
		ASTM A 314	304L
		ASTM A 351	CF3
		ASTM A 351	CF3A
		ASTM A 358	304L
		ASTM A 403	CR304L
		ASTM A 403	WP304L
		ASTM A 409	TP304L
		ASTM A 451	CPF3
		ASTM A 451	CPF3A
		ASTM A 473	304L
		ASTM A 478	304L
		ASTM A 479	304L
		ASTM A 493	304L
		ASTM A 511	MT304L
		ASTM A 554	MT-304L
		ASTM A 580	304L
		ASTM A 632	TP304L
		ASTM A 666	304L
		ASTM A 688	TP304L
		ASTM A 743	CF3

5 EN-Werkstoffbezeichnungen

Auflistung in alphanumerischer Reihenfolge

EN steel names

Listed in alphanumerical order

EN-Werkstoffbezeichnung EN steel name		US-Bezeichnung US steel name	
Werkstoff-Kurzname EN steel name	EN/DIN Werk-stoff-Nr. EN/DIN Material no.	Norm Standard	Stahlsorte Steel class/grade/type
X2CrNi19-11	1.4306	ASTM A 744	CF3
		ASTM A 774	TP304L
		ASTM A 778	TP304L
		ASTM A 793	304L
		ASTM A 813	TP304L
		ASTM A 814	TP304L
		ASTM A 943	TP304L
		ASTM A 959	304L
		ASTM A 965	F304L
		ASTM A 988	UNS: S30403
		ASTM A 1022	304L
		ASTM F 593	304L
		ASTM F 594	304L
		ASTM F 738	304L
		SAE J 405	AISI 304L
X2CrNi21-10	1.4331	AWS A 5.9	UNS: S30888 (308LSi)
X2CrNi24-12	1.4332	AWS A 5.30	UNS: S30983 (309L)
X2CrNiMnMoCuN21-3-1-1	1.4637	ASTM A 240	UNS: S82031
X2CrNiMnMoCuN24-4-3-2	1.4662	ASTM A 240	UNS: S82441
		ASTM A 276	UNS: S82441
		ASTM A 314	UNS: S82441
		ASTM A 479	UNS: S82441
		ASTM A 580	UNS: S82441
		ASTM A 928	UNS: S82441
X2CrNiMnMoN25-18-6-5	1.4565	ASTM A 182	F 49
		ASTM A 213	UNS: S34565
		ASTM A 240	UNS: S34565
		ASTM A 249	UNS: S34565
		ASTM A 269	UNS: S34565
		ASTM A 276	UNS: S34565
		ASTM A 312	UNS: S34565
		ASTM A 358	UNS: S34565
		ASTM A 376	UNS: S34565
		ASTM A 403	CRS34565
		ASTM A 403	WPS34565
		ASTM A 409	UNS: S34565
		ASTM A 479	UNS: S34565

5 EN-Werkstoffbezeichnungen

Auflistung in alphanumerischer Reihenfolge

EN steel names

Listed in alphanumerical order

EN-Werkstoffbezeichnung EN steel name		US-Bezeichnung US steel name	
Werkstoff-Kurzname EN steel name	EN/DIN Werk-stoff-Nr. EN/DIN Material no.	Norm Standard	Stahlsorte Steel class/grade/type
X2CrNiMnMoN25-18-6-5	1.4565	ASTM A 943	UNS: S34565
		ASTM A 959	UNS: S34565
X2CrNiMo17-12-2	1.4404	ASTM A 182	F 316L
		ASTM A 213	TP316L
		ASTM A 240	316L
		ASTM A 249	TP316L
		ASTM A 269	TP316L
		ASTM A 270	TP316L
		ASTM A 276	316L
		ASTM A 312	TP316L
		ASTM A 314	316L
		ASTM A 351	CF3MN
		ASTM A 358	316L
		ASTM A 403	CR316L
		ASTM A 403	WP316L
		ASTM A 409	TP316L
		ASTM A 473	316L
		ASTM A 478	316L
		ASTM A 479	316L
		ASTM A 493	316L
		ASTM A 511	MT316L
		ASTM A 554	MT-316L
		ASTM A 580	316L
		ASTM A 632	TP316L
		ASTM A 666	316L
		ASTM A 688	TP316L
		ASTM A 743	CF3MN
		ASTM A 774	TP316L
		ASTM A 778	TP316L
		ASTM A 793	316L
		ASTM A 813	TP316L
		ASTM A 814	TP316L
		ASTM A 943	TP316L
		ASTM A 955	316L
		ASTM A 959	316L
		ASTM A 965	F316L
		ASTM A 988	UNS: S31603

5 EN-Werkstoffbezeichnungen

Auflistung in alphanumerischer Reihenfolge

EN steel names

Listed in alphanumerical order

EN-Werkstoffbezeichnung EN steel name		US-Bezeichnung US steel name	
Werkstoff-Kurzname EN steel name	EN/DIN Werkstoff-Nr. EN/DIN Material no.	Norm Standard	Stahlsorte Steel class/grade/type
X2CrNiMo17-12-2	1.4404	ASTM A 1022	316L
		ASTM F 593	316L
		ASTM F 594	316L
		ASTM F 738	316L
X2CrNiMo17-12-3	1.4432	ASTM A 182	F 316L
		ASTM A 213	TP316L
		ASTM A 240	316L
		ASTM A 249	TP316L
		ASTM A 269	TP316L
		ASTM A 270	TP316L
		ASTM A 276	316L
		ASTM A 312	TP316L
		ASTM A 314	316L
		ASTM A 358	316L
		ASTM A 403	CR316L
		ASTM A 403	WP316L
		ASTM A 409	TP316L
		ASTM A 473	316L
		ASTM A 478	316L
		ASTM A 479	316L
		ASTM A 493	316L
		ASTM A 511	MT316L
		ASTM A 554	MT-316L
		ASTM A 580	316L
		ASTM A 632	TP 316L
		ASTM A 666	316L
		ASTM A 688	TP316L
		ASTM A 774	TP316L
		ASTM A 778	TP316L
		ASTM A 793	316L
		ASTM A 813	TP316L
		ASTM A 814	TP316L
		ASTM A 943	TP316L
		ASTM A 955	316L
		ASTM A 959	316L
		ASTM A 965	F316L
		ASTM A 988	UNS: S31603

5 EN-Werkstoffbezeichnungen

Auflistung in alphanumerischer Reihenfolge

EN steel names

Listed in alphanumerical order

EN-Werkstoffbezeichnung EN steel name		US-Bezeichnung US steel name	
Werkstoff-Kurzname EN steel name	EN/DIN Werkstoff-Nr. EN/DIN Material no.	Norm Standard	Stahlsorte Steel class/grade/type
X2CrNiMo17-12-3	1.4432	ASTM A 1022	316L
		ASTM F 593	316L
		ASTM F 594	316L
		ASTM F 738	316L
X2CrNiMo18-14-3	1.4435	ASTM A 182	F 316L
		ASTM A 213	TP316L
		ASTM A 240	316L
		ASTM A 249	TP316L
		ASTM A 269	TP316L
		ASTM A 270	TP316L
		ASTM A 276	316L
		ASTM A 312	TP316L
		ASTM A 314	316L
		ASTM A 358	316L
		ASTM A 403	CR316L
		ASTM A 403	WP316L
		ASTM A 409	TP316L
		ASTM A 473	316L
		ASTM A 478	316L
		ASTM A 479	316L
		ASTM A 493	316L
		ASTM A 511	MT316L
		ASTM A 554	MT-316L
		ASTM A 580	316L
		ASTM A 632	TP316L
		ASTM A 666	316L
		ASTM A 688	TP316L
		ASTM A 774	TP316L
		ASTM A 778	TP316L
		ASTM A 793	316L
		ASTM A 813	TP316L
		ASTM A 814	TP316L
		ASTM A 943	TP316L
		ASTM A 955	316L
		ASTM A 959	316L
		ASTM A 965	F316L
		ASTM A 988	UNS: S31603

5 EN-Werkstoffbezeichnungen

Auflistung in alphanumerischer Reihenfolge

EN steel names

Listed in alphanumerical order

EN-Werkstoffbezeichnung EN steel name		US-Bezeichnung US steel name	
Werkstoff-Kurzname EN steel name	EN/DIN Werk-stoff-Nr. EN/DIN Material no.	Norm Standard	Stahlsorte Steel class/grade/type
X2CrNiMo18-14-3	1.4435	ASTM A 1022	316L
		ASTM F 593	316L
		ASTM F 594	316L
		ASTM F 738	316L
X2CrNiMo18-15-4	1.4438	ASTM A 182	F 317L
		ASTM A 213	TP317L
		ASTM A 240	317L
		ASTM A 249	TP317L
		ASTM A 312	TP317L
		ASTM A 358	317L
		ASTM A 403	CR317L
		ASTM A 403	WP317L
		ASTM A 774	TP317L
		ASTM A 778	TP317L
		ASTM A 813	TP317L
		ASTM A 814	TP317L
		ASTM A 943	TP317L
		ASTM A 959	317L
		ASTM A 988	UNS: S31703
		SAE J 405	AISI 317L
X2CrNiMoCoN28-8-5-1	1.4658	ASTM A 511	UNS: S32707
		ASTM A 789	UNS: S32707
		ASTM A 790	UNS: S32707
X2CrNiMoCuAlTi12-9-4-3	1.4645	ASTM A 564	UNS: S46910
		ASTM A 693	UNS: S46910
		ASTM A 959	UNS: S46910
		ASTM F 899	UNS: S46910
X2CrNiMoCuN25-6-3	1.4507	ASTM A 182	Grade F 59
		ASTM A 182	Grade F 61
		ASTM A 240	Type 255
		ASTM A 240	UNS: S32550
		ASTM A 276	UNS: S32550
		ASTM A 473	UNS: S32550
		ASTM A 479	UNS: S32550
		ASTM A 511	UNS: S32550
		ASTM A 789	UNS: S32550
		ASTM A 790	Type 255

5 EN-Werkstoffbezeichnungen

Auflistung in alphanumerischer Reihenfolge

EN steel names

Listed in alphanumerical order

EN-Werkstoffbezeichnung EN steel name		US-Bezeichnung US steel name	
Werkstoff-Kurzname EN steel name	EN/DIN Werk-stoff-Nr. EN/DIN Material no.	Norm Standard	Stahlsorte Steel class/grade/type
X2CrNiMoCuN25-6-3	1.4507	ASTM A 790	UNS: S32520
		ASTM A 815	Grade CRS32550
		ASTM A 815	Grade WPS32550
		ASTM A 928	UNS: S32550
		ASTM A 949	UNS: S32550
		ASTM A 959	Type 255
		ASTM A 988	UNS: S32505
		ASTM A 1049	Grade F61
		ASTM A 1082	Type 255
		ASTM A 1082	UNS: S32550
X2CrNiMoCuWN25-7-4	1.4501	ASTM A 182	F 55
		ASTM A 240	UNS: S32760
		ASTM A 276	UNS: S32760
		ASTM A 314	UNS: S32760
		ASTM A 473	UNS: S32760
		ASTM A 479	UNS: S32760
		ASTM A 511	UNS: S32760
		ASTM A 789	UNS: S32760
		ASTM A 790	UNS: S32760
		ASTM A 815	CRS32760
		ASTM A 815	WPS32760
		ASTM A 928	UNS: S32760
		ASTM A 959	UNS: S32760
		ASTM A 988	UNS: S32760
		ASTM A 1049	F55
		ASTM A 1082	UNS: S32760
X2CrNiMoN17-11-2	1.4406	ASTM A 182	F 316LN
		ASTM A 193	B8MLN
		ASTM A 193	B8MLNA
		ASTM A 194	8MLN type 316LN
		ASTM A 194	8MLNA type 316LN
		ASTM A 213	TP316LN
		ASTM A 240	316LN
		ASTM A 249	TP316LN
		ASTM A 269	TP316LN
		ASTM A 276	316LN
		ASTM A 312	TP316LN

5 EN-Werkstoffbezeichnungen

Auflistung in alphanumerischer Reihenfolge

EN steel names

Listed in alphanumerical order

EN-Werkstoffbezeichnung EN steel name		US-Bezeichnung US steel name	
Werkstoff-Kurzname EN steel name	EN/DIN Werkstoff-Nr. EN/DIN Material no.	Norm Standard	Stahlsorte Steel class/grade/type
X2CrNiMoN17-11-2	1.4406	ASTM A 312	TP316LN
		ASTM A 320	B8MLN
		ASTM A 320	B8MLNA
		ASTM A 358	316LN
		ASTM A 376	TP316LN
		ASTM A 403	CR316LN
		ASTM A 403	WP316LN
		ASTM A 479	316LN
		ASTM A 688	TP316LN
		ASTM A 813	TP316LN
		ASTM A 814	TP316LN
		ASTM A 943	TP316LN
		ASTM A 955	316LN
		ASTM A 959	316LN
		ASTM A 965	F316LN
		ASTM A 988	UNS: S31653
		ASTM A 1022	316LN
		SAE J 405	AISI 316LN
X2CrNiMoN17-13-3	1.4429	ASTM A 182	F 316LN
		ASTM A 193	B8MLN
		ASTM A 193	B8MLNA
		ASTM A 194	8MLN type 316LN
		ASTM A 194	8MLNA type 316LN
		ASTM A 213	TP316LN
		ASTM A 240	316LN
		ASTM A 249	TP316LN
		ASTM A 269	TP316LN
		ASTM A 276	316LN
		ASTM A 312	TP316LN
		ASTM A 320	B8MLN
		ASTM A 320	B8MLNA
		ASTM A 358	316LN
		ASTM A 376	TP316LN
		ASTM A 403	CR316LN
		ASTM A 403	WP316LN
		ASTM A 479	316LN
		ASTM A 688	TP316LN

5 EN-Werkstoffbezeichnungen

Auflistung in alphanumerischer Reihenfolge

EN steel names

Listed in alphanumerical order

EN-Werkstoffbezeichnung EN steel name		US-Bezeichnung US steel name	
Werkstoff-Kurzname EN steel name	EN/DIN Werkstoff-Nr. EN/DIN Material no.	Norm Standard	Stahlsorte Steel class/grade/type
X2CrNiMoN17-13-3	1.4429	ASTM A 813	TP316LN
		ASTM A 814	TP316LN
		ASTM A 943	TP316LN
		ASTM A 955	316LN
		ASTM A 959	316LN
		ASTM A 965	F316LN
		ASTM A 988	UNS: S31653
		ASTM A 1022	316LN
		SAE J 405	AISI 316LN
X2CrNiMoN17-13-5	1.4439	ASTM A 182	F 48
		ASTM A 213	TP317LM
		ASTM A 213	TP317LMN
		ASTM A 240	317LM
		ASTM A 240	317LMN
		ASTM A 249	UNS: S31725
		ASTM A 249	UNS: S31726
		ASTM A 269	UNS: S31726
		ASTM A 276	UNS: S31725
		ASTM A 276	UNS: S31726
		ASTM A 312	UNS: S31726
		ASTM A 358	UNS: S31725
		ASTM A 358	UNS: S31726
		ASTM A 376	UNS: S31725
		ASTM A 376	UNS: S31726
		ASTM A 403	CRS31725
		ASTM A 403	CRS31726
		ASTM A 403	WPS31725
		ASTM A 403	WPS31726
		ASTM A 409	UNS: S31725
		ASTM A 409	UNS: S31726
		ASTM A 479	UNS: S31725
		ASTM A 479	UNS: S31726
		ASTM A 943	UNS: S31726
		ASTM A 959	317LM
		ASTM A 959	317LMN
		ASTM A 988	UNS: S31725
		ASTM A 988	UNS: S31726

5 EN-Werkstoffbezeichnungen

Auflistung in alphanumerischer Reihenfolge

EN steel names

Listed in alphanumerical order

EN-Werkstoffbezeichnung EN steel name		US-Bezeichnung US steel name	
Werkstoff-Kurzname EN steel name	EN/DIN Werkstoff-Nr. EN/DIN Material no.	Norm Standard	Stahlsorte Steel class/grade/type
X2CrNiMoN18-12-4	1.4434	ASTM A 240	317LN
		ASTM A 959	317LN
		SAE J 405	AISI 317LN
X2CrNiMoN18-15-5	1.4483	ASTM A 182	F 48
		ASTM A 213	TP317LM
		ASTM A 213	TP317LMN
		ASTM A 240	317LM
		ASTM A 240	317LMN
		ASTM A 249	UNS: S31725
		ASTM A 249	UNS: S31726
		ASTM A 269	UNS: S31726
		ASTM A 276	UNS: S31725
		ASTM A 276	UNS: S31726
		ASTM A 312	UNS: S31726
		ASTM A 358	UNS: S31725
		ASTM A 358	UNS: S31726
		ASTM A 376	UNS: S31725
		ASTM A 376	UNS: S31726
		ASTM A 403	CRS31725
		ASTM A 403	CRS31726
		ASTM A 403	WPS31725
		ASTM A 403	WPS31726
		ASTM A 409	UNS: S31725
		ASTM A 409	UNS: S31726
		ASTM A 479	UNS: S31725
		ASTM A 479	UNS: S31726
		ASTM A 943	UNS: S31726
		ASTM A 959	317LM
		ASTM A 959	317LMN
		ASTM A 988	UNS: S31725
		ASTM A 988	UNS: S31726
X2CrNiMoN22-5-3	1.4462	ASTM A 182	F 51
		ASTM A 182	F 60
		ASTM A 240	2205
		ASTM A 240	UNS: S31803
		ASTM A 270	UNS: S31803
		ASTM A 270	UNS: S32205

5 EN-Werkstoffbezeichnungen

Auflistung in alphanumerischer Reihenfolge

EN steel names

Listed in alphanumerical order

EN-Werkstoffbezeichnung EN steel name		US-Bezeichnung US steel name	
Werkstoff-Kurzname EN steel name	EN/DIN Werkstoff-Nr. EN/DIN Material no.	Norm Standard	Stahlsorte Steel class/grade/type
X2CrNiMoN22-5-3	1.4462	ASTM A 276	UNS: S31803
		ASTM A 276	UNS: S32205
		ASTM A 313	UNS: S32205
		ASTM A 314	UNS: S31803
		ASTM A 314	UNS: S32205
		ASTM A 479	UNS: S31803
		ASTM A 479	UNS: S32205
		ASTM A 511	UNS: S31803
		ASTM A 511	UNS: S32205
		ASTM A 789	UNS: S31803
		ASTM A 789	UNS: S32205
		ASTM A 790	UNS: S31803
		ASTM A 790	UNS: S32205
		ASTM A 790	2205
		ASTM A 815	CRS31803
		ASTM A 815	CRS32205
		ASTM A 815	WPS31803
		ASTM A 815	WPS32205
		ASTM A 890	4A
		ASTM A 890	UNS: J92205
		ASTM A 890	CD3MN
		ASTM A 928	UNS: S31803
		ASTM A 928	2205
		ASTM A 949	UNS: S31803
		ASTM A 955	UNS: S31803
		ASTM A 959	2205
		ASTM A 959	UNS: S31803
		ASTM A 959	UNS: S32205
		ASTM A 988	UNS: S31803
		ASTM A 988	UNS: S32205
		ASTM A 995	4A
		ASTM A 995	CD3MN
		ASTM A 1022	2205
		ASTM A 1049	F51
		ASTM A 1049	F60
		ASTM A 1082	UNS: S31803
		ASTM A 1082	UNS: S32205

5 EN-Werkstoffbezeichnungen

Auflistung in alphanumerischer Reihenfolge

EN steel names

Listed in alphanumerical order

EN-Werkstoffbezeichnung EN steel name		US-Bezeichnung US steel name	
Werkstoff-Kurzname EN steel name	EN/DIN Werk-stoff-Nr. EN/DIN Material no.	Norm Standard	Stahlsorte Steel class/grade/type
X2CrNiMoN22-5-3	1.4462	ASTM A 1082	2205
X2CrNiMoN25-7-3	1.4481	ASTM A 240	UNS: S31260
		ASTM A 928	UNS: S31260
		ASTM A 959	UNS: S31260
		ASTM A 1082	UNS: S31260
X2CrNiMoN25-7-4	1.4410	ASTM A 182	F 53
		ASTM A 240	2507
		ASTM A 270	UNS: S32750
		ASTM A 276	UNS: S32750
		ASTM A 314	UNS: S32750
		ASTM A 479	UNS: S32750
		ASTM A 511	UNS: S32750
		ASTM A 789	UNS: S32750
		ASTM A 790	2507
		ASTM A 790	UNS: S32750
		ASTM A 815	CRS32750
		ASTM A 815	WPS32750
		ASTM A 928	2507
		ASTM A 949	UNS: S32750
		ASTM A 959	2507
		ASTM A 988	UNS: S32750
		ASTM A 1049	F53
		ASTM A 1082	2507
		ASTM A 1082	UNS: S32750
X2CrTiNb18	1.4509	ASTM A 240	UNS: S43940
		ASTM A 268	UNS: S43940
		ASTM A 959	UNS: S43940
X2CrTiNbVCu22	1.4622	ASTM A 240	UNS: S43330
X2NiCoMo18-8-5	1.6359	ASTM A 579	72
		ASTM A 646	Marage 250
X2NiCoMo18-9-5	1.6358	ASTM A 579	73
		ASTM A 646	Marage 300
X2NiCoMo18-12	1.6355	–	UNS: K93540 (Alloy C-350)
X2NiCrAlTi32-20	1.4558	ASTM A 213	800
		ASTM A 240	800
		ASTM A 240	UNS: N08800

5 EN-Werkstoffbezeichnungen

Auflistung in alphanumerischer Reihenfolge

EN steel names

Listed in alphanumerical order

EN-Werkstoffbezeichnung EN steel name		US-Bezeichnung US steel name	
Werkstoff-Kurzname EN steel name	EN/DIN Werk-stoff-Nr. EN/DIN Material no.	Norm Standard	Stahlsorte Steel class/grade/type
X2NiCrAlTi32-20	1.4558	ASTM A 249	800
		ASTM A 276	800
		ASTM A 312	800
		ASTM A 358	UNS: N08800
		ASTM A 403	CRNIC
		ASTM A 403	WPNIC
		ASTM A 479	800
		ASTM A 688	800
		ASTM A 688	UNS: N08800
		ASTM A 959	800
X2NiCrMoN25-21-7	1.4478	ASTM A 182	F 62
		ASTM A 194	9C
		ASTM A 194	9CA
		ASTM A 240	UNS: N08367
		ASTM A 249	UNS: N08367
		ASTM A 269	UNS: N08367
		ASTM A 270	UNS: N08367
		ASTM A 276	UNS: N08367
		ASTM A 312	UNS: N08367
		ASTM A 358	UNS: N08367
		ASTM A 403	CR6XN
		ASTM A 403	WP6XN
		ASTM A 409	UNS: N08367
		ASTM A 479	UNS: N08367
		ASTM A 580	UNS: N08367
		ASTM A 688	UNS: N08367
		ASTM A 813	UNS: N08367
		ASTM A 814	UNS: N08367
		ASTM A 959	UNS: N08367
		ASTM A 988	UNS: N08367
X2CrNiMoN29-7-2	1.4477	ASTM A 182	F 65
		ASTM A 240	UNS: S32906
		ASTM A 479	UNS: S32906
		ASTM A 511	UNS: S32906
		ASTM A 789	UNS: S32906
		ASTM A 790	UNS: S32906
		ASTM A 959	UNS: S32906

5 EN-Werkstoffbezeichnungen

Auflistung in alphanumerischer Reihenfolge

EN steel names

Listed in alphanumerical order

EN-Werkstoffbezeichnung EN steel name		US-Bezeichnung US steel name	
Werkstoff-Kurzname EN steel name	EN/DIN Werkstoff-Nr. EN/DIN Material no.	Norm Standard	Stahlsorte Steel class/grade/type
X2CrNiMoN31-8-4	1.4485	ASTM A 789	UNS: S33207
		ASTM A 790	UNS: S33207
X2CrNiMoSi18-5-3	1.4424	ASTM A 789	UNS: S31500
		ASTM A 790	UNS: S31500
		ASTM A 928	UNS: S31500
		ASTM A 949	UNS: S31500
		ASTM A 959	UNS: S31500
X2CrNiMoV13-5-2	1.4415	–	UNS: S41426 (SM13CRS)
X2CrNiN18-7	1.4318	ASTM A 240	301LN
		ASTM A 666	301LN
		ASTM A 959	301LN
X2CrNiN18-10	1.4311	ASTM A 182	F 304LN
		ASTM A 193	B8LN
		ASTM A 193	B8LNA
		ASTM A 194	8LN type 304LN
		ASTM A 194	8LNA type 304LN
		ASTM A 213	TP304LN
		ASTM A 240	304LN
		ASTM A 249	TP304LN
		ASTM A 269	TP304LN
		ASTM A 276	304LN
		ASTM A 312	TP304LN
		ASTM A 320	B8LN
		ASTM A 320	B8LNA
		ASTM A 358	304LN
		ASTM A 376	TP304LN
		ASTM A 403	CR304LN
		ASTM A 403	WP304LN
		ASTM A 479	304LN
		ASTM A 666	304LN
		ASTM A 688	TP304LN
		ASTM A 813	TP304LN
		ASTM A 814	TP304LN
		ASTM A 943	TP304LN
		ASTM A 959	304LN
		ASTM A 965	F304LN
		ASTM A 988	UNS: S30453

5 EN-Werkstoffbezeichnungen

Auflistung in alphanumerischer Reihenfolge

EN steel names

Listed in alphanumerical order

EN-Werkstoffbezeichnung EN steel name		US-Bezeichnung US steel name	
Werkstoff-Kurzname EN steel name	EN/DIN Werk-stoff-Nr. EN/DIN Material no.	Norm Standard	Stahlsorte Steel class/grade/type
X2CrNiN18-10	1.4311	SAE J 405	AISI 304LN
X2CrNiN22-2	1.4062	ASTM A 182	F 66
		ASTM A 240	UNS: S32202
		ASTM A 276	UNS: S32202
		ASTM A 314	UNS: S32202
		ASTM A 479	UNS: S32202
		ASTM A 580	UNS: S32202
		ASTM A 789	UNS: S32202
		ASTM A 790	UNS: S32202
		ASTM A 815	CRS32202
		ASTM A 815	WPS32202
		ASTM A 928	UNS: S32202
		ASTM A 1082	UNS: S32202
X2CrNiN23-4	1.4362	ASTM A 240	2304
		ASTM A 276	UNS: S32304
		ASTM A 314	UNS: S32304
		ASTM A 511	UNS: S32304
		ASTM A 789	UNS: S32304
		ASTM A 790	2304
		ASTM A 790	UNS: S32304
		ASTM A 928	2304
		ASTM A 949	UNS: S32304
		ASTM A 959	2304
		ASTM A 1082	2304
		ASTM A 1082	UNS: S32304
X2CrTi12	1.4512	ASTM A 240	409
		ASTM A 268	TP409
		ASTM A 554	TP409
		ASTM A 554	UNS: S40900
		ASTM A 803	TP409
		ASTM A 803	UNS: S40900
		ASTM A 959	409
		SAE J 405	AISI 409
X3CrNiCu18-9-4	1.4567	ASTM A 493	UNS: S30430
		ASTM A 959	UNS: S30430
		ASTM F 593	UNS: S30430
		ASTM F 594	UNS: S30430

5 EN-Werkstoffbezeichnungen

Auflistung in alphanumerischer Reihenfolge

EN steel names

Listed in alphanumerical order

EN-Werkstoffbezeichnung EN steel name		US-Bezeichnung US steel name	
Werkstoff-Kurzname EN steel name	EN/DIN Werk-stoff-Nr. EN/DIN Material no.	Norm Standard	Stahlsorte Steel class/grade/type
X3CrNiCu18-9-4	1.4567	ASTM F 738	UNS: S30430
		ASTM F 899	XM-7
		SAE J 775	UNS: S30430
X3CrNiCuTiNb12-9	1.4543	ASTM A 313	XM-16
		ASTM A 564	XM-16
		ASTM A 693	XM-16
		ASTM A 705	XM-16
		ASTM A 959	XM-16
		ASTM F 899	XM-16
X3CrNiMo13-4	1.4313	–	UNS: S42400
		ASTM A 182	F 6NM
		ASTM A 240	UNS: S41500
		ASTM A 268	UNS: S41500
		ASTM A 276	UNS: S41500
		ASTM A 336	F6NM
		ASTM A 352	CA6NM
		ASTM A 356	CA6NM
		ASTM A 473	UNS: S41500
		ASTM A 479	UNS: S41500
		ASTM A 487	CA6NM class A
		ASTM A 487	CA6NM class B
		ASTM A 743	CA6NM
		ASTM A 815	CRS41500
		ASTM A 815	WPS41500
		ASTM A 959	UNS: S41500
		ASTM A 988	UNS: S41500
X3CrNiMo17-13-3	1.4436	ASTM A 182	F 316
		ASTM A 193	B8M
		ASTM A 193	B8M2
		ASTM A 193	B8M3
		ASTM A 193	B8MA
		ASTM A 194	8M type 316
		ASTM A 194	8MA type 316
		ASTM A 213	TP316
		ASTM A 240	316
		ASTM A 249	TP316
		ASTM A 269	TP316

5 EN-Werkstoffbezeichnungen

Auflistung in alphanumerischer Reihenfolge

EN steel names

Listed in alphanumerical order

EN-Werkstoffbezeichnung EN steel name		US-Bezeichnung US steel name	
Werkstoff-Kurzname EN steel name	EN/DIN Werk-stoff-Nr. EN/DIN Material no.	Norm Standard	Stahlsorte Steel class/grade/type
X3CrNiMo17-13-3	1.4436	ASTM A 270	TP316
		ASTM A 276	316
		ASTM A 312	TP316
		ASTM A 313	316
		ASTM A 314	316
		ASTM A 320	B8M
		ASTM A 320	B8MA
		ASTM A 358	316
		ASTM A 368	316
		ASTM A 376	TP316
		ASTM A 403	CR316
		ASTM A 403	WP316
		ASTM A 409	TP316
		ASTM A 473	316
		ASTM A 478	316
		ASTM A 479	316
		ASTM A 492	316
		ASTM A 493	316
		ASTM A 511	MT316
		ASTM A 554	MT-316
		ASTM A 580	316
		ASTM A 632	TP316
		ASTM A 666	316
		ASTM A 688	TP316
		ASTM A 793	316
		ASTM A 813	TP316
		ASTM A 814	TP316
		ASTM A 943	TP316
		ASTM A 959	316
		ASTM A 965	F316
		ASTM A 988	UNS: S31600
		ASTM A 1022	316
		ASTM F 593	316
		ASTM F 594	316
		ASTM F 738	316
		ASTM F 899	316
X3CrNiMo18-12-3	1.4449	ASTM A 182	F 317

5 EN-Werkstoffbezeichnungen

Auflistung in alphanumerischer Reihenfolge

EN steel names

Listed in alphanumerical order

EN-Werkstoffbezeichnung EN steel name		US-Bezeichnung US steel name	
Werkstoff-Kurzname EN steel name	EN/DIN Werk-stoff-Nr. EN/DIN Material no.	Norm Standard	Stahlsorte Steel class/grade/type
X3CrNiMo18-12-3	1.4449	ASTM A 213	TP317
		ASTM A 240	317
		ASTM A 249	TP317
		ASTM A 269	TP317
		ASTM A 276	317
		ASTM A 312	TP317
		ASTM A 314	317
		ASTM A 358	317
		ASTM A 403	CR317
		ASTM A 403	WP317
		ASTM A 409	TP317
		ASTM A 473	317
		ASTM A 478	317
		ASTM A 479	317
		ASTM A 511	MT317
		ASTM A 554	MT-317
		ASTM A 580	317
		ASTM A 632	TP317
		ASTM A 813	TP317
		ASTM A 814	TP317
		ASTM A 943	TP317
		ASTM A 959	317
		ASTM A 988	UNS: S31700
		ASTM F 899	317
		SAE J 405	AISI 317
X3CrNiMoAl13-8-2	1.4534	ASTM A 564	XM-13
		ASTM A 693	XM-13
		ASTM A 705	XM-13
		ASTM A 959	XM-13
		ASTM F 899	XM-13
X3CrNiMoN27-5-2	1.4460	ASTM A 182	F 50
		ASTM A 240	UNS: S31200
		ASTM A 789	UNS: S31200
		ASTM A 790	UNS: S31200
		ASTM A 890	ACI: CD6MN
		ASTM A 890	3A
		ASTM A 890	UNS: J93371

5 EN-Werkstoffbezeichnungen

Auflistung in alphanumerischer Reihenfolge

EN steel names

Listed in alphanumerical order

EN-Werkstoffbezeichnung EN steel name		US-Bezeichnung US steel name	
Werkstoff-Kurzname EN steel name	EN/DIN Werk-stoff-Nr. EN/DIN Material no.	Norm Standard	Stahlsorte Steel class/grade/type
X3CrNiMoN27-5-2	1.4460	ASTM A 928	UNS: S31200
		ASTM A 949	UNS: S31200
		ASTM A 959	UNS: S31200
		ASTM A 995	ACI: CD6MN
		ASTM A 995	3A
		ASTM A 1049	F50
X3CrTi17	1.4510	ASTM A 240	439
		ASTM A 268	TP430Ti
		ASTM A 268	TP439
		ASTM A 479	439
		ASTM A 554	MT-430Ti
		ASTM A 803	TP439
		ASTM A 803	UNS: S43035
		ASTM A 815	CR430Ti
		ASTM A 815	WP430Ti
		ASTM A 959	430Ti
		ASTM A 959	439
		ASTM A 959	439
		SAE J 405	AISI 430Ti
		SAE J 405	AISI 439
X4CrNi18-12	1.4303	ASTM A 167	308
		ASTM A 193	B8P
		ASTM A 193	B8PA
		ASTM A 194	8P type 305
		ASTM A 194	8PA type 305
		ASTM A 240	305
		ASTM A 249	TP305
		ASTM A 276	305
		ASTM A 313	305
		ASTM A 314	305
		ASTM A 314	308
		ASTM A 320	B8P
		ASTM A 320	B8PA
		ASTM A 368	305
		ASTM A 473	305
		ASTM A 473	308
		ASTM A 478	305

5 EN-Werkstoffbezeichnungen

Auflistung in alphanumerischer Reihenfolge

EN steel names

Listed in alphanumerical order

EN-Werkstoffbezeichnung EN steel name		US-Bezeichnung US steel name	
Werkstoff-Kurzname EN steel name	EN/DIN Werkstoff-Nr. EN/DIN Material no.	Norm Standard	Stahlsorte Steel class/grade/type
X4CrNi18-12	1.4303	ASTM A 492	305
		ASTM A 493	305
		ASTM A 511	MT305
		ASTM A 554	MT-305
		ASTM A 580	305
		ASTM A 580	308
		ASTM A 959	305
		ASTM A 959	308
		ASTM F 593	305
		ASTM F 594	305
		ASTM F 738	305
		SAE J 405	AISI 305
		SAE J 775	UNS: S30500
X4NiCrMoTiMn-SiB26-14-3-2	1.4644	ASTM A 638	662
X5CrNi17-7	1.4319	ASTM A 240	301L
		ASTM A 666	301L
		ASTM A 959	301L
X5CrNi18-10	1.4301	ASTM A 182	F 304
		ASTM A 193	B8
		ASTM A 193	B8A
		ASTM A 194	8 type 304
		ASTM A 194	8A type 304
		ASTM A 213	TP304
		ASTM A 240	304
		ASTM A 249	TP304
		ASTM A 269	TP304
		ASTM A 270	TP304
		ASTM A 276	304
		ASTM A 312	TP304
		ASTM A 313	304
		ASTM A 314	304
		ASTM A 320	B8A
		ASTM A 320	B8
		ASTM A 358	304
		ASTM A 368	304
		ASTM A 376	TP304

5 EN-Werkstoffbezeichnungen

Auflistung in alphanumerischer Reihenfolge

EN steel names

Listed in alphanumerical order

EN-Werkstoffbezeichnung EN steel name		US-Bezeichnung US steel name	
Werkstoff-Kurzname EN steel name	EN/DIN Werk-stoff-Nr. EN/DIN Material no.	Norm Standard	Stahlsorte Steel class/grade/type
X5CrNi18-10	1.4301	ASTM A 403	CR304
		ASTM A 403	WP304
		ASTM A 409	TP304
		ASTM A 473	304
		ASTM A 478	304
		ASTM A 479	304
		ASTM A 492	304
		ASTM A 493	304
		ASTM A 511	MT304
		ASTM A 554	MT-304
		ASTM A 580	304
		ASTM A 632	TP304
		ASTM A 666	304
		ASTM A 688	TP304
		ASTM A 793	304
		ASTM A 813	TP304
		ASTM A 814	TP304
		ASTM A 908	-
		ASTM A 943	TP304
		ASTM A 955	304
		ASTM A 959	304
		ASTM A 965	F304
		ASTM A 988	UNS: S30400
		ASTM A 1022	304
		ASTM F 593	304
		ASTM F 594	304
		ASTM F 738	304
		ASTM F 899	304
		SAE J 405	AISI 304
X5CrNiCu15-5	1.4545	ASTM A 564	XM-12
		ASTM A 693	XM-12
		ASTM A 705	XM-12
		ASTM A 747	CB7Cu-2
		ASTM A 747	UNS: J92110
		ASTM A 959	XM-12
X5CrNiCu17-4	1.4548	ASTM A 564	630
		ASTM A 693	630

5 EN-Werkstoffbezeichnungen

Auflistung in alphanumerischer Reihenfolge

EN steel names

Listed in alphanumerical order

EN-Werkstoffbezeichnung EN steel name		US-Bezeichnung US steel name	
Werkstoff-Kurzname EN steel name	EN/DIN Werk-stoff-Nr. EN/DIN Material no.	Norm Standard	Stahlsorte Steel class/grade/type
X5CrNiCu17-4	1.4548	ASTM A 705	630
		ASTM A 959	630
		ASTM A 982	F
		ASTM A 988	UNS: S17400
		ASTM A 1028	F
		ASTM A 1082	630
		ASTM A 1082	UNS: S17400
		ASTM F 593	630
		ASTM F 594	630
		ASTM F 738	630
		ASTM F 899	630
X5CrNiCuNb16-4	1.4542	ASTM A 564	630
		ASTM A 693	630
		ASTM A 705	630
		ASTM A 747	CB7Cu-1
		ASTM A 747	UNS: J92180
		ASTM A 959	630
		ASTM A 982	F
		ASTM A 988	UNS: S17400
		ASTM A 1028	F
		ASTM A 1082	630
		ASTM A 1082	UNS: S17400
		ASTM F 593	630
		ASTM F 594	630
		ASTM F 738	630
		ASTM F 899	630
X5CrNiMo17-12-2	1.4401	ASTM A 182	F 316
		ASTM A 193	B8M
		ASTM A 193	B8M2
		ASTM A 193	B8M3
		ASTM A 193	B8MA
		ASTM A 194	8M type 316
		ASTM A 194	8MA type 316
		ASTM A 213	TP316
		ASTM A 240	316
		ASTM A 249	TP316
		ASTM A 269	TP316

5 EN-Werkstoffbezeichnungen

Auflistung in alphanumerischer Reihenfolge

EN steel names

Listed in alphanumerical order

EN-Werkstoffbezeichnung EN steel name		US-Bezeichnung US steel name	
Werkstoff-Kurzname EN steel name	EN/DIN Werk-stoff-Nr. EN/DIN Material no.	Norm Standard	Stahlsorte Steel class/grade/type
X5CrNiMo17-12-2	1.4401	ASTM A 270	TP316
		ASTM A 276	316
		ASTM A 312	TP316
		ASTM A 312	TP316
		ASTM A 313	316
		ASTM A 314	316
		ASTM A 320	B8M
		ASTM A 320	B8MA
		ASTM A 358	316
		ASTM A 368	316
		ASTM A 376	TP316
		ASTM A 403	CR316
		ASTM A 403	CR316H
		ASTM A 403	WP316
		ASTM A 403	WP316H
		ASTM A 409	TP316
		ASTM A 473	316
		ASTM A 478	316
		ASTM A 479	316
		ASTM A 492	316
		ASTM A 493	316
		ASTM A 511	MT316
		ASTM A 554	MT-316
		ASTM A 580	316
		ASTM A 632	TP316
		ASTM A 666	316
		ASTM A 688	TP316
		ASTM A 793	316
		ASTM A 813	TP316
		ASTM A 814	TP316
		ASTM A 943	TP316
		ASTM A 959	316
		ASTM A 965	F316
		ASTM A 988	UNS: S31600
		ASTM A 1022	316
		ASTM F 593	316
		ASTM F 594	316

5 EN-Werkstoffbezeichnungen

Auflistung in alphanumerischer Reihenfolge

EN steel names

Listed in alphanumerical order

EN-Werkstoffbezeichnung EN steel name		US-Bezeichnung US steel name	
Werkstoff-Kurzname EN steel name	EN/DIN Werk-stoff-Nr. EN/DIN Material no.	Norm Standard	Stahlsorte Steel class/grade/type
X5CrNiMo17-12-2	1.4401	ASTM F 738	316
		ASTM F 899	316
		SAE J 405	AISI 316
X5CrNiMoCuNb14-5	1.4594	ASTM A 564	XM-25
		ASTM A 693	XM-25
		ASTM A 705	XM-25
		ASTM A 959	XM-25
		ASTM F 899	XM-25
X5CrNiMoTi15-2	1.4589	ASTM A 240	UNS: S42035
		ASTM A 268	UNS: S42035
		ASTM A 959	UNS: S42035
X5CrNiN19-9	1.4315	ASTM A 182	F 304N
		ASTM A 193	B8N
		ASTM A 193	B8NA
		ASTM A 194	8N type 304N
		ASTM A 194	8NA type 304N
		ASTM A 213	TP304N
		ASTM A 240	304N
		ASTM A 249	TP304N
		ASTM A 276	304N
		ASTM A 312	TP304N
		ASTM A 358	304N
		ASTM A 376	TP304N
		ASTM A 403	CR304N
		ASTM A 403	WP304N
		ASTM A 479	304N
		ASTM A 666	304N
		ASTM A 688	TP304N
		ASTM A 813	TP304N
		ASTM A 814	TP304N
		ASTM A 943	TP304N
		ASTM A 959	304N
		ASTM A 965	F304N
		ASTM A 988	UNS: S30451
		SAE J 405	AISI 304N
X5NiCrAlTi31-20	1.4958	ASTM A 213	800
		ASTM A 213	800H

5 EN-Werkstoffbezeichnungen

Auflistung in alphanumerischer Reihenfolge

EN steel names

Listed in alphanumerical order

EN-Werkstoffbezeichnung EN steel name		US-Bezeichnung US steel name	
Werkstoff-Kurzname EN steel name	EN/DIN Werk-stoff-Nr. EN/DIN Material no.	Norm Standard	Stahlsorte Steel class/grade/type
X5NiCrAlTi31-20	1.4958	ASTM A 240	800H
		ASTM A 249	800H
		ASTM A 276	800H
		ASTM A 276	UNS: N08811
		ASTM A 312	800H
		ASTM A 358	800H
		ASTM A 403	CRNIC10
		ASTM A 403	WPNIC10
		ASTM A 479	800H
		ASTM A 688	800H
		ASTM A 688	UNS: N08810
		ASTM A 688	UNS: N08811
		ASTM A 959	800H
		SAE J 405	UNS: N08810
X5NiCrTiMoVB25-15-2	1.4606	ASTM A 453	660
		ASTM A 638	660
		ASTM A 959	660
		ASTM A 959	UNS: S66286
X6Cr13	1.4000	ASTM A 176	403
		ASTM A 193	B6
		ASTM A 193	B6X
		ASTM A 194	6 type 410
		ASTM A 240	410S
		ASTM A 276	403
		ASTM A 314	403
		ASTM A 473	403
		ASTM A 473	410S
		ASTM A 479	403
		ASTM A 511	MT403
		ASTM A 554	410S
		ASTM A 554	UNS: S41008
		ASTM A 580	403
		ASTM A 815	CRS41008
		ASTM A 815	WPS41008
		ASTM A 959	403
		ASTM A 959	410S
X6Cr17	1.4016	ASTM A 182	F 430

5 EN-Werkstoffbezeichnungen

Auflistung in alphanumerischer Reihenfolge

EN steel names

Listed in alphanumerical order

EN-Werkstoffbezeichnung EN steel name		US-Bezeichnung US steel name	
Werkstoff-Kurzname EN steel name	EN/DIN Werkstoff-Nr. EN/DIN Material no.	Norm Standard	Stahlsorte Steel class/grade/type
X6Cr17	1.4016	ASTM A 240	430
		ASTM A 268	TP430
		ASTM A 276	430
		ASTM A 314	430
		ASTM A 473	430
		ASTM A 479	430
		ASTM A 493	430
		ASTM A 511	MT430
		ASTM A 554	MT-430
		ASTM A 580	430
		ASTM A 815	CR430
		ASTM A 815	WP430
		ASTM A 959	430
		ASTM F 593	430
		ASTM F 594	430
		ASTM F 738	430
		SAE J 405	AISI 430
X6CrAl13	1.4002	ASTM A 240	405
		ASTM A 268	TP405
		ASTM A 276	405
		ASTM A 473	405
		ASTM A 479	405
		ASTM A 511	MT405
		ASTM A 580	405
		ASTM A 959	405
X6CrMo17-1	1.4113	ASTM A 240	434
		ASTM A 554	434
		ASTM A 554	UNS: S43400
		ASTM A 959	434
		SAE J 405	AISI 434
X6CrMoNb17-1	1.4526	ASTM A 240	436
		ASTM A 554	436
		ASTM A 959	436
X6CrMoS17	1.4105	ASTM A 314	430F
		ASTM A 473	430F
		ASTM A 581	430F
		ASTM A 582	430F

5 EN-Werkstoffbezeichnungen

Auflistung in alphanumerischer Reihenfolge

EN steel names

Listed in alphanumerical order

EN-Werkstoffbezeichnung EN steel name		US-Bezeichnung US steel name	
Werkstoff-Kurzname EN steel name	EN/DIN Werk-stoff-Nr. EN/DIN Material no.	Norm Standard	Stahlsorte Steel class/grade/type
X6CrMoS17	1.4105	ASTM A 959	430F
		ASTM F 593	430F
		ASTM F 594	430F
		ASTM F 738	430F
		ASTM F 899	430F
X6CrMoS19-2	1.4114	ASTM A 581	XM-34
		ASTM A 582	XM-34
		ASTM A 959	XM-34
		ASTM F 899	XM-34
X6CrNi18-10	1.4948	ASTM A 182	F 304H
		ASTM A 213	TP304H
		ASTM A 240	304H
		ASTM A 249	TP304H
		ASTM A 312	304H
		ASTM A 358	304H
		ASTM A 376	TP304H
		ASTM A 403	CR304H
		ASTM A 403	WP304H
		ASTM A 479	304H
		ASTM A 813	TP304H
		ASTM A 814	TP304H
		ASTM A 943	TP304H
		ASTM A 959	304H
		ASTM A 965	F304H
		SAE J 405	AISI 304H
X6CrNi23-13	1.4950	ASTM A 182	F 309H
		ASTM A 213	TP309H
		ASTM A 213	TP309S
		ASTM A 240	309H
		ASTM A 240	309S
		ASTM A 249	TP309H
		ASTM A 249	TP309S
		ASTM A 276	309S
		ASTM A 312	TP309H
		ASTM A 312	TP309S
		ASTM A 314	309S
		ASTM A 351	CH8

5 EN-Werkstoffbezeichnungen

Auflistung in alphanumerischer Reihenfolge

EN steel names

Listed in alphanumerical order

EN-Werkstoffbezeichnung EN steel name		US-Bezeichnung US steel name	
Werkstoff-Kurzname EN steel name	EN/DIN Werkstoff-Nr. EN/DIN Material no.	Norm Standard	Stahlsorte Steel class/grade/type
X6CrNi23-13	1.4950	ASTM A 358	309S
		ASTM A 409	TP309S
		ASTM A 473	309S
		ASTM A 478	309S
		ASTM A 479	309H
		ASTM A 479	309S
		ASTM A 511	MT309S
		ASTM A 554	MT-309S
		ASTM A 580	309S
		ASTM A 813	TP309S
		ASTM A 814	TP309S
		ASTM A 943	TP309H
		ASTM A 943	TP309S
		ASTM A 959	309H
		ASTM A 959	309S
		ASTM A 965	F309H
		SAE J 405	AISI 309H
		SAE J 405	AISI 309S
X6CrNi25-20	1.4951	ASTM A 182	F 310H
		ASTM A 213	TP310H
		ASTM A 240	310H
		ASTM A 249	TP310H
		ASTM A 312	TP310H
		ASTM A 479	310H
		ASTM A 943	TP310H
		ASTM A 959	310H
		ASTM A 965	F310H
		SAE J 405	AISI 310H
X6CrNiCuS18-9-2	1.4570	–	UNS: S30331
X6CrNiMo17-13-2	1.4918	ASTM A 213	TP316H
		ASTM A 240	316H
		ASTM A 249	TP316H
		ASTM A 312	TP316H
		ASTM A 358	316H
		ASTM A 376	TP316H
		ASTM A 479	316H
		ASTM A 813	TP316H

5 EN-Werkstoffbezeichnungen

Auflistung in alphanumerischer Reihenfolge

EN steel names

Listed in alphanumerical order

EN-Werkstoffbezeichnung EN steel name		US-Bezeichnung US steel name	
Werkstoff-Kurzname EN steel name	EN/DIN Werk-stoff-Nr. EN/DIN Material no.	Norm Standard	Stahlsorte Steel class/grade/type
X6CrNiMo17-13-2	1.4918	ASTM A 814	TP316H
		ASTM A 943	TP316H
X6CrNiMo26-4-2	1.4480	ASTM A 240	329
		ASTM A 240	UNS: S32900
		ASTM A 789	UNS: S32900
		ASTM A 790	329
		ASTM A 790	UNS: S32900
		ASTM A 928	UNS: S32900
		ASTM A 949	UNS: S32900
		ASTM A 959	329
		ASTM A 959	UNS: S32900
		ASTM A 1022	329
X6CrNiMoB17-12-2	1.4919	ASTM A 182	F 316H
		ASTM A 213	TP316H
		ASTM A 240	316H
		ASTM A 249	TP316H
		ASTM A 312	TP316H
		ASTM A 312	TP316H
		ASTM A 358	316H
		ASTM A 376	TP316H
		ASTM A 403	CR316H
		ASTM A 403	WP316H
		ASTM A 479	316H
		ASTM A 813	TP316H
		ASTM A 814	TP316H
		ASTM A 943	TP316H
		ASTM A 959	316H
		ASTM A 965	F316H
		ASTM A 988	UNS: S31600
		SAE J 405	AISI 316H
X6CrNiMoN17-12-3	1.4495	ASTM A 182	F 316N
		ASTM A 193	B8MN
		ASTM A 193	B8MNA
		ASTM A 194	8MN type316N
		ASTM A 194	8MNA type 316N
		ASTM A 213	TP316N
		ASTM A 240	316N

5 EN-Werkstoffbezeichnungen

Auflistung in alphanumerischer Reihenfolge

EN steel names

Listed in alphanumerical order

EN-Werkstoffbezeichnung EN steel name		US-Bezeichnung US steel name	
Werkstoff-Kurzname EN steel name	EN/DIN Werk-stoff-Nr. EN/DIN Material no.	Norm Standard	Stahlsorte Steel class/grade/type
X6CrNiMoN17-12-3	1.4495	ASTM A 249	TP316N
		ASTM A 276	316N
		ASTM A 312	TP316N
		ASTM A 312	TP316N
		ASTM A 358	316N
		ASTM A 376	TP316N
		ASTM A 403	CR316N
		ASTM A 403	WP316N
		ASTM A 479	316N
		ASTM A 666	316N
		ASTM A 688	TP316N
		ASTM A 813	TP316N
		ASTM A 814	TP316N
		ASTM A 943	TP316N
		ASTM A 959	316N
		ASTM A 965	F316N
		ASTM A 988	UNS: S31651
		ASTM A 1022	316N
X6CrNiMoNb17-12-2	1.4580	ASTM A 240	316Cb
		ASTM A 276	316Cb
		ASTM A 314	316Cb
		ASTM A 368	316Cb
		ASTM A 478	316Cb
		ASTM A 479	316Cb
		ASTM A 959	316Cb
		SAE J 405	AISI 316Cb
X6CrNiMoTi17-12-2	1.4571	ASTM A 182	F 316Ti
		ASTM A 213	TP316Ti
		ASTM A 240	316Ti
		ASTM A 276	316Ti
		ASTM A 312	TP316Ti
		ASTM A 314	316Ti
		ASTM A 368	316Ti
		ASTM A 478	316Ti
		ASTM A 479	316Ti
		ASTM A 959	316Ti
		SAE J 405	AISI 316Ti

5 EN-Werkstoffbezeichnungen

Auflistung in alphanumerischer Reihenfolge

EN steel names

Listed in alphanumerical order

EN-Werkstoffbezeichnung EN steel name		US-Bezeichnung US steel name	
Werkstoff-Kurzname EN steel name	EN/DIN Werk-stoff-Nr. EN/DIN Material no.	Norm Standard	Stahlsorte Steel class/grade/type
X6CrNiNb18-10	1.4550	ASTM A 182	F 347
		ASTM A 193	B8C
		ASTM A 193	B8CA
		ASTM A 194	8C type 347
		ASTM A 194	8CA type 347
		ASTM A 213	TP347
		ASTM A 240	347
		ASTM A 249	TP347
		ASTM A 269	TP347
		ASTM A 276	347
		ASTM A 312	TP347
		ASTM A 313	347
		ASTM A 314	347
		ASTM A 320	B8C
		ASTM A 320	B8CA
		ASTM A 358	347
		ASTM A 376	TP347
		ASTM A 403	CR347
		ASTM A 403	WP347
		ASTM A 409	TP347
		ASTM A 473	347
		ASTM A 479	347
		ASTM A 511	MT347
		ASTM A 554	MT-347
		ASTM A 580	347
		ASTM A 632	TP347
		ASTM A 774	TP347
		ASTM A 778	TP347
		ASTM A 813	TP347
		ASTM A 814	TP347
		ASTM A 943	TP347
		ASTM A 959	347
		ASTM A 965	F347
		ASTM F 593	347
		ASTM F 594	347
		ASTM F 738	347
		SAE J 405	AISI 347

5 EN-Werkstoffbezeichnungen

Auflistung in alphanumerischer Reihenfolge

EN steel names

Listed in alphanumerical order

EN-Werkstoffbezeichnung EN steel name		US-Bezeichnung US steel name	
Werkstoff-Kurzname EN steel name	EN/DIN Werk-stoff-Nr. EN/DIN Material no.	Norm Standard	Stahlsorte Steel class/grade/type
X6CrNiNbN25-20	1.4952	ASTM A 213	TP310HCbN
		ASTM A 959	310HCbN
X6CrNiSiNCe19-10	1.4818	ASTM A 240	UNS: S30415
		ASTM A 249	UNS: S30415
		ASTM A 312	UNS: S30415
		ASTM A 358	UNS: S30415
		ASTM A 959	UNS: S30415
X6CrNiTi12	1.4516	ASTM A 240	UNS: S40975
		ASTM A 959	UNS: S40975
X6CrNiTi18-10	1.4541	ASTM A 182	F 321
		ASTM A 193	B8T
		ASTM A 193	B8TA
		ASTM A 194	8T type 321
		ASTM A 194	8TA type 321
		ASTM A 213	TP321
		ASTM A 240	321
		ASTM A 249	TP321
		ASTM A 269	TP321
		ASTM A 276	321
		ASTM A 312	TP321
		ASTM A 313	321
		ASTM A 314	321
		ASTM A 320	B8T
		ASTM A 320	B8TA
		ASTM A 358	321
		ASTM A 376	TP321
		ASTM A 403	CR321
		ASTM A 403	WP321
		ASTM A 409	TP321
		ASTM A 473	321
		ASTM A 479	Type 321
		ASTM A 511	MT321
		ASTM A 554	MT-321
		ASTM A 580	321
		ASTM A 632	TP321
		ASTM A 774	TP321
		ASTM A 778	TP321

5 EN-Werkstoffbezeichnungen

Auflistung in alphanumerischer Reihenfolge

EN steel names

Listed in alphanumerical order

EN-Werkstoffbezeichnung EN steel name		US-Bezeichnung US steel name	
Werkstoff-Kurzname EN steel name	EN/DIN Werk-stoff-Nr. EN/DIN Material no.	Norm Standard	Stahlsorte Steel class/grade/type
X6CrNiTi18-10	1.4541	ASTM A 813	TP321
		ASTM A 814	TP321
		ASTM A 943	TP321
		ASTM A 959	321
		ASTM A 965	F321
		ASTM F 593	Type
		ASTM F 594	321
		ASTM F 738	321
X6NiCrNbCe32-27	1.4877	ASTM A 182	F 56
		ASTM A 213	UNS: S33228
		ASTM A 240	UNS: S33228
		ASTM A 249	UNS: S33228
		ASTM A 312	UNS: S33228
		ASTM A 314	UNS: S33228
		ASTM A 403	CRS33228
		ASTM A 403	WPS33228
		ASTM A 479	UNS: S33228
		ASTM A 959	UNS: S33228
X6NiCrSiNCe35-25	1.4854	ASTM A 240	UNS: S35315
		ASTM A 312	UNS: S35315
		ASTM A 479	UNS: S35315
		ASTM A 959	UNS: S35315
X6NiCrTiMoV26-15	1.4944	ASTM A 453	660
		ASTM A 638	660
		ASTM A 891	–
		ASTM A 959	660
		ASTM A 959	UNS: S66286
X6NiCrTiMoVB25-15-2	1.4980	ASTM A 453	660
		ASTM A 638	660
		ASTM A 891	–
		ASTM A 959	660
		ASTM A 959	UNS: S66286
X7Cr14	1.4001	ASTM A 182	F 429
		ASTM A 240	429
		ASTM A 268	TP429
		ASTM A 276	429
		ASTM A 314	429

5 EN-Werkstoffbezeichnungen

Auflistung in alphanumerischer Reihenfolge

EN steel names

Listed in alphanumerical order

EN-Werkstoffbezeichnung EN steel name		US-Bezeichnung US steel name	
Werkstoff-Kurzname EN steel name	EN/DIN Werk-stoff-Nr. EN/DIN Material no.	Norm Standard	Stahlsorte Steel class/grade/type
X7Cr14	1.4001	ASTM A 473	429
		ASTM A 493	429
		ASTM A 511	MT429
		ASTM A 554	MT-429
		ASTM A 815	CR429
		ASTM A 815	WP429
		ASTM A 959	429
		SAE J 405	AISI 429
X7CrNiAl17-7	1.4568	ASTM A 313	631
		ASTM A 564	631
		ASTM A 579	Grade 62
		ASTM A 693	631
		ASTM A 705	631
		ASTM A 959	631
		ASTM A 1082	631
		ASTM A 1082	UNS: S17700
		ASTM F 899	631
		SAE J 467 B	17-7PH
X7CrNiNb18-10	1.4912	ASTM A 182	F 347H
		ASTM A 213	TP347H
		ASTM A 213	TP347HFG
		ASTM A 240	347H
		ASTM A 249	TP347H
		ASTM A 312	TP347H
		ASTM A 358	Type 347H
		ASTM A 376	TP347H
		ASTM A 403	CR347H
		ASTM A 403	WP347H
		ASTM A 479	347H
		ASTM A 813	TP347H
		ASTM A 814	TP347H
		ASTM A 943	TP347H
		ASTM A 959	347H
		ASTM A 965	F347H
		SAE J 405	AISI 347H
X7CrNiTi18-10	1.4940	ASTM A 182	F 321H
		ASTM A 213	TP321H

5 EN-Werkstoffbezeichnungen

Auflistung in alphanumerischer Reihenfolge

EN steel names

Listed in alphanumerical order

EN-Werkstoffbezeichnung EN steel name		US-Bezeichnung US steel name	
Werkstoff-Kurzname EN steel name	EN/DIN Werk-stoff-Nr. EN/DIN Material no.	Norm Standard	Stahlsorte Steel class/grade/type
X7CrNiTi18-10	1.4940	ASTM A 240	321H
		ASTM A 249	TP321H
		ASTM A 312	TP321H
		ASTM A 376	TP321H
		ASTM A 403	CR321H
		ASTM A 403	WP321H
		ASTM A 479	321H
		ASTM A 813	TP321H
		ASTM A 814	TP321H
		ASTM A 943	TP321H
		ASTM A 959	321H
		ASTM A 965	F321H
		SAE J 405	AISI 321H
X7CrNiTiB18-10	1.4941	ASTM A 182	F 321H
		ASTM A 213	TP321H
		ASTM A 240	321
		ASTM A 240	321H
		ASTM A 249	TP321H
		ASTM A 269	TP321
		ASTM A 276	321
		ASTM A 312	TP321H
		ASTM A 313	321
		ASTM A 376	TP321H
		ASTM A 403	CR321H
		ASTM A 403	WP321H
		ASTM A 479	321H
		ASTM A 580	321
		ASTM A 813	TP321H
		ASTM A 814	TP321H
		ASTM A 943	TP321H
		ASTM A 959	321
		ASTM A 959	321H
		ASTM A 965	F321H
		ASTM F 593	321
		ASTM F 594	321
		ASTM F 738	321
X7CrS17	1.4004	ASTM A 314	430F

5 EN-Werkstoffbezeichnungen

Auflistung in alphanumerischer Reihenfolge

EN steel names

Listed in alphanumerical order

EN-Werkstoffbezeichnung EN steel name		US-Bezeichnung US steel name	
Werkstoff-Kurzname EN steel name	EN/DIN Werk-stoff-Nr. EN/DIN Material no.	Norm Standard	Stahlsorte Steel class/grade/type
X7CrS17	1.4004	ASTM A 473	430F
		ASTM A 581	430F
		ASTM A 582	430F
		ASTM A 895	430F
		ASTM A 959	430F
		ASTM F 593	430F
		ASTM F 594	430F
		ASTM F 738	430F
		ASTM F 899	430F
X7Ni9	1.5663	ASTM A 333	8
		ASTM A 334	8
		ASTM A 353	–
		ASTM A 420	WPL8
		ASTM A 522	Type I
		ASTM A 553	Type I
		ASTM A 671	CG 100
		ASTM A 671	CH 115
		ASTM A 844	–
X7NiCrWCu-CoNbN25-23-3-3-2	1.4990	ASTM A 213	UNS: S31035
		ASTM A 312	UNS: S31035
X8CrMnCuN17-8-3	1.4597	ASTM A 313	UNS: S20430
		ASTM A 959	UNS: S20430
X8CrMnNi18-8	1.3965	ASTM A 213	TP202
		ASTM A 240	202
		ASTM A 249	TP202
		ASTM A 276	202
		ASTM A 314	202
		ASTM A 473	202
		ASTM A 666	202
		ASTM A 959	202
		SAE J 405	AISI 202
X8CrNi19-11	1.4908	ASTM A 213	TP347H
		ASTM A 213	TP347HFG
X8CrNi25-21	1.4845	ASTM A 182	F 310H
		ASTM A 213	TP310H
		ASTM A 213	TP310S
		ASTM A 240	310H

5 EN-Werkstoffbezeichnungen

Auflistung in alphanumerischer Reihenfolge

EN steel names

Listed in alphanumerical order

EN-Werkstoffbezeichnung EN steel name		US-Bezeichnung US steel name	
Werkstoff-Kurzname EN steel name	EN/DIN Werk-stoff-Nr. EN/DIN Material no.	Norm Standard	Stahlsorte Steel class/grade/type
X8CrNi25-21	1.4845	ASTM A 240	310S
		ASTM A 249	TP310H
		ASTM A 249	TP310S
		ASTM A 276	310S
		ASTM A 312	TP310H
		ASTM A 312	TP310S
		ASTM A 314	310S
		ASTM A 358	310S
		ASTM A 403	CR310S
		ASTM A 403	WP310S
		ASTM A 409	TP310S
		ASTM A 473	310S
		ASTM A 479	310H
		ASTM A 479	310S
		ASTM A 511	MT310S
		ASTM A 554	MT-310S
		ASTM A 580	310S
		ASTM A 813	TP310S
		ASTM A 814	TP310S
		ASTM A 943	TP310H
		ASTM A 943	TP310S
		ASTM A 959	310H
		ASTM A 959	310S
		ASTM A 965	F310H
		SAE J 405	AISI 310H
		SAE J 405	AISI 310S
X8CrNiMoAl15-7-2	1.4532	ASTM A 564	632
		ASTM A 579	63
		ASTM A 693	632
		ASTM A 705	632
		ASTM A 959	632
X8CrNiS18-9	1.4305	ASTM A 194	8F type 303
		ASTM A 194	8FA type 303
		ASTM A 314	303
		ASTM A 320	B8F type 303
		ASTM A 320	B8FA type 303
		ASTM A 473	303

5 EN-Werkstoffbezeichnungen

Auflistung in alphanumerischer Reihenfolge

EN steel names

Listed in alphanumerical order

EN-Werkstoffbezeichnung EN steel name		US-Bezeichnung US steel name	
Werkstoff-Kurzname EN steel name	EN/DIN Werk-stoff-Nr. EN/DIN Material no.	Norm Standard	Stahlsorte Steel class/grade/type
X8CrNiS18-9	1.4305	ASTM A 511	MT303
		ASTM A 581	303
		ASTM A 582	303
		ASTM A 895	T303
		ASTM A 959	303
		ASTM F 593	303
		ASTM F 594	303
		ASTM F 738	303
		ASTM F 899	303
X8CrNiTi18-10	1.4878	ASTM A 182	F 321H
		ASTM A 213	TP321H
		ASTM A 240	321H
		ASTM A 249	TP321H
		ASTM A 312	TP321H
		ASTM A 358	321H
		ASTM A 376	TP321H
		ASTM A 403	CR321H
		ASTM A 403	WP321H
		ASTM A 479	321H
		ASTM A 813	TP321H
		ASTM A 814	TP321H
		ASTM A 943	TP321H
		ASTM A 959	321H
		ASTM A 965	F321H
		SAE J 405	AISI 321H
X8Ni9	1.5662	ASTM A 333	8
		ASTM A 334	8
		ASTM A 353	–
		ASTM A 420	WPL8
		ASTM A 522	Type I
		ASTM A 553	Type I
		ASTM A 671	CG 100
		ASTM A 671	CH 115
		ASTM A 844	–
X8NiCrAlTi32-21	1.4959	ASTM A 213	800H
		ASTM A 213	UNS: N08811
		ASTM A 240	800H

5 EN-Werkstoffbezeichnungen

Auflistung in alphanumerischer Reihenfolge

EN steel names

Listed in alphanumerical order

EN-Werkstoffbezeichnung EN steel name		US-Bezeichnung US steel name	
Werkstoff-Kurzname EN steel name	EN/DIN Werk-stoff-Nr. EN/DIN Material no.	Norm Standard	Stahlsorte Steel class/grade/type
X8NiCrAlTi32-21	1.4959	ASTM A 240	UNS: N08811
		ASTM A 249	UNS: N08811
		ASTM A 276	800H
		ASTM A 276	UNS: N08811
		ASTM A 312	800H
		ASTM A 312	UNS: N08811
		ASTM A 358	UNS: N08811
		ASTM A 403	CRNIC11
		ASTM A 403	WPNIC11
		ASTM A 479	UNS: N08811
		ASTM A 688	UNS: N08811
		ASTM A 959	UNS: N08811
X9CrMnNiCu17-8-5-2	1.4618	ASTM A 240	UNS: S20433
X9CrNi18-9	1.4325	ASTM A 240	302
		ASTM A 276	302
		ASTM A 313	302
		ASTM A 314	302
		ASTM A 368	302
		ASTM A 473	302
		ASTM A 478	302
		ASTM A 479	302
		ASTM A 492	302
		ASTM A 493	302
		ASTM A 511	MT302
		ASTM A 554	MT-302
		ASTM A 580	302
		ASTM A 666	302
		ASTM A 959	302
		ASTM F 899	302
		SAE J 405	AISI 302
X9CrNiSiNCe21-11-2	1.4835	ASTM A 182	F 45
		ASTM A 213	UNS: S30815
		ASTM A 240	UNS: S30815
		ASTM A 249	UNS: S30815
		ASTM A 276	UNS: S30815
		ASTM A 312	UNS: S30815
		ASTM A 358	UNS: S30815

5 EN-Werkstoffbezeichnungen

Auflistung in alphanumerischer Reihenfolge

EN steel names

Listed in alphanumerical order

EN-Werkstoffbezeichnung EN steel name		US-Bezeichnung US steel name	
Werkstoff-Kurzname EN steel name	EN/DIN Werk-stoff-Nr. EN/DIN Material no.	Norm Standard	Stahlsorte Steel class/grade/type
X9CrNiSiNCe21-11-2	1.4835	ASTM A 409	UNS: S30815
		ASTM A 473	UNS: S30815
		ASTM A 479	UNS: S30815
		ASTM A 813	UNS: S30815
		ASTM A 814	UNS: S30815
		ASTM A 943	UNS: S30815
		ASTM A 959	UNS: S30815
X10Cr15	1.4012	ASTM A 182	F 429
		ASTM A 240	429
		ASTM A 268	TP429
		ASTM A 276	429
		ASTM A 314	429
		ASTM A 473	429
		ASTM A 493	429
		ASTM A 511	MT429
		ASTM A 554	MT-429
		ASTM A 815	CR429
		ASTM A 815	WP429
		ASTM A 959	429
		SAE J 405	AISI 429
X10CrAlSi25	1.4762	ASTM A 176	446
		ASTM A 268	TP446-1
		ASTM A 268	TP446-2
		ASTM A 276	446
		ASTM A 314	446
		ASTM A 473	446
		ASTM A 511	MT446-1
		ASTM A 511	MT446-2
		ASTM A 580	446
		ASTM A 815	CR446
		ASTM A 815	WP446
		ASTM A 959	446
X10CrMoVNb9-1	1.4903	ASTM A 182	F 91
		ASTM A 213	T91
		ASTM A 217	C12A
		ASTM A 234	WP91
		ASTM A 335	P91

5 EN-Werkstoffbezeichnungen

Auflistung in alphanumerischer Reihenfolge

EN steel names

Listed in alphanumerical order

EN-Werkstoffbezeichnung EN steel name		US-Bezeichnung US steel name	
Werkstoff-Kurzname EN steel name	EN/DIN Werk-stoff-Nr. EN/DIN Material no.	Norm Standard	Stahlsorte Steel class/grade/type
X10CrMoVNb9-1	1.4903	ASTM A 336	F91
		ASTM A 356	12A
		ASTM A 369	FP91
		ASTM A 387	91
		ASTM A 426	CP91
		ASTM A 691	91
		ASTM A 989	UNS: K90901
X10CrNi18-8	1.4310	ASTM A 240	301
		ASTM A 313	UNS: S30151
		ASTM A 554	MT-301
		ASTM A 666	301
		ASTM A 959	301
		ASTM F 899	301
		SAE J 405	AISI 301
X10CrNiCuNb18-9-3	1.4907	ASTM A 213	UNS: S30432
		ASTM A 959	UNS: S30432
X10CrNiCuNb19-11-3	1.4917	ASTM A 213	UNS: S30434
X10CrNiMoMnNb-VB15-10-1	1.4982	ASTM A 213	UNS: S21500
		ASTM A 959	UNS: S21500
X10CrWMoVNb9-2	1.4901	ASTM A 182	F 92
		ASTM A 213	T92
		ASTM A 234	WP92
		ASTM A 335	P92
		ASTM A 336	F92
		ASTM A 369	FP92
		ASTM A 1017	92
X10Ni9	1.5682	ASTM A 333	8
		ASTM A 334	8
X10NiCrAlTi32-21	1.4876	ASTM A 213	800H
		ASTM A 213	UNS: N08811
		ASTM A 240	800H
		ASTM A 240	UNS: N08811
		ASTM A 249	UNS: N08811
		ASTM A 276	800H
		ASTM A 276	UNS: N08811
		ASTM A 312	800H
		ASTM A 312	UNS: N08811

5 EN-Werkstoffbezeichnungen

Auflistung in alphanumerischer Reihenfolge

EN steel names

Listed in alphanumerical order

EN-Werkstoffbezeichnung EN steel name		US-Bezeichnung US steel name	
Werkstoff-Kurzname EN steel name	EN/DIN Werk-stoff-Nr. EN/DIN Material no.	Norm Standard	Stahlsorte Steel class/grade/type
X10NiCrAlTi32-21	1.4876	ASTM A 358	800H
		ASTM A 358	UNS: N08811
		ASTM A 403	CRNIC11
		ASTM A 403	WPNIC11
		ASTM A 479	Type
		ASTM A 479	UNS: N08811
		ASTM A 688	800
		ASTM A 688	800H
		ASTM A 688	UNS: N08800
		ASTM A 688	UNS: N08811
		ASTM A 959	800H
		ASTM A 959	UNS: N08811
X11CrMo5	1.7362	ASTM A 182	F 5
		ASTM A 193	B5
		ASTM A 194	3 type 501
		ASTM A 213	T5
		ASTM A 234	WP5 class 1
		ASTM A 234	WP5 class 3
		ASTM A 314	501
		ASTM A 314	502
		ASTM A 335	P5
		ASTM A 335	P5c
		ASTM A 336	F5
		ASTM A 369	FP5
		ASTM A 387	5
		ASTM A 691	5 CR
X11CrMo9-1	1.7386	ASTM A 182	F 9
		ASTM A 213	T9
		ASTM A 234	WP9 class 1
		ASTM A 234	WP9 class 3
		ASTM A 335	P9
		ASTM A 336	F9
		ASTM A 369	FP9
		ASTM A 387	9
		ASTM A 387	9CR
		ASTM A 426	CP9
		ASTM A 691	9 CR

5 EN-Werkstoffbezeichnungen

Auflistung in alphanumerischer Reihenfolge

EN steel names

Listed in alphanumerical order

EN-Werkstoffbezeichnung EN steel name		US-Bezeichnung US steel name	
Werkstoff-Kurzname EN steel name	EN/DIN Werk-stoff-Nr. EN/DIN Material no.	Norm Standard	Stahlsorte Steel class/grade/type
X11CrMo9-1	1.7386	ASTM A 989	UNS: K90941
X11CrMoWVNb9-1-1	1.4905	ASTM A 182	F 911
		ASTM A 213	T911
		ASTM A 234	WP911
		ASTM A 335	P911
		ASTM A 336	F911
		ASTM A 1017	911
X12Cr13	1.4006	ASTM A 176	403
		ASTM A 182	F 6a
		ASTM A 193	B6
		ASTM A 193	B6X
		ASTM A 194	6 type 410
		ASTM A 240	410
		ASTM A 268	TP410
		ASTM A 276	403
		ASTM A 276	410
		ASTM A 314	403
		ASTM A 314	410
		ASTM A 336	F6
		ASTM A 473	403
		ASTM A 473	410
		ASTM A 479	403
		ASTM A 479	410
		ASTM A 493	410
		ASTM A 511	MT410
		ASTM A 580	403
		ASTM A 580	410
		ASTM A 815	CR410
		ASTM A 815	WP410
		ASTM A 837	410
		ASTM A 959	403
		ASTM A 959	410
		ASTM A 982	A
		ASTM A 988	UNS: S41000
		ASTM A 1021	A
		ASTM A 1028	A
		ASTM F 593	410

5 EN-Werkstoffbezeichnungen

Auflistung in alphanumerischer Reihenfolge

EN steel names

Listed in alphanumerical order

EN-Werkstoffbezeichnung EN steel name		US-Bezeichnung US steel name	
Werkstoff-Kurzname EN steel name	EN/DIN Werkstoff-Nr. EN/DIN Material no.	Norm Standard	Stahlsorte Steel class/grade/type
X12Cr13	1.4006	ASTM F 594	410
		ASTM F 738	410
		ASTM F 899	410
		SAE J 405	AISI 410
X12CrCoNi21-20	1.4971	AMS 5376	UNS: R30155
		ASTM B 639	661
X12CrMnNiN17-7-5	1.4372	ASTM A 213	TP201
		ASTM A 240	201
		ASTM A 249	TP201
		ASTM A 269	201
		ASTM A 276	201
		ASTM A 312	TP201
		ASTM A 358	201
		ASTM A 409	TP201
		ASTM A 473	201
		ASTM A 666	201
		ASTM A 813	TP201
		ASTM A 814	TP201
		ASTM A 959	201
		SAE J 405	AISI 201
X12CrMnNiN18-9-5	1.4373	ASTM A 213	TP202
		ASTM A 240	202
		ASTM A 249	TP202
		ASTM A 276	202
		ASTM A 314	202
		ASTM A 473	202
		ASTM A 666	202
		ASTM A 959	202
		SAE J 405	AISI 202
X12CrMo7	1.7368	ASTM A 182	F 7
		ASTM A 213	T7
		ASTM A 234	WP7
X12CrNi23-13	1.4833	ASTM A 213	TP309S
		ASTM A 240	309H
		ASTM A 240	309S
		ASTM A 249	TP309S
		ASTM A 276	309S

5 EN-Werkstoffbezeichnungen

Auflistung in alphanumerischer Reihenfolge

EN steel names

Listed in alphanumerical order

EN-Werkstoffbezeichnung EN steel name		US-Bezeichnung US steel name	
Werkstoff-Kurzname EN steel name	EN/DIN Werk-stoff-Nr. EN/DIN Material no.	Norm Standard	Stahlsorte Steel class/grade/type
X12CrNi23-13	1.4833	ASTM A 312	TP309S
		ASTM A 314	309S
		ASTM A 351	CH8
		ASTM A 358	309S
		ASTM A 409	TP309S
		ASTM A 473	309S
		ASTM A 478	309S
		ASTM A 479	309S
		ASTM A 511	MT309S
		ASTM A 554	MT-309S
		ASTM A 580	309S
		ASTM A 813	TP309S
		ASTM A 814	TP309S
		ASTM A 943	TP309S
		ASTM A 959	309S
		SAE J 405	AISI 309S
X12CrNiMoV12-3	1.4938	ASTM A 565	XM-32
		ASTM A 959	XM-32
X12CrS13	1.4005	ASTM A 194	6F type 416
		ASTM A 314	416
		ASTM A 473	416
		ASTM A 581	416
		ASTM A 582	416
		ASTM A 895	416
		ASTM A 959	416
		ASTM F 593	416
		ASTM F 594	416
		ASTM F 738	416
		ASTM F 899	416
X12Ni5	1.5680	ASTM A 645	A
		SAE J 1249	AISI A2515
		SAE J 1249	AISI E2517
X12NiCrSi35-16	1.4864	ASTM A 554	MT-330
X14CrMoS17	1.4104	ASTM A 194	6F type 416
		ASTM A 314	430F
		ASTM A 473	430F
		ASTM A 581	430F

5 EN-Werkstoffbezeichnungen

Auflistung in alphanumerischer Reihenfolge

EN steel names

Listed in alphanumerical order

EN-Werkstoffbezeichnung EN steel name		US-Bezeichnung US steel name	
Werkstoff-Kurzname EN steel name	EN/DIN Werkstoff-Nr. EN/DIN Material no.	Norm Standard	Stahlsorte Steel class/grade/type
X14CrMoS17	1.4104	ASTM A 582	430F
		ASTM A 895	430F
		ASTM A 959	430F
		ASTM F 593	430F
		ASTM F 594	430F
		ASTM F 738	430F
		ASTM F 899	430F
X15Cr13	1.4024	ASTM A 182	F 6a
		ASTM A 193	B6
		ASTM A 193	B6X
		ASTM A 194	6 type 410
		ASTM A 240	410
		ASTM A 268	TP410
		ASTM A 276	410
		ASTM A 314	410
		ASTM A 336	F6
		ASTM A 473	410
		ASTM A 479	410
		ASTM A 493	410
		ASTM A 511	MT410
		ASTM A 580	410
		ASTM A 815	CR410
		ASTM A 815	WP410
		ASTM A 837	410
		ASTM A 959	410
		ASTM A 982	A
		ASTM A 988	UNS: S41000
		ASTM A 1021	A
		ASTM A 1028	A
		ASTM F 593	410
		ASTM F 594	410
		ASTM F 738	410
		ASTM F 899	410
		SAE J 405	AISI 410
X15CrNi17-3	1.4044	ASTM A 176	431
		ASTM A 276	431
		ASTM A 314	431

5 EN-Werkstoffbezeichnungen

Auflistung in alphanumerischer Reihenfolge

EN steel names

Listed in alphanumerical order

EN-Werkstoffbezeichnung EN steel name		US-Bezeichnung US steel name	
Werkstoff-Kurzname EN steel name	EN/DIN Werkstoff-Nr. EN/DIN Material no.	Norm Standard	Stahlsorte Steel class/grade/type
X15CrNi17-3	1.4044	ASTM A 473	431
		ASTM A 479	431
		ASTM A 493	431
		ASTM A 511	MT431
		ASTM A 579	53
		ASTM A 580	431
		ASTM A 959	431
		ASTM F 593	431
		ASTM F 594	431
		ASTM F 738	431
		ASTM F 899	431
X15CrNiSi20-12	1.4828	ASTM A 167	309
		ASTM A 276	309
		ASTM A 314	309
		ASTM A 403	CR309
		ASTM A 403	WP309
		ASTM A 473	309
		ASTM A 580	309
		ASTM A 959	309
X15CrNiSi25-21	1.4841	ASTM A 167	310
		ASTM A 182	F 310
		ASTM A 276	310
		ASTM A 276	314
		ASTM A 314	310
		ASTM A 314	314
		ASTM A 473	310
		ASTM A 473	314
		ASTM A 580	310
		ASTM A 580	314
		ASTM A 632	TP310
		ASTM A 959	310
		ASTM A 959	314
		ASTM A 965	F310
X16CrMo5-1	1.7366	ASTM A 182	F 5
		ASTM A 213	T5
		ASTM A 234	WP5 class 1
		ASTM A 234	WP5 class 3

5 EN-Werkstoffbezeichnungen

Auflistung in alphanumerischer Reihenfolge

EN steel names

Listed in alphanumerical order

EN-Werkstoffbezeichnung EN steel name		US-Bezeichnung US steel name	
Werkstoff-Kurzname EN steel name	EN/DIN Werk-stoff-Nr. EN/DIN Material no.	Norm Standard	Stahlsorte Steel class/grade/type
X16CrMo5-1	1.7366	ASTM A 335	P5
		ASTM A 336	F5
		ASTM A 369	FP5
		ASTM A 387	5
		ASTM A 691	5 CR
X17CrNi16-2	1.4057	ASTM A 176	431
		ASTM A 276	431
		ASTM A 314	431
		ASTM A 473	431
		ASTM A 479	431
		ASTM A 493	431
		ASTM A 511	MT431
		ASTM A 579	53
		ASTM A 580	431
		ASTM A 959	431
		ASTM F 593	431
		ASTM F 594	431
		ASTM F 738	431
		ASTM F 899	431
X18CrN28	1.4749	ASTM A 176	446
		ASTM A 268	TP446-1
		ASTM A 268	TP446-2
		ASTM A 276	446
		ASTM A 314	446
		ASTM A 473	446
		ASTM A 511	MT446-1
		ASTM A 511	MT446-2
		ASTM A 580	446
		ASTM A 815	CR446
		ASTM A 815	WP446
		ASTM A 959	446
X20Cr13	1.4021	ASTM A 176	420
		ASTM A 276	420
		ASTM A 314	420
		ASTM A 473	420
		ASTM A 580	420
		ASTM A 959	420

5 EN-Werkstoffbezeichnungen

Auflistung in alphanumerischer Reihenfolge

EN steel names

Listed in alphanumerical order

EN-Werkstoffbezeichnung EN steel name		US-Bezeichnung US steel name	
Werkstoff-Kurzname EN steel name	EN/DIN Werk-stoff-Nr. EN/DIN Material no.	Norm Standard	Stahlsorte Steel class/grade/type
X20Cr13	1.4021	ASTM F 899	420 A
X20CrMoWV12-1	1.4935	ASTM A 176	422
		ASTM A 437	B4C
		ASTM A 437	B4B
		ASTM A 565	616
		ASTM A 959	616
		SAE J 775	UNS: S42200
X23CrMoWMnNiV12-1-1	1.4929	ASTM A 176	422
X23CrNi17	1.2787	ASTM A 176	431
		ASTM A 276	431
		ASTM A 314	431
		ASTM A 473	431
		ASTM A 479	431
		ASTM A 580	431
		ASTM A 959	431
		ASTM F 593	431
		ASTM F 594	431
		ASTM F 738	431
		ASTM F 899	431
X29CrS13	1.4029	ASTM A 582	420F
		ASTM A 895	420F
		ASTM A 959	420F
		ASTM F 899	420F
X30Cr13	1.4028	ASTM A 176	420
		ASTM A 276	420
		ASTM A 314	420
		ASTM A 473	420
		ASTM A 580	420
		ASTM A 959	420
X30WCrV9-3	1.2581	ASTM A 681	H21
X33CrNiMnN23-8	1.4866	SAE J 775	X 33 CrMnNiN 23 8
X33CrPb13	1.4643	ASTM A 453	662
		ASTM A 959	662
X35CrWMoV5	1.2605	ASTM A 681	H12
X37CrMoV5-1	1.2343	ASTM A 646	H11
		ASTM A 681	H11
		SAE J 438 B	AISI H11

5 EN-Werkstoffbezeichnungen

Auflistung in alphanumerischer Reihenfolge

EN steel names

Listed in alphanumerical order

EN-Werkstoffbezeichnung EN steel name		US-Bezeichnung US steel name	
Werkstoff-Kurzname EN steel name	EN/DIN Werk-stoff-Nr. EN/DIN Material no.	Norm Standard	Stahlsorte Steel class/grade/type
X37CrMoW5-1	1.2606	ASTM A 681	A8
		ASTM A 681	H12
X39Cr13	1.4031	ASTM A 176	420
		ASTM A 276	420
		ASTM A 314	420
		ASTM A 473	420
		ASTM A 580	420
		ASTM A 959	420
X40CrMoV5-1	1.2344	ASTM A 681	H13
		SAE J 438 B	AISI H13
X40CrMoVN16-2	1.4123	–	UNS: S42025
X41CrMoV5-1	1.7783	ASTM A 579	41
		ASTM A 646	H11
		ASTM A 681	H11
		SAE J 438 B	AISI H11
X45CrSi9-3	1.4718	SAE J 775	X 45 CrSi 9 3
X46Cr13	1.4034	ASTM A 176	420
		ASTM A 276	420
		ASTM A 314	420
		ASTM A 473	420
		ASTM A 580	420
		ASTM A 959	420
X47Cr14	1.3541	ASTM A 756	X47Cr14
X50CrMnNiNbN21-9	1.4882	SAE J 775	UNS: S63019 (21-4N+Nb+W)
		SAE J 775	X 50 CrMnNiNbN 21 9
X53CrMnNiN21-9	1.4871	SAE J 775	EV8
		SAE J 775	X 53 CrMnNiN 21 9
X53CrMnNiN21-9-4	1.4890	SAE J 775	EV8
		SAE J 775	X 53 CrMnNiN 21 9
X55CrMnNiN20-8	1.4875	SAE J 775	UNS: S63012
X65Cr14	1.3542	ASTM A 756	X65Cr14
X68Cr17	1.4040	ASTM A 511	MT440A
X70CrMnNiN21-6	1.4881	–	UNS: S63011 (746)
X70CrMo15	1.4109	ASTM A 276	440A
		ASTM A 314	440A
		ASTM A 473	440A

5 EN-Werkstoffbezeichnungen

Auflistung in alphanumerischer Reihenfolge

EN steel names

Listed in alphanumerical order

EN-Werkstoffbezeichnung EN steel name		US-Bezeichnung US steel name	
Werkstoff-Kurzname EN steel name	EN/DIN Werk-stoff-Nr. EN/DIN Material no.	Norm Standard	Stahlsorte Steel class/grade/type
X70CrMo15	1.4109	ASTM A 511	MT440A
		ASTM A 580	440A
		ASTM A 959	440A
		ASTM F 899	440A
X75WCrV18-4-1	1.3558	ASTM A 600	T1
X82WMoCrV6-5-4	1.3553	ASTM A 600	M2 regular C
X89CrMoV18-1	1.3549	ASTM A 756	X89CrMoV18-1
X90CrMoV18	1.4112	ASTM A 276	440B
		ASTM A 314	440B
		ASTM A 473	440B
		ASTM A 580	440B
		ASTM A 959	440B
		ASTM F 899	440B
X100CrMoV5-1	1.2363	ASTM A 681	A2
		SAE J 438 B	AISI A2
X105CrMo17	1.4125	ASTM A 276	440C
		ASTM A 314	440C
		ASTM A 473	440C
		ASTM A 493	440C
		ASTM A 580	440C
		ASTM A 756	440C
		ASTM A 959	440C
		ASTM F 899	440C
X108CrMo17	1.3543	ASTM A 276	440C
		ASTM A 314	440C
		ASTM A 473	440C
		ASTM A 493	440C
		ASTM A 580	440C
		ASTM A 756	X108CrMo17
		ASTM A 959	440C
		ASTM F 899	440C
X110Cr17	1.4023	ASTM A 756	440C
X110CrS17	1.4025	ASTM A 582	440F
		ASTM A 959	440F
		ASTM F 899	440F
X120Mn12	1.3401	ASTM A 128	A
		ASTM A 128	B-2

5 EN-Werkstoffbezeichnungen

Auflistung in alphanumerischer Reihenfolge

EN steel names

Listed in alphanumerical order

EN-Werkstoffbezeichnung EN steel name		US-Bezeichnung US steel name	
Werkstoff-Kurzname EN steel name	EN/DIN Werk-stoff-Nr. EN/DIN Material no.	Norm Standard	Stahlsorte Steel class/grade/type
X120Mn12	1.3401	ASTM A 128	B-3
		ASTM A 128	B-4
		ASTM A 128	C
X153CrMoV12	1.2379	ASTM A 681	D2
		SAE J 438 B	AISI D2
X165CrCoMo12	1.2880	ASTM A 681	D5
X210Cr12	1.2080	ASTM A 681	D3
		SAE J 438 B	AISI D3
X210CrCoW12	1.2884	ASTM A 681	D4
X210CrW12	1.2436	ASTM A 681	D3

6 DIN-Werkstoffbezeichnungen

Auflistung in alphanumerischer Reihenfolge

DIN steel names

Listed in alphanumerical order

DIN-Werkstoffbezeichnung DIN steel name		US-Bezeichnung US steel name	
Werkstoff-Kurzname EN steel name	EN/DIN Werkstoff-Nr. EN/DIN Material no.	Norm Standard	Stahlsorte Steel class/grade/type
9 CrNiCuP 3 2 4	1.8962	ASTM A 242	1
		ASTM A 423	1
		ASTM A 714	Grade VII
9 S 20	1.0711	ASTM A 29	1212
		ASTM A 108	1212
		ASTM A 576	1212
		ASTM A 1040	1212
		SAE J 403	SAE 1212
		SAE J 1249	AISI B1212
9 SMn 28	1.0715	ASTM A 29	1213
		ASTM A 108	1213
		ASTM A 519	1213
		ASTM A 576	1213
		ASTM A 1040	1213
		SAE J 403	SAE 1213
9 SMn 36	1.0736	ASTM A 29	1215
		ASTM A 108	1215
		ASTM A 519	1215
		ASTM A 576	1215
		ASTM A 1040	1215
		SAE J 403	SAE 1215
9 SMnPb 28	1.0718	ASTM A 29	12L13
		ASTM A 108	12L13
		ASTM A 1040	12L13
9 SMnPb 36	1.0737	ASTM A 29	12L14
		ASTM A 108	12L14
		ASTM A 519	12L14
		ASTM A 576	12L14
		ASTM A 1040	12L14
		SAE J 403	SAE 12L14
10 CrMo 9 10	1.7380	ASTM A 182	F 22 class 1
		ASTM A 182	F 22 class 3
		ASTM A 213	T22
		ASTM A 217	WC9
		ASTM A 234	WP22 class 1
		ASTM A 234	WP22 class 3
		ASTM A 250	T22

6 DIN-Werkstoffbezeichnungen

Auflistung in alphanumerischer Reihenfolge

DIN steel names

Listed in alphanumerical order

DIN-Werkstoffbezeichnung DIN steel name		US-Bezeichnung US steel name	
Werkstoff-Kurzname EN steel name	EN/DIN Werk-stoff-Nr. EN/DIN Material no.	Norm Standard	Stahlsorte Steel class/grade/type
10 CrMo 9 10	1.7380	ASTM A 335	P22
		ASTM A 336	F22 class 1
		ASTM A 336	F22 class 3
		ASTM A 369	FP22
		ASTM A 387	22
		ASTM A 387	22L
		ASTM A 426	CP22
		ASTM A 508	22
		ASTM A 541	22 class 3
		ASTM A 541	22 class 4
		ASTM A 541	22 class 5
		ASTM A 542	A
		ASTM A 542	B
		ASTM A 691	2 1/4 CR
		ASTM A 739	B22
		ASTM A 989	UNS: K21590 class 1
		ASTM A 989	UNS: K21590 class 3
10 Ni 14	1.5637	ASTM A 203	D
		ASTM A 203	E
		ASTM A 203	F
		ASTM A 333	3
		ASTM A 334	3
		ASTM A 350	LF3
		ASTM A 352	LC3
		ASTM A 420	WPL3
		ASTM A 671	CF 65
		ASTM A 671	CF 70
		ASTM A 707	L7
10 S 20	1.0721	ASTM A 29	1109
		ASTM A 576	1109
		ASTM A 1040	1109
		SAE J 1249	AISI 1109
10 SPb 20	1.0722	ASTM A 29	12L13
		ASTM A 108	12L13
		ASTM A 1040	12L13
11 NiMn 9 4	1.6227	ASTM A 333	7
		ASTM A 334	7

6 DIN-Werkstoffbezeichnungen

Auflistung in alphanumerischer Reihenfolge

DIN steel names

Listed in alphanumerical order

DIN-Werkstoffbezeichnung DIN steel name		US-Bezeichnung US steel name	
Werkstoff-Kurzname EN steel name	EN/DIN Werk-stoff-Nr. EN/DIN Material no.	Norm Standard	Stahlsorte Steel class/grade/type
12 CrMo 9 10	1.7375	ASTM A 182	F 22 class 1
		ASTM A 182	F 22 class 3
		ASTM A 213	T22
		ASTM A 234	WP22 class 1
		ASTM A 234	WP22 class 3
		ASTM A 250	T22
		ASTM A 335	P22
		ASTM A 336	F22 class 1
		ASTM A 336	F22 class 3
		ASTM A 356	10
		ASTM A 369	FP22
		ASTM A 387	22
		ASTM A 387	22L
		ASTM A 508	22
		ASTM A 541	22 class 3
		ASTM A 541	22 class 4
		ASTM A 541	22 class 5
		ASTM A 542	A
		ASTM A 542	B
		ASTM A 691	2 1/4 CR
		ASTM A 989	UNS: K21590 class 1
		ASTM A 989	UNS: K21590 class 3
12 CrMo 12 10	1.7381	ASTM A 182	F 21
		ASTM A 213	T21
		ASTM A 335	P21
		ASTM A 336	F21 class 1
		ASTM A 336	F21 class 3
		ASTM A 369	FP21
		ASTM A 387	21
		ASTM A 387	21L
		ASTM A 426	CP21
		ASTM A 691	3 CR
		ASTM A 989	UNS: K31545
12 CrMo 19 5	1.7362	ASTM A 182	F 5
		ASTM A 193	B5
		ASTM A 194	3 type 501
		ASTM A 213	T5

6 DIN-Werkstoffbezeichnungen

Auflistung in alphanumerischer Reihenfolge

DIN steel names

Listed in alphanumerical order

DIN-Werkstoffbezeichnung DIN steel name		US-Bezeichnung US steel name	
Werkstoff-Kurzname EN steel name	EN/DIN Werk-stoff-Nr. EN/DIN Material no.	Norm Standard	Stahlsorte Steel class/grade/type
12 CrMo 19 5	1.7362	ASTM A 234	WP5 class 1
		ASTM A 234	WP5 class 3
		ASTM A 314	501
		ASTM A 314	502
		ASTM A 335	P5
		ASTM A 335	P5c
		ASTM A 336	F5
		ASTM A 369	FP5
		ASTM A 387	5
		ASTM A 691	5 CR
12 Ni 9	1.5635	ASTM A 203	A
		ASTM A 671	CF 65
12 Ni 19	1.5680	ASTM A 645	A
		SAE J 1249	AISI A2515
		SAE J 1249	AISI E2517
13 CrMo 4 4	1.7335	ASTM A 182	F 11 class 1
		ASTM A 182	F 12 class 1
		ASTM A 182	F 12 class 2
		ASTM A 213	T11
		ASTM A 213	T12
		ASTM A 234	WP11 class 1
		ASTM A 234	WP11 class 2
		ASTM A 234	WP11 class 3
		ASTM A 234	WP12 class 1
		ASTM A 234	WP12 class 2
		ASTM A 250	T12
		ASTM A 335	P11
		ASTM A 335	P12
		ASTM A 336	F11 class 1
		ASTM A 336	F12
		ASTM A 369	FP12
		ASTM A 387	12
		ASTM A 426	CP12
		ASTM A 691	1CR
		ASTM A 691	1 1/4 CR
		ASTM A 739	B11
13 NiCr 6	1.5713	ASTM A 681	P3

6 DIN-Werkstoffbezeichnungen

Auflistung in alphanumerischer Reihenfolge

DIN steel names

Listed in alphanumerical order

DIN-Werkstoffbezeichnung DIN steel name		US-Bezeichnung US steel name	
Werkstoff-Kurzname EN steel name	EN/DIN Werk-stoff-Nr. EN/DIN Material no.	Norm Standard	Stahlsorte Steel class/grade/type
13 NiCr 6	1.5713	SAE J 1249	AISI A3115
14 Ni 6	1.5622	ASTM A 203	A
		ASTM A 203	B
		ASTM A 671	CF 65
		ASTM A 671	CF 70
14 NiCr 10	1.5732	SAE J 1249	AISI 3415
14 NiCr 14	1.5752	ASTM A 506	E3310
		ASTM A 507	E3310
		ASTM A 519	E3310
		ASTM A 646	3310
		ASTM A 837	E3310
		ASTM A 914	3310RH
		ASTM A 1031	E3310
		ASTM A 1040	3310
		ASTM A 1040	3310RH
		ASTM A 1040	E3310
		SAE J 1249	AISI E3310
14 NiCrMo 13 4	1.6657	ASTM A 29	E9310
		ASTM A 304	9310H
		ASTM A 322	9310
		ASTM A 506	E9310
		ASTM A 507	E9310
		ASTM A 519	E9310
		ASTM A 534	9310H
		ASTM A 646	9310
		ASTM A 711	E9310
		ASTM A 837	9310
		ASTM A 914	9310RH
		ASTM A 1031	E9310
		ASTM A 1040	9310
		ASTM A 1040	9310H
		ASTM A 1040	9310RH
		ASTM A 1040	E9310
15 CrNi 6	1.5919	ASTM A 29	4320
		ASTM A 304	4320H
		ASTM A 322	4320
		ASTM A 506	4320

6 DIN-Werkstoffbezeichnungen

Auflistung in alphanumerischer Reihenfolge

DIN steel names

Listed in alphanumerical order

DIN-Werkstoffbezeichnung DIN steel name		US-Bezeichnung US steel name	
Werkstoff-Kurzname EN steel name	EN/DIN Werk-stoff-Nr. EN/DIN Material no.	Norm Standard	Stahlsorte Steel class/grade/type
15 CrNi 6	1.5919	ASTM A 507	4320
		ASTM A 519	4320
		ASTM A 534	4320H
		ASTM A 752	4320
		ASTM A 837	4320
		ASTM A 914	4320RH
		ASTM A 1031	4320
		ASTM A 1040	4320
		ASTM A 1040	4320H
		ASTM A 1040	4320RH
15 Mn 3	1.0467	ASTM A 512	1016
		ASTM A 513	1016
		ASTM A 519	1016
		ASTM A 568	1016
		ASTM A 787	1016
		ASTM A 794	1016
15 Mo 3	1.5415	ASTM A 182	F 1
		ASTM A 204	A
		ASTM A 209	T1a
		ASTM A 209	T1
		ASTM A 234	WP1
		ASTM A 250	T1a
		ASTM A 250	T1b
		ASTM A 250	T1
		ASTM A 335	P1
		ASTM A 336	F1
		ASTM A 369	FP1
		ASTM A 426	CP1
		ASTM A 672	L 65
		ASTM A 691	CM-65
15NiCr14	1.2735	ASTM A 681	P6
15NiCr18	1.2745	ASTM A 681	P6
15 NiCrMo 10 6	1.6780	–	UNS: J42015 (HY80)
		–	UNS: K31820
		ASTM A 372	K
15 NiCuMoNb 5	1.6368	ASTM A 182	F 36
		ASTM A 213	T36

6 DIN-Werkstoffbezeichnungen

Auflistung in alphanumerischer Reihenfolge

DIN steel names

Listed in alphanumerical order

DIN-Werkstoffbezeichnung DIN steel name		US-Bezeichnung US steel name	
Werkstoff-Kurzname EN steel name	EN/DIN Werk-stoff-Nr. EN/DIN Material no.	Norm Standard	Stahlsorte Steel class/grade/type
15 NiCuMoNb 5	1.6368	ASTM A 302	D
		ASTM A 335	P36
		ASTM A 508	3
		ASTM A 533	B
		ASTM A 533	C
		ASTM A 533	D
		ASTM A 672	J 80
		ASTM A 672	J 90
		ASTM A 672	J 100
15 S 10	1.0710	ASTM A 512	1115
		ASTM A 1040	1115
16 MnCr 5	1.7131	ASTM A 29	5115
		ASTM A 322	5115
		ASTM A 506	5115
		ASTM A 507	5115
		ASTM A 519	5115
		ASTM A 711	5115
		ASTM A 1031	5115
		ASTM A 1040	5115
16 Mo 5	1.5423	ASTM A 29	4419
		ASTM A 182	F 1
		ASTM A 204	A
		ASTM A 204	B
		ASTM A 204	C
		ASTM A 209	T1
		ASTM A 209	T1a
		ASTM A 234	WP1
		ASTM A 250	T1
		ASTM A 250	T1a
		ASTM A 250	T1b
		ASTM A 304	4419H
		ASTM A 322	4419
		ASTM A 335	P1
		ASTM A 336	F1
		ASTM A 369	FP1
		ASTM A 426	CP1
		ASTM A 506	4520

6 DIN-Werkstoffbezeichnungen

Auflistung in alphanumerischer Reihenfolge

DIN steel names

Listed in alphanumerical order

DIN-Werkstoffbezeichnung DIN steel name		US-Bezeichnung US steel name	
Werkstoff-Kurzname EN steel name	EN/DIN Werkstoff-Nr. EN/DIN Material no.	Norm Standard	Stahlsorte Steel class/grade/type
16 Mo 5	1.5423	ASTM A 507	4520
		ASTM A 519	4520
		ASTM A 672	L 65
		ASTM A 672	L 70
		ASTM A 672	L 75
		ASTM A 691	CM-65
		ASTM A 691	CM-70
		ASTM A 691	CM-75
		ASTM A 752	4419
		ASTM A 1031	4520
		ASTM A 1040	4419
		ASTM A 1040	4419H
		ASTM A 1040	4520
		SAE J 1249	AISI 4419
16 Ni 14	1.5639	ASTM A 203	D
		ASTM A 203	E
		ASTM A 203	F
		ASTM A 333	3
		ASTM A 334	3
		ASTM A 350	LF3
		ASTM A 420	WPL3
		ASTM A 671	CF 65
		ASTM A 671	CF 70
		ASTM A 765	III
		SAE J 1249	AISI A2317
16 NiCrMo 12 6	1.6782	ASTM A 543	C
17 Cr 3	1.7016	ASTM A 29	5115
		ASTM A 322	5115
		ASTM A 322	5117
		ASTM A 506	5115
		ASTM A 507	5115
		ASTM A 711	5115
		ASTM A 1031	5115
		ASTM A 1040	5115
		ASTM A 1040	5117
17 CrNiMo 6	1.6587	ASTM A 534	18CrNiMo7-6
		ASTM A 709	100 type P

6 DIN-Werkstoffbezeichnungen

Auflistung in alphanumerischer Reihenfolge

DIN steel names

Listed in alphanumerical order

DIN-Werkstoffbezeichnung DIN steel name		US-Bezeichnung US steel name	
Werkstoff-Kurzname EN steel name	EN/DIN Werkstoff-Nr. EN/DIN Material no.	Norm Standard	Stahlsorte Steel class/grade/type
17 Mn 4	1.0481	ASTM A 106	C
		ASTM A 139	E
		ASTM A 210	C
		ASTM A 234	WPC
		ASTM A 414	E
		ASTM A 515	70
		ASTM A 516	70
		ASTM A 556	C2
		ASTM A 662	B
		ASTM A 671	CB 70
		ASTM A 672	B 70
17 MnCr 5	1.3521	ASTM A 534	17MnCr5
17 MnMoV 6 4	1.5403	ASTM A 302	C
		ASTM A 533	B
		ASTM A 533	C
		ASTM A 533	D
		ASTM A 672	H 80
17 NiCrMo 14	1.3533	ASTM A 534	18NiCrMo14-6
18 MnMoV 5 2	1.8812	ASTM A 302	B
		ASTM A 302	A
		ASTM A 533	A
		ASTM A 672	H 75
		ASTM A 672	H 80
18 MnMoV 6 3	1.8815	ASTM A 302	A
		ASTM A 302	B
		ASTM A 533	A
		ASTM A 672	H 75
		ASTM A 672	H 80
19 Mn 5	1.0482	ASTM A 299	A
		ASTM A 299	B
		ASTM A 372	B
		ASTM A 414	G
		ASTM A 455	–
		ASTM A 515	70
		ASTM A 516	70
		ASTM A 537	1
		ASTM A 671	CB 70

6 DIN-Werkstoffbezeichnungen

Auflistung in alphanumerischer Reihenfolge

DIN steel names

Listed in alphanumerical order

DIN-Werkstoffbezeichnung DIN steel name		US-Bezeichnung US steel name	
Werkstoff-Kurzname EN steel name	EN/DIN Werk-stoff-Nr. EN/DIN Material no.	Norm Standard	Stahlsorte Steel class/grade/type
19 Mn 5	1.0482	ASTM A 671	CC 70
		ASTM A 671	CD 70
		ASTM A 672	B 70
		ASTM A 672	C 70
		ASTM A 672	D 70
		ASTM A 672	N 75
		ASTM A 691	CMSH-70
19 Mn 6	1.0473	ASTM A 299	A
		ASTM A 299	B
		ASTM A 414	G
		ASTM A 455	–
		ASTM A 516	70
		ASTM A 537	1
		ASTM A 573	70
		ASTM A 612	–
		ASTM A 671	CC 70
		ASTM A 671	CD 70
		ASTM A 672	C 70
		ASTM A 672	D 70
		ASTM A 672	N 75
		ASTM A 691	CMSH-70
19 MnB 4	1.5523	ASTM A 304	15B21H
		ASTM A 914	15B21RH
		ASTM A 1040	15B21H
		ASTM A 1040	15B21RH
19 MnCr 5	1.3523	ASTM A 534	19MnCr5
20 Cr 4	1.7027	ASTM A 304	5120H
		ASTM A 534	20Cr4
		ASTM A 534	5120H
		ASTM A 1040	5120H
20 Mn 5	1.1133	ASTM A 29	1522
		ASTM A 304	1522H
		ASTM A 568	1522
		ASTM A 576	1522
		ASTM A 635	1522
		ASTM A 711	1522
		ASTM A 1040	1522

6 DIN-Werkstoffbezeichnungen

Auflistung in alphanumerischer Reihenfolge

DIN steel names

Listed in alphanumerical order

DIN-Werkstoffbezeichnung DIN steel name		US-Bezeichnung US steel name	
Werkstoff-Kurzname EN steel name	EN/DIN Werk-stoff-Nr. EN/DIN Material no.	Norm Standard	Stahlsorte Steel class/grade/type
20 Mn 5	1.1133	ASTM A 1040	1522H
		SAE J 403	SAE 1522
20 Mn 6	1.1169	ASTM A 29	1524
		ASTM A 513	1524
		ASTM A 519	1524
		ASTM A 568	1524
		ASTM A 576	1524
		ASTM A 635	1524
		ASTM A 711	1524
		ASTM A 830	1524
		ASTM A 1040	1524
		SAE J 403	SAE 1524
20 MnCr 5	1.7147	ASTM A 29	5120
		ASTM A 304	5120H
		ASTM A 322	5120
		ASTM A 506	5120
		ASTM A 507	5120
		ASTM A 519	5120
		ASTM A 534	5120H
		ASTM A 711	5120
		ASTM A 752	5120
		ASTM A 1031	5120
		ASTM A 1040	5120
		ASTM A 1040	5120H
20 MnMoNi 4 5	1.6311	ASTM A 302	C
		ASTM A 533	B
		ASTM A 533	C
		ASTM A 533	D
		ASTM A 672	J 80
		ASTM A 672	J 90
		ASTM A 672	J 100
20 MnMoNi 5 5	1.6310	ASTM A 302	D
		ASTM A 508	3
		ASTM A 533	B
		ASTM A 533	C
		ASTM A 533	D
		ASTM A 672	J 80

6 DIN-Werkstoffbezeichnungen

Auflistung in alphanumerischer Reihenfolge

DIN steel names

Listed in alphanumerical order

DIN-Werkstoffbezeichnung DIN steel name		US-Bezeichnung US steel name	
Werkstoff-Kurzname EN steel name	EN/DIN Werk-stoff-Nr. EN/DIN Material no.	Norm Standard	Stahlsorte Steel class/grade/type
20 MnMoNi 5 5	1.6310	ASTM A 672	J 90
		ASTM A 672	J 100
20 MoCr 4	1.7321	ASTM A 29	4118
		ASTM A 304	4118H
		ASTM A 322	4118
		ASTM A 506	4118
		ASTM A 507	4118
		ASTM A 513	4118
		ASTM A 519	4118
		ASTM A 534	4118H
		ASTM A 711	4118
		ASTM A 752	4118
		ASTM A 829	4118
		ASTM A 914	4118RH
		ASTM A 1031	4118
		ASTM A 1040	4118
		ASTM A 1040	4118H
		ASTM A 1040	4118RH
20 MoCrS 4	1.7323	ASTM A 29	4121
		ASTM A 322	4121
		ASTM A 711	4121
		ASTM A 1040	4121
20 NiCrMo 3 2	1.6522	ASTM A 29	8620
		ASTM A 304	8620H
		ASTM A 322	8620
		ASTM A 506	8620
		ASTM A 507	8620
		ASTM A 513	8620
		ASTM A 519	8620
		ASTM A 534	20NiCrMo2
		ASTM A 534	8617H
		ASTM A 534	8620H
		ASTM A 646	8620
		ASTM A 711	8620
		ASTM A 732	13Q
		ASTM A 752	8620
		ASTM A 829	8620

6 DIN-Werkstoffbezeichnungen

Auflistung in alphanumerischer Reihenfolge

DIN steel names

Listed in alphanumerical order

DIN-Werkstoffbezeichnung DIN steel name		US-Bezeichnung US steel name	
Werkstoff-Kurzname EN steel name	EN/DIN Werk-stoff-Nr. EN/DIN Material no.	Norm Standard	Stahlsorte Steel class/grade/type
20 NiCrMo 3 2	1.6522	ASTM A 837	8620
		ASTM A 1031	8620
		ASTM A 1040	8620
		ASTM A 1040	8620H
20 NiCrMo 16 6	1.6742	ASTM A 541	4N
		ASTM A 707	L8
21 CrMoNiV 4 7	1.6981	ASTM A 213	T17
21 Mn 4	1.0469	ASTM A 29	1022
		ASTM A 513	1022
		ASTM A 519	1022
		ASTM A 568	1022
		ASTM A 576	1022
		ASTM A 635	1022
		ASTM A 711	1022
		ASTM A 830	1022
		ASTM A 1040	1022
21 NiCrMo 2	1.6523	ASTM A 29	8617
		ASTM A 29	8720
		ASTM A 304	8617H
		ASTM A 304	8620H
		ASTM A 304	8720H
		ASTM A 322	8617
		ASTM A 322	8720
		ASTM A 506	8617
		ASTM A 506	8620
		ASTM A 506	8720
		ASTM A 507	8617
		ASTM A 507	8620
		ASTM A 507	8720
		ASTM A 513	8620
		ASTM A 519	8617
		ASTM A 519	8620
		ASTM A 519	8720
		ASTM A 534	8620H
		ASTM A 711	8617
		ASTM A 752	8617
		ASTM A 752	8720

6 DIN-Werkstoffbezeichnungen

Auflistung in alphanumerischer Reihenfolge

DIN steel names

Listed in alphanumerical order

DIN-Werkstoffbezeichnung DIN steel name		US-Bezeichnung US steel name	
Werkstoff-Kurzname EN steel name	EN/DIN Werkstoff-Nr. EN/DIN Material no.	Norm Standard	Stahlsorte Steel class/grade/type
21 NiCrMo 2	1.6523	ASTM A 829	8617
		ASTM A 837	8620
		ASTM A 914	8720RH
		ASTM A 1031	8617
		ASTM A 1031	8620
		ASTM A 1031	8720
		ASTM A 1040	8617
		ASTM A 1040	8617H
		ASTM A 1040	8620
		ASTM A 1040	8620H
		ASTM A 1040	8620RH
		ASTM A 1040	8720
		ASTM A 1040	8720H
		ASTM A 1040	8720RH
		AWS A 5.2	UNS: K12147
		SAE J 404	SAE 8617
		SAE J 404	SAE 8620
		SAE J 1249	AISI 8717
21 NiCrMo 2 2	1.6543	ASTM A 29	8622
		ASTM A 29	8720
		ASTM A 304	8622H
		ASTM A 304	8720H
		ASTM A 322	8622
		ASTM A 322	8720
		ASTM A 506	8720
		ASTM A 507	8720
		ASTM A 519	8622
		ASTM A 519	8720
		ASTM A 752	8622
		ASTM A 752	8720
		ASTM A 829	8622
		ASTM A 914	8622RH
		ASTM A 914	8720RH
		ASTM A 1040	8622
		ASTM A 1040	8622H
		ASTM A 1040	8622RH
		ASTM A 1040	8720

6 DIN-Werkstoffbezeichnungen

Auflistung in alphanumerischer Reihenfolge

DIN steel names

Listed in alphanumerical order

DIN-Werkstoffbezeichnung DIN steel name		US-Bezeichnung US steel name	
Werkstoff-Kurzname EN steel name	EN/DIN Werkstoff-Nr. EN/DIN Material no.	Norm Standard	Stahlsorte Steel class/grade/type
21 NiCrMo 2 2	1.6543	ASTM A 1040	8720H
		ASTM A 1040	8720RH
		SAE J 1249	AISI 8719
21 NiCrMoS 2	1.6526	ASTM A 29	8620
		ASTM A 29	8720
		ASTM A 304	8620H
		ASTM A 304	8720H
		ASTM A 322	8620
		ASTM A 322	8720
		ASTM A 506	8620
		ASTM A 506	8720
		ASTM A 507	8620
		ASTM A 513	8620
		ASTM A 519	8620
		ASTM A 519	8720
		ASTM A 534	8620H
		ASTM A 646	8620
		ASTM A 711	8620
		ASTM A 711	8720
		ASTM A 752	8620
		ASTM A 752	8720
		ASTM A 829	8620
		ASTM A 837	8620
		ASTM A 914	8620RH
		ASTM A 914	8720RH
		ASTM A 1031	8620
		ASTM A 1031	8720
		ASTM A 1040	8620
		ASTM A 1040	8620H
		ASTM A 1040	8620RH
		ASTM A 1040	8720
		ASTM A 1040	8720H
		ASTM A 1040	8720RH
22 B 2	1.5508	ASTM A 304	15B21H
		ASTM A 1040	15B21H
22 CrMoS 3 5	1.7333	ASTM A 29	4121
		ASTM A 322	4121

6 DIN-Werkstoffbezeichnungen

Auflistung in alphanumerischer Reihenfolge

DIN steel names

Listed in alphanumerical order

DIN-Werkstoffbezeichnung DIN steel name		US-Bezeichnung US steel name	
Werkstoff-Kurzname EN steel name	EN/DIN Werkstoff-Nr. EN/DIN Material no.	Norm Standard	Stahlsorte Steel class/grade/type
22 CrMoS 3 5	1.7333	ASTM A 1040	4121
22 Mn 6	1.1160	ASTM A 29	1524
		ASTM A 304	1524H
		ASTM A 513	1524
		ASTM A 519	1524
		ASTM A 568	1524
		ASTM A 576	1524
		ASTM A 635	1524
		ASTM A 711	1524
		ASTM A 830	1524
		ASTM A 1040	1524
		ASTM A 1040	1524H
		SAE J 403	SAE 1524
22 NiMoCr 4 7	1.6755	ASTM A 29	4718
		ASTM A 304	4718H
		ASTM A 322	4718
		ASTM A 506	4718
		ASTM A 507	4718
		ASTM A 508	2
		ASTM A 519	4718
		ASTM A 541	2
		ASTM A 1031	4718
		ASTM A 1040	4718
		ASTM A 1040	4718H
24 CrMo 5	1.7258	ASTM A 193	B7
		ASTM A 193	B7M
		ASTM A 320	L7
		ASTM A 320	L7M
		ASTM A 320	L70
24 Ni 8	1.5633	ASTM A 757	B2N
		ASTM A 757	B2Q
24 NiCrMoV 14 6	1.6952	ASTM A 469	6
		ASTM A 469	7
		ASTM A 469	8
		ASTM A 470	C
25 CrMo 4	1.7218	ASTM A 304	4130H
		ASTM A 914	4130RH

6 DIN-Werkstoffbezeichnungen

Auflistung in alphanumerischer Reihenfolge

DIN steel names

Listed in alphanumerical order

DIN-Werkstoffbezeichnung DIN steel name		US-Bezeichnung US steel name	
Werkstoff-Kurzname EN steel name	EN/DIN Werkstoff-Nr. EN/DIN Material no.	Norm Standard	Stahlsorte Steel class/grade/type
25 CrMo 4	1.7218	ASTM A 1040	4130H
		ASTM A 1040	4130RH
		SAE J 1268	AISI 4130H
26 CrMo 4	1.7219	ASTM A 29	4130
		ASTM A 304	4130H
		ASTM A 322	4130
		ASTM A 372	E class 55
		ASTM A 372	E class 65
		ASTM A 372	E class 70
		ASTM A 506	4130
		ASTM A 507	4130
		ASTM A 513	4130
		ASTM A 519	4130
		ASTM A 646	4130
		ASTM A 649	3
		ASTM A 711	4130
		ASTM A 752	4130
		ASTM A 829	4130
		ASTM A 866	4130
		ASTM A 914	4130RH
		ASTM A 915	SC 4130
		ASTM A 958	SC 4130
		ASTM A 1031	4130
		ASTM A 1040	4130
		ASTM A 1040	4130H
		ASTM A 1040	4130RH
26 NiCrMoV 11 5	1.6948	ASTM A 471	1
		ASTM A 471	2
		ASTM A 471	3
		ASTM A 471	4
		ASTM A 471	5
		ASTM A 471	6
27 MnCrB 5 2	1.7182	ASTM A 29	50B44
		ASTM A 322	50B44
		ASTM A 519	50B44
		ASTM A 752	50B44
28 Cr 4	1.7030	ASTM A 29	5130

6 DIN-Werkstoffbezeichnungen

Auflistung in alphanumerischer Reihenfolge

DIN steel names

Listed in alphanumerical order

DIN-Werkstoffbezeichnung DIN steel name		US-Bezeichnung US steel name	
Werkstoff-Kurzname EN steel name	EN/DIN Werkstoff-Nr. EN/DIN Material no.	Norm Standard	Stahlsorte Steel class/grade/type
28 Cr 4	1.7030	ASTM A 304	5130 H
		ASTM A 322	5130
		ASTM A 506	5130
		ASTM A 507	5130
		ASTM A 513	5130
		ASTM A 519	5130
		ASTM A 752	5130
		ASTM A 914	5130RH
		ASTM A 1031	5130
		ASTM A 1040	5130
		ASTM A 1040	5130H
		ASTM A 1040	5130RH
28 CrS 4	1.7036	ASTM A 29	5130
		ASTM A 304	5130H
		ASTM A 322	5130
		ASTM A 506	5130
		ASTM A 507	5130
		ASTM A 513	5130
		ASTM A 519	5130
		ASTM A 1031	5130
		ASTM A 1040	5130
		ASTM A 1040	5130H
28 Mn 6	1.1170	ASTM A 29	1330
		ASTM A 322	1330
		ASTM A 519	1330
		ASTM A 711	1330
		ASTM A 752	1330
		ASTM A 829	1330
		ASTM A 1040	1330
		SAE J 1249	AISI 1330
30 NiCrMo 2 2	1.6545	ASTM A 29	8630
		ASTM A 304	8630H
		ASTM A 322	8630
		ASTM A 506	8630
		ASTM A 507	8630
		ASTM A 513	8630
		ASTM A 519	8630

6 DIN-Werkstoffbezeichnungen

Auflistung in alphanumerischer Reihenfolge

DIN steel names

Listed in alphanumerical order

DIN-Werkstoffbezeichnung DIN steel name		US-Bezeichnung US steel name	
Werkstoff-Kurzname EN steel name	EN/DIN Werk-stoff-Nr. EN/DIN Material no.	Norm Standard	Stahlsorte Steel class/grade/type
30 NiCrMo 2 2	1.6545	ASTM A 711	8630
		ASTM A 729	D
		ASTM A 732	14Q
		ASTM A 752	8630
		ASTM A 829	8630
		ASTM A 1031	8630
		ASTM A 1040	8630
		ASTM A 1040	8630H
		SAE J 404	SAE 8630
		SAE J 1249	AISI 8632
31 CrNiMo 8	1.6586	ASTM A 723	1
31 Mn 4	1.0520	ASTM A 29	1030
		ASTM A 512	1030
		ASTM A 513	1030
		ASTM A 519	1030
		ASTM A 568	1030
		ASTM A 576	1030
		ASTM A 635	1030
		ASTM A 682	1030
		ASTM A 684	1030
		ASTM A 711	1030
		ASTM A 830	1030
		ASTM A 866	1030
		ASTM A 1040	1030
		SAE J 403	SAE 1030
32 CrMoV 12 10	1.7765	AMS 6481	UNS: K24340
33 MnCrB 5 2	1.7185	ASTM A 29	50B44
		ASTM A 322	50B44
		ASTM A 519	50B44
		ASTM A 752	50B44
34 Cr 4	1.7033	ASTM A 29	5132
		ASTM A 304	5132H
		ASTM A 322	5132
		ASTM A 506	5132
		ASTM A 507	5132
		ASTM A 519	5132
		ASTM A 711	5132

6 DIN-Werkstoffbezeichnungen

Auflistung in alphanumerischer Reihenfolge

DIN steel names

Listed in alphanumerical order

DIN-Werkstoffbezeichnung DIN steel name		US-Bezeichnung US steel name	
Werkstoff-Kurzname EN steel name	EN/DIN Werk-stoff-Nr. EN/DIN Material no.	Norm Standard	Stahlsorte Steel class/grade/type
34 Cr 4	1.7033	ASTM A 752	5132
		ASTM A 1031	5132
		ASTM A 1040	5132
		ASTM A 1040	5132H
34 CrAlMo 5	1.8507	ASTM A 355	D
34 CrAlNi 7	1.8550	ASTM A 355	C
34 CrMo 4	1.7220	ASTM A 29	4135
		ASTM A 29	4137
		ASTM A 304	4135H
		ASTM A 304	4137H
		ASTM A 320	L7B
		ASTM A 320	L72
		ASTM A 322	4135
		ASTM A 322	4137
		ASTM A 372	F class 65
		ASTM A 506	4135
		ASTM A 506	4137
		ASTM A 507	4135
		ASTM A 507	4137
		ASTM A 519	4135
		ASTM A 519	4137
		ASTM A 752	4137
		ASTM A 829	4135
		ASTM A 829	4137
		ASTM A 1031	4135
		ASTM A 1031	4137
		ASTM A 1040	4135
		ASTM A 1040	4135H
		ASTM A 1040	4137
		ASTM A 1040	4137H
34 CrMoS 4	1.7226	ASTM A 29	4135
		ASTM A 29	4137
		ASTM A 322	4135
		ASTM A 322	4137
		ASTM A 372	F class 55
		ASTM A 372	F class 65
		ASTM A 372	F class 70

6 DIN-Werkstoffbezeichnungen

Auflistung in alphanumerischer Reihenfolge

DIN steel names

Listed in alphanumerical order

DIN-Werkstoffbezeichnung DIN steel name		US-Bezeichnung US steel name	
Werkstoff-Kurzname EN steel name	EN/DIN Werkstoff-Nr. EN/DIN Material no.	Norm Standard	Stahlsorte Steel class/grade/type
34 CrMoS 4	1.7226	ASTM A 506	4135
		ASTM A 507	4135
		ASTM A 519	4135
		ASTM A 752	4137
		ASTM A 829	4135
		ASTM A 829	4137
		ASTM A 1031	4135
		ASTM A 1031	4137
		ASTM A 1040	4135
		ASTM A 1040	4137
34 CrNiMo 6	1.6582	ASTM A 29	4340
		ASTM A 320	L43
		ASTM A 322	4340
		ASTM A 506	4340
		ASTM A 507	4340
		ASTM A 519	4337
		ASTM A 646	4340
		ASTM A 711	4340
		ASTM A 752	4340
		ASTM A 829	4340
		ASTM A 1031	4340
		ASTM A 1040	4337
		ASTM A 1040	4340
		SAE J 404	SAE 4340
34 CrS 4	1.7037	ASTM A 29	5132
		ASTM A 304	5132H
		ASTM A 322	5132
		ASTM A 506	5132
		ASTM A 507	5132
		ASTM A 519	5132
		ASTM A 711	5132
		ASTM A 752	5132
		ASTM A 1031	5132
		ASTM A 1040	5132
		ASTM A 1040	5132H
34 Mn 5	1.1166	ASTM A 29	1536
		ASTM A 568	1536

6 DIN-Werkstoffbezeichnungen

Auflistung in alphanumerischer Reihenfolge

DIN steel names

Listed in alphanumerical order

DIN-Werkstoffbezeichnung DIN steel name		US-Bezeichnung US steel name	
Werkstoff-Kurzname EN steel name	EN/DIN Werk-stoff-Nr. EN/DIN Material no.	Norm Standard	Stahlsorte Steel class/grade/type
34 Mn 5	1.1166	ASTM A 576	1536
		ASTM A 635	1536
		ASTM A 711	1536
		ASTM A 830	1536
		ASTM A 1040	1536
35 CrMo 4	1.2330	ASTM A 29	4135
		ASTM A 304	4135H
		ASTM A 320	L72
		ASTM A 320	L7B
		ASTM A 322	4135
		ASTM A 372	F class 65
		ASTM A 506	4135
		ASTM A 507	4135
		ASTM A 519	4135
		ASTM A 829	4135
		ASTM A 1031	4135
		ASTM A 1040	4135
		ASTM A 1040	4135H
35 S 20	1.0726	ASTM A 29	1140
		ASTM A 576	1140
		ASTM A 1040	1140
		SAE J 403	SAE 1140
36 CrNiMo 4	1.6511	ASTM A 519	9840
		ASTM A 1040	9840
		SAE J 1249	AISI 9840
36 Mn 4	1.0561	ASTM A 29	1037
		ASTM A 568	1037
		ASTM A 576	1037
		ASTM A 635	1037
		ASTM A 830	1037
		ASTM A 1040	1037
36 Mn 5	1.1167	ASTM A 29	1335
		ASTM A 304	1335H
		ASTM A 322	1335
		ASTM A 519	1335
		ASTM A 752	1335
		ASTM A 829	1335

6 DIN-Werkstoffbezeichnungen

Auflistung in alphanumerischer Reihenfolge

DIN steel names

Listed in alphanumerical order

DIN-Werkstoffbezeichnung DIN steel name		US-Bezeichnung US steel name	
Werkstoff-Kurzname EN steel name	EN/DIN Werkstoff-Nr. EN/DIN Material no.	Norm Standard	Stahlsorte Steel class/grade/type
36 Mn 5	1.1167	ASTM A 1040	1335
		SAE J 775	UNS: H15410
36 Mn 6	1.1127	ASTM A 29	1541
		ASTM A 311	1541
		ASTM A 519	1541
		ASTM A 568	1541
		ASTM A 576	1541
		ASTM A 635	1541
		ASTM A 711	1541
		ASTM A 830	1541
		ASTM A 866	1541
		ASTM A 1040	1541
36 NiCr 6	1.5710	AMS 6330	UNS: K22033
		SAE J 1249	AISI 3135
36 NiCr 10	1.5736	SAE J 1249	AISI 3435
37 Cr 4	1.7034	ASTM A 29	5135
		ASTM A 304	5135H
		ASTM A 322	5135
		ASTM A 519	5135
		ASTM A 711	5135
		ASTM A 752	5135
		ASTM A 1040	5135
		ASTM A 1040	5135H
37 CrS 4	1.7038	ASTM A 29	5135
		ASTM A 304	5135H
		ASTM A 322	5135
		ASTM A 519	5135
		ASTM A 711	5135
		ASTM A 752	5135
		ASTM A 1040	5135
		ASTM A 1040	5135H
38 Cr 2	1.7003	ASTM A 304	5140H
		ASTM A 1040	5140H
39 MnCrB 6 2	1.7189	ASTM A 29	50B44
		ASTM A 322	50B44
		ASTM A 519	50B44
		ASTM A 752	50B44

6 DIN-Werkstoffbezeichnungen

Auflistung in alphanumerischer Reihenfolge

DIN steel names

Listed in alphanumerical order

DIN-Werkstoffbezeichnung DIN steel name		US-Bezeichnung US steel name	
Werkstoff-Kurzname EN steel name	EN/DIN Werkstoff-Nr. EN/DIN Material no.	Norm Standard	Stahlsorte Steel class/grade/type
40 CrMoV 4 7	1.7711	ASTM A 193	B16
		ASTM A 194	16
		ASTM A 437	B4D
		ASTM A 540	B21 class 1
		ASTM A 540	B21 class 2
		ASTM A 540	B21 class 3
		ASTM A 540	B21 class 4
		ASTM A 540	B21 class 5
		SAE J 775	UNS: K14072
40 NiCr 6	1.5711	ASTM A 519	3140
		ASTM A 1040	3140
		SAE J 1249	AISI 3140
		SAE J 1249	AISI A3141
40 NiCrMo 6	1.6565	ASTM A 29	4340
		ASTM A 304	4340H
		ASTM A 320	L43
		ASTM A 322	4340
		ASTM A 506	4340
		ASTM A 507	4340
		ASTM A 519	4340
		ASTM A 646	4340
		ASTM A 711	4340
		ASTM A 752	4340
		ASTM A 829	4340
		ASTM A 1031	4340
		ASTM A 1040	4340
		ASTM A 1040	4340H
		SAE J 404	SAE 4340
40 NiCrMo 8 4	1.6562	ASTM A 29	E4340
		ASTM A 304	E4340H
		ASTM A 322	E4340
		ASTM A 506	E4340
		ASTM A 507	E4340
		ASTM A 519	E4340
		ASTM A 540	B23 class 1
		ASTM A 540	B23 class 2
		ASTM A 540	B23 class 3

6 DIN-Werkstoffbezeichnungen

Auflistung in alphanumerischer Reihenfolge

DIN steel names

Listed in alphanumerical order

DIN-Werkstoffbezeichnung DIN steel name		US-Bezeichnung US steel name	
Werkstoff-Kurzname EN steel name	EN/DIN Werk-stoff-Nr. EN/DIN Material no.	Norm Standard	Stahlsorte Steel class/grade/type
40 NiCrMo 8 4	1.6562	ASTM A 540	B23 class 4
		ASTM A 540	B23 class 5
		ASTM A 540	B24 class 1
		ASTM A 540	B24 class 2
		ASTM A 540	B24 class 3
		ASTM A 540	B24 class 4
		ASTM A 540	B24 class 5
		ASTM A 711	E4340
		ASTM A 752	E4340
		ASTM A 829	E4340
		ASTM A 1031	E4340
		ASTM A 1040	E4340
		ASTM A 1040	E4340H
41 Cr 4	1.7035	ASTM A 29	5140
		ASTM A 304	5140H
		ASTM A 322	5140
		ASTM A 506	5140
		ASTM A 507	5140
		ASTM A 519	5140
		ASTM A 711	5140
		ASTM A 752	5140
		ASTM A 866	5140
		ASTM A 914	5140RH
		ASTM A 1031	5140
		ASTM A 1040	5140
		ASTM A 1040	5140H
		ASTM A 1040	5140RH
41 CrMo 4	1.7223	ASTM A 29	4142
		ASTM A 194	7M type 4142
		ASTM A 304	4142H
		ASTM A 320	L7
		ASTM A 320	L7M
		ASTM A 320	L70
		ASTM A 322	4142
		ASTM A 506	4142
		ASTM A 507	4142
		ASTM A 519	4142

6 DIN-Werkstoffbezeichnungen

Auflistung in alphanumerischer Reihenfolge

DIN steel names

Listed in alphanumerical order

DIN-Werkstoffbezeichnung DIN steel name		US-Bezeichnung US steel name	
Werkstoff-Kurzname EN steel name	EN/DIN Werk-stoff-Nr. EN/DIN Material no.	Norm Standard	Stahlsorte Steel class/grade/type
41 CrMo 4	1.7223	ASTM A 711	4142
		ASTM A 752	4142
		ASTM A 829	4142
		ASTM A 1031	4142
		ASTM A 1040	4142
		ASTM A 1040	4142H
		SAE J 404	SAE 4142
41 CrS 4	1.7039	ASTM A 29	5140
		ASTM A 304	5140H
		ASTM A 322	5140
		ASTM A 506	5140
		ASTM A 507	5140
		ASTM A 519	5140
		ASTM A 711	5140
		ASTM A 752	5140
		ASTM A 866	5140
		ASTM A 1031	5140
		ASTM A 1040	5140
		ASTM A 1040	5140H
41 SiNiCrMoV 7 6	1.6928	ASTM A 579	32
		ASTM A 646	300M
42 Cr 4	1.7045	ASTM A 29	5140
		ASTM A 304	5140H
		ASTM A 322	5140
		ASTM A 506	5140
		ASTM A 507	5140
		ASTM A 519	5140
		ASTM A 711	5140
		ASTM A 752	5140
		ASTM A 866	5140
		ASTM A 1031	5140
		ASTM A 1040	5140
		ASTM A 1040	5140H
42 CrMo 4	1.7225	ASTM A 29	4137
		ASTM A 29	4140
		ASTM A 193	B7
		ASTM A 193	B7M

6 DIN-Werkstoffbezeichnungen

Auflistung in alphanumerischer Reihenfolge

DIN steel names

Listed in alphanumerical order

DIN-Werkstoffbezeichnung DIN steel name		US-Bezeichnung US steel name	
Werkstoff-Kurzname EN steel name	EN/DIN Werk-stoff-Nr. EN/DIN Material no.	Norm Standard	Stahlsorte Steel class/grade/type
42 CrMo 4	1.7225	ASTM A 194	7 type 4140
		ASTM A 194	7M type 4140
		ASTM A 194	7M type 4140H
		ASTM A 304	4137H
		ASTM A 304	4140H
		ASTM A 320	L7
		ASTM A 320	L7M
		ASTM A 320	L70
		ASTM A 322	4137
		ASTM A 322	4140
		ASTM A 372	J class 55
		ASTM A 372	J class 65
		ASTM A 372	J class 70
		ASTM A 372	J class 110
		ASTM A 506	4140
		ASTM A 507	4140
		ASTM A 513	4140
		ASTM A 519	4137
		ASTM A 519	4140
		ASTM A 519	4142
		ASTM A 540	B22 class 1
		ASTM A 540	B22 class 2
		ASTM A 540	B22 class 3
		ASTM A 540	B22 class 4
		ASTM A 540	B22 class 5
		ASTM A 646	4140
		ASTM A 711	4140
		ASTM A 732	8Q
		ASTM A 752	4137
		ASTM A 752	4140
		ASTM A 829	4137
		ASTM A 829	4140
		ASTM A 866	4140
		ASTM A 914	4140RH
		ASTM A 915	SC 4140
		ASTM A 958	SC 4140
		ASTM A 1031	4137

6 DIN-Werkstoffbezeichnungen

Auflistung in alphanumerischer Reihenfolge

DIN steel names

Listed in alphanumerical order

DIN-Werkstoffbezeichnung DIN steel name		US-Bezeichnung US steel name	
Werkstoff-Kurzname EN steel name	EN/DIN Werk-stoff-Nr. EN/DIN Material no.	Norm Standard	Stahlsorte Steel class/grade/type
42 CrMo 4	1.7225	ASTM A 1031	4140
		ASTM A 1040	4137
		ASTM A 1040	4137H
		ASTM A 1040	4140
		ASTM A 1040	4140H
		ASTM A 1040	4140RH
		SAE J 404	SAE 4140
		SAE J 775	UNS: H41400
42 CrMoS 4	1.7227	ASTM A 29	4140
		ASTM A 193	B7
		ASTM A 193	B7M
		ASTM A 194	7 type 4140
		ASTM A 194	7M type 4140
		ASTM A 320	L7
		ASTM A 320	L7M
		ASTM A 320	L70
		ASTM A 322	4140
		ASTM A 506	4140
		ASTM A 507	4140
		ASTM A 513	4140
		ASTM A 519	4140
		ASTM A 646	4140
		ASTM A 711	4140
		ASTM A 752	4140
		ASTM A 829	4140
		ASTM A 866	4140
		ASTM A 1031	4140
		ASTM A 1040	4140
42 MnMo 7	1.5432	ASTM A 29	4037
		ASTM A 304	4037H
		ASTM A 320	L71
		ASTM A 320	L7A
		ASTM A 322	4037
		ASTM A 372	D
		ASTM A 519	4037
		ASTM A 752	4037
		ASTM A 1040	4037

6 DIN-Werkstoffbezeichnungen

Auflistung in alphanumerischer Reihenfolge

DIN steel names

Listed in alphanumerical order

DIN-Werkstoffbezeichnung DIN steel name		US-Bezeichnung US steel name	
Werkstoff-Kurzname EN steel name	EN/DIN Werk-stoff-Nr. EN/DIN Material no.	Norm Standard	Stahlsorte Steel class/grade/type
42 MnMo 7	1.5432	ASTM A 1040	4037H
		SAE J 404	SAE 4037
42 MnV 7	1.5223	ASTM A 29	1340
		ASTM A 322	1340
		ASTM A 513	1340
		ASTM A 519	1340
		ASTM A 752	1340
		ASTM A 829	1340
		ASTM A 1040	1340
43 CrMo 4	1.3563	ASTM A 866	43CrMo4
		SAE J 1268	AISI 4145H
44 Cr 2	1.3561	ASTM A 29	5046
		ASTM A 322	5046
		ASTM A 506	5046
		ASTM A 507	5046
		ASTM A 519	5046
		ASTM A 1031	5046
		ASTM A 1040	5046
45 B 2	1.5513	ASTM A 29	50B46
		ASTM A 322	50B46
		ASTM A 752	50B46
		ASTM A 1040	50B46
45 CrMoV 7	1.2328	ASTM A 681	P20
45 S 20	1.0727	ASTM A 29	1146
		ASTM A 576	1146
		ASTM A 1040	1146
		SAE J 403	SAE 1146
45 WCrV 7	1.2542	ASTM A 681	S1
46 Cr 1	1.7002	ASTM A 304	5046H
		ASTM A 1040	5046H
46 Cr 2	1.7006	SAE J 1249	AISI 5045
46 Mn 5	1.1128	ASTM A 29	1548
		ASTM A 568	1548
		ASTM A 576	1548
		ASTM A 635	1548
		ASTM A 830	1548
		ASTM A 1040	1548

6 DIN-Werkstoffbezeichnungen

Auflistung in alphanumerischer Reihenfolge

DIN steel names

Listed in alphanumerical order

DIN-Werkstoffbezeichnung DIN steel name		US-Bezeichnung US steel name	
Werkstoff-Kurzname EN steel name	EN/DIN Werkstoff-Nr. EN/DIN Material no.	Norm Standard	Stahlsorte Steel class/grade/type
47 CrMo 4	1.2332	ASTM A 29	4142
		ASTM A 322	4142
		ASTM A 506	4142
		ASTM A 507	4142
		ASTM A 711	4142
		ASTM A 752	4142
		ASTM A 829	4142
		ASTM A 1031	4142
		ASTM A 1040	4142
50 CrMo 4	1.7228	ASTM A 29	4147
		ASTM A 29	4150
		ASTM A 304	4147H
		ASTM A 304	4150H
		ASTM A 322	4147
		ASTM A 322	4150
		ASTM A 506	4147
		ASTM A 506	4150
		ASTM A 507	4147
		ASTM A 507	4150
		ASTM A 519	4147
		ASTM A 519	4150
		ASTM A 711	4147
		ASTM A 711	4150
		ASTM A 752	4147
		ASTM A 752	4150
		ASTM A 829	4150
		ASTM A 866	4150
		ASTM A 1031	4150
		ASTM A 1040	4147
		ASTM A 1040	4147H
		ASTM A 1040	4150
		ASTM A 1040	4150H
		SAE J 404	SAE 4150
50CrMoV13-14	1.2357	ASTM A 597	CS-7
		ASTM A 681	S7
50 CrV 4	1.8159	ASTM A 29	6150
		ASTM A 322	6150

6 DIN-Werkstoffbezeichnungen

Auflistung in alphanumerischer Reihenfolge

DIN steel names

Listed in alphanumerical order

DIN-Werkstoffbezeichnung DIN steel name		US-Bezeichnung US steel name	
Werkstoff-Kurzname EN steel name	EN/DIN Werk-stoff-Nr. EN/DIN Material no.	Norm Standard	Stahlsorte Steel class/grade/type
50 CrV 4	1.8159	ASTM A 506	6150
		ASTM A 507	6150
		ASTM A 519	6150
		ASTM A 646	6150
		ASTM A 711	6150
		ASTM A 732	12Q
		ASTM A 752	6150
		ASTM A 829	6150
		ASTM A 866	6150
		ASTM A 1031	6150
		ASTM A 1040	6150
		SAE J 1249	AISI 6145
51 CrMoV 4	1.7701	ASTM A 29	4150
		ASTM A 322	4150
		ASTM A 506	4150
		ASTM A 507	4150
		ASTM A 519	4150
		ASTM A 711	4150
		ASTM A 752	4150
		ASTM A 829	4150
		ASTM A 866	4150
		ASTM A 1031	4150
		ASTM A 1040	4150
51 CrV 4	1.2241	ASTM A 29	6150
		ASTM A 322	6150
		ASTM A 506	6150
		ASTM A 507	6150
		ASTM A 519	6150
		ASTM A 646	6150
		ASTM A 711	6150
		ASTM A 752	6150
		ASTM A 829	6150
		ASTM A 866	6150
		ASTM A 1031	6150
		ASTM A 1040	6150
52 Mn 5	1.1226	ASTM A 29	1548
		ASTM A 29	1552

6 DIN-Werkstoffbezeichnungen

Auflistung in alphanumerischer Reihenfolge

DIN steel names

Listed in alphanumerical order

DIN-Werkstoffbezeichnung DIN steel name		US-Bezeichnung US steel name	
Werkstoff-Kurzname EN steel name	EN/DIN Werkstoff-Nr. EN/DIN Material no.	Norm Standard	Stahlsorte Steel class/grade/type
52 Mn 5	1.1226	ASTM A 568	1548
		ASTM A 568	1552
		ASTM A 576	1548
		ASTM A 576	1552
		ASTM A 635	1548
		ASTM A 635	1552
		ASTM A 830	1548
		ASTM A 830	1552
		ASTM A 866	1552
		ASTM A 1040	1548
		ASTM A 1040	1552
		SAE J 403	SAE 1548
		SAE J 403	SAE 1552
54 SiCr 6	1.7102	ASTM A 29	9254
		ASTM A 322	9254
		ASTM A 401	9254
		ASTM A 752	9254
		ASTM A 877	A
		ASTM A 1000	A
		ASTM A 1040	9254
55 Cr 3	1.7176	ASTM A 29	5155
		ASTM A 29	5160
		ASTM A 295	5160
		ASTM A 304	5155H
		ASTM A 304	5160H
		ASTM A 322	5155
		ASTM A 322	5160
		ASTM A 506	5160
		ASTM A 507	5160
		ASTM A 519	5155
		ASTM A 519	5160
		ASTM A 711	5155
		ASTM A 711	5160
		ASTM A 752	5155
		ASTM A 752	5160
		ASTM A 829	5160
		ASTM A 1031	5160

6 DIN-Werkstoffbezeichnungen

Auflistung in alphanumerischer Reihenfolge

DIN steel names

Listed in alphanumerical order

DIN-Werkstoffbezeichnung DIN steel name		US-Bezeichnung US steel name	
Werkstoff-Kurzname EN steel name	EN/DIN Werk-stoff-Nr. EN/DIN Material no.	Norm Standard	Stahlsorte Steel class/grade/type
55 Cr 3	1.7176	ASTM A 1040	5155
		ASTM A 1040	5155H
		ASTM A 1040	5160
		ASTM A 1040	5160H
		ASTM A 1040	5160RH
55 NiCrMoV 6	1.2713	ASTM A 681	L6
55 Si 7	1.0904	ASTM A 29	9255
	1.5026	ASTM A 322	9255
		ASTM A 519	9255
		ASTM A 711	9255
		ASTM A 752	9255
		ASTM A 1040	9255
		SAE J 1249	AISI 9255
55 SiCr 6 3	1.7104	ASTM A 29	9254
		ASTM A 322	9254
		ASTM A 401	9254
		ASTM A 752	9254
		ASTM A 877	A
		ASTM A 1040	9254
56 NiCrMoV 7	1.2714	ASTM A 681	L6
58 SiCr 8	1.2103	ASTM A 681	S4
60 MnCrB 3	1.7137	ASTM A 29	51B60
		ASTM A 304	51B60H
		ASTM A 322	51B60
		ASTM A 519	51B60
		ASTM A 711	51B60
		ASTM A 752	51B60
		ASTM A 1040	51B60H
60 MnSiCr 4	1.2826	ASTM A 681	S4
60 S 20	1.0728	ASTM A 29	1151
		ASTM A 576	1151
		ASTM A 1040	1151
		SAE J 403	SAE 1151
60 Si 7	1.0909	ASTM A 29	9260
		ASTM A 304	9260H
		ASTM A 322	9260
		ASTM A 506	9260

6 DIN-Werkstoffbezeichnungen

Auflistung in alphanumerischer Reihenfolge

DIN steel names

Listed in alphanumerical order

DIN-Werkstoffbezeichnung DIN steel name		US-Bezeichnung US steel name	
Werkstoff-Kurzname EN steel name	EN/DIN Werkstoff-Nr. EN/DIN Material no.	Norm Standard	Stahlsorte Steel class/grade/type
60 Si 7	1.0909	ASTM A 507	9260
		ASTM A 519	9260
		ASTM A 752	9260
		ASTM A 1031	9260
		ASTM A 1040	9260
		ASTM A 1040	9260H
		SAE J 404	SAE 9260
60 SiCr 7	1.7108	ASTM A 506	9262
		ASTM A 507	9262
		ASTM A 519	9262
		ASTM A 1031	9262
		ASTM A 1040	9262
		SAE J 1249	AISI 9262
60 SiMn 5	1.0908	ASTM A 29	1561
		ASTM A 521	1561
		ASTM A 576	1561
		ASTM A 711	1561
		ASTM A 713	1561
		ASTM A 1040	1561
60 WCrV 7	1.2550	ASTM A 681	S1
65NiCrMo3-2	1.2795	ASTM A 29	8660
		ASTM A 322	8660
		ASTM A 506	8660
		ASTM A 507	8660
		ASTM A 1031	8660
		ASTM A 1040	8660
66 Mn 4	1.1260	ASTM A 29	1566
		ASTM A 568	1566
		ASTM A 576	1566
		ASTM A 635	1566
		ASTM A 711	1566
		ASTM A 713	1566
		ASTM A 1040	1566
		SAE J 403	SAE 1566
66 Si 7	1.5028	ASTM A 752	9260
		ASTM A 1031	9260
		ASTM A 1040	9260

6 DIN-Werkstoffbezeichnungen

Auflistung in alphanumerischer Reihenfolge

DIN steel names

Listed in alphanumerical order

DIN-Werkstoffbezeichnung DIN steel name		US-Bezeichnung US steel name	
Werkstoff-Kurzname EN steel name	EN/DIN Werk-stoff-Nr. EN/DIN Material no.	Norm Standard	Stahlsorte Steel class/grade/type
66 Si 7	1.5028	ASTM A 1040	9260H
		ASTM A 29	9260
		ASTM A 304	9260H
		ASTM A 322	9260
		ASTM A 506	9260
		ASTM A 507	9260
		ASTM A 519	9260
		SAE J 404	SAE 9260
67 CrV 2	1.8150	ASTM A 1000	C
67 CrV 2 2	1.7503	ASTM A 1000	C
70 Si 7	1.2823	ASTM A 681	S5
80 CrV 2	1.2235	ASTM A 681	L2
80 MoCrV 42 16	1.3551	ASTM A 600	M50
81MoCrV42-16	1.2369	ASTM A 600	M50
85 Mn 3	1.0647	ASTM A 29	1084
		ASTM A 568	1084
		ASTM A 576	1084
		ASTM A 635	1084
		ASTM A 713	1084
		ASTM A 830	1084
		ASTM A 1040	1084
90 Cr 3	1.2056	ASTM A 686	W5
90 Mn 4	1.1273	ASTM A 568	1085
		ASTM A 635	1085
		ASTM A 682	1085
		ASTM A 684	1085
		ASTM A 830	1085
		ASTM A 1040	1085
		SAE J 403	SAE 1085
90 MnCrV 8	1.2842	ASTM A 681	O2
100 Cr 2	1.3501	ASTM A 29	E50100
		ASTM A 322	E50100
		ASTM A 519	E50100
		ASTM A 711	E50100
		ASTM A 1040	E50100
100 Cr 6	1.2067	ASTM A 295	52100
		ASTM A 681	L3

6 DIN-Werkstoffbezeichnungen

Auflistung in alphanumerischer Reihenfolge

DIN steel names

Listed in alphanumerical order

DIN-Werkstoffbezeichnung DIN steel name		US-Bezeichnung US steel name	
Werkstoff-Kurzname EN steel name	EN/DIN Werk-stoff-Nr. EN/DIN Material no.	Norm Standard	Stahlsorte Steel class/grade/type
100 Cr 6	1.3505	ASTM A 29	52100
		ASTM A 29	E52100
		ASTM A 295	52100
		ASTM A 322	52100
		ASTM A 322	E52100
		ASTM A 506	E52100
		ASTM A 507	E52100
		ASTM A 519	E52100
		ASTM A 646	52100
		ASTM A 711	52100
		ASTM A 732	15A
		ASTM A 752	E52100
		ASTM A 1031	E52100
		ASTM A 1040	52100
		ASTM A 1040	E52100
100 CrMn 6	1.3520	ASTM A 485	100CrMnSi6-4
100 CrMnMo 8	1.3539	ASTM A 485	100CrMnMoSi8-4-6
100 CrMo 7	1.3537	ASTM A 485	100CrMo7
100 CrMo 7 3	1.3536	ASTM A 485	100CrMo7-3
100 CrMo 7 4	1.3538	ASTM A 485	100CrMo7-4
100 V 1	1.2833	ASTM A 686	W1A-9 1/2
105 Cr 4	1.2057	ASTM A 29	E51100
	1.3503	ASTM A 322	E51100
		ASTM A 506	E51100
		ASTM A 507	E51100
		ASTM A 519	E51100
		ASTM A 711	E51100
		ASTM A 752	E51100
		ASTM A 1031	E51100
		ASTM A 1040	E51100
105 MnCr 4	1.2127	ASTM A 485	1
120 W 4	1.2414	ASTM A 681	F1
125 Cr 1	1.2002	ASTM A 686	W5
A St 35	1.0346	ASTM A 516	55
		ASTM A 672	C 55
A St 41	1.0426	ASTM A 181	70
		ASTM A 516	55

6 DIN-Werkstoffbezeichnungen

Auflistung in alphanumerischer Reihenfolge

DIN steel names

Listed in alphanumerical order

DIN-Werkstoffbezeichnung DIN steel name		US-Bezeichnung US steel name	
Werkstoff-Kurzname EN steel name	EN/DIN Werk-stoff-Nr. EN/DIN Material no.	Norm Standard	Stahlsorte Steel class/grade/type
A St 41	1.0426	ASTM A 516	60
		ASTM A 662	A
		ASTM A 671	CC 60
		ASTM A 672	C 60
A St 45	1.0436	ASTM A 105	–
		ASTM A 181	70
		ASTM A 266	4
		ASTM A 508	1A
		ASTM A 515	65
		ASTM A 516	65
		ASTM A 541	1A
		ASTM A 662	C
		ASTM A 671	CC 65
		ASTM A 672	B 65
		ASTM A 672	C 65
		ASTM A 738	C
B500A	1.0438	ASTM A 615	75
		ASTM A 706	60
		ASTM A 706	80
B500B	1.0439	ASTM A 29	1012
		ASTM A 29	M1012
		ASTM A 512	1012
		ASTM A 513	1012
		ASTM A 519	1012
		ASTM A 568	1012
		ASTM A 575	M1012
		ASTM A 576	1012
		ASTM A 635	1012
		ASTM A 711	1012
		ASTM A 830	1012
		ASTM A 1040	1012
		ASTM A 1040	M1012
		SAE J 403	SAE 1012
BSt 420 S	1.0428	ASTM A 615	60
BStE 355 TM	1.8823	ASTM A 572	42
		ASTM A 633	A
		ASTM A 913	50

6 DIN-Werkstoffbezeichnungen

Auflistung in alphanumerischer Reihenfolge

DIN steel names

Listed in alphanumerical order

DIN-Werkstoffbezeichnung DIN steel name		US-Bezeichnung US steel name	
Werkstoff-Kurzname EN steel name	EN/DIN Werk-stoff-Nr. EN/DIN Material no.	Norm Standard	Stahlsorte Steel class/grade/type
BStE 420 TM	1.8825	ASTM A 572	55
		ASTM A 588	B
		ASTM A 588	C
		ASTM A 588	K
		ASTM A 595	C element A 588/K
		ASTM A 633	D
		ASTM A 656	8 grade 60
BStE 460 TM	1.8827	ASTM A 913	65
BTStE 355 TM	1.8834	ASTM A 572	42
		ASTM A 572	50
		ASTM A 633	A
		ASTM A 656	8 grade 50
		ASTM A 913	50
BTStE 420 TM	1.8836	ASTM A 572	55
		ASTM A 588	B
		ASTM A 588	C
		ASTM A 588	K
		ASTM A 595	C element A 588/K
		ASTM A 633	D
		ASTM A 656	8 grade 60
BTStE 460 TM	1.8838	ASTM A 913	65
C 10	1.0301	ASTM A 29	1010
		ASTM A 29	M1010
		ASTM A 512	MT1010
		ASTM A 513	MT1010
		ASTM A 519	1010
		ASTM A 519	MT1010
		ASTM A 568	1010
		ASTM A 575	M1010
		ASTM A 576	1010
		ASTM A 635	1010
		ASTM A 787	1010
		ASTM A 787	MT1010
		ASTM A 830	1010
		ASTM A 1040	1010
		ASTM A 1040	M1010
		SAE J 403	SAE 1010

6 DIN-Werkstoffbezeichnungen

Auflistung in alphanumerischer Reihenfolge

DIN steel names

Listed in alphanumerical order

DIN-Werkstoffbezeichnung DIN steel name		US-Bezeichnung US steel name	
Werkstoff-Kurzname EN steel name	EN/DIN Werk-stoff-Nr. EN/DIN Material no.	Norm Standard	Stahlsorte Steel class/grade/type
C 14	1.0467	ASTM A 512	1016
		ASTM A 513	1016
		ASTM A 519	1016
		ASTM A 568	1016
		ASTM A 787	1016
		ASTM A 794	1016
C 15	1.0401	ASTM A 29	1015
		ASTM A 29	M1015
		ASTM A 108	1015
		ASTM A 512	MT1015
		ASTM A 513	MT1015
		ASTM A 519	1015
		ASTM A 519	MT1015
		ASTM A 568	1015
		ASTM A 575	M1015
		ASTM A 576	1015
		ASTM A 635	1015
		ASTM A 659	1015
		ASTM A 787	1015
		ASTM A 787	MT1015
		ASTM A 794	1015
		ASTM A 830	1015
		ASTM A 1040	1015
		ASTM A 1040	M1015
		SAE J 403	SAE 1015
C19E	1.1134	ASTM A 29	1022
		ASTM A 513	1022
		ASTM A 519	1022
		ASTM A 568	1022
		ASTM A 576	1022
		ASTM A 635	1022
		ASTM A 711	1022
		ASTM A 830	1022
		ASTM A 1040	1022
C 21	1.0432	ASTM A 29	1022
		ASTM A 513	1022
		ASTM A 519	1022

6 DIN-Werkstoffbezeichnungen

Auflistung in alphanumerischer Reihenfolge

DIN steel names

Listed in alphanumerical order

DIN-Werkstoffbezeichnung DIN steel name		US-Bezeichnung US steel name	
Werkstoff-Kurzname EN steel name	EN/DIN Werk-stoff-Nr. EN/DIN Material no.	Norm Standard	Stahlsorte Steel class/grade/type
C 21	1.0432	ASTM A 568	1022
		ASTM A 576	1022
		ASTM A 635	1022
		ASTM A 711	1022
		ASTM A 830	1022
		ASTM A 1040	1022
C 22	1.0402	ASTM A 29	1020
		ASTM A 29	M1020
		ASTM A 105	–
		ASTM A 108	1020
		ASTM A 181	60
		ASTM A 266	1
		ASTM A 512	MT1020
		ASTM A 513	MT1020
		ASTM A 519	MT1020
		ASTM A 568	1020
		ASTM A 575	M1020
		ASTM A 576	1020
		ASTM A 635	1020
		ASTM A 659	1020
		ASTM A 711	1020
		ASTM A 787	MT1020
		ASTM A 794	1020
		ASTM A 827	1020
		ASTM A 830	1020
		ASTM A 1040	1020
		ASTM A 1040	M1020
		SAE J 403	SAE 1020
C 22.8	1.0460	ASTM A 105	–
		ASTM A 181	60
		ASTM A 181	70
C 25	1.0406	ASTM A 29	1025
		ASTM A 29	M1025
		ASTM A 108	1025
		ASTM A 266	1
		ASTM A 512	1025
		ASTM A 513	1025

6 DIN-Werkstoffbezeichnungen

Auflistung in alphanumerischer Reihenfolge

DIN steel names

Listed in alphanumerical order

DIN-Werkstoffbezeichnung DIN steel name		US-Bezeichnung US steel name	
Werkstoff-Kurzname EN steel name	EN/DIN Werkstoff-Nr. EN/DIN Material no.	Norm Standard	Stahlsorte Steel class/grade/type
C 25	1.0406	ASTM A 519	1025
		ASTM A 568	1025
		ASTM A 575	M1025
		ASTM A 576	1025
		ASTM A 635	1025
		ASTM A 711	1025
		ASTM A 830	1025
		ASTM A 1040	1025
		ASTM A 1040	M1025
		SAE J 403	SAE 1025
C 30	1.0528	ASTM A 29	1030
		ASTM A 512	1030
		ASTM A 513	1030
		ASTM A 519	1030
		ASTM A 568	1030
		ASTM A 576	1030
		ASTM A 635	1030
		ASTM A 682	1030
		ASTM A 684	1030
		ASTM A 711	1030
		ASTM A 830	1030
		ASTM A 866	1030
		ASTM A 1040	1030
		SAE J 403	SAE 1030
C 35	1.0501	ASTM A 29	1035
		ASTM A 194	2H
		ASTM A 266	2
		ASTM A 311	1035
		ASTM A 512	1035
		ASTM A 513	1035
		ASTM A 519	1035
		ASTM A 568	1035
		ASTM A 576	1035
		ASTM A 635	1035
		ASTM A 668	X2
		ASTM A 682	1035
		ASTM A 684	1035

6 DIN-Werkstoffbezeichnungen

Auflistung in alphanumerischer Reihenfolge

DIN steel names

Listed in alphanumerical order

DIN-Werkstoffbezeichnung DIN steel name		US-Bezeichnung US steel name	
Werkstoff-Kurzname EN steel name	EN/DIN Werkstoff-Nr. EN/DIN Material no.	Norm Standard	Stahlsorte Steel class/grade/type
C 35	1.0501	ASTM A 711	1035
		ASTM A 827	1035
		ASTM A 830	1035
		SAE J 403	SAE 1035
C 40	1.0511	ASTM A 29	1040
		ASTM A 513	1040
		ASTM A 519	1040
		ASTM A 568	1040
		ASTM A 576	1040
		ASTM A 635	1040
		ASTM A 682	1040
		ASTM A 684	1040
		ASTM A 711	1040
		ASTM A 827	1040
		ASTM A 830	1040
		ASTM A 866	1040
		ASTM A 1040	1040
		SAE J 403	SAE 1040
C 45	1.0503	ASTM A 29	1045
		ASTM A 108	1045
		ASTM A 194	2H
		ASTM A 311	1045
		ASTM A 519	1045
		ASTM A 568	1045
		ASTM A 576	1045
		ASTM A 635	1045
		ASTM A 682	1045
		ASTM A 684	1045
		ASTM A 711	1045
		ASTM A 827	1045
		ASTM A 830	1045
		ASTM A 1040	1045
		SAE J 403	SAE 1045
C 45 W	1.1730	ASTM A 29	1045
		ASTM A 108	1045
		ASTM A 304	1045H
		ASTM A 311	1045

6 DIN-Werkstoffbezeichnungen

Auflistung in alphanumerischer Reihenfolge

DIN steel names

Listed in alphanumerical order

DIN-Werkstoffbezeichnung DIN steel name		US-Bezeichnung US steel name	
Werkstoff-Kurzname EN steel name	EN/DIN Werkstoff-Nr. EN/DIN Material no.	Norm Standard	Stahlsorte Steel class/grade/type
C 45 W	1.1730	ASTM A 519	1045
		ASTM A 576	1045
		ASTM A 635	1045
		ASTM A 682	1045
		ASTM A 684	1045
		ASTM A 711	1045
		ASTM A 827	1045
		ASTM A 830	1045
		ASTM A 1040	1045
		ASTM A 1040	1045H
		SAE J 403	SAE 1045
C 50	1.0540	ASTM A 29	1049
		ASTM A 29	1050
		ASTM A 311	1050
		ASTM A 513	1050
		ASTM A 519	1050
		ASTM A 568	1049
		ASTM A 568	1050
		ASTM A 576	1049
		ASTM A 576	1050
		ASTM A 635	1049
		ASTM A 635	1050
		ASTM A 668	X2
		ASTM A 682	1050
		ASTM A 684	1050
		ASTM A 711	1049
		ASTM A 711	1050
		ASTM A 827	1050
		ASTM A 830	1049
		ASTM A 830	1050
		ASTM A 866	1050
		ASTM A 1040	1049
		ASTM A 1040	1050
		SAE J 403	SAE 1049
		SAE J 403	SAE 1050
C 55	1.0535	ASTM A 29	1055
		ASTM A 568	1055

6 DIN-Werkstoffbezeichnungen

Auflistung in alphanumerischer Reihenfolge

DIN steel names

Listed in alphanumerical order

DIN-Werkstoffbezeichnung DIN steel name		US-Bezeichnung US steel name	
Werkstoff-Kurzname EN steel name	EN/DIN Werk-stoff-Nr. EN/DIN Material no.	Norm Standard	Stahlsorte Steel class/grade/type
C 55	1.0535	ASTM A 576	1055
		ASTM A 635	1055
		ASTM A 682	1055
		ASTM A 684	1055
		ASTM A 711	1055
		ASTM A 713	1055
		ASTM A 830	1055
		ASTM A 1040	1055
		SAE J 403	SAE 1055
C 60	1.0601	ASTM A 29	1060
		ASTM A 513	1060
		ASTM A 568	1060
		ASTM A 576	1060
		ASTM A 635	1060
		ASTM A 682	1060
		ASTM A 684	1060
		ASTM A 711	1060
		ASTM A 713	1060
		ASTM A 830	1060
		ASTM A 1040	1060
		SAE J 403	SAE 1060
C 67	1.0603	ASTM A 682	1070
		ASTM A 713	1070
C 75	1.0605	ASTM A 29	1074
		ASTM A 568	1074
		ASTM A 635	1074
		ASTM A 682	1074
		ASTM A 684	1074
		ASTM A 713	1074
		ASTM A 830	1074
		ASTM A 1040	1074
C 80 W 1	1.1525	ASTM A 686	W1A-8
C 80 W 2	1.1625	ASTM A 686	W1A-8
C 85 W	1.1830	ASTM A 686	W1A-8
C 105 W 1	1.1545	ASTM A 686	W1A-10
C 105 W 2	1.1645	ASTM A 686	W1A-9 1/2
C 135 W	1.1573	ASTM A 686	W2C-13

6 DIN-Werkstoffbezeichnungen

Auflistung in alphanumerischer Reihenfolge

DIN steel names

Listed in alphanumerical order

DIN-Werkstoffbezeichnung DIN steel name		US-Bezeichnung US steel name	
Werkstoff-Kurzname EN steel name	EN/DIN Werkstoff-Nr. EN/DIN Material no.	Norm Standard	Stahlsorte Steel class/grade/type
Cf 45	1.1193	ASTM A 29	1045
		ASTM A 108	1045
		ASTM A 194	2H
		ASTM A 304	1045H
		ASTM A 311	1045
		ASTM A 519	1045
		ASTM A 568	1045
		ASTM A 576	1045
		ASTM A 635	1045
		ASTM A 682	1045
		ASTM A 684	1045
		ASTM A 711	1045
		ASTM A 827	1045
		ASTM A 830	1045
		ASTM A 1040	1045
		ASTM A 1040	1045H
		SAE J 403	SAE 1045
Cf 53	1.1213	ASTM A 29	1050
		ASTM A 108	1050
		ASTM A 311	1050
		ASTM A 513	1050
		ASTM A 519	1050
		ASTM A 568	1050
		ASTM A 576	1050
		ASTM A 635	1050
		ASTM A 682	1050
		ASTM A 684	1050
		ASTM A 711	1050
		ASTM A 827	1050
		ASTM A 830	1050
		ASTM A 866	1050
		ASTM A 1040	1050
Cf 54	1.1219	ASTM A 866	C56E2
Ck 10	1.1121	ASTM A 29	1010
		ASTM A 29	M1010
		ASTM A 512	MT1010
		ASTM A 513	MT1010

6 DIN-Werkstoffbezeichnungen

Auflistung in alphanumerischer Reihenfolge

DIN steel names

Listed in alphanumerical order

DIN-Werkstoffbezeichnung DIN steel name		US-Bezeichnung US steel name	
Werkstoff-Kurzname EN steel name	EN/DIN Werkstoff-Nr. EN/DIN Material no.	Norm Standard	Stahlsorte Steel class/grade/type
Ck 10	1.1121	ASTM A 519	1010
		ASTM A 519	MT1010
		ASTM A 568	1010
		ASTM A 575	M1010
		ASTM A 576	1010
		ASTM A 635	1010
		ASTM A 711	1010
		ASTM A 787	1010
		ASTM A 830	1010
		ASTM A 1040	1010
		ASTM A 1040	M1010
		SAE J 403	SAE 1010
Ck 15	1.1141	ASTM A 29	1015
		ASTM A 29	M1015
		ASTM A 512	1015
		ASTM A 512	MT1015
		ASTM A 513	1015
		ASTM A 519	1015
		ASTM A 519	MT1015
		ASTM A 568	1015
		ASTM A 575	M1015
		ASTM A 576	1015
		ASTM A 635	1015
		ASTM A 659	1015
		ASTM A 787	1015
		ASTM A 787	MT1015
		ASTM A 794	1015
		ASTM A 830	1015
		ASTM A 1040	1015
		ASTM A 1040	M1015
		SAE J 403	SAE 1015
Ck 15 Al	1.1148	ASTM A 29	1016
		ASTM A 512	1016
		ASTM A 513	1016
		ASTM A 519	1016
		ASTM A 568	1016
		ASTM A 576	1016

6 DIN-Werkstoffbezeichnungen

Auflistung in alphanumerischer Reihenfolge

DIN steel names

Listed in alphanumerical order

DIN-Werkstoffbezeichnung DIN steel name		US-Bezeichnung US steel name	
Werkstoff-Kurzname EN steel name	EN/DIN Werkstoff-Nr. EN/DIN Material no.	Norm Standard	Stahlsorte Steel class/grade/type
Ck 15 Al	1.1148	ASTM A 635	1016
		ASTM A 659	1016
		ASTM A 787	1016
		ASTM A 794	1016
		ASTM A 830	1016
		ASTM A 1040	1016
		SAE J 403	SAE 1016
Ck 19	1.1134	ASTM A 29	1022
		ASTM A 513	1022
		ASTM A 519	1022
		ASTM A 568	1022
		ASTM A 576	1022
		ASTM A 635	1022
		ASTM A 711	1022
		ASTM A 830	1022
		ASTM A 1040	1022
Ck 22	1.1151	ASTM A 29	1020
		ASTM A 29	M1020
		ASTM A 512	1020
		ASTM A 512	MT1020
		ASTM A 513	1020
		ASTM A 519	1020
		ASTM A 519	MT1020
		ASTM A 568	1020
		ASTM A 575	M1020
		ASTM A 576	1020
		ASTM A 635	1020
		ASTM A 659	1020
		ASTM A 711	1020
		ASTM A 787	MT1020
		ASTM A 794	1020
		ASTM A 827	1020
		ASTM A 830	1020
		ASTM A 1040	1020
		ASTM A 1040	M1020
		SAE J 403	SAE 1020
Ck 25	1.1158	ASTM A 29	1025

6 DIN-Werkstoffbezeichnungen

Auflistung in alphanumerischer Reihenfolge

DIN steel names

Listed in alphanumerical order

DIN-Werkstoffbezeichnung DIN steel name		US-Bezeichnung US steel name	
Werkstoff-Kurzname EN steel name	EN/DIN Werk-stoff-Nr. EN/DIN Material no.	Norm Standard	Stahlsorte Steel class/grade/type
Ck 25	1.1158	ASTM A 29	M1025
		ASTM A 108	1025
		ASTM A 512	1025
		ASTM A 513	1025
		ASTM A 519	1025
		ASTM A 568	1025
		ASTM A 575	M1025
		ASTM A 576	1025
		ASTM A 635	1025
		ASTM A 711	1025
		ASTM A 830	1025
		ASTM A 1040	1025
		ASTM A 1040	M1025
		SAE J 403	SAE 1025
Ck 30	1.1178	ASTM A 29	1030
		ASTM A 512	1030
		ASTM A 513	1030
		ASTM A 519	1030
		ASTM A 568	1030
		ASTM A 576	1030
		ASTM A 635	1030
		ASTM A 682	1030
		ASTM A 684	1030
		ASTM A 711	1030
		ASTM A 830	1030
		ASTM A 866	1030
		ASTM A 1040	1030
		SAE J 403	SAE 1030
Ck 35	1.1181	ASTM A 29	1034
		ASTM A 29	1035
		ASTM A 29	1038
		ASTM A 108	1035
		ASTM A 304	1038H
		ASTM A 311	1035
		ASTM A 512	1035
		ASTM A 513	1035
		ASTM A 519	1035

6 DIN-Werkstoffbezeichnungen

Auflistung in alphanumerischer Reihenfolge

DIN steel names

Listed in alphanumerical order

DIN-Werkstoffbezeichnung DIN steel name		US-Bezeichnung US steel name	
Werkstoff-Kurzname EN steel name	EN/DIN Werk-stoff-Nr. EN/DIN Material no.	Norm Standard	Stahlsorte Steel class/grade/type
Ck 35	1.1181	ASTM A 568	1038
		ASTM A 576	1035
		ASTM A 576	1038
		ASTM A 635	1035
		ASTM A 635	1038
		ASTM A 682	1035
		ASTM A 684	1035
		ASTM A 711	1034
		ASTM A 711	1035
		ASTM A 711	1038
		ASTM A 827	1035
		ASTM A 830	1035
		ASTM A 830	1038
		ASTM A 1040	1034
		ASTM A 1040	1035
		ASTM A 1040	1038
		ASTM A 1040	1038H
		SAE J 403	SAE 1035
Ck 40	1.1186	ASTM A 29	1040
		ASTM A 108	1040
		ASTM A 513	1040
		ASTM A 519	1040
		ASTM A 568	1040
		ASTM A 576	1040
		ASTM A 635	1040
		ASTM A 682	1040
		ASTM A 684	1040
		ASTM A 711	1040
		ASTM A 827	1040
		ASTM A 830	1040
		ASTM A 866	1040
		ASTM A 1040	1040
		SAE J 403	SAE 1040
Ck 45	1.1191	ASTM A 29	1045
		ASTM A 108	1045
		ASTM A 194	2H
		ASTM A 304	1045H

6 DIN-Werkstoffbezeichnungen

Auflistung in alphanumerischer Reihenfolge

DIN steel names

Listed in alphanumerical order

DIN-Werkstoffbezeichnung DIN steel name		US-Bezeichnung US steel name	
Werkstoff-Kurzname EN steel name	EN/DIN Werkstoff-Nr. EN/DIN Material no.	Norm Standard	Stahlsorte Steel class/grade/type
Ck 45	1.1191	ASTM A 311	1045
		ASTM A 519	1045
		ASTM A 568	1045
		ASTM A 576	1045
		ASTM A 635	1045
		ASTM A 682	1045
		ASTM A 684	1045
		ASTM A 711	1045
		ASTM A 827	1045
		ASTM A 830	1045
		ASTM A 1040	1045
		ASTM A 1040	1045H
		SAE J 403	SAE 1045
Ck 50	1.1206	ASTM A 29	1049
		ASTM A 29	1050
		ASTM A 108	1050
		ASTM A 311	1050
		ASTM A 513	1050
		ASTM A 519	1050
		ASTM A 568	1049
		ASTM A 568	1050
		ASTM A 576	1049
		ASTM A 576	1050
		ASTM A 635	1049
		ASTM A 635	1050
		ASTM A 682	1050
		ASTM A 684	1050
		ASTM A 711	1049
		ASTM A 711	1050
		ASTM A 827	1050
		ASTM A 830	1049
		ASTM A 830	1050
		ASTM A 866	1050
		ASTM A 1040	1049
		ASTM A 1040	1050
		SAE J 403	SAE 1049
		SAE J 403	SAE 1050

6 DIN-Werkstoffbezeichnungen

Auflistung in alphanumerischer Reihenfolge

DIN steel names

Listed in alphanumerical order

DIN-Werkstoffbezeichnung DIN steel name		US-Bezeichnung US steel name	
Werkstoff-Kurzname EN steel name	EN/DIN Werk-stoff-Nr. EN/DIN Material no.	Norm Standard	Stahlsorte Steel class/grade/type
Ck 53	1.1210	ASTM A 29	1050
		ASTM A 108	1050
		ASTM A 311	1050
		ASTM A 513	1050
		ASTM A 519	1050
		ASTM A 568	1050
		ASTM A 576	1050
		ASTM A 635	1050
		ASTM A 682	1050
		ASTM A 684	1050
		ASTM A 711	1050
		ASTM A 827	1050
		ASTM A 830	1049
		ASTM A 830	1050
		ASTM A 866	1050
		ASTM A 1040	1050
		SAE J 403	SAE 1050
Ck 55	1.1203	ASTM A 29	1055
		ASTM A 568	1055
		ASTM A 576	1055
		ASTM A 635	1055
		ASTM A 682	1055
		ASTM A 684	1055
		ASTM A 711	1055
		ASTM A 713	1055
		ASTM A 830	1055
		ASTM A 1040	1055
		SAE J 403	SAE 1055
Ck 60	1.1221	ASTM A 29	1060
		ASTM A 513	1060
		ASTM A 568	1060
		ASTM A 576	1060
		ASTM A 635	1060
		ASTM A 682	1060
		ASTM A 684	1060
		ASTM A 711	1060
		ASTM A 713	1060

6 DIN-Werkstoffbezeichnungen

Auflistung in alphanumerischer Reihenfolge

DIN steel names

Listed in alphanumerical order

DIN-Werkstoffbezeichnung DIN steel name		US-Bezeichnung US steel name	
Werkstoff-Kurzname EN steel name	EN/DIN Werkstoff-Nr. EN/DIN Material no.	Norm Standard	Stahlsorte Steel class/grade/type
Ck 60	1.1221	ASTM A 830	1060
		ASTM A 1040	1060
		SAE J 403	SAE 1060
Ck 67	1.1231	ASTM A 29	1070
		ASTM A 568	1070
		ASTM A 576	1070
		ASTM A 635	1070
		ASTM A 682	1070
		ASTM A 684	1070
		ASTM A 711	1070
		ASTM A 713	1070
		ASTM A 830	1070
		ASTM A 1040	1070
Ck 68	1.1234	ASTM A 29	1069
		ASTM A 711	1069
		ASTM A 713	1069
		ASTM A 1040	1069
Ck 75	1.1248	ASTM A 29	1074
		ASTM A 568	1074
		ASTM A 635	1074
		ASTM A 682	1074
		ASTM A 684	1074
		ASTM A 713	1074
		ASTM A 830	1074
		ASTM A 1040	1074
Ck 85	1.1269	ASTM A 29	1086
		ASTM A 568	1086
		ASTM A 635	1086
		ASTM A 682	1086
		ASTM A 684	1086
		ASTM A 713	1086
		ASTM A 830	1086
		ASTM A 1040	1086
Ck 101	1.1274	ASTM A 29	1095
		ASTM A 568	1095
		ASTM A 576	1095
		ASTM A 635	1095

6 DIN-Werkstoffbezeichnungen

Auflistung in alphanumerischer Reihenfolge

DIN steel names

Listed in alphanumerical order

DIN-Werkstoffbezeichnung DIN steel name		US-Bezeichnung US steel name	
Werkstoff-Kurzname EN steel name	EN/DIN Werkstoff-Nr. EN/DIN Material no.	Norm Standard	Stahlsorte Steel class/grade/type
Ck 101	1.1274	ASTM A 682	1095
		ASTM A 684	1095
		ASTM A 713	1095
		ASTM A 830	1095
		ASTM A 1040	1095
Cm 15	1.1140	ASTM A 29	1015
		ASTM A 29	M1015
		ASTM A 512	MT1015
		ASTM A 513	1015
		ASTM A 519	1015
		ASTM A 519	MT1015
		ASTM A 568	1015
		ASTM A 575	M1015
		ASTM A 576	1015
		ASTM A 635	1015
		ASTM A 659	1015
		ASTM A 787	1015
		ASTM A 787	MT1015
		ASTM A 794	1015
		ASTM A 830	1015
		ASTM A 1040	1015
		ASTM A 1040	M1015
Cm 22	1.1149	ASTM A 29	1020
		ASTM A 29	M1020
		ASTM A 512	1020
		ASTM A 512	MT1020
		ASTM A 513	1020
		ASTM A 519	1020
		ASTM A 519	MT1020
		ASTM A 568	1020
		ASTM A 575	M1020
		ASTM A 576	1020
		ASTM A 635	1020
		ASTM A 659	1020
		ASTM A 711	1020
		ASTM A 787	MT1020
		ASTM A 794	1020

6 DIN-Werkstoffbezeichnungen

Auflistung in alphanumerischer Reihenfolge

DIN steel names

Listed in alphanumerical order

DIN-Werkstoffbezeichnung DIN steel name		US-Bezeichnung US steel name	
Werkstoff-Kurzname EN steel name	EN/DIN Werk-stoff-Nr. EN/DIN Material no.	Norm Standard	Stahlsorte Steel class/grade/type
Cm 22	1.1149	ASTM A 827	1020
		ASTM A 830	1020
		ASTM A 1040	1020
		ASTM A 1040	M1020
		SAE J 403	SAE 1020
Cm 25	1.1163	ASTM A 29	1025
		ASTM A 108	1025
		ASTM A 512	1025
		ASTM A 513	1025
		ASTM A 519	1025
		ASTM A 568	1025
		ASTM A 575	M1025
		ASTM A 576	1025
		ASTM A 635	1025
		ASTM A 711	1025
		ASTM A 830	1025
		ASTM A 1040	1025
		SAE J 403	SAE 1025
Cm 30	1.1179	ASTM A 29	1030
		ASTM A 512	1030
		ASTM A 513	1030
		ASTM A 519	1030
		ASTM A 568	1030
		ASTM A 576	1030
		ASTM A 635	1030
		ASTM A 682	1030
		ASTM A 684	1030
		ASTM A 711	1030
		ASTM A 830	1030
		ASTM A 866	1030
		ASTM A 1040	1030
		SAE J 403	SAE 1030
Cm 35	1.1180	ASTM A 29	1035
		ASTM A 108	1035
		ASTM A 311	1035
		ASTM A 512	1035
		ASTM A 513	1035

6 DIN-Werkstoffbezeichnungen

Auflistung in alphanumerischer Reihenfolge

DIN steel names

Listed in alphanumerical order

DIN-Werkstoffbezeichnung DIN steel name		US-Bezeichnung US steel name	
Werkstoff-Kurzname EN steel name	EN/DIN Werkstoff-Nr. EN/DIN Material no.	Norm Standard	Stahlsorte Steel class/grade/type
Cm 35	1.1180	ASTM A 519	1035
		ASTM A 568	1035
		ASTM A 576	1035
		ASTM A 635	1035
		ASTM A 682	1035
		ASTM A 684	1035
		ASTM A 711	1035
		ASTM A 827	1035
		ASTM A 830	1035
		ASTM A 1040	1035
		SAE J 403	SAE 1035
Cm 40	1.1189	ASTM A 29	1040
		ASTM A 108	1040
		ASTM A 513	1040
		ASTM A 519	1040
		ASTM A 568	1040
		ASTM A 576	1040
		ASTM A 635	1040
		ASTM A 682	1040
		ASTM A 684	1040
		ASTM A 711	1040
		ASTM A 827	1040
		ASTM A 830	1040
		ASTM A 866	1040
		ASTM A 1040	1040
Cm 45	1.1201	ASTM A 29	1045
		ASTM A 108	1045
		ASTM A 311	1045
		ASTM A 519	1045
		ASTM A 568	1045
		ASTM A 576	1045
		ASTM A 635	1045
		ASTM A 682	1045
		ASTM A 684	1045
		ASTM A 711	1045
		ASTM A 827	1045
		ASTM A 830	1045

6 DIN-Werkstoffbezeichnungen

Auflistung in alphanumerischer Reihenfolge

DIN steel names

Listed in alphanumerical order

DIN-Werkstoffbezeichnung DIN steel name		US-Bezeichnung US steel name	
Werkstoff-Kurzname EN steel name	EN/DIN Werk-stoff-Nr. EN/DIN Material no.	Norm Standard	Stahlsorte Steel class/grade/type
Cm 45	1.1201	ASTM A 1040	1045
		SAE J 403	SAE 1045
Cm 50	1.1241	ASTM A 29	1050
		ASTM A 108	1050
		ASTM A 311	1050
		ASTM A 513	1050
		ASTM A 519	1050
		ASTM A 568	1050
		ASTM A 576	1050
		ASTM A 635	1050
		ASTM A 682	1050
		ASTM A 684	1050
		ASTM A 711	1050
		ASTM A 827	1050
		ASTM A 830	1050
		ASTM A 866	1050
		ASTM A 1040	1050
		SAE J 403	SAE 1050
Cm 55	1.1209	ASTM A 29	1055
		ASTM A 568	1055
		ASTM A 576	1055
		ASTM A 635	1055
		ASTM A 682	1055
		ASTM A 684	1055
		ASTM A 711	1055
		ASTM A 713	1055
		ASTM A 830	1055
		ASTM A 1040	1055
		SAE J 403	SAE 1055
Cm 60	1.1223	ASTM A 29	1060
		ASTM A 513	1060
		ASTM A 568	1060
		ASTM A 576	1060
		ASTM A 635	1060
		ASTM A 682	1060
		ASTM A 684	1060
		ASTM A 711	1060

6 DIN-Werkstoffbezeichnungen

Auflistung in alphanumerischer Reihenfolge

DIN steel names

Listed in alphanumerical order

DIN-Werkstoffbezeichnung DIN steel name		US-Bezeichnung US steel name	
Werkstoff-Kurzname EN steel name	EN/DIN Werk-stoff-Nr. EN/DIN Material no.	Norm Standard	Stahlsorte Steel class/grade/type
Cm 60	1.1223	ASTM A 713	1060
		ASTM A 830	1060
		ASTM A 1040	1060
		SAE J 403	SAE 1060
Cq 15	1.1132	ASTM A 29	1015
		ASTM A 29	M1015
		ASTM A 108	1015
		ASTM A 512	1015
		ASTM A 513	1015
		ASTM A 519	1015
		ASTM A 568	1015
		ASTM A 575	M1015
		ASTM A 576	1015
		ASTM A 635	1015
		ASTM A 659	1015
		ASTM A 787	1015
		ASTM A 794	1015
		ASTM A 830	1015
		ASTM A 1040	1015
		ASTM A 1040	M1015
		SAE J 403	SAE 1015
Cq 22	1.1152	ASTM A 29	1023
		ASTM A 29	M1023
		ASTM A 513	1023
		ASTM A 568	1023
		ASTM A 575	M1023
		ASTM A 576	1023
		ASTM A 635	1023
		ASTM A 659	1023
		ASTM A 711	1023
		ASTM A 794	1023
		ASTM A 830	1023
		ASTM A 1040	1023
		ASTM A 1040	M1023
		SAE J 403	SAE 1023
Cq 35	1.1172	ASTM A 29	1035
		ASTM A 108	1035

6 DIN-Werkstoffbezeichnungen

Auflistung in alphanumerischer Reihenfolge

DIN steel names

Listed in alphanumerical order

DIN-Werkstoffbezeichnung DIN steel name		US-Bezeichnung US steel name	
Werkstoff-Kurzname EN steel name	EN/DIN Werkstoff-Nr. EN/DIN Material no.	Norm Standard	Stahlsorte Steel class/grade/type
Cq 35	1.1172	ASTM A 311	1035
		ASTM A 512	1035
		ASTM A 513	1035
		ASTM A 519	1035
		ASTM A 568	1035
		ASTM A 576	1035
		ASTM A 635	1035
		ASTM A 682	1035
		ASTM A 684	1035
		ASTM A 711	1035
		ASTM A 827	1035
		ASTM A 830	1035
		ASTM A 1040	1035
		SAE J 403	SAE 1035
CrNi 25 20	1.4843	ASTM A 167	310
		ASTM A 276	314
		ASTM A 314	314
		ASTM A 351	CK20
		ASTM A 451	CPK20
		ASTM A 473	314
		ASTM A 580	314
		ASTM A 743	CK20
		ASTM A 959	314
D 6-2	1.0314	ASTM A 29	1005
		ASTM A 568	1005
		ASTM A 635	1005
		ASTM A 711	1005
		ASTM A 1040	1005
		SAE J 403	SAE 1005
D 8-2	1.0313	ASTM A 29	1006
		ASTM A 568	1006
		ASTM A 635	1006
		ASTM A 830	1006
		ASTM A 1040	1006
		SAE J 403	SAE 1006
D 10-2	1.0310	ASTM A 29	1010
		ASTM A 108	1010

6 DIN-Werkstoffbezeichnungen

Auflistung in alphanumerischer Reihenfolge

DIN steel names

Listed in alphanumerical order

DIN-Werkstoffbezeichnung DIN steel name		US-Bezeichnung US steel name	
Werkstoff-Kurzname EN steel name	EN/DIN Werk-stoff-Nr. EN/DIN Material no.	Norm Standard	Stahlsorte Steel class/grade/type
D 10-2	1.0310	ASTM A 568	1010
		ASTM A 576	1010
		ASTM A 635	1010
		ASTM A 1040	1010
D 15-2	1.0413	ASTM A 29	1015
		ASTM A 29	M1015
		ASTM A 108	1015
		ASTM A 512	MT1015
		ASTM A 513	MT1015
		ASTM A 519	1015
		ASTM A 519	MT1015
		ASTM A 568	1015
		ASTM A 575	M1015
		ASTM A 576	1015
		ASTM A 635	1015
		ASTM A 659	1015
		ASTM A 787	1015
		ASTM A 794	1015
		ASTM A 830	1015
		ASTM A 1040	1015
		ASTM A 1040	M1015
		SAE J 403	SAE 1015
D 20-2	1.0414	ASTM A 29	1020
		ASTM A 29	M1020
		ASTM A 108	1020
		ASTM A 512	MT1020
		ASTM A 513	MT1020
		ASTM A 519	MT1020
		ASTM A 568	1020
		ASTM A 575	M1020
		ASTM A 576	1020
		ASTM A 635	1020
		ASTM A 659	1020
		ASTM A 787	MT1020
		ASTM A 794	1020
		ASTM A 827	1020
		ASTM A 830	1020

6 DIN-Werkstoffbezeichnungen

Auflistung in alphanumerischer Reihenfolge

DIN steel names

Listed in alphanumerical order

DIN-Werkstoffbezeichnung DIN steel name		US-Bezeichnung US steel name	
Werkstoff-Kurzname EN steel name	EN/DIN Werk-stoff-Nr. EN/DIN Material no.	Norm Standard	Stahlsorte Steel class/grade/type
D 20-2	1.0414	ASTM A 1040	1020
		ASTM A 1040	M1020
		SAE J 403	SAE 1020
D 25-2	1.0415	ASTM A 29	1025
		ASTM A 29	M1025
		ASTM A 108	1025
		ASTM A 512	1025
		ASTM A 513	1025
		ASTM A 519	1025
		ASTM A 568	1025
		ASTM A 575	M1025
		ASTM A 576	1025
		ASTM A 635	1025
		ASTM A 711	1025
		ASTM A 830	1025
		ASTM A 1040	1025
		ASTM A 1040	M1025
		SAE J 403	SAE 1025
D 30-2	1.0530	ASTM A 29	1030
		ASTM A 512	1030
		ASTM A 513	1030
		ASTM A 519	1030
		ASTM A 568	1030
		ASTM A 576	1030
		ASTM A 635	1030
		ASTM A 682	1030
		ASTM A 684	1030
		ASTM A 711	1030
		ASTM A 830	1030
		ASTM A 866	1030
		ASTM A 1040	1030
		SAE J 403	SAE 1030
D 35-2	1.0516	ASTM A 29	1035
		ASTM A 311	1035
		ASTM A 512	1035
		ASTM A 513	1035
		ASTM A 519	1035

6 DIN-Werkstoffbezeichnungen

Auflistung in alphanumerischer Reihenfolge

DIN steel names

Listed in alphanumerical order

DIN-Werkstoffbezeichnung DIN steel name		US-Bezeichnung US steel name	
Werkstoff-Kurzname EN steel name	EN/DIN Werk-stoff-Nr. EN/DIN Material no.	Norm Standard	Stahlsorte Steel class/grade/type
D 35-2	1.0516	ASTM A 568	1035
		ASTM A 576	1035
		ASTM A 635	1035
		ASTM A 682	1035
		ASTM A 684	1035
		ASTM A 711	1035
		ASTM A 827	1035
		ASTM A 830	1035
		SAE J 403	SAE 1035
D 40 2	1.0541	ASTM A 29	1042
		ASTM A 29	1043
		ASTM A 568	1042
		ASTM A 568	1043
		ASTM A 576	1042
		ASTM A 576	1043
		ASTM A 635	1042
		ASTM A 635	1043
		ASTM A 711	1042
		ASTM A 711	1043
		ASTM A 830	1042
		ASTM A 830	1043
		ASTM A 1040	1042
		ASTM A 1040	1043
D 50-2	1.0586	ASTM A 29	1050
		ASTM A 108	1050
		ASTM A 311	1050
		ASTM A 576	1050
		ASTM A 684	1050
		ASTM A 830	1050
		ASTM A 1040	1050
D 55-3	1.1220	ASTM A 29	1055
		ASTM A 576	1055
		ASTM A 635	1055
		ASTM A 682	1055
		ASTM A 684	1055
		ASTM A 711	1055
		ASTM A 713	1055

6 DIN-Werkstoffbezeichnungen

Auflistung in alphanumerischer Reihenfolge

DIN steel names

Listed in alphanumerical order

DIN-Werkstoffbezeichnung DIN steel name		US-Bezeichnung US steel name	
Werkstoff-Kurzname EN steel name	EN/DIN Werk-stoff-Nr. EN/DIN Material no.	Norm Standard	Stahlsorte Steel class/grade/type
D 55-3	1.1220	ASTM A 830	1055
		ASTM A 1040	1055
D 58-2	1.0609	ASTM A 29	1060
		ASTM A 576	1060
		ASTM A 635	1060
		ASTM A 684	1060
		ASTM A 830	1060
		ASTM A 1040	1060
D 58-3	1.1212	ASTM A 29	1059
		ASTM A 713	1059
		ASTM A 1040	1059
D 60-2	1.0610	ASTM A 29	1060
		ASTM A 576	1060
		ASTM A 635	1060
		ASTM A 684	1060
		ASTM A 830	1060
		ASTM A 1040	1060
D 60-3	1.1228	ASTM A 29	1059
		ASTM A 711	1059
		ASTM A 713	1059
		ASTM A 1040	1059
D 63-2	1.0611	ASTM A 29	1065
		ASTM A 635	1065
		ASTM A 684	1065
		ASTM A 830	1065
		ASTM A 1040	1065
D 63-3	1.1222	ASTM A 29	1064
		ASTM A 568	1064
		ASTM A 635	1064
		ASTM A 682	1064
		ASTM A 684	1064
		ASTM A 711	1064
		ASTM A 713	1064
		ASTM A 830	1064
		ASTM A 1040	1064
D 65-2	1.0612	ASTM A 29	1065
		ASTM A 635	1065

6 DIN-Werkstoffbezeichnungen

Auflistung in alphanumerischer Reihenfolge

DIN steel names

Listed in alphanumerical order

DIN-Werkstoffbezeichnung DIN steel name		US-Bezeichnung US steel name	
Werkstoff-Kurzname EN steel name	EN/DIN Werk-stoff-Nr. EN/DIN Material no.	Norm Standard	Stahlsorte Steel class/grade/type
D 65-2	1.0612	ASTM A 682	1065
		ASTM A 684	1065
		ASTM A 713	1065
		ASTM A 830	1065
		ASTM A 1040	1065
		SAE J 403	SAE 1065
D 65-3	1.1236	ASTM A 29	1064
		ASTM A 568	1064
		ASTM A 635	1064
		ASTM A 682	1064
		ASTM A 684	1064
		ASTM A 713	1064
		ASTM A 830	1064
		ASTM A 1040	1064
D 70-2	1.0615	ASTM A 29	1070
		ASTM A 576	1070
		ASTM A 635	1070
		ASTM A 684	1070
		ASTM A 713	1070
		ASTM A 830	1070
		ASTM A 1040	1070
D 73-2	1.0617	ASTM A 29	1070
		ASTM A 576	1070
		ASTM A 635	1070
		ASTM A 684	1070
		ASTM A 713	1070
		ASTM A 830	1070
		ASTM A 1040	1070
D 73-3	1.1242	ASTM A 29	1069
		ASTM A 711	1069
		ASTM A 713	1069
		ASTM A 1040	1069
D 75-2	1.0614	ASTM A 29	1074
		ASTM A 568	1074
		ASTM A 635	1074
		ASTM A 682	1074
		ASTM A 684	1074

6 DIN-Werkstoffbezeichnungen

Auflistung in alphanumerischer Reihenfolge

DIN steel names

Listed in alphanumerical order

DIN-Werkstoffbezeichnung DIN steel name		US-Bezeichnung US steel name	
Werkstoff-Kurzname EN steel name	EN/DIN Werk-stoff-Nr. EN/DIN Material no.	Norm Standard	Stahlsorte Steel class/grade/type
D 75-2	1.0614	ASTM A 713	1074
		ASTM A 830	1074
		ASTM A 1040	1074
D 75-3	1.1253	ASTM A 29	1074
		ASTM A 29	1075
		ASTM A 568	1074
		ASTM A 568	1075
		ASTM A 635	1074
		ASTM A 635	1075
		ASTM A 682	1074
		ASTM A 684	1074
		ASTM A 684	1075
		ASTM A 711	1074
		ASTM A 711	1075
		ASTM A 713	1074
		ASTM A 713	1075
		ASTM A 830	1074
		ASTM A 1040	1074
		ASTM A 1040	1075
D 78-2	1.0620	ASTM A 29	1075
		ASTM A 635	1075
		ASTM A 1040	1075
D 78-3	1.1252	ASTM A 29	1074
		ASTM A 29	1075
		ASTM A 568	1074
		ASTM A 568	1075
		ASTM A 635	1074
		ASTM A 635	1075
		ASTM A 682	1074
		ASTM A 684	1074
		ASTM A 684	1075
		ASTM A 711	1074
		ASTM A 711	1075
		ASTM A 713	1074
		ASTM A 713	1075
		ASTM A 830	1074
		ASTM A 1040	1074

6 DIN-Werkstoffbezeichnungen

Auflistung in alphanumerischer Reihenfolge

DIN steel names

Listed in alphanumerical order

DIN-Werkstoffbezeichnung DIN steel name		US-Bezeichnung US steel name	
Werkstoff-Kurzname EN steel name	EN/DIN Werk-stoff-Nr. EN/DIN Material no.	Norm Standard	Stahlsorte Steel class/grade/type
D 78-3	1.1252	ASTM A 1040	1075
D 80-2	1.0622	ASTM A 29	1078
		ASTM A 568	1078
		ASTM A 576	1078
		ASTM A 635	1078
		ASTM A 711	1078
		ASTM A 713	1078
		ASTM A 830	1078
		ASTM A 1040	1078
D 80-3	1.1255	ASTM A 29	1078
		ASTM A 568	1078
		ASTM A 576	1078
		ASTM A 635	1078
		ASTM A 711	1078
		ASTM A 713	1078
		ASTM A 830	1078
		ASTM A 1040	1078
D 83-2	1.0626	ASTM A 29	1078
		ASTM A 568	1078
		ASTM A 576	1078
		ASTM A 635	1078
		ASTM A 711	1078
		ASTM A 713	1078
		ASTM A 830	1078
		ASTM A 1040	1078
D 83-3	1.1262	ASTM A 29	1078
		ASTM A 576	1078
		ASTM A 635	1078
		ASTM A 711	1078
		ASTM A 713	1078
		ASTM A 830	1078
		ASTM A 1040	1078
D 85-2	1.0616	ASTM A 29	1080
		ASTM A 568	1080
		ASTM A 576	1080
		ASTM A 635	1080
		ASTM A 682	1080

6 DIN-Werkstoffbezeichnungen

Auflistung in alphanumerischer Reihenfolge

DIN steel names

Listed in alphanumerical order

DIN-Werkstoffbezeichnung DIN steel name		US-Bezeichnung US steel name	
Werkstoff-Kurzname EN steel name	EN/DIN Werk-stoff-Nr. EN/DIN Material no.	Norm Standard	Stahlsorte Steel class/grade/type
D 85-2	1.0616	ASTM A 684	1080
		ASTM A 713	1080
		ASTM A 830	1080
		ASTM A 1040	1080
		SAE J 403	SAE 1080
D 85-3	1.1265	ASTM A 29	1080
		ASTM A 568	1080
		ASTM A 576	1080
		ASTM A 635	1080
		ASTM A 682	1080
		ASTM A 684	1080
		ASTM A 711	1080
		ASTM A 713	1080
		ASTM A 830	1080
		ASTM A 1040	1080
D 88-2	1.0628	ASTM A 29	1084
		ASTM A 568	1084
		ASTM A 576	1084
		ASTM A 635	1084
		ASTM A 713	1084
		ASTM A 830	1084
		ASTM A 1040	1084
D 88-3	1.1272	ASTM A 29	1084
		ASTM A 568	1084
		ASTM A 576	1084
		ASTM A 635	1084
		ASTM A 713	1084
		ASTM A 830	1084
		ASTM A 1040	1084
D 95-2	1.0618	ASTM A 29	1090
		ASTM A 568	1090
		ASTM A 576	1090
		ASTM A 635	1090
		ASTM A 713	1090
		ASTM A 830	1090
		ASTM A 1040	1090
D 95-3	1.1282	ASTM A 29	1090

6 DIN-Werkstoffbezeichnungen

Auflistung in alphanumerischer Reihenfolge

DIN steel names

Listed in alphanumerical order

DIN-Werkstoffbezeichnung DIN steel name		US-Bezeichnung US steel name	
Werkstoff-Kurzname EN steel name	EN/DIN Werkstoff-Nr. EN/DIN Material no.	Norm Standard	Stahlsorte Steel class/grade/type
D 95-3	1.1282	ASTM A 568	1090
		ASTM A 576	1090
		ASTM A 635	1090
		ASTM A 711	1090
		ASTM A 713	1090
		ASTM A 830	1090
		ASTM A 1040	1090
ED 4	1.0394	ASTM A 424	Type I
		ASTM A 424	Type II
		ASTM A 424	Type III
EK 4	1.0392	ASTM A 424	Type I
		ASTM A 424	Type II
		ASTM A 424	Type III
EStE 285	1.1104	ASTM A 707	L1
EStE 355	1.1106	ASTM A 662	B
		ASTM A 707	L3
		ASTM A 841	A class 1
		ASTM A 841	B class 1
		ASTM A 841	C class 1
EStE 420	1.8913	ASTM A 633	E
EStE 460	1.8918	ASTM A 537	2
		ASTM A 572	65
		ASTM A 633	E
		ASTM A 671	CD 80
		ASTM A 672	D 80
		ASTM A 691	CMSH-80
EStE 550 V	1.8986	ASTM A 852	–
EStE 690 V	1.8988	ASTM A 709	100 type B
		ASTM A 709	100 type E
		ASTM A 709	100 type F
		ASTM A 709	100 type H
		ASTM A 709	100 type Q
		ASTM A 709	HPS 100W
FD Federstahldraht	1.1230	ASTM A 29	1065
		ASTM A 229	–
		ASTM A 568	1065
		ASTM A 635	1065

6 DIN-Werkstoffbezeichnungen

Auflistung in alphanumerischer Reihenfolge

DIN steel names

Listed in alphanumerical order

DIN-Werkstoffbezeichnung DIN steel name		US-Bezeichnung US steel name	
Werkstoff-Kurzname EN steel name	EN/DIN Werk-stoff-Nr. EN/DIN Material no.	Norm Standard	Stahlsorte Steel class/grade/type
FD Federstahldraht	1.1230	ASTM A 682	1065
		ASTM A 684	1065
		ASTM A 711	1065
		ASTM A 713	1065
		ASTM A 830	1065
		ASTM A 1040	1065
		SAE J 403	SAE 1065
FStE 315 TM	1.8821	ASTM A 515	65
FStE 460 TM	1.8826	ASTM A 738	A
FTStE 355 TM	1.8833	ASTM A 515	65
		ASTM A 516	65
FTStE 460 TM	1.8837	ASTM A 738	A
GL-A	1.0440	ASTM A 131	A
GL-A	1.0441	ASTM A 131	A
GL-A 32	1.0513	ASTM A 131	AH32
GL-A 36	1.0583	ASTM A 131	AH36
GL-A 40	1.0532	ASTM A 131	AH40
GL-B	1.0442	ASTM A 131	B
GL-D	1.0475	ASTM A 131	D
GL-D 32	1.0514	ASTM A 131	DH32
GL-D 36	1.0584	ASTM A 131	DH36
GL-D 40	1.0534	ASTM A 131	DH40
GL-E	1.0476	ASTM A 131	E
GL-E 32	1.0515	ASTM A 131	EH32
GL-E 36	1.0589	ASTM A 131	EH36
GL-E 40	1.0560	ASTM A 131	EH40
GS-10 Ni 6	1.5621	ASTM A 352	LC2
GS-10 Ni 14	1.5638	ASTM A 352	LC3
		ASTM A 757	B3N
		ASTM A 757	B3Q
GS-10 Ni 19	1.5681	ASTM A 757	B4N
		ASTM A 757	B4Q
		SAE J 1249	AISI E2512
GS-12 CrMo 19 5	1.7363	ASTM A 217	C5
		ASTM A 426	CP5
GS-16 Mn 5	1.1131	ASTM A 216	WCC
		ASTM A 352	LCC

6 DIN-Werkstoffbezeichnungen

Auflistung in alphanumerischer Reihenfolge

DIN steel names

Listed in alphanumerical order

DIN-Werkstoffbezeichnung DIN steel name		US-Bezeichnung US steel name	
Werkstoff-Kurzname EN steel name	EN/DIN Werkstoff-Nr. EN/DIN Material no.	Norm Standard	Stahlsorte Steel class/grade/type
GS-16 Mn 5	1.1131	ASTM A 660	WCC
		ASTM A 757	A1Q
GS-17 CrMo 5 5	1.7357	ASTM A 217	WC11
		ASTM A 217	WC6
		ASTM A 356	6
		ASTM A 389	C23
		ASTM A 426	CP11
		ASTM A 426	CP12
GS-17 CrMo 9 10	1.7377	ASTM A 757	D1N1
		ASTM A 757	D1N2
		ASTM A 757	D1N3
		ASTM A 757	D1Q1
		ASTM A 757	D1Q2
		ASTM A 757	D1Q3
GS-17 CrMoV 5 11	1.7706	ASTM A 356	9
		ASTM A 389	C24
GS-18 CrMo 9 10	1.7379	ASTM A 217	WC9
		ASTM A 426	CP22
		ASTM A 487	8 class A
		ASTM A 487	8 class B
		ASTM A 487	8 class C
GS-18 NiCrMo 12 6	1.6781	ASTM A 352	LC2-1
GS-19 NiCrMo 12 6	1.6783	ASTM A 352	LC2-1
		ASTM A 757	E1Q
GS-20 Mn 5	1.1120	ASTM A 352	LCC
		ASTM A 660	WCC
GS-21 Mn 5 / G21Mn5	1.1138	ASTM A 216	WCC
		ASTM A 757	A2Q
GS-22 Mo 4	1.5419	ASTM A 29	4422
		ASTM A 182	F 1
		ASTM A 217	WC1
		ASTM A 322	4422
		ASTM A 352	LC1
		ASTM A 519	4422
		ASTM A 1040	4422
GS-30 Mn 5	1.1165	ASTM A 148	80-50
GS-30 NiCrMo 8 5	1.6570	ASTM A 915	SC 4330

6 DIN-Werkstoffbezeichnungen

Auflistung in alphanumerischer Reihenfolge

DIN steel names

Listed in alphanumerical order

DIN-Werkstoffbezeichnung DIN steel name		US-Bezeichnung US steel name	
Werkstoff-Kurzname EN steel name	EN/DIN Werk-stoff-Nr. EN/DIN Material no.	Norm Standard	Stahlsorte Steel class/grade/type
GS-30 NiCrMo 8 5	1.6570	ASTM A 958	SC 4330
GS-33 NiCrMo 7 4 4	1.6740	ASTM A 915	SC 4330
		ASTM A 958	SC 4330
GS-38	1.0420	ASTM A 27	60-30
GS-45	1.0446	ASTM A 27	65-35
GS-52	1.0552	ASTM A 27	70-36
		ASTM A 27	70-40
		ASTM A 148	80-50
		ASTM A 356	1
		ASTM A 541	2
GS-60	1.0558	ASTM A 148	90-60
GS-C 25	1.0619	ASTM A 216	WCA
		ASTM A 216	WCB
		ASTM A 216	WCC
		ASTM A 352	LCA
		ASTM A 757	A1Q
GS-Ck 16	1.1142	ASTM A 29	1016
		ASTM A 512	1016
		ASTM A 513	1016
		ASTM A 519	1016
		ASTM A 568	1016
		ASTM A 576	1016
		ASTM A 635	1016
		ASTM A 659	1016
		ASTM A 787	1016
		ASTM A 794	1016
		ASTM A 830	1016
		ASTM A 1040	1016
		SAE J 403	SAE 1016
GS-Ck 24	1.1156	ASTM A 216	WCA
		ASTM A 352	LCA
		ASTM A 352	LCB
		ASTM A 660	WCB
		ASTM A 757	A1Q
GS-Ck 25	1.1155	ASTM A 915	SC 1025
		ASTM A 958	SC 1025
GX1NiCrMoCuN25-20-5	1.4538	ASTM A 743	CN7MS

6 DIN-Werkstoffbezeichnungen

Auflistung in alphanumerischer Reihenfolge

DIN steel names

Listed in alphanumerical order

DIN-Werkstoffbezeichnung DIN steel name		US-Bezeichnung US steel name	
Werkstoff-Kurzname EN steel name	EN/DIN Werkstoff-Nr. EN/DIN Material no.	Norm Standard	Stahlsorte Steel class/grade/type
GX1NiCrMoCuN25-20-5	1.4538	ASTM A 744	CN7MS
GX2CrNiMoCuWN28-8-4	1.4508	ASTM A 890	CD3MWCuN
		ASTM A 890	6A
		ASTM A 890	UNS: J93380
		ASTM A 995	CD3MWCuN
		ASTM A 995	6A
G-X 2 CrNiMoN 25 7 4	1.4469	ASTM A 890	CE3MN
		ASTM A 890	5A
		ASTM A 890	UNS: J93404
		ASTM A 995	CE3MN
		ASTM A 995	5A
G-X2 CrNiMnMoNNb 21 16 5 3	1.3964	ASTM A 182	F XM-19
		ASTM A 193	B8R
		ASTM A 193	B8RA
		ASTM A 194	8R
		ASTM A 194	8RA
		ASTM A 213	XM-19
		ASTM A 240	XM-19
		ASTM A 249	TPXM-19
		ASTM A 269	TPXM-19
		ASTM A 276	XM-19
		ASTM A 312	TPXM-19
		ASTM A 314	XM-19
		ASTM A 351	CG6MMN
		ASTM A 358	XM-19
		ASTM A 403	CRXM-19
		ASTM A 403	WPXM-19
		ASTM A 479	XM-19
		ASTM A 580	XM-19
		ASTM A 743	CG6MMN
		ASTM A 813	TPXM-19
		ASTM A 814	TPXM-19
		ASTM A 943	TPXM-19
		ASTM A 959	XM-19
		ASTM A 965	FXM-19
		SAE J 405	AISI XM-19
GX2NiCrMoCuN25-20	1.4536	ASTM A 743	CN7MS

6 DIN-Werkstoffbezeichnungen

Auflistung in alphanumerischer Reihenfolge

DIN steel names

Listed in alphanumerical order

DIN-Werkstoffbezeichnung DIN steel name		US-Bezeichnung US steel name	
Werkstoff-Kurzname EN steel name	EN/DIN Werk-stoff-Nr. EN/DIN Material no.	Norm Standard	Stahlsorte Steel class/grade/type
GX2NiCrMoCuN25-20	1.4536	ASTM A 744	CN7MS
G-X 3 CrNi 13 4	1.6982	ASTM A 352	CA6NM
		ASTM A 356	CA6NM
		ASTM A 487	CA6NM class A
		ASTM A 487	CA6NM class B
		ASTM A 743	CA6NM
G-X 3 CrNiMoCuN 26 6 3 3	1.4517	ASTM A 890	1A
		ASTM A 890	CD4MCuN
		ASTM A 890	1B
		ASTM A 890	UNS: J93372
		ASTM A 995	CD4MCuN
		ASTM A 995	1B
G-X 3 CrNiMoN 26 6 3	1.4468	ASTM A 872	UNS: J93550
		ASTM A 890	CE3MN
		ASTM A 890	5A
		ASTM A 890	UNS: J93404
		ASTM A 995	CE3MN
		ASTM A 995	5A
GX4CrNi13-4	1.4317	ASTM A 352	CA6NM
		ASTM A 356	CA6NM
		ASTM A 487	CA6NM class A
		ASTM A 487	CA6NM class B
		ASTM A 743	CA6NM
GX4CrNi16-4	1.4421	ASTM A 743	CB6
GX4CrNiCuNb16-4	1.4540	ASTM A 747	CB7Cu-1
		ASTM A 747	UNS: J92180
		AMS 5342E	UNS: J92200
GX4CrNiMo13-4	1.4414	ASTM A 352	CA6NM
		ASTM A 356	CA6NM
		ASTM A 487	CA6NM class A
		ASTM A 487	CA6NM class B
		ASTM A 743	CA6NM
G-X 5 CrNi 18 9	1.4308	–	UNS: J92650
		ASTM A 351	CF8
		ASTM A 351	CF8A
		ASTM A 351	CF8C
		ASTM A 351	CF10

6 DIN-Werkstoffbezeichnungen

Auflistung in alphanumerischer Reihenfolge

DIN steel names

Listed in alphanumerical order

DIN-Werkstoffbezeichnung DIN steel name		US-Bezeichnung US steel name	
Werkstoff-Kurzname EN steel name	EN/DIN Werk-stoff-Nr. EN/DIN Material no.	Norm Standard	Stahlsorte Steel class/grade/type
G-X 5 CrNi 18 9	1.4308	ASTM A 451	CPF8
		ASTM A 451	CPF8A
		ASTM A 743	CF8
		ASTM A 744	CF8
GX5CrNiMo13-4	1.4407	ASTM A 757	E3N
G-X 5 CrNiMoNb 18 10	1.4581	ASTM A 351	CF8M
		ASTM A 351	CF10M
		ASTM A 451	CPF8M
		ASTM A 743	CF8M
		ASTM A 744	CF8M
G-X 5 CrNiNb 18 9	1.4552	ASTM A 351	CF8C
		ASTM A 451	CPF8C
		ASTM A 743	CF8C
		ASTM A 744	CF8C
G-X 6 CrNi 18 10	1.6902	–	UNS: J92610 (304)
		ASTM A 351	CF8
		ASTM A 351	CF8A
		ASTM A 451	CPF8
		ASTM A 451	CPF8A
		ASTM A 743	CF8
		ASTM A 744	CF8
G-X 6 CrNiMo 18 10	1.4408	ASTM A 351	CF10M
		ASTM A 351	CF8M
		ASTM A 451	CPF8M
		ASTM A 743	CF8M
		ASTM A 744	CF8M
G-X 7 CrNiNb 18 10	1.6905	ASTM A 351	CF8C
		ASTM A 451	CPF8C
		ASTM A 743	CF8C
		ASTM A 744	CF8C
G-X 7 NiCrMoCuNb 25 20	1.4500	ASTM A 351	CN7M
		ASTM A 743	CN7M
		ASTM A 744	CN7M
G-X 8 CrNi 12	1.4107	ASTM A 217	CA15
		ASTM A 426	CPCA15
		ASTM A 487	CA15 class A
		ASTM A 487	CA15 class B

6 DIN-Werkstoffbezeichnungen

Auflistung in alphanumerischer Reihenfolge

DIN steel names

Listed in alphanumerical order

DIN-Werkstoffbezeichnung DIN steel name		US-Bezeichnung US steel name	
Werkstoff-Kurzname EN steel name	EN/DIN Werk-stoff-Nr. EN/DIN Material no.	Norm Standard	Stahlsorte Steel class/grade/type
G-X 8 CrNi 12	1.4107	ASTM A 487	CA15 class C
		ASTM A 487	CA15 class D
		ASTM A 743	CA15
G-X 8 CrNi 13	1.4008	ASTM A 217	CA15
		ASTM A 426	CPCA15
		ASTM A 487	CA15 class A
		ASTM A 487	CA15 class B
		ASTM A 487	CA15 class C
		ASTM A 487	CA15 class D
		ASTM A 743	CA15
G-X 8 CrNi 19 10	1.4815	ASTM A 351	CF8
		ASTM A 351	CF8A
		ASTM A 451	CPF8
		ASTM A 451	CPF8A
		ASTM A 743	CF8
		ASTM A 744	CF8
G-X 8 CrNiNb 19 10	1.4827	ASTM A 351	CF8C
G-X 10 NiCrNb 32 20	1.4859	ASTM A 297	CT15C
		ASTM A 351	CT15C
G-X 12 CrMo 10 1	1.7389	ASTM A 217	C12
		ASTM A 426	CP9
G-X 15 CrNi 25 20	1.4840	ASTM A 351	CK20
		ASTM A 451	CPK20
		ASTM A 743	CK20
GX20Cr14	1.4027	ASTM A 217	CA15
		ASTM A 743	CA15
GX22CrNi17	1.4059	ASTM A 743	CB30
G-X 22 CrMoV 12 1	1.4931	ASTM A 743	CA28MWV
G-X 25 CrNiSi 18 9	1.4825	ASTM A 297	HF
		ASTM A 608	HF30
		ASTM A 743	CF20
G-X 32 CrNi 28 10	1.4339	ASTM A 297	HE
		ASTM A 608	HE35
		ASTM A 743	CE30
GX37CrMoW5-1	1.2607	ASTM A 597	CH-12
GX40CrMoV5-1	1.2348	ASTM A 597	CH-13
GX40CrNi27-4	1.4340	ASTM A 743	CC50

6 DIN-Werkstoffbezeichnungen

Auflistung in alphanumerischer Reihenfolge

DIN steel names

Listed in alphanumerical order

DIN-Werkstoffbezeichnung DIN steel name		US-Bezeichnung US steel name	
Werkstoff-Kurzname EN steel name	EN/DIN Werkstoff-Nr. EN/DIN Material no.	Norm Standard	Stahlsorte Steel class/grade/type
G-X 40 CrNiSi 22 9	1.4826	ASTM A 297	HF
		ASTM A 608	HF30
G-X 40 CrNiSi 25 12	1.4837	ASTM A 297	HH
		ASTM A 447	Type I
		ASTM A 447	Type II
		ASTM A 608	HH30
		ASTM A 608	HH33
G-X 40 CrNiSi 25 20	1.4848	ASTM A 297	HK
		ASTM A 351	HK30
		ASTM A 351	HK40
		ASTM A 608	HK30
		ASTM A 608	HK40
G-X 40 CrNiSi 26 14	1.4846	ASTM A 297	HI
		ASTM A 351	HK40
		ASTM A 608	HH33
		ASTM A 608	HK40
G-X 40 CrNiSi 27 4	1.4823	ASTM A 297	HD
		ASTM A 608	HD50
G-X 40 NiCrSi 35 25	1.4857	ASTM A 297	HP
G-X 40 CrSi 13	1.4729	ASTM A 743	CA40
		ASTM A 743	CA40F
G-X 40 CrSi 29	1.4776	ASTM A 297	HC
		ASTM A 743	CC50
G-X 40 NiCrSi 38 18	1.4865	ASTM A 297	HU
		ASTM A 608	HU50
G-X 40 NiCrNb 35 25	1.4852	ASTM A 297	HP
G-X 40 NiCrSiNb 38 18	1.4849	ASTM A 297	HU
		ASTM A 608	HU50
GX70Cr29	1.4085	ASTM A 743	CC50
GX100CrMoV5-1	1.2370	ASTM A 597	CA-2
GX120Cr29	1.4086	ASTM A 743	CC50
G-X 120 Mn 12	1.3401	ASTM A 128	A
		ASTM A 128	B-2
		ASTM A 128	B-3
		ASTM A 128	B-4
		ASTM A 128	C
G-X 120 Mn 13	1.3802	ASTM A 128	A

6 DIN-Werkstoffbezeichnungen

Auflistung in alphanumerischer Reihenfolge

DIN steel names

Listed in alphanumerical order

DIN-Werkstoffbezeichnung DIN steel name		US-Bezeichnung US steel name	
Werkstoff-Kurzname EN steel name	EN/DIN Werk-stoff-Nr. EN/DIN Material no.	Norm Standard	Stahlsorte Steel class/grade/type
G-X 120 Mn 13	1.3802	ASTM A 128	B-1
		ASTM A 128	B-2
		ASTM A 128	B-3
		ASTM A 128	B-4
G-X 165 CrCoMo 12	1.2880	ASTM A 681	D5
H I	1.0345	ASTM A 106	A
		ASTM A 135	A
		ASTM A 285	A
		ASTM A 285	B
		ASTM A 414	A
		ASTM A 414	B
		ASTM A 618	Ib
		ASTM A 672	A 45
		ASTM A 672	A 50
H II	1.0425	ASTM A 285	C
		ASTM A 414	D
		ASTM A 455	–
		ASTM A 515	60
		ASTM A 516	60
		ASTM A 662	A
		ASTM A 671	CA 55
		ASTM A 672	A 55
		ASTM A 672	B 60
		ASTM A 841	A class 1
H III	1.0435	ASTM A 414	C
		ASTM A 414	D
		ASTM A 414	E
		ASTM A 515	65
		ASTM A 516	65
		ASTM A 672	B 65
H IV	1.0445	ASTM A 414	F
		ASTM A 515	70
		ASTM A 516	70
		ASTM A 671	CB 70
		ASTM A 672	B 70
Ni 36	1.3912	ASTM A 333	11
		ASTM A 334	11

6 DIN-Werkstoffbezeichnungen

Auflistung in alphanumerischer Reihenfolge

DIN steel names

Listed in alphanumerical order

DIN-Werkstoffbezeichnung DIN steel name		US-Bezeichnung US steel name	
Werkstoff-Kurzname EN steel name	EN/DIN Werkstoff-Nr. EN/DIN Material no.	Norm Standard	Stahlsorte Steel class/grade/type
Ni 42	1.3917	–	UNS: K94100
Ni 43	1.3918	AMS 7734	UNS: K94101
P 265	1.0424	ASTM A 29	1513
		ASTM A 576	1513
		ASTM A 1040	1513
QSt 34-3	1.0213	ASTM A 29	1010
		ASTM A 29	M1010
		ASTM A 512	MT1010
		ASTM A 513	MT1010
		ASTM A 519	1010
		ASTM A 519	MT1010
		ASTM A 568	1010
		ASTM A 575	M1010
		ASTM A 576	1010
		ASTM A 635	1010
		ASTM A 711	1010
		ASTM A 787	1010
		ASTM A 830	1010
		ASTM A 1040	1010
		ASTM A 1040	M1010
		SAE J 403	SAE 1010
QSt 36-3	1.0214	ASTM A 29	1012
		ASTM A 29	M1012
		ASTM A 512	1012
		ASTM A 513	1012
		ASTM A 519	1012
		ASTM A 568	1012
		ASTM A 575	M1012
		ASTM A 576	1012
		ASTM A 635	1012
		ASTM A 711	1012
		ASTM A 830	1012
		ASTM A 1040	1012
		ASTM A 1040	M1012
		SAE J 403	SAE 1012
QStE 360 N	1.8947	API 5L	X60QE
QStE 420 N	1.8952	API 5L	X65QE

6 DIN-Werkstoffbezeichnungen

Auflistung in alphanumerischer Reihenfolge

DIN steel names

Listed in alphanumerical order

DIN-Werkstoffbezeichnung DIN steel name		US-Bezeichnung US steel name	
Werkstoff-Kurzname EN steel name	EN/DIN Werk-stoff-Nr. EN/DIN Material no.	Norm Standard	Stahlsorte Steel class/grade/type
QStE 460 N	1.8955	API 5L	X70QE
QStE 500 N	1.8957	API 5L	X80QE
QStE 300 TM	1.0972	ASTM A 1008	HSLAS 45 class 1
		ASTM A 1008	HSLAS 45 class 2
		ASTM A 1011	HSLAS 45 class 1
		ASTM A 1011	HSLAS 45 class 2
QStE 340 TM	1.0974	ASTM A 1008	HSLAS 50 class 1
		ASTM A 1008	HSLAS 50 class 2
		ASTM A 1008	HSLAS-F 50
		ASTM A 1011	HSLAS 50 class 1
		ASTM A 1011	HSLAS 50 class 2
		ASTM A 1011	HSLAS-F 50
QStE 360 TM	1.8946	ASTM A 242	1
QStE 420 TM	1.8953	ASTM A 572	65
		ASTM A 678	B
QStE 460 TM	1.8956	ASTM A 633	E
QStE 500 TM	1.8959	ASTM A 588	A
		ASTM A 588	B
		ASTM A 588	C
		ASTM A 588	K
		ASTM A 595	C element A 588/K
		ASTM A 709	50W type A
		ASTM A 871	Type IV
QStE 550 TM	1.8948	API 5L	X52QE
R 10 S 10	1.0703	ASTM A 29	1110
		ASTM A 512	1110
		ASTM A 576	1110
		ASTM A 1040	1110
RoSt 44-2	1.0149	ASTM A 501	B
RoSt 44-3	1.0138	ASTM A 572	42
		ASTM A 573	70
RoSt 52-3	1.0576	ASTM A 516	65
		ASTM A 572	50
		ASTM A 618	Grade III
		ASTM A 714	Grade III
RRSt 3	1.0347	ASTM A 109	Temper No. 4
		ASTM A 1008	DS type A

6 DIN-Werkstoffbezeichnungen

Auflistung in alphanumerischer Reihenfolge

DIN steel names

Listed in alphanumerical order

DIN-Werkstoffbezeichnung DIN steel name		US-Bezeichnung US steel name	
Werkstoff-Kurzname EN steel name	EN/DIN Werkstoff-Nr. EN/DIN Material no.	Norm Standard	Stahlsorte Steel class/grade/type
RRSt 3	1.0347	ASTM A 1008	DS type B
		ASTM A 1011	DS type A
		ASTM A 1011	DS type B
		ASTM A 1018	DS type A
		ASTM A 1018	DS type B
RRSt 13	1.0347	ASTM A 109	Temper No. 4
		ASTM A 1008	DS type A
		ASTM A 1008	DS type B
		ASTM A 1011	DS type A
		ASTM A 1011	DS type B
		ASTM A 1018	DS type A
		ASTM A 1018	DS type B
RRSt 38.7	1.0459	ASTM A 53	B type E
		ASTM A 53	B type S
		ASTM A 523	B
		API 5L	B
RRStE 34.7	1.0319	API 5L	A
RRStE 210.7	1.0319	API 5L	A
RRStE 240.7	1.0459	ASTM A 53	B type E
		ASTM A 53	B type S
		ASTM A 523	B
		API 5L	B
RSD 10 Si	1.0339	ASTM A 29	1008
		ASTM A 29	M1008
		ASTM A 512	1008
		ASTM A 513	1008
		ASTM A 519	1008
		ASTM A 568	1008
		ASTM A 575	M1008
		ASTM A 576	1008
		ASTM A 787	1008
		ASTM A 830	1008
		ASTM A 1040	1008
		ASTM A 1040	M1008
RSt 34-2	1.0034	ASTM A 29	1010
		ASTM A 512	1010
		ASTM A 513	1010

6 DIN-Werkstoffbezeichnungen

Auflistung in alphanumerischer Reihenfolge

DIN steel names

Listed in alphanumerical order

DIN-Werkstoffbezeichnung DIN steel name		US-Bezeichnung US steel name	
Werkstoff-Kurzname EN steel name	EN/DIN Werkstoff-Nr. EN/DIN Material no.	Norm Standard	Stahlsorte Steel class/grade/type
RSt 34-2	1.0034	ASTM A 519	1010
		ASTM A 568	1010
		ASTM A 576	1010
		ASTM A 787	1010
		ASTM A 1040	1010
RSt 34.7	1.0307	ASTM A 523	A
		API 5L	A
RSt 37-2	1.0038	ASTM A 29	1018
		ASTM A 36	–
		ASTM A 53	A type E
		ASTM A 53	A type S
		ASTM A 283	C
		ASTM A 311	1018
		ASTM A 500	A
		ASTM A 501	B
		ASTM A 512	1018
		ASTM A 513	1018
		ASTM A 519	1018
		ASTM A 568	1018
		ASTM A 570	30
		ASTM A 570	33
		ASTM A 570	36 type 1
		ASTM A 570	36 type 2
		ASTM A 573	65
		ASTM A 576	1018
		ASTM A 668	C
		ASTM A 787	1018
		ASTM A 794	1018
		ASTM A 830	1018
		ASTM A 1040	1018
RSt 38.7	1.0457	API 5L	BNE
RSt 46-2	1.0477	ASTM A 515	65
		ASTM A 671	CB 65
		ASTM A 672	B 65
S 2-9-1	1.3346	ASTM A 600	M1
		ASTM A 681	H41
S 2-9-2	1.3348	ASTM A 600	M7

6 DIN-Werkstoffbezeichnungen

Auflistung in alphanumerischer Reihenfolge

DIN steel names

Listed in alphanumerical order

DIN-Werkstoffbezeichnung DIN steel name		US-Bezeichnung US steel name	
Werkstoff-Kurzname EN steel name	EN/DIN Werk-stoff-Nr. EN/DIN Material no.	Norm Standard	Stahlsorte Steel class/grade/type
S 2-9-2-8	1.3249	ASTM A 600	M33
		ASTM A 600	M34
S 2-10-1-8	1.3247	ASTM A 600	M42
S 6-3-2	1.3339	ASTM A 600	M2 regular C
S 6-5-2	1.3343	ASTM A 597	CM-2
		ASTM A 600	M2 regular C
S 6-5-2-5	1.3243	ASTM A 600	M36
S 6-5-3	1.3344	ASTM A 600	M3 class 2
S 7-4-2-5	1.3246	ASTM A 600	M41
S 10-4-3-10	1.3207	ASTM A 600	M44
S 12-1-4-5	1.3202	ASTM A 600	T15
S 18-0-1	1.3355	ASTM A 600	T1
S 18-1-2-5	1.3255	ASTM A 600	T4
S 18-1-2-10	1.3265	ASTM A 600	T5
S 18-1-2-15	1.3257	ASTM A 600	T6
S 355 M	1.8823	ASTM A 572	42
		ASTM A 633	A
		ASTM A 913	50
SC 6-5-2	1.3342	ASTM A 600	M2 high C
		ASTM A 600	M3 class 1
St 02Z	1.0226	ASTM A 653	CS type C
		ASTM A 792	CS type C
		ASTM A 875	CS type C
St 03Z	1.0350	ASTM A 653	FS type A
		ASTM A 792	DS
		ASTM A 875	FS type A
St 04Z	1.0355	ASTM A 653	DDS type A
		ASTM A 792	DS
		ASTM A 875	DDS
		ASTM A 1008	DDS
St 12	1.0330	ASTM A 29	1008
		ASTM A 29	M1008
		ASTM A 512	1008
		ASTM A 513	1008
		ASTM A 519	1008
		ASTM A 568	1008
		ASTM A 575	M1008

6 DIN-Werkstoffbezeichnungen

Auflistung in alphanumerischer Reihenfolge

DIN steel names

Listed in alphanumerical order

DIN-Werkstoffbezeichnung DIN steel name		US-Bezeichnung US steel name	
Werkstoff-Kurzname EN steel name	EN/DIN Werkstoff-Nr. EN/DIN Material no.	Norm Standard	Stahlsorte Steel class/grade/type
St 12	1.0330	ASTM A 576	1008
		ASTM A 635	1008
		ASTM A 653	CS type A
		ASTM A 653	CS type B
		ASTM A 787	1008
		ASTM A 792	CS type A
		ASTM A 792	CS type B
		ASTM A 830	1008
		ASTM A 875	CS type A
		ASTM A 875	CS type B
		ASTM A 1008	CS type A
		ASTM A 1008	CS type B
		ASTM A 1008	CS type C
		ASTM A 1011	CS type B
		ASTM A 1011	CS type C
		ASTM A 1011	CS type A
		ASTM A 1018	CS type B
		ASTM A 1018	CS type A
		ASTM A 1040	1008
		ASTM A 1040	M1008
St 14	1.0338	ASTM A 109	Temper No. 5
		ASTM A 1008	DDS
St 15	1.0312	ASTM A 109	Temper No. 4
St 28	1.0318	ASTM A 512	1008
		ASTM A 513	1008
		ASTM A 519	1008
		ASTM A 787	1008
St 30 Al	1.0212	ASTM A 513	1008
St 30 Si	1.0211	ASTM A 513	1008
St 33	1.0035	ASTM A 29	1010
		ASTM A 53	A type S
		ASTM A 53	A type E
		ASTM A 283	A
St 34-2	1.0032	ASTM A 29	1008
		ASTM A 512	1008
		ASTM A 513	1008
		ASTM A 519	1008

6 DIN-Werkstoffbezeichnungen

Auflistung in alphanumerischer Reihenfolge

DIN steel names

Listed in alphanumerical order

DIN-Werkstoffbezeichnung DIN steel name		US-Bezeichnung US steel name	
Werkstoff-Kurzname EN steel name	EN/DIN Werkstoff-Nr. EN/DIN Material no.	Norm Standard	Stahlsorte Steel class/grade/type
St 34-2	1.0032	ASTM A 576	1008
		ASTM A 787	1008
		ASTM A 1040	1008
St 35	1.0308	ASTM A 53	A type E
		ASTM A 53	A type S
		ASTM A 500	A
		ASTM A 523	A
St 35.4	1.0309	ASTM A 179	–
		ASTM A 653	DDS type A
		ASTM A 792	DS
		ASTM A 875	DDS
St 35.8	1.0305	ASTM A 53	A type E
		ASTM A 53	A type S
		ASTM A 106	A
		ASTM A 178	A
		ASTM A 179	–
		ASTM A 192	–
		ASTM A 214	–
		ASTM A 234	WPB
		ASTM A 369	FPA
		ASTM A 523	A
		ASTM A 556	A2
		ASTM A 822	–
St 37-2	1.0037	ASTM A 29	1013
		ASTM A 135	A
		ASTM A 283	C
		ASTM A 570	30
		ASTM A 570	33
		ASTM A 711	1013
		ASTM A 1040	1013
St 37-3	1.0116	ASTM A 29	1013
		ASTM A 283	B
		ASTM A 570	33
		ASTM A 570	36 type 1
		ASTM A 570	36 type 2
		ASTM A 573	58
		ASTM A 618	Ib

6 DIN-Werkstoffbezeichnungen

Auflistung in alphanumerischer Reihenfolge

DIN steel names

Listed in alphanumerical order

DIN-Werkstoffbezeichnung DIN steel name		US-Bezeichnung US steel name	
Werkstoff-Kurzname EN steel name	EN/DIN Werk-stoff-Nr. EN/DIN Material no.	Norm Standard	Stahlsorte Steel class/grade/type
St 37-3	1.0116	ASTM A 711	1013
		ASTM A 1040	1013
St 37-3U	1.0114	ASTM A 29	1016
		ASTM A 283	C
		ASTM A 512	1016
		ASTM A 513	1016
		ASTM A 519	1016
		ASTM A 568	1016
		ASTM A 570	33
		ASTM A 576	1016
		ASTM A 635	1016
		ASTM A 659	1016
		ASTM A 787	1016
		ASTM A 1040	1016
St 37.4	1.0255	ASTM A 106	A
St 37.8	1.0315	ASTM A 106	A
		ASTM A 178	A
		ASTM A 192	–
		ASTM A 214	–
		ASTM A 672	C 55
St 42	1.0130	ASTM A 135	B
		ASTM A 139	B
St 42-2	1.0132	ASTM A 53	B type E
		ASTM A 53	B type S
		ASTM A 181	60
		ASTM A 181	70
		ASTM A 194	1
		ASTM A 381	Y 35
		ASTM A 512	1020
		ASTM A 513	1020
		ASTM A 519	1020
		ASTM A 568	1020
St 42.8	1.0498	ASTM A 178	C
St 43.7	1.0484	ASTM A 860	WPHY 42
		API 5L	X42NE
St 44.0	1.0256	ASTM A 53	B type E
		ASTM A 53	B type S

6 DIN-Werkstoffbezeichnungen

Auflistung in alphanumerischer Reihenfolge

DIN steel names

Listed in alphanumerical order

DIN-Werkstoffbezeichnung DIN steel name		US-Bezeichnung US steel name	
Werkstoff-Kurzname EN steel name	EN/DIN Werk-stoff-Nr. EN/DIN Material no.	Norm Standard	Stahlsorte Steel class/grade/type
St 44.0	1.0256	ASTM A 106	B
		ASTM A 135	B
		ASTM A 139	B
		ASTM A 333	6
		ASTM A 334	6
		ASTM A 369	FPB
		ASTM A 420	WPL6
		ASTM A 519	1035
		ASTM A 523	B
		ASTM A 556	C2
St 44-2	1.0044	ASTM A 36	–
		ASTM A 283	D
		ASTM A 500	A
		ASTM A 500	B
		ASTM A 500	D
		ASTM A 501	B
		ASTM A 512	1021
		ASTM A 512	1026
		ASTM A 513	1021
		ASTM A 513	1026
		ASTM A 519	1021
		ASTM A 519	1026
		ASTM A 529	55
		ASTM A 529	50
		ASTM A 568	1021
		ASTM A 570	40
		ASTM A 572	42
		ASTM A 572	65
		ASTM A 573	58
		ASTM A 573	65
		ASTM A 576	1021
		ASTM A 633	A
		ASTM A 635	1021
		ASTM A 709	50 type 1
		ASTM A 709	50 type 2
		ASTM A 709	50 type 3
		ASTM A 709	50 type 5

6 DIN-Werkstoffbezeichnungen

Auflistung in alphanumerischer Reihenfolge

DIN steel names

Listed in alphanumerical order

DIN-Werkstoffbezeichnung DIN steel name		US-Bezeichnung US steel name	
Werkstoff-Kurzname EN steel name	EN/DIN Werkstoff-Nr. EN/DIN Material no.	Norm Standard	Stahlsorte Steel class/grade/type
St 44-2	1.0044	ASTM A 787	1021
		ASTM A 794	1021
		ASTM A 830	1021
		ASTM A 1040	1021
St 44-3	1.0144	ASTM A 283	D
		ASTM A 500	A
		ASTM A 501	A
		ASTM A 572	42
		ASTM A 573	58
		ASTM A 618	Ib
St 44.4	1.0257	ASTM A 135	B
St 45	1.0408	ASTM A 53	B type E
		ASTM A 53	B type S
		ASTM A 500	B
		ASTM A 501	B
		ASTM A 512	1020
		ASTM A 512	1021
		ASTM A 513	1020
		ASTM A 513	1021
		ASTM A 519	1020
		ASTM A 519	1021
		ASTM A 523	A
		ASTM A 568	1021
		ASTM A 576	1021
		ASTM A 635	1021
		ASTM A 659	1021
		ASTM A 787	1021
		ASTM A 794	1021
		ASTM A 830	1021
		ASTM A 1040	1021
St 45.4	1.0418	ASTM A 53	B type E
		ASTM A 53	B type S
		ASTM A 106	B
		ASTM A 234	WPB
		ASTM A 333	6
		ASTM A 334	6
		ASTM A 369	FPB

6 DIN-Werkstoffbezeichnungen

Auflistung in alphanumerischer Reihenfolge

DIN steel names

Listed in alphanumerical order

DIN-Werkstoffbezeichnung DIN steel name		US-Bezeichnung US steel name	
Werkstoff-Kurzname EN steel name	EN/DIN Werkstoff-Nr. EN/DIN Material no.	Norm Standard	Stahlsorte Steel class/grade/type
St 45.4	1.0418	ASTM A 420	WPL6
		ASTM A 523	B
		ASTM A 523	B
		ASTM A 556	C2
		API 5L	BME
St 45.8	1.0405	ASTM A 106	B
		ASTM A 178	C
		ASTM A 210	A-1
		ASTM A 234	WPB
		ASTM A 333	6
		ASTM A 334	6
		ASTM A 369	FPB
		ASTM A 420	WPL6
		ASTM A 556	C2
St 46-3	1.0483	API 5L	X42
St 50-2	1.0050	ASTM A 529	50
		ASTM A 529	55
		ASTM A 570	50
		ASTM A 570	55
		ASTM A 572	50
		ASTM A 572	55
		ASTM A 573	70
		ASTM A 678	A
St 52	1.0580	ASTM A 29	1518
		ASTM A 519	1518
		ASTM A 576	1518
		ASTM A 1040	1518
St 52	1.0831	ASTM A 519	1518
St 52.0	1.0421	ASTM A 513	1024
		ASTM A 519	1524
		ASTM A 1040	1024
St 52-3	1.0570	ASTM A 29	1524
		ASTM A 105	–
		ASTM A 350	LF1
		ASTM A 350	LF2
		ASTM A 381	Y 48
		ASTM A 381	Y 50

6 DIN-Werkstoffbezeichnungen

Auflistung in alphanumerischer Reihenfolge

DIN steel names

Listed in alphanumerical order

DIN-Werkstoffbezeichnung DIN steel name		US-Bezeichnung US steel name	
Werkstoff-Kurzname EN steel name	EN/DIN Werk-stoff-Nr. EN/DIN Material no.	Norm Standard	Stahlsorte Steel class/grade/type
St 52-3	1.0570	ASTM A 513	1024
		ASTM A 519	1524
		ASTM A 568	1524
		ASTM A 572	50
		ASTM A 573	65
		ASTM A 576	1524
		ASTM A 618	Grade III
		ASTM A 635	1524
		ASTM A 694	F70
		ASTM A 714	Grade III
		ASTM A 830	1524
		ASTM A 1040	1024
		ASTM A 1040	1524
St 55	1.0507	ASTM A 570	50
		ASTM A 572	50
St 60-2	1.0060	ASTM A 194	2
		ASTM A 572	65
		ASTM A 573	65
St 70-2	1.0070	ASTM A 519	1030
		ASTM A 572	55
		ASTM A 678	C
StE 26	1.0461	ASTM A 516	55
		ASTM A 672	C 55
StE 29	1.0486	ASTM A 516	60
		ASTM A 529	Grade
		ASTM A 529	55
		ASTM A 572	42
		ASTM A 633	A
		ASTM A 662	A
		ASTM A 668	B
		ASTM A 671	CC 60
		ASTM A 672	C 60
		ASTM A 694	F42
		ASTM A 860	WPHY 42
		API 5L	X42
		API 5L	X42R
StE 32	1.0505	ASTM A 516	65

6 DIN-Werkstoffbezeichnungen

Auflistung in alphanumerischer Reihenfolge

DIN steel names

Listed in alphanumerical order

DIN-Werkstoffbezeichnung DIN steel name		US-Bezeichnung US steel name	
Werkstoff-Kurzname EN steel name	EN/DIN Werkstoff-Nr. EN/DIN Material no.	Norm Standard	Stahlsorte Steel class/grade/type
StE 32	1.0505	ASTM A 572	50
		ASTM A 573	65
		ASTM A 618	Ib
		ASTM A 633	A
		ASTM A 662	B
		ASTM A 671	CC 65
		ASTM A 672	C 65
StE 36	1.0562	ASTM A 299	A
		ASTM A 299	B
		ASTM A 516	70
		ASTM A 537	1
		ASTM A 541	3
		ASTM A 572	50
		ASTM A 573	70
		ASTM A 588	B
		ASTM A 595	C element A 588/B
		ASTM A 612	–
		ASTM A 618	II
		ASTM A 633	D
		ASTM A 662	B
		ASTM A 671	CC 70
		ASTM A 671	CK 75
		ASTM A 672	C 70
		ASTM A 678	A
		ASTM A 691	CMSH-70
		ASTM A 694	F52
		ASTM A 714	II
		ASTM A 737	B
		ASTM A 841	A class 1
		ASTM A 860	WPHY 52
		API 5L	X52
StE 210.7	1.0307	ASTM A 523	A
		API 5L	A
StE 240.7	1.0457	API 5L	BNE
StE 250-2 Z	1.0242	ASTM A 653	SS: 37
		ASTM A 792	SS: 37
		ASTM A 875	SS: 37

6 DIN-Werkstoffbezeichnungen

Auflistung in alphanumerischer Reihenfolge

DIN steel names

Listed in alphanumerical order

DIN-Werkstoffbezeichnung DIN steel name		US-Bezeichnung US steel name	
Werkstoff-Kurzname EN steel name	EN/DIN Werk-stoff-Nr. EN/DIN Material no.	Norm Standard	Stahlsorte Steel class/grade/type
StE 255	1.0461	ASTM A 516	55
		ASTM A 672	C 55
StE 280-2 Z	1.0244	ASTM A 653	SS: 40
		ASTM A 792	SS: 40
StE 285	1.0486	ASTM A 516	60
		ASTM A 529	Grade
		ASTM A 529	55
		ASTM A 572	42
		ASTM A 633	A
		ASTM A 662	A
		ASTM A 668	B
		ASTM A 671	CC 60
		ASTM A 672	C 60
		ASTM A 694	F42
		ASTM A 860	WPHY 42
		API 5L	X42
		API 5L	X42R
StE 290.7	1.0484	ASTM A 860	WPHY 42
		API 5L	X42NE
StE 290.7 TM	1.0429	API 5L	X42ME
StE 315	1.0505	ASTM A 516	65
		ASTM A 572	50
		ASTM A 573	65
		ASTM A 618	Ib
		ASTM A 633	A
		ASTM A 662	B
		ASTM A 671	CC 65
		ASTM A 672	C 65
StE 320-3 Z	1.0250	ASTM A 653	SS: 50 class 1
		ASTM A 653	SS: 50 class 2
		ASTM A 653	SS: 50 class 4
		ASTM A 792	SS: 50 class 1
		ASTM A 792	SS: 50 class 2
		ASTM A 792	SS: 50 class 4
		ASTM A 875	SS: 50 class 1
		ASTM A 875	SS: 50 class 2
StE 320.7	1.0409	ASTM A 694	F46

6 DIN-Werkstoffbezeichnungen

Auflistung in alphanumerischer Reihenfolge

DIN steel names

Listed in alphanumerical order

DIN-Werkstoffbezeichnung DIN steel name		US-Bezeichnung US steel name	
Werkstoff-Kurzname EN steel name	EN/DIN Werkstoff-Nr. EN/DIN Material no.	Norm Standard	Stahlsorte Steel class/grade/type
StE 320.7	1.0409	ASTM A 860	WPHY 46
		API 5L	X46
StE 320.7 TM	1.0430	API 5L	X46
StE 350-3 Z	1.0529	ASTM A 653	HSLAS 50
		ASTM A 792	SS: 50 class 1
		ASTM A 792	SS: 50 class 2
		ASTM A 792	SS: 50 class 4
		ASTM A 875	HSLAS 50
StE 355	1.0562	ASTM A 299	A
		ASTM A 299	B
		ASTM A 516	70
		ASTM A 537	1
		ASTM A 541	3
		ASTM A 572	50
		ASTM A 573	70
		ASTM A 588	B
		ASTM A 595	C element A 588/B
		ASTM A 612	–
		ASTM A 618	II
		ASTM A 633	D
		ASTM A 662	B
		ASTM A 671	CC 70
		ASTM A 671	CK 75
		ASTM A 672	C 70
		ASTM A 678	A
		ASTM A 691	CMSH-70
		ASTM A 694	F52
		ASTM A 714	II
		ASTM A 737	B
		ASTM A 841	A class 1
		ASTM A 860	WPHY 52
		API 5L	X52
StE 360.7	1.0582	ASTM A 860	WPHY 52
		API 5L	X52NE
StE 360.7 TM	1.0578	API 5L	X52ME
StE 380	1.8900	ASTM A 572	55
		ASTM A 633	E

6 DIN-Werkstoffbezeichnungen

Auflistung in alphanumerischer Reihenfolge

DIN steel names

Listed in alphanumerical order

DIN-Werkstoffbezeichnung DIN steel name		US-Bezeichnung US steel name	
Werkstoff-Kurzname EN steel name	EN/DIN Werk-stoff-Nr. EN/DIN Material no.	Norm Standard	Stahlsorte Steel class/grade/type
StE 385.7	1.8970	API 5L	X56N
StE 385.7 TM	1.8971	API 5L	X56M
StE 415.7	1.8972	ASTM A 860	WPHY 60
		API 5L	X60
		API 5L	X60NE
StE 415.7 TM	1.8973	API 5L	X60ME
StE 420	1.8902	ASTM A 678	B
		ASTM A 537	2
		ASTM A 572	60
		ASTM A 633	E
		ASTM A 671	CD 80
		ASTM A 672	D 80
		ASTM A 691	CMSH-80
		ASTM A 694	F60
		ASTM A 860	WPHY 60
		API 5L	X60
StE 445.7 TM	1.8975	ASTM A 860	WPHY 65
		API 5L	X65ME
StE 460	1.8905	ASTM A 225	D
		ASTM A 537	2
		ASTM A 572	65
		ASTM A 612	–
		ASTM A 633	E
		ASTM A 671	CD 80
		ASTM A 672	D 80
		ASTM A 691	CMSH-80
		ASTM A 694	F65
		ASTM A 860	WPHY 65
		API 5L	X65
StE 480.7 TM	1.8977	ASTM A 860	WPHY 70
		API 5L	X70ME
StE 500	1.8907	ASTM A 225	C
		ASTM A 514	B
		ASTM A 514	F
		ASTM A 514	H
		ASTM A 514	Q
		ASTM A 517	B

6 DIN-Werkstoffbezeichnungen

Auflistung in alphanumerischer Reihenfolge

DIN steel names

Listed in alphanumerical order

DIN-Werkstoffbezeichnung DIN steel name		US-Bezeichnung US steel name	
Werkstoff-Kurzname EN steel name	EN/DIN Werk-stoff-Nr. EN/DIN Material no.	Norm Standard	Stahlsorte Steel class/grade/type
StE 500	1.8907	ASTM A 517	F
		ASTM A 517	H
		ASTM A 517	P
		ASTM A 592	F
		ASTM A 671	CJB 115
StE 550 V	1.8904	ASTM A 852	–
StE 550.7 TM	1.8978	ASTM A 618	Grade III
		ASTM A 714	Grade III
		API 5L	X80ME
StE 690 V	1.8928	ASTM A 514	F
		ASTM A 514	H
		ASTM A 514	Q
		ASTM A 517	F
		ASTM A 517	H
		ASTM A 517	Q
		ASTM A 671	CJF 115
		ASTM A 671	CJH 115
		ASTM A 709	100 type F
		ASTM A 709	100 type H
		ASTM A 709	100 type Q
		ASTM A 709	HPS 100W
StSch 800	1.0524	ASTM A 29	1551
		ASTM A 576	1551
		ASTM A 1040	1551
		SAE J 1249	AISI 1551
StSch 900 A	1.0623	ASTM A 1	Element 85 to 114
		ASTM A 1	Element 115
StSp 45	1.0023	ASTM A 328	–
StW 24	1.0335	ASTM A 1008	DS type A
		ASTM A 1008	DS type B
		ASTM A 1011	DS type A
		ASTM A 1011	DS type B
		ASTM A 1018	DS type A
		ASTM A 1018	DS type B
T 50	1.0371	ASTM A 623	T-1
T 52	1.0372	ASTM A 623	T-2
T 57	1.0375	ASTM A 623	T-3

6 DIN-Werkstoffbezeichnungen

Auflistung in alphanumerischer Reihenfolge

DIN steel names

Listed in alphanumerical order

DIN-Werkstoffbezeichnung DIN steel name		US-Bezeichnung US steel name	
Werkstoff-Kurzname EN steel name	EN/DIN Werk-stoff-Nr. EN/DIN Material no.	Norm Standard	Stahlsorte Steel class/grade/type
T 61	1.0377	ASTM A 623	T-4
T 65	1.0378	ASTM A 623	T-5
TStE 255	1.0463	ASTM A 516	55
		ASTM A 524	I
		ASTM A 524	II
TStE 285	1.0488	ASTM A 350	LF1
		ASTM A 350	LF2
		ASTM A 516	60
		ASTM A 516	70
		ASTM A 529	50
		ASTM A 529	55
		ASTM A 572	42
		ASTM A 633	A
		ASTM A 662	A
		ASTM A 662	B
		ASTM A 671	CC 70
		ASTM A 672	C 70
TStE 315	1.0508	ASTM A 516	65
		ASTM A 572	50
		ASTM A 573	65
		ASTM A 618	Ib
		ASTM A 633	A
		ASTM A 662	B
TStE 355	1.0566	ASTM A 350	LF6
		ASTM A 420	WPL6
		ASTM A 541	3
		ASTM A 573	70
		ASTM A 633	D
		ASTM A 662	C
		ASTM A 678	B
		ASTM A 707	L1
		ASTM A 707	L2
		ASTM A 841	A class 1
TStE 380	1.8910	ASTM A 572	55
		ASTM A 633	E
TStE 420	1.8912	ASTM A 537	2
		ASTM A 572	60

6 DIN-Werkstoffbezeichnungen

Auflistung in alphanumerischer Reihenfolge

DIN steel names

Listed in alphanumerical order

DIN-Werkstoffbezeichnung DIN steel name		US-Bezeichnung US steel name	
Werkstoff-Kurzname EN steel name	EN/DIN Werk-stoff-Nr. EN/DIN Material no.	Norm Standard	Stahlsorte Steel class/grade/type
TStE 420	1.8912	ASTM A 633	E
		ASTM A 671	CD 80
		ASTM A 672	D 80
		ASTM A 678	B
		ASTM A 691	CMSH-80
		ASTM A 738	B
TStE 460	1.8915	ASTM A 537	2
		ASTM A 572	65
		ASTM A 612	–
		ASTM A 633	F
		ASTM A 671	CD 80
		ASTM A 672	D 80
		ASTM A 691	CMSH-80
TStE 500	1.8917	ASTM A 225	C
		ASTM A 514	B
		ASTM A 514	F
		ASTM A 514	H
		ASTM A 514	Q
		ASTM A 517	B
		ASTM A 517	F
		ASTM A 517	H
		ASTM A 517	P
		ASTM A 592	F
		ASTM A 656	8 grade 80
		ASTM A 671	CJB 115
		ASTM A 678	C
TTSt 35 N / (V)	1.0356	ASTM A 333	1
		ASTM A 334	1
		ASTM A 350	LF2
		ASTM A 350	LF1
		ASTM A 420	WPL6
		ASTM A 516	55
		ASTM A 672	C 55
TTSt 41	1.0437	ASTM A 333	6
		ASTM A 334	6
		ASTM A 350	LF1
		ASTM A 350	LF2

6 DIN-Werkstoffbezeichnungen

Auflistung in alphanumerischer Reihenfolge

DIN steel names

Listed in alphanumerical order

DIN-Werkstoffbezeichnung DIN steel name		US-Bezeichnung US steel name	
Werkstoff-Kurzname EN steel name	EN/DIN Werk-stoff-Nr. EN/DIN Material no.	Norm Standard	Stahlsorte Steel class/grade/type
TTSt 41	1.0437	ASTM A 414	E
		ASTM A 420	WPL6
		ASTM A 516	60
		ASTM A 524	I
		ASTM A 524	II
		ASTM A 662	A
		ASTM A 671	CC 60
		ASTM A 672	C 60
TTStE 26	1.0463	ASTM A 516	55
		ASTM A 524	I
		ASTM A 524	II
TTStE 29	1.0488	ASTM A 350	LF1
		ASTM A 350	LF2
		ASTM A 516	60
		ASTM A 516	70
		ASTM A 529	50
		ASTM A 529	55
		ASTM A 572	42
		ASTM A 633	A
		ASTM A 662	A
		ASTM A 662	B
		ASTM A 671	CC 70
		ASTM A 672	C 70
TTStE 32	1.0508	ASTM A 516	65
		ASTM A 572	50
		ASTM A 573	65
		ASTM A 618	Ib
		ASTM A 633	A
		ASTM A 662	B
TTStE 36	1.0566	ASTM A 350	LF6
		ASTM A 420	WPL6
		ASTM A 541	3
		ASTM A 573	70
		ASTM A 633	D
		ASTM A 662	C
		ASTM A 678	B
		ASTM A 707	L1

6 DIN-Werkstoffbezeichnungen

Auflistung in alphanumerischer Reihenfolge

DIN steel names

Listed in alphanumerical order

DIN-Werkstoffbezeichnung DIN steel name		US-Bezeichnung US steel name	
Werkstoff-Kurzname EN steel name	EN/DIN Werkstoff-Nr. EN/DIN Material no.	Norm Standard	Stahlsorte Steel class/grade/type
TTStE 36	1.0566	ASTM A 707	L2
		ASTM A 841	A class 1
U 10 S 10	1.0702	ASTM A 29	1110
		ASTM A 512	1110
		ASTM A 576	1110
		ASTM A 1040	1110
UQSt 36	1.0204	ASTM A 29	1008
		ASTM A 29	M1008
		ASTM A 512	1008
		ASTM A 513	1008
		ASTM A 519	1008
		ASTM A 568	1008
		ASTM A 575	M1008
		ASTM A 576	1008
		ASTM A 635	1008
		ASTM A 787	1008
		ASTM A 830	1008
		ASTM A 1040	1008
		ASTM A 1040	M1008
USt 34-2	1.0028	ASTM A 29	1012
		ASTM A 29	M1012
		ASTM A 513	1012
		ASTM A 519	1012
		ASTM A 568	1012
		ASTM A 575	M1012
		ASTM A 576	1012
		ASTM A 711	1012
		ASTM A 830	1012
		ASTM A 1040	1012
		ASTM A 1040	M1012
		SAE J 403	SAE 1012
USt 37.0	1.0253	ASTM A 53	A type E
		ASTM A 53	A type S
		ASTM A 523	A
		ASTM A 523	A
USt 37-2	1.0036	ASTM A 29	1013
		ASTM A 214	–

6 DIN-Werkstoffbezeichnungen

Auflistung in alphanumerischer Reihenfolge

DIN steel names

Listed in alphanumerical order

DIN-Werkstoffbezeichnung DIN steel name		US-Bezeichnung US steel name	
Werkstoff-Kurzname EN steel name	EN/DIN Werkstoff-Nr. EN/DIN Material no.	Norm Standard	Stahlsorte Steel class/grade/type
USt 37-2	1.0036	ASTM A 568	1012
		ASTM A 570	30
		ASTM A 570	33
		ASTM A 711	1013
		ASTM A 1040	1013
USt 42-1	1.0130	ASTM A 135	B
		ASTM A 139	B
USt 42-2	1.0132	ASTM A 53	B type E
		ASTM A 53	B type S
		ASTM A 181	60
		ASTM A 181	70
		ASTM A 194	1
		ASTM A 381	Y 35
		ASTM A 512	1020
		ASTM A 513	1020
		ASTM A 519	1020
		ASTM A 568	1020
V 250-35 A	1.0800	ASTM A 677	36F145
		ASTM A 677	36F320M
V 270-35 A	1.0801	ASTM A 677	36F155
		ASTM A 677	36F342M
V 290-50 A	1.0807	ASTM A 677	47F165
		ASTM A 677	47F364M
V 300-35 A	1.0803	ASTM A 677	36F175
		ASTM A 677	36F386M
V 310-50 A	1.0808	ASTM A 677	47F180
		ASTM A 677	47F397M
V 330-35 A	1.0804	ASTM A 677	36F185
		ASTM A 677	36F408M
V 330-50 A	1.0809	ASTM A 677	47F190
		ASTM A 677	47F419M
V 350-50 A	1.0810	ASTM A 677	47F200
		ASTM A 677	47F441M
V 350-65 A	1.0820	ASTM A 677	64F210
		ASTM A 677	64F463M
V 400-50 A	1.0811	ASTM A 677	47F240
		ASTM A 677	47F529M

6 DIN-Werkstoffbezeichnungen

Auflistung in alphanumerischer Reihenfolge

DIN steel names

Listed in alphanumerical order

DIN-Werkstoffbezeichnung DIN steel name		US-Bezeichnung US steel name	
Werkstoff-Kurzname EN steel name	EN/DIN Werk-stoff-Nr. EN/DIN Material no.	Norm Standard	Stahlsorte Steel class/grade/type
V 400-65 A	1.0821	ASTM A 677	64F235
		ASTM A 677	64F518M
V 470-50 A	1.0812	ASTM A 677	47F280
		ASTM A 677	47F617M
V 470-65 A	1.0823	ASTM A 677	64F275
		ASTM A 677	64F606M
V 530-65 A	1.0824	ASTM A 677	64F320
		ASTM A 677	64F705M
V 700-50 A	1.0815	ASTM A 677	47F400
		ASTM A 677	47F882M
V 800-50 A	1.0816	ASTM A 677	47F450
		ASTM A 677	47F992M
V 800-65 A	1.0827	ASTM A 677	64F1102M
		ASTM A 677	64F500
VD Ventilfederstahldraht	1.1250	ASTM A 230	–
VE 340-50	1.0841	ASTM A 683	47S155
VE 390-50	1.0842	ASTM A 683	47S165
VE 390-65	1.0846	ASTM A 683	64S200
VE 450-50	1.0843	ASTM A 683	47S175
VE 450-65	1.0847	ASTM A 683	64S210
VE 520-65	1.0848	ASTM A 683	64S220
VM 97-30 N	1.0861	ASTM A 876	30G058
VM 111-35 N	1.0856	ASTM A 876	35G066
VM 130-27 S	1.0866	ASTM A 876	27G051
VM 140-30 S	1.0862	ASTM A 876	30H083
VM 155-35 S	1.0857	ASTM A 876	35H094
WStE 26	1.0462	ASTM A 516	55
		ASTM A 662	A
		ASTM A 672	C 55
WStE 29	1.0487	ASTM A 516	60
		ASTM A 529	50
		ASTM A 529	55
		ASTM A 572	42
		ASTM A 633	A
		ASTM A 662	A
		ASTM A 671	CC 60
		ASTM A 672	C 60

6 DIN-Werkstoffbezeichnungen

Auflistung in alphanumerischer Reihenfolge

DIN steel names

Listed in alphanumerical order

DIN-Werkstoffbezeichnung DIN steel name		US-Bezeichnung US steel name	
Werkstoff-Kurzname EN steel name	EN/DIN Werkstoff-Nr. EN/DIN Material no.	Norm Standard	Stahlsorte Steel class/grade/type
WStE 29	1.0487	ASTM A 709	50
WStE 32	1.0506	ASTM A 516	65
		ASTM A 572	50
		ASTM A 573	65
		ASTM A 618	Ib
		ASTM A 633	A
		ASTM A 662	B
		ASTM A 671	CC 65
		ASTM A 672	C 65
WStE 36	1.0565	ASTM A 181	70
		ASTM A 266	4
		ASTM A 299	A
		ASTM A 299	B
		ASTM A 508	1A
		ASTM A 541	1A
		ASTM A 573	70
		ASTM A 618	II
		ASTM A 633	D
		ASTM A 662	C
		ASTM A 671	CK 75
		ASTM A 678	B
		ASTM A 691	CMS-75
		ASTM A 714	II
		ASTM A 724	A
		ASTM A 724	B
		ASTM A 737	B
		ASTM A 841	A class 1
WStE 255	1.0462	ASTM A 516	55
		ASTM A 662	A
		ASTM A 672	C 55
WStE 285	1.0487	ASTM A 516	60
		ASTM A 529	50
		ASTM A 529	55
		ASTM A 572	42
		ASTM A 633	A
		ASTM A 662	A
		ASTM A 671	CC 60

6 DIN-Werkstoffbezeichnungen

Auflistung in alphanumerischer Reihenfolge

DIN steel names

Listed in alphanumerical order

DIN-Werkstoffbezeichnung DIN steel name		US-Bezeichnung US steel name	
Werkstoff-Kurzname EN steel name	EN/DIN Werkstoff-Nr. EN/DIN Material no.	Norm Standard	Stahlsorte Steel class/grade/type
WStE 285	1.0487	ASTM A 672	C 60
		ASTM A 709	50
WStE 315	1.0506	ASTM A 516	65
		ASTM A 572	50
		ASTM A 573	65
		ASTM A 618	Ib
		ASTM A 633	A
		ASTM A 662	B
		ASTM A 671	CC 65
		ASTM A 672	C 65
WStE 355	1.0565	ASTM A 181	70
		ASTM A 266	4
		ASTM A 299	A
		ASTM A 299	B
		ASTM A 508	1A
		ASTM A 541	1A
		ASTM A 573	70
		ASTM A 618	II
		ASTM A 633	D
		ASTM A 662	C
		ASTM A 671	CK 75
		ASTM A 678	B
		ASTM A 691	CMS-75
		ASTM A 714	II
		ASTM A 724	A
		ASTM A 724	B
		ASTM A 737	B
		ASTM A 841	A class 1
WStE 380	1.8930	ASTM A 572	55
		ASTM A 633	E
WStE 420	1.8932	ASTM A 572	60
		ASTM A 633	E
		ASTM A 678	B
WStE 460	1.8935	ASTM A 350	LF6
		ASTM A 572	65
		ASTM A 612	–
		ASTM A 633	E

6 DIN-Werkstoffbezeichnungen

Auflistung in alphanumerischer Reihenfolge

DIN steel names

Listed in alphanumerical order

DIN-Werkstoffbezeichnung DIN steel name		US-Bezeichnung US steel name	
Werkstoff-Kurzname EN steel name	EN/DIN Werkstoff-Nr. EN/DIN Material no.	Norm Standard	Stahlsorte Steel class/grade/type
WStE 460	1.8935	ASTM A 738	B
WStE 500	1.8937	ASTM A 225	C
		ASTM A 514	B
		ASTM A 514	F
		ASTM A 514	H
		ASTM A 514	Q
		ASTM A 517	B
		ASTM A 517	F
		ASTM A 517	H
		ASTM A 517	P
		ASTM A 671	CJB 115
		ASTM A 671	CJP 115
WTSt 52-3	1.8963	ASTM A 588	A
		ASTM A 588	C
		ASTM A 595	C element A 588/A
		ASTM A 618	Grade II
		ASTM A 709	50W type A
		ASTM A 709	50W type B
		ASTM A 709	100 type C
		ASTM A 871	Type IV
X 1 CrMo 26 1	1.4131	ASTM A 182	F XM-27Cb
		ASTM A 240	XM-27
		ASTM A 268	TPXM-27
		ASTM A 276	XM-27
		ASTM A 314	XM-27
		ASTM A 479	XM-27
		ASTM A 493	UNS: S44625
		ASTM A 803	XM-27
		ASTM A 803	UNS: S44627
		ASTM A 815	CR27
		ASTM A 815	WP27
		ASTM A 959	XM-27
X 1 CrNi 25 21	1.4335	ASTM A 213	UNS: S31002
		ASTM A 312	UNS: S31002
		ASTM A 959	UNS: S31002
X1CrNiMoN25-25-2	1.4465	ASTM A 182	F 310MoLN
		ASTM A 213	TP310MoLN

6 DIN-Werkstoffbezeichnungen

Auflistung in alphanumerischer Reihenfolge

DIN steel names

Listed in alphanumerical order

DIN-Werkstoffbezeichnung DIN steel name		US-Bezeichnung US steel name	
Werkstoff-Kurzname EN steel name	EN/DIN Werkstoff-Nr. EN/DIN Material no.	Norm Standard	Stahlsorte Steel class/grade/type
X1CrNiMoN25-25-2	1.4465	ASTM A 240	310MoLN
		ASTM A 249	UNS: S31050
		ASTM A 312	UNS: S31050
		ASTM A 479	UNS: S31050
		ASTM A 943	UNS: S31050
		ASTM A 959	310MoLN
X 1 CrNiSi 18 15	1.4361	ASTM A 182	F 46
		ASTM A 240	UNS: S30600
		ASTM A 269	UNS: S30600
		ASTM A 312	UNS: S30600
		ASTM A 358	UNS: S30600
		ASTM A 479	UNS: S30600
		ASTM A 943	UNS: S30600
		ASTM A 959	UNS: S30600
		ASTM A 965	F46
X 1 NiCrMoCu 32 28 7	1.4562	ASTM A 314	UNS: S38031
		ASTM B 462	UNS: N08031
		ASTM B 564	UNS: N08031
X 1 NiCrMoCuN 25 20 5	1.4539	ASTM A 182	F 904L
		ASTM A 213	UNS: N08904
		ASTM A 240	904L
		ASTM A 240	UNS: N08904
		ASTM A 249	UNS: N08904
		ASTM A 269	UNS: N08904
		ASTM A 276	904L
		ASTM A 312	UNS: N08904
		ASTM A 358	UNS: N08904
		ASTM A 403	CR904L
		ASTM A 403	WP904L
		ASTM A 479	904L
		ASTM A 959	904L
X 1 NiCrMoCuN 25 20 6	1.4529	ASTM A 213	UNS: N08925
		ASTM A 213	UNS: N08926
		ASTM A 240	UNS: N08925
		ASTM A 240	UNS: N08926
		ASTM A 249	UNS: N08926
		ASTM A 269	UNS: N08925

6 DIN-Werkstoffbezeichnungen

Auflistung in alphanumerischer Reihenfolge

DIN steel names

Listed in alphanumerical order

DIN-Werkstoffbezeichnung DIN steel name		US-Bezeichnung US steel name	
Werkstoff-Kurzname EN steel name	EN/DIN Werk-stoff-Nr. EN/DIN Material no.	Norm Standard	Stahlsorte Steel class/grade/type
X 1 NiCrMoCuN 25 20 6	1.4529	ASTM A 269	UNS: N08926
		ASTM A 270	UNS: N08926
		ASTM A 276	UNS: N08925
		ASTM A 276	UNS: N08926
		ASTM A 312	UNS: N08925
		ASTM A 312	UNS: N08926
		ASTM A 358	UNS: N08926
		ASTM A 403	CR1925N
		ASTM A 403	WP1925
		ASTM A 403	WP1925N
		ASTM A 403	CR1925
		ASTM A 479	UNS: N08925
		ASTM A 479	UNS: N08926
		ASTM A 580	UNS: N08926
		ASTM A 688	UNS: N08926
		ASTM A 959	UNS: N08926
		SAE J 405	UNS: N08926
X 1 NiCrMoCuN 31 27 4	1.4563	ASTM B 668	UNS: N08028
		ASTM B 709	UNS: N08028
X1NiCrSi24-9-7	1.4390	ASTM A 946	UNS: S70003
		ASTM A 968	UNS: S70003
X2CrMnNiN20-9-7	1.4375	ASTM A 182	F XM-11
		ASTM A 240	XM-11
		ASTM A 269	TPXM-11
		ASTM A 276	TPXM-11
		ASTM A 312	TPXM-11
		ASTM A 314	XM-11
		ASTM A 473	XM-11
		ASTM A 479	XM-11
		ASTM A 580	XM-11
		ASTM A 666	XM-11
		ASTM A 813	TPXM-11
		ASTM A 814	TPXM-11
		ASTM A 943	TPXM-11
		ASTM A 959	XM-11
		ASTM A 965	FXM-11
		ASTM A 988	UNS: S21904

6 DIN-Werkstoffbezeichnungen

Auflistung in alphanumerischer Reihenfolge

DIN steel names

Listed in alphanumerical order

DIN-Werkstoffbezeichnung DIN steel name		US-Bezeichnung US steel name	
Werkstoff-Kurzname EN steel name	EN/DIN Werkstoff-Nr. EN/DIN Material no.	Norm Standard	Stahlsorte Steel class/grade/type
X 2 CrMoTi 18 2	1.4521	ASTM A 213	TP444
		ASTM A 240	444
		ASTM A 268	UNS: S44400
		ASTM A 268	18Cr-2Mo
		ASTM A 276	444
		ASTM A 479	444
		ASTM A 554	444
		ASTM A 554	UNS: S44400
		ASTM A 580	UNS: S44400
		ASTM A 803	UNS: S44400
		ASTM A 803	18-2
		ASTM A 959	444
		SAE J 405	AISI 444
X 2 CrNi 12	1.4003	ASTM A 240	UNS: S40977
		ASTM A 240	UNS: S41003
		ASTM A 268	UNS: S40977
		ASTM A 554	UNS: S41003
		ASTM A 959	UNS: S40977
		ASTM A 959	UNS: S41003
		ASTM A 1010	UNS: S41003
		ASTM A 1053	UNS: S41003
X 2 CrNi 19 9	1.4316	AWS A 5.30	UNS: S30883 (308L)
X 2 CrNi 19 11	1.4306	ASTM A 182	F 304L
		ASTM A 213	TP304L
		ASTM A 240	304L
		ASTM A 249	TP304L
		ASTM A 269	TP304L
		ASTM A 270	TP304L
		ASTM A 276	304L
		ASTM A 312	TP304L
		ASTM A 314	304L
		ASTM A 351	CF3
		ASTM A 351	CF3A
		ASTM A 358	304L
		ASTM A 403	CR304L
		ASTM A 403	WP304L
		ASTM A 409	TP304L

6 DIN-Werkstoffbezeichnungen

Auflistung in alphanumerischer Reihenfolge

DIN steel names

Listed in alphanumerical order

DIN-Werkstoffbezeichnung DIN steel name		US-Bezeichnung US steel name	
Werkstoff-Kurzname EN steel name	EN/DIN Werkstoff-Nr. EN/DIN Material no.	Norm Standard	Stahlsorte Steel class/grade/type
X 2 CrNi 19 11	1.4306	ASTM A 451	CPF3
		ASTM A 451	CPF3A
		ASTM A 473	304L
		ASTM A 478	304L
		ASTM A 479	304L
		ASTM A 493	304L
		ASTM A 511	MT304L
		ASTM A 554	MT-304L
		ASTM A 580	304L
		ASTM A 632	TP304L
		ASTM A 666	304L
		ASTM A 688	TP304L
		ASTM A 743	CF3
		ASTM A 744	CF3
		ASTM A 774	TP304L
		ASTM A 778	TP304L
		ASTM A 793	304L
		ASTM A 813	TP304L
		ASTM A 814	TP304L
		ASTM A 943	TP304L
		ASTM A 959	304L
		ASTM A 965	F304L
		ASTM A 988	UNS: S30403
		ASTM A 1022	304L
		ASTM F 593	304L
		ASTM F 594	304L
		ASTM F 738	304L
		SAE J 405	AISI 304L
X 2 CrNi 21 10	1.4331	AWS A 5.9	UNS: S30888 (308LSi)
X 2 CrNi 24 12	1.4332	AWS A 5.30	UNS: S30983 (309L)
X 2 CrNiMnMoNbN 25 18 6 5	1.4565	ASTM A 182	F 49
		ASTM A 213	UNS: S34565
		ASTM A 240	UNS: S34565
		ASTM A 249	UNS: S34565
		ASTM A 269	UNS: S34565
		ASTM A 276	UNS: S34565
		ASTM A 312	UNS: S34565

6 DIN-Werkstoffbezeichnungen

Auflistung in alphanumerischer Reihenfolge

DIN steel names

Listed in alphanumerical order

DIN-Werkstoffbezeichnung DIN steel name		US-Bezeichnung US steel name	
Werkstoff-Kurzname EN steel name	EN/DIN Werk-stoff-Nr. EN/DIN Material no.	Norm Standard	Stahlsorte Steel class/grade/type
X 2 CrNiMnMoNbN 25 18 6 5	1.4565	ASTM A 358	UNS: S34565
		ASTM A 376	UNS: S34565
		ASTM A 403	CRS34565
		ASTM A 403	WPS34565
		ASTM A 409	UNS: S34565
		ASTM A 479	UNS: S34565
		ASTM A 943	UNS: S34565
		ASTM A 959	UNS: S34565
X 2 CrNiMo 17 13 2	1.4404	ASTM A 182	F 316L
		ASTM A 213	TP316L
		ASTM A 240	316L
		ASTM A 249	TP316L
		ASTM A 269	TP316L
		ASTM A 270	TP316L
		ASTM A 276	316L
		ASTM A 312	TP316L
		ASTM A 314	316L
		ASTM A 351	CF3MN
		ASTM A 358	316L
		ASTM A 403	CR316L
		ASTM A 403	WP316L
		ASTM A 409	TP316L
		ASTM A 473	316L
		ASTM A 478	316L
		ASTM A 479	316L
		ASTM A 493	316L
		ASTM A 511	MT316L
		ASTM A 554	MT-316L
		ASTM A 580	316L
		ASTM A 632	TP316L
		ASTM A 666	316L
		ASTM A 688	TP316L
		ASTM A 743	CF3MN
		ASTM A 774	TP316L
		ASTM A 778	TP316L
		ASTM A 793	316L
		ASTM A 813	TP316L

6 DIN-Werkstoffbezeichnungen

Auflistung in alphanumerischer Reihenfolge

DIN steel names

Listed in alphanumerical order

DIN-Werkstoffbezeichnung DIN steel name		US-Bezeichnung US steel name	
Werkstoff-Kurzname EN steel name	EN/DIN Werkstoff-Nr. EN/DIN Material no.	Norm Standard	Stahlsorte Steel class/grade/type
X 2 CrNiMo 17 13 2	1.4404	ASTM A 814	TP316L
		ASTM A 943	TP316L
		ASTM A 955	316L
		ASTM A 959	316L
		ASTM A 965	F316L
		ASTM A 988	UNS: S31603
		ASTM A 1022	316L
		ASTM F 593	316L
		ASTM F 594	316L
		ASTM F 738	316L
X 2 CrNiMo 18 14 3	1.4435	ASTM A 182	F 316L
		ASTM A 213	TP316L
		ASTM A 240	316L
		ASTM A 249	TP316L
		ASTM A 269	TP316L
		ASTM A 270	TP316L
		ASTM A 276	316L
		ASTM A 312	TP316L
		ASTM A 314	316L
		ASTM A 358	316L
		ASTM A 403	CR316L
		ASTM A 403	WP316L
		ASTM A 409	TP316L
		ASTM A 473	316L
		ASTM A 478	316L
		ASTM A 479	316L
		ASTM A 493	316L
		ASTM A 511	MT316L
		ASTM A 554	MT-316L
		ASTM A 580	316L
		ASTM A 632	TP316L
		ASTM A 666	316L
		ASTM A 688	TP316L
		ASTM A 774	TP316L
		ASTM A 778	TP316L
		ASTM A 793	316L
		ASTM A 813	TP316L

6 DIN-Werkstoffbezeichnungen

Auflistung in alphanumerischer Reihenfolge

DIN steel names

Listed in alphanumerical order

DIN-Werkstoffbezeichnung DIN steel name		US-Bezeichnung US steel name	
Werkstoff-Kurzname EN steel name	EN/DIN Werk-stoff-Nr. EN/DIN Material no.	Norm Standard	Stahlsorte Steel class/grade/type
X 2 CrNiMo 18 14 3	1.4435	ASTM A 814	TP316L
		ASTM A 943	TP316L
		ASTM A 955	316L
		ASTM A 959	316L
		ASTM A 965	F316L
		ASTM A 988	UNS: S31603
		ASTM A 1022	316L
		ASTM F 593	316L
		ASTM F 594	316L
		ASTM F 738	316L
X 2 CrNiMo 18 15 3	1.4441	ASTM F 138	UNS: S31673
		ASTM F 1350	UNS: S31673
X2CrNiMo18-15-4	1.4438	ASTM A 182	F 317L
		ASTM A 213	TP317L
		ASTM A 240	317L
		ASTM A 249	TP317L
		ASTM A 312	TP317L
		ASTM A 358	317L
		ASTM A 403	CR317L
		ASTM A 403	WP317L
		ASTM A 774	TP317L
		ASTM A 778	TP317L
		ASTM A 813	TP317L
		ASTM A 814	TP317L
		ASTM A 943	TP317L
		ASTM A 959	317L
		ASTM A 988	UNS: S31703
		SAE J 405	AISI 317L
X 2 CrNiMo 19 12	1.4430	AWS A 5.30	UNS: S31683 (316L)
X2CrNiMoN17-11-2	1.4406	ASTM A 182	F 316LN
		ASTM A 193	B8MLN
		ASTM A 193	B8MLNA
		ASTM A 194	8MLN type 316LN
		ASTM A 194	8MLNA type 316LN
		ASTM A 213	TP316LN
		ASTM A 240	316LN
		ASTM A 249	TP316LN

6 DIN-Werkstoffbezeichnungen

Auflistung in alphanumerischer Reihenfolge

DIN steel names

Listed in alphanumerical order

DIN-Werkstoffbezeichnung DIN steel name		US-Bezeichnung US steel name	
Werkstoff-Kurzname EN steel name	EN/DIN Werk-stoff-Nr. EN/DIN Material no.	Norm Standard	Stahlsorte Steel class/grade/type
X2CrNiMoN17-11-2	1.4406	ASTM A 269	TP316LN
		ASTM A 276	316LN
		ASTM A 312	TP316LN
		ASTM A 312	TP316LN
		ASTM A 320	B8MLN
		ASTM A 320	B8MLNA
		ASTM A 358	316LN
		ASTM A 376	TP316LN
		ASTM A 403	CR316LN
		ASTM A 403	WP316LN
		ASTM A 479	316LN
		ASTM A 688	TP316LN
		ASTM A 813	TP316LN
		ASTM A 814	TP316LN
		ASTM A 943	TP316LN
		ASTM A 955	316LN
		ASTM A 959	316LN
		ASTM A 965	F316LN
		ASTM A 988	UNS: S31653
		ASTM A 1022	316LN
		SAE J 405	AISI 316LN
X 2 CrNiMoN 17 13 3	1.4429	ASTM A 182	F 316LN
		ASTM A 193	B8MLN
		ASTM A 193	B8MLNA
		ASTM A 194	8MLN type 316LN
		ASTM A 194	8MLNA type 316LN
		ASTM A 213	TP316LN
		ASTM A 240	316LN
		ASTM A 249	TP316LN
		ASTM A 269	TP316LN
		ASTM A 276	316LN
		ASTM A 312	TP316LN
		ASTM A 320	B8MLN
		ASTM A 320	B8MLNA
		ASTM A 358	316LN
		ASTM A 376	TP316LN
		ASTM A 403	CR316LN

6 DIN-Werkstoffbezeichnungen

Auflistung in alphanumerischer Reihenfolge

DIN steel names

Listed in alphanumerical order

DIN-Werkstoffbezeichnung DIN steel name		US-Bezeichnung US steel name	
Werkstoff-Kurzname EN steel name	EN/DIN Werkstoff-Nr. EN/DIN Material no.	Norm Standard	Stahlsorte Steel class/grade/type
X 2 CrNiMoN 17 13 3	1.4429	ASTM A 403	WP316LN
		ASTM A 479	316LN
		ASTM A 688	TP316LN
		ASTM A 813	TP316LN
		ASTM A 814	TP316LN
		ASTM A 943	TP316LN
		ASTM A 955	316LN
		ASTM A 959	316LN
		ASTM A 965	F316LN
		ASTM A 988	UNS: S31653
		ASTM A 1022	316LN
		SAE J 405	AISI 316LN
X 2 CrNiMoN 17 13 5	1.4439	ASTM A 182	F 48
		ASTM A 213	TP317LM
		ASTM A 213	TP317LMN
		ASTM A 240	317LM
		ASTM A 240	317LMN
		ASTM A 249	UNS: S31725
		ASTM A 249	UNS: S31726
		ASTM A 269	UNS: S31726
		ASTM A 276	UNS: S31725
		ASTM A 276	UNS: S31726
		ASTM A 312	UNS: S31726
		ASTM A 358	UNS: S31725
		ASTM A 358	UNS: S31726
		ASTM A 376	UNS: S31725
		ASTM A 376	UNS: S31726
		ASTM A 403	CRS31725
		ASTM A 403	CRS31726
		ASTM A 403	WPS31725
		ASTM A 403	WPS31726
		ASTM A 409	UNS: S31725
		ASTM A 409	UNS: S31726
		ASTM A 479	UNS: S31725
		ASTM A 479	UNS: S31726
		ASTM A 943	UNS: S31726
		ASTM A 959	317LM

6 DIN-Werkstoffbezeichnungen

Auflistung in alphanumerischer Reihenfolge

DIN steel names

Listed in alphanumerical order

DIN-Werkstoffbezeichnung DIN steel name		US-Bezeichnung US steel name	
Werkstoff-Kurzname EN steel name	EN/DIN Werk-stoff-Nr. EN/DIN Material no.	Norm Standard	Stahlsorte Steel class/grade/type
X 2 CrNiMoN 17 13 5	1.4439	ASTM A 959	317LMN
		ASTM A 988	UNS: S31725
		ASTM A 988	UNS: S31726
X 2 CrNiMoN 18 15 4	1.4442	ASTM A 240	317LN
		ASTM A 959	317LN
		SAE J 405	AISI 317LN
X 2 CrNiMoN 22 5 3	1.4462	ASTM A 182	F 51
		ASTM A 182	F 60
		ASTM A 240	2205
		ASTM A 240	UNS: S31803
		ASTM A 270	UNS: S31803
		ASTM A 270	UNS: S32205
		ASTM A 276	UNS: S31803
		ASTM A 276	UNS: S32205
		ASTM A 313	UNS: S32205
		ASTM A 314	UNS: S31803
		ASTM A 314	UNS: S32205
		ASTM A 479	UNS: S31803
		ASTM A 479	UNS: S32205
		ASTM A 511	UNS: S31803
		ASTM A 511	UNS: S32205
		ASTM A 789	UNS: S31803
		ASTM A 789	UNS: S32205
		ASTM A 790	UNS: S31803
		ASTM A 790	UNS: S32205
		ASTM A 790	2205
		ASTM A 815	CRS31803
		ASTM A 815	CRS32205
		ASTM A 815	WPS31803
		ASTM A 815	WPS32205
		ASTM A 890	4A
		ASTM A 890	UNS: J92205
		ASTM A 890	ACI: CD3MN
		ASTM A 928	UNS: S31803
		ASTM A 928	2205
		ASTM A 949	UNS: S31803
		ASTM A 955	UNS: S31803

6 DIN-Werkstoffbezeichnungen

Auflistung in alphanumerischer Reihenfolge

DIN steel names

Listed in alphanumerical order

DIN-Werkstoffbezeichnung DIN steel name		US-Bezeichnung US steel name	
Werkstoff-Kurzname EN steel name	EN/DIN Werkstoff-Nr. EN/DIN Material no.	Norm Standard	Stahlsorte Steel class/grade/type
X 2 CrNiMoN 22 5 3	1.4462	ASTM A 959	2205
		ASTM A 959	UNS: S31803
		ASTM A 959	UNS: S32205
		ASTM A 988	UNS: S31803
		ASTM A 988	UNS: S32205
		ASTM A 995	4A
		ASTM A 995	ACI: CD3MN
		ASTM A 1022	2205
		ASTM A 1049	F51
		ASTM A 1049	F60
		ASTM A 1082	UNS: S31803
		ASTM A 1082	UNS: S32205
		ASTM A 1082	2205
X 2 CrNiMoN 25 22	1.4466	ASTM A 182	F 310MoLN
		ASTM A 213	TP310MoLN
		ASTM A 240	310MoLN
		ASTM A 249	UNS: S31050
		ASTM A 312	UNS: S31050
		ASTM A 479	UNS: S31050
		ASTM A 943	UNS: S31050
		ASTM A 959	310MoLN
X 2 CrNiN 18 7	1.4318	ASTM A 240	301LN
		ASTM A 666	301LN
		ASTM A 959	301LN
X 2 CrNiN 18 10	1.4311	ASTM A 182	F 304LN
		ASTM A 193	B8LN
		ASTM A 193	B8LNA
		ASTM A 194	8LN type 304LN
		ASTM A 194	8LNA type 304LN
		ASTM A 213	TP304LN
		ASTM A 240	304LN
		ASTM A 249	TP304LN
		ASTM A 269	TP304LN
		ASTM A 276	304LN
		ASTM A 312	TP304LN
		ASTM A 320	B8LN
		ASTM A 320	B8LNA

6 DIN-Werkstoffbezeichnungen

Auflistung in alphanumerischer Reihenfolge

DIN steel names

Listed in alphanumerical order

DIN-Werkstoffbezeichnung DIN steel name		US-Bezeichnung US steel name	
Werkstoff-Kurzname EN steel name	EN/DIN Werk-stoff-Nr. EN/DIN Material no.	Norm Standard	Stahlsorte Steel class/grade/type
X 2 CrNiN 18 10	1.4311	ASTM A 358	304LN
		ASTM A 376	TP304LN
		ASTM A 403	CR304LN
		ASTM A 403	WP304LN
		ASTM A 479	304LN
		ASTM A 666	304LN
		ASTM A 688	TP304LN
		ASTM A 813	TP304LN
		ASTM A 814	TP304LN
		ASTM A 943	TP304LN
		ASTM A 959	304LN
		ASTM A 965	F304LN
		ASTM A 988	UNS: S30453
		SAE J 405	AISI 304LN
X 2 CrNiN 23 4	1.4362	ASTM A 240	2304
		ASTM A 276	UNS: S32304
		ASTM A 314	UNS: S32304
		ASTM A 511	UNS: S32304
		ASTM A 789	UNS: S32304
		ASTM A 790	2304
		ASTM A 790	UNS: S32304
		ASTM A 928	2304
		ASTM A 949	UNS: S32304
		ASTM A 959	2304
		ASTM A 1082	2304
		ASTM A 1082	UNS: S32304
X 2 NiCoMo 18 8 5	1.6359	ASTM A 579	72
		ASTM A 646	Marage 250
X 2 NiCoMo 18 9 5	1.6358	ASTM A 579	73
		ASTM A 646	Marage 300
X 2 NiCoMo 18 12	1.6355	–	UNS: K93540 (Alloy C-350)
X 2 NiCrAlTi 32 20	1.4558	ASTM A 213	800
		ASTM A 240	800
		ASTM A 240	UNS: N08800
		ASTM A 249	800
		ASTM A 276	800

6 DIN-Werkstoffbezeichnungen

Auflistung in alphanumerischer Reihenfolge

DIN steel names

Listed in alphanumerical order

DIN-Werkstoffbezeichnung DIN steel name		US-Bezeichnung US steel name	
Werkstoff-Kurzname EN steel name	EN/DIN Werk-stoff-Nr. EN/DIN Material no.	Norm Standard	Stahlsorte Steel class/grade/type
X 2 NiCrAlTi 32 20	1.4558	ASTM A 312	800
		ASTM A 358	UNS: N08800
		ASTM A 403	CRNIC
		ASTM A 403	WPNIC
		ASTM A 479	800
		ASTM A 688	800
		ASTM A 688	UNS: N08800
		ASTM A 959	800
X 3 CrNiCu 18 9	1.4567	ASTM A 493	UNS: S30430
		ASTM A 959	UNS: S30430
		ASTM F 593	UNS: S30430
		ASTM F 594	UNS: S30430
		ASTM F 738	UNS: S30430
		ASTM F 899	XM-7
		SAE J 775	UNS: S30430
X 3 CrNiN 18 10	1.6907	ASTM A 182	F 304N
		ASTM A 193	B8N
		ASTM A 193	B8NA
		ASTM A 194	8N type 307N
		ASTM A 194	8NA type 307N
		ASTM A 213	TP304N
		ASTM A 240	304N
		ASTM A 249	TP304N
		ASTM A 276	304N
		ASTM A 312	TP304N
		ASTM A 358	304N
		ASTM A 376	TP304N
		ASTM A 403	CR304N
		ASTM A 403	WP304N
		ASTM A 479	304N
		ASTM A 666	304N
		ASTM A 688	TP304N
		ASTM A 813	TP304N
		ASTM A 814	TP304N
		ASTM A 943	TP304N
		ASTM A 959	304N
		ASTM A 965	F304N

6 DIN-Werkstoffbezeichnungen

Auflistung in alphanumerischer Reihenfolge

DIN steel names

Listed in alphanumerical order

DIN-Werkstoffbezeichnung DIN steel name		US-Bezeichnung US steel name	
Werkstoff-Kurzname EN steel name	EN/DIN Werk-stoff-Nr. EN/DIN Material no.	Norm Standard	Stahlsorte Steel class/grade/type
X 3 CrNiN 18 10	1.6907	ASTM A 988	UNS: S30451
		SAE J 405	AISI 304N
X 3 CrTi 17	1.4510	ASTM A 240	439
		ASTM A 268	TP430Ti
		ASTM A 268	TP439
		ASTM A 479	439
		ASTM A 554	MT-430Ti
		ASTM A 803	TP439
		ASTM A 803	UNS: S43035
		ASTM A 815	CR430Ti
		ASTM A 815	WP430Ti
		ASTM A 959	430Ti
		ASTM A 959	439
		ASTM A 959	439
		SAE J 405	AISI 430Ti
		SAE J 405	AISI 439
X 4 CrMoS 18	1.4105	ASTM A 314	430F
		ASTM A 473	430F
		ASTM A 581	430F
		ASTM A 582	430F
		ASTM A 959	430F
		ASTM F 593	430F
		ASTM F 594	430F
		ASTM F 738	430F
		ASTM F 899	430F
X 4 CrNi 13 4	1.4313	–	UNS: S42400
		ASTM A 182	F 6NM
		ASTM A 240	UNS: S41500
		ASTM A 268	UNS: S41500
		ASTM A 276	UNS: S41500
		ASTM A 336	F6NM
		ASTM A 352	CA6NM
		ASTM A 356	CA6NM
		ASTM A 473	UNS: S41500
		ASTM A 479	UNS: S41500
		ASTM A 487	CA6NM class A
		ASTM A 487	CA6NM class B

6 DIN-Werkstoffbezeichnungen

Auflistung in alphanumerischer Reihenfolge

DIN steel names

Listed in alphanumerical order

DIN-Werkstoffbezeichnung DIN steel name		US-Bezeichnung US steel name	
Werkstoff-Kurzname EN steel name	EN/DIN Werkstoff-Nr. EN/DIN Material no.	Norm Standard	Stahlsorte Steel class/grade/type
X 4 CrNi 13 4	1.4313	ASTM A 743	CA6NM
		ASTM A 815	CRS41500
		ASTM A 815	WPS41500
		ASTM A 959	UNS: S41500
		ASTM A 988	UNS: S41500
X4CrNiMo13-4	1.4413	ASTM A 182	F 6NM
		ASTM A 240	UNS: S41500
		ASTM A 268	UNS: S41500
		ASTM A 276	UNS: S41500
		ASTM A 336	F6NM
		ASTM A 473	UNS: S41500
		ASTM A 479	UNS: S41500
		ASTM A 815	CRS41500
		ASTM A 815	WPS41500
		ASTM A 959	UNS: S41500
		ASTM A 988	UNS: S41500
X 4 CrNiMoN 27 5 2	1.4460	ASTM A 182	F 50
		ASTM A 240	UNS: S31200
		ASTM A 789	UNS: S31200
		ASTM A 790	UNS: S31200
		ASTM A 890	ACI: CD6MN
		ASTM A 890	3A
		ASTM A 890	UNS: J93371
		ASTM A 928	UNS: S31200
		ASTM A 949	UNS: S31200
		ASTM A 959	UNS: S31200
		ASTM A 995	ACI: CD6MN
		ASTM A 995	3A
		ASTM A 1049	F50
X 4 CrNiSiN 18 10	1.4891	ASTM A 240	UNS: S30415
		ASTM A 249	UNS: S30415
		ASTM A 312	UNS: S30415
		ASTM A 358	UNS: S30415
		ASTM A 959	UNS: S30415
X 5 CrNi 18 7	1.4319	ASTM A 240	301L
		ASTM A 666	301L
		ASTM A 959	301L

6 DIN-Werkstoffbezeichnungen

Auflistung in alphanumerischer Reihenfolge

DIN steel names

Listed in alphanumerical order

DIN-Werkstoffbezeichnung DIN steel name		US-Bezeichnung US steel name	
Werkstoff-Kurzname EN steel name	EN/DIN Werk-stoff-Nr. EN/DIN Material no.	Norm Standard	Stahlsorte Steel class/grade/type
X 5 CrNi 18 10	1.4301	ASTM A 182	F 304
		ASTM A 193	B8
		ASTM A 193	B8A
		ASTM A 194	8 type 304
		ASTM A 194	8A type 304
		ASTM A 213	TP304
		ASTM A 240	304
		ASTM A 249	TP304
		ASTM A 269	TP304
		ASTM A 270	TP304
		ASTM A 276	304
		ASTM A 312	TP304
		ASTM A 313	304
		ASTM A 314	304
		ASTM A 320	B8A
		ASTM A 320	B8
		ASTM A 358	304
		ASTM A 368	304
		ASTM A 376	TP304
		ASTM A 403	CR304
		ASTM A 403	WP304
		ASTM A 409	TP304
		ASTM A 473	304
		ASTM A 478	304
		ASTM A 479	304
		ASTM A 492	304
		ASTM A 493	304
		ASTM A 511	MT304
		ASTM A 554	MT-304
		ASTM A 580	304
		ASTM A 632	TP304
		ASTM A 666	304
		ASTM A 688	TP304
		ASTM A 793	304
		ASTM A 813	TP304
		ASTM A 814	TP304
		ASTM A 908	-

6 DIN-Werkstoffbezeichnungen

Auflistung in alphanumerischer Reihenfolge

DIN steel names

Listed in alphanumerical order

DIN-Werkstoffbezeichnung DIN steel name		US-Bezeichnung US steel name	
Werkstoff-Kurzname EN steel name	EN/DIN Werkstoff-Nr. EN/DIN Material no.	Norm Standard	Stahlsorte Steel class/grade/type
X 5 CrNi 18 10	1.4301	ASTM A 943	TP304
		ASTM A 955	304
		ASTM A 959	304
		ASTM A 965	F304
		ASTM A 988	UNS: S30400
		ASTM A 1022	304
		ASTM F 593	304
		ASTM F 594	304
		ASTM F 738	304
		ASTM F 899	304
		SAE J 405	AISI 304
X 5 CrNi 18 12	1.4303	ASTM A 167	308
		ASTM A 193	B8P
		ASTM A 193	B8PA
		ASTM A 194	8P type 305
		ASTM A 194	8PA type 305
		ASTM A 240	305
		ASTM A 249	TP305
		ASTM A 276	305
		ASTM A 313	305
		ASTM A 314	305
		ASTM A 314	308
		ASTM A 320	B8P
		ASTM A 320	B8PA
		ASTM A 368	305
		ASTM A 473	305
		ASTM A 473	308
		ASTM A 478	305
		ASTM A 492	305
		ASTM A 493	305
		ASTM A 511	MT305
		ASTM A 554	MT-305
		ASTM A 580	305
		ASTM A 580	308
		ASTM A 959	305
		ASTM A 959	308
		ASTM F 593	305

6 DIN-Werkstoffbezeichnungen

Auflistung in alphanumerischer Reihenfolge

DIN steel names

Listed in alphanumerical order

DIN-Werkstoffbezeichnung DIN steel name		US-Bezeichnung US steel name	
Werkstoff-Kurzname EN steel name	EN/DIN Werk-stoff-Nr. EN/DIN Material no.	Norm Standard	Stahlsorte Steel class/grade/type
X 5 CrNi 18 12	1.4303	ASTM F 594	305
		ASTM F 738	305
		SAE J 405	AISI 305
		SAE J 775	UNS: S30500
X 5 CrNiCuNb 17 4	1.4542	ASTM A 564	630
		ASTM A 693	630
		ASTM A 705	630
		ASTM A 747	CB7Cu-1
		ASTM A 747	UNS: J92180
		ASTM A 959	630
		ASTM A 982	F
		ASTM A 988	UNS: S17400
		ASTM A 1028	F
		ASTM A 1082	630
		ASTM A 1082	UNS: S17400
		ASTM F 593	630
		ASTM F 594	630
		ASTM F 738	630
		ASTM F 899	630
X 5 CrNiCuNb 17 4 4	1.4548	ASTM A 564	630
		ASTM A 693	630
		ASTM A 705	630
		ASTM A 959	630
		ASTM A 982	F
		ASTM A 988	UNS: S17400
		ASTM A 1028	F
		ASTM A 1082	630
		ASTM A 1082	UNS: S17400
		ASTM F 593	630
		ASTM F 594	630
		ASTM F 738	630
		ASTM F 899	630
X 5 CrNiMo 17 12 2	1.4401	ASTM A 182	F 316
		ASTM A 193	B8M
		ASTM A 193	B8M2
		ASTM A 193	B8M3
		ASTM A 193	B8MA

6 DIN-Werkstoffbezeichnungen

Auflistung in alphanumerischer Reihenfolge

DIN steel names

Listed in alphanumerical order

DIN-Werkstoffbezeichnung DIN steel name		US-Bezeichnung US steel name	
Werkstoff-Kurzname EN steel name	EN/DIN Werk-stoff-Nr. EN/DIN Material no.	Norm Standard	Stahlsorte Steel class/grade/type
X 5 CrNiMo 17 12 2	1.4401	ASTM A 194	8M type 316
		ASTM A 194	8MA type 316
		ASTM A 213	TP316
		ASTM A 240	316
		ASTM A 249	TP316
		ASTM A 269	TP316
		ASTM A 270	TP316
		ASTM A 276	316
		ASTM A 312	TP316
		ASTM A 312	TP316
		ASTM A 313	316
		ASTM A 314	316
		ASTM A 320	B8M
		ASTM A 320	B8MA
		ASTM A 358	316
		ASTM A 368	316
		ASTM A 376	TP316
		ASTM A 403	CR316
		ASTM A 403	CR316H
		ASTM A 403	WP316
		ASTM A 403	WP316H
		ASTM A 409	TP316
		ASTM A 473	316
		ASTM A 478	316
		ASTM A 479	316
		ASTM A 492	316
		ASTM A 493	316
		ASTM A 511	MT316
		ASTM A 554	MT-316
		ASTM A 580	316
		ASTM A 632	TP316
		ASTM A 666	316
		ASTM A 688	TP316
		ASTM A 793	316
		ASTM A 813	TP316
		ASTM A 814	TP316
		ASTM A 943	TP316

6 DIN-Werkstoffbezeichnungen

Auflistung in alphanumerischer Reihenfolge

DIN steel names

Listed in alphanumerical order

DIN-Werkstoffbezeichnung DIN steel name		US-Bezeichnung US steel name	
Werkstoff-Kurzname EN steel name	EN/DIN Werkstoff-Nr. EN/DIN Material no.	Norm Standard	Stahlsorte Steel class/grade/type
X 5 CrNiMo 17 12 2	1.4401	ASTM A 959	316
		ASTM A 965	F316
		ASTM A 988	UNS: S31600
		ASTM A 1022	316
		ASTM F 593	316
		ASTM F 594	316
		ASTM F 738	316
		ASTM F 899	316
		SAE J 405	AISI 316
X 5 CrNiMo 17 13 3	1.4436	ASTM A 182	F 316
		ASTM A 193	B8M
		ASTM A 193	B8M2
		ASTM A 193	B8M3
		ASTM A 193	B8MA
		ASTM A 194	8M type 316
		ASTM A 194	8MA type 316
		ASTM A 213	TP316
		ASTM A 240	316
		ASTM A 249	TP316
		ASTM A 269	TP316
		ASTM A 270	TP316
		ASTM A 276	316
		ASTM A 312	TP316
		ASTM A 313	316
		ASTM A 314	316
		ASTM A 320	B8M
		ASTM A 320	B8MA
		ASTM A 358	316
		ASTM A 368	316
		ASTM A 376	TP316
		ASTM A 403	CR316
		ASTM A 403	WP316
		ASTM A 409	TP316
		ASTM A 473	316
		ASTM A 478	316
		ASTM A 479	316
		ASTM A 492	316

6 DIN-Werkstoffbezeichnungen

Auflistung in alphanumerischer Reihenfolge

DIN steel names

Listed in alphanumerical order

DIN-Werkstoffbezeichnung DIN steel name		US-Bezeichnung US steel name	
Werkstoff-Kurzname EN steel name	EN/DIN Werk-stoff-Nr. EN/DIN Material no.	Norm Standard	Stahlsorte Steel class/grade/type
X 5 CrNiMo 17 13 3	1.4436	ASTM A 493	316
		ASTM A 511	MT316
		ASTM A 554	MT-316
		ASTM A 580	316
		ASTM A 632	TP316
		ASTM A 666	316
		ASTM A 688	TP316
		ASTM A 793	316
		ASTM A 813	TP316
		ASTM A 814	TP316
		ASTM A 943	TP316
		ASTM A 959	316
		ASTM A 965	F316
		ASTM A 988	UNS: S31600
		ASTM A 1022	316
		ASTM F 593	316
		ASTM F 594	316
		ASTM F 738	316
		ASTM F 899	316
X5CrNiMoTi15-2	1.4589	ASTM A 240	UNS: S42035
		ASTM A 268	UNS: S42035
		ASTM A 959	UNS: S42035
X5CrNiN19-9	1.4315	ASTM A 182	F 304N
		ASTM A 193	B8N
		ASTM A 193	B8NA
		ASTM A 194	8N type 304N
		ASTM A 194	8NA type 304N
		ASTM A 213	TP304N
		ASTM A 240	304N
		ASTM A 249	TP304N
		ASTM A 276	304N
		ASTM A 312	TP304N
		ASTM A 358	304N
		ASTM A 376	TP304N
		ASTM A 403	CR304N
		ASTM A 403	WP304N
		ASTM A 479	304N

6 DIN-Werkstoffbezeichnungen

Auflistung in alphanumerischer Reihenfolge

DIN steel names

Listed in alphanumerical order

DIN-Werkstoffbezeichnung DIN steel name		US-Bezeichnung US steel name	
Werkstoff-Kurzname EN steel name	EN/DIN Werkstoff-Nr. EN/DIN Material no.	Norm Standard	Stahlsorte Steel class/grade/type
X5CrNiN19-9	1.4315	ASTM A 666	304N
		ASTM A 688	TP304N
		ASTM A 813	TP304N
		ASTM A 814	TP304N
		ASTM A 943	TP304N
		ASTM A 959	304N
		ASTM A 965	F304N
		ASTM A 988	UNS: S30451
		SAE J 405	AISI 304N
X 5 CrNiNb 18 10	1.4546	ASTM A 182	F 348
		ASTM A 182	F 348H
		ASTM A 193	B8C
		ASTM A 193	B8CA
		ASTM A 194	8C type 347
		ASTM A 194	8CA type 347
		ASTM A 213	TP348
		ASTM A 213	TP348H
		ASTM A 240	348
		ASTM A 240	348H
		ASTM A 249	TP347
		ASTM A 249	TP348
		ASTM A 249	TP348H
		ASTM A 269	TP348
		ASTM A 276	348
		ASTM A 312	TP348
		ASTM A 312	TP348H
		ASTM A 314	348
		ASTM A 320	B8C
		ASTM A 320	B8CA
		ASTM A 358	348
		ASTM A 376	TP348
		ASTM A 376	TP348H
		ASTM A 403	CR348
		ASTM A 403	CR348H
		ASTM A 403	WP348
		ASTM A 403	WP348H
		ASTM A 409	TP348

6 DIN-Werkstoffbezeichnungen

Auflistung in alphanumerischer Reihenfolge

DIN steel names

Listed in alphanumerical order

DIN-Werkstoffbezeichnung DIN steel name		US-Bezeichnung US steel name	
Werkstoff-Kurzname EN steel name	EN/DIN Werk-stoff-Nr. EN/DIN Material no.	Norm Standard	Stahlsorte Steel class/grade/type
X 5 CrNiNb 18 10	1.4546	ASTM A 473	348
		ASTM A 479	348
		ASTM A 479	348H
		ASTM A 580	348
		ASTM A 632	TP348
		ASTM A 813	TP348
		ASTM A 813	TP348H
		ASTM A 814	TP348
		ASTM A 814	TP348H
		ASTM A 943	TP348
		ASTM A 943	TP348H
		ASTM A 959	348
		ASTM A 959	348H
		ASTM A 965	F348
		ASTM A 965	F348H
		SAE J 405	AISi 348
X 5 NiCrAlTi 31 20	1.4958	ASTM A 213	800
		ASTM A 213	800H
		ASTM A 240	800H
		ASTM A 249	800H
		ASTM A 276	800H
		ASTM A 276	UNS: N08811
		ASTM A 312	800H
		ASTM A 358	800H
		ASTM A 403	CRNIC10
		ASTM A 403	WPNIC10
		ASTM A 479	800H
		ASTM A 688	800H
		ASTM A 688	UNS: N08810
		ASTM A 688	UNS: N08811
		ASTM A 959	800H
		SAE J 405	UNS: N08810
X 5 NiCrNbCe 32 27	1.4877	ASTM A 182	F 56
		ASTM A 213	UNS: S33228
		ASTM A 240	UNS: S33228
		ASTM A 249	UNS: S33228
		ASTM A 312	UNS: S33228

6 DIN-Werkstoffbezeichnungen

Auflistung in alphanumerischer Reihenfolge

DIN steel names

Listed in alphanumerical order

DIN-Werkstoffbezeichnung DIN steel name		US-Bezeichnung US steel name	
Werkstoff-Kurzname EN steel name	EN/DIN Werkstoff-Nr. EN/DIN Material no.	Norm Standard	Stahlsorte Steel class/grade/type
X 5 NiCrNbCe 32 27	1.4877	ASTM A 314	UNS: S33228
		ASTM A 403	CRS33228
		ASTM A 403	WPS33228
		ASTM A 479	UNS: S33228
		ASTM A 959	UNS: S33228
X 5 NiCrTi 26 15	1.4980	ASTM A 453	660
		ASTM A 638	660
		ASTM A 891	–
		ASTM A 959	660
		ASTM A 959	UNS: S66286
X 5 NiCrTiMoV 26 15	1.3980	ASTM A 453	660
		ASTM A 638	660
		ASTM A 959	660
		ASTM A 959	UNS: S66286
X 6 Cr 13	1.4000	ASTM A 176	403
		ASTM A 193	B6
		ASTM A 193	B6X
		ASTM A 194	6 type 410
		ASTM A 240	410S
		ASTM A 276	403
		ASTM A 314	403
		ASTM A 473	403
		ASTM A 473	410S
		ASTM A 479	403
		ASTM A 511	MT403
		ASTM A 554	410S
		ASTM A 554	UNS: S41008
		ASTM A 580	403
		ASTM A 815	CRS41008
		ASTM A 815	WPS41008
		ASTM A 959	403
		ASTM A 959	410S
X 6 Cr 17	1.4016	ASTM A 182	F 430
		ASTM A 240	430
		ASTM A 268	TP430
		ASTM A 276	430
		ASTM A 314	430

6 DIN-Werkstoffbezeichnungen

Auflistung in alphanumerischer Reihenfolge

DIN steel names

Listed in alphanumerical order

DIN-Werkstoffbezeichnung DIN steel name		US-Bezeichnung US steel name	
Werkstoff-Kurzname EN steel name	EN/DIN Werkstoff-Nr. EN/DIN Material no.	Norm Standard	Stahlsorte Steel class/grade/type
X 6 Cr 17	1.4016	ASTM A 473	430
		ASTM A 479	430
		ASTM A 493	430
		ASTM A 511	MT430
		ASTM A 554	MT-430
		ASTM A 580	430
		ASTM A 815	CR430
		ASTM A 815	WP430
		ASTM A 959	430
		ASTM F 593	430
		ASTM F 594	430
		ASTM F 738	430
		SAE J 405	AISI 430
X 6 CrAl 13	1.4002	ASTM A 240	405
		ASTM A 268	TP405
		ASTM A 276	405
		ASTM A 473	405
		ASTM A 479	405
		ASTM A 511	MT405
		ASTM A 580	405
		ASTM A 959	405
X 6 CrMo 17 1	1.4113	ASTM A 240	434
		ASTM A 554	434
		ASTM A 554	UNS: S43400
		ASTM A 959	434
		SAE J 405	AISI 434
X 6 CrNi 18 11	1.4948	ASTM A 182	F 304H
		ASTM A 213	TP304H
		ASTM A 240	304H
		ASTM A 249	TP304H
		ASTM A 312	304H
		ASTM A 358	304H
		ASTM A 376	TP304H
		ASTM A 403	CR304H
		ASTM A 403	WP304H
		ASTM A 479	304H
		ASTM A 813	TP304H

6 DIN-Werkstoffbezeichnungen

Auflistung in alphanumerischer Reihenfolge

DIN steel names

Listed in alphanumerical order

DIN-Werkstoffbezeichnung DIN steel name		US-Bezeichnung US steel name	
Werkstoff-Kurzname EN steel name	EN/DIN Werk-stoff-Nr. EN/DIN Material no.	Norm Standard	Stahlsorte Steel class/grade/type
X 6 CrNi 18 11	1.4948	ASTM A 814	TP304H
		ASTM A 943	TP304H
		ASTM A 959	304H
		ASTM A 965	F304H
		SAE J 405	AISI 304H
X 6 CrNiMo 17 13	1.4919	ASTM A 182	F 316H
		ASTM A 213	TP316H
		ASTM A 240	316H
		ASTM A 249	TP316H
		ASTM A 312	TP316H
		ASTM A 312	TP316H
		ASTM A 358	316H
		ASTM A 376	TP316H
		ASTM A 403	CR316H
		ASTM A 403	WP316H
		ASTM A 479	316H
		ASTM A 813	TP316H
		ASTM A 814	TP316H
		ASTM A 943	TP316H
		ASTM A 959	316H
		ASTM A 965	F316H
		ASTM A 988	UNS: S31600
		SAE J 405	AISI 316H
X 6 CrNiMoNb 17 12 2	1.4580	ASTM A 240	316Cb
		ASTM A 276	316Cb
		ASTM A 314	316Cb
		ASTM A 368	316Cb
		ASTM A 478	316Cb
		ASTM A 479	316Cb
		ASTM A 959	316Cb
		SAE J 405	AISI 316Cb
X 6 CrNiMoTi 17 12 2	1.4571	ASTM A 182	F 316Ti
		ASTM A 213	TP316Ti
		ASTM A 240	316Ti
		ASTM A 276	316Ti
		ASTM A 312	TP316Ti
		ASTM A 314	316Ti

6 DIN-Werkstoffbezeichnungen

Auflistung in alphanumerischer Reihenfolge

DIN steel names

Listed in alphanumerical order

DIN-Werkstoffbezeichnung DIN steel name		US-Bezeichnung US steel name	
Werkstoff-Kurzname EN steel name	EN/DIN Werk-stoff-Nr. EN/DIN Material no.	Norm Standard	Stahlsorte Steel class/grade/type
X 6 CrNiMoTi 17 12 2	1.4571	ASTM A 368	316Ti
		ASTM A 478	316Ti
		ASTM A 479	316Ti
		ASTM A 959	316Ti
		SAE J 405	AISI 316Ti
X 6 CrNiNb 18 10	1.4550	ASTM A 182	F 347
		ASTM A 193	B8C
		ASTM A 193	B8CA
		ASTM A 194	8C type 347
		ASTM A 194	8CA type 347
		ASTM A 213	TP347
		ASTM A 240	347
		ASTM A 249	TP347
		ASTM A 269	TP347
		ASTM A 276	347
		ASTM A 312	TP347
		ASTM A 313	347
		ASTM A 314	347
		ASTM A 320	B8C
		ASTM A 320	B8CA
		ASTM A 358	347
		ASTM A 376	TP347
		ASTM A 403	CR347
		ASTM A 403	WP347
		ASTM A 409	TP347
		ASTM A 473	347
		ASTM A 479	347
		ASTM A 511	MT347
		ASTM A 554	MT-347
		ASTM A 580	347
		ASTM A 632	TP347
		ASTM A 774	TP347
		ASTM A 778	TP347
		ASTM A 813	TP347
		ASTM A 814	TP347
		ASTM A 943	TP347
		ASTM A 959	347

6 DIN-Werkstoffbezeichnungen

Auflistung in alphanumerischer Reihenfolge

DIN steel names

Listed in alphanumerical order

DIN-Werkstoffbezeichnung DIN steel name		US-Bezeichnung US steel name	
Werkstoff-Kurzname EN steel name	**EN/DIN Werk-stoff-Nr. EN/DIN Material no.**	**Norm Standard**	**Stahlsorte Steel class/grade/type**
X 6 CrNiNb 18 10	1.4550	ASTM A 965	F347
		ASTM F 593	347
		ASTM F 594	347
		ASTM F 738	347
		SAE J 405	AISI 347
X 6 CrTi 12	1.4512	ASTM A 240	409
		ASTM A 268	TP409
		ASTM A 554	TP409
		ASTM A 554	UNS: S40900
		ASTM A 803	TP409
		ASTM A 803	UNS: S40900
		ASTM A 959	409
		SAE J 405	AISI 409
X 6 CrNiTi 18	1.4509	ASTM A 240	UNS: S43940
		ASTM A 268	UNS: S43940
		ASTM A 959	UNS: S43940
X 6 CrNiTi 18 10	1.4541	ASTM A 182	F 321
		ASTM A 193	B8T
		ASTM A 193	B8TA
		ASTM A 194	8T type 321
		ASTM A 194	8TA type 321
		ASTM A 213	TP321
		ASTM A 240	321
		ASTM A 249	TP321
		ASTM A 269	TP321
		ASTM A 276	321
		ASTM A 312	TP321
		ASTM A 313	321
		ASTM A 314	321
		ASTM A 320	B8T
		ASTM A 320	B8TA
		ASTM A 358	321
		ASTM A 376	TP321
		ASTM A 403	CR321
		ASTM A 403	WP321
		ASTM A 409	TP321
		ASTM A 473	321

6 DIN-Werkstoffbezeichnungen

Auflistung in alphanumerischer Reihenfolge

DIN steel names

Listed in alphanumerical order

DIN-Werkstoffbezeichnung DIN steel name		US-Bezeichnung US steel name	
Werkstoff-Kurzname EN steel name	EN/DIN Werkstoff-Nr. EN/DIN Material no.	Norm Standard	Stahlsorte Steel class/grade/type
X 6 CrNiTi 18 10	1.4541	ASTM A 479	Type 321
		ASTM A 511	MT321
		ASTM A 554	MT-321
		ASTM A 580	321
		ASTM A 632	TP321
		ASTM A 774	TP321
		ASTM A 778	TP321
		ASTM A 813	TP321
		ASTM A 814	TP321
		ASTM A 943	TP321
		ASTM A 959	321
		ASTM A 965	F321
		ASTM F 593	Type
		ASTM F 594	321
		ASTM F 738	321
X 6 NiCrTi 26 15	1.2779	ASTM A 453	660
		ASTM A 638	660
		ASTM A 891	–
		ASTM A 959	660
		ASTM A 959	UNS: S66286
X 7 Cr 14	1.4001	ASTM A 182	F 429
		ASTM A 240	429
		ASTM A 268	TP429
		ASTM A 276	429
		ASTM A 314	429
		ASTM A 473	429
		ASTM A 493	429
		ASTM A 511	MT429
		ASTM A 554	MT-429
		ASTM A 815	CR429
		ASTM A 815	WP429
		ASTM A 959	429
		SAE J 405	AISI 429
X 7 CrNi 23 14	1.4833	ASTM A 213	TP309S
		ASTM A 240	309H
		ASTM A 240	309S
		ASTM A 249	TP309S

6 DIN-Werkstoffbezeichnungen

Auflistung in alphanumerischer Reihenfolge

DIN steel names

Listed in alphanumerical order

DIN-Werkstoffbezeichnung DIN steel name		US-Bezeichnung US steel name	
Werkstoff-Kurzname EN steel name	EN/DIN Werk-stoff-Nr. EN/DIN Material no.	Norm Standard	Stahlsorte Steel class/grade/type
X 7 CrNi 23 14	1.4833	ASTM A 276	309S
		ASTM A 312	TP309S
		ASTM A 314	309S
		ASTM A 351	CH8
		ASTM A 358	309S
		ASTM A 409	TP309S
		ASTM A 473	309S
		ASTM A 478	309S
		ASTM A 479	309S
		ASTM A 511	MT309S
		ASTM A 554	MT-309S
		ASTM A 580	309S
		ASTM A 813	TP309S
		ASTM A 814	TP309S
		ASTM A 943	TP309S
		ASTM A 959	309S
		SAE J 405	AISI 309S
X 7 CrNiAl 17 7	1.4568	ASTM A 313	631
		ASTM A 564	631
		ASTM A 579	Grade 62
		ASTM A 693	631
		ASTM A 705	631
		ASTM A 959	631
		ASTM A 1082	631
		ASTM A 1082	UNS: S17700
		ASTM F 899	631
		SAE J 467 B	17-7PH
X 7 CrNiCo 21 20 20	1.4956	ASTM B 639	661
X 7 CrNiMoAl 15 7	1.4532	ASTM A 564	632
		ASTM A 579	63
		ASTM A 693	632
		ASTM A 705	632
		ASTM A 959	632
X 7 CrTi 12	1.4720	ASTM A 240	409
		ASTM A 268	TP409
		ASTM A 554	TP409
		ASTM A 554	UNS: S40900

6 DIN-Werkstoffbezeichnungen

Auflistung in alphanumerischer Reihenfolge

DIN steel names

Listed in alphanumerical order

DIN-Werkstoffbezeichnung DIN steel name		US-Bezeichnung US steel name	
Werkstoff-Kurzname EN steel name	EN/DIN Werkstoff-Nr. EN/DIN Material no.	Norm Standard	Stahlsorte Steel class/grade/type
X 7 CrTi 12	1.4720	ASTM A 803	TP409
		ASTM A 803	UNS: S40900
		ASTM A 959	409
		SAE J 405	AISI 409
X 8 Cr 14	1.4009	AWS A 5.9	UNS: S41080
X 8 CrMnNi 18 8	1.3965	ASTM A 213	TP202
		ASTM A 240	202
		ASTM A 249	TP202
		ASTM A 276	202
		ASTM A 314	202
		ASTM A 473	202
		ASTM A 666	202
		ASTM A 959	202
		SAE J 405	AISI 202
X 8 CrNiAlTi 20 20	1.4847	ASTM A 240	334
		ASTM A 959	334
X8CrNiMo17-5-3	1.4457	ASTM A 693	633
		ASTM A 959	633
X 8 CrNiSiN 21 11	1.4893	ASTM A 182	F45
		ASTM A 213	UNS: S30815
		ASTM A 240	UNS: S30815
		ASTM A 249	UNS: S30815
		ASTM A 276	UNS: S30815
		ASTM A 312	UNS: S30815
		ASTM A 358	UNS: S30815
		ASTM A 409	UNS: S30815
		ASTM A 473	UNS: S30815
		ASTM A 479	UNS: S30815
		ASTM A 813	UNS: S30815
		ASTM A 814	UNS: S30815
		ASTM A 943	UNS: S30815
		ASTM A 959	UNS: S30815
X 8 CrNiTi 18 10	1.4941	ASTM A 182	F 321H
		ASTM A 213	TP321H
		ASTM A 240	321
		ASTM A 240	321H
		ASTM A 249	TP321H

6 DIN-Werkstoffbezeichnungen

Auflistung in alphanumerischer Reihenfolge

DIN steel names

Listed in alphanumerical order

DIN-Werkstoffbezeichnung DIN steel name		US-Bezeichnung US steel name	
Werkstoff-Kurzname EN steel name	EN/DIN Werk-stoff-Nr. EN/DIN Material no.	Norm Standard	Stahlsorte Steel class/grade/type
X 8 CrNiTi 18 10	1.4941	ASTM A 269	TP321
		ASTM A 276	321
		ASTM A 312	TP321H
		ASTM A 313	321
		ASTM A 376	TP321H
		ASTM A 403	CR321H
		ASTM A 403	WP321H
		ASTM A 479	321H
		ASTM A 580	321
		ASTM A 813	TP321H
		ASTM A 814	TP321H
		ASTM A 943	TP321H
		ASTM A 959	321
		ASTM A 959	321H
		ASTM A 965	F321H
		ASTM F 593	321
		ASTM F 594	321
		ASTM F 738	321
X 8 Ni 9	1.5662	ASTM A 333	8
		ASTM A 334	8
		ASTM A 353	–
		ASTM A 420	WPL8
		ASTM A 522	Type I
		ASTM A 553	Type I
		ASTM A 671	CG 100
		ASTM A 671	CH 115
		ASTM A 844	–
X 8 NiCrAlTi 32 21	1.4959	ASTM A 213	800H
		ASTM A 213	UNS: N08811
		ASTM A 240	800H
		ASTM A 240	UNS: N08811
		ASTM A 249	UNS: N08811
		ASTM A 276	800H
		ASTM A 276	UNS: N08811
		ASTM A 312	800H
		ASTM A 312	UNS: N08811
		ASTM A 358	UNS: N08811

6 DIN-Werkstoffbezeichnungen

Auflistung in alphanumerischer Reihenfolge

DIN steel names

Listed in alphanumerical order

DIN-Werkstoffbezeichnung DIN steel name		US-Bezeichnung US steel name	
Werkstoff-Kurzname EN steel name	EN/DIN Werk-stoff-Nr. EN/DIN Material no.	Norm Standard	Stahlsorte Steel class/grade/type
X 8 NiCrAlTi 32 21	1.4959	ASTM A 403	CRNIC11
		ASTM A 403	WPNIC11
		ASTM A 479	UNS: N08811
		ASTM A 688	UNS: N08811
		ASTM A 959	UNS: N08811
X 10 Cr 13	1.4006	ASTM A 176	403
		ASTM A 182	F 6a
		ASTM A 193	B6
		ASTM A 193	B6X
		ASTM A 194	6 type 410
		ASTM A 240	410
		ASTM A 268	TP410
		ASTM A 276	403
		ASTM A 276	410
		ASTM A 314	403
		ASTM A 314	410
		ASTM A 336	F6
		ASTM A 473	403
		ASTM A 473	410
		ASTM A 479	403
		ASTM A 479	410
		ASTM A 493	410
		ASTM A 511	MT410
		ASTM A 580	403
		ASTM A 580	410
		ASTM A 815	CR410
		ASTM A 815	WP410
		ASTM A 837	410
		ASTM A 959	403
		ASTM A 959	410
		ASTM A 982	A
		ASTM A 988	UNS: S41000
		ASTM A 1021	A
		ASTM A 1028	A
		ASTM F 593	410
		ASTM F 594	410
		ASTM F 738	410

6 DIN-Werkstoffbezeichnungen

Auflistung in alphanumerischer Reihenfolge

DIN steel names

Listed in alphanumerical order

DIN-Werkstoffbezeichnung DIN steel name		US-Bezeichnung US steel name	
Werkstoff-Kurzname EN steel name	EN/DIN Werk-stoff-Nr. EN/DIN Material no.	Norm Standard	Stahlsorte Steel class/grade/type
X 10 Cr 13	1.4006	ASTM F 899	410
		SAE J 405	AISI 410
X 10 CrAl 24	1.4762	ASTM A 176	446
		ASTM A 268	TP446-1
		ASTM A 268	TP446-2
		ASTM A 276	446
		ASTM A 314	446
		ASTM A 473	446
		ASTM A 511	MT446-1
		ASTM A 511	MT446-2
		ASTM A 580	446
		ASTM A 815	CR446
		ASTM A 815	WP446
		ASTM A 959	446
X 10 CrNi 30 9	1.4337	AMS 5784	UNS: S64299 (29-9)
X 10 CrNiMoTi 18 12	1.4573	ASTM A 182	F 316Ti
		ASTM A 213	TP316Ti
		ASTM A 240	316Ti
		ASTM A 276	316Ti
		ASTM A 312	316Ti
		ASTM A 314	316Ti
		ASTM A 368	316Ti
		ASTM A 478	316Ti
		ASTM A 479	316Ti
		ASTM A 959	316Ti
X 10 CrNiS 18 9	1.4305	ASTM A 194	8F type 303
		ASTM A 194	8FA type 303
		ASTM A 314	303
		ASTM A 320	B8F type 303
		ASTM A 320	B8FA type 303
		ASTM A 473	303
		ASTM A 511	MT303
		ASTM A 581	303
		ASTM A 582	303
		ASTM A 895	T303
		ASTM A 959	303
		ASTM F 593	303

6 DIN-Werkstoffbezeichnungen

Auflistung in alphanumerischer Reihenfolge

DIN steel names

Listed in alphanumerical order

DIN-Werkstoffbezeichnung DIN steel name		US-Bezeichnung US steel name	
Werkstoff-Kurzname EN steel name	EN/DIN Werkstoff-Nr. EN/DIN Material no.	Norm Standard	Stahlsorte Steel class/grade/type
X 10 CrNiS 18 9	1.4305	ASTM F 594	303
		ASTM F 738	303
		ASTM F 899	303
X 10 CrNiSiN 21 11	1.4835	ASTM A 182	F 45
		ASTM A 213	UNS: S30815
		ASTM A 240	UNS: S30815
		ASTM A 249	UNS: S30815
		ASTM A 276	UNS: S30815
		ASTM A 312	UNS: S30815
		ASTM A 358	UNS: S30815
		ASTM A 409	UNS: S30815
		ASTM A 473	UNS: S30815
		ASTM A 479	UNS: S30815
		ASTM A 813	UNS: S30815
		ASTM A 814	UNS: S30815
		ASTM A 943	UNS: S30815
		ASTM A 959	UNS: S30815
X 10 CrNiTi 18 10	1.6903	ASTM A 182	F 321H
		ASTM A 213	TP321H
		ASTM A 240	321H
		ASTM A 249	TP321H
		ASTM A 312	TP321H
		ASTM A 376	TP321H
		ASTM A 403	CR321H
		ASTM A 403	WP321H
		ASTM A 479	321H
		ASTM A 813	TP321H
		ASTM A 814	TP321H
		ASTM A 943	TP321H
		ASTM A 959	321H
		ASTM A 965	F321H
		SAE J 405	AISI 321H
X 10 NiCrAlTi 32 20	1.4876	ASTM A 213	800H
		ASTM A 213	UNS: N08811
		ASTM A 240	800H
		ASTM A 240	UNS: N08811
		ASTM A 249	UNS: N08811

6 DIN-Werkstoffbezeichnungen

Auflistung in alphanumerischer Reihenfolge

DIN steel names

Listed in alphanumerical order

DIN-Werkstoffbezeichnung DIN steel name		US-Bezeichnung US steel name	
Werkstoff-Kurzname EN steel name	EN/DIN Werkstoff-Nr. EN/DIN Material no.	Norm Standard	Stahlsorte Steel class/grade/type
X 10 NiCrAlTi 32 20	1.4876	ASTM A 276	800H
		ASTM A 276	UNS: N08811
		ASTM A 312	800H
		ASTM A 312	UNS: N08811
		ASTM A 358	800H
		ASTM A 358	UNS: N08811
		ASTM A 403	CRNIC11
		ASTM A 403	WPNIC11
		ASTM A 479	Type
		ASTM A 479	UNS: N08811
		ASTM A 688	800
		ASTM A 688	800H
		ASTM A 688	UNS: N08800
		ASTM A 688	UNS: N08811
		ASTM A 959	800H
		ASTM A 959	UNS: N08811
X 12 CrMo 9 1	1.7386	ASTM A 182	F 9
		ASTM A 213	T9
		ASTM A 234	WP9 class 1
		ASTM A 234	WP9 class 3
		ASTM A 335	P9
		ASTM A 336	F9
		ASTM A 369	FP9
		ASTM A 387	9
		ASTM A 387	9CR
		ASTM A 426	CP9
		ASTM A 691	9 CR
		ASTM A 989	UNS: K90941
X 12 CrMoS 17	1.4104	ASTM A 194	6F type 416
		ASTM A 314	430F
		ASTM A 473	430F
		ASTM A 581	430F
		ASTM A 582	430F
		ASTM A 895	430F
		ASTM A 959	430F
		ASTM F 593	430F
		ASTM F 594	430F

6 DIN-Werkstoffbezeichnungen

Auflistung in alphanumerischer Reihenfolge

DIN steel names

Listed in alphanumerical order

DIN-Werkstoffbezeichnung DIN steel name		US-Bezeichnung US steel name	
Werkstoff-Kurzname EN steel name	EN/DIN Werkstoff-Nr. EN/DIN Material no.	Norm Standard	Stahlsorte Steel class/grade/type
X 12 CrMoS 17	1.4104	ASTM F 738	430F
		ASTM F 899	430F
X 12 CrNi 17 7	1.4310	ASTM A 240	301
		ASTM A 313	UNS: S30151
		ASTM A 554	MT-301
		ASTM A 666	301
		ASTM A 959	301
		ASTM F 899	301
		SAE J 405	AISI 301
X 12 CrNi 18 8	1.4300	ASTM A 240	302
		ASTM A 276	302
		ASTM A 313	302
		ASTM A 314	302
		ASTM A 368	302
		ASTM A 473	302
		ASTM A 478	302
		ASTM A 479	302
		ASTM A 492	302
		ASTM A 493	302
		ASTM A 511	MT302
		ASTM A 554	MT-302
		ASTM A 580	302
		ASTM A 666	302
		ASTM A 959	302
		ASTM F 899	302
		SAE J 405	AISI 302
X 12 CrNi 18 9	1.6900	ASTM A 666	301
X 12 CrNi 25 20	1.4842	ASTM A 213	TP310S
		ASTM A 240	310S
		ASTM A 249	TP310S
		ASTM A 276	310S
		ASTM A 312	TP310S
		ASTM A 314	310S
		ASTM A 358	310S
		ASTM A 403	CR310S
		ASTM A 403	WP310S
		ASTM A 409	TP310S

6 DIN-Werkstoffbezeichnungen

Auflistung in alphanumerischer Reihenfolge

DIN steel names

Listed in alphanumerical order

DIN-Werkstoffbezeichnung DIN steel name		US-Bezeichnung US steel name	
Werkstoff-Kurzname EN steel name	EN/DIN Werk-stoff-Nr. EN/DIN Material no.	Norm Standard	Stahlsorte Steel class/grade/type
X 12 CrNi 25 20	1.4842	ASTM A 473	310S
		ASTM A 479	310S
		ASTM A 511	MT310S
		ASTM A 554	MT-310S
		ASTM A 580	310S
		ASTM A 813	TP310S
		ASTM A 814	TP310S
		ASTM A 943	TP310S
		ASTM A 959	310S
		SAE J 405	AISI 310S
X 12 CrNi 25 21	1.4845	ASTM A 182	F 310H
		ASTM A 213	TP310H
		ASTM A 213	TP310S
		ASTM A 240	310H
		ASTM A 240	310S
		ASTM A 249	TP310H
		ASTM A 249	TP310S
		ASTM A 276	310S
		ASTM A 312	TP310H
		ASTM A 312	TP310S
		ASTM A 314	310S
		ASTM A 358	310S
		ASTM A 403	CR310S
		ASTM A 403	WP310S
		ASTM A 409	TP310S
		ASTM A 473	310S
		ASTM A 479	310H
		ASTM A 479	310S
		ASTM A 511	MT310S
		ASTM A 554	MT-310S
		ASTM A 580	310S
		ASTM A 813	TP310S
		ASTM A 814	TP310S
		ASTM A 943	TP310H
		ASTM A 943	TP310S
		ASTM A 959	310H
		ASTM A 959	310S

6 DIN-Werkstoffbezeichnungen

Auflistung in alphanumerischer Reihenfolge

DIN steel names

Listed in alphanumerical order

DIN-Werkstoffbezeichnung DIN steel name		US-Bezeichnung US steel name	
Werkstoff-Kurzname EN steel name	EN/DIN Werkstoff-Nr. EN/DIN Material no.	Norm Standard	Stahlsorte Steel class/grade/type
X 12 CrNi 25 21	1.4845	ASTM A 965	F310H
		SAE J 405	AISI 310H
		SAE J 405	AISI 310S
X12CrNiMo19-10	1.4431	ASTM A 351	CG8M
		ASTM A 743	CG8M
		ASTM A 744	CG8M
X12CrNiMoS18-11	1.4427	AMS 5649	UNS: S31620
X 12 CrNiTi 18 9	1.4878	ASTM A 182	F 321H
		ASTM A 213	TP321H
		ASTM A 240	321H
		ASTM A 249	TP321H
		ASTM A 312	TP321H
		ASTM A 358	321H
		ASTM A 376	TP321H
		ASTM A 403	CR321H
		ASTM A 403	WP321H
		ASTM A 479	321H
		ASTM A 813	TP321H
		ASTM A 814	TP321H
		ASTM A 943	TP321H
		ASTM A 959	321H
		ASTM A 965	F321H
		SAE J 405	AISI 321H
X 12 CrS 13	1.4005	ASTM A 194	6F type 416
		ASTM A 314	416
		ASTM A 473	416
		ASTM A 581	416
		ASTM A 582	416
		ASTM A 895	416
		ASTM A 959	416
		ASTM F 593	416
		ASTM F 594	416
		ASTM F 738	416
		ASTM F 899	416
X 12 NiCrSi 36 16	1.4864	ASTM A 554	MT-330
X 15 Cr 13	1.4024	ASTM A 182	F 6a
		ASTM A 193	B6

6 DIN-Werkstoffbezeichnungen

Auflistung in alphanumerischer Reihenfolge

DIN steel names

Listed in alphanumerical order

DIN-Werkstoffbezeichnung DIN steel name		US-Bezeichnung US steel name	
Werkstoff-Kurzname EN steel name	EN/DIN Werkstoff-Nr. EN/DIN Material no.	Norm Standard	Stahlsorte Steel class/grade/type
X 15 Cr 13	1.4024	ASTM A 193	B6X
		ASTM A 194	6 type 410
		ASTM A 240	410
		ASTM A 268	TP410
		ASTM A 276	410
		ASTM A 314	410
		ASTM A 336	F6
		ASTM A 473	410
		ASTM A 479	410
		ASTM A 493	410
		ASTM A 511	MT410
		ASTM A 580	410
		ASTM A 815	CR410
		ASTM A 815	WP410
		ASTM A 837	410
		ASTM A 959	410
		ASTM A 982	A
		ASTM A 988	UNS: S41000
		ASTM A 1021	A
		ASTM A 1028	A
		ASTM F 593	410
		ASTM F 594	410
		ASTM F 738	410
		ASTM F 899	410
		SAE J 405	AISI 410
X 15 CrNiSi 20 12	1.4828	ASTM A 167	309
		ASTM A 276	309
		ASTM A 314	309
		ASTM A 403	CR309
		ASTM A 403	WP309
		ASTM A 473	309
		ASTM A 580	309
		ASTM A 959	309
X 15 CrNi Si 25 20	1.4841	ASTM A 167	310
		ASTM A 182	F 310
		ASTM A 276	310
		ASTM A 276	314

6 DIN-Werkstoffbezeichnungen

Auflistung in alphanumerischer Reihenfolge

DIN steel names

Listed in alphanumerical order

DIN-Werkstoffbezeichnung DIN steel name		US-Bezeichnung US steel name	
Werkstoff-Kurzname EN steel name	EN/DIN Werk-stoff-Nr. EN/DIN Material no.	Norm Standard	Stahlsorte Steel class/grade/type
X 15 CrNi Si 25 20	1.4841	ASTM A 314	310
		ASTM A 314	314
		ASTM A 473	310
		ASTM A 473	314
		ASTM A 580	310
		ASTM A 580	314
		ASTM A 632	TP310
		ASTM A 959	310
		ASTM A 959	314
		ASTM A 965	F310
X 20 Cr 13	1.4021	ASTM A 176	420
		ASTM A 276	420
		ASTM A 314	420
		ASTM A 473	420
		ASTM A 580	420
		ASTM A 959	420
		ASTM F 899	420 A
X 20 CrMoWV 12 1	1.4935	ASTM A 176	422
		ASTM A 437	B4C
		ASTM A 437	B4B
		ASTM A 565	616
		ASTM A 959	616
		SAE J 775	UNS: S42200
X 20 CrNi 17 2	1.4057	ASTM A 176	431
		ASTM A 276	431
		ASTM A 314	431
		ASTM A 473	431
		ASTM A 479	431
		ASTM A 493	431
		ASTM A 511	MT431
		ASTM A 579	53
		ASTM A 580	431
		ASTM A 959	431
		ASTM F 593	431
		ASTM F 594	431
		ASTM F 738	431
		ASTM F 899	431

6 DIN-Werkstoffbezeichnungen

Auflistung in alphanumerischer Reihenfolge

DIN steel names

Listed in alphanumerical order

DIN-Werkstoffbezeichnung DIN steel name		US-Bezeichnung US steel name	
Werkstoff-Kurzname EN steel name	EN/DIN Werk-stoff-Nr. EN/DIN Material no.	Norm Standard	Stahlsorte Steel class/grade/type
X21Cr13	1.2082	ASTM A 276	420
		ASTM A 314	420
		ASTM A 473	420
		ASTM A 580	420
		ASTM A 959	420
X 22 CrNi 17	1.2787	ASTM A 176	431
		ASTM A 276	431
		ASTM A 314	431
		ASTM A 473	431
		ASTM A 479	431
		ASTM A 580	431
		ASTM A 959	431
		ASTM F 593	431
		ASTM F 594	431
		ASTM F 738	431
		ASTM F 899	431
X 30 Cr 13	1.4028	ASTM A 176	420
		ASTM A 276	420
		ASTM A 314	420
		ASTM A 473	420
		ASTM A 580	420
		ASTM A 959	420
X30CrMoN15-1	1.4108	ASTM A 756	X30CrMoN15-1
X 30 WCrV 5 3	1.2567	ASTM A 681	H14
X 30 WCrV 9 3	1.2581	ASTM A 681	H21
X 32 CrMoV 3 3	1.2365	ASTM A 681	H10
X 33 WCrVMo 12 12	1.2625	ASTM A 681	H23
X 37 CrMoW 5 1	1.2606	ASTM A 681	A8
		ASTM A 681	H12
X 38 Cr 13	1.4031	ASTM A 176	420
		ASTM A 276	420
		ASTM A 314	420
		ASTM A 473	420
		ASTM A 580	420
		ASTM A 959	420
X 38 CrMoV 5 1	1.2343	ASTM A 646	H11
		ASTM A 681	H11

6 DIN-Werkstoffbezeichnungen

Auflistung in alphanumerischer Reihenfolge

DIN steel names

Listed in alphanumerical order

Werkstoff-Kurzname EN steel name (DIN-Werkstoffbezeichnung / DIN steel name)	EN/DIN Werkstoff-Nr. EN/DIN Material no.	Norm Standard (US-Bezeichnung / US steel name)	Stahlsorte Steel class/grade/type
X 38 CrMoV 5 1	1.2343	SAE J 438 B	AISI H11
X 40 CrMoV 5 1	1.2344	ASTM A 681	H13
		SAE J 438 B	AISI H13
X 45 CoCrWV 5 5 5	1.2678	ASTM A 681	H19
X 45 Cr 13	1.3541	ASTM A 756	X47Cr14
X 45 CrSi 9 3	1.4718	SAE J 775	X 45 CrSi 9 3
X 45 SiCr 4	1.4704	–	UNS: S64006 (F)
X 46 Cr 13	1.4034	ASTM A 176	420
		ASTM A 276	420
		ASTM A 314	420
		ASTM A 473	420
		ASTM A 580	420
		ASTM A 959	420
X 50 CrMnNiNbN 21 9	1.4882	SAE J 775	UNS: S63019 (21-4N+Nb+W)
		SAE J 775	X 50 CrMnNiNbN 21 9
X 53 CrMnNiN 21 9	1.4871	SAE J 775	EV8
		SAE J 775	X 53 CrMnNiN 21 9
X 55 CrMnNiN 20 8	1.4875	SAE J 775	UNS: S63012
X65Cr13	1.4037	ASTM A 756	X65Cr14
X 65 CrMo 14	1.4109	ASTM A 276	440A
		ASTM A 314	440A
		ASTM A 473	440A
		ASTM A 511	MT440A
		ASTM A 580	440A
		ASTM A 959	440A
		ASTM F 899	440A
X 75 WCrV 18 4 1	1.3558	ASTM A 600	T1
X 80 CrNiSi 20	1.4747	SAE J 775	UNS: S65006
X 82 WMoCrV 6 5 4	1.3553	ASTM A 600	M2 regular C
X 89 CrMoV 18 1	1.3549	ASTM A 756	X89CrMoV18-1
X 90 CrMoV 18	1.4112	ASTM A 276	440B
		ASTM A 314	440B
		ASTM A 473	440B
		ASTM A 580	440B
		ASTM A 959	440B
		ASTM F 899	440B

6 DIN-Werkstoffbezeichnungen

Auflistung in alphanumerischer Reihenfolge

DIN steel names

Listed in alphanumerical order

DIN-Werkstoffbezeichnung DIN steel name		US-Bezeichnung US steel name	
Werkstoff-Kurzname EN steel name	EN/DIN Werk-stoff-Nr. EN/DIN Material no.	Norm Standard	Stahlsorte Steel class/grade/type
X 102 CrMo 17	1.3543	ASTM A 276	440C
		ASTM A 314	440C
		ASTM A 473	440C
		ASTM A 493	440C
		ASTM A 580	440C
		ASTM A 756	X108CrMo17
		ASTM A 959	440C
		ASTM F 899	440C
X 105 CrMo 17	1.4125	ASTM A 276	440C
		ASTM A 314	440C
		ASTM A 473	440C
		ASTM A 493	440C
		ASTM A 580	440C
		ASTM A 756	440C
		ASTM A 959	440C
		ASTM F 899	440C
X 110 Mn 14	1.3402	ASTM A 128	B-1
X 155 CrVMo 12 1	1.2379	ASTM A 681	D2
		SAE J 438 B	AISI D2
X 165 CrCoMo 12	1.2880	ASTM A 681	D5
X 210 Cr 12	1.2080	ASTM A 681	D3
		SAE J 438 B	AISI D3
X 210 CrCoW 12	1.2884	ASTM A 681	D4
X 210 CrW 12	1.2436	ASTM A 681	D3
X220CrVMo12-2	1.2378	ASTM A 681	D7
X220CrVMo13-4	1.2380	ASTM A 681	D7
ZStE 260 P	1.0417	ASTM A 29	1013
		ASTM A 711	1013
ZStE 260 P	1.0417	ASTM A 1040	1013
ZStE 380	1.0550	ASTM A 653	HSLAS 55 class 1
		ASTM A 653	HSLAS 55 class 2
		ASTM A 1008	HSLAS 55 class 1
		ASTM A 1008	HSLAS 55 class 2
		ASTM A 1011	HSLAS 55 class 1
		ASTM A 1011	HSLAS 55 class 2
ZStE 420	1.0556	ASTM A 653	HSLAS 60
		ASTM A 875	HSLAS 60

6 DIN-Werkstoffbezeichnungen

Auflistung in alphanumerischer Reihenfolge

DIN steel names

Listed in alphanumerical order

DIN-Werkstoffbezeichnung DIN steel name		US-Bezeichnung US steel name	
Werkstoff-Kurzname EN steel name	EN/DIN Werkstoff-Nr. EN/DIN Material no.	Norm Standard	Stahlsorte Steel class/grade/type
ZStE 420	1.0556	ASTM A 1008	HSLAS 60 class 1
		ASTM A 1008	HSLAS 60 class 2
		ASTM A 1011	HSLAS 60 class 1
		ASTM A 1011	HSLAS 60 class 2

7 EN-DIN-Werkstoffbezeichnungen

Auflistung nach steigenden Werkstoff-Nummern

EN-DIN steel names

Listed according to material numbers in numerical order

Werk-stoff-Nr. Material number	EN-Werkstoff-Kurzname (neu) EN steel name (new)	DIN-Werkstoff-Kurzname (alt) DIN steel name (old)
1.0023	S270GP	StSp 45
1.0028	S205G1T	USt 34-2
1.0032	S205GT	St 34-2
1.0034	E195	RSt 34-2
1.0035	S185	St 33
1.0036	S235JRG1	USt 37-2
1.0037	S235JR	St 37-2
1.0038	S235JRG2 / S235JR	RSt 37-2
1.0039	S235JRH	–
1.0044	S275JR	St 44-2
1.0045	S355JR	–
1.0050	E295	St 50-2
1.0060	E335	St 60-2
1.0070	E360	St 70-2
1.0111	P245NB	–
1.0114	S235J0	St 37-3U
1.0116	S235J2G3	St 37-3
1.0130	P265S	St 42 / USt 42-1
1.0132	–	St 42-2 / USt 42-2
1.0138	S275J2H	RoSt 44-3
1.0143	S275J0	–
1.0144	S275J2G3	St 44-3
1.0149	S275J0H	RoSt 44-2
1.0204	–	UQSt 36
1.0211	–	St 30 Si
1.0212	E215	St 30 Al
1.0213	C8C	QSt 34-3
1.0214	C10C	QSt 36-3
1.0226	DX51D	St 02Z
1.0241	S220GD	–
1.0242	S250GD	StE 250-2 Z
1.0244	S280GD	StE 280-2 Z
1.0250	S320GD	StE 320-3 Z
1.0253	–	USt 37.0
1.0254	P235TR1	St 37.0
1.0255	P235TR2	St 37.4
1.0256	–	St 44.0
1.0257	–	St 44.4
1.0300	C4D	–

7 EN-DIN-Werkstoffbezeichnungen

Auflistung nach steigenden Werkstoff-Nummern

EN-DIN steel names

Listed according to material numbers in numerical order

Werk-stoff-Nr. Material number	EN-Werkstoff-Kurzname (neu) EN steel name (new)	DIN-Werkstoff-Kurzname (alt) DIN steel name (old)
1.0301	C10	C 10
1.0304	C9D	–
1.0305	–	St 35.8
1.0306	DX54D	–
1.0307	–	RSt 34.7 / StE 210.7
1.0308	E235	St 35
1.0309	DX55D	St 35.4
1.0310	C10D	D 10-2
1.0311	C12D	–
1.0312	DC05	St 15
1.0313	C7D	D 8-2
1.0314	C2C	D 6-2
1.0315	–	St 37.8
1.0318	S180GT	St 28
1.0319	L210GA	RRStE 34.7 / RRStE 210.7
1.0330	DC01	St 12
1.0335	DD13	StW 24
1.0338	DC04	St 14
1.0339	C10WSi	RSD 10 Si
1.0345	P235GH	H I
1.0346	HC220I	A St 35
1.0347	DC03	RRSt 3 / RRSt 13
1.0349	HC260I	–
1.0350	DX52D	St 03 Z
1.0352	P245GH	–
1.0355	DX53D	St 04 Z
1.0356	–	TT St 35 N / (V)
1.0371	TS230	T 50
1.0371	T 50	T 50
1.0372	TS245	T 52
1.0372	T 52	T 52
1.0373	DR 550	–
1.0373	TH550	–
1.0374	DR 620	–
1.0374	TH620	–
1.0375	T 57	T 57
1.0375	TS275	T 57
1.0377	T 61	T 61
1.0377	TH415	T 61

7 EN-DIN-Werkstoffbezeichnungen

Auflistung nach steigenden Werkstoff-Nummern

EN-DIN steel names

Listed according to material numbers in numerical order

Werkstoff-Nr. Material number	EN-Werkstoff-Kurzname (neu) EN steel name (new)	DIN-Werkstoff-Kurzname (alt) DIN steel name (old)
1.0378	T65	T 65
1.0378	TH435	T 65
1.0382	TH580	–
1.0384	TH550	–
1.0390	DC01EK	–
1.0392	DC04EK	EK 4
1.0394	DC04ED	ED 4
1.0399	DC03ED	–
1.0401	C15	C 15
1.0402	C22	C 22
1.0405	–	St 45.8
1.0406	C25	C 25
1.0407	C16	–
1.0408	E255	St 45
1.0409	L320	StE 320.7
1.0413	C15D	D 15-2
1.0414	C20D	D 20-2
1.0415	C26D	D 25-2
1.0416	C18D	–
1.0417	HC260P	ZStE 260 P
1.0418	L245MB	St 45.4
1.0419	L355	–
1.0420	GE200	GS-38
1.0421	–	St 52.0
1.0423	P265NB	–
1.0424	–	P 265
1.0425	P265GH	H II
1.0426	P280GH	A St 41
1.0428	–	BSt 420 S
1.0429	L290MB	StE 290.7 TM
1.0430	L320M	StE 320.7 TM
1.0432	C21	C 21
1.0435	–	H III
1.0436	P305GH	A St 45
1.0437	P310NB	TTSt 41
1.0438	–	B500A
1.0439	–	B500B
1.0440	–	GL-A
1.0441	–	GL-A

7 EN-DIN-Werkstoffbezeichnungen

Auflistung nach steigenden Werkstoff-Nummern

EN-DIN steel names

Listed according to material numbers in numerical order

Werk-stoff-Nr. Material number	EN-Werkstoff-Kurzname (neu) EN steel name (new)	DIN-Werkstoff-Kurzname (alt) DIN steel name (old)
1.0442	–	GL-B
1.0445	H300BD	H IV
1.0446	GE240	GS-45
1.0453	P265NL	–
1.0457	L245NB	RSt 38.7 / StE 240.7
1.0459	L245GA	RRSt 38.7 / RRStE 240.7
1.0460	P250GH	C 22.8
1.0461	–	StE 26 / StE 255
1.0462	–	WStE 26 / WStE 255
1.0463	–	TTStE 26 / TStE 255
1.0467	–	C 14 / 15 Mn 3
1.0469	–	21 Mn 4
1.0473	P355GH	19 Mn 6
1.0475	–	GL-D
1.0476	–	GL-E
1.0477	P285NH	RSt 46-2
1.0481	P295GH	17 Mn 4
1.0482	–	19 Mn 5
1.0483	L290GA	St 46-3
1.0484	L290NB	St 43.7 / StE 290.7
1.0485	21Mn6	–
1.0486	P275N	StE 29 / StE 285
1.0487	P275NH	WStE 29 / WStE 285
1.0488	P275NL1	TTStE 29 / TStE 285
1.0490	S275N	–
1.0491	S275NL	–
1.0497	S275NLH	–
1.0498	–	St 42.8
1.0499	L360GA	–
1.0501	C35	C 35
1.0503	C45	C 45
1.0505	P315N	StE 32 / StE 315
1.0506	P315NH	WStE 32 / WStE 315
1.0507	S355J0Cu	St 55
1.0508	P315NL	TTStE 32 / TStE 315
1.0511	C40	C 40
1.0513	–	GL-A 32
1.0514	–	GL-D 32
1.0515	–	GL-E 32

7 EN-DIN-Werkstoffbezeichnungen

Auflistung nach steigenden Werkstoff-Nummern

EN-DIN steel names

Listed according to material numbers in numerical order

Werk-stoff-Nr. Material number	EN-Werkstoff-Kurzname (neu) EN steel name (new)	DIN-Werkstoff-Kurzname (alt) DIN steel name (old)
1.0516	C38D	D 35-2
1.0520	31Mn4	31 Mn 4
1.0524	R220	StSch 800
1.0528	C30	C 30
1.0529	S350GD	StE 350-3 Z
1.0530	C32D	D 30-2
1.0531	S550GD	–
1.0532	–	GL-A 40 / St 50-2
1.0534	–	GL-D 40
1.0535	C55	C 55
1.0539	S355NH	–
1.0540	C50	C 50
1.0541	C42D	D 40-2
1.0545	S355N	–
1.0546	S355NL	–
1.0547	S355J0H	–
1.0549	S355NLH	–
1.0550	HC380LA	ZStE 380
1.0552	–	GS-52
1.0553	S355J0	–
1.0556	HC420LA	ZStE 420
1.0557	P355NB	–
1.0558	GE300	GS-60
1.0560	–	GL-E 40
1.0561	36Mn4	36 Mn 4
1.0562	P355N	StE 36 / StE 355
1.0563	E-75	–
1.0564	N-80	–
1.0565	P355NH	WStE 36 / WStE 355
1.0566	P355NL1	TTStE 36 / TStE 355
1.0570	S355J2G3	St 52-3
1.0571	P355QH1	–
1.0576	S355J2H	RoSt 52-3
1.0577	S355J2G4 / S355J2	–
1.0578	L360MB	StE 360.7 TM
1.0580	E355	St 52
1.0582	L360NB	StE 360.7
1.0583	–	GL-A 36
1.0584	–	GL-D 36

7 EN-DIN-Werkstoffbezeichnungen

Auflistung nach steigenden Werkstoff-Nummern

EN-DIN steel names

Listed according to material numbers in numerical order

Werk-stoff-Nr. Material number	EN-Werkstoff-Kurzname (neu) EN steel name (new)	DIN-Werkstoff-Kurzname (alt) DIN steel name (old)
1.0586	C50D	D 50-2
1.0589	–	GL-E 36
1.0595	S355K2G3	–
1.0596	S355K2 / S355K2G4	–
1.0601	C60	C 60
1.0603	C67	C 67
1.0605	C75	C 75
1.0609	C58D	D 58-2
1.0610	C60D	D 60-2
1.0611	C62D	D 63-2
1.0612	C66D	D 65-2
1.0614	C76D	D 75-2
1.0615	C70D	D 70-2
1.0616	C86D	D 85-2
1.0617	C72D	D 73-2
1.0618	C92D	D 95-2
1.0619	GP240GH	GS-C 25
1.0620	C78D	D 78-2
1.0621	GP240GR	–
1.0622	C80D	D 80-2
1.0623	R260	StSch 900 A
1.0625	GP280GH	–
1.0626	C82D	D 83-2
1.0628	C88D	D 88-2
1.0647	C85	85 Mn 3
1.0702	–	U 10 S 10
1.0703	C10RG2	R 10 S 10
1.0710	15S10	15 S 10
1.0711	10S10	9 S 20
1.0715	11SMn30	9 SMn 28
1.0718	11SMnPb30	9 SMnPb 28
1.0721	10S20	10 S 20
1.0722	10SPb20	10 SPb 20
1.0725	15SMn13	–
1.0726	35S20	35 S 20
1.0727	46S20	45 S 20
1.0728	60S20	60 S 20
1.0736	11SMn37	9 SMn 36
1.0737	11SMnPb37	9 SMnPb 36

7 EN-DIN-Werkstoffbezeichnungen

Auflistung nach steigenden Werkstoff-Nummern

EN-DIN steel names

Listed according to material numbers in numerical order

Werk-stoff-Nr. Material number	EN-Werkstoff-Kurzname (neu) EN steel name (new)	DIN-Werkstoff-Kurzname (alt) DIN steel name (old)
1.0760	38SMn28	–
1.0762	44SMn28	–
1.0764	36SMn14	–
1.0765	36SMnPb14	–
1.0800	M250-35A	V 250-35 A
1.0801	M270-35A	V 270-35 A
1.0803	M300-35A	V 300-35 A
1.0804	M330-35A	V 330-35 A
1.0807	M290-50A	V 290-50 A
1.0808	M310-50A	V 310-50 A
1.0809	M330-50A	V 330-50 A
1.0810	M350-50A	V 350-50 A
1.0811	M400-50A	V 400-50 A
1.0812	M470-50A	V 470-50 A
1.0815	M700-50A	V 700-50 A
1.0816	M800-50A	V 800-50 A
1.0820	M350-65A	V 350-65 A
1.0821	M400-65A	V 400-65 A
1.0823	M470-65A	V 470-65 A
1.0824	M530-65A	V 530-65 A
1.0827	M800-65A	V 800-65 A
1.0831	–	St 52
1.0835	M90-23P	–
1.0839	M95-27P	–
1.0841	M340-50K	VE 340-50
1.0842	M390-50K	VE 390-50
1.0843	M450-50K	VE 450-50
1.0846	M390-65K	VE 390-65
1.0847	M450-65K	VE 450-65
1.0848	M520-65K	VE 520-65
1.0856	M111-35N / M165-35S	VM 111-35 N
1.0857	M150-35S	VM 155-35 S
1.0861	M097-30N / M150-30S	VM 97-30 N
1.0862	M140-30S	VM 140-30 S
1.0863	M110-23S	–
1.0864	M120-23S	–
1.0866	M130-27S	VM 130-27 S
1.0868	M120-27S	–
1.0872	DC06ED	–

7 EN-DIN-Werkstoffbezeichnungen

Auflistung nach steigenden Werkstoff-Nummern

EN-DIN steel names

Listed according to material numbers in numerical order

Werkstoff-Nr. Material number	EN-Werkstoff-Kurzname (neu) EN steel name (new)	DIN-Werkstoff-Kurzname (alt) DIN steel name (old)
1.0873	DC06	–
1.0879	M100-23P	–
1.0880	M103-27P	–
1.0904	–	55 Si 7
1.0908	–	60 SiMn 5
1.0909	–	60 Si 7
1.0912	46Mn7	–
1.0917	DX51D	–
1.0918	DX52D	–
1.0951	DX53D	–
1.0952	DX54D	–
1.0962	DX55D	–
1.0972	S315MC	QStE 300 TM
1.0974	–	QStE 340 TM
1.0980	S420MC	QStE 420 TM
1.0982	S460MC	QStE 460 TM
1.0984	S500MC	QStE 500 TM
1.0986	S550MC	QStE 550 TM
1.1020	L245NS	–
1.1021	L290NS	–
1.1022	L320NS	–
1.1025	L245QS	–
1.1026	L290QS	–
1.1027	L320QS	–
1.1030	L245MS	–
1.1031	L290MS	–
1.1032	L320MS	–
1.1033	L360MS	–
1.1034	L390MS	–
1.1040	L245NO	–
1.1041	L290NO	–
1.1042	L320NO	–
1.1045	L245QO	–
1.1046	L290QO	–
1.1047	L320QO	–
1.1050	L245MO	–
1.1051	L290MO	–
1.1052	L320MO	–
1.1104	P275NL2	EStE 285

7 EN-DIN-Werkstoffbezeichnungen

Auflistung nach steigenden Werkstoff-Nummern

EN-DIN steel names

Listed according to material numbers in numerical order

Werk-stoff-Nr. Material number	EN-Werkstoff-Kurzname (neu) EN steel name (new)	DIN-Werkstoff-Kurzname (alt) DIN steel name (old)
1.1106	P355NL2	EStE 355
1.1110	C3D2	–
1.1111	C5D2	–
1.1113	C8D2	–
1.1114	C10D2	–
1.1120	–	GS-20 Mn 5
1.1121	C10E	Ck 10
1.1124	C12D2	–
1.1127	38Mn6	36 Mn 6
1.1128	46Mn5	46 Mn 5
1.1129	C18D2	–
1.1130	C12E	–
1.1131	G17Mn5	GS-16 Mn 5
1.1132	C15E2C	Cq 15
1.1133	20Mn5	20 Mn 5
1.1134	–	Ck 19 / C19E
1.1137	C20D2	–
1.1138	–	GS-21 Mn 5 / G21Mn5
1.1139	C26D2	–
1.1140	C15R	Cm 15
1.1141	C15E	Ck 15
1.1142	GC16E	GS-Ck 16
1.1143	C32D2	–
1.1145	C36D2	–
1.1146	30Mn4	30 Mn 4
1.1148	C16E	Ck 15 Al
1.1149	C22R	Cm 22
1.1150	C38D2	–
1.1151	C22E	Ck 22
1.1152	C20E2C	Cq 22
1.1153	C40D2	–
1.1154	C42D2	–
1.1155	GC25E	GS-Ck 25
1.1156	GC24E	GS-Ck 24
1.1157	40Mn4	40 Mn 4
1.1158	C25E	Ck 25
1.1160	22Mn6	22 Mn 6
1.1161	26Mn5	26 Mn 5
1.1162	C46D2	–

7 EN-DIN-Werkstoffbezeichnungen

Auflistung nach steigenden Werkstoff-Nummern

EN-DIN steel names

Listed according to material numbers in numerical order

Werk-stoff-Nr. Material number	EN-Werkstoff-Kurzname (neu) EN steel name (new)	DIN-Werkstoff-Kurzname (alt) DIN steel name (old)
1.1163	C25R	Cm 25
1.1165	G28Mn6	GS-30 Mn 5
1.1166	34Mn5	34 Mn 5
1.1167	36Mn5	36 Mn 5
1.1169	20Mn6	20 Mn 6
1.1170	28Mn6	28 Mn 6
1.1171	C50D2	–
1.1172	C35EC	Cq 35
1.1178	C30E	Ck 30
1.1179	C30R	Cm 30
1.1180	C35R	Cm 35
1.1181	C35E	Ck 35
1.1186	C40E	Ck 40
1.1189	C40R	Cm 40
1.1191	C45E	Ck 45
1.1193	–	Cf 45
1.1201	C45R	Cm 45
1.1203	C55E	Ck 55
1.1204	C55S	–
1.1206	C50E	Ck 50
1.1207	C10R	–
1.1208	C16R	–
1.1209	C55R	Cm 55
1.1210	C53E	Ck 53
1.1211	C60S	–
1.1212	C58D2	D 58-3
1.1213	–	Cf 53
1.1217	C90S	–
1.1219	–	Cf 54
1.1220	C56D2	D 55-3
1.1221	C60E	Ck 60
1.1222	C62D2	D 63-3
1.1223	C60R	Cm 60
1.1226	52Mn5	52 Mn 5
1.1228	C60D2	D 60-3
1.1230	C65S1	Federstahldraht FD
1.1231	C67S	Ck 67
1.1233	56Mn4	–
1.1234	C68E	Ck 68

7 EN-DIN-Werkstoffbezeichnungen

Auflistung nach steigenden Werkstoff-Nummern

EN-DIN steel names

Listed according to material numbers in numerical order

Werk-stoff-Nr. Material number	EN-Werkstoff-Kurzname (neu) EN steel name (new)	DIN-Werkstoff-Kurzname (alt) DIN steel name (old)
1.1236	C66D2	D 65-3
1.1241	C50R	Cm 50
1.1242	C72D2	D 73-3
1.1244	70Mn4	–
1.1248	C75S	Ck 75
1.1250	C65S2	Ventilfederstahldraht VD
1.1252	C78D2	D 78-3
1.1253	C76D2	D 75-3
1.1255	C80D2	D 80-3
1.1260	–	66 Mn 4
1.1262	C82D2	D 83-3
1.1265	C86D2	D 85-3
1.1269	C85S	Ck 85
1.1272	C88D2	D 88-3
1.1273	–	90 Mn 4
1.1274	C100S	Ck 101
1.1282	C92D2	D 95-3
1.1283	C98D2	–
1.1525	C80U	C 80 W 1
1.1535	C90U	–
1.1545	C105U	C 105 W 1
1.1555	C120U	–
1.1573	C135U	C 135 W
1.1625	–	C 80 W 2
1.1645	–	C 105 W 2
1.1730	C45U	C 45 W
1.1830	–	C 85 W
1.2002	125Cr2	125 Cr 1
1.2056	–	90 Cr 3
1.2057	–	105 Cr 4
1.2067	102Cr6	100 Cr 6
1.2080	X210Cr12	X 210 Cr 12
1.2082	–	X21Cr13
1.2103	–	58 SiCr 8
1.2127	–	105 MnCr 4
1.2235	80CrV2	80 CrV 2
1.2241	–	51 CrV 4
1.2302	35CrMo7	–
1.2303	100CrMo5	100 CrMo 5

7 EN-DIN-Werkstoffbezeichnungen

Auflistung nach steigenden Werkstoff-Nummern

EN-DIN steel names

Listed according to material numbers in numerical order

Werk-stoff-Nr. Material number	EN-Werkstoff-Kurzname (neu) EN steel name (new)	DIN-Werkstoff-Kurzname (alt) DIN steel name (old)
1.2328	–	45 CrMoV 7
1.2330	–	35 CrMo 4
1.2332	–	47 CrMo 4
1.2343	X37CrMoV5-1	X 38 CrMoV 5 1
1.2344	X40CrMoV5-1	X 40 CrMoV 5 1
1.2348	–	GX40CrMoV5-1
1.2355	50CrMoV13-15	–
1.2357	–	50CrMoV13-14
1.2363	X100CrMoV5-1	X 100 CrMoV 5 1
1.2365	32CrMoV12-28	X 32 CrMoV 3 3
1.2369	80MoCrV42-16	81MoCrV42-16
1.2370	–	GX100CrMoV5-1
1.2378	–	X220CrVMo12-2
1.2379	X153CrMoV12	X 155 CrVMo 12 1
1.2380	–	X220CrVMo13-4
1.2414	–	120 W 4
1.2436	X210CrW12	X 210 CrW 12
1.2510	100MnCrW4	100 MnCrW 4
1.2542	45WCrV7	45 WCrV 7
1.2550	60WCrV8	60 WCrV 7
1.2562	142WV13	142 WV 13
1.2567	30WCrV17-2	X 30 WCrV 5 3
1.2581	X30WCrV9-3	X 30 WCrV 9 3
1.2605	X35CrWMoV5	–
1.2606	X37CrMoW5-1	X 37 CrMoW 5 1
1.2607	–	GX37CrMoW5-1
1.2625	–	X 33 WCrVMo 12 12
1.2661	38CrCoWV18-17-17	–
1.2678	–	X 45 CoCrWV 5 5 5
1.2713	–	55 NiCrMoV 6
1.2714	55NiCrMoV7	56 NiCrMoV 7
1.2735	–	15 NiCr 14
1.2745	–	15 NiCr 18
1.2779	–	X 6 NiCrTi 26 15
1.2787	X23CrNi17	X 22 CrNi 17
1.2795	–	65NiCrMo3-2
1.2823	70Si7	70 Si 7
1.2824	70MnMoCr8	–
1.2825	95MnWCr5	–

7 EN-DIN-Werkstoffbezeichnungen

Auflistung nach steigenden Werkstoff-Nummern

EN-DIN steel names

Listed according to material numbers in numerical order

Werk-stoff-Nr. Material number	EN-Werkstoff-Kurzname (neu) EN steel name (new)	DIN-Werkstoff-Kurzname (alt) DIN steel name (old)
1.2826	–	60 MnSiCr 4
1.2833	100V1	100 V 1
1.2834	105V	–
1.2842	90MnCrV8	90 MnCrV 8
1.2880	X165CrCoMo12	X 165 CrCoMo 12
1.2884	X210CrCoW12	X 210 CrCoW 12
1.3202	–	S 12-1-4-5
1.3207	HS10-4-3-10	S 10-4-3-10
1.3243	HS6-5-2-5	S 6-5-2-5
1.3246	–	S 7-4-2-5
1.3247	HS2-9-1-8	S 2-10-1-8
1.3249	HS2-9-2-8	S 2-9-2-8
1.3255	–	S 18-1-2-5
1.3257	HS18-1-2-15	S 18-1-2-15
1.3265	HS18-1-2-10	S 18-1-2-10
1.3327	HS1-8-1	–
1.3339	HS6-3-2	S 6-3-2
1.3342	–	SC 6-5-2
1.3343	HS6-5-2C	S 6-5-2
1.3344	HS6-5-3	S 6-5-3
1.3346	HS2-9-1	S 2-9-1
1.3348	HS2-9-2	S 2-9-2
1.3351	HS6-5-4	–
1.3355	HS18-0-1	S 18-0-1
1.3401	X120Mn12	G-X 120 Mn 12
1.3402	–	X 110 Mn 14
1.3403	GX120Mn12	–
1.3410	GX120MnCr13-2	–
1.3415	GX120MnMo7-1	–
1.3416	GX110MnMo13-1	–
1.3425	GX120MnNi13-3	–
1.3501	–	100 Cr 2
1.3503	–	105 Cr 4
1.3505	100Cr6	100 C r6
1.3515	20MnCr4-2	–
1.3518	100CrMnSi4-4	–
1.3519	100CrMnSi6-6	–
1.3520	100CrMnSi6-4	100 CrMn 6
1.3521	17MnCr5	17 MnCr 5

7 EN-DIN-Werkstoffbezeichnungen

Auflistung nach steigenden Werkstoff-Nummern

EN-DIN steel names

Listed according to material numbers in numerical order

Werk-stoff-Nr. Material number	EN-Werkstoff-Kurzname (neu) EN steel name (new)	DIN-Werkstoff-Kurzname (alt) DIN steel name (old)
1.3523	19MnCr5	19 MnCr 5
1.3532	16NiCrMo16-5	–
1.3533	18NiCrMo14-6	17 NiCrMo 14
1.3536	100CrMo7-3	100 CrMo 7 3
1.3537	100CrMo7	100 CrMo 7
1.3538	100CrMo7-4	100 CrMo 7 4
1.3539	100CrMnMoSi8-4-6	100 CrMnMo 8
1.3541	X47Cr14	X 45 Cr 13
1.3542	X65Cr14	–
1.3543	X108CrMo17	X 102 CrMo 17
1.3549	X89CrMoV18-1	X 89 CrMoV 18 1
1.3551	80MoCrV42-16	80 MoCrV 42 16
1.3553	X82WMoCrV6-5-4	X 82 WMoCrV 6 5 4
1.3558	X75WCrV18-4-1	X 75 WCrV 18 4 1
1.3559	20Cr3	–
1.3561	–	44 Cr 2
1.3563	43CrMo4	43 CrMo 4
1.3566	15CrMo4	–
1.3567	20CrMo4	–
1.3570	20MnCrMo4-2	–
1.3576	20NiCrMo7	–
1.3802	GX120Mn13	G-X 120 Mn 13
1.3912	–	Ni 36
1.3917	–	Ni 42
1.3918	–	Ni 43
1.3964	–	G-X2 CrNiMnMoNNb 21 16 5 3
1.3965	X8CrMnNi18-8	X 8 CrMnNi 18 8
1.3980	–	X 5 NiCrTiMoV 26 15
1.4000	X6Cr13	X 6 Cr 13
1.4001	X7Cr14	X 7 Cr 14
1.4002	X6CrAl13	X 6 CrAl 13
1.4003	X2CrNi12	X 2 CrNi 12
1.4004	X7CrS17	–
1.4005	X12CrS13	X 12 CrS 13
1.4006	X12Cr13	X 10 Cr 13
1.4008	GX7CrNiMo12-1	G-X 8 CrNi 13
1.4009	–	X 8 Cr 14
1.4011	GX12Cr12	–
1.4012	X10Cr15	–

7 EN-DIN-Werkstoffbezeichnungen

Auflistung nach steigenden Werkstoff-Nummern

EN-DIN steel names

Listed according to material numbers in numerical order

Werk-stoff-Nr. Material number	EN-Werkstoff-Kurzname (neu) EN steel name (new)	DIN-Werkstoff-Kurzname (alt) DIN steel name (old)
1.4016	X6Cr17	X 6 Cr 17
1.4021	X20Cr13	X 20 Cr 13
1.4023	X110Cr17	–
1.4024	X15Cr13	X 15 Cr 13
1.4025	X110CrS17	–
1.4027	–	GX20Cr14 / G-X 20 Cr 14
1.4028	X30Cr13	X 30 Cr 13
1.4029	X29CrS13	–
1.4031	X39Cr13	X 38 Cr 13
1.4034	X46Cr13	X 46 Cr 13
1.4037	–	X65Cr13
1.4040	X68Cr17	–
1.4044	X15CrNi17-3	–
1.4057	X17CrNi16-2	X 20 CrNi 17 2
1.4059	–	GX22CrNi17 / G-X 22 CrNi 17
1.4062	X2CrNiN22-2	–
1.4085	–	GX70Cr29 / G-X 70 Cr 29
1.4086	–	GX120Cr29 / G-X 120 Cr 29
1.4104	X14CrMoS17	X 12 CrMoS 17
1.4105	X6CrMoS17	X 4 CrMoS 18
1.4107	GX8CrNi12	G-X 8 CrNi 12
1.4108	–	X30CrMoN15-1
1.4109	X70CrMo15	X 65 CrMo 14
1.4112	X90CrMoV18	X 90 CrMoV 18
1.4113	X6CrMo17-1	X 6 CrMo 17 1
1.4114	X6CrMoS19-2	–
1.4123	X40CrMoVN16-2	–
1.4125	X105CrMo17	X 105 CrMo 17
1.4131	X1CrMo26-1	X 1 CrMo 26 1
1.4162	X2CrMnNiN21-5-1	–
1.4300	–	X 12 CrNi 18 8
1.4301	X5CrNi18-10	X 5 CrNi 18 10
1.4303	X4CrNi18-12	X 5 CrNi 18 12
1.4305	X8CrNiS18-9	X 10 CrNiS 18 9
1.4306	X2CrNi19-11	X 2 CrNi 19 11
1.4307	X2CrNi18-9	–
1.4308	GX5CrNi19-10	G-X 5 CrNi 18 9
1.4309	GX2CrNi19-11	–
1.4310	X10CrNi18-8	X 12 CrNi 17 7

7 EN-DIN-Werkstoffbezeichnungen

Auflistung nach steigenden Werkstoff-Nummern

EN-DIN steel names

Listed according to material numbers in numerical order

Werk-stoff-Nr. Material number	EN-Werkstoff-Kurzname (neu) EN steel name (new)	DIN-Werkstoff-Kurzname (alt) DIN steel name (old)
1.4311	X2CrNiN18-10	X 2 CrNiN 18 10
1.4313	X3CrNiMo13-4	X 4 CrNi 13 4
1.4315	X5CrNiN19-9	X5CrNiN19-9
1.4316	–	X 2 CrNi 19 9
1.4317	GX4CrNi13-4	GX4CrNi13-4
1.4318	X2CrNiN18-7	X 2 CrNiN 18 7
1.4319	X5CrNi17-7	X 5 CrNi 18 7
1.4325	X9CrNi18-9	–
1.4331	X2CrNi21-10	X 2 CrNi 21 10
1.4332	X2CrNi24-12	X 2 CrNi 24 12
1.4335	X1CrNi25-21	X 1 CrNi 25 21
1.4337	–	X 10 CrNi 30 9
1.4339	GX32CrNi28-10	G-X 32 CrNi 28 10
1.4340	–	GX40CrNi27-4
1.4361	X1CrNiSi18-15-4	X 1 CrNiSi 18 15
1.4362	X2CrNiN23-4	X 2 CrNiN 23 4
1.4371	X2CrMnNiN17-7-5	–
1.4372	X12CrMnNiN17-7-5	–
1.4373	X12CrMnNiN18-9-5	–
1.4375	–	X2CrMnNiN20-9-7
1.4390	–	X1NiCrSi24-9-7
1.4401	X5CrNiMo17-12-2	X 5 CrNiMo 17 12 2
1.4404	X2CrNiMo17-12-2	X 2 CrNiMo 17 13 2
1.4406	X2CrNiMoN17-11-2	X2CrNiMoN17-11-2
1.4407	–	GX5CrNiMo13-4
1.4408	GX5CrNiMo19-11-2	G-X 6 CrNiMo 18 10
1.4409	GX2CrNiMo19-11-2	–
1.4410	X2CrNiMoN25-7-4	–
1.4412	GX5CrNiMo19-11-3	–
1.4413	–	X4CrNiMo13-4
1.4414	–	GX4CrNiMo13-4
1.4415	X2CrNiMoV13-5-2	–
1.4416	GX2NiCrMoN25-20-5	–
1.4417	GX2CrNiMoN25-7-3	–
1.4421	–	GX4CrNi16-4
1.4424	X2CrNiMoSi18-5-3	–
1.4427	–	X12CrNiMoS18-11
1.4429	X2CrNiMoN17-13-3	X 2 CrNiMoN 17 13 3
1.4430	–	X 2 CrNiMo 19 12

7 EN-DIN-Werkstoffbezeichnungen

Auflistung nach steigenden Werkstoff-Nummern

EN-DIN steel names

Listed according to material numbers in numerical order

Werk-stoff-Nr. Material number	EN-Werkstoff-Kurzname (neu) EN steel name (new)	DIN-Werkstoff-Kurzname (alt) DIN steel name (old)
1.4431	–	X12CrNiMo19-10
1.4432	X2CrNiMo17-12-3	–
1.4434	X2CrNiMoN18-12-4	–
1.4435	X2CrNiMo18-14-3	X 2 CrNiMo 18 14 3
1.4436	X3CrNiMo17-13-3	X 5 CrNiMo 17 13 3
1.4437	GX6CrNiMo18-12	–
1.4438	X2CrNiMo18-15-4	X2CrNiMo18-15-4
1.4439	X2CrNiMoN17-13-5	X 2 CrNiMoN 17 13 5
1.4441	–	X 2 CrNiMo 18 15 3
1.4442	–	X 2 CrNiMoN 18 15 4
1.4446	GX2CrNiMoN17-13-4	–
1.4449	X3CrNiMo18-12-3	–
1.4457	–	X8CrNiMo17-5-3
1.4458	GX2NiCrMo28-20-2	–
1.4460	X3CrNiMoN27-5-2	X 4 CrNiMoN 27 5 2
1.4462	X2CrNiMoN22-5-3	X 2 CrNiMoN 22 5 3
1.4465	–	X1CrNiMoN25-25-2
1.4466	X1CrNiMoN25-22-2	X 2 CrNiMoN 25 22
1.4468	GX2CrNiMoN25-6-3	G-X 3 CrNiMoN 26 6 3
1.4469	GX2CrNiMoN26-7-4	G-X 2 CrNiMoN 25 7 4
1.4470	GX2CrNiMoN22-5-3	–
1.4477	X2CrNiMoN29-7-2	–
1.4478	X2NiCrMoN25-21-7	–
1.4479	X1NiCrMoMnN34-27-6-5	–
1.4480	X6CrNiMo26-4-2	–
1.4481	X2CrNiMoN25-7-3	–
1.4482	X2CrMnNiMoN21-5-3	–
1.4483	X2CrNiMoN18-15-5	–
1.4485	X2CrNiMoN31-8-4	–
1.4495	X6CrNiMoN17-12-3	–
1.4500	–	G-X 7 NiCrMoCuNb 25 20
1.4501	X2CrNiMoCuWN25-7-4	–
1.4507	X2CrNiMoCuN25-6-3	–
1.4508	–	GX2CrNiMoCuWN28-8-4
1.4509	X2CrTiNb18	X 6 CrNiTi 18
1.4510	X3CrTi17	X 3 CrTi 17
1.4512	X2CrTi12	X 6 CrTi 12
1.4516	X6CrNiTi12	–
1.4517	GX2CrNiMoCuN25-6-3-3	G-X 3 CrNiMoCuN 26 6 3 3

7 EN-DIN-Werkstoffbezeichnungen

Auflistung nach steigenden Werkstoff-Nummern

EN-DIN steel names

Listed according to material numbers in numerical order

Werk-stoff-Nr. Material number	EN-Werkstoff-Kurzname (neu) EN steel name (new)	DIN-Werkstoff-Kurzname (alt) DIN steel name (old)
1.4521	X2CrMoTi18-2	X 2 CrMoTi 18 2
1.4523	X2CrMoTiS18-2	–
1.4525	GX5CrNiCu16-4	–
1.4526	X6CrMoNb17-1	–
1.4527	GX4NiCrCuMo30-20-4	–
1.4529	X1NiCrMoCuN25-20-7	X 1 NiCrMoCuN 25 20 6
1.4532	X8CrNiMoAl15-7-2	X 7 CrNiMoAl 15 7
1.4534	X3CrNiMoAl13-8-2	–
1.4536	–	GX2NiCrMoCuN25-20
1.4537	X1CrNiMoCuN25-25-5	–
1.4538	–	GX1NiCrMoCuN25-20-5
1.4539	X1NiCrMoCu25-20-5	X 1 NiCrMoCuN 25 20 5
1.4540	–	GX4CrNiCuNb16-4
1.4541	X6CrNiTi18-10	X 6 CrNiTi 18 10
1.4542	X5CrNiCuNb16-4	X 5 CrNiCuNb 17 4
1.4543	X3CrNiCuTiNb12-9	–
1.4545	X5CrNiCu15-5	–
1.4546	–	X 5 CrNiNb 18 10
1.4547	X1CrNiMoCuN20-18-7	–
1.4548	X5CrNiCu17-4	X 5 CrNiCuNb 17 4 4
1.4549	GX5CrNiCuNb16-4	–
1.4550	X6CrNiNb18-10	X 6 CrNiNb 18 10
1.4552	GX5CrNiNb19-11	G-X 5 CrNiNb 18 9
1.4557	GX2CrNiMoCuN20-18-6	–
1.4558	X2NiCrAlTi32-20	X 2 NiCrAlTi 32 20
1.4562	–	X 1 NiCrMoCu 32 28 7
1.4563	X1NiCrMoCu31-27-4	X 1 NiCrMoCuN 31 27 4
1.4565	X2CrNiMnMoN25-18-6-5	X 2 CrNiMnMoNbN 25 18 6 5
1.4567	X3CrNiCu18-9-4	X 3 CrNiCu 18 9
1.4568	X7CrNiAl17-7	X 7 CrNiAl 17 7
1.4570	X6CrNiCuS18-9-2	–
1.4571	X6CrNiMoTi17-12-2	X 6 CrNiMoTi 17 12 2
1.4573	–	X 10 CrNiMoTi 18 12
1.4575	X1CrNiMoNb28-4-2	–
1.4580	X6CrNiMoNb17-12-2	X 6 CrNiMoNb 17 12 2
1.4581	GX5CrNiMoNb19-11-2	G-X 5 CrNiMoNb 18 10
1.4588	GX2NiCrMoCuN25-20-6	–
1.4589	X5CrNiMoTi15-2	X5CrNiMoTi15-2
1.4592	X2CrMoTi29-4	–

7 EN-DIN-Werkstoffbezeichnungen

Auflistung nach steigenden Werkstoff-Nummern

EN-DIN steel names

Listed according to material numbers in numerical order

Werkstoff-Nr. Material number	EN-Werkstoff-Kurzname (neu) EN steel name (new)	DIN-Werkstoff-Kurzname (alt) DIN steel name (old)
1.4594	X5CrNiMoCuNb14-5	–
1.4597	X8CrMnCuN17-8-3	–
1.4606	X5NiCrTiMoVB25-15-2	–
1.4618	X9CrMnNiCu17-8-5-2	–
1.4621	X2CrNbCu21	–
1.4622	X2CrTiNbVCu22	–
1.4635	X2CrMnNiMoCuN20-3-1-1	–
1.4637	X2CrNiMnMoCuN21-3-1-1	–
1.4643	X33CrPb13	–
1.4644	X4NiCrMoTiMnSiB26-14-3-2	–
1.4645	X2CrNiMoCuAlTi12-9-4-3	–
1.4652	X1CrNiMoCuN24-22-8	–
1.4658	X2CrNiMoCoN28-8-5-1	–
1.4659	X1CrNiMoCuNW24-22-6	–
1.4662	X2CrNiMnMoCuN24-4-3-2	–
1.4704	45SiCr16-11	X 45 SiCr 4
1.4718	X45CrSi9-3	X 45 CrSi 9 3
1.4720	–	X 7 CrTi 12
1.4729	GX40CrSi13	G-X 40 CrSi 13
1.4747	–	X 80 CrNiSi 20
1.4749	X18CrN28	–
1.4750	X2CrMoNi27-4-2	–
1.4760	X1CrTiLa22	–
1.4762	X10CrAlSi25	X 10 CrAl 24
1.4776	GX40CrSi28	G-X 40 CrSi 29
1.4805	GX35NiCrSi25-21	–
1.4815	–	G-X 8 CrNi 19 10
1.4818	X6CrNiSiNCe19-10	–
1.4822	GX40CrNi24-5	–
1.4823	GX40CrNiSi27-4	G-X 40 CrNiSi 27 4
1.4825	GX25CrNiSi18-9	G-X 25 CrNiSi 18 9
1.4826	GX40CrNiSi22-10	G-X 40 CrNiSi 22 9
1.4828	X15CrNiSi20-12	X 15 CrNiSi 20 12
1.4833	X12CrNi23-13	X 7 CrNi 23 14
1.4835	X9CrNiSiNCe21-11-2	X 10 CrNiSiN 21 11
1.4837	GX40CrNiSi25-12	G-X 40 CrNiSi 25 12
1.4840	–	G-X 15 CrNi 25 20
1.4841	X15CrNiSi25-21	X 15 CrNi Si 25 20
1.4842	–	X 12 CrNi 25 20

7 EN-DIN-Werkstoffbezeichnungen

Auflistung nach steigenden Werkstoff-Nummern

EN-DIN steel names

Listed according to material numbers in numerical order

Werkstoff-Nr. Material number	EN-Werkstoff-Kurzname (neu) EN steel name (new)	DIN-Werkstoff-Kurzname (alt) DIN steel name (old)
1.4843	–	CrNi 25 20
1.4845	X8CrNi25-21	X 12 CrNi 25 21
1.4846	–	G-X 40 CrNiSi 26 14
1.4847	–	X 8 CrNiAlTi 20 20
1.4848	GX40CrNiSi25-20	G-X 40 CrNiSi 25 20
1.4849	GX40NiCrSiNb38-19	G-X 40 NiCrSiNb 38 18
1.4852	GX40NiCrSiNb35-26	G-X 40 NiCrNb 35 25
1.4854	X6NiCrSiNCe35-25	–
1.4857	GX40NiCrSi35-26	G-X 40 NiCrSi 35 25
1.4859	GX10NiCrSiNb32-20	G-X 10 NiCrNb 32 20
1.4864	X12NiCrSi35-16	X 12 NiCrSi 36 16
1.4865	GX40NiCrSi38-19	G-X 40 NiCrSi 38 18
1.4866	X33CrNiMnN23-8	–
1.4871	X53CrMnNiN21-9	X 53 CrMnNiN 21 9
1.4875	X55CrMnNiN20-8	X 55 CrMnNiN 20 8
1.4876	X10NiCrAlTi32-21	X 10 NiCrAlTi 32 20
1.4877	X6NiCrNbCe32-27	X 5 NiCrNbCe 32 27
1.4878	X8CrNiTi18-10	X 12 CrNiTi 18 9
1.4881	X70CrMnNiN21-6	–
1.4882	X50CrMnNiNbN21-9	X 50 CrMnNiNbN 21 9
1.4890	X53CrMnNiN21-9-4	–
1.4891	–	X 4 CrNiSiN 18 10
1.4893	–	X 8 CrNiSiN 21 11
1.4901	X10CrWMoVNb9-2	–
1.4903	X10CrMoVNb9-1	–
1.4905	X11CrMoWVNb9-1-1	–
1.4907	X10CrNiCuNb18-9-3	–
1.4908	X8CrNi19-11	–
1.4912	X7CrNiNb18-10	–
1.4917	X10CrNiCuNb19-11-3	–
1.4918	X6CrNiMo17-13-2	–
1.4919	X6CrNiMoB17-12-2	X 6 CrNiMo 17 13
1.4929	X23CrMoWMnNiV12-1-1	–
1.4931	GX23CrMoV12-1	G-X 22 CrMoV 12 1
1.4935	X20CrMoWV12-1	X 20 CrMoWV 12 1
1.4938	X12CrNiMoV12-3	–
1.4940	X7CrNiTi18-10	–
1.4941	X7CrNiTiB18-10	X 8 CrNiTi 18 10
1.4944	X6NiCrTiMoV26-15	–

7 EN-DIN-Werkstoffbezeichnungen

Auflistung nach steigenden Werkstoff-Nummern

EN-DIN steel names

Listed according to material numbers in numerical order

Werk-stoff-Nr. Material number	EN-Werkstoff-Kurzname (neu) EN steel name (new)	DIN-Werkstoff-Kurzname (alt) DIN steel name (old)
1.4948	X6CrNi18-10	X 6 CrNi 18 11
1.4950	X6CrNi23-13	–
1.4951	X6CrNi25-20	–
1.4952	X6CrNiNbN25-20	–
1.4956	–	X 7 CrNiCo 21 20 20
1.4958	X5NiCrAlTi31-20	X 5 NiCrAlTi 31 20
1.4959	X8NiCrAlTi32-21	X 8 NiCrAlTi 32 21
1.4971	X12CrCoNi21-20	–
1.4980	X6NiCrTiMoVB25-15-2	X 5 NiCrTi 26 15
1.4982	X10CrNiMoMnNbVB15-10-1	–
1.4990	X7NiCrWCuCoNbN25-23-3-3-2	–
1.5026	56Si7	55 Si 7
1.5027	60Si7	–
1.5028	65Si7	66 Si 7
1.5069	36Mn7	–
1.5223	42MnV7	42 MnV 7
1.5403	17MnMoV6-4	17 MnMoV 6 4
1.5415	16Mo3	15 Mo 3
1.5419	G20Mo5	GS-22 Mo 4
1.5421	20MnMo3-5	–
1.5422	G18Mo5	–
1.5423	16Mo5	16 Mo 5
1.5432	42MnMo7	42 MnMo 7
1.5506	17MnB3	–
1.5508	23B2	22 B 2
1.5513	45B2	45 B 2
1.5520	17MnB4	–
1.5523	19MnB4	19 MnB 4
1.5621	–	GS-10 Ni 6
1.5622	–	14 Ni 6
1.5633	24Ni8	24 Ni 8
1.5635	12Ni9	12 Ni 9
1.5636	G9Ni10	–
1.5637	12Ni14	10 Ni 14
1.5638	G9Ni14	GS-10 Ni 14
1.5639	–	16 Ni 14
1.5662	X8Ni9	X 8 Ni 9
1.5663	X7Ni9	–
1.5680	X12Ni5	12 Ni 19

7 EN-DIN-Werkstoffbezeichnungen

Auflistung nach steigenden Werkstoff-Nummern

EN-DIN steel names

Listed according to material numbers in numerical order

Werk-stoff-Nr. Material number	EN-Werkstoff-Kurzname (neu) EN steel name (new)	DIN-Werkstoff-Kurzname (alt) DIN steel name (old)
1.5681	GX9Ni5	GS-10 Ni 19
1.5682	X10Ni9	–
1.5710	–	36 NiCr 6
1.5711	40NiCr6	40 NiCr 6
1.5713	13NiCr6	13 Ni Cr 6
1.5714	16NiCr4	–
1.5732	–	14 NiCr 10
1.5736	–	36 NiCr 10
1.5752	15NiCr13	14 NiCr 14
1.5919	–	15 CrNi 6
1.6220	G20Mn5	–
1.6227	–	11 NiMn 9 4
1.6308	18MnMoNi5-5	–
1.6310	–	20 MnMoNi 5 5
1.6311	20MnMoNi4-5	20 MnMoNi 4 5
1.6355	X2NiCoMo18-12	X 2 NiCoMo 18 12
1.6358	X2NiCoMo18-9-5	X 2 NiCoMo 18 9 5
1.6359	X2NiCoMo18-8-5	X 2 NiCoMo 18 8 5
1.6368	15NiCuMoNb5-6-4	15 NiCuMoNb 5
1.6511	36CrNiMo4	36 CrNiMo 4
1.6522	20NiCrMo2	20 NiCrMo 3 2
1.6523	20NiCrMo2-2	21 NiCrMo 2
1.6526	20NiCrMoS2-2	21 NiCrMoS 2
1.6543	–	21 NiCrMo 2 2
1.6545	30NiCrMo2-2	30 NiCrMo 2 2
1.6546	40NiCrMo2-2	40 NiCrMo 2 2
1.6562	–	40 NiCrMo 8 4
1.6563	40NiCrMo7-3-2	–
1.6565	40NiCrMo6	40 NiCr Mo 6
1.6570	G32NiCrMo8-5-4	GS-30 NiCrMo 8 5
1.6582	34CrNiMo6	34 CrNiMo 6
1.6586	–	31 CrNiMo 8
1.6587	18CrNiMo7-6	17 CrNiMo 6
1.6657	14NiCrMo13-4	14 NiCrMo 13 4
1.6660	20NiCrMo13-4	–
1.6740	–	GS-33 NiCrMo 7 4 4
1.6742	20NiCrMo14-6	20 NiCrMo 14 6
1.6755	–	22 NiMoCr 4 7
1.6780	–	15 NiCrMo 10 6

7 EN-DIN-Werkstoffbezeichnungen

Auflistung nach steigenden Werkstoff-Nummern

EN-DIN steel names

Listed according to material numbers in numerical order

Werk-stoff-Nr. Material number	EN-Werkstoff-Kurzname (neu) EN steel name (new)	DIN-Werkstoff-Kurzname (alt) DIN steel name (old)
1.6781	G17NiCrMo13-6	GS-18 NiCrMo 12 6
1.6782	–	16 NiCrMo 12 6
1.6783	G19NiCrMo12- 6	GS-19 NiCrMo 12 6
1.6900	–	X 12 CrNi 18 9
1.6902	–	G-X 6 CrNi 18 10
1.6903	–	X 10 CrNiTi 18 10
1.6905	GX5CrNiNb19-11	G-X 7 CrNiNb 18 10
1.6907	–	X 3 CrNiN 18 10
1.6928	41SiNiCrMoV7-6	41 SiNiCrMoV 7 6
1.6948	–	26 NiCrMoV 11 5
1.6952	24NiCrMoV14-6	24 NiCrMoV 14 6
1.6981	21CrMoNiV4-7	21 CrMoNiV 4 7
1.6982	GX3CrNi13-4	G-X 3 CrNi 13 4
1.7002	46Cr1	46 Cr 1
1.7003	38Cr2	38 Cr 2
1.7006	46Cr2	46 Cr 2
1.7007	37CrB1	37 CrB 1
1.7015	15Cr3	15 Cr 3
1.7016	17Cr3	17 Cr 3
1.7027	–	20 Cr 4
1.7030	28Cr4	28 Cr 4
1.7033	34Cr4	34 Cr 4
1.7034	37Cr4	37 Cr 4
1.7035	41Cr4	41 Cr 4
1.7036	28CrS4	28 CrS 4
1.7037	34CrS4	34 CrS 4
1.7038	37CrS4	37 CrS 4
1.7039	41CrS4	41 CrS 4
1.7045	–	42 Cr 4
1.7102	54SiCr6	54 SiCr 6
1.7104	–	55 SiCr 6 3
1.7108	61SiCr7	60 SiCr 7
1.7131	16MnCr5	16 MnCr 5
1.7137	–	60 MnCrB 3
1.7138	52MnCrB3	–
1.7147	20MnCr5	20 MnCr 5
1.7176	55Cr3	55 Cr 3
1.7177	60Cr3	–
1.7182	27MnCrB5-2	27 MnCrB 5 2

7 EN-DIN-Werkstoffbezeichnungen

Auflistung nach steigenden Werkstoff-Nummern

EN-DIN steel names

Listed according to material numbers in numerical order

Werkstoff-Nr. Material number	EN-Werkstoff-Kurzname (neu) EN steel name (new)	DIN-Werkstoff-Kurzname (alt) DIN steel name (old)
1.7185	33MnCrB5-2	33 MnCrB 5 2
1.7189	39MnCrB6-2	39 MnCrB 6 2
1.7216	30CrMo4	–
1.7218	25CrMo4	25 CrMo 4
1.7219	26CrMo4-2	26 CrMo 4
1.7220	34CrMo4	34 CrMo 4
1.7221	G26CrMo4	–
1.7223	–	41 CrMo 4
1.7225	42CrMo4	42 CrMo 4
1.7226	34CrMoS4	34 CrMoS 4
1.7227	42CrMoS4	42 CrMoS 4
1.7228	50CrMo4	50 CrMo 4
1.7230	G34CrMo4	–
1.7231	G42CrMo4	G42CrMo4
1.7241	60CrMo3-3	–
1.7243	18CrMo4	–
1.7244	18CrMoS4	–
1.7258	–	24 CrMo 5
1.7319	20MoCrS3	–
1.7320	20MoCr3	–
1.7321	20MoCr4	20 MoCr 4
1.7323	20MoCrS4	20 MoCrS 4
1.7325	25MoCr4	–
1.7332	17CrMo3-5	–
1.7333	22CrMoS3-5	22 CrMoS 3 5
1.7335	13CrMo4-5	13 CrMo 4 4
1.7336	13CrMoSi5-5	–
1.7337	16CrMo4-4	–
1.7338	10CrMo5-5	–
1.7357	G17CrMo5-5	GS-17 CrMo 5 5
1.7358	12CrMo12-5	–
1.7362	X11CrMo5	12 CrMo 19 5
1.7363	–	GS-12 CrMo 19 5
1.7365	GX15CrMo5	–
1.7366	X16CrMo5-1	–
1.7368	X12CrMo7	–
1.7375	12CrMo9-10	12 CrMo 9 10
1.7377	–	GS-17 CrMo 9 10
1.7378	7CrMoVTiB10-10	–

7 EN-DIN-Werkstoffbezeichnungen

Auflistung nach steigenden Werkstoff-Nummern

EN-DIN steel names

Listed according to material numbers in numerical order

Werk-stoff-Nr. Material number	EN-Werkstoff-Kurzname (neu) EN steel name (new)	DIN-Werkstoff-Kurzname (alt) DIN steel name (old)
1.7379	G17CrMo9-10	GS-18 CrMo 9 10
1.7380	10CrMo9-10	10 CrMo 9 10
1.7381	–	12 CrMo 12 10
1.7383	11CrMo9-10	–
1.7386	X11CrMo9-1	X 12 CrMo 9 1
1.7387	G12CrMo9-10	–
1.7389	–	G-X 12 CrMo 10 1
1.7503	–	67 CrV 2 2
1.7511	22CrV3	–
1.7701	52CrMoV4	51 CrMoV 4
1.7703	13CrMoV9-10	–
1.7706	G17CrMoV5-10	GS-17 CrMoV 5 11
1.7711	40CrMoV4-6	40 CrMoV 4 7
1.7735	14CrMoV6-9	–
1.7765	–	32 CrMoV 12 10
1.7767	12CrMoV12-10	–
1.7783	X41CrMoV5-1	–
1.8150	–	67 CrV 2
1.8159	51CrV4	50 CrV 4
1.8160	G51CrV4	–
1.8201	7CrWVMoNb9-6	–
1.8401	30MnCrTi4	–
1.8404	60MnCrTi4	–
1.8506	34CrAlS5	–
1.8507	34CrAlMo5-10	34 CrAlMo 5
1.8509	41CrAlMo7-10	–
1.8545	33CrMoNiV5-12	–
1.8550	34CrAlNi7-10	34 CrAlNi 7
1.8700	L175	–
1.8707	L175P	–
1.8713	L210	–
1.8723	L245	–
1.8724	L390	–
1.8725	L415	–
1.8726	L450	–
1.8727	L485	–
1.8728	L290	–
1.8729	L320	–
1.8730	L360	–

7 EN-DIN-Werkstoffbezeichnungen

Auflistung nach steigenden Werkstoff-Nummern

EN-DIN steel names

Listed according to material numbers in numerical order

Werk-stoff-Nr. Material number	EN-Werkstoff-Kurzname (neu) EN steel name (new)	DIN-Werkstoff-Kurzname (alt) DIN steel name (old)
1.8736	L415N	–
1.8737	L245Q	–
1.8738	L290Q	–
1.8739	L320Q	–
1.8740	L390Q	–
1.8741	L360Q	–
1.8742	L415Q	–
1.8743	L450Q	–
1.8744	L485Q	–
1.8745	L555Q	–
1.8746	L245M	–
1.8747	L290M	–
1.8748	L320M	–
1.8749	L360M	–
1.8752	L415M	–
1.8753	L625M	–
1.8754	L450M	–
1.8755	L830M	–
1.8756	L485M	–
1.8757	L360NS	–
1.8758	L555M	–
1.8759	L360QS	–
1.8760	L390QS	–
1.8761	L415QS	–
1.8762	L450QS	–
1.8763	L485QS	–
1.8764	L625Q	–
1.8765	L690Q	–
1.8766	L415MS	–
1.8767	L450MS	–
1.8768	L485MS	–
1.8771	L360QO	–
1.8772	L390QO	–
1.8773	L415QO	–
1.8774	L450QO	–
1.8775	L485QO	–
1.8776	L555QO	–
1.8777	L625QO	–
1.8778	L360NO	–

7 EN-DIN-Werkstoffbezeichnungen

Auflistung nach steigenden Werkstoff-Nummern

EN-DIN steel names

Listed according to material numbers in numerical order

Werk-stoff-Nr. Material number	EN-Werkstoff-Kurzname (neu) EN steel name (new)	DIN-Werkstoff-Kurzname (alt) DIN steel name (old)
1.8779	L690QO	–
1.8781	L360MO	–
1.8782	L390MO	–
1.8783	L415MO	–
1.8784	L450MO	–
1.8785	L485MO	–
1.8786	L555MO	–
1.8788	L245R	–
1.8789	L290R	–
1.8790	L245N	–
1.8791	L290N	–
1.8792	L320N	–
1.8793	L360N	–
1.8812	–	18 MnMoV 5 2
1.8815	–	18 MnMoV 6 3
1.8821	P355M	FStE 315 TM
1.8823	S355M	BStE 355 TM / S 355 M
1.8825	S420M	BStE 420 TM
1.8826	P460M	FStE 460 TM
1.8827	S460M	BStE 460 TM
1.8831	P460ML2	–
1.8832	P355ML1	–
1.8833	P355ML2	FTStE 355 TM
1.8834	S355ML	BTStE 355 TM
1.8836	S420ML	BTStE 420 TM
1.8837	P460ML1	FTStE 460 TM
1.8838	S460ML	BTStE 460 TM
1.8900	–	StE 380
1.8901	S460N	–
1.8902	S420N	StE 420
1.8903	S460NL	–
1.8904	S550Q	StE 550 V
1.8905	P460N	StE 460
1.8907	–	StE 500
1.8910	–	TStE 380
1.8912	S420NL	TStE 420
1.8913	–	EStE 420
1.8915	P460NL1	TStE 460
1.8917	–	TStE 500

7 EN-DIN-Werkstoffbezeichnungen

Auflistung nach steigenden Werkstoff-Nummern

EN-DIN steel names

Listed according to material numbers in numerical order

Werk-stoff-Nr. Material number	EN-Werkstoff-Kurzname (neu) EN steel name (new)	DIN-Werkstoff-Kurzname (alt) DIN steel name (old)
1.8918	P460NL2	EStE 460
1.8926	S550QL	–
1.8928	S690QL	StE 690 V
1.8930	–	WStE 380
1.8931	S690Q	–
1.8932	P420NH	WStE 420
1.8935	P460NH	WStE 460
1.8937	–	WStE 500
1.8945	S355J0WP	–
1.8946	S355J2WP	QStE 360 TM
1.8947	L415QB	QStE 360 N
1.8948	L360QB	QStE 550 TM
1.8952	L450QB	QStE 420N
1.8953	S460NH	–
1.8955	L485QB	–
1.8956	S460NLH	–
1.8957	L555QB	–
1.8959	S355J0W	–
1.8962	–	9 CrNiCuP 3 2 4
1.8963	S355J2G1W	WTSt 52-3
1.8965	S355J2W	–
1.8966	S355K2G1W	–
1.8967	S355K2W	–
1.8970	–	StE 385.7
1.8971	–	StE 385.7 TM
1.8972	L415NB	StE 415.7
1.8973	L415MB	StE 415.7 TM
1.8975	L450MB	StE 445.7 TM
1.8977	L485MB	StE 480.7 TM
1.8978	L555MB	StE 550.7 TM
1.8979	L690M	–
1.8986	S550QL1	EStE 550 V
1.8988	S690QL1	EStE 690 V
1.8991	S550A	–
1.8992	S550AL	–
1.8995	S690A	–
1.8996	S690AL	–

8 US-Sortenbezeichnungen

Auflistung nach steigenden EN-Werkstoff-Nummern ähnlicher EN (DIN)-Werkstoffe

US steel grades

Listed according to EN material numbers of similar EN (DIN) materials

Werkstoff-Nr. Material no.	US-Normen US Standards	Sahlsorte Steel class/grade/type
1.0023	ASTM A 328	–
1.0028	ASTM A 29	1012
	ASTM A 29	M1012
	ASTM A 513	1012
	ASTM A 519	1012
	ASTM A 568	1012
	ASTM A 575	M1012
	ASTM A 576	1012
	ASTM A 711	1012
	ASTM A 830	1012
	ASTM A 1040	1012
	ASTM A 1040	M1012
	SAE J 403	SAE 1012
1.0032	ASTM A 29	1008
	ASTM A 512	1008
	ASTM A 513	1008
	ASTM A 519	1008
	ASTM A 576	1008
	ASTM A 787	1008
	ASTM A 1040	1008
1.0034	ASTM A 29	1010
	ASTM A 512	1010
	ASTM A 513	1010
	ASTM A 519	1010
	ASTM A 568	1010
	ASTM A 576	1010
	ASTM A 787	1010
	ASTM A 1040	1010
1.0035	ASTM A 29	1010
	ASTM A 53	A type E
	ASTM A 53	A type S
	ASTM A 283	A
1.0036	ASTM A 29	1013
	ASTM A 214	–
	ASTM A 568	1012
	ASTM A 570	30
	ASTM A 570	33

8 US-Sortenbezeichnungen

Auflistung nach steigenden EN-Werkstoff-Nummern ähnlicher EN (DIN)-Werkstoffe

US steel grades

Listed according to EN material numbers of similar EN (DIN) materials

Werk-stoff-Nr. Material no.	US-Normen US Standards	Sahlsorte Steel class/grade/type
1.0036	ASTM A 711	1013
	ASTM A 1040	1013
1.0037	ASTM A 29	1013
	ASTM A 135	A
	ASTM A 283	C
	ASTM A 570	30
	ASTM A 570	33
	ASTM A 711	1013
	ASTM A 1040	1013
1.0038	ASTM A 29	1018
	ASTM A 36	–
	ASTM A 53	A type E
	ASTM A 53	A type S
	ASTM A 283	C
	ASTM A 311	1018
	ASTM A 500	A
	ASTM A 501	B
	ASTM A 512	1018
	ASTM A 513	1018
	ASTM A 519	1018
	ASTM A 568	1018
	ASTM A 570	30
	ASTM A 570	33
	ASTM A 570	36 type 1
	ASTM A 570	36 type 2
	ASTM A 573	65
	ASTM A 576	1018
	ASTM A 668	C
	ASTM A 787	1018
	ASTM A 794	1018
	ASTM A 830	1018
	ASTM A 1040	1018
1.0039	ASTM A 283	C
	ASTM A 501	B
	ASTM A 795	A type E
	ASTM A 795	A type S
1.0044	ASTM A 36	–

8 US-Sortenbezeichnungen

Auflistung nach steigenden EN-Werkstoff-Nummern ähnlicher EN (DIN)-Werkstoffe

US steel grades

Listed according to EN material numbers of similar EN (DIN) materials

Werk-stoff-Nr. Material no.	US-Normen US Standards	Sahlsorte Steel class/grade/type
1.0044	ASTM A 283	D
	ASTM A 500	A
	ASTM A 500	B
	ASTM A 500	D
	ASTM A 501	B
	ASTM A 512	1021
	ASTM A 512	1026
	ASTM A 513	1021
	ASTM A 513	1026
	ASTM A 519	1021
	ASTM A 519	1026
	ASTM A 529	50
	ASTM A 529	55
	ASTM A 568	1021
	ASTM A 570	40
	ASTM A 572	42
	ASTM A 572	65
	ASTM A 573	58
	ASTM A 573	65
	ASTM A 576	1021
	ASTM A 633	A
	ASTM A 635	1021
	ASTM A 709	50 type 1
	ASTM A 709	50 type 2
	ASTM A 709	50 type 3
	ASTM A 709	50 type 5
	ASTM A 787	1021
	ASTM A 794	1021
	ASTM A 830	1021
	ASTM A 1040	1021
1.0045	ASTM A 283	D
	ASTM A 572	50
	ASTM A 573	70
	ASTM A 633	C
	ASTM A 678	B
	ASTM A 706	60
	ASTM A 706	80

8 US-Sortenbezeichnungen

Auflistung nach steigenden EN-Werkstoff-Nummern ähnlicher EN (DIN)-Werkstoffe

US steel grades

Listed according to EN material numbers of similar EN (DIN) materials

Werkstoff-Nr. Material no.	US-Normen US Standards	Sahlsorte Steel class/grade/type
1.0050	ASTM A 529	50
	ASTM A 529	55
	ASTM A 570	50
	ASTM A 570	55
	ASTM A 572	50
	ASTM A 572	55
	ASTM A 573	70
	ASTM A 678	A
1.0060	ASTM A 194	2
	ASTM A 572	65
	ASTM A 573	65
1.0070	ASTM A 519	1030
	ASTM A 572	55
	ASTM A 678	C
1.0111	ASTM A 29	1012
	ASTM A 29	M1012
	ASTM A 512	1012
	ASTM A 513	1012
	ASTM A 519	1012
	ASTM A 568	1012
	ASTM A 575	M1012
	ASTM A 576	1012
	ASTM A 635	1012
	ASTM A 711	1012
	ASTM A 830	1012
	ASTM A 1040	1012
	ASTM A 1040	M1012
	SAE J 403	SAE 1012
1.0114	ASTM A 29	1016
	ASTM A 283	C
	ASTM A 512	1016
	ASTM A 513	1016
	ASTM A 519	1016
	ASTM A 568	1016
	ASTM A 570	33
	ASTM A 576	1016
	ASTM A 635	1016

8 US-Sortenbezeichnungen

Auflistung nach steigenden EN-Werkstoff-Nummern
ähnlicher EN (DIN)-Werkstoffe

US steel grades

Listed according to EN material numbers
of similar EN (DIN) materials

Werk-stoff-Nr. Material no.	US-Normen US Standards	Sahlsorte Steel class/grade/type
1.0114	ASTM A 659	1016
	ASTM A 787	1016
	ASTM A 1040	1016
1.0116	ASTM A 29	1013
	ASTM A 283	B
	ASTM A 570	33
	ASTM A 570	36 type 1
	ASTM A 570	36 type 2
	ASTM A 573	58
	ASTM A 618	Ib
	ASTM A 711	1013
	ASTM A 1040	1013
1.0130	ASTM A 135	B
	ASTM A 139	B
1.0132	ASTM A 53	B type E
	ASTM A 53	B type S
	ASTM A 181	60
	ASTM A 181	70
	ASTM A 194	1
	ASTM A 381	Y 35
	ASTM A 512	1020
	ASTM A 513	1020
	ASTM A 519	1020
	ASTM A 568	1020
1.0138	ASTM A 572	42
	ASTM A 573	70
1.0143	ASTM A 283	C
	ASTM A 283	D
	ASTM A 572	42
	ASTM A 572	65
	ASTM A 633	C
	ASTM A 709	50 type 1
	ASTM A 709	50 type 2
	ASTM A 709	50 type 3
	ASTM A 709	50 type 5
1.0144	ASTM A 283	D
	ASTM A 500	A

8 US-Sortenbezeichnungen

Auflistung nach steigenden EN-Werkstoff-Nummern ähnlicher EN (DIN)-Werkstoffe

US steel grades

Listed according to EN material numbers of similar EN (DIN) materials

Werk-stoff-Nr. Material no.	US-Normen US Standards	Sahlsorte Steel class/grade/type
1.0144	ASTM A 501	A
	ASTM A 572	42
	ASTM A 573	58
	ASTM A 618	Ib
1.0149	ASTM A 501	B
1.0204	ASTM A 29	1008
	ASTM A 29	M1008
	ASTM A 512	1008
	ASTM A 513	1008
	ASTM A 519	1008
	ASTM A 568	1008
	ASTM A 575	M1008
	ASTM A 576	1008
	ASTM A 635	1008
	ASTM A 787	1008
	ASTM A 830	1008
	ASTM A 1040	1008
	ASTM A 1040	M1008
1.0211	ASTM A 513	1008
1.0212	ASTM A 513	1008
1.0213	ASTM A 29	1010
	ASTM A 29	M1010
	ASTM A 512	MT1010
	ASTM A 513	MT1010
	ASTM A 519	1010
	ASTM A 519	MT1010
	ASTM A 568	1010
	ASTM A 575	M1010
	ASTM A 576	1010
	ASTM A 635	1010
	ASTM A 711	1010
	ASTM A 787	1010
	ASTM A 830	1010
	ASTM A 1040	1010
	ASTM A 1040	M1010
	SAE J 403	SAE 1010
1.0214	ASTM A 29	1012

8 US-Sortenbezeichnungen

Auflistung nach steigenden EN-Werkstoff-Nummern ähnlicher EN (DIN)-Werkstoffe

US steel grades

Listed according to EN material numbers of similar EN (DIN) materials

Werk-stoff-Nr. Material no.	US-Normen US Standards	Sahlsorte Steel class/grade/type
1.0214	ASTM A 29	M1012
	ASTM A 512	1012
	ASTM A 513	1012
	ASTM A 519	1012
	ASTM A 568	1012
	ASTM A 575	M1012
	ASTM A 576	1012
	ASTM A 635	1012
	ASTM A 711	1012
	ASTM A 830	1012
	ASTM A 1040	1012
	ASTM A 1040	M1012
	SAE J 403	SAE 1012
1.0226	ASTM A 653	CS type C
	ASTM A 792	CS type C
	ASTM A 875	CS type C
1.0241	ASTM A 653	SS: 33
	ASTM A 792	SS: 33
	ASTM A 875	SS: 33
1.0242	ASTM A 653	SS: 37
	ASTM A 792	SS: 37
	ASTM A 875	SS: 37
1.0244	ASTM A 653	SS: 40
	ASTM A 792	SS: 40
1.0250	ASTM A 653	SS: 50 class 1
	ASTM A 653	SS: 50 class 2
	ASTM A 653	SS: 50 class 4
	ASTM A 792	SS: 50 class 1
	ASTM A 792	SS: 50 class 2
	ASTM A 792	SS: 50 class 4
	ASTM A 875	SS: 50 class 1
	ASTM A 875	SS: 50 class 2
1.0253	ASTM A 53	A type E
	ASTM A 53	A type S
	ASTM A 523	A
	ASTM A 523	A
1.0254	ASTM A 53	A type E

8 US-Sortenbezeichnungen

Auflistung nach steigenden EN-Werkstoff-Nummern ähnlicher EN (DIN)-Werkstoffe

US steel grades

Listed according to EN material numbers of similar EN (DIN) materials

Werkstoff-Nr. Material no.	US-Normen US Standards	Sahlsorte Steel class/grade/type
1.0254	ASTM A 53	A type S
	ASTM A 106	A
	ASTM A 135	A
	ASTM A 179	–
	ASTM A 369	FPA
	ASTM A 519	1020
	ASTM A 523	A
1.0255	ASTM A 106	A
1.0256	ASTM A 53	B type E
	ASTM A 53	B type S
	ASTM A 106	B
	ASTM A 135	B
	ASTM A 139	B
	ASTM A 333	6
	ASTM A 334	6
	ASTM A 369	FPB
	ASTM A 420	WPL6
	ASTM A 519	1035
	ASTM A 523	B
	ASTM A 556	C2
1.0257	ASTM A 135	B
1.0300	ASTM A 29	1005
	ASTM A 635	1005
	ASTM A 1040	1005
1.0301	ASTM A 29	1010
	ASTM A 29	M1010
	ASTM A 512	MT1010
	ASTM A 513	MT1010
	ASTM A 519	1010
	ASTM A 519	MT1010
	ASTM A 568	1010
	ASTM A 575	M1010
	ASTM A 576	1010
	ASTM A 635	1010
	ASTM A 787	1010
	ASTM A 787	MT1010
	ASTM A 830	1010

8 US-Sortenbezeichnungen

Auflistung nach steigenden EN-Werkstoff-Nummern ähnlicher EN (DIN)-Werkstoffe

US steel grades

Listed according to EN material numbers of similar EN (DIN) materials

Werk-stoff-Nr. Material no.	US-Normen US Standards	Sahlsorte Steel class/grade/type
1.0301	ASTM A 1040	1010
	ASTM A 1040	M1010
	SAE J 403	SAE 1010
1.0304	ASTM A 29	1008
	ASTM A 29	M1008
	ASTM A 512	1008
	ASTM A 513	1008
	ASTM A 519	1008
	ASTM A 568	1008
	ASTM A 575	M1008
	ASTM A 576	1008
	ASTM A 635	1008
	ASTM A 711	1008
	ASTM A 787	1008
	ASTM A 830	1008
	ASTM A 1040	1008
	ASTM A 1040	M1008
1.0305	ASTM A 53	A type E
	ASTM A 53	A type S
	ASTM A 106	A
	ASTM A 178	A
	ASTM A 179	–
	ASTM A 192	–
	ASTM A 214	–
	ASTM A 234	WPB
	ASTM A 369	FPA
	ASTM A 523	A
	ASTM A 556	A2
	ASTM A 822	–
1.0306	ASTM A 653	DDS type A
	ASTM A 792	DS
	ASTM A 875	DDS
1.0307	ASTM A 523	A
	API 5L	A
1.0308	ASTM A 53	A type E
	ASTM A 53	A type S
	ASTM A 500	A

8 US-Sortenbezeichnungen

Auflistung nach steigenden EN-Werkstoff-Nummern ähnlicher EN (DIN)-Werkstoffe

US steel grades

Listed according to EN material numbers of similar EN (DIN) materials

Werk-stoff-Nr. Material no.	US-Normen US Standards	Sahlsorte Steel class/grade/type
1.0308	ASTM A 523	A
1.0309	ASTM A 179	–
	ASTM A 653	DDS type A
	ASTM A 792	DS
	ASTM A 875	DDS
1.0310	ASTM A 29	1010
	ASTM A 108	1010
	ASTM A 568	1010
	ASTM A 576	1010
	ASTM A 635	1010
	ASTM A 1040	1010
1.0311	ASTM A 29	1012
	ASTM A 576	1012
	ASTM A 635	1012
	ASTM A 1040	1012
1.0312	ASTM A 109	Temper No. 4
1.0313	ASTM A 29	1006
	ASTM A 568	1006
	ASTM A 635	1006
	ASTM A 830	1006
	ASTM A 1040	1006
	SAE J 403	SAE 1006
1.0314	ASTM A 29	1005
	ASTM A 568	1005
	ASTM A 635	1005
	ASTM A 711	1005
	ASTM A 1040	1005
	SAE J 403	SAE 1005
1.0315	ASTM A 106	A
	ASTM A 178	A
	ASTM A 192	–
	ASTM A 214	–
	ASTM A 672	C 55
1.0318	ASTM A 512	1008
	ASTM A 513	1008
	ASTM A 519	1008
	ASTM A 787	1008

8 US-Sortenbezeichnungen

Auflistung nach steigenden EN-Werkstoff-Nummern ähnlicher EN (DIN)-Werkstoffe

US steel grades

Listed according to EN material numbers of similar EN (DIN) materials

Werkstoff-Nr. Material no.	US-Normen US Standards	Sahlsorte Steel class/grade/type
1.0319	API 5L	A
1.0330	ASTM A 29	1008
	ASTM A 29	M1008
	ASTM A 512	1008
	ASTM A 513	1008
	ASTM A 519	1008
	ASTM A 568	1008
	ASTM A 575	M1008
	ASTM A 576	1008
	ASTM A 635	1008
	ASTM A 653	CS type A
	ASTM A 653	CS type B
	ASTM A 787	1008
	ASTM A 792	CS type A
	ASTM A 792	CS type B
	ASTM A 830	1008
	ASTM A 875	CS type A
	ASTM A 875	CS type B
	ASTM A 1008	CS type A
	ASTM A 1008	CS type B
	ASTM A 1008	CS type C
	ASTM A 1011	CS type B
	ASTM A 1011	CS type C
	ASTM A 1011	CS type A
	ASTM A 1018	CS type B
	ASTM A 1018	CS type A
	ASTM A 1040	1008
	ASTM A 1040	M1008
1.0335	ASTM A 1008	DS type A
	ASTM A 1008	DS type B
	ASTM A 1011	DS type A
	ASTM A 1011	DS type B
	ASTM A 1018	DS type A
	ASTM A 1018	DS type B
1.0338	ASTM A 109	Temper No. 5
	ASTM A 1008	DDS
1.0339	ASTM A 29	1008

8 US-Sortenbezeichnungen

Auflistung nach steigenden EN-Werkstoff-Nummern ähnlicher EN (DIN)-Werkstoffe

US steel grades

Listed according to EN material numbers of similar EN (DIN) materials

Werk-stoff-Nr. Material no.	US-Normen US Standards	Sahlsorte Steel class/grade/type
1.0339	ASTM A 29	M1008
	ASTM A 512	1008
	ASTM A 513	1008
	ASTM A 519	1008
	ASTM A 568	1008
	ASTM A 575	M1008
	ASTM A 576	1008
	ASTM A 787	1008
	ASTM A 830	1008
	ASTM A 1040	1008
	ASTM A 1040	M1008
1.0345	ASTM A 106	A
	ASTM A 135	A
	ASTM A 285	A
	ASTM A 285	B
	ASTM A 414	A
	ASTM A 414	B
	ASTM A 618	Ib
	ASTM A 672	A 45
	ASTM A 672	A 50
1.0346	ASTM A 516	55
	ASTM A 672	C 55
1.0347	ASTM A 109	Temper No. 4
	ASTM A 1008	DS type A
	ASTM A 1008	DS type B
	ASTM A 1011	DS type A
	ASTM A 1011	DS type B
	ASTM A 1018	DS type A
	ASTM A 1018	DS type B
1.0349	ASTM A 29	1010
	ASTM A 29	M1010
	ASTM A 512	MT1010
	ASTM A 513	MT1010
	ASTM A 519	1010
	ASTM A 519	MT1010
	ASTM A 568	1010
	ASTM A 575	M1010

8 US-Sortenbezeichnungen

Auflistung nach steigenden EN-Werkstoff-Nummern ähnlicher EN (DIN)-Werkstoffe

US steel grades

Listed according to EN material numbers of similar EN (DIN) materials

Werk-stoff-Nr. Material no.	US-Normen US Standards	Sahlsorte Steel class/grade/type
1.0349	ASTM A 576	1010
	ASTM A 635	1010
	ASTM A 711	1010
	ASTM A 787	1010
	ASTM A 830	1010
	ASTM A 1040	1010
	ASTM A 1040	M1010
	SAE J 403	SAE 1010
1.0350	ASTM A 653	FS type A
	ASTM A 792	DS
	ASTM A 875	FS type A
1.0352	ASTM A 181	60
	ASTM A 266	1
	ASTM A 266	2
	ASTM A 556	C2
1.0355	ASTM A 653	DDS type A
	ASTM A 792	DS
	ASTM A 875	DDS
	ASTM A 1008	DDS
1.0356	ASTM A 333	1
	ASTM A 334	1
	ASTM A 350	LF2
	ASTM A 350	LF1
	ASTM A 420	WPL6
	ASTM A 516	55
	ASTM A 672	C 55
1.0371	ASTM A 623	T-1
1.0372	ASTM A 623	T-2
1.0373	ASTM A 623	DR-8
1.0374	ASTM A 623	DR-9
1.0375	ASTM A 623	T-3
1.0377	ASTM A 623	T-4
1.0378	ASTM A 623	T-5
1.0382	ASTM A 623	DR-8.5
1.0384	ASTM A 623	DR-7.5
1.0390	ASTM A 424	Type I
	ASTM A 424	Type II

8 US-Sortenbezeichnungen

Auflistung nach steigenden EN-Werkstoff-Nummern ähnlicher EN (DIN)-Werkstoffe

US steel grades

Listed according to EN material numbers of similar EN (DIN) materials

Werk-stoff-Nr. Material no.	US-Normen US Standards	Sahlsorte Steel class/grade/type
1.0390	ASTM A 424	Type III
1.0392	ASTM A 424	Type I
	ASTM A 424	Type II
	ASTM A 424	Type III
1.0394	ASTM A 424	Type I
	ASTM A 424	Type II
	ASTM A 424	Type III
1.0399	ASTM A 424	Type I
	ASTM A 424	Type II
	ASTM A 424	Type III
1.0401	ASTM A 29	1015
	ASTM A 29	M1015
	ASTM A 108	1015
	ASTM A 512	MT1015
	ASTM A 513	MT1015
	ASTM A 519	1015
	ASTM A 519	MT1015
	ASTM A 568	1015
	ASTM A 575	M1015
	ASTM A 576	1015
	ASTM A 635	1015
	ASTM A 659	1015
	ASTM A 787	1015
	ASTM A 787	MT1015
	ASTM A 794	1015
	ASTM A 830	1015
	ASTM A 1040	1015
	ASTM A 1040	M1015
	SAE J 403	SAE 1015
1.0402	ASTM A 29	1020
	ASTM A 29	M1020
	ASTM A 105	–
	ASTM A 108	1020
	ASTM A 181	60
	ASTM A 266	1
	ASTM A 512	MT1020
	ASTM A 513	MT1020

8 US-Sortenbezeichnungen

Auflistung nach steigenden EN-Werkstoff-Nummern ähnlicher EN (DIN)-Werkstoffe

US steel grades

Listed according to EN material numbers of similar EN (DIN) materials

Werk-stoff-Nr. Material no.	US-Normen US Standards	Sahlsorte Steel class/grade/type
1.0402	ASTM A 519	MT1020
	ASTM A 568	1020
	ASTM A 575	M1020
	ASTM A 576	1020
	ASTM A 635	1020
	ASTM A 659	1020
	ASTM A 711	1020
	ASTM A 787	MT1020
	ASTM A 794	1020
	ASTM A 827	1020
	ASTM A 830	1020
	ASTM A 1040	1020
	ASTM A 1040	M1020
	SAE J 403	SAE 1020
1.0405	ASTM A 106	B
	ASTM A 178	C
	ASTM A 210	A-1
	ASTM A 234	WPB
	ASTM A 333	6
	ASTM A 334	6
	ASTM A 369	FPB
	ASTM A 420	WPL6
	ASTM A 556	C2
1.0406	ASTM A 29	1025
	ASTM A 29	M1025
	ASTM A 108	1025
	ASTM A 266	1
	ASTM A 512	1025
	ASTM A 513	1025
	ASTM A 519	1025
	ASTM A 568	1025
	ASTM A 575	M1025
	ASTM A 576	1025
	ASTM A 635	1025
	ASTM A 711	1025
	ASTM A 830	1025
	ASTM A 1040	1025

8 US-Sortenbezeichnungen

Auflistung nach steigenden EN-Werkstoff-Nummern ähnlicher EN (DIN)-Werkstoffe

US steel grades

Listed according to EN material numbers of similar EN (DIN) materials

Werk-stoff-Nr. Material no.	US-Normen US Standards	Sahlsorte Steel class/grade/type
1.0406	ASTM A 1040	M1025
	SAE J 403	SAE 1025
1.0407	ASTM A 29	1016
	ASTM A 512	1016
	ASTM A 513	1016
	ASTM A 519	1016
	ASTM A 568	1016
	ASTM A 576	1016
	ASTM A 635	1016
	ASTM A 659	1016
	ASTM A 787	1016
	ASTM A 794	1016
	ASTM A 830	1016
	ASTM A 1040	1016
	SAE J 403	SAE 1016
1.0408	ASTM A 53	B type E
	ASTM A 53	B type S
	ASTM A 500	B
	ASTM A 501	B
	ASTM A 512	1020
	ASTM A 512	1021
	ASTM A 513	1020
	ASTM A 513	1021
	ASTM A 519	1020
	ASTM A 519	1021
	ASTM A 523	A
	ASTM A 568	1021
	ASTM A 576	1021
	ASTM A 635	1021
	ASTM A 659	1021
	ASTM A 787	1021
	ASTM A 794	1021
	ASTM A 830	1021
	ASTM A 1040	1021
1.0409	ASTM A 694	F46
	ASTM A 860	WPHY 46
	API 5L	X46

8 US-Sortenbezeichnungen

Auflistung nach steigenden EN-Werkstoff-Nummern ähnlicher EN (DIN)-Werkstoffe

US steel grades

Listed according to EN material numbers of similar EN (DIN) materials

Werk-stoff-Nr. Material no.	US-Normen US Standards	Sahlsorte Steel class/grade/type
1.0413	ASTM A 29	1015
	ASTM A 29	M1015
	ASTM A 108	1015
	ASTM A 512	MT1015
	ASTM A 513	MT1015
	ASTM A 519	1015
	ASTM A 519	MT1015
	ASTM A 568	1015
	ASTM A 575	M1015
	ASTM A 576	1015
	ASTM A 635	1015
	ASTM A 659	1015
	ASTM A 787	1015
	ASTM A 794	1015
	ASTM A 830	1015
	ASTM A 1040	1015
	ASTM A 1040	M1015
	SAE J 403	SAE 1015
1.0414	ASTM A 29	1020
	ASTM A 29	M1020
	ASTM A 108	1020
	ASTM A 512	MT1020
	ASTM A 513	MT1020
	ASTM A 519	MT1020
	ASTM A 568	1020
	ASTM A 575	M1020
	ASTM A 576	1020
	ASTM A 635	1020
	ASTM A 659	1020
	ASTM A 787	MT1020
	ASTM A 794	1020
	ASTM A 827	1020
	ASTM A 830	1020
	ASTM A 1040	1020
	ASTM A 1040	M1020
	SAE J 403	SAE 1020
1.0415	ASTM A 29	1025

8 US-Sortenbezeichnungen

Auflistung nach steigenden EN-Werkstoff-Nummern ähnlicher EN (DIN)-Werkstoffe

US steel grades

Listed according to EN material numbers of similar EN (DIN) materials

Werkstoff-Nr. Material no.	US-Normen US Standards	Sahlsorte Steel class/grade/type
1.0415	ASTM A 29	M1025
	ASTM A 108	1025
	ASTM A 512	1025
	ASTM A 513	1025
	ASTM A 519	1025
	ASTM A 568	1025
	ASTM A 575	M1025
	ASTM A 576	1025
	ASTM A 635	1025
	ASTM A 711	1025
	ASTM A 830	1025
	ASTM A 1040	1025
	ASTM A 1040	M1025
	SAE J 403	SAE 1025
1.0416	ASTM A 29	1017
	ASTM A 29	M1017
	ASTM A 108	1017
	ASTM A 513	1017
	ASTM A 519	1017
	ASTM A 568	1017
	ASTM A 575	M1017
	ASTM A 576	1017
	ASTM A 635	1017
	ASTM A 659	1017
	ASTM A 787	1017
	ASTM A 794	1017
	ASTM A 830	1017
	ASTM A 1040	1017
	ASTM A 1040	M1017
	SAE J 403	SAE 1017
1.0417	ASTM A 29	1013
	ASTM A 711	1013
	ASTM A 1040	1013
1.0418	ASTM A 53	B type E
	ASTM A 53	B type S
	ASTM A 106	B
	ASTM A 234	WPB

8 US-Sortenbezeichnungen

Auflistung nach steigenden EN-Werkstoff-Nummern ähnlicher EN (DIN)-Werkstoffe

US steel grades

Listed according to EN material numbers of similar EN (DIN) materials

Werk-stoff-Nr. Material no.	US-Normen US Standards	Sahlsorte Steel class/grade/type
1.0418	ASTM A 333	6
	ASTM A 334	6
	ASTM A 369	FPB
	ASTM A 420	WPL6
	ASTM A 523	B
	ASTM A 523	B
	ASTM A 556	C2
	API 5L	BME
1.0419	ASTM A 512	1016
	ASTM A 513	1016
	ASTM A 519	1016
	ASTM A 787	1016
	ASTM A 794	1016
1.0420	ASTM A 27	60-30
1.0421	ASTM A 513	1024
	ASTM A 519	1524
	ASTM A 1040	1024
1.0423	ASTM A 414	D
1.0424	ASTM A 29	1513
	ASTM A 576	1513
	ASTM A 1040	1513
1.0425	ASTM A 285	C
	ASTM A 414	D
	ASTM A 455	–
	ASTM A 515	60
	ASTM A 516	60
	ASTM A 662	A
	ASTM A 671	CA 55
	ASTM A 672	A 55
	ASTM A 672	B 60
	ASTM A 841	A class 1
1.0426	ASTM A 181	70
	ASTM A 516	55
	ASTM A 516	60
	ASTM A 662	A
	ASTM A 671	CC 60
	ASTM A 672	C 60

8 US-Sortenbezeichnungen

Auflistung nach steigenden EN-Werkstoff-Nummern ähnlicher EN (DIN)-Werkstoffe

US steel grades

Listed according to EN material numbers of similar EN (DIN) materials

Werk-stoff-Nr. Material no.	US-Normen US Standards	Sahlsorte Steel class/grade/type
1.0428	ASTM A 615	60
1.0429	API 5L	X42ME
1.0430	API 5L	X46
1.0432	ASTM A 29	1022
	ASTM A 513	1022
	ASTM A 519	1022
	ASTM A 568	1022
	ASTM A 576	1022
	ASTM A 635	1022
	ASTM A 711	1022
	ASTM A 830	1022
	ASTM A 1040	1022
1.0435	ASTM A 414	C
	ASTM A 414	D
	ASTM A 414	E
	ASTM A 515	65
	ASTM A 516	65
	ASTM A 672	B 65
1.0436	ASTM A 105	–
	ASTM A 181	70
	ASTM A 266	4
	ASTM A 508	1A
	ASTM A 515	65
	ASTM A 516	65
	ASTM A 541	1A
	ASTM A 662	C
	ASTM A 671	CC 65
	ASTM A 672	B 65
	ASTM A 672	C 65
	ASTM A 738	C
1.0437	ASTM A 333	6
	ASTM A 334	6
	ASTM A 350	LF1
	ASTM A 350	LF2
	ASTM A 414	E
	ASTM A 420	WPL6
	ASTM A 516	60

8 US-Sortenbezeichnungen

Auflistung nach steigenden EN-Werkstoff-Nummern ähnlicher EN (DIN)-Werkstoffe

US steel grades

Listed according to EN material numbers of similar EN (DIN) materials

Werk-stoff-Nr. Material no.	US-Normen US Standards	Sahlsorte Steel class/grade/type
1.0437	ASTM A 524	Grade I
	ASTM A 524	Grade II
	ASTM A 662	A
	ASTM A 671	CC 60
	ASTM A 672	C 60
1.0438	ASTM A 615	75
	ASTM A 706	60
	ASTM A 706	80
1.0439	ASTM A 29	1012
	ASTM A 29	M1012
	ASTM A 512	1012
	ASTM A 513	1012
	ASTM A 519	1012
	ASTM A 568	1012
	ASTM A 575	M1012
	ASTM A 576	1012
	ASTM A 635	1012
	ASTM A 711	1012
	ASTM A 830	1012
	ASTM A 1040	1012
	ASTM A 1040	M1012
	SAE J 403	SAE 1012
1.0440	ASTM A 131	A
1.0441	ASTM A 131	A
1.0442	ASTM A 131	B
1.0445	ASTM A 414	F
	ASTM A 515	70
	ASTM A 516	70
	ASTM A 671	CB 70
	ASTM A 672	B 70
1.0446	ASTM A 27	65-35
1.0453	ASTM A 29	1018
	ASTM A 311	1018
	ASTM A 420	WPL6
	ASTM A 512	1018
	ASTM A 513	1018
	ASTM A 519	1018

8 US-Sortenbezeichnungen

Auflistung nach steigenden EN-Werkstoff-Nummern ähnlicher EN (DIN)-Werkstoffe

US steel grades

Listed according to EN material numbers of similar EN (DIN) materials

Werkstoff-Nr. Material no.	US-Normen US Standards	Sahlsorte Steel class/grade/type
1.0453	ASTM A 568	1018
	ASTM A 576	1018
	ASTM A 635	1018
	ASTM A 659	1018
	ASTM A 787	1018
	ASTM A 794	1018
	ASTM A 830	1018
	ASTM A 1040	1018
1.0457	API 5L	BNE
1.0459	ASTM A 53	B type E
	ASTM A 53	B type S
	ASTM A 523	B
	API 5L	B
1.0460	ASTM A 105	–
	ASTM A 181	60
	ASTM A 181	70
1.0461	ASTM A 516	55
	ASTM A 672	C 55
1.0462	ASTM A 516	55
	ASTM A 662	A
	ASTM A 672	C 55
1.0463	ASTM A 516	55
	ASTM A 524	Grade I
	ASTM A 524	Grade II
1.0467	ASTM A 512	1016
	ASTM A 513	1016
	ASTM A 519	1016
	ASTM A 568	1016
	ASTM A 787	1016
	ASTM A 794	1016
1.0469	ASTM A 29	1022
	ASTM A 513	1022
	ASTM A 519	1022
	ASTM A 568	1022
	ASTM A 576	1022
	ASTM A 635	1022
	ASTM A 711	1022

8 US-Sortenbezeichnungen

Auflistung nach steigenden EN-Werkstoff-Nummern ähnlicher EN (DIN)-Werkstoffe

US steel grades

Listed according to EN material numbers of similar EN (DIN) materials

Werk-stoff-Nr. Material no.	US-Normen US Standards	Sahlsorte Steel class/grade/type
1.0469	ASTM A 830	1022
	ASTM A 1040	1022
1.0473	ASTM A 299	A
	ASTM A 299	B
	ASTM A 414	G
	ASTM A 455	–
	ASTM A 516	70
	ASTM A 537	1
	ASTM A 573	70
	ASTM A 612	–
	ASTM A 671	CC 70
	ASTM A 671	CD 70
	ASTM A 672	C 70
	ASTM A 672	D 70
	ASTM A 672	N 75
	ASTM A 691	CMSH-70
1.0475	ASTM A 131	D
1.0476	ASTM A 131	E
1.0477	ASTM A 515	65
	ASTM A 671	CB 65
	ASTM A 672	B 65
1.0481	ASTM A 106	C
	ASTM A 139	E
	ASTM A 210	C
	ASTM A 234	WPC
	ASTM A 414	E
	ASTM A 515	70
	ASTM A 516	70
	ASTM A 556	C2
	ASTM A 662	B
	ASTM A 671	CB 70
	ASTM A 672	B 70
1.0482	ASTM A 299	A
	ASTM A 299	B
	ASTM A 372	B
	ASTM A 414	G
	ASTM A 455	–

8 US-Sortenbezeichnungen

Auflistung nach steigenden EN-Werkstoff-Nummern ähnlicher EN (DIN)-Werkstoffe

US steel grades

Listed according to EN material numbers of similar EN (DIN) materials

Werkstoff-Nr. Material no.	US-Normen US Standards	Sahlsorte Steel class/grade/type
1.0482	ASTM A 515	70
	ASTM A 516	70
	ASTM A 537	1
	ASTM A 671	CB 70
	ASTM A 671	CC 70
	ASTM A 671	CD 70
	ASTM A 672	B 70
	ASTM A 672	C 70
	ASTM A 672	D 70
	ASTM A 672	N 75
	ASTM A 691	CMSH-70
1.0483	API 5L	X42
1.0484	ASTM A 860	WPHY 42
	API 5L	X42NE
1.0485	ASTM A 299	A
	ASTM A 299	B
	ASTM A 455	–
	ASTM A 516	70
	ASTM A 537	1
	ASTM A 671	CC 70
	ASTM A 671	CD 70
	ASTM A 672	C 70
	ASTM A 672	D 70
	ASTM A 672	N 75
	ASTM A 691	CMSH-70
1.0486	ASTM A 516	60
	ASTM A 529	Grade
	ASTM A 529	55
	ASTM A 572	42
	ASTM A 633	A
	ASTM A 662	A
	ASTM A 668	B
	ASTM A 671	CC 60
	ASTM A 672	C 60
	ASTM A 694	F42
	ASTM A 860	WPHY 42
	API 5L	X42

8 US-Sortenbezeichnungen

Auflistung nach steigenden EN-Werkstoff-Nummern ähnlicher EN (DIN)-Werkstoffe

US steel grades

Listed according to EN material numbers of similar EN (DIN) materials

Werk-stoff-Nr. Material no.	US-Normen US Standards	Sahlsorte Steel class/grade/type
1.0486	API 5L	X42R
1.0487	ASTM A 516	60
	ASTM A 529	50
	ASTM A 529	55
	ASTM A 572	42
	ASTM A 633	A
	ASTM A 662	A
	ASTM A 671	CC 60
	ASTM A 672	C 60
	ASTM A 709	50
1.0488	ASTM A 350	LF1
	ASTM A 350	LF2
	ASTM A 516	60
	ASTM A 516	70
	ASTM A 529	50
	ASTM A 529	55
	ASTM A 572	42
	ASTM A 633	A
	ASTM A 662	A
	ASTM A 662	B
	ASTM A 671	CC 70
	ASTM A 672	C 70
1.0490	ASTM A 662	B
1.0491	ASTM A 633	A
	ASTM A 662	A
1.0497	ASTM A 572	42
	ASTM A 633	A
	ASTM A 662	A
1.0498	ASTM A 178	C
1.0499	API 5L	X52
1.0501	ASTM A 29	1035
	ASTM A 194	2H
	ASTM A 266	2
	ASTM A 311	1035
	ASTM A 512	1035
	ASTM A 513	1035
	ASTM A 519	1035

8 US-Sortenbezeichnungen

Auflistung nach steigenden EN-Werkstoff-Nummern ähnlicher EN (DIN)-Werkstoffe

US steel grades

Listed according to EN material numbers of similar EN (DIN) materials

Werk-stoff-Nr. Material no.	US-Normen US Standards	Sahlsorte Steel class/grade/type
1.0501	ASTM A 568	1035
	ASTM A 576	1035
	ASTM A 635	1035
	ASTM A 668	X2
	ASTM A 682	1035
	ASTM A 684	1035
	ASTM A 711	1035
	ASTM A 827	1035
	ASTM A 830	1035
	SAE J 403	SAE 1035
1.0503	ASTM A 29	1045
	ASTM A 108	1045
	ASTM A 194	2H
	ASTM A 311	1045
	ASTM A 519	1045
	ASTM A 568	1045
	ASTM A 576	1045
	ASTM A 635	1045
	ASTM A 682	1045
	ASTM A 684	1045
	ASTM A 711	1045
	ASTM A 827	1045
	ASTM A 830	1045
	ASTM A 1040	1045
	SAE J 403	SAE 1045
1.0505	ASTM A 516	65
	ASTM A 572	50
	ASTM A 573	65
	ASTM A 618	Grade Ib
	ASTM A 633	A
	ASTM A 662	B
	ASTM A 671	CC 65
	ASTM A 672	C 65
1.0506	ASTM A 516	65
	ASTM A 572	50
	ASTM A 573	65
	ASTM A 618	Grade Ib

8 US-Sortenbezeichnungen

Auflistung nach steigenden EN-Werkstoff-Nummern ähnlicher EN (DIN)-Werkstoffe

US steel grades

Listed according to EN material numbers of similar EN (DIN) materials

Werk-stoff-Nr. Material no.	US-Normen US Standards	Sahlsorte Steel class/grade/type
1.0506	ASTM A 633	A
	ASTM A 662	B
	ASTM A 671	CC 65
	ASTM A 672	C 65
1.0507	ASTM A 570	50
	ASTM A 572	50
1.0508	ASTM A 516	65
	ASTM A 572	50
	ASTM A 573	65
	ASTM A 618	Grade Ib
	ASTM A 633	A
	ASTM A 662	B
1.0511	ASTM A 29	1040
	ASTM A 513	1040
	ASTM A 519	1040
	ASTM A 568	1040
	ASTM A 576	1040
	ASTM A 635	1040
	ASTM A 682	1040
	ASTM A 684	1040
	ASTM A 711	1040
	ASTM A 827	1040
	ASTM A 830	1040
	ASTM A 866	1040
	ASTM A 1040	1040
	SAE J 403	SAE 1040
1.0513	ASTM A 131	AH32
1.0514	ASTM A 131	DH32
1.0515	ASTM A 131	EH32
1.0516	ASTM A 29	1035
	ASTM A 311	1035
	ASTM A 512	1035
	ASTM A 513	1035
	ASTM A 519	1035
	ASTM A 568	1035
	ASTM A 576	1035
	ASTM A 635	1035

8 US-Sortenbezeichnungen

Auflistung nach steigenden EN-Werkstoff-Nummern ähnlicher EN (DIN)-Werkstoffe

US steel grades

Listed according to EN material numbers of similar EN (DIN) materials

Werk-stoff-Nr. Material no.	US-Normen US Standards	Sahlsorte Steel class/grade/type
1.0516	ASTM A 682	1035
	ASTM A 684	1035
	ASTM A 711	1035
	ASTM A 827	1035
	ASTM A 830	1035
	SAE J 403	SAE 1035
1.0520	ASTM A 29	1030
	ASTM A 512	1030
	ASTM A 513	1030
	ASTM A 519	1030
	ASTM A 568	1030
	ASTM A 576	1030
	ASTM A 635	1030
	ASTM A 682	1030
	ASTM A 684	1030
	ASTM A 711	1030
	ASTM A 830	1030
	ASTM A 866	1030
	ASTM A 1040	1030
	SAE J 403	SAE 1030
1.0524	ASTM A 29	1551
	ASTM A 576	1551
	ASTM A 1040	1551
	SAE J 1249	AISI 1551
1.0528	ASTM A 29	1030
	ASTM A 512	1030
	ASTM A 513	1030
	ASTM A 519	1030
	ASTM A 568	1030
	ASTM A 576	1030
	ASTM A 635	1030
	ASTM A 682	1030
	ASTM A 684	1030
	ASTM A 711	1030
	ASTM A 830	1030
	ASTM A 866	1030
	ASTM A 1040	1030

8 US-Sortenbezeichnungen

Auflistung nach steigenden EN-Werkstoff-Nummern ähnlicher EN (DIN)-Werkstoffe

US steel grades

Listed according to EN material numbers of similar EN (DIN) materials

Werk-stoff-Nr. Material no.	US-Normen US Standards	Sahlsorte Steel class/grade/type
1.0528	SAE J 403	SAE 1030
1.0529	ASTM A 653	HSLAS 50
	ASTM A 792	SS: 50 class 1
	ASTM A 792	SS: 50 class 2
	ASTM A 792	SS: 50 class 4
	ASTM A 875	HSLAS 50
1.0530	ASTM A 29	1030
	ASTM A 512	1030
	ASTM A 513	1030
	ASTM A 519	1030
	ASTM A 568	1030
	ASTM A 576	1030
	ASTM A 635	1030
	ASTM A 682	1030
	ASTM A 684	1030
	ASTM A 711	1030
	ASTM A 830	1030
	ASTM A 866	1030
	ASTM A 1040	1030
	SAE J 403	SAE 1030
1.0531	ASTM A 653	SS: 80 class 1
	ASTM A 653	SS: 80 class 3
	ASTM A 792	SS: 80 class 1
	ASTM A 792	SS: 80 class 3
	ASTM A 875	SS: 80
1.0532	ASTM A 131	AH40
1.0534	ASTM A 131	DH40
1.0535	ASTM A 29	1055
	ASTM A 568	1055
	ASTM A 576	1055
	ASTM A 635	1055
	ASTM A 682	1055
	ASTM A 684	1055
	ASTM A 711	1055
	ASTM A 713	1055
	ASTM A 830	1055
	ASTM A 1040	1055

8 US-Sortenbezeichnungen

Auflistung nach steigenden EN-Werkstoff-Nummern ähnlicher EN (DIN)-Werkstoffe

US steel grades

Listed according to EN material numbers of similar EN (DIN) materials

Werk-stoff-Nr. Material no.	US-Normen US Standards	Sahlsorte Steel class/grade/type
1.0535	SAE J 403	SAE 1055
1.0539	ASTM A 225	D
	ASTM A 299	A
	ASTM A 299	B
	ASTM A 500	C
	ASTM A 537	1
	ASTM A 618	Grade III
	ASTM A 671	CD 70
	ASTM A 671	CK 75
	ASTM A 672	D 70
	ASTM A 672	N 75
	ASTM A 691	CMSH-70
1.0540	ASTM A 29	1049
	ASTM A 29	1050
	ASTM A 311	1050
	ASTM A 513	1050
	ASTM A 519	1050
	ASTM A 568	1049
	ASTM A 568	1050
	ASTM A 576	1049
	ASTM A 576	1050
	ASTM A 635	1049
	ASTM A 635	1050
	ASTM A 668	X2
	ASTM A 682	1050
	ASTM A 684	1050
	ASTM A 711	1049
	ASTM A 711	1050
	ASTM A 827	1050
	ASTM A 830	1049
	ASTM A 830	1050
	ASTM A 866	1050
	ASTM A 1040	1049
	ASTM A 1040	1050
	SAE J 403	SAE 1049
	SAE J 403	SAE 1050
1.0541	ASTM A 29	1042

8 US-Sortenbezeichnungen

Auflistung nach steigenden EN-Werkstoff-Nummern ähnlicher EN (DIN)-Werkstoffe

US steel grades

Listed according to EN material numbers of similar EN (DIN) materials

Werk-stoff-Nr. Material no.	US-Normen US Standards	Sahlsorte Steel class/grade/type
1.0541	ASTM A 29	1043
	ASTM A 568	1042
	ASTM A 568	1043
	ASTM A 576	1042
	ASTM A 576	1043
	ASTM A 635	1042
	ASTM A 635	1043
	ASTM A 711	1042
	ASTM A 711	1043
	ASTM A 830	1042
	ASTM A 830	1043
	ASTM A 1040	1042
	ASTM A 1040	1043
1.0545	ASTM A 299	A
	ASTM A 299	B
	ASTM A 541	3
	ASTM A 588	B
	ASTM A 595	C element A 588/B
	ASTM A 618	Grade Ib
	ASTM A 633	D
	ASTM A 662	C
	ASTM A 671	CK 75
	ASTM A 672	N 75
	ASTM A 714	Grade III
1.0546	ASTM A 350	LF1
	ASTM A 350	LF2
	ASTM A 420	WPL6
	ASTM A 541	3
	ASTM A 633	D
	ASTM A 662	C
1.0547	ASTM A 572	50
1.0549	ASTM A 618	Grade II
	ASTM A 633	D
	ASTM A 724	C
1.0550	ASTM A 653	HSLAS 55 class 1
	ASTM A 653	HSLAS 55 class 2
	ASTM A 1008	HSLAS 55 class 1

8 US-Sortenbezeichnungen

Auflistung nach steigenden EN-Werkstoff-Nummern ähnlicher EN (DIN)-Werkstoffe

US steel grades

Listed according to EN material numbers of similar EN (DIN) materials

Werk-stoff-Nr. Material no.	US-Normen US Standards	Sahlsorte Steel class/grade/type
1.0550	ASTM A 1008	HSLAS 55 class 2
	ASTM A 1011	HSLAS 55 class 1
	ASTM A 1011	HSLAS 55 class 2
1.0552	ASTM A 27	70-36
	ASTM A 27	70-40
	ASTM A 148	80-50
	ASTM A 356	1
	ASTM A 541	2
1.0553	ASTM A 572	50
	ASTM A 633	C
1.0556	ASTM A 653	HSLAS 60
	ASTM A 875	HSLAS 60
	ASTM A 1008	HSLAS 60 class 1
	ASTM A 1008	HSLAS 60 class 2
	ASTM A 1011	HSLAS 60 class 1
	ASTM A 1011	HSLAS 60 class 2
1.0557	ASTM A 414	F
	ASTM A 414	G
1.0558	ASTM A 148	90-60
1.0560	ASTM A 131	EH40
1.0561	ASTM A 29	1037
	ASTM A 568	1037
	ASTM A 576	1037
	ASTM A 635	1037
	ASTM A 830	1037
	ASTM A 1040	1037
1.0562	ASTM A 299	A
	ASTM A 299	B
	ASTM A 516	70
	ASTM A 537	1
	ASTM A 541	3
	ASTM A 572	50
	ASTM A 573	70
	ASTM A 588	B
	ASTM A 595	C element A 588/B
	ASTM A 612	–
	ASTM A 618	Grade II

8 US-Sortenbezeichnungen

Auflistung nach steigenden EN-Werkstoff-Nummern ähnlicher EN (DIN)-Werkstoffe

US steel grades

Listed according to EN material numbers of similar EN (DIN) materials

Werk-stoff-Nr. Material no.	US-Normen US Standards	Sahlsorte Steel class/grade/type
1.0562	ASTM A 633	D
	ASTM A 662	B
	ASTM A 671	CC 70
	ASTM A 671	CK 75
	ASTM A 672	C 70
	ASTM A 678	A
	ASTM A 691	CMSH-70
	ASTM A 694	F52
	ASTM A 714	Grade II
	ASTM A 737	B
	ASTM A 841	A class 1
	ASTM A 860	WPHY 52
	API 5L	X52
1.0563	API 5D	E-75
1.0564	API 5CT	N-80
1.0565	ASTM A 181	70
	ASTM A 266	4
	ASTM A 299	A
	ASTM A 299	B
	ASTM A 508	1A
	ASTM A 541	1A
	ASTM A 573	70
	ASTM A 618	Grade II
	ASTM A 633	D
	ASTM A 662	C
	ASTM A 671	CK 75
	ASTM A 678	B
	ASTM A 691	CMS-75
	ASTM A 714	Grade II
	ASTM A 724	A
	ASTM A 724	B
	ASTM A 737	B
	ASTM A 841	A class 1
1.0566	ASTM A 350	LF6
	ASTM A 420	WPL6
	ASTM A 541	3
	ASTM A 573	70

8 US-Sortenbezeichnungen

Auflistung nach steigenden EN-Werkstoff-Nummern ähnlicher EN (DIN)-Werkstoffe

US steel grades

Listed according to EN material numbers of similar EN (DIN) materials

Werkstoff-Nr. Material no.	US-Normen US Standards	Sahlsorte Steel class/grade/type
1.0566	ASTM A 633	D
	ASTM A 662	C
	ASTM A 678	B
	ASTM A 707	L1
	ASTM A 707	L2
	ASTM A 841	A class 1
1.0570	ASTM A 29	1524
	ASTM A 105	–
	ASTM A 350	LF1
	ASTM A 350	LF2
	ASTM A 381	Y 48
	ASTM A 381	Y 50
	ASTM A 513	1024
	ASTM A 519	1524
	ASTM A 568	1524
	ASTM A 572	50
	ASTM A 573	65
	ASTM A 576	1524
	ASTM A 618	Grade III
	ASTM A 635	1524
	ASTM A 694	F70
	ASTM A 714	Grade III
	ASTM A 830	1524
	ASTM A 1040	1024
	ASTM A 1040	1524
1.0571	ASTM A 765	Grade IV
1.0576	ASTM A 516	65
	ASTM A 572	50
	ASTM A 618	Grade III
	ASTM A 714	Grade III
1.0577	ASTM A 738	C
1.0578	API 5L	X52ME
1.0580	ASTM A 29	1518
	ASTM A 519	1518
	ASTM A 576	1518
	ASTM A 1040	1518
1.0582	ASTM A 860	WPHY 52

8 US-Sortenbezeichnungen

Auflistung nach steigenden EN-Werkstoff-Nummern
ähnlicher EN (DIN)-Werkstoffe

US steel grades

Listed according to EN material numbers
of similar EN (DIN) materials

Werkstoff-Nr. Material no.	US-Normen US Standards	Sahlsorte Steel class/grade/type
1.0582	API 5L	X52NE
1.0583	ASTM A 131	AH36
1.0584	ASTM A 131	DH36
1.0586	ASTM A 29	1050
	ASTM A 108	1050
	ASTM A 311	1050
	ASTM A 576	1050
	ASTM A 684	1050
	ASTM A 830	1050
	ASTM A 1040	1050
1.0589	ASTM A 131	EH36
1.0595	ASTM A 678	B
1.0596	ASTM A 678	B
1.0601	ASTM A 29	1060
	ASTM A 513	1060
	ASTM A 568	1060
	ASTM A 576	1060
	ASTM A 635	1060
	ASTM A 682	1060
	ASTM A 684	1060
	ASTM A 711	1060
	ASTM A 713	1060
	ASTM A 830	1060
	ASTM A 1040	1060
	SAE J 403	SAE 1060
1.0603	ASTM A 682	1070
	ASTM A 713	1070
1.0605	ASTM A 29	1074
	ASTM A 568	1074
	ASTM A 635	1074
	ASTM A 682	1074
	ASTM A 684	1074
	ASTM A 713	1074
	ASTM A 830	1074
	ASTM A 1040	1074
1.0609	ASTM A 29	1060
	ASTM A 576	1060

8 US-Sortenbezeichnungen

Auflistung nach steigenden EN-Werkstoff-Nummern ähnlicher EN (DIN)-Werkstoffe

US steel grades

Listed according to EN material numbers of similar EN (DIN) materials

Werk-stoff-Nr. Material no.	US-Normen US Standards	Sahlsorte Steel class/grade/type
1.0609	ASTM A 635	1060
	ASTM A 684	1060
	ASTM A 830	1060
	ASTM A 1040	1060
1.0610	ASTM A 29	1060
	ASTM A 576	1060
	ASTM A 635	1060
	ASTM A 684	1060
	ASTM A 830	1060
	ASTM A 1040	1060
1.0611	ASTM A 29	1065
	ASTM A 635	1065
	ASTM A 684	1065
	ASTM A 830	1065
	ASTM A 1040	1065
1.0612	ASTM A 29	1065
	ASTM A 635	1065
	ASTM A 682	1065
	ASTM A 684	1065
	ASTM A 713	1065
	ASTM A 830	1065
	ASTM A 1040	1065
	SAE J 403	SAE 1065
1.0614	ASTM A 29	1074
	ASTM A 568	1074
	ASTM A 635	1074
	ASTM A 682	1074
	ASTM A 684	1074
	ASTM A 713	1074
	ASTM A 830	1074
	ASTM A 1040	1074
1.0615	ASTM A 29	1070
	ASTM A 576	1070
	ASTM A 635	1070
	ASTM A 684	1070
	ASTM A 713	1070
	ASTM A 830	1070

8 US-Sortenbezeichnungen

Auflistung nach steigenden EN-Werkstoff-Nummern ähnlicher EN (DIN)-Werkstoffe

US steel grades

Listed according to EN material numbers of similar EN (DIN) materials

Werk-stoff-Nr. Material no.	US-Normen US Standards	Sahlsorte Steel class/grade/type
1.0615	ASTM A 1040	1070
1.0616	ASTM A 29	1080
	ASTM A 568	1080
	ASTM A 576	1080
	ASTM A 635	1080
	ASTM A 682	1080
	ASTM A 684	1080
	ASTM A 713	1080
	ASTM A 830	1080
	ASTM A 1040	1080
	SAE J 403	SAE 1080
1.0617	ASTM A 29	1070
	ASTM A 576	1070
	ASTM A 635	1070
	ASTM A 684	1070
	ASTM A 713	1070
	ASTM A 830	1070
	ASTM A 1040	1070
1.0618	ASTM A 29	1090
	ASTM A 568	1090
	ASTM A 576	1090
	ASTM A 635	1090
	ASTM A 713	1090
	ASTM A 830	1090
	ASTM A 1040	1090
1.0619	ASTM A 216	WCA
	ASTM A 216	WCB
	ASTM A 216	WCC
	ASTM A 352	LCA
	ASTM A 757	A1Q
1.0620	ASTM A 29	1075
	ASTM A 635	1075
	ASTM A 1040	1075
1.0621	ASTM A 216	WCA
	ASTM A 352	LCB
1.0622	ASTM A 29	1078
	ASTM A 568	1078

8 US-Sortenbezeichnungen

Auflistung nach steigenden EN-Werkstoff-Nummern ähnlicher EN (DIN)-Werkstoffe

US steel grades

Listed according to EN material numbers of similar EN (DIN) materials

Werk-stoff-Nr. Material no.	US-Normen US Standards	Sahlsorte Steel class/grade/type
1.0622	ASTM A 576	1078
	ASTM A 635	1078
	ASTM A 711	1078
	ASTM A 713	1078
	ASTM A 830	1078
	ASTM A 1040	1078
1.0623	ASTM A 1	Element 85 to 114
	ASTM A 1	Element 115
1.0625	ASTM A 216	WCC
	ASTM A 352	LCC
1.0626	ASTM A 29	1078
	ASTM A 568	1078
	ASTM A 576	1078
	ASTM A 635	1078
	ASTM A 711	1078
	ASTM A 713	1078
	ASTM A 830	1078
	ASTM A 1040	1078
1.0628	ASTM A 29	1084
	ASTM A 568	1084
	ASTM A 576	1084
	ASTM A 635	1084
	ASTM A 713	1084
	ASTM A 830	1084
	ASTM A 1040	1084
1.0647	ASTM A 29	1084
	ASTM A 568	1084
	ASTM A 576	1084
	ASTM A 635	1084
	ASTM A 713	1084
	ASTM A 830	1084
	ASTM A 1040	1084
1.0702	ASTM A 29	1110
	ASTM A 512	1110
	ASTM A 576	1110
	ASTM A 1040	1110
1.0703	ASTM A 29	1110

8 US-Sortenbezeichnungen

Auflistung nach steigenden EN-Werkstoff-Nummern ähnlicher EN (DIN)-Werkstoffe

US steel grades

Listed according to EN material numbers of similar EN (DIN) materials

Werk-stoff-Nr. Material no.	US-Normen US Standards	Sahlsorte Steel class/grade/type
1.0703	ASTM A 512	1110
	ASTM A 576	1110
	ASTM A 1040	1110
1.0710	ASTM A 512	1115
	ASTM A 1040	1115
1.0711	ASTM A 29	1212
	ASTM A 108	1212
	ASTM A 576	1212
	ASTM A 1040	1212
	SAE J 403	SAE 1212
	SAE J 1249	AISI B1212
1.0715	ASTM A 29	1213
	ASTM A 108	1213
	ASTM A 519	1213
	ASTM A 576	1213
	ASTM A 1040	1213
	SAE J 403	SAE 1213
1.0718	ASTM A 29	12L13
	ASTM A 108	12L13
	ASTM A 1040	12L13
1.0721	ASTM A 29	1109
	ASTM A 576	1109
	ASTM A 1040	1109
	SAE J 1249	AISI 1109
1.0722	ASTM A 29	12L13
	ASTM A 108	12L13
	ASTM A 1040	12L13
1.0725	ASTM A 29	1117
	ASTM A 311	1117
	ASTM A 512	1117
	ASTM A 576	1117
	ASTM A 1040	1117
	SAE J 403	SAE 1117
1.0726	ASTM A 29	1140
	ASTM A 576	1140
	ASTM A 1040	1140
	SAE J 403	SAE 1140

8 US-Sortenbezeichnungen

Auflistung nach steigenden EN-Werkstoff-Nummern ähnlicher EN (DIN)-Werkstoffe

US steel grades

Listed according to EN material numbers of similar EN (DIN) materials

Werk-stoff-Nr. Material no.	US-Normen US Standards	Sahlsorte Steel class/grade/type
1.0727	ASTM A 29	1146
	ASTM A 576	1146
	ASTM A 1040	1146
	SAE J 403	SAE 1146
1.0728	ASTM A 29	1151
	ASTM A 576	1151
	ASTM A 1040	1151
	SAE J 403	SAE 1151
1.0736	ASTM A 29	1215
	ASTM A 108	1215
	ASTM A 519	1215
	ASTM A 576	1215
	ASTM A 1040	1215
	SAE J 403	SAE 1215
1.0737	ASTM A 29	12L14
	ASTM A 108	12L14
	ASTM A 519	12L14
	ASTM A 576	12L14
	ASTM A 1040	12L14
	SAE J 403	SAE 12L14
1.0760	ASTM A 29	1141
	ASTM A 311	1141
	ASTM A 519	1141
	ASTM A 576	1141
	ASTM A 1040	1141
	SAE J 403	SAE 1141
1.0762	ASTM A 29	1144
	ASTM A 311	1144
	ASTM A 519	1144
	ASTM A 576	1144
	ASTM A 1040	1144
	SAE J 403	SAE 1144
1.0764	ASTM A 29	1137
	ASTM A 311	1137
	ASTM A 519	1137
	ASTM A 576	1137
	ASTM A 1040	1137

8 US-Sortenbezeichnungen

Auflistung nach steigenden EN-Werkstoff-Nummern ähnlicher EN (DIN)-Werkstoffe

US steel grades

Listed according to EN material numbers of similar EN (DIN) materials

Werk-stoff-Nr. Material no.	US-Normen US Standards	Sahlsorte Steel class/grade/type
1.0764	SAE J 403	SAE 1137
1.0765	AMS 5020	UNS: G11374
1.0800	ASTM A 677	36F145
	ASTM A 677	36F320M
1.0801	ASTM A 677	36F155
	ASTM A 677	36F342M
1.0803	ASTM A 677	36F175
	ASTM A 677	36F386M
1.0804	ASTM A 677	36F185
	ASTM A 677	36F408M
1.0807	ASTM A 677	47F165
	ASTM A 677	47F364M
1.0808	ASTM A 677	47F180
	ASTM A 677	47F397M
1.0809	ASTM A 677	47F190
	ASTM A 677	47F419M
1.0810	ASTM A 677	47F200
	ASTM A 677	47F441M
1.0811	ASTM A 677	47F240
	ASTM A 677	47F529M
1.0812	ASTM A 677	47F280
	ASTM A 677	47F617M
1.0815	ASTM A 677	47F400
	ASTM A 677	47F882M
1.0816	ASTM A 677	47F450
	ASTM A 677	47F992M
1.0820	ASTM A 677	64F210
	ASTM A 677	64F463M
1.0821	ASTM A 677	64F235
	ASTM A 677	64F518M
1.0823	ASTM A 677	64F275
	ASTM A 677	64F606M
1.0824	ASTM A 677	64F320
	ASTM A 677	64F705M
1.0827	ASTM A 677	64F1102M
	ASTM A 677	64F500
1.0831	ASTM A 519	1518

8 US-Sortenbezeichnungen

Auflistung nach steigenden EN-Werkstoff-Nummern ähnlicher EN (DIN)-Werkstoffe

US steel grades

Listed according to EN material numbers of similar EN (DIN) materials

Werk-stoff-Nr. Material no.	US-Normen US Standards	Sahlsorte Steel class/grade/type
1.0835	ASTM A 876	23Q054
1.0839	ASTM A 876	27Q057
1.0841	ASTM A 683	47S155
1.0842	ASTM A 683	47S165
1.0843	ASTM A 683	47S175
1.0846	ASTM A 683	64S200
1.0847	ASTM A 683	64S210
1.0848	ASTM A 683	64S220
1.0856	ASTM A 876	35G066
1.0857	ASTM A 876	35H094
1.0861	ASTM A 876	30G058
1.0862	ASTM A 876	30H083
1.0863	ASTM A 876	23H045
1.0864	ASTM A 876	23H070
1.0866	ASTM A 876	27G051
1.0868	ASTM A 876	27H074
1.0872	ASTM A 424	Type I
	ASTM A 424	Type II
	ASTM A 424	Type III
1.0873	ASTM A 653	EDDS
	ASTM A 875	EDDS
	ASTM A 1008	EDDS
1.0879	ASTM A 876	23P060
1.0880	ASTM A 876	27P066
1.0904	ASTM A 29	9255
	ASTM A 322	9255
	ASTM A 711	9255
	ASTM A 752	9255
	ASTM A 1040	9255
1.0908	ASTM A 29	1561
	ASTM A 521	1561
	ASTM A 576	1561
	ASTM A 711	1561
	ASTM A 713	1561
	ASTM A 1040	1561
1.0909	ASTM A 29	9260
	ASTM A 304	9260H

8 US-Sortenbezeichnungen

Auflistung nach steigenden EN-Werkstoff-Nummern ähnlicher EN (DIN)-Werkstoffe

US steel grades

Listed according to EN material numbers of similar EN (DIN) materials

Werk-stoff-Nr. Material no.	US-Normen US Standards	Sahlsorte Steel class/grade/type
1.0909	ASTM A 322	9260
	ASTM A 506	9260
	ASTM A 507	9260
	ASTM A 519	9260
	ASTM A 752	9260
	ASTM A 1031	9260
	ASTM A 1040	9260
	ASTM A 1040	9260H
	SAE J 404	SAE 9260
1.0912	ASTM A 29	1345
	ASTM A 322	1345
	ASTM A 519	1345
	ASTM A 711	1345
	ASTM A 752	1345
	ASTM A 829	1345
	ASTM A 1040	1345
1.0917	ASTM A 653	CS type C
	ASTM A 792	CS type C
	ASTM A 875	CS type C
1.0918	ASTM A 653	FS type A
	ASTM A 792	DS
	ASTM A 875	FS type A
1.0951	ASTM A 653	DDS type A
	ASTM A 792	DS
	ASTM A 875	DDS
1.0952	ASTM A 653	DDS type A
	ASTM A 792	DS
	ASTM A 875	DDS
1.0962	ASTM A 653	DDS type A
	ASTM A 792	DS
1.0972	ASTM A 1008	HSLAS 45 class 1
	ASTM A 1008	HSLAS 45 class 2
	ASTM A 1011	HSLAS 45 class 1
	ASTM A 1011	HSLAS 45 class 2
1.0974	ASTM A 1008	HSLAS 50 class 1
	ASTM A 1008	HSLAS 50 class 2
	ASTM A 1008	HSLAS-F 50

8 US-Sortenbezeichnungen

Auflistung nach steigenden EN-Werkstoff-Nummern ähnlicher EN (DIN)-Werkstoffe

US steel grades

Listed according to EN material numbers of similar EN (DIN) materials

Werk-stoff-Nr. Material no.	US-Normen US Standards	Sahlsorte Steel class/grade/type
1.0974	ASTM A 1011	HSLAS 50 class 1
	ASTM A 1011	HSLAS 50 class 2
	ASTM A 1011	HSLAS-F 50
1.0980	ASTM A 1008	HSLAS 60 class 1
	ASTM A 1008	HSLAS 60 class 2
	ASTM A 1008	HSLAS-F 60
	ASTM A 1011	HSLAS 60 class 1
	ASTM A 1011	HSLAS 60 class 2
	ASTM A 1011	HSLAS-F 60
1.0982	ASTM A 1008	HSLAS 65 class 1
	ASTM A 1008	HSLAS 65 class 2
	ASTM A 1011	HSLAS 65 class 1
	ASTM A 1011	HSLAS 65 class 2
1.0984	ASTM A 1008	HSLAS 70 class 1
	ASTM A 1008	HSLAS 70 class 2
	ASTM A 1008	HSLAS-F 70
	ASTM A 1011	HSLAS 70 class 1
	ASTM A 1011	HSLAS 70 class 2
	ASTM A 1011	HSLAS-F 70
1.0986	ASTM A 1008	HSLAS-F 80
	ASTM A 1011	HSLAS-F 80
1.1020	API 5L	BNS
1.1021	API 5L	X42NS
1.1022	API 5L	X46NS
1.1025	API 5L	BQS
1.1026	API 5L	X42QS
1.1027	API 5L	X46QS
1.1030	API 5L	BMS
1.1031	API 5L	X42MS
1.1032	API 5L	X46MS
1.1033	API 5L	X52MS
1.1034	API 5L	X56MS
1.1040	API 5L	BNO
1.1041	API 5L	X42NO
1.1042	API 5L	X46NO
1.1045	API 5L	BQO
1.1046	API 5L	X42QO

8 US-Sortenbezeichnungen

Auflistung nach steigenden EN-Werkstoff-Nummern ähnlicher EN (DIN)-Werkstoffe

US steel grades

Listed according to EN material numbers of similar EN (DIN) materials

Werk-stoff-Nr. Material no.	US-Normen US Standards	Sahlsorte Steel class/grade/type
1.1047	API 5L	X46QO
1.1050	API 5L	BMO
1.1051	API 5L	X42MO
1.1052	API 5L	X46MO
1.1101	ASTM A 333	1
	ASTM A 334	1
	ASTM A 516	55
1.1104	ASTM A 707	L1
1.1106	ASTM A 662	B
	ASTM A 707	L3
	ASTM A 841	A class 1
	ASTM A 841	B class 1
	ASTM A 841	C class 1
1.1110	ASTM A 29	1005
	ASTM A 1040	1005
1.1111	ASTM A 29	1006
	ASTM A 568	1006
	ASTM A 635	1006
	ASTM A 830	1006
	ASTM A 1040	1006
1.1113	ASTM A 29	1008
	ASTM A 29	M1008
	ASTM A 512	1008
	ASTM A 513	1008
	ASTM A 519	1008
	ASTM A 568	1008
	ASTM A 575	M1008
	ASTM A 576	1008
	ASTM A 635	1008
	ASTM A 787	1008
	ASTM A 830	1008
	ASTM A 1040	1008
	ASTM A 1040	M1008
	SAE J 403	SAE 1008
1.1114	ASTM A 29	1010
	ASTM A 29	M1010
	ASTM A 512	1010

8 US-Sortenbezeichnungen

Auflistung nach steigenden EN-Werkstoff-Nummern ähnlicher EN (DIN)-Werkstoffe

US steel grades

Listed according to EN material numbers of similar EN (DIN) materials

Werk-stoff-Nr. Material no.	US-Normen US Standards	Sahlsorte Steel class/grade/type
1.1114	ASTM A 513	1010
	ASTM A 519	1010
	ASTM A 568	1010
	ASTM A 575	M1010
	ASTM A 576	1010
	ASTM A 635	1010
	ASTM A 711	1010
	ASTM A 787	1010
	ASTM A 830	1010
	ASTM A 1040	1010
	ASTM A 1040	M1010
1.1120	ASTM A 352	LCC
	ASTM A 660	WCC
1.1121	ASTM A 29	1010
	ASTM A 29	M1010
	ASTM A 512	MT1010
	ASTM A 513	MT1010
	ASTM A 519	1010
	ASTM A 519	MT1010
	ASTM A 568	1010
	ASTM A 575	M1010
	ASTM A 576	1010
	ASTM A 635	1010
	ASTM A 711	1010
	ASTM A 787	1010
	ASTM A 830	1010
	ASTM A 1040	1010
	ASTM A 1040	M1010
	SAE J 403	SAE 1010
1.1124	ASTM A 29	1012
	ASTM A 29	M1012
	ASTM A 513	1012
	ASTM A 519	1012
	ASTM A 568	1012
	ASTM A 575	M1012
	ASTM A 576	1012
	ASTM A 635	1012

8 US-Sortenbezeichnungen

Auflistung nach steigenden EN-Werkstoff-Nummern
ähnlicher EN (DIN)-Werkstoffe

US steel grades

Listed according to EN material numbers
of similar EN (DIN) materials

Werk-stoff-Nr. Material no.	US-Normen US Standards	Sahlsorte Steel class/grade/type
1.1124	ASTM A 711	1012
	ASTM A 830	1012
	ASTM A 1040	1012
	ASTM A 1040	M1012
	SAE J 403	SAE 1012
1.1127	ASTM A 29	1541
	ASTM A 311	1541
	ASTM A 519	1541
	ASTM A 568	1541
	ASTM A 576	1541
	ASTM A 635	1541
	ASTM A 711	1541
	ASTM A 830	1541
	ASTM A 866	1541
	ASTM A 1040	1541
1.1128	ASTM A 29	1548
	ASTM A 568	1548
	ASTM A 576	1548
	ASTM A 635	1548
	ASTM A 830	1548
	ASTM A 1040	1548
1.1129	ASTM A 29	1018
	ASTM A 311	1018
	ASTM A 512	1018
	ASTM A 513	1018
	ASTM A 519	1018
	ASTM A 568	1018
	ASTM A 576	1018
	ASTM A 635	1018
	ASTM A 659	1018
	ASTM A 711	1018
	ASTM A 787	1018
	ASTM A 794	1018
	ASTM A 830	1018
	ASTM A 1040	1018
	SAE J 403	SAE 1018
1.1130	ASTM A 29	1012

8 US-Sortenbezeichnungen

Auflistung nach steigenden EN-Werkstoff-Nummern ähnlicher EN (DIN)-Werkstoffe

US steel grades

Listed according to EN material numbers of similar EN (DIN) materials

Werk-stoff-Nr. Material no.	US-Normen US Standards	Sahlsorte Steel class/grade/type
1.1130	ASTM A 29	M1012
	ASTM A 512	1012
	ASTM A 513	1012
	ASTM A 519	1012
	ASTM A 568	1012
	ASTM A 575	M1012
	ASTM A 576	1012
	ASTM A 635	1012
	ASTM A 711	1012
	ASTM A 830	1012
	ASTM A 1040	1012
	ASTM A 1040	M1012
	SAE J 403	SAE 1012
1.1131	ASTM A 216	WCC
	ASTM A 352	LCC
	ASTM A 660	WCC
	ASTM A 757	A1Q
1.1132	ASTM A 29	1015
	ASTM A 29	M1015
	ASTM A 108	1015
	ASTM A 512	1015
	ASTM A 513	1015
	ASTM A 519	1015
	ASTM A 568	1015
	ASTM A 575	M1015
	ASTM A 576	1015
	ASTM A 635	1015
	ASTM A 659	1015
	ASTM A 787	1015
	ASTM A 794	1015
	ASTM A 830	1015
	ASTM A 1040	1015
	ASTM A 1040	M1015
	SAE J 403	SAE 1015
1.1133	ASTM A 29	1522
	ASTM A 304	1522H
	ASTM A 568	1522

8 US-Sortenbezeichnungen

Auflistung nach steigenden EN-Werkstoff-Nummern ähnlicher EN (DIN)-Werkstoffe

US steel grades

Listed according to EN material numbers of similar EN (DIN) materials

Werk-stoff-Nr. Material no.	US-Normen US Standards	Sahlsorte Steel class/grade/type
1.1133	ASTM A 576	1522
	ASTM A 635	1522
	ASTM A 711	1522
	ASTM A 1040	1522
	ASTM A 1040	1522H
	SAE J 403	SAE 1522
1.1134	ASTM A 29	1022
	ASTM A 513	1022
	ASTM A 519	1022
	ASTM A 568	1022
	ASTM A 576	1022
	ASTM A 635	1022
	ASTM A 711	1022
	ASTM A 830	1022
	ASTM A 1040	1022
1.1137	ASTM A 29	1020
	ASTM A 576	1020
	ASTM A 635	1020
	ASTM A 794	1020
	ASTM A 830	1020
	ASTM A 1040	1020
1.1138	ASTM A 216	WCC
	ASTM A 757	A2Q
1.1139	ASTM A 29	1025
	ASTM A 29	1026
	ASTM A 568	1026
	ASTM A 576	1025
	ASTM A 576	1026
	ASTM A 635	1025
	ASTM A 830	1026
	ASTM A 1040	1025
	ASTM A 1040	1026
1.1140	ASTM A 29	1015
	ASTM A 29	M1015
	ASTM A 512	MT1015
	ASTM A 513	1015
	ASTM A 519	1015

8 US-Sortenbezeichnungen

Auflistung nach steigenden EN-Werkstoff-Nummern ähnlicher EN (DIN)-Werkstoffe

US steel grades

Listed according to EN material numbers of similar EN (DIN) materials

Werk-stoff-Nr. Material no.	US-Normen US Standards	Sahlsorte Steel class/grade/type
1.1140	ASTM A 519	MT1015
	ASTM A 568	1015
	ASTM A 575	M1015
	ASTM A 576	1015
	ASTM A 635	1015
	ASTM A 659	1015
	ASTM A 787	1015
	ASTM A 787	MT1015
	ASTM A 794	1015
	ASTM A 830	1015
	ASTM A 1040	1015
	ASTM A 1040	M1015
1.1141	ASTM A 29	1015
	ASTM A 29	M1015
	ASTM A 512	1015
	ASTM A 512	MT1015
	ASTM A 513	1015
	ASTM A 519	1015
	ASTM A 519	MT1015
	ASTM A 568	1015
	ASTM A 575	M1015
	ASTM A 576	1015
	ASTM A 635	1015
	ASTM A 659	1015
	ASTM A 787	1015
	ASTM A 787	MT1015
	ASTM A 794	1015
	ASTM A 830	1015
	ASTM A 1040	1015
	ASTM A 1040	M1015
	SAE J 403	SAE 1015
1.1142	ASTM A 29	1016
	ASTM A 512	1016
	ASTM A 513	1016
	ASTM A 519	1016
	ASTM A 568	1016
	ASTM A 576	1016

8 US-Sortenbezeichnungen

Auflistung nach steigenden EN-Werkstoff-Nummern ähnlicher EN (DIN)-Werkstoffe

US steel grades

Listed according to EN material numbers of similar EN (DIN) materials

Werk-stoff-Nr. Material no.	US-Normen US Standards	Sahlsorte Steel class/grade/type
1.1142	ASTM A 635	1016
	ASTM A 659	1016
	ASTM A 787	1016
	ASTM A 794	1016
	ASTM A 830	1016
	ASTM A 1040	1016
	SAE J 403	SAE 1016
1.1143	ASTM A 29	1030
	ASTM A 512	1030
	ASTM A 513	1030
	ASTM A 519	1030
	ASTM A 568	1030
	ASTM A 576	1030
	ASTM A 635	1030
	ASTM A 682	1030
	ASTM A 684	1030
	ASTM A 830	1030
	ASTM A 866	1030
	ASTM A 1040	1030
	SAE J 403	SAE 1030
1.1145	ASTM A 29	1034
	ASTM A 29	1035
	ASTM A 108	1035
	ASTM A 311	1035
	ASTM A 576	1035
	ASTM A 635	1035
	ASTM A 684	1035
	ASTM A 830	1035
	ASTM A 830	1037
	ASTM A 1040	1034
	ASTM A 1040	1035
1.1146	ASTM A 513	1033
	ASTM A 568	1033
	ASTM A 635	1033
	ASTM A 830	1033
	ASTM A 1040	1033
1.1148	ASTM A 29	1016

8 US-Sortenbezeichnungen

Auflistung nach steigenden EN-Werkstoff-Nummern ähnlicher EN (DIN)-Werkstoffe

US steel grades

Listed according to EN material numbers of similar EN (DIN) materials

Werk-stoff-Nr. Material no.	US-Normen US Standards	Sahlsorte Steel class/grade/type
1.1148	ASTM A 512	1016
	ASTM A 513	1016
	ASTM A 519	1016
	ASTM A 568	1016
	ASTM A 576	1016
	ASTM A 635	1016
	ASTM A 659	1016
	ASTM A 787	1016
	ASTM A 794	1016
	ASTM A 830	1016
	ASTM A 1040	1016
	SAE J 403	SAE 1016
1.1149	ASTM A 29	1020
	ASTM A 29	M1020
	ASTM A 512	1020
	ASTM A 512	MT1020
	ASTM A 513	1020
	ASTM A 519	1020
	ASTM A 519	MT1020
	ASTM A 568	1020
	ASTM A 575	M1020
	ASTM A 576	1020
	ASTM A 635	1020
	ASTM A 659	1020
	ASTM A 711	1020
	ASTM A 787	MT1020
	ASTM A 794	1020
	ASTM A 827	1020
	ASTM A 830	1020
	ASTM A 1040	1020
	ASTM A 1040	M1020
	SAE J 403	SAE 1020
1.1150	ASTM A 29	1038
	ASTM A 568	1038
	ASTM A 576	1038
	ASTM A 635	1037
	ASTM A 830	1038

8 US-Sortenbezeichnungen

Auflistung nach steigenden EN-Werkstoff-Nummern ähnlicher EN (DIN)-Werkstoffe

US steel grades

Listed according to EN material numbers of similar EN (DIN) materials

Werk-stoff-Nr. Material no.	US-Normen US Standards	Sahlsorte Steel class/grade/type
1.1150	ASTM A 1040	1038
1.1151	ASTM A 29	1020
	ASTM A 29	M1020
	ASTM A 512	1020
	ASTM A 512	MT1020
	ASTM A 513	1020
	ASTM A 519	1020
	ASTM A 519	MT1020
	ASTM A 568	1020
	ASTM A 575	M1020
	ASTM A 576	1020
	ASTM A 635	1020
	ASTM A 659	1020
	ASTM A 711	1020
	ASTM A 787	MT1020
	ASTM A 794	1020
	ASTM A 827	1020
	ASTM A 830	1020
	ASTM A 1040	1020
	ASTM A 1040	M1020
	SAE J 403	SAE 1020
1.1152	ASTM A 29	1023
	ASTM A 29	M1023
	ASTM A 513	1023
	ASTM A 568	1023
	ASTM A 575	M1023
	ASTM A 576	1023
	ASTM A 635	1023
	ASTM A 659	1023
	ASTM A 711	1023
	ASTM A 794	1023
	ASTM A 830	1023
	ASTM A 1040	1023
	ASTM A 1040	M1023
	SAE J 403	SAE 1023
1.1153	ASTM A 29	1039
	ASTM A 635	1039

8 US-Sortenbezeichnungen

Auflistung nach steigenden EN-Werkstoff-Nummern ähnlicher EN (DIN)-Werkstoffe

US steel grades

Listed according to EN material numbers of similar EN (DIN) materials

Werk-stoff-Nr. Material no.	US-Normen US Standards	Sahlsorte Steel class/grade/type
1.1153	ASTM A 830	1039
	ASTM A 1040	1039
1.1154	ASTM A 29	1042
	ASTM A 29	1043
	ASTM A 576	1042
	ASTM A 576	1043
	ASTM A 635	1042
	ASTM A 635	1043
	ASTM A 830	1042
	ASTM A 830	1043
	ASTM A 1040	1042
	ASTM A 1040	1043
1.1155	ASTM A 915	SC 1025
	ASTM A 958	SC 1025
1.1156	ASTM A 216	WCA
	ASTM A 352	LCA
	ASTM A 352	LCB
	ASTM A 660	WCB
	ASTM A 757	A1Q
1.1157	ASTM A 29	1039
	ASTM A 568	1039
	ASTM A 576	1039
	ASTM A 635	1039
	ASTM A 711	1039
	ASTM A 830	1039
	ASTM A 1040	1039
	SAE J 403	SAE 1039
1.1158	ASTM A 29	1025
	ASTM A 29	M1025
	ASTM A 108	1025
	ASTM A 512	1025
	ASTM A 513	1025
	ASTM A 519	1025
	ASTM A 568	1025
	ASTM A 575	M1025
	ASTM A 576	1025
	ASTM A 635	1025

8 US-Sortenbezeichnungen

Auflistung nach steigenden EN-Werkstoff-Nummern ähnlicher EN (DIN)-Werkstoffe

US steel grades

Listed according to EN material numbers of similar EN (DIN) materials

Werk-stoff-Nr. Material no.	US-Normen US Standards	Sahlsorte Steel class/grade/type
1.1158	ASTM A 711	1025
	ASTM A 830	1025
	ASTM A 1040	1025
	ASTM A 1040	M1025
	SAE J 403	SAE 1025
1.1160	ASTM A 29	1524
	ASTM A 304	1524H
	ASTM A 513	1524
	ASTM A 519	1524
	ASTM A 568	1524
	ASTM A 576	1524
	ASTM A 635	1524
	ASTM A 711	1524
	ASTM A 830	1524
	ASTM A 1040	1524
	ASTM A 1040	1524H
	SAE J 403	SAE 1524
1.1161	ASTM A 29	1526
	ASTM A 29	1527
	ASTM A 513	1027
	ASTM A 568	1526
	ASTM A 568	1527
	ASTM A 576	1526
	ASTM A 576	1527
	ASTM A 635	1526
	ASTM A 635	1527
	ASTM A 711	1527
	ASTM A 830	1527
	ASTM A 1040	1027
	ASTM A 1040	1526
	ASTM A 1040	1527
1.1162	ASTM A 29	1046
	ASTM A 568	1046
	ASTM A 576	1046
	ASTM A 635	1046
	ASTM A 711	1046
	ASTM A 830	1046

8 US-Sortenbezeichnungen

Auflistung nach steigenden EN-Werkstoff-Nummern ähnlicher EN (DIN)-Werkstoffe

US steel grades

Listed according to EN material numbers of similar EN (DIN) materials

Werkstoff-Nr. Material no.	US-Normen US Standards	Sahlsorte Steel class/grade/type
1.1162	ASTM A 1040	1046
	SAE J 403	SAE 1046
1.1163	ASTM A 29	1025
	ASTM A 108	1025
	ASTM A 512	1025
	ASTM A 513	1025
	ASTM A 519	1025
	ASTM A 568	1025
	ASTM A 575	M1025
	ASTM A 576	1025
	ASTM A 635	1025
	ASTM A 711	1025
	ASTM A 830	1025
	ASTM A 1040	1025
	SAE J 403	SAE 1025
1.1165	ASTM A 148	80-50
1.1166	ASTM A 29	1536
	ASTM A 568	1536
	ASTM A 576	1536
	ASTM A 635	1536
	ASTM A 711	1536
	ASTM A 830	1536
	ASTM A 1040	1536
1.1167	ASTM A 29	1335
	ASTM A 304	1335H
	ASTM A 322	1335
	ASTM A 519	1335
	ASTM A 752	1335
	ASTM A 829	1335
	ASTM A 1040	1335
	SAE J 775	UNS: H15410
1.1169	ASTM A 29	1524
	ASTM A 513	1524
	ASTM A 519	1524
	ASTM A 568	1524
	ASTM A 576	1524
	ASTM A 635	1524

8 US-Sortenbezeichnungen

Auflistung nach steigenden EN-Werkstoff-Nummern ähnlicher EN (DIN)-Werkstoffe

US steel grades

Listed according to EN material numbers of similar EN (DIN) materials

Werk-stoff-Nr. Material no.	US-Normen US Standards	Sahlsorte Steel class/grade/type
1.1169	ASTM A 711	1524
	ASTM A 830	1524
	ASTM A 1040	1524
	SAE J 403	SAE 1524
1.1170	ASTM A 29	1330
	ASTM A 322	1330
	ASTM A 519	1330
	ASTM A 711	1330
	ASTM A 752	1330
	ASTM A 829	1330
	ASTM A 1040	1330
	SAE J 1249	AISI 1330
1.1171	ASTM A 29	1049
	ASTM A 29	1050
	ASTM A 108	1050
	ASTM A 311	1050
	ASTM A 568	1049
	ASTM A 568	1050
	ASTM A 576	1049
	ASTM A 576	1050
	ASTM A 635	1049
	ASTM A 635	1050
	ASTM A 684	1050
	ASTM A 827	1050
	ASTM A 830	1049
	ASTM A 830	1050
	ASTM A 866	1050
	ASTM A 1040	1049
	ASTM A 1040	1050
1.1172	ASTM A 29	1035
	ASTM A 108	1035
	ASTM A 311	1035
	ASTM A 512	1035
	ASTM A 513	1035
	ASTM A 519	1035
	ASTM A 568	1035
	ASTM A 576	1035

8 US-Sortenbezeichnungen

Auflistung nach steigenden EN-Werkstoff-Nummern ähnlicher EN (DIN)-Werkstoffe

US steel grades

Listed according to EN material numbers of similar EN (DIN) materials

Werk-stoff-Nr. Material no.	US-Normen US Standards	Sahlsorte Steel class/grade/type
1.1172	ASTM A 635	1035
	ASTM A 682	1035
	ASTM A 684	1035
	ASTM A 711	1035
	ASTM A 827	1035
	ASTM A 830	1035
	ASTM A 1040	1035
	SAE J 403	SAE 1035
1.1178	ASTM A 29	1030
	ASTM A 512	1030
	ASTM A 513	1030
	ASTM A 519	1030
	ASTM A 568	1030
	ASTM A 576	1030
	ASTM A 635	1030
	ASTM A 682	1030
	ASTM A 684	1030
	ASTM A 711	1030
	ASTM A 830	1030
	ASTM A 866	1030
	ASTM A 1040	1030
	SAE J 403	SAE 1030
1.1179	ASTM A 29	1030
	ASTM A 512	1030
	ASTM A 513	1030
	ASTM A 519	1030
	ASTM A 568	1030
	ASTM A 576	1030
	ASTM A 635	1030
	ASTM A 682	1030
	ASTM A 684	1030
	ASTM A 711	1030
	ASTM A 830	1030
	ASTM A 866	1030
	ASTM A 1040	1030
	SAE J 403	SAE 1030
1.1180	ASTM A 29	1035

8 US-Sortenbezeichnungen

Auflistung nach steigenden EN-Werkstoff-Nummern ähnlicher EN (DIN)-Werkstoffe

US steel grades

Listed according to EN material numbers of similar EN (DIN) materials

Werk-stoff-Nr. Material no.	US-Normen US Standards	Sahlsorte Steel class/grade/type
1.1180	ASTM A 108	1035
	ASTM A 311	1035
	ASTM A 512	1035
	ASTM A 513	1035
	ASTM A 519	1035
	ASTM A 568	1035
	ASTM A 576	1035
	ASTM A 635	1035
	ASTM A 682	1035
	ASTM A 684	1035
	ASTM A 711	1035
	ASTM A 827	1035
	ASTM A 830	1035
	ASTM A 1040	1035
	SAE J 403	SAE 1035
1.1181	ASTM A 29	1034
	ASTM A 29	1035
	ASTM A 29	1038
	ASTM A 108	1035
	ASTM A 304	1038H
	ASTM A 311	1035
	ASTM A 512	1035
	ASTM A 513	1035
	ASTM A 519	1035
	ASTM A 568	1038
	ASTM A 576	1035
	ASTM A 576	1038
	ASTM A 635	1035
	ASTM A 635	1038
	ASTM A 682	1035
	ASTM A 684	1035
	ASTM A 711	1034
	ASTM A 711	1035
	ASTM A 711	1038
	ASTM A 827	1035
	ASTM A 830	1035
	ASTM A 830	1038

8 US-Sortenbezeichnungen

Auflistung nach steigenden EN-Werkstoff-Nummern ähnlicher EN (DIN)-Werkstoffe

US steel grades

Listed according to EN material numbers of similar EN (DIN) materials

Werk-stoff-Nr. Material no.	US-Normen US Standards	Sahlsorte Steel class/grade/type
1.1181	ASTM A 1040	1034
	ASTM A 1040	1035
	ASTM A 1040	1038
	ASTM A 1040	1038H
	SAE J 403	SAE 1035
1.1186	ASTM A 29	1040
	ASTM A 108	1040
	ASTM A 513	1040
	ASTM A 519	1040
	ASTM A 568	1040
	ASTM A 576	1040
	ASTM A 635	1040
	ASTM A 682	1040
	ASTM A 684	1040
	ASTM A 711	1040
	ASTM A 827	1040
	ASTM A 830	1040
	ASTM A 866	1040
	ASTM A 1040	1040
	SAE J 403	SAE 1040
1.1189	ASTM A 29	1040
	ASTM A 108	1040
	ASTM A 513	1040
	ASTM A 519	1040
	ASTM A 568	1040
	ASTM A 576	1040
	ASTM A 635	1040
	ASTM A 682	1040
	ASTM A 684	1040
	ASTM A 711	1040
	ASTM A 827	1040
	ASTM A 830	1040
	ASTM A 866	1040
	ASTM A 1040	1040
1.1191	ASTM A 29	1045
	ASTM A 108	1045
	ASTM A 194	2H

8 US-Sortenbezeichnungen

Auflistung nach steigenden EN-Werkstoff-Nummern ähnlicher EN (DIN)-Werkstoffe

US steel grades

Listed according to EN material numbers of similar EN (DIN) materials

Werk-stoff-Nr. Material no.	US-Normen US Standards	Sahlsorte Steel class/grade/type
1.1191	ASTM A 304	1045H
	ASTM A 311	1045
	ASTM A 519	1045
	ASTM A 568	1045
	ASTM A 576	1045
	ASTM A 635	1045
	ASTM A 682	1045
	ASTM A 684	1045
	ASTM A 711	1045
	ASTM A 827	1045
	ASTM A 830	1045
	ASTM A 1040	1045
	ASTM A 1040	1045H
	SAE J 403	SAE 1045
1.1193	ASTM A 29	1045
	ASTM A 108	1045
	ASTM A 194	2H
	ASTM A 304	1045H
	ASTM A 311	1045
	ASTM A 519	1045
	ASTM A 568	1045
	ASTM A 576	1045
	ASTM A 635	1045
	ASTM A 682	1045
	ASTM A 684	1045
	ASTM A 711	1045
	ASTM A 827	1045
	ASTM A 830	1045
	ASTM A 1040	1045
	ASTM A 1040	1045H
	SAE J 403	SAE 1045
1.1201	ASTM A 29	1045
	ASTM A 108	1045
	ASTM A 311	1045
	ASTM A 519	1045
	ASTM A 568	1045
	ASTM A 576	1045

8 US-Sortenbezeichnungen

Auflistung nach steigenden EN-Werkstoff-Nummern ähnlicher EN (DIN)-Werkstoffe

US steel grades

Listed according to EN material numbers of similar EN (DIN) materials

Werk-stoff-Nr. Material no.	US-Normen US Standards	Sahlsorte Steel class/grade/type
1.1201	ASTM A 635	1045
	ASTM A 682	1045
	ASTM A 684	1045
	ASTM A 711	1045
	ASTM A 827	1045
	ASTM A 830	1045
	ASTM A 1040	1045
	SAE J 403	SAE 1045
1.1203	ASTM A 29	1055
	ASTM A 568	1055
	ASTM A 576	1055
	ASTM A 635	1055
	ASTM A 682	1055
	ASTM A 684	1055
	ASTM A 711	1055
	ASTM A 713	1055
	ASTM A 830	1055
	ASTM A 1040	1055
	SAE J 403	SAE 1055
1.1204	ASTM A 682	1055
	ASTM A 684	1055
1.1206	ASTM A 29	1049
	ASTM A 29	1050
	ASTM A 108	1050
	ASTM A 311	1050
	ASTM A 513	1050
	ASTM A 519	1050
	ASTM A 568	1049
	ASTM A 568	1050
	ASTM A 576	1049
	ASTM A 576	1050
	ASTM A 635	1049
	ASTM A 635	1050
	ASTM A 682	1050
	ASTM A 684	1050
	ASTM A 711	1049
	ASTM A 711	1050

8 US-Sortenbezeichnungen

Auflistung nach steigenden EN-Werkstoff-Nummern ähnlicher EN (DIN)-Werkstoffe

US steel grades

Listed according to EN material numbers of similar EN (DIN) materials

Werkstoff-Nr. Material no.	US-Normen US Standards	Sahlsorte Steel class/grade/type
1.1206	ASTM A 827	1050
	ASTM A 830	1049
	ASTM A 830	1050
	ASTM A 866	1050
	ASTM A 1040	1049
	ASTM A 1040	1050
	SAE J 403	SAE 1049
	SAE J 403	SAE 1050
1.1207	ASTM A 29	1010
	ASTM A 512	1010
	ASTM A 513	1010
	ASTM A 519	1010
	ASTM A 568	1010
	ASTM A 576	1010
	ASTM A 635	1010
	ASTM A 711	1010
	ASTM A 787	1010
	ASTM A 830	1010
	ASTM A 1040	1010
1.1208	ASTM A 29	1016
	ASTM A 512	1016
	ASTM A 519	1016
	ASTM A 568	1016
	ASTM A 576	1016
	ASTM A 635	1016
	ASTM A 659	1016
	ASTM A 787	1016
	ASTM A 794	1016
	ASTM A 830	1016
	ASTM A 1040	1016
1.1209	ASTM A 29	1055
	ASTM A 568	1055
	ASTM A 576	1055
	ASTM A 635	1055
	ASTM A 682	1055
	ASTM A 684	1055
	ASTM A 711	1055

8 US-Sortenbezeichnungen

Auflistung nach steigenden EN-Werkstoff-Nummern ähnlicher EN (DIN)-Werkstoffe

US steel grades

Listed according to EN material numbers of similar EN (DIN) materials

Werk-stoff-Nr. Material no.	US-Normen US Standards	Sahlsorte Steel class/grade/type
1.1209	ASTM A 713	1055
	ASTM A 830	1055
	ASTM A 1040	1055
	SAE J 403	SAE 1055
1.1210	ASTM A 29	1050
	ASTM A 108	1050
	ASTM A 311	1050
	ASTM A 513	1050
	ASTM A 519	1050
	ASTM A 568	1050
	ASTM A 576	1050
	ASTM A 635	1050
	ASTM A 682	1050
	ASTM A 684	1050
	ASTM A 711	1050
	ASTM A 827	1050
	ASTM A 830	1049
	ASTM A 830	1050
	ASTM A 866	1050
	ASTM A 1040	1050
	SAE J 403	SAE 1050
1.1211	ASTM A 682	1060
	ASTM A 684	1060
1.1212	ASTM A 29	1059
	ASTM A 713	1059
	ASTM A 1040	1059
1.1213	ASTM A 29	1050
	ASTM A 108	1050
	ASTM A 311	1050
	ASTM A 513	1050
	ASTM A 519	1050
	ASTM A 568	1050
	ASTM A 576	1050
	ASTM A 635	1050
	ASTM A 682	1050
	ASTM A 684	1050
	ASTM A 711	1050

8 US-Sortenbezeichnungen

Auflistung nach steigenden EN-Werkstoff-Nummern ähnlicher EN (DIN)-Werkstoffe

US steel grades

Listed according to EN material numbers of similar EN (DIN) materials

Werk-stoff-Nr. Material no.	US-Normen US Standards	Sahlsorte Steel class/grade/type
1.1213	ASTM A 827	1050
	ASTM A 830	1050
	ASTM A 866	1050
	ASTM A 1040	1050
1.1217	ASTM A 29	1086
	ASTM A 568	1086
	ASTM A 635	1086
	ASTM A 682	1086
	ASTM A 684	1086
	ASTM A 713	1086
	ASTM A 830	1086
	ASTM A 1040	1086
1.1219	ASTM A 866	C56E2
1.1220	ASTM A 29	1055
	ASTM A 576	1055
	ASTM A 635	1055
	ASTM A 682	1055
	ASTM A 684	1055
	ASTM A 711	1055
	ASTM A 713	1055
	ASTM A 830	1055
	ASTM A 1040	1055
1.1221	ASTM A 29	1060
	ASTM A 513	1060
	ASTM A 568	1060
	ASTM A 576	1060
	ASTM A 635	1060
	ASTM A 682	1060
	ASTM A 684	1060
	ASTM A 711	1060
	ASTM A 713	1060
	ASTM A 830	1060
	ASTM A 1040	1060
	SAE J 403	SAE 1060
1.1222	ASTM A 29	1064
	ASTM A 568	1064
	ASTM A 635	1064

8 US-Sortenbezeichnungen

Auflistung nach steigenden EN-Werkstoff-Nummern ähnlicher EN (DIN)-Werkstoffe

US steel grades

Listed according to EN material numbers of similar EN (DIN) materials

Werk-stoff-Nr. Material no.	US-Normen US Standards	Sahlsorte Steel class/grade/type
1.1222	ASTM A 682	1064
	ASTM A 684	1064
	ASTM A 711	1064
	ASTM A 713	1064
	ASTM A 830	1064
	ASTM A 1040	1064
1.1223	ASTM A 29	1060
	ASTM A 513	1060
	ASTM A 568	1060
	ASTM A 576	1060
	ASTM A 635	1060
	ASTM A 682	1060
	ASTM A 684	1060
	ASTM A 711	1060
	ASTM A 713	1060
	ASTM A 830	1060
	ASTM A 1040	1060
	SAE J 403	SAE 1060
1.1226	ASTM A 29	1548
	ASTM A 29	1552
	ASTM A 568	1548
	ASTM A 568	1552
	ASTM A 576	1548
	ASTM A 576	1552
	ASTM A 635	1548
	ASTM A 635	1552
	ASTM A 830	1548
	ASTM A 830	1552
	ASTM A 866	1552
	ASTM A 1040	1548
	ASTM A 1040	1552
	SAE J 403	SAE 1548
	SAE J 403	SAE 1552
1.1228	ASTM A 29	1059
	ASTM A 711	1059
	ASTM A 713	1059
	ASTM A 1040	1059

8 US-Sortenbezeichnungen

Auflistung nach steigenden EN-Werkstoff-Nummern ähnlicher EN (DIN)-Werkstoffe

US steel grades

Listed according to EN material numbers of similar EN (DIN) materials

Werk-stoff-Nr. Material no.	US-Normen US Standards	Sahlsorte Steel class/grade/type
1.1230	ASTM A 29	1065
	ASTM A 229	–
	ASTM A 568	1065
	ASTM A 635	1065
	ASTM A 682	1065
	ASTM A 684	1065
	ASTM A 711	1065
	ASTM A 713	1065
	ASTM A 830	1065
	ASTM A 1040	1065
	SAE J 403	SAE 1065
1.1231	ASTM A 29	1070
	ASTM A 568	1070
	ASTM A 576	1070
	ASTM A 635	1070
	ASTM A 682	1070
	ASTM A 684	1070
	ASTM A 711	1070
	ASTM A 713	1070
	ASTM A 830	1070
	ASTM A 1040	1070
1.1233	ASTM A 29	1060
	ASTM A 513	1060
	ASTM A 576	1060
	ASTM A 635	1060
	ASTM A 682	1060
	ASTM A 684	1060
	ASTM A 713	1060
	ASTM A 830	1060
	ASTM A 866	56Mn4
	ASTM A 1040	1060
1.1234	ASTM A 29	1069
	ASTM A 711	1069
	ASTM A 713	1069
	ASTM A 1040	1069
1.1236	ASTM A 29	1064
	ASTM A 568	1064

8 US-Sortenbezeichnungen

Auflistung nach steigenden EN-Werkstoff-Nummern ähnlicher EN (DIN)-Werkstoffe

US steel grades

Listed according to EN material numbers of similar EN (DIN) materials

Werk-stoff-Nr. Material no.	US-Normen US Standards	Sahlsorte Steel class/grade/type
1.1236	ASTM A 635	1064
	ASTM A 682	1064
	ASTM A 684	1064
	ASTM A 713	1064
	ASTM A 830	1064
	ASTM A 1040	1064
1.1241	ASTM A 29	1050
	ASTM A 108	1050
	ASTM A 311	1050
	ASTM A 513	1050
	ASTM A 519	1050
	ASTM A 568	1050
	ASTM A 576	1050
	ASTM A 635	1050
	ASTM A 682	1050
	ASTM A 684	1050
	ASTM A 711	1050
	ASTM A 827	1050
	ASTM A 830	1050
	ASTM A 866	1050
	ASTM A 1040	1050
	SAE J 403	SAE 1050
1.1242	ASTM A 29	1069
	ASTM A 711	1069
	ASTM A 713	1069
	ASTM A 1040	1069
1.1244	ASTM A 295	1070M
	ASTM A 1040	1070m
1.1248	ASTM A 29	1074
	ASTM A 568	1074
	ASTM A 635	1074
	ASTM A 682	1074
	ASTM A 684	1074
	ASTM A 713	1074
	ASTM A 830	1074
	ASTM A 1040	1074
1.1250	ASTM A 230	–

8 US-Sortenbezeichnungen

Auflistung nach steigenden EN-Werkstoff-Nummern ähnlicher EN (DIN)-Werkstoffe

US steel grades

Listed according to EN material numbers of similar EN (DIN) materials

Werk-stoff-Nr. Material no.	US-Normen US Standards	Sahlsorte Steel class/grade/type
1.1252	ASTM A 29	1074
	ASTM A 29	1075
	ASTM A 568	1074
	ASTM A 568	1075
	ASTM A 635	1074
	ASTM A 635	1075
	ASTM A 682	1074
	ASTM A 684	1074
	ASTM A 684	1075
	ASTM A 711	1074
	ASTM A 711	1075
	ASTM A 713	1074
	ASTM A 713	1075
	ASTM A 830	1074
	ASTM A 1040	1074
	ASTM A 1040	1075
1.1253	ASTM A 29	1074
	ASTM A 29	1075
	ASTM A 568	1074
	ASTM A 568	1075
	ASTM A 635	1074
	ASTM A 635	1075
	ASTM A 682	1074
	ASTM A 684	1074
	ASTM A 684	1075
	ASTM A 711	1074
	ASTM A 711	1075
	ASTM A 713	1074
	ASTM A 713	1075
	ASTM A 830	1074
	ASTM A 1040	1074
	ASTM A 1040	1075
1.1255	ASTM A 29	1078
	ASTM A 568	1078
	ASTM A 576	1078
	ASTM A 635	1078
	ASTM A 711	1078

8 US-Sortenbezeichnungen

Auflistung nach steigenden EN-Werkstoff-Nummern ähnlicher EN (DIN)-Werkstoffe

US steel grades

Listed according to EN material numbers of similar EN (DIN) materials

Werk-stoff-Nr. Material no.	US-Normen US Standards	Sahlsorte Steel class/grade/type
1.1255	ASTM A 713	1078
	ASTM A 830	1078
	ASTM A 1040	1078
1.1260	ASTM A 29	1566
	ASTM A 568	1566
	ASTM A 576	1566
	ASTM A 635	1566
	ASTM A 711	1566
	ASTM A 713	1566
	ASTM A 1040	1566
	SAE J 403	SAE 1566
1.1262	ASTM A 29	1078
	ASTM A 576	1078
	ASTM A 635	1078
	ASTM A 711	1078
	ASTM A 713	1078
	ASTM A 830	1078
	ASTM A 1040	1078
1.1265	ASTM A 29	1080
	ASTM A 568	1080
	ASTM A 576	1080
	ASTM A 635	1080
	ASTM A 682	1080
	ASTM A 684	1080
	ASTM A 711	1080
	ASTM A 713	1080
	ASTM A 830	1080
	ASTM A 1040	1080
1.1269	ASTM A 29	1086
	ASTM A 568	1086
	ASTM A 635	1086
	ASTM A 682	1086
	ASTM A 684	1086
	ASTM A 713	1086
	ASTM A 830	1086
	ASTM A 1040	1086
1.1272	ASTM A 29	1084

8 US-Sortenbezeichnungen

Auflistung nach steigenden EN-Werkstoff-Nummern ähnlicher EN (DIN)-Werkstoffe

US steel grades

Listed according to EN material numbers of similar EN (DIN) materials

Werk-stoff-Nr. Material no.	US-Normen US Standards	Sahlsorte Steel class/grade/type
1.1272	ASTM A 568	1084
	ASTM A 576	1084
	ASTM A 635	1084
	ASTM A 713	1084
	ASTM A 830	1084
	ASTM A 1040	1084
1.1273	ASTM A 568	1085
	ASTM A 635	1085
	ASTM A 682	1085
	ASTM A 684	1085
	ASTM A 830	1085
	ASTM A 1040	1085
	SAE J 403	SAE 1085
1.1274	ASTM A 29	1095
	ASTM A 568	1095
	ASTM A 576	1095
	ASTM A 635	1095
	ASTM A 682	1095
	ASTM A 684	1095
	ASTM A 713	1095
	ASTM A 830	1095
	ASTM A 1040	1095
1.1282	ASTM A 29	1090
	ASTM A 568	1090
	ASTM A 576	1090
	ASTM A 635	1090
	ASTM A 711	1090
	ASTM A 713	1090
	ASTM A 830	1090
	ASTM A 1040	1090
1.1283	ASTM A 29	1095
	ASTM A 568	1095
	ASTM A 576	1095
	ASTM A 635	1095
	ASTM A 682	1095
	ASTM A 684	1095
	ASTM A 711	1095

8 US-Sortenbezeichnungen

Auflistung nach steigenden EN-Werkstoff-Nummern ähnlicher EN (DIN)-Werkstoffe

US steel grades

Listed according to EN material numbers of similar EN (DIN) materials

Werk-stoff-Nr. Material no.	US-Normen US Standards	Sahlsorte Steel class/grade/type
1.1283	ASTM A 713	1095
	ASTM A 830	1095
	ASTM A 1040	1095
1.1525	ASTM A 686	W1A-8
1.1535	ASTM A 686	W1A-8 1/2
1.1545	ASTM A 686	W1A-10
1.1555	ASTM A 686	W1C-11 1/2
1.1573	ASTM A 686	W2C-13
1.1625	ASTM A 686	W1A-8
1.1645	ASTM A 686	W1A-9 1/2
1.1730	ASTM A 29	1045
	ASTM A 108	1045
	ASTM A 304	1045H
	ASTM A 311	1045
	ASTM A 519	1045
	ASTM A 576	1045
	ASTM A 635	1045
	ASTM A 682	1045
	ASTM A 684	1045
	ASTM A 711	1045
	ASTM A 827	1045
	ASTM A 830	1045
	ASTM A 1040	1045
	ASTM A 1040	1045H
	SAE J 403	SAE 1045
1.1830	ASTM A 686	W1A-8
1.2002	ASTM A 686	W5
1.2056	ASTM A 686	W5
1.2057	ASTM A 29	E51100
	ASTM A 322	E51100
	ASTM A 506	E51100
	ASTM A 507	E51100
	ASTM A 519	E51100
	ASTM A 711	E51100
	ASTM A 752	E51100
	ASTM A 1031	E51100
	ASTM A 1040	E51100

8 US-Sortenbezeichnungen

Auflistung nach steigenden EN-Werkstoff-Nummern ähnlicher EN (DIN)-Werkstoffe

US steel grades

Listed according to EN material numbers of similar EN (DIN) materials

Werk-stoff-Nr. Material no.	US-Normen US Standards	Sahlsorte Steel class/grade/type
1.2067	ASTM A 295	52100
	ASTM A 681	L3
1.2080	ASTM A 681	D3
	SAE J 438 B	AISI D3
1.2082	ASTM A 276	420
	ASTM A 314	420
	ASTM A 473	420
	ASTM A 580	420
	ASTM A 959	420
1.2103	ASTM A 681	S4
1.2127	ASTM A 485	1
1.2235	ASTM A 681	L2
1.2241	ASTM A 29	6150
	ASTM A 322	6150
	ASTM A 506	6150
	ASTM A 507	6150
	ASTM A 519	6150
	ASTM A 646	6150
	ASTM A 711	6150
	ASTM A 752	6150
	ASTM A 829	6150
	ASTM A 866	6150
	ASTM A 1031	6150
	ASTM A 1040	6150
1.2302	ASTM A 681	P20
1.2303	SAE J 438B	AISI L7
1.2328	ASTM A 681	P20
1.2330	ASTM A 29	4135
	ASTM A 304	4135H
	ASTM A 320	L72
	ASTM A 320	L7B
	ASTM A 322	4135
	ASTM A 372	F class 65
	ASTM A 506	4135
	ASTM A 507	4135
	ASTM A 519	4135
	ASTM A 829	4135

8 US-Sortenbezeichnungen

Auflistung nach steigenden EN-Werkstoff-Nummern ähnlicher EN (DIN)-Werkstoffe

US steel grades

Listed according to EN material numbers of similar EN (DIN) materials

Werk-stoff-Nr. Material no.	US-Normen US Standards	Sahlsorte Steel class/grade/type
1.2330	ASTM A 1031	4135
	ASTM A 1040	4135
	ASTM A 1040	4135H
1.2332	ASTM A 29	4142
	ASTM A 322	4142
	ASTM A 506	4142
	ASTM A 507	4142
	ASTM A 711	4142
	ASTM A 752	4142
	ASTM A 829	4142
	ASTM A 1031	4142
	ASTM A 1040	4142
1.2343	ASTM A 646	H11
	ASTM A 681	H11
	SAE J 438 B	AISI H11
1.2344	ASTM A 681	H13
	SAE J 438 B	AISI H13
1.2348	ASTM A 597	CH-13
1.2355	ASTM A 597	CS-7
	ASTM A 681	S7
1.2357	ASTM A 597	CS-7
	ASTM A 681	S7
1.2363	ASTM A 681	A2
	SAE J 438 B	AISI A2
1.2365	ASTM A 681	H10
1.2369	ASTM A 600	M50
1.2370	ASTM A 597	CA-2
1.2378	ASTM A 681	D7
1.2379	ASTM A 681	D2
	SAE J 438 B	AISI D2
1.2380	ASTM A 681	D7
1.2414	ASTM A 681	F1
1.2436	ASTM A 681	D3
1.2510	ASTM A 681	O1
1.2542	ASTM A 681	S1
1.2550	ASTM A 681	S1
1.2562	ASTM A 681	F2

8 US-Sortenbezeichnungen

Auflistung nach steigenden EN-Werkstoff-Nummern ähnlicher EN (DIN)-Werkstoffe

US steel grades

Listed according to EN material numbers of similar EN (DIN) materials

Werkstoff-Nr. Material no.	US-Normen US Standards	Sahlsorte Steel class/grade/type
1.2567	ASTM A 681	H14
1.2581	ASTM A 681	H21
1.2605	ASTM A 681	H12
1.2606	ASTM A 681	A8
	ASTM A 681	H12
1.2607	ASTM A 597	CH-12
1.2625	ASTM A 681	H23
1.2661	ASTM A 681	H19
1.2678	ASTM A 681	H19
1.2713	ASTM A 681	L6
1.2714	ASTM A 681	L6
1.2735	ASTM A 681	P6
1.2745	ASTM A 681	P6
1.2779	ASTM A 453	660
	ASTM A 638	660
	ASTM A 891	–
	ASTM A 959	660
	ASTM A 959	UNS: S66286
1.2787	ASTM A 176	431
	ASTM A 276	431
	ASTM A 314	431
	ASTM A 473	431
	ASTM A 479	431
	ASTM A 580	431
	ASTM A 959	431
	ASTM F 593	431
	ASTM F 594	431
	ASTM F 738	431
	ASTM F 899	431
1.2795	ASTM A 29	8660
	ASTM A 322	8660
	ASTM A 506	8660
	ASTM A 507	8660
	ASTM A 1031	8660
	ASTM A 1040	8660
1.2823	ASTM A 681	S5
1.2824	ASTM A 681	A6

8 US-Sortenbezeichnungen

Auflistung nach steigenden EN-Werkstoff-Nummern ähnlicher EN (DIN)-Werkstoffe

US steel grades

Listed according to EN material numbers of similar EN (DIN) materials

Werk-stoff-Nr. Material no.	US-Normen US Standards	Sahlsorte Steel class/grade/type
1.2825	ASTM A 681	O1
1.2826	ASTM A 681	S4
1.2833	ASTM A 686	W1A-9 1/2
1.2834	ASTM A 686	W1A-10
1.2842	ASTM A 681	O2
1.2880	ASTM A 681	D5
1.2884	ASTM A 681	D4
1.3202	ASTM A 600	T15
1.3207	ASTM A 600	M44
1.3243	ASTM A 600	M36
1.3246	ASTM A 600	M41
1.3247	ASTM A 600	M42
1.3249	ASTM A 600	M33
	ASTM A 600	M34
1.3255	ASTM A 600	T4
1.3257	ASTM A 600	T6
1.3265	ASTM A 600	T5
1.3327	ASTM A 600	M1
1.3339	ASTM A 600	M2 regular C
1.3342	ASTM A 600	M2 high C
	ASTM A 600	M3 class 1
1.3343	ASTM A 597	CM-2
	ASTM A 600	M2 regular C
1.3344	ASTM A 600	M3 class 2
1.3346	ASTM A 600	M1
	ASTM A 681	H41
1.3348	ASTM A 600	M7
1.3351	ASTM A 600	M4
1.3355	ASTM A 600	T1
1.3401	ASTM A 128	A
	ASTM A 128	B-2
	ASTM A 128	B-3
	ASTM A 128	B-4
	ASTM A 128	C
1.3402	ASTM A 128	B-1
1.3403	ASTM A 128	A
	ASTM A 128	B-2

8 US-Sortenbezeichnungen

Auflistung nach steigenden EN-Werkstoff-Nummern ähnlicher EN (DIN)-Werkstoffe

US steel grades

Listed according to EN material numbers of similar EN (DIN) materials

Werk-stoff-Nr. Material no.	US-Normen US Standards	Sahlsorte Steel class/grade/type
1.3403	ASTM A 128	B-3
	ASTM A 128	B-4
	ASTM A 128	C
1.3410	ASTM A 128	C
1.3415	ASTM A 128	F
1.3416	ASTM A 128	E-1
1.3425	ASTM A 128	D
1.3501	ASTM A 1040	E50100
	ASTM A 29	E50100
	ASTM A 322	E50100
	ASTM A 519	E50100
	ASTM A 711	E50100
1.3503	ASTM A 29	E51100
	ASTM A 322	E51100
	ASTM A 506	E51100
	ASTM A 507	E51100
	ASTM A 519	E51100
	ASTM A 711	E51100
	ASTM A 752	E51100
	ASTM A 1031	E51100
	ASTM A 1040	E51100
1.3505	ASTM A 29	52100
	ASTM A 29	E52100
	ASTM A 295	52100
	ASTM A 322	52100
	ASTM A 322	E52100
	ASTM A 506	E52100
	ASTM A 507	E52100
	ASTM A 519	E52100
	ASTM A 646	52100
	ASTM A 711	52100
	ASTM A 732	15A
	ASTM A 752	E52100
	ASTM A 1031	E52100
	ASTM A 1040	52100
	ASTM A 1040	E52100
1.3515	ASTM A 534	20MnCr4-2

8 US-Sortenbezeichnungen

Auflistung nach steigenden EN-Werkstoff-Nummern ähnlicher EN (DIN)-Werkstoffe

US steel grades

Listed according to EN material numbers of similar EN (DIN) materials

Werk-stoff-Nr. Material no.	US-Normen US Standards	Sahlsorte Steel class/grade/type
1.3518	ASTM A 485	100CrMnSi4-4
1.3519	ASTM A 485	100CrMnSi6-6
1.3520	ASTM A 485	100CrMnSi6-4
1.3521	ASTM A 534	17MnCr5
1.3523	ASTM A 534	19MnCr5
1.3532	ASTM A 534	16NiCrMo16-5
1.3533	ASTM A 534	18NiCrMo14-6
1.3536	ASTM A 485	100CrMo7-3
1.3537	ASTM A 485	100CrMo7
1.3538	ASTM A 485	100CrMo7-4
1.3539	ASTM A 485	100CrMnMoSi8-4-6
1.3541	ASTM A 756	X47Cr14
1.3542	ASTM A 756	X65Cr14
1.3543	ASTM A 276	440C
	ASTM A 314	440C
	ASTM A 473	440C
	ASTM A 493	440C
	ASTM A 580	440C
	ASTM A 756	X108CrMo17
	ASTM A 959	440C
	ASTM F 899	440C
1.3544	ASTM A 756	440C
1.3549	ASTM A 756	X89CrMoV18-1
1.3551	ASTM A 600	M50
1.3553	ASTM A 600	M2 regular C
1.3554	ASTM A 600	M2 regular C
1.3558	ASTM A 600	T1
1.3559	ASTM A 534	20Cr3
	ASTM A 534	5120H
1.3561	ASTM A 29	5046
	ASTM A 322	5046
	ASTM A 506	5046
	ASTM A 507	5046
	ASTM A 519	5046
	ASTM A 1031	5046
	ASTM A 1040	5046
1.3563	ASTM A 866	43CrMo4

8 US-Sortenbezeichnungen

Auflistung nach steigenden EN-Werkstoff-Nummern ähnlicher EN (DIN)-Werkstoffe

US steel grades

Listed according to EN material numbers of similar EN (DIN) materials

Werkstoff-Nr. Material no.	US-Normen US Standards	Sahlsorte Steel class/grade/type
1.3563	SAE J 1268	AISI 4145H
1.3566	ASTM A 534	15CrMo4
1.3567	ASTM A 534	20CrMo4
1.3570	ASTM A 534	20MnCrMo4-2
1.3576	ASTM A 304	4320H
	ASTM A 534	20NiCrMo7
	ASTM A 534	4320H
	ASTM A 914	4320RH
	ASTM A 1040	4320RH
1.3802	ASTM A 128	A
	ASTM A 128	B-1
	ASTM A 128	B-2
	ASTM A 128	B-3
	ASTM A 128	B-4
1.3912	ASTM A 333	11
	ASTM A 334	11
1.3917	–	UNS: K94100
1.3918	AMS 7734	UNS: K94101
1.3964	ASTM A 182	F XM-19
	ASTM A 193	B8R
	ASTM A 193	B8RA
	ASTM A 194	8R
	ASTM A 194	8RA
	ASTM A 213	XM-19
	ASTM A 240	XM-19
	ASTM A 249	TPXM-19
	ASTM A 269	TPXM-19
	ASTM A 276	XM-19
	ASTM A 312	TPXM-19
	ASTM A 314	XM-19
	ASTM A 351	CG6MMN
	ASTM A 358	XM-19
	ASTM A 403	CRXM-19
	ASTM A 403	WPXM-19
	ASTM A 479	XM-19
	ASTM A 580	XM-19
	ASTM A 743	CG6MMN

8 US-Sortenbezeichnungen

Auflistung nach steigenden EN-Werkstoff-Nummern ähnlicher EN (DIN)-Werkstoffe

US steel grades

Listed according to EN material numbers of similar EN (DIN) materials

Werk-stoff-Nr. Material no.	US-Normen US Standards	Sahlsorte Steel class/grade/type
1.3964	ASTM A 813	TPXM-19
	ASTM A 814	TPXM-19
	ASTM A 943	TPXM-19
	ASTM A 959	XM-19
	ASTM A 965	FXM-19
	SAE J 405	AISI XM-19
1.3965	ASTM A 213	TP202
	ASTM A 240	202
	ASTM A 249	TP202
	ASTM A 276	202
	ASTM A 314	202
	ASTM A 473	202
	ASTM A 666	202
	ASTM A 959	202
	SAE J 405	AISI 202
1.3980	ASTM A 453	660
	ASTM A 638	660
	ASTM A 959	660
	ASTM A 959	UNS: S66286
1.4000	ASTM A 176	403
	ASTM A 193	B6
	ASTM A 193	B6X
	ASTM A 194	6 type 410
	ASTM A 240	410S
	ASTM A 276	403
	ASTM A 314	403
	ASTM A 473	403
	ASTM A 473	410S
	ASTM A 479	403
	ASTM A 511	MT403
	ASTM A 554	410S
	ASTM A 554	UNS: S41008
	ASTM A 580	403
	ASTM A 815	CRS41008
	ASTM A 815	WPS41008
	ASTM A 959	403
	ASTM A 959	410S

8 US-Sortenbezeichnungen

Auflistung nach steigenden EN-Werkstoff-Nummern ähnlicher EN (DIN)-Werkstoffe

US steel grades

Listed according to EN material numbers of similar EN (DIN) materials

Werk-stoff-Nr. Material no.	US-Normen US Standards	Sahlsorte Steel class/grade/type
1.4001	ASTM A 182	F 429
	ASTM A 240	429
	ASTM A 268	TP429
	ASTM A 276	429
	ASTM A 314	429
	ASTM A 473	429
	ASTM A 493	429
	ASTM A 511	MT429
	ASTM A 554	MT-429
	ASTM A 815	CR429
	ASTM A 815	WP429
	ASTM A 959	429
	SAE J 405	AISI 429
1.4002	ASTM A 240	405
	ASTM A 268	TP405
	ASTM A 276	405
	ASTM A 473	405
	ASTM A 479	405
	ASTM A 511	MT405
	ASTM A 580	405
	ASTM A 959	405
1.4003	ASTM A 240	UNS: S40977
	ASTM A 240	UNS: S41003
	ASTM A 268	UNS: S40977
	ASTM A 554	UNS: S41003
	ASTM A 959	UNS: S40977
	ASTM A 959	UNS: S41003
	ASTM A 1010	UNS: S41003
	ASTM A 1053	UNS: S41003
1.4004	ASTM A 314	430F
	ASTM A 473	430F
	ASTM A 581	430F
	ASTM A 582	430F
	ASTM A 895	430F
	ASTM A 959	430F
	ASTM F 593	430F
	ASTM F 594	430F

8 US-Sortenbezeichnungen

Auflistung nach steigenden EN-Werkstoff-Nummern ähnlicher EN (DIN)-Werkstoffe

US steel grades

Listed according to EN material numbers of similar EN (DIN) materials

Werk-stoff-Nr. Material no.	US-Normen US Standards	Sahlsorte Steel class/grade/type
1.4004	ASTM F 738	430F
	ASTM F 899	430F
1.4005	ASTM A 194	6F type 416
	ASTM A 314	416
	ASTM A 473	416
	ASTM A 581	416
	ASTM A 582	416
	ASTM A 895	416
	ASTM A 959	416
	ASTM F 593	416
	ASTM F 594	416
	ASTM F 738	416
	ASTM F 899	416
1.4006	ASTM A 176	403
	ASTM A 182	F 6a
	ASTM A 193	B6
	ASTM A 193	B6X
	ASTM A 194	6 type 410
	ASTM A 240	410
	ASTM A 268	TP410
	ASTM A 276	403
	ASTM A 276	410
	ASTM A 314	403
	ASTM A 314	410
	ASTM A 336	F6
	ASTM A 473	403
	ASTM A 473	410
	ASTM A 479	403
	ASTM A 479	410
	ASTM A 493	410
	ASTM A 511	MT410
	ASTM A 580	403
	ASTM A 580	410
	ASTM A 815	CR410
	ASTM A 815	WP410
	ASTM A 837	410
	ASTM A 959	403

8 US-Sortenbezeichnungen

Auflistung nach steigenden EN-Werkstoff-Nummern ähnlicher EN (DIN)-Werkstoffe

US steel grades

Listed according to EN material numbers of similar EN (DIN) materials

Werk-stoff-Nr. Material no.	US-Normen US Standards	Sahlsorte Steel class/grade/type
1.4006	ASTM A 959	410
	ASTM A 982	A
	ASTM A 988	UNS: S41000
	ASTM A 1021	A
	ASTM A 1028	A
	ASTM F 593	410
	ASTM F 594	410
	ASTM F 738	410
	ASTM F 899	410
	SAE J 405	AISI 410
1.4008	ASTM A 217	CA15
	ASTM A 426	CPCA15
	ASTM A 487	CA15 class A
	ASTM A 487	CA15 class B
	ASTM A 487	CA15 class C
	ASTM A 487	CA15 class D
	ASTM A 743	CA15
1.4009	AWS A 5.9	UNS: S41080
1.4011	ASTM A 217	CA15
	ASTM A 426	CPCA15
	ASTM A 487	CA15M class A
	ASTM A 743	CA15M
1.4012	ASTM A 182	F 429
	ASTM A 240	429
	ASTM A 268	TP429
	ASTM A 276	429
	ASTM A 314	429
	ASTM A 473	429
	ASTM A 493	429
	ASTM A 511	MT429
	ASTM A 554	MT-429
	ASTM A 815	CR429
	ASTM A 815	WP429
	ASTM A 959	429
	SAE J 405	AISI 429
1.4016	ASTM A 182	F 430
	ASTM A 240	430

8 US-Sortenbezeichnungen

Auflistung nach steigenden EN-Werkstoff-Nummern ähnlicher EN (DIN)-Werkstoffe

US steel grades

Listed according to EN material numbers of similar EN (DIN) materials

Werkstoff-Nr. Material no.	US-Normen US Standards	Sahlsorte Steel class/grade/type
1.4016	ASTM A 268	TP430
	ASTM A 276	430
	ASTM A 314	430
	ASTM A 473	430
	ASTM A 479	430
	ASTM A 493	430
	ASTM A 511	MT430
	ASTM A 554	MT-430
	ASTM A 580	430
	ASTM A 815	CR430
	ASTM A 815	WP430
	ASTM A 959	430
	ASTM F 593	430
	ASTM F 594	430
	ASTM F 738	430
	SAE J 405	AISI 430
1.4021	ASTM A 176	420
	ASTM A 276	420
	ASTM A 314	420
	ASTM A 473	420
	ASTM A 580	420
	ASTM A 959	420
	ASTM F 899	420 A
1.4023	ASTM A 756	440C
1.4024	ASTM A 182	F 6a
	ASTM A 193	B6
	ASTM A 193	B6X
	ASTM A 194	6 type 410
	ASTM A 240	410
	ASTM A 268	TP410
	ASTM A 276	410
	ASTM A 314	410
	ASTM A 336	F6
	ASTM A 473	410
	ASTM A 479	410
	ASTM A 493	410
	ASTM A 511	MT410

8 US-Sortenbezeichnungen

Auflistung nach steigenden EN-Werkstoff-Nummern ähnlicher EN (DIN)-Werkstoffe

US steel grades

Listed according to EN material numbers of similar EN (DIN) materials

Werkstoff-Nr. Material no.	US-Normen US Standards	Sahlsorte Steel class/grade/type
1.4024	ASTM A 580	410
	ASTM A 815	CR410
	ASTM A 815	WP410
	ASTM A 837	410
	ASTM A 959	410
	ASTM A 982	A
	ASTM A 988	UNS: S41000
	ASTM A 1021	A
	ASTM A 1028	A
	ASTM F 593	410
	ASTM F 594	410
	ASTM F 738	410
	ASTM F 899	410
	SAE J 405	AISI 410
1.4025	ASTM A 582	440F
	ASTM A 959	440F
	ASTM F 899	440F
1.4027	ASTM A 217	CA15
	ASTM A 743	CA15
1.4028	ASTM A 176	420
	ASTM A 276	420
	ASTM A 314	420
	ASTM A 473	420
	ASTM A 580	420
	ASTM A 959	420
1.4029	ASTM A 582	420F
	ASTM A 895	420F
	ASTM A 959	420F
	ASTM F 899	420F
1.4031	ASTM A 176	420
	ASTM A 276	420
	ASTM A 314	420
	ASTM A 473	420
	ASTM A 580	420
	ASTM A 959	420
1.4034	ASTM A 176	420
	ASTM A 276	420

8 US-Sortenbezeichnungen

Auflistung nach steigenden EN-Werkstoff-Nummern ähnlicher EN (DIN)-Werkstoffe

US steel grades

Listed according to EN material numbers of similar EN (DIN) materials

Werk-stoff-Nr. Material no.	US-Normen US Standards	Sahlsorte Steel class/grade/type
1.4034	ASTM A 314	420
	ASTM A 473	420
	ASTM A 580	420
	ASTM A 959	420
1.4037	ASTM A 756	X65Cr14
1.4040	ASTM A 511	MT440A
1.4044	ASTM A 176	431
	ASTM A 276	431
	ASTM A 314	431
	ASTM A 473	431
	ASTM A 479	431
	ASTM A 493	431
	ASTM A 511	MT431
	ASTM A 579	53
	ASTM A 580	431
	ASTM A 959	431
	ASTM F 593	431
	ASTM F 594	431
	ASTM F 738	431
	ASTM F 899	431
1.4057	ASTM A 176	431
	ASTM A 276	431
	ASTM A 314	431
	ASTM A 473	431
	ASTM A 479	431
	ASTM A 493	431
	ASTM A 511	MT431
	ASTM A 579	53
	ASTM A 580	431
	ASTM A 959	431
	ASTM F 593	431
	ASTM F 594	431
	ASTM F 738	431
	ASTM F 899	431
1.4059	ASTM A 743	CB30
1.4062	ASTM A 182	F 66
	ASTM A 240	UNS: S32202

8 US-Sortenbezeichnungen

Auflistung nach steigenden EN-Werkstoff-Nummern ähnlicher EN (DIN)-Werkstoffe

US steel grades

Listed according to EN material numbers of similar EN (DIN) materials

Werk-stoff-Nr. Material no.	US-Normen US Standards	Sahlsorte Steel class/grade/type
1.4062	ASTM A 276	UNS: S32202
	ASTM A 314	UNS: S32202
	ASTM A 479	UNS: S32202
	ASTM A 580	UNS: S32202
	ASTM A 789	UNS: S32202
	ASTM A 790	UNS: S32202
	ASTM A 815	CRS32202
	ASTM A 815	WPS32202
	ASTM A 928	UNS: S32202
	ASTM A 1082	UNS: S32202
1.4085	ASTM A 743	CC50
1.4086	ASTM A 743	CC50
1.4104	ASTM A 194	6F type 416
	ASTM A 314	430F
	ASTM A 473	430F
	ASTM A 581	430F
	ASTM A 582	430F
	ASTM A 895	430F
	ASTM A 959	430F
	ASTM F 593	430F
	ASTM F 594	430F
	ASTM F 738	430F
	ASTM F 899	430F
1.4105	ASTM A 314	430F
	ASTM A 473	430F
	ASTM A 581	430F
	ASTM A 582	430F
	ASTM A 959	430F
	ASTM F 593	430F
	ASTM F 594	430F
	ASTM F 738	430F
	ASTM F 899	430F
1.4107	ASTM A 217	CA15
	ASTM A 426	CPCA15
	ASTM A 487	CA15 class A
	ASTM A 487	CA15 class B
	ASTM A 487	CA15 class C

8 US-Sortenbezeichnungen

Auflistung nach steigenden EN-Werkstoff-Nummern ähnlicher EN (DIN)-Werkstoffe

US steel grades

Listed according to EN material numbers of similar EN (DIN) materials

Werkstoff-Nr. Material no.	US-Normen US Standards	Sahlsorte Steel class/grade/type
1.4107	ASTM A 487	CA15 class D
	ASTM A 743	CA15
1.4108	ASTM A 756	X30CrMoN15-1
1.4109	ASTM A 276	440A
	ASTM A 314	440A
	ASTM A 473	440A
	ASTM A 511	MT440A
	ASTM A 580	440A
	ASTM A 959	440A
	ASTM F 899	440A
1.4112	ASTM A 276	440B
	ASTM A 314	440B
	ASTM A 473	440B
	ASTM A 580	440B
	ASTM A 959	440B
	ASTM F 899	440B
1.4113	ASTM A 240	434
	ASTM A 554	434
	ASTM A 554	UNS: S43400
	ASTM A 959	434
	SAE J 405	AISI 434
1.4114	ASTM A 581	XM-34
	ASTM A 582	XM-34
	ASTM A 959	XM-34
	ASTM F 899	XM-34
1.4123	–	UNS: S42025
1.4125	ASTM A 276	440C
	ASTM A 314	440C
	ASTM A 473	440C
	ASTM A 493	440C
	ASTM A 580	440C
	ASTM A 756	440C
	ASTM A 959	440C
	ASTM F 899	440C
1.4131	ASTM A 182	F XM-27Cb
	ASTM A 240	XM-27
	ASTM A 268	TPXM-27

8 US-Sortenbezeichnungen

Auflistung nach steigenden EN-Werkstoff-Nummern ähnlicher EN (DIN)-Werkstoffe

US steel grades

Listed according to EN material numbers of similar EN (DIN) materials

Werk-stoff-Nr. Material no.	US-Normen US Standards	Sahlsorte Steel class/grade/type
1.4131	ASTM A 276	XM-27
	ASTM A 314	XM-27
	ASTM A 479	XM-27
	ASTM A 493	UNS: S44625
	ASTM A 803	XM-27
	ASTM A 803	UNS: S44627
	ASTM A 815	CR27
	ASTM A 815	WP27
	ASTM A 959	XM-27
1.4162	–	UNS: S32101 (LDX 2101)
	ASTM A 240	UNS: S32101
	ASTM A 276	UNS: S32101
	ASTM A 314	UNS: S32101
	ASTM A 479	UNS: S32101
	ASTM A 511	UNS: S32101
	ASTM A 789	UNS: S32101
	ASTM A 790	UNS: S32101
	ASTM A 815	CRS32101
	ASTM A 815	WPS32101
	ASTM A 815	UNS: S32101
	ASTM A 928	UNS: S32101
	ASTM A 959	UNS: S32101
	ASTM A 1082	UNS: S32101
1.4300	ASTM A 240	302
	ASTM A 276	302
	ASTM A 313	302
	ASTM A 314	302
	ASTM A 368	302
	ASTM A 473	302
	ASTM A 478	302
	ASTM A 479	302
	ASTM A 492	302
	ASTM A 493	302
	ASTM A 511	MT302
	ASTM A 554	MT-302
	ASTM A 580	302
	ASTM A 666	302

8 US-Sortenbezeichnungen

Auflistung nach steigenden EN-Werkstoff-Nummern ähnlicher EN (DIN)-Werkstoffe

US steel grades

Listed according to EN material numbers of similar EN (DIN) materials

Werk-stoff-Nr. Material no.	US-Normen US Standards	Sahlsorte Steel class/grade/type
1.4300	ASTM A 959	302
	ASTM F 899	302
	SAE J 405	AISI 302
1.4301	ASTM A 182	F 304
	ASTM A 193	B8
	ASTM A 193	B8A
	ASTM A 194	8 type 304
	ASTM A 194	8A type 304
	ASTM A 213	TP304
	ASTM A 240	304
	ASTM A 249	TP304
	ASTM A 269	TP304
	ASTM A 270	TP304
	ASTM A 276	304
	ASTM A 312	TP304
	ASTM A 313	304
	ASTM A 314	304
	ASTM A 320	B8A
	ASTM A 320	B8
	ASTM A 358	304
	ASTM A 368	304
	ASTM A 376	TP304
	ASTM A 403	CR304
	ASTM A 403	WP304
	ASTM A 409	TP304
	ASTM A 473	304
	ASTM A 478	304
	ASTM A 479	304
	ASTM A 492	304
	ASTM A 493	304
	ASTM A 511	MT304
	ASTM A 554	MT-304
	ASTM A 580	304
	ASTM A 632	TP304
	ASTM A 666	304
	ASTM A 688	TP304
	ASTM A 793	304

8 US-Sortenbezeichnungen

Auflistung nach steigenden EN-Werkstoff-Nummern ähnlicher EN (DIN)-Werkstoffe

US steel grades

Listed according to EN material numbers of similar EN (DIN) materials

Werk-stoff-Nr. Material no.	US-Normen US Standards	Sahlsorte Steel class/grade/type
1.4301	ASTM A 813	TP304
	ASTM A 814	TP304
	ASTM A 908	-
	ASTM A 943	TP304
	ASTM A 955	304
	ASTM A 959	304
	ASTM A 965	F304
	ASTM A 988	UNS: S30400
	ASTM A 1022	304
	ASTM F 593	304
	ASTM F 594	304
	ASTM F 738	304
	ASTM F 899	304
	SAE J 405	AISI 304
1.4303	ASTM A 167	308
	ASTM A 193	B8P
	ASTM A 193	B8PA
	ASTM A 194	8P type 305
	ASTM A 194	8PA type 305
	ASTM A 240	305
	ASTM A 249	TP305
	ASTM A 276	305
	ASTM A 313	305
	ASTM A 314	305
	ASTM A 314	308
	ASTM A 320	B8P
	ASTM A 320	B8PA
	ASTM A 368	305
	ASTM A 473	305
	ASTM A 473	308
	ASTM A 478	305
	ASTM A 492	305
	ASTM A 493	305
	ASTM A 511	MT305
	ASTM A 554	MT-305
	ASTM A 580	305
	ASTM A 580	308

8 US-Sortenbezeichnungen

Auflistung nach steigenden EN-Werkstoff-Nummern ähnlicher EN (DIN)-Werkstoffe

US steel grades

Listed according to EN material numbers of similar EN (DIN) materials

Werkstoff-Nr. Material no.	US-Normen US Standards	Sahlsorte Steel class/grade/type
1.4303	ASTM A 959	305
	ASTM A 959	308
	ASTM F 593	305
	ASTM F 594	305
	ASTM F 738	305
	SAE J 405	AISI 305
	SAE J 775	UNS: S30500
1.4305	ASTM A 194	8F type 303
	ASTM A 194	8FA type 303
	ASTM A 314	303
	ASTM A 320	B8F type 303
	ASTM A 320	B8FA type 303
	ASTM A 473	303
	ASTM A 511	MT303
	ASTM A 581	303
	ASTM A 582	303
	ASTM A 895	T303
	ASTM A 959	303
	ASTM F 593	303
	ASTM F 594	303
	ASTM F 738	303
	ASTM F 899	303
1.4306	ASTM A 182	F 304L
	ASTM A 213	TP304L
	ASTM A 240	304L
	ASTM A 249	TP304L
	ASTM A 269	TP304L
	ASTM A 270	TP304L
	ASTM A 276	304L
	ASTM A 312	TP304L
	ASTM A 314	304L
	ASTM A 351	CF3
	ASTM A 351	CF3A
	ASTM A 358	304L
	ASTM A 403	CR304L
	ASTM A 403	WP304L
	ASTM A 409	TP304L

8 US-Sortenbezeichnungen

Auflistung nach steigenden EN-Werkstoff-Nummern ähnlicher EN (DIN)-Werkstoffe

US steel grades

Listed according to EN material numbers of similar EN (DIN) materials

Werkstoff-Nr. Material no.	US-Normen US Standards	Sahlsorte Steel class/grade/type
1.4306	ASTM A 451	CPF3
	ASTM A 451	CPF3A
	ASTM A 473	304L
	ASTM A 478	304L
	ASTM A 479	304L
	ASTM A 493	304L
	ASTM A 511	MT304L
	ASTM A 554	MT-304L
	ASTM A 580	304L
	ASTM A 632	TP304L
	ASTM A 666	304L
	ASTM A 688	TP304L
	ASTM A 743	CF3
	ASTM A 744	CF3
	ASTM A 774	TP304L
	ASTM A 778	TP304L
	ASTM A 793	304L
	ASTM A 813	TP304L
	ASTM A 814	TP304L
	ASTM A 943	TP304L
	ASTM A 959	304L
	ASTM A 965	F304L
	ASTM A 988	UNS: S30403
	ASTM A 1022	304L
	ASTM F 593	304L
	ASTM F 594	304L
	ASTM F 738	304L
	SAE J 405	AISI 304L
1.4307	ASTM A 182	F 304L
	ASTM A 213	TP304L
	ASTM A 240	304L
	ASTM A 249	TP304L
	ASTM A 269	TP304L
	ASTM A 270	TP304L
	ASTM A 276	304L
	ASTM A 312	TP304L
	ASTM A 314	304L

8 US-Sortenbezeichnungen

Auflistung nach steigenden EN-Werkstoff-Nummern ähnlicher EN (DIN)-Werkstoffe

US steel grades

Listed according to EN material numbers of similar EN (DIN) materials

Werk-stoff-Nr. Material no.	US-Normen US Standards	Sahlsorte Steel class/grade/type
1.4307	ASTM A 358	304L
	ASTM A 403	CR304L
	ASTM A 403	WP304L
	ASTM A 409	TP304L
	ASTM A 473	304L
	ASTM A 478	304L
	ASTM A 479	304L
	ASTM A 493	304L
	ASTM A 511	MT304L
	ASTM A 554	MT-304L
	ASTM A 580	304L
	ASTM A 632	TP304L
	ASTM A 666	304L
	ASTM A 688	TP304L
	ASTM A 743	CF3
	ASTM A 744	CF3
	ASTM A 774	TP304L
	ASTM A 778	TP304L
	ASTM A 793	304L
	ASTM A 813	TP304L
	ASTM A 814	TP304L
	ASTM A 943	TP304L
	ASTM A 959	304L
	ASTM A 965	F304L
	ASTM A 988	UNS: S30403
	ASTM A 1022	304L
	ASTM F 593	304L
	ASTM F 594	304L
	ASTM F 738	304L
	SAE J 405	AISI 304L
1.4308	–	UNS: J92650
	ASTM A 351	CF8
	ASTM A 351	CF8A
	ASTM A 351	CF8C
	ASTM A 351	CF10
	ASTM A 451	CPF8
	ASTM A 451	CPF8A

8 US-Sortenbezeichnungen

Auflistung nach steigenden EN-Werkstoff-Nummern ähnlicher EN (DIN)-Werkstoffe

US steel grades

Listed according to EN material numbers of similar EN (DIN) materials

Werk-stoff-Nr. Material no.	US-Normen US Standards	Sahlsorte Steel class/grade/type
1.4308	ASTM A 743	CF8
	ASTM A 744	CF8
1.4309	ASTM A 351	CF3
	ASTM A 351	CF3A
	ASTM A 451	CPF3
	ASTM A 451	CPF3A
	ASTM A 743	CF3
	ASTM A 744	CF3
1.4310	ASTM A 240	301
	ASTM A 313	UNS: S30151
	ASTM A 554	MT-301
	ASTM A 666	301
	ASTM A 959	301
	ASTM F 899	301
	SAE J 405	AISI 301
1.4311	ASTM A 182	F 304LN
	ASTM A 193	B8LN
	ASTM A 193	B8LNA
	ASTM A 194	8LN type 304LN
	ASTM A 194	8LNA type 304LN
	ASTM A 213	TP304LN
	ASTM A 240	304LN
	ASTM A 249	TP304LN
	ASTM A 269	TP304LN
	ASTM A 276	304LN
	ASTM A 312	TP304LN
	ASTM A 320	B8LN
	ASTM A 320	B8LNA
	ASTM A 358	304LN
	ASTM A 376	TP304LN
	ASTM A 403	CR304LN
	ASTM A 403	WP304LN
	ASTM A 479	304LN
	ASTM A 666	304LN
	ASTM A 688	TP304LN
	ASTM A 813	TP304LN
	ASTM A 814	TP304LN

8 US-Sortenbezeichnungen

Auflistung nach steigenden EN-Werkstoff-Nummern
ähnlicher EN (DIN)-Werkstoffe

US steel grades

Listed according to EN material numbers
of similar EN (DIN) materials

Werk-stoff-Nr. Material no.	US-Normen US Standards	Sahlsorte Steel class/grade/type
1.4311	ASTM A 943	TP304LN
	ASTM A 959	304LN
	ASTM A 965	F304LN
	ASTM A 988	UNS: S30453
	SAE J 405	AISI 304LN
1.4313	–	UNS: S42400
	ASTM A 182	F 6NM
	ASTM A 240	UNS: S41500
	ASTM A 268	UNS: S41500
	ASTM A 276	UNS: S41500
	ASTM A 336	F6NM
	ASTM A 352	CA6NM
	ASTM A 356	CA6NM
	ASTM A 473	UNS: S41500
	ASTM A 479	UNS: S41500
	ASTM A 487	CA6NM class A
	ASTM A 487	CA6NM class B
	ASTM A 743	CA6NM
	ASTM A 815	CRS41500
	ASTM A 815	WPS41500
	ASTM A 959	UNS: S41500
	ASTM A 988	UNS: S41500
1.4314	ASTM A 182	F 304
	ASTM A 193	B8
	ASTM A 193	B8A
	ASTM A 194	8 type 304
	ASTM A 194	8A type 304
	ASTM A 213	TP304
	ASTM A 240	304
	ASTM A 249	TP304
	ASTM A 269	TP304
	ASTM A 270	TP304
	ASTM A 276	304
	ASTM A 312	TP304
	ASTM A 313	304
	ASTM A 314	304
	ASTM A 320	B8

8 US-Sortenbezeichnungen

Auflistung nach steigenden EN-Werkstoff-Nummern ähnlicher EN (DIN)-Werkstoffe

US steel grades

Listed according to EN material numbers of similar EN (DIN) materials

Werk-stoff-Nr. Material no.	US-Normen US Standards	Sahlsorte Steel class/grade/type
1.4314	ASTM A 320	B8A
	ASTM A 358	304
	ASTM A 368	304
	ASTM A 376	TP304
	ASTM A 403	CR304
	ASTM A 403	WP304
	ASTM A 409	TP304
	ASTM A 473	304
	ASTM A 478	304
	ASTM A 479	304
	ASTM A 492	304
	ASTM A 493	304
	ASTM A 511	MT304
	ASTM A 554	MT-304
	ASTM A 580	304
	ASTM A 632	TP304
	ASTM A 666	304
	ASTM A 688	TP304
	ASTM A 793	304
	ASTM A 813	TP304
	ASTM A 814	TP304
	ASTM A 908	-
	ASTM A 943	TP304
	ASTM A 955	304
	ASTM A 959	304
	ASTM A 965	F304
	ASTM A 988	UNS: S30400
	ASTM A 1022	304
	ASTM F 593	304
	ASTM F 594	304
	ASTM F 738	304
	ASTM F 899	304
	SAE J 405	AISI 304
1.4315	ASTM A 182	F 304N
	ASTM A 193	B8N
	ASTM A 193	B8NA
	ASTM A 194	8N type 304N

8 US-Sortenbezeichnungen

Auflistung nach steigenden EN-Werkstoff-Nummern ähnlicher EN (DIN)-Werkstoffe

US steel grades

Listed according to EN material numbers of similar EN (DIN) materials

Werk-stoff-Nr. Material no.	US-Normen US Standards	Sahlsorte Steel class/grade/type
1.4315	ASTM A 194	8NA type 304N
	ASTM A 213	TP304N
	ASTM A 240	304N
	ASTM A 249	TP304N
	ASTM A 276	304N
	ASTM A 312	TP304N
	ASTM A 358	304N
	ASTM A 376	TP304N
	ASTM A 403	CR304N
	ASTM A 403	WP304N
	ASTM A 479	304N
	ASTM A 666	304N
	ASTM A 688	TP304N
	ASTM A 813	TP304N
	ASTM A 814	TP304N
	ASTM A 943	TP304N
	ASTM A 959	304N
	ASTM A 965	F304N
	ASTM A 988	UNS: S30451
	SAE J 405	AISI 304N
1.4316	AWS A 5.30	UNS: S30883 (308L)
1.4317	ASTM A 352	CA6NM
	ASTM A 356	CA6NM
	ASTM A 487	CA6NM class A
	ASTM A 487	CA6NM class B
	ASTM A 743	CA6NM
1.4318	ASTM A 240	301LN
	ASTM A 666	301LN
	ASTM A 959	301LN
1.4319	ASTM A 240	301L
	ASTM A 666	301L
	ASTM A 959	301L
1.4324	ASTM A 240	301
	ASTM A 554	MT-301
	ASTM A 666	301
	ASTM A 959	301
	ASTM F 899	301

8 US-Sortenbezeichnungen

Auflistung nach steigenden EN-Werkstoff-Nummern ähnlicher EN (DIN)-Werkstoffe

US steel grades

Listed according to EN material numbers of similar EN (DIN) materials

Werk-stoff-Nr. Material no.	US-Normen US Standards	Sahlsorte Steel class/grade/type
1.4324	SAE J 405	AISI 301
1.4325	ASTM A 240	302
	ASTM A 276	302
	ASTM A 313	302
	ASTM A 314	302
	ASTM A 368	302
	ASTM A 473	302
	ASTM A 478	302
	ASTM A 479	302
	ASTM A 492	302
	ASTM A 493	302
	ASTM A 511	MT302
	ASTM A 554	MT-302
	ASTM A 580	302
	ASTM A 666	302
	ASTM A 959	302
	ASTM F 899	302
	SAE J 405	AISI 302
1.4326	ASTM A 167	302B
	ASTM A 276	302B
	ASTM A 314	302B
	ASTM A 473	302B
	ASTM A 580	302B
	ASTM A 959	302B
1.4331	AWS A 5.9	UNS: S30888 (308LSi)
1.4332	AWS A 5.30	UNS: S30983 (309L)
1.4335	ASTM A 213	UNS: S31002
	ASTM A 312	UNS: S31002
	ASTM A 959	UNS: S31002
1.4337	AMS 5784	UNS: S64299 (29-9)
1.4339	ASTM A 297	HE
	ASTM A 608	HE35
	ASTM A 743	CE30
1.4340	ASTM A 743	CC50
1.4361	ASTM A 182	F 46
	ASTM A 240	UNS: S30600
	ASTM A 269	UNS: S30600

8 US-Sortenbezeichnungen

Auflistung nach steigenden EN-Werkstoff-Nummern ähnlicher EN (DIN)-Werkstoffe

US steel grades

Listed according to EN material numbers of similar EN (DIN) materials

Werkstoff-Nr. Material no.	US-Normen US Standards	Sahlsorte Steel class/grade/type
1.4361	ASTM A 312	UNS: S30600
	ASTM A 358	UNS: S30600
	ASTM A 479	UNS: S30600
	ASTM A 943	UNS: S30600
	ASTM A 959	UNS: S30600
	ASTM A 965	F46
1.4362	ASTM A 240	2304
	ASTM A 276	UNS: S32304
	ASTM A 314	UNS: S32304
	ASTM A 511	UNS: S32304
	ASTM A 789	UNS: S32304
	ASTM A 790	2304
	ASTM A 790	UNS: S32304
	ASTM A 928	2304
	ASTM A 949	UNS: S32304
	ASTM A 959	2304
	ASTM A 1082	2304
	ASTM A 1082	UNS: S32304
1.4371	ASTM A 240	UNS: S20103
	ASTM A 240	UNS: S20153
	ASTM A 249	TP201LN
	ASTM A 269	201LN
	ASTM A 312	TP201LN
	ASTM A 358	201LN
	ASTM A 409	TP201LN
	ASTM A 666	201L
	ASTM A 666	201LN
	ASTM A 813	TP201LN
	ASTM A 814	TP201LN
	ASTM A 959	201L
	ASTM A 959	201LN
	SAE J 405	201L
1.4372	ASTM A 213	TP201
	ASTM A 240	201
	ASTM A 249	TP201
	ASTM A 269	201
	ASTM A 276	201

8 US-Sortenbezeichnungen

Auflistung nach steigenden EN-Werkstoff-Nummern ähnlicher EN (DIN)-Werkstoffe

US steel grades

Listed according to EN material numbers of similar EN (DIN) materials

Werk-stoff-Nr. Material no.	US-Normen US Standards	Sahlsorte Steel class/grade/type
1.4372	ASTM A 312	TP201
	ASTM A 358	201
	ASTM A 409	TP201
	ASTM A 473	201
	ASTM A 666	201
	ASTM A 813	TP201
	ASTM A 814	TP201
	ASTM A 959	201
	SAE J 405	AISI 201
1.4373	ASTM A 213	TP202
	ASTM A 240	202
	ASTM A 249	TP202
	ASTM A 276	202
	ASTM A 314	202
	ASTM A 473	202
	ASTM A 666	202
	ASTM A 959	202
	SAE J 405	AISI 202
1.4375	ASTM A 182	F XM-11
	ASTM A 240	XM-11
	ASTM A 269	TPXM-11
	ASTM A 276	TPXM-11
	ASTM A 312	TPXM-11
	ASTM A 314	XM-11
	ASTM A 473	XM-11
	ASTM A 479	XM-11
	ASTM A 580	XM-11
	ASTM A 666	XM-11
	ASTM A 813	TPXM-11
	ASTM A 814	TPXM-11
	ASTM A 943	TPXM-11
	ASTM A 959	XM-11
	ASTM A 965	FXM-11
	ASTM A 988	UNS: S21904
1.4389	ASTM A 493	384
	ASTM F 593	384
	ASTM F 594	384

8 US-Sortenbezeichnungen

Auflistung nach steigenden EN-Werkstoff-Nummern ähnlicher EN (DIN)-Werkstoffe

US steel grades

Listed according to EN material numbers of similar EN (DIN) materials

Werkstoff-Nr. Material no.	US-Normen US Standards	Sahlsorte Steel class/grade/type
1.4389	ASTM F 738	384
1.4390	ASTM A 946	UNS: S70003
	ASTM A 968	UNS: S70003
1.4401	ASTM A 182	F 316
	ASTM A 193	B8M
	ASTM A 193	B8M2
	ASTM A 193	B8M3
	ASTM A 193	B8MA
	ASTM A 194	8M type 316
	ASTM A 194	8MA type 316
	ASTM A 213	TP316
	ASTM A 240	316
	ASTM A 249	TP316
	ASTM A 269	TP316
	ASTM A 270	TP316
	ASTM A 276	316
	ASTM A 312	TP316
	ASTM A 312	TP316
	ASTM A 313	316
	ASTM A 314	316
	ASTM A 320	B8M
	ASTM A 320	B8MA
	ASTM A 358	316
	ASTM A 368	316
	ASTM A 376	TP316
	ASTM A 403	CR316
	ASTM A 403	CR316H
	ASTM A 403	WP316
	ASTM A 403	WP316H
	ASTM A 409	TP316
	ASTM A 473	316
	ASTM A 478	316
	ASTM A 479	316
	ASTM A 492	316
	ASTM A 493	316
	ASTM A 511	MT316
	ASTM A 554	MT-316

8 US-Sortenbezeichnungen

Auflistung nach steigenden EN-Werkstoff-Nummern ähnlicher EN (DIN)-Werkstoffe

US steel grades

Listed according to EN material numbers of similar EN (DIN) materials

Werk-stoff-Nr. Material no.	US-Normen US Standards	Sahlsorte Steel class/grade/type
1.4401	ASTM A 580	316
	ASTM A 632	TP316
	ASTM A 666	316
	ASTM A 688	TP316
	ASTM A 793	316
	ASTM A 813	TP316
	ASTM A 814	TP316
	ASTM A 943	TP316
	ASTM A 959	316
	ASTM A 965	F316
	ASTM A 988	UNS: S31600
	ASTM A 1022	316
	ASTM F 593	316
	ASTM F 594	316
	ASTM F 738	316
	ASTM F 899	316
	SAE J 405	AISI 316
1.4404	ASTM A 182	F 316L
	ASTM A 213	TP316L
	ASTM A 240	316L
	ASTM A 249	TP316L
	ASTM A 269	TP316L
	ASTM A 270	TP316L
	ASTM A 276	316L
	ASTM A 312	TP316L
	ASTM A 314	316L
	ASTM A 351	CF3MN
	ASTM A 358	316L
	ASTM A 403	CR316L
	ASTM A 403	WP316L
	ASTM A 409	TP316L
	ASTM A 473	316L
	ASTM A 478	316L
	ASTM A 479	316L
	ASTM A 493	316L
	ASTM A 511	MT316L
	ASTM A 554	MT-316L

8 US-Sortenbezeichnungen

Auflistung nach steigenden EN-Werkstoff-Nummern ähnlicher EN (DIN)-Werkstoffe

US steel grades

Listed according to EN material numbers of similar EN (DIN) materials

Werk-stoff-Nr. Material no.	US-Normen US Standards	Sahlsorte Steel class/grade/type
1.4404	ASTM A 580	316L
	ASTM A 632	TP316L
	ASTM A 666	316L
	ASTM A 688	TP316L
	ASTM A 743	CF3MN
	ASTM A 774	TP316L
	ASTM A 778	TP316L
	ASTM A 793	316L
	ASTM A 813	TP316L
	ASTM A 814	TP316L
	ASTM A 943	TP316L
	ASTM A 955	316L
	ASTM A 959	316L
	ASTM A 965	F316L
	ASTM A 988	UNS: S31603
	ASTM A 1022	316L
	ASTM F 593	316L
	ASTM F 594	316L
	ASTM F 738	316L
1.4406	ASTM A 182	F 316LN
	ASTM A 193	B8MLN
	ASTM A 193	B8MLNA
	ASTM A 194	8MLN type 316LN
	ASTM A 194	8MLNA type 316LN
	ASTM A 213	TP316LN
	ASTM A 240	316LN
	ASTM A 249	TP316LN
	ASTM A 269	TP316LN
	ASTM A 276	316LN
	ASTM A 312	TP316LN
	ASTM A 312	TP316LN
	ASTM A 320	B8MLN
	ASTM A 320	B8MLNA
	ASTM A 358	316LN
	ASTM A 376	TP316LN
	ASTM A 403	CR316LN
	ASTM A 403	WP316LN

8 US-Sortenbezeichnungen

Auflistung nach steigenden EN-Werkstoff-Nummern ähnlicher EN (DIN)-Werkstoffe

US steel grades

Listed according to EN material numbers of similar EN (DIN) materials

Werkstoff-Nr. Material no.	US-Normen US Standards	Sahlsorte Steel class/grade/type
1.4406	ASTM A 479	316LN
	ASTM A 688	TP316LN
	ASTM A 813	TP316LN
	ASTM A 814	TP316LN
	ASTM A 943	TP316LN
	ASTM A 955	316LN
	ASTM A 959	316LN
	ASTM A 965	F316LN
	ASTM A 988	UNS: S31653
	ASTM A 1022	316LN
	SAE J 405	AISI 316LN
1.4407	ASTM A 757	E3N
1.4408	ASTM A 351	CF10M
	ASTM A 351	CF8M
	ASTM A 451	CPF8M
	ASTM A 743	CF8M
	ASTM A 744	CF8M
1.4409	ASTM A 351	CF3M
	ASTM A 351	CF3MA
	ASTM A 451	CPF3M
	ASTM A 743	CF3M
	ASTM A 744	CF3M
1.4410	ASTM A 182	F 53
	ASTM A 240	2507
	ASTM A 270	UNS: S32750
	ASTM A 276	UNS: S32750
	ASTM A 314	UNS: S32750
	ASTM A 479	UNS: S32750
	ASTM A 511	UNS: S32750
	ASTM A 789	UNS: S32750
	ASTM A 790	2507
	ASTM A 790	UNS: S32750
	ASTM A 815	CRS32750
	ASTM A 815	WPS32750
	ASTM A 928	2507
	ASTM A 949	UNS: S32750
	ASTM A 959	2507

8 US-Sortenbezeichnungen

Auflistung nach steigenden EN-Werkstoff-Nummern ähnlicher EN (DIN)-Werkstoffe

US steel grades

Listed according to EN material numbers of similar EN (DIN) materials

Werk-stoff-Nr. Material no.	US-Normen US Standards	Sahlsorte Steel class/grade/type
1.4410	ASTM A 988	UNS: S32750
	ASTM A 1049	F53
	ASTM A 1082	2507
	ASTM A 1082	UNS: S32750
1.4412	ASTM A 351	CG8M
	ASTM A 743	CG8M
	ASTM A 744	CG8M
1.4413	ASTM A 182	F 6NM
	ASTM A 240	UNS: S41500
	ASTM A 268	UNS: S41500
	ASTM A 276	UNS: S41500
	ASTM A 336	F6NM
	ASTM A 473	UNS: S41500
	ASTM A 479	UNS: S41500
	ASTM A 815	CRS41500
	ASTM A 815	WPS41500
	ASTM A 959	UNS: S41500
	ASTM A 988	UNS: S41500
1.4414	ASTM A 352	CA6NM
	ASTM A 356	CA6NM
	ASTM A 487	CA6NM class A
	ASTM A 487	CA6NM class B
	ASTM A 743	CA6NM
1.4415	–	UNS: S41426 (SM13CRS)
1.4416	ASTM A 743	CN3M
1.4417	ASTM A 890	ACI: CD3MWCuN
	ASTM A 890	6A
	ASTM A 890	UNS: J93380
	ASTM A 995	ACI: CD3MWCuN
	ASTM A 995	6A
1.4421	ASTM A 743	CB6
1.4424	ASTM A 789	UNS: S31500
	ASTM A 790	UNS: S31500
	ASTM A 928	UNS: S31500
	ASTM A 949	UNS: S31500
	ASTM A 959	UNS: S31500
1.4427	AMS 5649	UNS: S31620

8 US-Sortenbezeichnungen

Auflistung nach steigenden EN-Werkstoff-Nummern ähnlicher EN (DIN)-Werkstoffe

US steel grades

Listed according to EN material numbers of similar EN (DIN) materials

Werkstoff-Nr. Material no.	US-Normen US Standards	Sahlsorte Steel class/grade/type
1.4429	ASTM A 182	F 316LN
	ASTM A 193	B8MLN
	ASTM A 193	B8MLNA
	ASTM A 194	8MLN type 316LN
	ASTM A 194	8MLNA type 316LN
	ASTM A 213	TP316LN
	ASTM A 240	316LN
	ASTM A 249	TP316LN
	ASTM A 269	TP316LN
	ASTM A 276	316LN
	ASTM A 312	TP316LN
	ASTM A 320	B8MLN
	ASTM A 320	B8MLNA
	ASTM A 358	316LN
	ASTM A 376	TP316LN
	ASTM A 403	CR316LN
	ASTM A 403	WP316LN
	ASTM A 479	316LN
	ASTM A 688	TP316LN
	ASTM A 813	TP316LN
	ASTM A 814	TP316LN
	ASTM A 943	TP316LN
	ASTM A 955	316LN
	ASTM A 959	316LN
	ASTM A 965	F316LN
	ASTM A 988	UNS: S31653
	ASTM A 1022	316LN
	SAE J 405	AISI 316LN
1.4430	AWS A 5.30	UNS: S31683 (316L)
1.4431	ASTM A 351	CG8M
	ASTM A 743	CG8M
	ASTM A 744	CG8M
1.4432	ASTM A 182	F 316L
	ASTM A 213	TP316L
	ASTM A 240	316L
	ASTM A 249	TP316L
	ASTM A 269	TP316L

8 US-Sortenbezeichnungen

Auflistung nach steigenden EN-Werkstoff-Nummern ähnlicher EN (DIN)-Werkstoffe

US steel grades

Listed according to EN material numbers of similar EN (DIN) materials

Werk-stoff-Nr. Material no.	US-Normen US Standards	Sahlsorte Steel class/grade/type
1.4432	ASTM A 270	TP316L
	ASTM A 276	316L
	ASTM A 312	TP316L
	ASTM A 314	316L
	ASTM A 358	316L
	ASTM A 403	CR316L
	ASTM A 403	WP316L
	ASTM A 409	TP316L
	ASTM A 473	316L
	ASTM A 478	316L
	ASTM A 479	316L
	ASTM A 493	316L
	ASTM A 511	MT316L
	ASTM A 554	MT-316L
	ASTM A 580	316L
	ASTM A 632	TP 316L
	ASTM A 666	316L
	ASTM A 688	TP316L
	ASTM A 774	TP316L
	ASTM A 778	TP316L
	ASTM A 793	316L
	ASTM A 813	TP316L
	ASTM A 814	TP316L
	ASTM A 943	TP316L
	ASTM A 955	316L
	ASTM A 959	316L
	ASTM A 965	F316L
	ASTM A 988	UNS: S31603
	ASTM A 1022	316L
	ASTM F 593	316L
	ASTM F 594	316L
	ASTM F 738	316L
1.4434	ASTM A 240	317LN
	ASTM A 959	317LN
	SAE J 405	AISI 317LN
1.4435	ASTM A 182	F 316L
	ASTM A 213	TP316L

8 US-Sortenbezeichnungen

Auflistung nach steigenden EN-Werkstoff-Nummern ähnlicher EN (DIN)-Werkstoffe

US steel grades

Listed according to EN material numbers of similar EN (DIN) materials

Werk-stoff-Nr. Material no.	US-Normen US Standards	Sahlsorte Steel class/grade/type
1.4435	ASTM A 240	316L
	ASTM A 249	TP316L
	ASTM A 269	TP316L
	ASTM A 270	TP316L
	ASTM A 276	316L
	ASTM A 312	TP316L
	ASTM A 314	316L
	ASTM A 358	316L
	ASTM A 403	CR316L
	ASTM A 403	WP316L
	ASTM A 409	TP316L
	ASTM A 473	316L
	ASTM A 478	316L
	ASTM A 479	316L
	ASTM A 493	316L
	ASTM A 511	MT316L
	ASTM A 554	MT-316L
	ASTM A 580	316L
	ASTM A 632	TP316L
	ASTM A 666	316L
	ASTM A 688	TP316L
	ASTM A 774	TP316L
	ASTM A 778	TP316L
	ASTM A 793	316L
	ASTM A 813	TP316L
	ASTM A 814	TP316L
	ASTM A 943	TP316L
	ASTM A 955	316L
	ASTM A 959	316L
	ASTM A 965	F316L
	ASTM A 988	UNS: S31603
	ASTM A 1022	316L
	ASTM F 593	316L
	ASTM F 594	316L
	ASTM F 738	316L
1.4436	ASTM A 182	F 316
	ASTM A 193	B8M

8 US-Sortenbezeichnungen

Auflistung nach steigenden EN-Werkstoff-Nummern ähnlicher EN (DIN)-Werkstoffe

US steel grades

Listed according to EN material numbers of similar EN (DIN) materials

Werk-stoff-Nr. Material no.	US-Normen US Standards	Sahlsorte Steel class/grade/type
1.4436	ASTM A 193	B8M2
	ASTM A 193	B8M3
	ASTM A 193	B8MA
	ASTM A 194	8M type 316
	ASTM A 194	8MA type 316
	ASTM A 213	TP316
	ASTM A 240	316
	ASTM A 249	TP316
	ASTM A 269	TP316
	ASTM A 270	TP316
	ASTM A 276	316
	ASTM A 312	TP316
	ASTM A 313	316
	ASTM A 314	316
	ASTM A 320	B8M
	ASTM A 320	B8MA
	ASTM A 358	316
	ASTM A 368	316
	ASTM A 376	TP316
	ASTM A 403	CR316
	ASTM A 403	WP316
	ASTM A 409	TP316
	ASTM A 473	316
	ASTM A 478	316
	ASTM A 479	316
	ASTM A 492	316
	ASTM A 493	316
	ASTM A 511	MT316
	ASTM A 554	MT-316
	ASTM A 580	316
	ASTM A 632	TP316
	ASTM A 666	316
	ASTM A 688	TP316
	ASTM A 793	316
	ASTM A 813	TP316
	ASTM A 814	TP316
	ASTM A 943	TP316

8 US-Sortenbezeichnungen

Auflistung nach steigenden EN-Werkstoff-Nummern ähnlicher EN (DIN)-Werkstoffe

US steel grades

Listed according to EN material numbers of similar EN (DIN) materials

Werk-stoff-Nr. Material no.	US-Normen US Standards	Sahlsorte Steel class/grade/type
1.4436	ASTM A 959	316
	ASTM A 965	F316
	ASTM A 988	UNS: S31600
	ASTM A 1022	316
	ASTM F 593	316
	ASTM F 594	316
	ASTM F 738	316
	ASTM F 899	316
1.4437	–	UNS: J92810 (316)
1.4438	ASTM A 182	F 317L
	ASTM A 213	TP317L
	ASTM A 240	317L
	ASTM A 249	TP317L
	ASTM A 312	TP317L
	ASTM A 358	317L
	ASTM A 403	CR317L
	ASTM A 403	WP317L
	ASTM A 774	TP317L
	ASTM A 778	TP317L
	ASTM A 813	TP317L
	ASTM A 814	TP317L
	ASTM A 943	TP317L
	ASTM A 959	317L
	ASTM A 988	UNS: S31703
	SAE J 405	AISI 317L
1.4439	ASTM A 182	F 48
	ASTM A 213	TP317LM
	ASTM A 213	TP317LMN
	ASTM A 240	317LM
	ASTM A 240	317LMN
	ASTM A 249	UNS: S31725
	ASTM A 249	UNS: S31726
	ASTM A 269	UNS: S31726
	ASTM A 276	UNS: S31725
	ASTM A 276	UNS: S31726
	ASTM A 312	UNS: S31726
	ASTM A 358	UNS: S31725

8 US-Sortenbezeichnungen

Auflistung nach steigenden EN-Werkstoff-Nummern ähnlicher EN (DIN)-Werkstoffe

US steel grades

Listed according to EN material numbers of similar EN (DIN) materials

Werk-stoff-Nr. Material no.	US-Normen US Standards	Sahlsorte Steel class/grade/type
1.4439	ASTM A 358	UNS: S31726
	ASTM A 376	UNS: S31725
	ASTM A 376	UNS: S31726
	ASTM A 403	CRS31725
	ASTM A 403	CRS31726
	ASTM A 403	WPS31725
	ASTM A 403	WPS31726
	ASTM A 409	UNS: S31725
	ASTM A 409	UNS: S31726
	ASTM A 479	UNS: S31725
	ASTM A 479	UNS: S31726
	ASTM A 943	UNS: S31726
	ASTM A 959	317LM
	ASTM A 959	317LMN
	ASTM A 988	UNS: S31725
	ASTM A 988	UNS: S31726
1.4441	ASTM F 138	UNS: S31673
	ASTM F 1350	UNS: S31673
1.4442	ASTM A 240	317LN
	ASTM A 959	317LN
	SAE J 405	AISI 317LN
1.4445	ASTM A 182	F 317
	ASTM A 213	TP317
	ASTM A 240	317
	ASTM A 249	TP317
	ASTM A 269	TP317
	ASTM A 276	317
	ASTM A 312	TP317
	ASTM A 314	317
	ASTM A 403	CR317
	ASTM A 403	WP317
	ASTM A 409	TP317
	ASTM A 473	317
	ASTM A 478	317
	ASTM A 479	317
	ASTM A 511	MT317
	ASTM A 554	MT-317

8 US-Sortenbezeichnungen

Auflistung nach steigenden EN-Werkstoff-Nummern ähnlicher EN (DIN)-Werkstoffe

US steel grades

Listed according to EN material numbers of similar EN (DIN) materials

Werk-stoff-Nr. Material no.	US-Normen US Standards	Sahlsorte Steel class/grade/type
1.4445	ASTM A 580	317
	ASTM A 632	TP317
	ASTM A 813	TP317
	ASTM A 814	TP317
	ASTM A 943	TP317
	ASTM A 959	317
	ASTM A 988	UNS: S31700
	ASTM F 899	317
	SAE J 405	AISI 317
1.4446	ASTM A 351	CG3M
	ASTM A 743	CG3M
	ASTM A 744	CG3M
1.4449	ASTM A 182	F 317
	ASTM A 213	TP317
	ASTM A 240	317
	ASTM A 249	TP317
	ASTM A 269	TP317
	ASTM A 276	317
	ASTM A 312	TP317
	ASTM A 314	317
	ASTM A 358	317
	ASTM A 403	CR317
	ASTM A 403	WP317
	ASTM A 409	TP317
	ASTM A 473	317
	ASTM A 478	317
	ASTM A 479	317
	ASTM A 511	MT317
	ASTM A 554	MT-317
	ASTM A 580	317
	ASTM A 632	TP317
	ASTM A 813	TP317
	ASTM A 814	TP317
	ASTM A 943	TP317
	ASTM A 959	317
	ASTM A 988	UNS: S31700
	ASTM F 899	317

8 US-Sortenbezeichnungen

Auflistung nach steigenden EN-Werkstoff-Nummern ähnlicher EN (DIN)-Werkstoffe

US steel grades

Listed according to EN material numbers of similar EN (DIN) materials

Werk-stoff-Nr. Material no.	US-Normen US Standards	Sahlsorte Steel class/grade/type
1.4449	SAE J 405	AISI 317
1.4454	ASTM A 182	F XM-11
	ASTM A 240	XM-11
	ASTM A 269	TPXM-10
	ASTM A 269	TPXM-11
	ASTM A 276	XM-10
	ASTM A 276	XM-11
	ASTM A 312	TPXM-10
	ASTM A 312	TPXM-11
	ASTM A 314	XM-10
	ASTM A 314	XM 11
	ASTM A 473	XM-10
	ASTM A 473	XM-11
	ASTM A 479	XM-11
	ASTM A 580	XM-10
	ASTM A 580	XM-11
	ASTM A 666	XM-11
	ASTM A 813	TPXM-10
	ASTM A 813	TPXM-11
	ASTM A 814	TPXM-10
	ASTM A 814	TPXM-11
	ASTM A 943	TPXM-10
	ASTM A 943	TPXM-11
	ASTM A 959	XM-10
	ASTM A 959	XM-11
	ASTM A 965	FXM-11
	ASTM A 988	UNS: S21904
1.4457	ASTM A 693	633
	ASTM A 959	633
1.4458	ASTM A 351	CN7M
	ASTM A 743	CN7M
	ASTM A 744	CN7M
1.4460	ASTM A 182	F 50
	ASTM A 240	UNS: S31200
	ASTM A 789	UNS: S31200
	ASTM A 790	UNS: S31200
	ASTM A 890	ACI: CD6MN

8 US-Sortenbezeichnungen

Auflistung nach steigenden EN-Werkstoff-Nummern ähnlicher EN (DIN)-Werkstoffe

US steel grades

Listed according to EN material numbers of similar EN (DIN) materials

Werk-stoff-Nr. Material no.	US-Normen US Standards	Sahlsorte Steel class/grade/type
1.4460	ASTM A 890	3A
	ASTM A 890	UNS: J93371
	ASTM A 928	UNS: S31200
	ASTM A 949	UNS: S31200
	ASTM A 959	UNS: S31200
	ASTM A 995	ACI: CD6MN
	ASTM A 995	3A
	ASTM A 1049	F50
1.4462	ASTM A 182	F 51
	ASTM A 182	F 60
	ASTM A 240	2205
	ASTM A 240	UNS: S31803
	ASTM A 270	UNS: S31803
	ASTM A 270	UNS: S32205
	ASTM A 276	UNS: S31803
	ASTM A 276	UNS: S32205
	ASTM A 313	UNS: S32205
	ASTM A 314	UNS: S31803
	ASTM A 314	UNS: S32205
	ASTM A 479	UNS: S31803
	ASTM A 479	UNS: S32205
	ASTM A 511	UNS: S31803
	ASTM A 511	UNS: S32205
	ASTM A 789	UNS: S31803
	ASTM A 789	UNS: S32205
	ASTM A 790	UNS: S31803
	ASTM A 790	UNS: S32205
	ASTM A 790	2205
	ASTM A 815	CRS31803
	ASTM A 815	CRS32205
	ASTM A 815	WPS31803
	ASTM A 815	WPS32205
	ASTM A 890	4A
	ASTM A 890	UNS: J92205
	ASTM A 890	ACI: CD3MN
	ASTM A 928	UNS: S31803
	ASTM A 928	2205

8 US-Sortenbezeichnungen

Auflistung nach steigenden EN-Werkstoff-Nummern ähnlicher EN (DIN)-Werkstoffe

US steel grades

Listed according to EN material numbers of similar EN (DIN) materials

Werk-stoff-Nr. Material no.	US-Normen US Standards	Sahlsorte Steel class/grade/type
1.4462	ASTM A 949	UNS: S31803
	ASTM A 955	UNS: S31803
	ASTM A 959	2205
	ASTM A 959	UNS: S31803
	ASTM A 959	UNS: S32205
	ASTM A 988	UNS: S31803
	ASTM A 988	UNS: S32205
	ASTM A 995	4A
	ASTM A 995	ACI: CD3MN
	ASTM A 1022	2205
	ASTM A 1049	F51
	ASTM A 1049	F60
	ASTM A 1082	UNS: S31803
	ASTM A 1082	UNS: S32205
	ASTM A 1082	2205
1.4465	ASTM A 182	F 310MoLN
	ASTM A 213	TP310MoLN
	ASTM A 240	310MoLN
	ASTM A 249	UNS: S31050
	ASTM A 312	UNS: S31050
	ASTM A 479	UNS: S31050
	ASTM A 943	UNS: S31050
	ASTM A 959	310MoLN
1.4466	ASTM A 182	F 310MoLN
	ASTM A 213	TP310MoLN
	ASTM A 240	310MoLN
	ASTM A 249	UNS: S31050
	ASTM A 312	UNS: S31050
	ASTM A 479	UNS: S31050
	ASTM A 943	UNS: S31050
	ASTM A 959	310MoLN
1.4468	ASTM A 872	UNS: J93550
	ASTM A 890	ACI: CE3MN
	ASTM A 890	5A
	ASTM A 890	UNS: J93404
	ASTM A 995	ACI: CE3MN
	ASTM A 995	5A

8 US-Sortenbezeichnungen

Auflistung nach steigenden EN-Werkstoff-Nummern ähnlicher EN (DIN)-Werkstoffe

US steel grades

Listed according to EN material numbers of similar EN (DIN) materials

Werk-stoff-Nr. Material no.	US-Normen US Standards	Sahlsorte Steel class/grade/type
1.4469	ASTM A 890	ACI: CE3MN
	ASTM A 890	5A
	ASTM A 890	UNS: J93404
	ASTM A 995	ACI: CE3MN
	ASTM A 995	5A
1.4470	ASTM A 872	UNS: J93183
	ASTM A 890	ACI: CD3MN
	ASTM A 890	4A
	ASTM A 890	UNS: J92205
	ASTM A 995	ACI: CD3MN
	ASTM A 995	4A
1.4477	ASTM A 182	F 65
	ASTM A 240	UNS: S32906
	ASTM A 479	UNS: S32906
	ASTM A 511	UNS: S32906
	ASTM A 789	UNS: S32906
	ASTM A 790	UNS: S32906
	ASTM A 959	UNS: S32906
1.4478	ASTM A 182	F 62
	ASTM A 194	9C
	ASTM A 194	9CA
	ASTM A 240	UNS: N08367
	ASTM A 249	UNS: N08367
	ASTM A 269	UNS: N08367
	ASTM A 270	UNS: N08367
	ASTM A 276	UNS: N08367
	ASTM A 312	UNS: N08367
	ASTM A 358	UNS: N08367
	ASTM A 403	CR6XN
	ASTM A 403	WP6XN
	ASTM A 409	UNS: N08367
	ASTM A 479	UNS: N08367
	ASTM A 580	UNS: N08367
	ASTM A 688	UNS: N08367
	ASTM A 813	UNS: N08367
	ASTM A 814	UNS: N08367
	ASTM A 959	UNS: N08367

8 US-Sortenbezeichnungen

Auflistung nach steigenden EN-Werkstoff-Nummern ähnlicher EN (DIN)-Werkstoffe

US steel grades

Listed according to EN material numbers of similar EN (DIN) materials

Werk-stoff-Nr. Material no.	US-Normen US Standards	Sahlsorte Steel class/grade/type
1.4478	ASTM A 988	UNS: N08367
1.4479	–	UNS: N08936
1.4480	ASTM A 240	329
	ASTM A 240	UNS: S32900
	ASTM A 789	UNS: S32900
	ASTM A 790	329
	ASTM A 790	UNS: S32900
	ASTM A 928	UNS: S32900
	ASTM A 949	UNS: S32900
	ASTM A 959	329
	ASTM A 959	UNS: S32900
	ASTM A 1022	329
1.4481	ASTM A 240	UNS: S31260
	ASTM A 928	UNS: S31260
	ASTM A 959	UNS: S31260
	ASTM A 1082	UNS: S31260
1.4482	ASTM A 240	UNS: S32001
	ASTM A 928	UNS: S32001
1.4483	ASTM A 182	F 48
	ASTM A 213	TP317LM
	ASTM A 213	TP317LMN
	ASTM A 240	317LM
	ASTM A 240	317LMN
	ASTM A 249	UNS: S31725
	ASTM A 249	UNS: S31726
	ASTM A 269	UNS: S31726
	ASTM A 276	UNS: S31725
	ASTM A 276	UNS: S31726
	ASTM A 312	UNS: S31726
	ASTM A 358	UNS: S31725
	ASTM A 358	UNS: S31726
	ASTM A 376	UNS: S31725
	ASTM A 376	UNS: S31726
	ASTM A 403	CRS31725
	ASTM A 403	CRS31726
	ASTM A 403	WPS31725
	ASTM A 403	WPS31726

8 US-Sortenbezeichnungen

Auflistung nach steigenden EN-Werkstoff-Nummern ähnlicher EN (DIN)-Werkstoffe

US steel grades

Listed according to EN material numbers of similar EN (DIN) materials

Werk-stoff-Nr. Material no.	US-Normen US Standards	Sahlsorte Steel class/grade/type
1.4483	ASTM A 409	UNS: S31725
	ASTM A 409	UNS: S31726
	ASTM A 479	UNS: S31725
	ASTM A 479	UNS: S31726
	ASTM A 943	UNS: S31726
	ASTM A 959	317LM
	ASTM A 959	317LMN
	ASTM A 988	UNS: S31725
	ASTM A 988	UNS: S31726
1.4485	ASTM A 789	UNS: S33207
	ASTM A 790	UNS: S33207
1.4495	ASTM A 182	F 316N
	ASTM A 193	B8MN
	ASTM A 193	B8MNA
	ASTM A 194	8MN type316N
	ASTM A 194	8MNA type 316N
	ASTM A 213	TP316N
	ASTM A 240	316N
	ASTM A 249	TP316N
	ASTM A 276	316N
	ASTM A 312	TP316N
	ASTM A 312	TP316N
	ASTM A 358	316N
	ASTM A 376	TP316N
	ASTM A 403	CR316N
	ASTM A 403	WP316N
	ASTM A 479	316N
	ASTM A 666	316N
	ASTM A 688	TP316N
	ASTM A 813	TP316N
	ASTM A 814	TP316N
	ASTM A 943	TP316N
	ASTM A 959	316N
	ASTM A 965	F316N
	ASTM A 988	UNS: S31651
	ASTM A 1022	316N
1.4500	ASTM A 351	CN7M

8 US-Sortenbezeichnungen

Auflistung nach steigenden EN-Werkstoff-Nummern ähnlicher EN (DIN)-Werkstoffe

US steel grades

Listed according to EN material numbers of similar EN (DIN) materials

Werk-stoff-Nr. Material no.	US-Normen US Standards	Sahlsorte Steel class/grade/type
1.4500	ASTM A 743	CN7M
	ASTM A 744	CN7M
1.4501	ASTM A 182	F 55
	ASTM A 240	UNS: S32760
	ASTM A 276	UNS: S32760
	ASTM A 314	UNS: S32760
	ASTM A 473	UNS: S32760
	ASTM A 479	UNS: S32760
	ASTM A 511	UNS: S32760
	ASTM A 789	UNS: S32760
	ASTM A 790	UNS: S32760
	ASTM A 815	CRS32760
	ASTM A 815	WPS32760
	ASTM A 928	UNS: S32760
	ASTM A 959	UNS: S32760
	ASTM A 988	UNS: S32760
	ASTM A 1049	F55
	ASTM A 1082	UNS: S32760
1.4504	ASTM A 313	631
	ASTM A 564	631
	ASTM A 579	62
	ASTM A 693	631
	ASTM A 705	631
	ASTM A 959	631
	ASTM A 1082	631
	ASTM A 1082	UNS: S17700
	ASTM F 899	631
	AMS 5824	UNS: S17780 (17-7-PH)
	SAE J 467 B	17-7PH
1.4507	ASTM A 182	Grade F 59
	ASTM A 182	Grade F 61
	ASTM A 240	Type 255
	ASTM A 240	UNS: S32550
	ASTM A 276	UNS: S32550
	ASTM A 473	UNS: S32550
	ASTM A 479	UNS: S32550
	ASTM A 511	UNS: S32550

8 US-Sortenbezeichnungen

Auflistung nach steigenden EN-Werkstoff-Nummern ähnlicher EN (DIN)-Werkstoffe

US steel grades

Listed according to EN material numbers of similar EN (DIN) materials

Werk-stoff-Nr. Material no.	US-Normen US Standards	Sahlsorte Steel class/grade/type
1.4507	ASTM A 789	UNS: S32550
	ASTM A 790	Type 255
	ASTM A 790	UNS: S32520
	ASTM A 815	Grade CRS32550
	ASTM A 815	Grade WPS32550
	ASTM A 928	UNS: S32550
	ASTM A 949	UNS: S32550
	ASTM A 959	Type 255
	ASTM A 988	UNS: S32505
	ASTM A 1049	Grade F61
	ASTM A 1082	Type 255
	ASTM A 1082	UNS: S32550
1.4508	ASTM A 890	ACI: CD3MWCuN
	ASTM A 890	6A
	ASTM A 890	UNS: J93380
	ASTM A 995	ACI: CD3MWCuN
	ASTM A 995	6A
1.4509	ASTM A 240	UNS: S43940
	ASTM A 268	UNS: S43940
	ASTM A 959	UNS: S43940
1.4510	ASTM A 240	439
	ASTM A 268	TP430Ti
	ASTM A 268	TP439
	ASTM A 479	439
	ASTM A 554	MT-430Ti
	ASTM A 803	TP439
	ASTM A 803	UNS: S43035
	ASTM A 815	CR430Ti
	ASTM A 815	WP430Ti
	ASTM A 959	430Ti
	ASTM A 959	439
	ASTM A 959	439
	SAE J 405	AISI 430Ti
	SAE J 405	AISI 439
1.4512	ASTM A 240	409
	ASTM A 268	TP409
	ASTM A 554	TP409

8 US-Sortenbezeichnungen

Auflistung nach steigenden EN-Werkstoff-Nummern ähnlicher EN (DIN)-Werkstoffe

US steel grades

Listed according to EN material numbers of similar EN (DIN) materials

Werk-stoff-Nr. Material no.	US-Normen US Standards	Sahlsorte Steel class/grade/type
1.4512	ASTM A 554	UNS: S40900
	ASTM A 803	TP409
	ASTM A 803	UNS: S40900
	ASTM A 959	409
	SAE J 405	AISI 409
1.4514	AMS 5812	UNS: S15789
1.4516	ASTM A 240	UNS: S40975
	ASTM A 959	UNS: S40975
1.4517	ASTM A 890	1A
	ASTM A 890	ACI: CD4MCuN
	ASTM A 890	1B
	ASTM A 890	UNS: J93372
	ASTM A 995	ACI: CD4MCuN
	ASTM A 995	1B
1.4521	ASTM A 213	TP444
	ASTM A 240	444
	ASTM A 268	UNS: S44400
	ASTM A 268	18Cr-2Mo
	ASTM A 276	444
	ASTM A 479	444
	ASTM A 554	444
	ASTM A 554	UNS: S44400
	ASTM A 580	UNS: S44400
	ASTM A 803	UNS: S44400
	ASTM A 803	18-2
	ASTM A 959	444
	SAE J 405	AISI 444
1.4523	ASTM A 581	UNS: S18235
	ASTM A 582	UNS: S18235
	ASTM A 959	UNS: S18235
	ASTM F 899	UNS: S18235
1.4525	ASTM A 747	CB7Cu-1
	ASTM A 747	UNS: J92180
1.4526	ASTM A 240	436
	ASTM A 554	436
	ASTM A 959	436
1.4527	ASTM A 351	CN7M

8 US-Sortenbezeichnungen

Auflistung nach steigenden EN-Werkstoff-Nummern ähnlicher EN (DIN)-Werkstoffe

US steel grades

Listed according to EN material numbers of similar EN (DIN) materials

Werk-stoff-Nr. Material no.	US-Normen US Standards	Sahlsorte Steel class/grade/type
1.4527	ASTM A 743	CN7M
	ASTM A 744	CN7M
1.4529	ASTM A 213	UNS: N08925
	ASTM A 213	UNS: N08926
	ASTM A 240	UNS: N08925
	ASTM A 240	UNS: N08926
	ASTM A 249	UNS: N08926
	ASTM A 269	UNS: N08925
	ASTM A 269	UNS: N08926
	ASTM A 270	UNS: N08926
	ASTM A 276	UNS: N08925
	ASTM A 276	UNS: N08926
	ASTM A 312	UNS: N08925
	ASTM A 312	UNS: N08926
	ASTM A 358	UNS: N08926
	ASTM A 403	CR1925N
	ASTM A 403	WP1925
	ASTM A 403	WP1925N
	ASTM A 403	CR1925
	ASTM A 479	UNS: N08925
	ASTM A 479	UNS: N08926
	ASTM A 580	UNS: N08926
	ASTM A 688	UNS: N08926
	ASTM A 959	UNS: N08926
	SAE J 405	UNS: N08926
1.4532	ASTM A 564	632
	ASTM A 579	63
	ASTM A 693	632
	ASTM A 705	632
	ASTM A 959	632
1.4534	ASTM A 564	XM-13
	ASTM A 693	XM-13
	ASTM A 705	XM-13
	ASTM A 959	XM-13
	ASTM F 899	XM-13
1.4536	ASTM A 743	CN7MS
	ASTM A 744	CN7MS

8 US-Sortenbezeichnungen

Auflistung nach steigenden EN-Werkstoff-Nummern ähnlicher EN (DIN)-Werkstoffe

US steel grades

Listed according to EN material numbers of similar EN (DIN) materials

Werk-stoff-Nr. Material no.	US-Normen US Standards	Sahlsorte Steel class/grade/type
1.4537	ASTM B 625	UNS: N08932
1.4538	ASTM A 743	CN7MS
	ASTM A 744	CN7MS
1.4539	ASTM A 182	F 904L
	ASTM A 213	UNS: N08904
	ASTM A 240	904L
	ASTM A 240	UNS: N08904
	ASTM A 249	UNS: N08904
	ASTM A 269	UNS: N08904
	ASTM A 276	904L
	ASTM A 312	UNS: N08904
	ASTM A 358	UNS: N08904
	ASTM A 403	CR904L
	ASTM A 403	WP904L
	ASTM A 479	904L
	ASTM A 959	904L
1.4540	ASTM A 747	CB7Cu-1
	ASTM A 747	UNS: J92180
	AMS 5342E	UNS: J92200
1.4541	ASTM A 182	F 321
	ASTM A 193	B8T
	ASTM A 193	B8TA
	ASTM A 194	8T type 321
	ASTM A 194	8TA type 321
	ASTM A 213	TP321
	ASTM A 240	321
	ASTM A 249	TP321
	ASTM A 269	TP321
	ASTM A 276	321
	ASTM A 312	TP321
	ASTM A 313	321
	ASTM A 314	321
	ASTM A 320	B8T
	ASTM A 320	B8TA
	ASTM A 358	321
	ASTM A 376	TP321
	ASTM A 403	CR321

8 US-Sortenbezeichnungen

Auflistung nach steigenden EN-Werkstoff-Nummern ähnlicher EN (DIN)-Werkstoffe

US steel grades

Listed according to EN material numbers of similar EN (DIN) materials

Werk-stoff-Nr. Material no.	US-Normen US Standards	Sahlsorte Steel class/grade/type
1.4541	ASTM A 403	WP321
	ASTM A 409	TP321
	ASTM A 473	321
	ASTM A 479	Type 321
	ASTM A 511	MT321
	ASTM A 554	MT-321
	ASTM A 580	321
	ASTM A 632	TP321
	ASTM A 774	TP321
	ASTM A 778	TP321
	ASTM A 813	TP321
	ASTM A 814	TP321
	ASTM A 943	TP321
	ASTM A 959	321
	ASTM A 965	F321
	ASTM F 593	Type
	ASTM F 594	321
	ASTM F 738	321
1.4542	ASTM A 564	630
	ASTM A 693	630
	ASTM A 705	630
	ASTM A 747	CB7Cu-1
	ASTM A 747	UNS: J92180
	ASTM A 959	630
	ASTM A 982	F
	ASTM A 988	UNS: S17400
	ASTM A 1028	F
	ASTM A 1082	630
	ASTM A 1082	UNS: S17400
	ASTM F 593	630
	ASTM F 594	630
	ASTM F 738	630
	ASTM F 899	630
1.4543	ASTM A 313	XM-16
	ASTM A 564	XM-16
	ASTM A 693	XM-16
	ASTM A 705	XM-16

8 US-Sortenbezeichnungen

Auflistung nach steigenden EN-Werkstoff-Nummern ähnlicher EN (DIN)-Werkstoffe

US steel grades

Listed according to EN material numbers of similar EN (DIN) materials

Werk-stoff-Nr. Material no.	US-Normen US Standards	Sahlsorte Steel class/grade/type
1.4543	ASTM A 959	XM-16
	ASTM F 899	XM-16
1.4544	ASTM A 182	F 321
	ASTM A 193	B8T
	ASTM A 193	B8TA
	ASTM A 194	8T type 321
	ASTM A 194	8TA type 321
	ASTM A 213	TP321
	ASTM A 240	321
	ASTM A 249	TP321
	ASTM A 269	TP321
	ASTM A 276	321
	ASTM A 312	TP321
	ASTM A 313	321
	ASTM A 314	321
	ASTM A 320	B8T
	ASTM A 320	B8TA
	ASTM A 358	321
	ASTM A 376	TP321
	ASTM A 403	CR321
	ASTM A 403	WP321
	ASTM A 409	TP321
	ASTM A 473	321
	ASTM A 479	321
	ASTM A 511	MT321
	ASTM A 554	MT-321
	ASTM A 580	321
	ASTM A 632	TP321
	ASTM A 774	TP321
	ASTM A 778	TP321
	ASTM A 813	TP321
	ASTM A 814	TP321
	ASTM A 943	TP321
	ASTM A 959	321
	ASTM A 965	F321
	ASTM F 593	321
	ASTM F 594	321

8 US-Sortenbezeichnungen

Auflistung nach steigenden EN-Werkstoff-Nummern ähnlicher EN (DIN)-Werkstoffe

US steel grades

Listed according to EN material numbers of similar EN (DIN) materials

Werk-stoff-Nr. Material no.	US-Normen US Standards	Sahlsorte Steel class/grade/type
1.4544	ASTM F 738	321
1.4545	ASTM A 564	XM-12
	ASTM A 693	XM-12
	ASTM A 705	XM-12
	ASTM A 747	CB7Cu-2
	ASTM A 747	UNS: J92110
	ASTM A 959	XM-12
1.4546	ASTM A 182	F 348
	ASTM A 182	F 348H
	ASTM A 193	B8C
	ASTM A 193	B8CA
	ASTM A 194	8C type 347
	ASTM A 194	8CA type 347
	ASTM A 213	TP348
	ASTM A 213	TP348H
	ASTM A 240	348
	ASTM A 240	348H
	ASTM A 249	TP347
	ASTM A 249	TP348
	ASTM A 249	TP348H
	ASTM A 269	TP348
	ASTM A 276	348
	ASTM A 312	TP348
	ASTM A 312	TP348H
	ASTM A 314	348
	ASTM A 320	B8C
	ASTM A 320	B8CA
	ASTM A 358	348
	ASTM A 376	TP348
	ASTM A 376	TP348H
	ASTM A 403	CR348
	ASTM A 403	CR348H
	ASTM A 403	WP348
	ASTM A 403	WP348H
	ASTM A 409	TP348
	ASTM A 473	348
	ASTM A 479	348

8 US-Sortenbezeichnungen

Auflistung nach steigenden EN-Werkstoff-Nummern ähnlicher EN (DIN)-Werkstoffe

US steel grades

Listed according to EN material numbers of similar EN (DIN) materials

Werkstoff-Nr. Material no.	US-Normen US Standards	Sahlsorte Steel class/grade/type
1.4546	ASTM A 479	348H
	ASTM A 580	348
	ASTM A 632	TP348
	ASTM A 813	TP348
	ASTM A 813	TP348H
	ASTM A 814	TP348
	ASTM A 814	TP348H
	ASTM A 943	TP348
	ASTM A 943	TP348H
	ASTM A 959	348
	ASTM A 959	348H
	ASTM A 965	F348
	ASTM A 965	F348H
	SAE J 405	AISi 348
1.4547	ASTM A 182	F 44
	ASTM A 193	B8MLCuN
	ASTM A 193	B8MLCuNA
	ASTM A 194	8MLCuN
	ASTM A 194	8MLCuNA
	ASTM A 213	UNS: S31254
	ASTM A 240	UNS: S31254
	ASTM A 249	UNS: S31254
	ASTM A 269	UNS: S31254
	ASTM A 270	UNS: S31254
	ASTM A 276	UNS: S31254
	ASTM A 312	UNS: S31254
	ASTM A 358	UNS: S31254
	ASTM A 403	CRS31254
	ASTM A 403	WPS31254
	ASTM A 409	UNS: S31254
	ASTM A 473	UNS: S31254
	ASTM A 479	UNS: S31254
	ASTM A 688	UNS: S31254
	ASTM A 813	UNS: S31254
	ASTM A 814	UNS: S31254
	ASTM A 943	UNS: S31254
	ASTM A 959	UNS: S31254

8 US-Sortenbezeichnungen

Auflistung nach steigenden EN-Werkstoff-Nummern ähnlicher EN (DIN)-Werkstoffe

US steel grades

Listed according to EN material numbers of similar EN (DIN) materials

Werkstoff-Nr. Material no.	US-Normen US Standards	Sahlsorte Steel class/grade/type
1.4547	ASTM A 988	UNS: S31254
1.4548	ASTM A 564	630
	ASTM A 693	630
	ASTM A 705	630
	ASTM A 959	630
	ASTM A 982	F
	ASTM A 988	UNS: S17400
	ASTM A 1028	F
	ASTM A 1082	630
	ASTM A 1082	UNS: S17400
	ASTM F 593	630
	ASTM F 594	630
	ASTM F 738	630
	ASTM F 899	630
1.4549	AMS 5342	UNS: J92200
1.4550	ASTM A 182	F 347
	ASTM A 193	B8C
	ASTM A 193	B8CA
	ASTM A 194	8C type 347
	ASTM A 194	8CA type 347
	ASTM A 213	TP347
	ASTM A 240	347
	ASTM A 249	TP347
	ASTM A 269	TP347
	ASTM A 276	347
	ASTM A 312	TP347
	ASTM A 313	347
	ASTM A 314	347
	ASTM A 320	B8C
	ASTM A 320	B8CA
	ASTM A 358	347
	ASTM A 376	TP347
	ASTM A 403	CR347
	ASTM A 403	WP347
	ASTM A 409	TP347
	ASTM A 473	347
	ASTM A 479	347

8 US-Sortenbezeichnungen

Auflistung nach steigenden EN-Werkstoff-Nummern ähnlicher EN (DIN)-Werkstoffe

US steel grades

Listed according to EN material numbers of similar EN (DIN) materials

Werk-stoff-Nr. Material no.	US-Normen US Standards	Sahlsorte Steel class/grade/type
1.4550	ASTM A 511	MT347
	ASTM A 554	MT-347
	ASTM A 580	347
	ASTM A 632	TP347
	ASTM A 774	TP347
	ASTM A 778	TP347
	ASTM A 813	TP347
	ASTM A 814	TP347
	ASTM A 943	TP347
	ASTM A 959	347
	ASTM A 965	F347
	ASTM F 593	347
	ASTM F 594	347
	ASTM F 738	347
	SAE J 405	AISI 347
1.4552	ASTM A 351	CF8C
	ASTM A 451	CPF8C
	ASTM A 743	CF8C
	ASTM A 744	CF8C
1.4557	ASTM A 351	CK3MCuN
	ASTM A 743	CK3MCuN
	ASTM A 744	CK3MCuN
1.4558	ASTM A 213	800
	ASTM A 240	800
	ASTM A 240	UNS: N08800
	ASTM A 249	800
	ASTM A 276	800
	ASTM A 312	800
	ASTM A 358	UNS: N08800
	ASTM A 403	CRNIC
	ASTM A 403	WPNIC
	ASTM A 479	800
	ASTM A 688	800
	ASTM A 688	UNS: N08800
	ASTM A 959	800
1.4562	ASTM A 314	UNS: S38031
	ASTM B 462	UNS: N08031

8 US-Sortenbezeichnungen

Auflistung nach steigenden EN-Werkstoff-Nummern ähnlicher EN (DIN)-Werkstoffe

US steel grades

Listed according to EN material numbers of similar EN (DIN) materials

Werk-stoff-Nr. Material no.	US-Normen US Standards	Sahlsorte Steel class/grade/type
1.4562	ASTM B 564	UNS: N08031
1.4563	ASTM B 668	UNS: N08028
	ASTM B 709	UNS: N08028
1.4565	ASTM A 182	F 49
	ASTM A 213	UNS: S34565
	ASTM A 240	UNS: S34565
	ASTM A 249	UNS: S34565
	ASTM A 269	UNS: S34565
	ASTM A 276	UNS: S34565
	ASTM A 312	UNS: S34565
	ASTM A 358	UNS: S34565
	ASTM A 376	UNS: S34565
	ASTM A 403	CRS34565
	ASTM A 403	WPS34565
	ASTM A 409	UNS: S34565
	ASTM A 479	UNS: S34565
	ASTM A 943	UNS: S34565
	ASTM A 959	UNS: S34565
1.4567	ASTM A 493	UNS: S30430
	ASTM A 959	UNS: S30430
	ASTM F 593	UNS: S30430
	ASTM F 594	UNS: S30430
	ASTM F 738	UNS: S30430
	ASTM F 899	XM-7
	SAE J 775	UNS: S30430
1.4568	ASTM A 313	631
	ASTM A 564	631
	ASTM A 579	Grade 62
	ASTM A 693	631
	ASTM A 705	631
	ASTM A 959	631
	ASTM A 1082	631
	ASTM A 1082	UNS: S17700
	ASTM F 899	631
	SAE J 467 B	17-7PH
1.4570	–	UNS: S30331
1.4571	ASTM A 182	F 316Ti

8 US-Sortenbezeichnungen

Auflistung nach steigenden EN-Werkstoff-Nummern ähnlicher EN (DIN)-Werkstoffe

US steel grades

Listed according to EN material numbers of similar EN (DIN) materials

Werk-stoff-Nr. Material no.	US-Normen US Standards	Sahlsorte Steel class/grade/type
1.4571	ASTM A 213	TP316Ti
	ASTM A 240	316Ti
	ASTM A 276	316Ti
	ASTM A 312	TP316Ti
	ASTM A 314	316Ti
	ASTM A 368	316Ti
	ASTM A 478	316Ti
	ASTM A 479	316Ti
	ASTM A 959	316Ti
	SAE J 405	AISI 316Ti
1.4573	ASTM A 182	F316Ti
	ASTM A 213	TP316Ti
	ASTM A 240	316Ti
	ASTM A 276	316Ti
	ASTM A 312	316Ti
	ASTM A 314	316Ti
	ASTM A 368	316Ti
	ASTM A 478	316Ti
	ASTM A 479	316Ti
	ASTM A 959	316Ti
1.4574	ASTM A 564	632
	ASTM A 579	63
	ASTM A 693	632
	ASTM A 705	632
	ASTM A 959	632
	ASTM A 1082	632
	ASTM A 1082	UNS: S15700
1.4575	ASTM A 240	UNS: S32803
	ASTM A 268	UNS: S32803
	ASTM A 959	UNS: S32803
1.4580	ASTM A 240	316Cb
	ASTM A 276	316Cb
	ASTM A 314	316Cb
	ASTM A 368	316Cb
	ASTM A 478	316Cb
	ASTM A 479	316Cb
	ASTM A 959	316Cb

8 US-Sortenbezeichnungen

Auflistung nach steigenden EN-Werkstoff-Nummern ähnlicher EN (DIN)-Werkstoffe

US steel grades

Listed according to EN material numbers of similar EN (DIN) materials

Werkstoff-Nr. Material no.	US-Normen US Standards	Sahlsorte Steel class/grade/type
1.4580	SAE J 405	AISI 316Cb
1.4581	ASTM A 351	CF8M
	ASTM A 351	CF10M
	ASTM A 451	CPF8M
	ASTM A 743	CF8M
	ASTM A 744	CF8M
1.4588	ASTM A 351	CN3MN
	ASTM A 743	CN3MN
	ASTM A 744	CN3MN
1.4589	ASTM A 240	UNS: S42035
	ASTM A 268	UNS: S42035
	ASTM A 959	UNS: S42035
1.4592	ASTM A 240	UNS: S44700
	ASTM A 268	29-4
	ASTM A 268	UNS: S44700
	ASTM A 276	UNS: S44700
	ASTM A 479	UNS: S44700
	ASTM A 493	UNS: S44700
	ASTM A 511	29-4
	ASTM A 580	UNS: S44700
	ASTM A 803	29-4
	ASTM A 803	UNS: S44700
1.4594	ASTM A 564	XM-25
	ASTM A 693	XM-25
	ASTM A 705	XM-25
	ASTM A 959	XM-25
	ASTM F 899	XM-25
1.4597	ASTM A 313	UNS: S20430
	ASTM A 959	UNS: S20430
1.4606	ASTM A 453	660
	ASTM A 638	660
	ASTM A 959	660
	ASTM A 959	UNS: S66286
1.4618	ASTM A 240	UNS: S20433
1.4621	ASTM A 240	UNS: S44500
	ASTM A 959	UNS: S44500
1.4622	ASTM A 240	UNS: S43330

8 US-Sortenbezeichnungen

Auflistung nach steigenden EN-Werkstoff-Nummern ähnlicher EN (DIN)-Werkstoffe

US steel grades

Listed according to EN material numbers of similar EN (DIN) materials

Werk-stoff-Nr. Material no.	US-Normen US Standards	Sahlsorte Steel class/grade/type
1.4625	ASTM A 194	8F type 303Se
	ASTM A 194	8FA type 303Se
	ASTM A 314	303Se
	ASTM A 320	B8F type 303Se
	ASTM A 320	B8FA type 303Se
	ASTM A 473	303Se
	ASTM A 511	MT303Se
	ASTM A 581	303Se
	ASTM A 582	303Se
	ASTM A 895	303Se
	ASTM A 959	303Se
	ASTM F 593	303Se
	ASTM F 594	303Se
	ASTM F 738	303Se
1.4635	ASTM A 240	UNS: S82012
1.4637	ASTM A 240	UNS: S82031
1.4643	ASTM A 453	662
	ASTM A 959	662
1.4644	ASTM A 638	662
1.4645	ASTM A 564	UNS: S46910
	ASTM A 693	UNS: S46910
	ASTM A 959	UNS: S46910
	ASTM F 899	UNS: S46910
1.4652	ASTM A 240	UNS: S32654
	ASTM A 249	UNS: S32654
	ASTM A 269	UNS: S32654
	ASTM A 276	UNS: S32654
	ASTM A 312	UNS: S32654
	ASTM A 358	UNS: S32654
	ASTM A 479	UNS: S32654
	ASTM A 688	UNS: S32654
	ASTM A 959	UNS: S32654
	ASTM A 988	UNS: S32654
1.4657	ASTM A 182	F 20
	ASTM A 240	UNS: N08020
	ASTM A 358	UNS: N08020
	ASTM A 403	CR20CB

8 US-Sortenbezeichnungen

Auflistung nach steigenden EN-Werkstoff-Nummern ähnlicher EN (DIN)-Werkstoffe

US steel grades

Listed according to EN material numbers of similar EN (DIN) materials

Werkstoff-Nr. Material no.	US-Normen US Standards	Sahlsorte Steel class/grade/type
1.4657	ASTM A 403	WP20CB
	ASTM A 479	UNS: N08020
	ASTM A 959	UNS: N08020
1.4658	ASTM A 511	UNS: S32707
	ASTM A 789	UNS: S32707
	ASTM A 790	UNS: S32707
1.4659	ASTM A 182	F 58
	ASTM A 240	UNS: S31266
	ASTM A 312	UNS: S31266
	ASTM A 358	UNS: S31266
	ASTM A 376	UNS: S31266
	ASTM A 409	UNS: S31266
	ASTM A 959	UNS: S31266
1.4662	ASTM A 240	UNS: S82441
	ASTM A 276	UNS: S82441
	ASTM A 314	UNS: S82441
	ASTM A 479	UNS: S82441
	ASTM A 580	UNS: S82441
	ASTM A 928	UNS: S82441
1.4667	–	UNS: S30330 (303Cu)
1.4704	–	UNS: S64006 (F)
1.4718	SAE J 775	X 45 CrSi 9 3
1.4720	ASTM A 240	409
	ASTM A 268	TP409
	ASTM A 554	TP409
	ASTM A 554	UNS: S40900
	ASTM A 803	TP409
	ASTM A 803	UNS: S40900
	ASTM A 959	409
	SAE J 405	AISI 409
1.4729	ASTM A 743	CA40
	ASTM A 743	CA40F
1.4747	SAE J 775	UNS: S65006
1.4749	ASTM A 176	446
	ASTM A 268	TP446-1
	ASTM A 268	TP446-2
	ASTM A 276	446

8 US-Sortenbezeichnungen

Auflistung nach steigenden EN-Werkstoff-Nummern ähnlicher EN (DIN)-Werkstoffe

US steel grades

Listed according to EN material numbers of similar EN (DIN) materials

Werk-stoff-Nr. Material no.	US-Normen US Standards	Sahlsorte Steel class/grade/type
1.4749	ASTM A 314	446
	ASTM A 473	446
	ASTM A 511	MT446-1
	ASTM A 511	MT446-2
	ASTM A 580	446
	ASTM A 815	CR446
	ASTM A 815	WP446
	ASTM A 959	446
1.4750	ASTM A 240	UNS: S44660
	ASTM A 268	26-3-3
	ASTM A 268	UNS: S44660
	ASTM A 803	26-3-3
	ASTM A 803	UNS: S44660
	ASTM A 959	26-3-3
	ASTM A 959	UNS: S44660
1.4760	ASTM A 240	UNS: S44535
	ASTM A 580	UNS: S44535
	ASTM A 959	UNS: S44535
1.4762	ASTM A 176	446
	ASTM A 268	TP446-1
	ASTM A 268	TP446-2
	ASTM A 276	446
	ASTM A 314	446
	ASTM A 473	446
	ASTM A 511	MT446-1
	ASTM A 511	MT446-2
	ASTM A 580	446
	ASTM A 815	CR446
	ASTM A 815	WP446
	ASTM A 959	446
1.4776	ASTM A 297	HC
	ASTM A 743	CC50
1.4805	ASTM A 297	HN
1.4815	ASTM A 351	CF8
	ASTM A 351	CF8A
	ASTM A 451	CPF8
	ASTM A 451	CPF8A

8 US-Sortenbezeichnungen

Auflistung nach steigenden EN-Werkstoff-Nummern ähnlicher EN (DIN)-Werkstoffe

US steel grades

Listed according to EN material numbers of similar EN (DIN) materials

Werk-stoff-Nr. Material no.	US-Normen US Standards	Sahlsorte Steel class/grade/type
1.4815	ASTM A 743	CF8
	ASTM A 744	CF8
1.4818	ASTM A 240	UNS: S30415
	ASTM A 249	UNS: S30415
	ASTM A 312	UNS: S30415
	ASTM A 358	UNS: S30415
	ASTM A 959	UNS: S30415
1.4822	ASTM A 297	HC
1.4823	ASTM A 297	HD
	ASTM A 608	HD50
1.4825	ASTM A 297	HF
	ASTM A 608	HF30
	ASTM A 743	CF20
1.4826	ASTM A 297	HF
	ASTM A 608	HF30
1.4827	ASTM A 351	CF8C
1.4828	ASTM A 167	309
	ASTM A 276	309
	ASTM A 314	309
	ASTM A 403	CR309
	ASTM A 403	WP309
	ASTM A 473	309
	ASTM A 580	309
	ASTM A 959	309
1.4833	ASTM A 213	TP309S
	ASTM A 240	309H
	ASTM A 240	309S
	ASTM A 249	TP309S
	ASTM A 276	309S
	ASTM A 312	TP309S
	ASTM A 314	309S
	ASTM A 351	CH8
	ASTM A 358	309S
	ASTM A 409	TP309S
	ASTM A 473	309S
	ASTM A 478	309S
	ASTM A 479	309S

8 US-Sortenbezeichnungen

Auflistung nach steigenden EN-Werkstoff-Nummern ähnlicher EN (DIN)-Werkstoffe

US steel grades

Listed according to EN material numbers of similar EN (DIN) materials

Werk-stoff-Nr. Material no.	US-Normen US Standards	Sahlsorte Steel class/grade/type
1.4833	ASTM A 511	MT309S
	ASTM A 554	MT-309S
	ASTM A 580	309S
	ASTM A 813	TP309S
	ASTM A 814	TP309S
	ASTM A 943	TP309S
	ASTM A 959	309S
	SAE J 405	AISI 309S
1.4835	ASTM A 182	F 45
	ASTM A 213	UNS: S30815
	ASTM A 240	UNS: S30815
	ASTM A 249	UNS: S30815
	ASTM A 276	UNS: S30815
	ASTM A 312	UNS: S30815
	ASTM A 358	UNS: S30815
	ASTM A 409	UNS: S30815
	ASTM A 473	UNS: S30815
	ASTM A 479	UNS: S30815
	ASTM A 813	UNS: S30815
	ASTM A 814	UNS: S30815
	ASTM A 943	UNS: S30815
	ASTM A 959	UNS: S30815
1.4837	ASTM A 297	HH
	ASTM A 447	Type I
	ASTM A 447	Type II
	ASTM A 608	HH30
	ASTM A 608	HH33
1.4840	ASTM A 351	CK20
	ASTM A 451	CPK20
	ASTM A 743	CK20
1.4841	ASTM A 167	310
	ASTM A 182	F 310
	ASTM A 276	310
	ASTM A 276	314
	ASTM A 314	310
	ASTM A 314	314
	ASTM A 473	310

8 US-Sortenbezeichnungen

Auflistung nach steigenden EN-Werkstoff-Nummern ähnlicher EN (DIN)-Werkstoffe

US steel grades

Listed according to EN material numbers of similar EN (DIN) materials

Werk-stoff-Nr. Material no.	US-Normen US Standards	Sahlsorte Steel class/grade/type
1.4841	ASTM A 473	314
	ASTM A 580	310
	ASTM A 580	314
	ASTM A 632	TP310
	ASTM A 959	310
	ASTM A 959	314
	ASTM A 965	F310
1.4842	ASTM A 213	TP310S
	ASTM A 240	310S
	ASTM A 249	TP310S
	ASTM A 276	310S
	ASTM A 312	TP310S
	ASTM A 314	310S
	ASTM A 358	310S
	ASTM A 403	CR310S
	ASTM A 403	WP310S
	ASTM A 409	TP310S
	ASTM A 473	310S
	ASTM A 479	310S
	ASTM A 511	MT310S
	ASTM A 554	MT-310S
	ASTM A 580	310S
	ASTM A 813	TP310S
	ASTM A 814	TP310S
	ASTM A 943	TP310S
	ASTM A 959	310S
	SAE J 405	AISI 310S
1.4843	ASTM A 167	310
	ASTM A 276	314
	ASTM A 314	314
	ASTM A 351	CK20
	ASTM A 451	CPK20
	ASTM A 473	314
	ASTM A 580	314
	ASTM A 743	CK20
	ASTM A 959	314
1.4845	ASTM A 182	F 310H

8 US-Sortenbezeichnungen

Auflistung nach steigenden EN-Werkstoff-Nummern ähnlicher EN (DIN)-Werkstoffe

US steel grades

Listed according to EN material numbers of similar EN (DIN) materials

Werk-stoff-Nr. Material no.	US-Normen US Standards	Sahlsorte Steel class/grade/type
1.4845	ASTM A 213	TP310H
	ASTM A 213	TP310S
	ASTM A 240	310H
	ASTM A 240	310S
	ASTM A 249	TP310H
	ASTM A 249	TP310S
	ASTM A 276	310S
	ASTM A 312	TP310H
	ASTM A 312	TP310S
	ASTM A 314	310S
	ASTM A 358	310S
	ASTM A 403	CR310S
	ASTM A 403	WP310S
	ASTM A 409	TP310S
	ASTM A 473	310S
	ASTM A 479	310H
	ASTM A 479	310S
	ASTM A 511	MT310S
	ASTM A 554	MT-310S
	ASTM A 580	310S
	ASTM A 813	TP310S
	ASTM A 814	TP310S
	ASTM A 943	TP310H
	ASTM A 943	TP310S
	ASTM A 959	310H
	ASTM A 959	310S
	ASTM A 965	F310H
	SAE J 405	AISI 310H
	SAE J 405	AISI 310S
1.4846	ASTM A 297	HI
	ASTM A 351	HK40
	ASTM A 608	HH33
	ASTM A 608	HK40
1.4847	ASTM A 240	334
	ASTM A 959	334
1.4848	ASTM A 297	HK
	ASTM A 351	HK30

8 US-Sortenbezeichnungen

Auflistung nach steigenden EN-Werkstoff-Nummern ähnlicher EN (DIN)-Werkstoffe

US steel grades

Listed according to EN material numbers of similar EN (DIN) materials

Werkstoff-Nr. Material no.	US-Normen US Standards	Sahlsorte Steel class/grade/type
1.4848	ASTM A 351	HK40
	ASTM A 608	HK30
	ASTM A 608	HK40
1.4849	ASTM A 297	HU
	ASTM A 608	HU50
1.4852	ASTM A 297	HP
1.4854	ASTM A 240	UNS: S35315
	ASTM A 312	UNS: S35315
	ASTM A 479	UNS: S35315
	ASTM A 959	UNS: S35315
1.4857	ASTM A 297	HP
1.4859	ASTM A 297	CT15C
	ASTM A 351	CT15C
1.4864	ASTM A 554	MT-330
1.4865	ASTM A 297	HU
	ASTM A 608	HU50
1.4866	SAE J 775	X 33 CrMnNiN 23 8
1.4871	SAE J 775	EV8
	SAE J 775	X 53 CrMnNiN 21 9
1.4875	SAE J 775	UNS: S63012
1.4876	ASTM A 213	800H
	ASTM A 213	UNS: N08811
	ASTM A 240	800H
	ASTM A 240	UNS: N08811
	ASTM A 249	UNS: N08811
	ASTM A 276	800H
	ASTM A 276	UNS: N08811
	ASTM A 312	800H
	ASTM A 312	UNS: N08811
	ASTM A 358	800H
	ASTM A 358	UNS: N08811
	ASTM A 403	CRNIC11
	ASTM A 403	WPNIC11
	ASTM A 479	Type
	ASTM A 479	UNS: N08811
	ASTM A 688	800
	ASTM A 688	800H

8 US-Sortenbezeichnungen

Auflistung nach steigenden EN-Werkstoff-Nummern ähnlicher EN (DIN)-Werkstoffe

US steel grades

Listed according to EN material numbers of similar EN (DIN) materials

Werk-stoff-Nr. Material no.	US-Normen US Standards	Sahlsorte Steel class/grade/type
1.4876	ASTM A 688	UNS: N08800
	ASTM A 688	UNS: N08811
	ASTM A 959	800H
	ASTM A 959	UNS: N08811
1.4877	ASTM A 182	F 56
	ASTM A 213	UNS: S33228
	ASTM A 240	UNS: S33228
	ASTM A 249	UNS: S33228
	ASTM A 312	UNS: S33228
	ASTM A 314	UNS: S33228
	ASTM A 403	CRS33228
	ASTM A 403	WPS33228
	ASTM A 479	UNS: S33228
	ASTM A 959	UNS: S33228
1.4878	ASTM A 182	F 321H
	ASTM A 213	TP321H
	ASTM A 240	321H
	ASTM A 249	TP321H
	ASTM A 312	TP321H
	ASTM A 358	321H
	ASTM A 376	TP321H
	ASTM A 403	CR321H
	ASTM A 403	WP321H
	ASTM A 479	321H
	ASTM A 813	TP321H
	ASTM A 814	TP321H
	ASTM A 943	TP321H
	ASTM A 959	321H
	ASTM A 965	F321H
	SAE J 405	AISI 321H
1.4881	–	UNS: S63011 (746)
1.4882	SAE J 775	UNS: S63019 (21-4N+Nb+W)
	SAE J 775	X 50 CrMnNiNbN 21 9
1.4890	SAE J 775	EV8
	SAE J 775	X 53 CrMnNiN 21 9
1.4891	ASTM A 240	UNS: S30415

8 US-Sortenbezeichnungen

Auflistung nach steigenden EN-Werkstoff-Nummern ähnlicher EN (DIN)-Werkstoffe

US steel grades

Listed according to EN material numbers of similar EN (DIN) materials

Werkstoff-Nr. Material no.	US-Normen US Standards	Sahlsorte Steel class/grade/type
1.4891	ASTM A 249	UNS: S30415
	ASTM A 312	UNS: S30415
	ASTM A 358	UNS: S30415
	ASTM A 959	UNS: S30415
1.4893	ASTM A 182	F45
	ASTM A 213	UNS: S30815
	ASTM A 240	UNS: S30815
	ASTM A 249	UNS: S30815
	ASTM A 276	UNS: S30815
	ASTM A 312	UNS: S30815
	ASTM A 358	UNS: S30815
	ASTM A 409	UNS: S30815
	ASTM A 473	UNS: S30815
	ASTM A 479	UNS: S30815
	ASTM A 813	UNS: S30815
	ASTM A 814	UNS: S30815
	ASTM A 943	UNS: S30815
	ASTM A 959	UNS: S30815
1.4901	ASTM A 182	F 92
	ASTM A 213	T92
	ASTM A 234	WP92
	ASTM A 335	P92
	ASTM A 336	F92
	ASTM A 369	FP92
	ASTM A 1017	92
1.4903	ASTM A 182	F 91
	ASTM A 213	T91
	ASTM A 217	C12A
	ASTM A 234	WP91
	ASTM A 335	P91
	ASTM A 336	F91
	ASTM A 356	12A
	ASTM A 369	FP91
	ASTM A 387	91
	ASTM A 426	CP91
	ASTM A 691	91
	ASTM A 989	UNS: K90901

8 US-Sortenbezeichnungen

Auflistung nach steigenden EN-Werkstoff-Nummern ähnlicher EN (DIN)-Werkstoffe

US steel grades

Listed according to EN material numbers of similar EN (DIN) materials

Werkstoff-Nr. Material no.	US-Normen US Standards	Sahlsorte Steel class/grade/type
1.4905	ASTM A 182	F 911
	ASTM A 213	T911
	ASTM A 234	WP911
	ASTM A 335	P911
	ASTM A 336	F911
	ASTM A 1017	911
1.4907	ASTM A 213	UNS: S30432
	ASTM A 959	UNS: S30432
1.4908	ASTM A 213	TP347H
	ASTM A 213	TP347HFG
1.4912	ASTM A 182	F 347H
	ASTM A 213	TP347H
	ASTM A 213	TP347HFG
	ASTM A 240	347H
	ASTM A 249	TP347H
	ASTM A 312	TP347H
	ASTM A 358	Type 347H
	ASTM A 376	TP347H
	ASTM A 403	CR347H
	ASTM A 403	WP347H
	ASTM A 479	347H
	ASTM A 813	TP347H
	ASTM A 814	TP347H
	ASTM A 943	TP347H
	ASTM A 959	347H
	ASTM A 965	F347H
	SAE J 405	AISI 347H
1.4917	ASTM A 213	UNS: S30434
1.4918	ASTM A 213	TP316H
	ASTM A 240	316H
	ASTM A 249	TP316H
	ASTM A 312	TP316H
	ASTM A 358	316H
	ASTM A 376	TP316H
	ASTM A 479	316H
	ASTM A 813	TP316H
	ASTM A 814	TP316H

8 US-Sortenbezeichnungen

Auflistung nach steigenden EN-Werkstoff-Nummern ähnlicher EN (DIN)-Werkstoffe

US steel grades

Listed according to EN material numbers of similar EN (DIN) materials

Werk-stoff-Nr. Material no.	US-Normen US Standards	Sahlsorte Steel class/grade/type
1.4918	ASTM A 943	TP316H
1.4919	ASTM A 182	F 316H
	ASTM A 213	TP316H
	ASTM A 240	316H
	ASTM A 249	TP316H
	ASTM A 312	TP316H
	ASTM A 312	TP316H
	ASTM A 358	316H
	ASTM A 376	TP316H
	ASTM A 403	CR316H
	ASTM A 403	WP316H
	ASTM A 479	316H
	ASTM A 813	TP316H
	ASTM A 814	TP316H
	ASTM A 943	TP316H
	ASTM A 959	316H
	ASTM A 965	F316H
	ASTM A 988	UNS: S31600
	SAE J 405	AISI 316H
1.4929	ASTM A 176	422
1.4931	ASTM A 743	CA28MWV
1.4933	ASTM A 565	XM-32
	ASTM A 959	XM-32
1.4935	ASTM A 176	422
	ASTM A 437	B4C
	ASTM A 437	B4B
	ASTM A 565	616
	ASTM A 959	616
	SAE J 775	UNS: S42200
1.4938	ASTM A 565	XM-32
	ASTM A 959	XM-32
1.4939	ASTM A 565	XM-32
	ASTM A 959	XM-32
1.4940	ASTM A 182	F 321H
	ASTM A 213	TP321H
	ASTM A 240	321H
	ASTM A 249	TP321H

8 US-Sortenbezeichnungen

Auflistung nach steigenden EN-Werkstoff-Nummern ähnlicher EN (DIN)-Werkstoffe

US steel grades

Listed according to EN material numbers of similar EN (DIN) materials

Werk-stoff-Nr. Material no.	US-Normen US Standards	Sahlsorte Steel class/grade/type
1.4940	ASTM A 312	TP321H
	ASTM A 376	TP321H
	ASTM A 403	CR321H
	ASTM A 403	WP321H
	ASTM A 479	321H
	ASTM A 813	TP321H
	ASTM A 814	TP321H
	ASTM A 943	TP321H
	ASTM A 959	321H
	ASTM A 965	F321H
	SAE J 405	AISI 321H
1.4941	ASTM A 182	F 321H
	ASTM A 213	TP321H
	ASTM A 240	321
	ASTM A 240	321H
	ASTM A 249	TP321H
	ASTM A 269	TP321
	ASTM A 276	321
	ASTM A 312	TP321H
	ASTM A 313	321
	ASTM A 376	TP321H
	ASTM A 403	CR321H
	ASTM A 403	WP321H
	ASTM A 479	321H
	ASTM A 580	321
	ASTM A 813	TP321H
	ASTM A 814	TP321H
	ASTM A 943	TP321H
	ASTM A 959	321
	ASTM A 959	321H
	ASTM A 965	F321H
	ASTM F 593	321
	ASTM F 594	321
	ASTM F 738	321
1.4943	ASTM A 453	660
	ASTM A 638	660
	ASTM A 891	–

8 US-Sortenbezeichnungen

Auflistung nach steigenden EN-Werkstoff-Nummern ähnlicher EN (DIN)-Werkstoffe

US steel grades

Listed according to EN material numbers of similar EN (DIN) materials

Werk-stoff-Nr. Material no.	US-Normen US Standards	Sahlsorte Steel class/grade/type
1.4943	ASTM A 959	660
	ASTM A 959	UNS: S66286
1.4944	ASTM A 453	660
	ASTM A 638	660
	ASTM A 891	–
	ASTM A 959	660
	ASTM A 959	UNS: S66286
1.4948	ASTM A 182	F 304H
	ASTM A 213	TP304H
	ASTM A 240	304H
	ASTM A 249	TP304H
	ASTM A 312	304H
	ASTM A 358	304H
	ASTM A 376	TP304H
	ASTM A 403	CR304H
	ASTM A 403	WP304H
	ASTM A 479	304H
	ASTM A 813	TP304H
	ASTM A 814	TP304H
	ASTM A 943	TP304H
	ASTM A 959	304H
	ASTM A 965	F304H
	SAE J 405	AISI 304H
1.4950	ASTM A 182	F 309H
	ASTM A 213	TP309H
	ASTM A 213	TP309S
	ASTM A 240	309H
	ASTM A 240	309S
	ASTM A 249	TP309H
	ASTM A 249	TP309S
	ASTM A 276	309S
	ASTM A 312	TP309H
	ASTM A 312	TP309S
	ASTM A 314	309S
	ASTM A 351	CH8
	ASTM A 358	309S
	ASTM A 409	TP309S

8 US-Sortenbezeichnungen

Auflistung nach steigenden EN-Werkstoff-Nummern ähnlicher EN (DIN)-Werkstoffe

US steel grades

Listed according to EN material numbers of similar EN (DIN) materials

Werkstoff-Nr. Material no.	US-Normen US Standards	Sahlsorte Steel class/grade/type
1.4950	ASTM A 473	309S
	ASTM A 478	309S
	ASTM A 479	309H
	ASTM A 479	309S
	ASTM A 511	MT309S
	ASTM A 554	MT-309S
	ASTM A 580	309S
	ASTM A 813	TP309S
	ASTM A 814	TP309S
	ASTM A 943	TP309H
	ASTM A 943	TP309S
	ASTM A 959	309H
	ASTM A 959	309S
	ASTM A 965	F309H
	SAE J 405	AISI 309H
	SAE J 405	AISI 309S
1.4951	ASTM A 182	F 310H
	ASTM A 213	TP310H
	ASTM A 240	310H
	ASTM A 249	TP310H
	ASTM A 312	TP310H
	ASTM A 479	310H
	ASTM A 943	TP310H
	ASTM A 959	310H
	ASTM A 965	F310H
	SAE J 405	AISI 310H
1.4952	ASTM A 213	TP310HCbN
	ASTM A 959	310HCbN
1.4954	ASTM A 453	660
	ASTM A 638	660
	ASTM A 891	–
	ASTM A 959	660
	ASTM A 959	UNS: S66286
1.4956	ASTM B 639	661
1.4958	ASTM A 213	800
	ASTM A 213	800H
	ASTM A 240	800H

8 US-Sortenbezeichnungen

Auflistung nach steigenden EN-Werkstoff-Nummern ähnlicher EN (DIN)-Werkstoffe

US steel grades

Listed according to EN material numbers of similar EN (DIN) materials

Werkstoff-Nr. Material no.	US-Normen US Standards	Sahlsorte Steel class/grade/type
1.4958	ASTM A 249	800H
	ASTM A 276	800H
	ASTM A 276	UNS: N08811
	ASTM A 312	800H
	ASTM A 358	800H
	ASTM A 403	CRNIC10
	ASTM A 403	WPNIC10
	ASTM A 479	800H
	ASTM A 688	800H
	ASTM A 688	UNS: N08810
	ASTM A 688	UNS: N08811
	ASTM A 959	800H
	SAE J 405	UNS: N08810
1.4959	ASTM A 213	800H
	ASTM A 213	UNS: N08811
	ASTM A 240	800H
	ASTM A 240	UNS: N08811
	ASTM A 249	UNS: N08811
	ASTM A 276	800H
	ASTM A 276	UNS: N08811
	ASTM A 312	800H
	ASTM A 312	UNS: N08811
	ASTM A 358	UNS: N08811
	ASTM A 403	CRNIC11
	ASTM A 403	WPNIC11
	ASTM A 479	UNS: N08811
	ASTM A 688	UNS: N08811
	ASTM A 959	UNS: N08811
1.4971	AMS 5376	UNS: R30155
	ASTM B 639	661
1.4980	ASTM A 453	660
	ASTM A 638	660
	ASTM A 891	–
	ASTM A 959	660
	ASTM A 959	UNS: S66286
1.4982	ASTM A 213	UNS: S21500
	ASTM A 959	UNS: S21500

8 US-Sortenbezeichnungen

Auflistung nach steigenden EN-Werkstoff-Nummern ähnlicher EN (DIN)-Werkstoffe

US steel grades

Listed according to EN material numbers of similar EN (DIN) materials

Werk-stoff-Nr. Material no.	US-Normen US Standards	Sahlsorte Steel class/grade/type
1.4990	ASTM A 213	UNS: S31035
	ASTM A 312	UNS: S31035
1.5026	ASTM A 752	9255
	ASTM A 1040	9255
	ASTM A 29	9255
	ASTM A 322	9255
	ASTM A 519	9255
	ASTM A 711	9255
	SAE J 1249	AISI 9255
1.5027	ASTM A 29	9260
	ASTM A 304	9260H
	ASTM A 322	9260
	ASTM A 506	9260
	ASTM A 507	9260
	ASTM A 519	9260
	ASTM A 752	9260
	ASTM A 1031	9260
	ASTM A 1040	9260
	ASTM A 1040	9260H
1.5028	ASTM A 29	9260
	ASTM A 304	9260H
	ASTM A 322	9260
	ASTM A 506	9260
	ASTM A 507	9260
	ASTM A 519	9260
	ASTM A 752	9260
	ASTM A 1031	9260
	ASTM A 1040	9260
	ASTM A 1040	9260H
	SAE J 404	SAE 9260
1.5069	ASTM A 519	1335
1.5223	ASTM A 29	1340
	ASTM A 322	1340
	ASTM A 513	1340
	ASTM A 519	1340
	ASTM A 752	1340
	ASTM A 829	1340

8 US-Sortenbezeichnungen

Auflistung nach steigenden EN-Werkstoff-Nummern ähnlicher EN (DIN)-Werkstoffe

US steel grades

Listed according to EN material numbers of similar EN (DIN) materials

Werk-stoff-Nr. Material no.	US-Normen US Standards	Sahlsorte Steel class/grade/type
1.5223	ASTM A 1040	1340
1.5403	ASTM A 302	C
	ASTM A 533	B
	ASTM A 533	C
	ASTM A 533	D
	ASTM A 672	H 80
1.5415	ASTM A 182	F 1
	ASTM A 204	A
	ASTM A 209	T1a
	ASTM A 209	T1
	ASTM A 234	WP1
	ASTM A 250	T1a
	ASTM A 250	T1b
	ASTM A 250	T1
	ASTM A 335	P1
	ASTM A 336	F1
	ASTM A 369	FP1
	ASTM A 426	CP1
	ASTM A 672	L 65
	ASTM A 691	CM-65
1.5419	ASTM A 29	4422
	ASTM A 182	F 1
	ASTM A 217	WC1
	ASTM A 322	4422
	ASTM A 352	LC1
	ASTM A 519	4422
	ASTM A 1040	4422
1.5421	ASTM A 182	F 1
1.5422	ASTM A 352	LCB
	ASTM A 660	WCB
1.5423	ASTM A 29	4419
	ASTM A 182	F 1
	ASTM A 204	A
	ASTM A 204	B
	ASTM A 204	C
	ASTM A 209	T1
	ASTM A 209	T1a

8 US-Sortenbezeichnungen

Auflistung nach steigenden EN-Werkstoff-Nummern ähnlicher EN (DIN)-Werkstoffe

US steel grades

Listed according to EN material numbers of similar EN (DIN) materials

Werkstoff-Nr. Material no.	US-Normen US Standards	Sahlsorte Steel class/grade/type
1.5423	ASTM A 234	WP1
	ASTM A 250	T1
	ASTM A 250	T1a
	ASTM A 250	T1b
	ASTM A 304	4419H
	ASTM A 322	4419
	ASTM A 335	P1
	ASTM A 336	F1
	ASTM A 369	FP1
	ASTM A 426	CP1
	ASTM A 506	4520
	ASTM A 507	4520
	ASTM A 519	4520
	ASTM A 672	L 65
	ASTM A 672	L 70
	ASTM A 672	L 75
	ASTM A 691	CM-65
	ASTM A 691	CM-70
	ASTM A 691	CM-75
	ASTM A 752	4419
	ASTM A 1031	4520
	ASTM A 1040	4419
	ASTM A 1040	4419H
	ASTM A 1040	4520
	SAE J 1249	AISI 4419
1.5432	ASTM A 29	4037
	ASTM A 304	4037H
	ASTM A 320	L71
	ASTM A 320	L7A
	ASTM A 322	4037
	ASTM A 372	D
	ASTM A 519	4037
	ASTM A 752	4037
	ASTM A 1040	4037
	ASTM A 1040	4037H
	SAE J 404	SAE 4037
1.5506	ASTM A 320	L1

8 US-Sortenbezeichnungen

Auflistung nach steigenden EN-Werkstoff-Nummern
ähnlicher EN (DIN)-Werkstoffe

US steel grades

Listed according to EN material numbers
of similar EN (DIN) materials

Werk-stoff-Nr. Material no.	US-Normen US Standards	Sahlsorte Steel class/grade/type
1.5508	ASTM A 304	15B21H
	ASTM A 1040	15B21H
1.5513	ASTM A 29	50B46
	ASTM A 322	50B46
	ASTM A 752	50B46
	ASTM A 1040	50B46
1.5520	ASTM A 304	15B21H
	ASTM A 914	15B21RH
	ASTM A 1040	15B21H
	ASTM A 1040	15B21RH
1.5523	ASTM A 304	15B21H
	ASTM A 914	15B21RH
	ASTM A 1040	15B21H
	ASTM A 1040	15B21RH
1.5621	ASTM A 352	LC2
1.5622	ASTM A 203	A
	ASTM A 203	B
	ASTM A 671	CF 65
	ASTM A 671	CF 70
1.5633	ASTM A 757	B2N
	ASTM A 757	B2Q
1.5635	ASTM A 203	A
	ASTM A 671	CF 65
1.5636	ASTM A 352	LC2
	ASTM A 757	B2N
	ASTM A 757	B2Q
1.5637	ASTM A 203	D
	ASTM A 203	E
	ASTM A 203	F
	ASTM A 333	3
	ASTM A 334	3
	ASTM A 350	LF3
	ASTM A 352	LC3
	ASTM A 420	WPL3
	ASTM A 671	CF 65
	ASTM A 671	CF 70
	ASTM A 707	L7

8 US-Sortenbezeichnungen

Auflistung nach steigenden EN-Werkstoff-Nummern
ähnlicher EN (DIN)-Werkstoffe

US steel grades

Listed according to EN material numbers
of similar EN (DIN) materials

Werk-stoff-Nr. Material no.	US-Normen US Standards	Sahlsorte Steel class/grade/type
1.5638	ASTM A 352	LC3
	ASTM A 757	B3N
	ASTM A 757	B3Q
1.5639	ASTM A 203	D
	ASTM A 203	E
	ASTM A 203	F
	ASTM A 333	3
	ASTM A 334	3
	ASTM A 350	LF3
	ASTM A 420	WPL3
	ASTM A 671	CF 65
	ASTM A 671	CF 70
	ASTM A 765	III
	SAE J 1249	AISI A2317
1.5662	ASTM A 333	8
	ASTM A 334	8
	ASTM A 353	–
	ASTM A 420	WPL8
	ASTM A 522	Type I
	ASTM A 553	Type I
	ASTM A 671	CG 100
	ASTM A 671	CH 115
	ASTM A 844	–
1.5663	ASTM A 333	8
	ASTM A 334	8
	ASTM A 353	–
	ASTM A 420	WPL8
	ASTM A 522	Type I
	ASTM A 553	Type I
	ASTM A 671	CG 100
	ASTM A 671	CH 115
	ASTM A 844	–
1.5680	ASTM A 645	A
	SAE J 1249	AISI A2515
	SAE J 1249	AISI E2517
1.5681	ASTM A 757	B4N
	ASTM A 757	B4Q

8 US-Sortenbezeichnungen

Auflistung nach steigenden EN-Werkstoff-Nummern ähnlicher EN (DIN)-Werkstoffe

US steel grades

Listed according to EN material numbers of similar EN (DIN) materials

Werk-stoff-Nr. Material no.	US-Normen US Standards	Sahlsorte Steel class/grade/type
1.5681	SAE J 1249	AISI E2512
1.5682	ASTM A 333	8
	ASTM A 334	8
1.5710	AMS 6330	UNS: K22033
	SAE J 1249	AISI 3135
1.5711	ASTM A 519	3140
	ASTM A 1040	3140
	SAE J 1249	AISI 3140
	SAE J 1249	AISI A3141
1.5713	ASTM A 681	P3
	SAE J 1249	AISI A3115
1.5714	SAE J 1249	AISI A3115
	SAE J 1249	AISI A3120
1.5732	SAE J 1249	AISI 3415
1.5736	SAE J 1249	AISI 3435
1.5752	ASTM A 506	E3310
	ASTM A 507	E3310
	ASTM A 519	E3310
	ASTM A 646	3310
	ASTM A 837	E3310
	ASTM A 914	3310RH
	ASTM A 1031	E3310
	ASTM A 1040	3310
	ASTM A 1040	3310RH
	ASTM A 1040	E3310
	SAE J 1249	AISI E3310
1.5919	ASTM A 29	4320
	ASTM A 304	4320H
	ASTM A 322	4320
	ASTM A 506	4320
	ASTM A 507	4320
	ASTM A 519	4320
	ASTM A 534	4320H
	ASTM A 752	4320
	ASTM A 837	4320
	ASTM A 914	4320RH
	ASTM A 1031	4320

8 US-Sortenbezeichnungen

Auflistung nach steigenden EN-Werkstoff-Nummern ähnlicher EN (DIN)-Werkstoffe

US steel grades

Listed according to EN material numbers of similar EN (DIN) materials

Werk-stoff-Nr. Material no.	US-Normen US Standards	Sahlsorte Steel class/grade/type
1.5919	ASTM A 1040	4320
	ASTM A 1040	4320H
	ASTM A 1040	4320RH
1.6220	ASTM A 216	WCC
	ASTM A 352	LCC
	ASTM A 757	A2Q
1.6227	ASTM A 333	7
	ASTM A 334	7
1.6308	ASTM A 541	3
1.6310	ASTM A 302	D
	ASTM A 508	3
	ASTM A 533	B
	ASTM A 533	C
	ASTM A 533	D
	ASTM A 672	J 80
	ASTM A 672	J 90
	ASTM A 672	J 100
1.6311	ASTM A 302	C
	ASTM A 533	B
	ASTM A 533	C
	ASTM A 533	D
	ASTM A 672	J 80
	ASTM A 672	J 90
	ASTM A 672	J 100
1.6354	ASTM A 579	73
	ASTM A 646	Marage 300
1.6355	–	UNS: K93540 (Alloy C-350)
1.6358	ASTM A 579	73
	ASTM A 646	Marage 300
1.6359	ASTM A 579	72
	ASTM A 646	Marage 250
1.6368	ASTM A 182	F 36
	ASTM A 213	T36
	ASTM A 302	D
	ASTM A 335	P36
	ASTM A 508	3
	ASTM A 533	B

8 US-Sortenbezeichnungen

Auflistung nach steigenden EN-Werkstoff-Nummern ähnlicher EN (DIN)-Werkstoffe

US steel grades

Listed according to EN material numbers of similar EN (DIN) materials

Werk-stoff-Nr. Material no.	US-Normen US Standards	Sahlsorte Steel class/grade/type
1.6368	ASTM A 533	C
	ASTM A 533	D
	ASTM A 672	J 80
	ASTM A 672	J 90
	ASTM A 672	J 100
1.6511	ASTM A 519	9840
	ASTM A 1040	9840
	SAE J 1249	AISI 9840
1.6522	ASTM A 29	8620
	ASTM A 304	8620H
	ASTM A 322	8620
	ASTM A 506	8620
	ASTM A 507	8620
	ASTM A 513	8620
	ASTM A 519	8620
	ASTM A 534	20NiCrMo2
	ASTM A 534	8617H
	ASTM A 534	8620H
	ASTM A 646	8620
	ASTM A 711	8620
	ASTM A 732	13Q
	ASTM A 752	8620
	ASTM A 829	8620
	ASTM A 837	8620
	ASTM A 1031	8620
	ASTM A 1040	8620
	ASTM A 1040	8620H
1.6523	ASTM A 29	8617
	ASTM A 29	8720
	ASTM A 304	8617H
	ASTM A 304	8620H
	ASTM A 304	8720H
	ASTM A 322	8617
	ASTM A 322	8720
	ASTM A 506	8617
	ASTM A 506	8620
	ASTM A 506	8720

8 US-Sortenbezeichnungen

Auflistung nach steigenden EN-Werkstoff-Nummern ähnlicher EN (DIN)-Werkstoffe

US steel grades

Listed according to EN material numbers of similar EN (DIN) materials

Werk-stoff-Nr. Material no.	US-Normen US Standards	Sahlsorte Steel class/grade/type
1.6523	ASTM A 507	8617
	ASTM A 507	8620
	ASTM A 507	8720
	ASTM A 513	8620
	ASTM A 519	8617
	ASTM A 519	8620
	ASTM A 519	8720
	ASTM A 534	8620H
	ASTM A 711	8617
	ASTM A 752	8617
	ASTM A 752	8720
	ASTM A 829	8617
	ASTM A 837	8620
	ASTM A 914	8720RH
	ASTM A 1031	8617
	ASTM A 1031	8620
	ASTM A 1031	8720
	ASTM A 1040	8617
	ASTM A 1040	8617H
	ASTM A 1040	8620
	ASTM A 1040	8620H
	ASTM A 1040	8620RH
	ASTM A 1040	8720
	ASTM A 1040	8720H
	ASTM A 1040	8720RH
	AWS A 5.2	UNS: K12147
	SAE J 404	SAE 8617
	SAE J 404	SAE 8620
	SAE J 1249	AISI 8717
1.6526	ASTM A 29	8620
	ASTM A 29	8720
	ASTM A 304	8620H
	ASTM A 304	8720H
	ASTM A 322	8620
	ASTM A 322	8720
	ASTM A 506	8620
	ASTM A 506	8720

8 US-Sortenbezeichnungen

Auflistung nach steigenden EN-Werkstoff-Nummern ähnlicher EN (DIN)-Werkstoffe

US steel grades

Listed according to EN material numbers of similar EN (DIN) materials

Werkstoff-Nr. Material no.	US-Normen US Standards	Sahlsorte Steel class/grade/type
1.6526	ASTM A 507	8620
	ASTM A 513	8620
	ASTM A 519	8620
	ASTM A 519	8720
	ASTM A 534	8620H
	ASTM A 646	8620
	ASTM A 711	8620
	ASTM A 711	8720
	ASTM A 752	8620
	ASTM A 752	8720
	ASTM A 829	8620
	ASTM A 837	8620
	ASTM A 914	8620RH
	ASTM A 914	8720RH
	ASTM A 1031	8620
	ASTM A 1031	8720
	ASTM A 1040	8620
	ASTM A 1040	8620H
	ASTM A 1040	8620RH
	ASTM A 1040	8720
	ASTM A 1040	8720H
	ASTM A 1040	8720RH
1.6543	ASTM A 29	8622
	ASTM A 29	8720
	ASTM A 304	8622H
	ASTM A 304	8720H
	ASTM A 322	8622
	ASTM A 322	8720
	ASTM A 506	8720
	ASTM A 507	8720
	ASTM A 519	8622
	ASTM A 519	8720
	ASTM A 752	8622
	ASTM A 752	8720
	ASTM A 829	8622
	ASTM A 914	8622RH
	ASTM A 914	8720RH

8 US-Sortenbezeichnungen

Auflistung nach steigenden EN-Werkstoff-Nummern
ähnlicher EN (DIN)-Werkstoffe

US steel grades

Listed according to EN material numbers
of similar EN (DIN) materials

Werkstoff-Nr. Material no.	US-Normen US Standards	Sahlsorte Steel class/grade/type
1.6543	ASTM A 1040	8622
	ASTM A 1040	8622H
	ASTM A 1040	8622RH
	ASTM A 1040	8720
	ASTM A 1040	8720H
	ASTM A 1040	8720RH
	SAE J 1249	AISI 8719
1.6545	ASTM A 29	8630
	ASTM A 304	8630H
	ASTM A 322	8630
	ASTM A 506	8630
	ASTM A 507	8630
	ASTM A 513	8630
	ASTM A 519	8630
	ASTM A 711	8630
	ASTM A 729	D
	ASTM A 732	14Q
	ASTM A 752	8630
	ASTM A 829	8630
	ASTM A 1031	8630
	ASTM A 1040	8630
	ASTM A 1040	8630H
	SAE J 404	SAE 8630
	SAE J 1249	AISI 8632
1.6546	ASTM A 29	8640
	ASTM A 29	8740
	ASTM A 304	8640H
	ASTM A 304	8740H
	ASTM A 320	L73
	ASTM A 320	L7C
	ASTM A 322	8640
	ASTM A 322	8740
	ASTM A 506	8640
	ASTM A 506	8740
	ASTM A 507	8640
	ASTM A 507	8740
	ASTM A 519	8640

8 US-Sortenbezeichnungen

Auflistung nach steigenden EN-Werkstoff-Nummern ähnlicher EN (DIN)-Werkstoffe

US steel grades

Listed according to EN material numbers of similar EN (DIN) materials

Werk-stoff-Nr. Material no.	US-Normen US Standards	Sahlsorte Steel class/grade/type
1.6546	ASTM A 519	8740
	ASTM A 519	8742
	ASTM A 711	8640
	ASTM A 711	8740
	ASTM A 752	8640
	ASTM A 752	8740
	ASTM A 829	8640
	ASTM A 829	8742
	ASTM A 1031	8640
	ASTM A 1031	8740
	ASTM A 1040	8640
	ASTM A 1040	8640H
	ASTM A 1040	8740
	ASTM A 1040	8740H
	ASTM A 1040	8742
	SAE J 404	SAE 8640
	SAE J 404	SAE 8740
1.6562	ASTM A 29	E4340
	ASTM A 304	E4340H
	ASTM A 322	E4340
	ASTM A 506	E4340
	ASTM A 507	E4340
	ASTM A 519	E4340
	ASTM A 540	B23 class 1
	ASTM A 540	B23 class 2
	ASTM A 540	B23 class 3
	ASTM A 540	B23 class 4
	ASTM A 540	B23 class 5
	ASTM A 540	B24 class 1
	ASTM A 540	B24 class 2
	ASTM A 540	B24 class 3
	ASTM A 540	B24 class 4
	ASTM A 540	B24 class 5
	ASTM A 711	E4340
	ASTM A 752	E4340
	ASTM A 829	E4340
	ASTM A 1031	E4340

8 US-Sortenbezeichnungen

Auflistung nach steigenden EN-Werkstoff-Nummern ähnlicher EN (DIN)-Werkstoffe

US steel grades

Listed according to EN material numbers of similar EN (DIN) materials

Werk-stoff-Nr. Material no.	US-Normen US Standards	Sahlsorte Steel class/grade/type
1.6562	ASTM A 1040	E4340
	ASTM A 1040	E4340H
1.6563	ASTM A 29	4340
	ASTM A 322	4340
	ASTM A 506	4340
	ASTM A 507	4340
	ASTM A 519	4340
	ASTM A 646	4340
	ASTM A 711	4340
	ASTM A 752	4340
	ASTM A 829	4340
	ASTM A 1031	4340
	ASTM A 1040	4340
1.6565	ASTM A 29	4340
	ASTM A 304	4340H
	ASTM A 320	L43
	ASTM A 322	4340
	ASTM A 506	4340
	ASTM A 507	4340
	ASTM A 519	4340
	ASTM A 646	4340
	ASTM A 711	4340
	ASTM A 752	4340
	ASTM A 829	4340
	ASTM A 1031	4340
	ASTM A 1040	4340
	ASTM A 1040	4340H
	SAE J 404	SAE 4340
1.6570	ASTM A 915	SC 4330
	ASTM A 958	SC 4330
1.6582	ASTM A 29	4340
	ASTM A 320	L43
	ASTM A 322	4340
	ASTM A 506	4340
	ASTM A 507	4340
	ASTM A 519	4337
	ASTM A 646	4340

8 US-Sortenbezeichnungen

Auflistung nach steigenden EN-Werkstoff-Nummern ähnlicher EN (DIN)-Werkstoffe

US steel grades

Listed according to EN material numbers of similar EN (DIN) materials

Werk-stoff-Nr. Material no.	US-Normen US Standards	Sahlsorte Steel class/grade/type
1.6582	ASTM A 711	4340
	ASTM A 752	4340
	ASTM A 829	4340
	ASTM A 1031	4340
	ASTM A 1040	4337
	ASTM A 1040	4340
	SAE J 404	SAE 4340
1.6586	ASTM A 723	1
1.6587	ASTM A 534	18CrNiMo7-6
	ASTM A 709	100 type P
1.6657	ASTM A 29	E9310
	ASTM A 304	9310H
	ASTM A 322	9310
	ASTM A 506	E9310
	ASTM A 507	E9310
	ASTM A 519	E9310
	ASTM A 534	9310H
	ASTM A 646	9310
	ASTM A 711	E9310
	ASTM A 837	9310
	ASTM A 914	9310RH
	ASTM A 1031	E9310
	ASTM A 1040	9310
	ASTM A 1040	9310H
	ASTM A 1040	9310RH
	ASTM A 1040	E9310
1.6660	–	UNS: K41910
1.6740	ASTM A 915	SC 4330
	ASTM A 958	SC 4330
1.6742	ASTM A 541	4N
	ASTM A 707	L8
1.6755	ASTM A 29	4718
	ASTM A 304	4718H
	ASTM A 322	4718
	ASTM A 506	4718
	ASTM A 507	4718
	ASTM A 508	2

8 US-Sortenbezeichnungen

Auflistung nach steigenden EN-Werkstoff-Nummern ähnlicher EN (DIN)-Werkstoffe

US steel grades

Listed according to EN material numbers of similar EN (DIN) materials

Werk-stoff-Nr. Material no.	US-Normen US Standards	Sahlsorte Steel class/grade/type
1.6755	ASTM A 519	4718
	ASTM A 541	2
	ASTM A 1031	4718
	ASTM A 1040	4718
	ASTM A 1040	4718H
1.6780	–	UNS: J42015 (HY80)
	–	UNS: K31820
	ASTM A 372	K
1.6781	ASTM A 352	LC2-1
1.6782	ASTM A 543	C
1.6783	ASTM A 352	LC2-1
	ASTM A 757	E1Q
1.6900	ASTM A 666	301
1.6902	–	UNS: J92610 (304)
	ASTM A 351	CF8
	ASTM A 351	CF8A
	ASTM A 451	CPF8
	ASTM A 451	CPF8A
	ASTM A 743	CF8
	ASTM A 744	CF8
1.6903	ASTM A 182	F 321H
	ASTM A 213	TP321H
	ASTM A 240	321H
	ASTM A 249	TP321H
	ASTM A 312	TP321H
	ASTM A 376	TP321H
	ASTM A 403	CR321H
	ASTM A 403	WP321H
	ASTM A 479	321H
	ASTM A 813	TP321H
	ASTM A 814	TP321H
	ASTM A 943	TP321H
	ASTM A 959	321H
	ASTM A 965	F321H
	SAE J 405	AISI 321H
1.6905	ASTM A 351	CF8C
	ASTM A 451	CPF8C

8 US-Sortenbezeichnungen

Auflistung nach steigenden EN-Werkstoff-Nummern ähnlicher EN (DIN)-Werkstoffe

US steel grades

Listed according to EN material numbers of similar EN (DIN) materials

Werk-stoff-Nr. Material no.	US-Normen US Standards	Sahlsorte Steel class/grade/type
1.6905	ASTM A 743	CF8C
	ASTM A 744	CF8C
1.6907	ASTM A 182	F 304N
	ASTM A 193	B8N
	ASTM A 193	B8NA
	ASTM A 194	8N type 307N
	ASTM A 194	8NA type 307N
	ASTM A 213	TP304N
	ASTM A 240	304N
	ASTM A 249	TP304N
	ASTM A 276	304N
	ASTM A 312	TP304N
	ASTM A 358	304N
	ASTM A 376	TP304N
	ASTM A 403	CR304N
	ASTM A 403	WP304N
	ASTM A 479	304N
	ASTM A 666	304N
	ASTM A 688	TP304N
	ASTM A 813	TP304N
	ASTM A 814	TP304N
	ASTM A 943	TP304N
	ASTM A 959	304N
	ASTM A 965	F304N
	ASTM A 988	UNS: S30451
	SAE J 405	AISI 304N
1.6928	ASTM A 579	32
	ASTM A 646	300M
1.6944	ASTM A 519	4337
	ASTM A 519	E4337
	ASTM A 1040	4337
	ASTM A 1040	E4337
	AMS 5029	UNS: K33517
1.6948	ASTM A 471	1
	ASTM A 471	2
	ASTM A 471	3
	ASTM A 471	4

8 US-Sortenbezeichnungen

Auflistung nach steigenden EN-Werkstoff-Nummern ähnlicher EN (DIN)-Werkstoffe

US steel grades

Listed according to EN material numbers of similar EN (DIN) materials

Werk-stoff-Nr. Material no.	US-Normen US Standards	Sahlsorte Steel class/grade/type
1.6948	ASTM A 471	5
	ASTM A 471	6
1.6952	ASTM A 469	6
	ASTM A 469	7
	ASTM A 469	8
	ASTM A 470	C
1.6974	ASTM A 579	82
	ASTM A 646	HP 9-4-30
1.6981	ASTM A 213	T17
1.6982	ASTM A 352	CA6NM
	ASTM A 356	CA6NM
	ASTM A 487	CA6NM class A
	ASTM A 487	CA6NM class B
	ASTM A 743	CA6NM
1.7002	ASTM A 304	5046H
	ASTM A 1040	5046H
1.7003	ASTM A 304	5140H
	ASTM A 1040	5140H
1.7006	SAE J 1249	AISI 5045
1.7007	ASTM A 304	50B40H
	ASTM A 519	50B40
	ASTM A 914	50B40RH
	ASTM A 1040	50B40
	ASTM A 1040	50B40H
	ASTM A 1040	50B40RH
1.7015	ASTM A 29	5015
	ASTM A 322	5015
	ASTM A 506	5015
	ASTM A 507	5015
	ASTM A 519	5015
	ASTM A 711	5015
	ASTM A 752	5015
	ASTM A 1031	5015
	ASTM A 1040	5015
1.7016	ASTM A 29	5115
	ASTM A 322	5115
	ASTM A 322	5117

8 US-Sortenbezeichnungen

Auflistung nach steigenden EN-Werkstoff-Nummern ähnlicher EN (DIN)-Werkstoffe

US steel grades

Listed according to EN material numbers of similar EN (DIN) materials

Werk-stoff-Nr. Material no.	US-Normen US Standards	Sahlsorte Steel class/grade/type
1.7016	ASTM A 506	5115
	ASTM A 507	5115
	ASTM A 711	5115
	ASTM A 1031	5115
	ASTM A 1040	5115
	ASTM A 1040	5117
1.7027	ASTM A 304	5120H
	ASTM A 534	20Cr4
	ASTM A 534	5120H
	ASTM A 1040	5120H
1.7030	ASTM A 29	5130
	ASTM A 304	5130 H
	ASTM A 322	5130
	ASTM A 506	5130
	ASTM A 507	5130
	ASTM A 513	5130
	ASTM A 519	5130
	ASTM A 752	5130
	ASTM A 914	5130RH
	ASTM A 1031	5130
	ASTM A 1040	5130
	ASTM A 1040	5130H
	ASTM A 1040	5130RH
1.7033	ASTM A 29	5132
	ASTM A 304	5132H
	ASTM A 322	5132
	ASTM A 506	5132
	ASTM A 507	5132
	ASTM A 519	5132
	ASTM A 711	5132
	ASTM A 752	5132
	ASTM A 1031	5132
	ASTM A 1040	5132
	ASTM A 1040	5132H
1.7034	ASTM A 29	5135
	ASTM A 304	5135H
	ASTM A 322	5135

8 US-Sortenbezeichnungen

Auflistung nach steigenden EN-Werkstoff-Nummern
ähnlicher EN (DIN)-Werkstoffe

US steel grades

Listed according to EN material numbers
of similar EN (DIN) materials

Werk-stoff-Nr. Material no.	US-Normen US Standards	Sahlsorte Steel class/grade/type
1.7034	ASTM A 519	5135
	ASTM A 711	5135
	ASTM A 752	5135
	ASTM A 1040	5135
	ASTM A 1040	5135H
1.7035	ASTM A 29	5140
	ASTM A 304	5140H
	ASTM A 322	5140
	ASTM A 506	5140
	ASTM A 507	5140
	ASTM A 519	5140
	ASTM A 711	5140
	ASTM A 752	5140
	ASTM A 866	5140
	ASTM A 914	5140RH
	ASTM A 1031	5140
	ASTM A 1040	5140
	ASTM A 1040	5140H
	ASTM A 1040	5140RH
1.7036	ASTM A 29	5130
	ASTM A 304	5130H
	ASTM A 322	5130
	ASTM A 506	5130
	ASTM A 507	5130
	ASTM A 513	5130
	ASTM A 519	5130
	ASTM A 1031	5130
	ASTM A 1040	5130
	ASTM A 1040	5130H
1.7037	ASTM A 29	5132
	ASTM A 304	5132H
	ASTM A 322	5132
	ASTM A 506	5132
	ASTM A 507	5132
	ASTM A 519	5132
	ASTM A 711	5132
	ASTM A 752	5132

8 US-Sortenbezeichnungen

Auflistung nach steigenden EN-Werkstoff-Nummern ähnlicher EN (DIN)-Werkstoffe

US steel grades

Listed according to EN material numbers of similar EN (DIN) materials

Werk-stoff-Nr. Material no.	US-Normen US Standards	Sahlsorte Steel class/grade/type
1.7037	ASTM A 1031	5132
	ASTM A 1040	5132
	ASTM A 1040	5132H
1.7038	ASTM A 29	5135
	ASTM A 304	5135H
	ASTM A 322	5135
	ASTM A 519	5135
	ASTM A 711	5135
	ASTM A 752	5135
	ASTM A 1040	5135
	ASTM A 1040	5135H
1.7039	ASTM A 29	5140
	ASTM A 304	5140H
	ASTM A 322	5140
	ASTM A 506	5140
	ASTM A 507	5140
	ASTM A 519	5140
	ASTM A 711	5140
	ASTM A 752	5140
	ASTM A 866	5140
	ASTM A 1031	5140
	ASTM A 1040	5140
	ASTM A 1040	5140H
1.7045	ASTM A 29	5140
	ASTM A 304	5140H
	ASTM A 322	5140
	ASTM A 506	5140
	ASTM A 507	5140
	ASTM A 519	5140
	ASTM A 711	5140
	ASTM A 752	5140
	ASTM A 866	5140
	ASTM A 1031	5140
	ASTM A 1040	5140
	ASTM A 1040	5140H
1.7102	ASTM A 29	9254
	ASTM A 322	9254

8 US-Sortenbezeichnungen

Auflistung nach steigenden EN-Werkstoff-Nummern ähnlicher EN (DIN)-Werkstoffe

US steel grades

Listed according to EN material numbers of similar EN (DIN) materials

Werk-stoff-Nr. Material no.	US-Normen US Standards	Sahlsorte Steel class/grade/type
1.7102	ASTM A 401	9254
	ASTM A 752	9254
	ASTM A 877	A
	ASTM A 1000	A
	ASTM A 1040	9254
1.7104	ASTM A 29	9254
	ASTM A 322	9254
	ASTM A 401	9254
	ASTM A 752	9254
	ASTM A 877	A
	ASTM A 1040	9254
1.7108	ASTM A 506	9262
	ASTM A 507	9262
	ASTM A 519	9262
	ASTM A 1031	9262
	ASTM A 1040	9262
	SAE J 1249	AISI 9262
1.7131	ASTM A 29	5115
	ASTM A 322	5115
	ASTM A 506	5115
	ASTM A 507	5115
	ASTM A 519	5115
	ASTM A 711	5115
	ASTM A 1031	5115
	ASTM A 1040	5115
1.7137	ASTM A 29	51B60
	ASTM A 304	51B60H
	ASTM A 322	51B60
	ASTM A 519	51B60
	ASTM A 711	51B60
	ASTM A 752	51B60
	ASTM A 1040	51B60H
1.7138	ASTM A 29	50B50
	ASTM A 304	50B50H
	ASTM A 322	50B50
	ASTM A 519	50B50
	ASTM A 752	50B50

8 US-Sortenbezeichnungen

Auflistung nach steigenden EN-Werkstoff-Nummern ähnlicher EN (DIN)-Werkstoffe

US steel grades

Listed according to EN material numbers of similar EN (DIN) materials

Werk-stoff-Nr. Material no.	US-Normen US Standards	Sahlsorte Steel class/grade/type
1.7138	ASTM A 1040	50B50H
1.7147	ASTM A 29	5120
	ASTM A 304	5120H
	ASTM A 322	5120
	ASTM A 506	5120
	ASTM A 507	5120
	ASTM A 519	5120
	ASTM A 534	5120H
	ASTM A 711	5120
	ASTM A 752	5120
	ASTM A 1031	5120
	ASTM A 1040	5120
	ASTM A 1040	5120H
1.7176	ASTM A 29	5155
	ASTM A 29	5160
	ASTM A 295	5160
	ASTM A 304	5155H
	ASTM A 304	5160H
	ASTM A 322	5155
	ASTM A 322	5160
	ASTM A 506	5160
	ASTM A 507	5160
	ASTM A 519	5155
	ASTM A 519	5160
	ASTM A 711	5155
	ASTM A 711	5160
	ASTM A 752	5155
	ASTM A 752	5160
	ASTM A 829	5160
	ASTM A 1031	5160
	ASTM A 1040	5155
	ASTM A 1040	5155H
	ASTM A 1040	5160
	ASTM A 1040	5160H
	ASTM A 1040	5160RH
1.7177	ASTM A 29	5160
	ASTM A 322	5160

8 US-Sortenbezeichnungen

Auflistung nach steigenden EN-Werkstoff-Nummern ähnlicher EN (DIN)-Werkstoffe

US steel grades

Listed according to EN material numbers of similar EN (DIN) materials

Werkstoff-Nr. Material no.	US-Normen US Standards	Sahlsorte Steel class/grade/type
1.7177	ASTM A 506	5160
	ASTM A 507	5160
	ASTM A 519	5160
	ASTM A 711	5160
	ASTM A 752	5160
	ASTM A 829	5160
	ASTM A 1031	5160
	ASTM A 1040	5160
1.7182	ASTM A 29	50B44
	ASTM A 322	50B44
	ASTM A 519	50B44
	ASTM A 752	50B44
1.7185	ASTM A 29	50B44
	ASTM A 322	50B44
	ASTM A 519	50B44
	ASTM A 752	50B44
1.7189	ASTM A 29	50B44
	ASTM A 322	50B44
	ASTM A 519	50B44
	ASTM A 752	50B44
1.7216	ASTM A 29	4130
	ASTM A 304	4130H
	ASTM A 322	4130
	ASTM A 372	E class 55
	ASTM A 372	E class 65
	ASTM A 372	E class 70
	ASTM A 506	4130
	ASTM A 507	4130
	ASTM A 513	4130
	ASTM A 519	4130
	ASTM A 646	4130
	ASTM A 649	3
	ASTM A 711	4130
	ASTM A 732	7Q
	ASTM A 752	4130
	ASTM A 829	4130
	ASTM A 866	4130

8 US-Sortenbezeichnungen

Auflistung nach steigenden EN-Werkstoff-Nummern ähnlicher EN (DIN)-Werkstoffe

US steel grades

Listed according to EN material numbers of similar EN (DIN) materials

Werk-stoff-Nr. Material no.	US-Normen US Standards	Sahlsorte Steel class/grade/type
1.7216	ASTM A 914	4130RH
	ASTM A 915	SC 4130
	ASTM A 958	SC 4130
	ASTM A 1031	4130
	ASTM A 1040	4130
	ASTM A 1040	4130H
	ASTM A 1040	4130RH
	SAE J 404	SAE 4130
	SAE J 1268	AISI 4130H
1.7218	ASTM A 304	4130H
	ASTM A 914	4130RH
	ASTM A 1040	4130H
	ASTM A 1040	4130RH
	SAE J 1268	AISI 4130H
1.7219	ASTM A 29	4130
	ASTM A 304	4130H
	ASTM A 322	4130
	ASTM A 372	E class 55
	ASTM A 372	E class 65
	ASTM A 372	E class 70
	ASTM A 506	4130
	ASTM A 507	4130
	ASTM A 513	4130
	ASTM A 519	4130
	ASTM A 646	4130
	ASTM A 649	3
	ASTM A 711	4130
	ASTM A 752	4130
	ASTM A 829	4130
	ASTM A 866	4130
	ASTM A 914	4130RH
	ASTM A 915	SC 4130
	ASTM A 958	SC 4130
	ASTM A 1031	4130
	ASTM A 1040	4130
	ASTM A 1040	4130H
	ASTM A 1040	4130RH

8 US-Sortenbezeichnungen

Auflistung nach steigenden EN-Werkstoff-Nummern ähnlicher EN (DIN)-Werkstoffe

US steel grades

Listed according to EN material numbers of similar EN (DIN) materials

Werk-stoff-Nr. Material no.	US-Normen US Standards	Sahlsorte Steel class/grade/type
1.7220	ASTM A 29	4135
	ASTM A 29	4137
	ASTM A 304	4135H
	ASTM A 304	4137H
	ASTM A 320	L7B
	ASTM A 320	L72
	ASTM A 322	4135
	ASTM A 322	4137
	ASTM A 372	F class 65
	ASTM A 506	4135
	ASTM A 506	4137
	ASTM A 507	4135
	ASTM A 507	4137
	ASTM A 519	4135
	ASTM A 519	4137
	ASTM A 752	4137
	ASTM A 829	4135
	ASTM A 829	4137
	ASTM A 1031	4135
	ASTM A 1031	4137
	ASTM A 1040	4135
	ASTM A 1040	4135H
	ASTM A 1040	4137
	ASTM A 1040	4137H
1.7221	ASTM A 915	SC 4130
	ASTM A 958	SC 4130
1.7223	ASTM A 29	4142
	ASTM A 194	7M type 4142
	ASTM A 304	4142H
	ASTM A 320	L7
	ASTM A 320	L7M
	ASTM A 320	L70
	ASTM A 322	4142
	ASTM A 506	4142
	ASTM A 507	4142
	ASTM A 519	4142
	ASTM A 711	4142

8 US-Sortenbezeichnungen

Auflistung nach steigenden EN-Werkstoff-Nummern ähnlicher EN (DIN)-Werkstoffe

US steel grades

Listed according to EN material numbers of similar EN (DIN) materials

Werk-stoff-Nr. Material no.	US-Normen US Standards	Sahlsorte Steel class/grade/type
1.7223	ASTM A 752	4142
	ASTM A 829	4142
	ASTM A 1031	4142
	ASTM A 1040	4142
	ASTM A 1040	4142H
	SAE J 404	SAE 4142
1.7225	ASTM A 29	4137
	ASTM A 29	4140
	ASTM A 193	B7
	ASTM A 193	B7M
	ASTM A 194	7 type 4140
	ASTM A 194	7M type 4140
	ASTM A 194	7M type 4140H
	ASTM A 304	4137H
	ASTM A 304	4140H
	ASTM A 320	L7
	ASTM A 320	L7M
	ASTM A 320	L70
	ASTM A 322	4137
	ASTM A 322	4140
	ASTM A 372	J class 55
	ASTM A 372	J class 65
	ASTM A 372	J class 70
	ASTM A 372	J class 110
	ASTM A 506	4140
	ASTM A 507	4140
	ASTM A 513	4140
	ASTM A 519	4137
	ASTM A 519	4140
	ASTM A 519	4142
	ASTM A 540	B22 class 1
	ASTM A 540	B22 class 2
	ASTM A 540	B22 class 3
	ASTM A 540	B22 class 4
	ASTM A 540	B22 class 5
	ASTM A 646	4140
	ASTM A 711	4140

8 US-Sortenbezeichnungen

Auflistung nach steigenden EN-Werkstoff-Nummern ähnlicher EN (DIN)-Werkstoffe

US steel grades

Listed according to EN material numbers of similar EN (DIN) materials

Werk-stoff-Nr. Material no.	US-Normen US Standards	Sahlsorte Steel class/grade/type
1.7225	ASTM A 732	8Q
	ASTM A 752	4137
	ASTM A 752	4140
	ASTM A 829	4137
	ASTM A 829	4140
	ASTM A 866	4140
	ASTM A 914	4140RH
	ASTM A 915	SC 4140
	ASTM A 958	SC 4140
	ASTM A 1031	4137
	ASTM A 1031	4140
	ASTM A 1040	4137
	ASTM A 1040	4137H
	ASTM A 1040	4140
	ASTM A 1040	4140H
	ASTM A 1040	4140RH
	SAE J 404	SAE 4140
	SAE J 775	UNS: H41400
1.7226	ASTM A 29	4135
	ASTM A 29	4137
	ASTM A 322	4135
	ASTM A 322	4137
	ASTM A 372	F class 55
	ASTM A 372	F class 65
	ASTM A 372	F class 70
	ASTM A 506	4135
	ASTM A 507	4135
	ASTM A 519	4135
	ASTM A 752	4137
	ASTM A 829	4135
	ASTM A 829	4137
	ASTM A 1031	4135
	ASTM A 1031	4137
	ASTM A 1040	4135
	ASTM A 1040	4137
1.7227	ASTM A 29	4140
	ASTM A 193	B7

8 US-Sortenbezeichnungen

Auflistung nach steigenden EN-Werkstoff-Nummern ähnlicher EN (DIN)-Werkstoffe

US steel grades

Listed according to EN material numbers of similar EN (DIN) materials

Werk-stoff-Nr. Material no.	US-Normen US Standards	Sahlsorte Steel class/grade/type
1.7227	ASTM A 193	B7M
	ASTM A 194	7 type 4140
	ASTM A 194	7M type 4140
	ASTM A 320	L7
	ASTM A 320	L7M
	ASTM A 320	L70
	ASTM A 322	4140
	ASTM A 506	4140
	ASTM A 507	4140
	ASTM A 513	4140
	ASTM A 519	4140
	ASTM A 646	4140
	ASTM A 711	4140
	ASTM A 752	4140
	ASTM A 829	4140
	ASTM A 866	4140
	ASTM A 1031	4140
	ASTM A 1040	4140
1.7228	ASTM A 29	4147
	ASTM A 29	4150
	ASTM A 304	4147H
	ASTM A 304	4150H
	ASTM A 322	4147
	ASTM A 322	4150
	ASTM A 506	4147
	ASTM A 506	4150
	ASTM A 507	4147
	ASTM A 507	4150
	ASTM A 519	4147
	ASTM A 519	4150
	ASTM A 711	4147
	ASTM A 711	4150
	ASTM A 752	4147
	ASTM A 752	4150
	ASTM A 829	4150
	ASTM A 866	4150
	ASTM A 1031	4150

8 US-Sortenbezeichnungen

Auflistung nach steigenden EN-Werkstoff-Nummern ähnlicher EN (DIN)-Werkstoffe

US steel grades

Listed according to EN material numbers of similar EN (DIN) materials

Werk-stoff-Nr. Material no.	US-Normen US Standards	Sahlsorte Steel class/grade/type
1.7228	ASTM A 1040	4147
	ASTM A 1040	4147H
	ASTM A 1040	4150
	ASTM A 1040	4150H
	SAE J 404	SAE 4150
1.7230	ASTM A 732	7Q
	ASTM A 915	SC 4130
	ASTM A 958	SC 4130
1.7231	ASTM A 732	8Q
1.7241	ASTM A 29	4161
	ASTM A 304	4161H
	ASTM A 322	4161
	ASTM A 711	4161
	ASTM A 752	4161
	ASTM A 914	4161RH
	ASTM A 1040	4161
	ASTM A 1040	4161H
	ASTM A 1040	4161RH
1.7243	ASTM A 29	4121
	ASTM A 322	4121
	ASTM A 711	4121
	ASTM A 1040	4121
1.7244	ASTM A 29	4121
	ASTM A 322	4121
	ASTM A 1040	4121
1.7258	ASTM A 193	B7
	ASTM A 193	B7M
	ASTM A 320	L7
	ASTM A 320	L7M
	ASTM A 320	L70
1.7319	ASTM A 29	4121
	ASTM A 322	4121
	ASTM A 1040	4121
1.7320	ASTM A 29	4121
	ASTM A 322	4121
	ASTM A 1040	4121
1.7321	ASTM A 29	4118

8 US-Sortenbezeichnungen

Auflistung nach steigenden EN-Werkstoff-Nummern ähnlicher EN (DIN)-Werkstoffe

US steel grades

Listed according to EN material numbers of similar EN (DIN) materials

Werk-stoff-Nr. Material no.	US-Normen US Standards	Sahlsorte Steel class/grade/type
1.7321	ASTM A 304	4118H
	ASTM A 322	4118
	ASTM A 506	4118
	ASTM A 507	4118
	ASTM A 513	4118
	ASTM A 519	4118
	ASTM A 534	4118H
	ASTM A 711	4118
	ASTM A 752	4118
	ASTM A 829	4118
	ASTM A 914	4118RH
	ASTM A 1031	4118
	ASTM A 1040	4118
	ASTM A 1040	4118H
	ASTM A 1040	4118RH
1.7323	ASTM A 29	4121
	ASTM A 322	4121
	ASTM A 711	4121
	ASTM A 1040	4121
1.7325	ASTM A 29	8625
	ASTM A 304	8625H
	ASTM A 322	8625
	ASTM A 519	8625
	ASTM A 711	8625
	ASTM A 752	8625
	ASTM A 829	8625
	ASTM A 1040	8625
	ASTM A 1040	8625H
1.7332	ASTM A 182	F 2
	ASTM A 213	T2
	ASTM A 250	T2
	ASTM A 335	P2
	ASTM A 369	FP2
	ASTM A 387	2
	ASTM A 426	CP2
	ASTM A 691	1/2 CR
1.7333	ASTM A 29	4121

8 US-Sortenbezeichnungen

Auflistung nach steigenden EN-Werkstoff-Nummern ähnlicher EN (DIN)-Werkstoffe

US steel grades

Listed according to EN material numbers of similar EN (DIN) materials

Werkstoff-Nr. Material no.	US-Normen US Standards	Sahlsorte Steel class/grade/type
1.7333	ASTM A 322	4121
	ASTM A 1040	4121
1.7335	ASTM A 182	F 11 class 1
	ASTM A 182	F 12 class 1
	ASTM A 182	F 12 class 2
	ASTM A 213	T11
	ASTM A 213	T12
	ASTM A 234	WP11 class 1
	ASTM A 234	WP11 class 2
	ASTM A 234	WP11 class 3
	ASTM A 234	WP12 class 1
	ASTM A 234	WP12 class 2
	ASTM A 250	T12
	ASTM A 335	P11
	ASTM A 335	P12
	ASTM A 336	F11 class 1
	ASTM A 336	F12
	ASTM A 369	FP12
	ASTM A 387	12
	ASTM A 426	CP12
	ASTM A 691	1CR
	ASTM A 691	1 1/4 CR
	ASTM A 739	B11
1.7336	ASTM A 387	11
	ASTM A 691	1 1/4 CR
1.7337	ASTM A 182	F 12 class 2
	ASTM A 234	WP12 class 2
	ASTM A 336	F12
	ASTM A 387	12
	ASTM A 691	1CR
1.7338	ASTM A 182	F 11 class 1
	ASTM A 182	F 11 class 2
	ASTM A 182	F 11 class 3
	ASTM A 213	T11
	ASTM A 217	WC6
	ASTM A 234	WP11 class 1
	ASTM A 234	WP11 class 2

8 US-Sortenbezeichnungen

Auflistung nach steigenden EN-Werkstoff-Nummern ähnlicher EN (DIN)-Werkstoffe

US steel grades

Listed according to EN material numbers of similar EN (DIN) materials

Werk-stoff-Nr. Material no.	US-Normen US Standards	Sahlsorte Steel class/grade/type
1.7338	ASTM A 234	WP11 class 3
	ASTM A 250	T11
	ASTM A 335	P11
	ASTM A 336	F11 class 1
	ASTM A 356	6
	ASTM A 369	FP11
	ASTM A 387	11
	ASTM A 389	C23
	ASTM A 426	CP11
	ASTM A 541	11 class 4
	ASTM A 691	1 1/4 CR
1.7357	ASTM A 217	WC11
	ASTM A 217	WC6
	ASTM A 356	6
	ASTM A 389	C23
	ASTM A 426	CP11
	ASTM A 426	CP12
1.7358	–	UNS: K21509
1.7362	ASTM A 182	F 5
	ASTM A 193	B5
	ASTM A 194	3 type 501
	ASTM A 213	T5
	ASTM A 234	WP5 class 1
	ASTM A 234	WP5 class 3
	ASTM A 314	501
	ASTM A 314	502
	ASTM A 335	P5
	ASTM A 335	P5c
	ASTM A 336	F5
	ASTM A 369	FP5
	ASTM A 387	5
	ASTM A 691	5 CR
1.7363	ASTM A 217	C5
	ASTM A 426	CP5
1.7365	ASTM A 217	C5
	ASTM A 426	CP5
1.7366	ASTM A 182	F 5

8 US-Sortenbezeichnungen

Auflistung nach steigenden EN-Werkstoff-Nummern ähnlicher EN (DIN)-Werkstoffe

US steel grades

Listed according to EN material numbers of similar EN (DIN) materials

Werk-stoff-Nr. Material no.	US-Normen US Standards	Sahlsorte Steel class/grade/type
1.7366	ASTM A 213	T5
	ASTM A 234	WP5 class 1
	ASTM A 234	WP5 class 3
	ASTM A 335	P5
	ASTM A 336	F5
	ASTM A 369	FP5
	ASTM A 387	5
	ASTM A 691	5 CR
1.7368	ASTM A 182	F 7
	ASTM A 213	T7
	ASTM A 234	WP7
1.7375	ASTM A 182	F 22 class 1
	ASTM A 182	F 22 class 3
	ASTM A 213	T22
	ASTM A 234	WP22 class 1
	ASTM A 234	WP22 class 3
	ASTM A 250	T22
	ASTM A 335	P22
	ASTM A 336	F22 class 1
	ASTM A 336	F22 class 3
	ASTM A 356	10
	ASTM A 369	FP22
	ASTM A 387	22
	ASTM A 387	22L
	ASTM A 508	22
	ASTM A 541	22 class 3
	ASTM A 541	22 class 4
	ASTM A 541	22 class 5
	ASTM A 542	A
	ASTM A 542	B
	ASTM A 691	2 1/4 CR
	ASTM A 989	UNS: K21590 class 1
	ASTM A 989	UNS: K21590 class 3
1.7377	ASTM A 757	D1N1
	ASTM A 757	D1N2
	ASTM A 757	D1N3
	ASTM A 757	D1Q1

8 US-Sortenbezeichnungen

Auflistung nach steigenden EN-Werkstoff-Nummern ähnlicher EN (DIN)-Werkstoffe

US steel grades

Listed according to EN material numbers of similar EN (DIN) materials

Werk-stoff-Nr. Material no.	US-Normen US Standards	Sahlsorte Steel class/grade/type
1.7377	ASTM A 757	D1Q2
	ASTM A 757	D1Q3
1.7378	ASTM A 182	F 24
	ASTM A 213	T24
	ASTM A 234	WP24
	ASTM A 335	P24
1.7379	ASTM A 217	WC9
	ASTM A 426	CP22
	ASTM A 487	8 class A
	ASTM A 487	8 class B
	ASTM A 487	8 class C
1.7380	ASTM A 182	F 22 class 1
	ASTM A 182	F 22 class 3
	ASTM A 213	T22
	ASTM A 217	WC9
	ASTM A 234	WP22 class 1
	ASTM A 234	WP22 class 3
	ASTM A 250	T22
	ASTM A 335	P22
	ASTM A 336	F22 class 1
	ASTM A 336	F22 class 3
	ASTM A 369	FP22
	ASTM A 387	22
	ASTM A 387	22L
	ASTM A 426	CP22
	ASTM A 508	22
	ASTM A 541	22 class 3
	ASTM A 541	22 class 4
	ASTM A 541	22 class 5
	ASTM A 542	A
	ASTM A 542	B
	ASTM A 691	2 1/4 CR
	ASTM A 739	B22
	ASTM A 989	UNS: K21590 class 1
	ASTM A 989	UNS: K21590 class 3
1.7381	ASTM A 182	F 21
	ASTM A 213	T21

8 US-Sortenbezeichnungen

Auflistung nach steigenden EN-Werkstoff-Nummern ähnlicher EN (DIN)-Werkstoffe

US steel grades

Listed according to EN material numbers of similar EN (DIN) materials

Werk-stoff-Nr. Material no.	US-Normen US Standards	Sahlsorte Steel class/grade/type
1.7381	ASTM A 335	P21
	ASTM A 336	F21 class 1
	ASTM A 336	F21 class 3
	ASTM A 369	FP21
	ASTM A 387	21
	ASTM A 387	21L
	ASTM A 426	CP21
	ASTM A 691	3 CR
	ASTM A 989	UNS: K31545
1.7383	ASTM A 182	F 22 class 1
	ASTM A 182	F 22 class 3
	ASTM A 213	T22
	ASTM A 217	WC9
	ASTM A 234	WP22 class 1
	ASTM A 234	WP22 class 3
	ASTM A 250	T22
	ASTM A 335	P22
	ASTM A 336	F22 class 1
	ASTM A 336	F22 class 3
	ASTM A 369	FP22
	ASTM A 387	22
	ASTM A 387	22L
	ASTM A 508	22
	ASTM A 541	22 class 3
	ASTM A 542	A
	ASTM A 542	B
	ASTM A 691	2 1/4 CR
	ASTM A 989	UNS: K21590 class 1
	ASTM A 989	UNS: K21590 class 3
1.7386	ASTM A 182	F 9
	ASTM A 213	T9
	ASTM A 234	WP9 class 1
	ASTM A 234	WP9 class 3
	ASTM A 335	P9
	ASTM A 336	F9
	ASTM A 369	FP9
	ASTM A 387	9

8 US-Sortenbezeichnungen

Auflistung nach steigenden EN-Werkstoff-Nummern ähnlicher EN (DIN)-Werkstoffe

US steel grades

Listed according to EN material numbers of similar EN (DIN) materials

Werk-stoff-Nr. Material no.	US-Normen US Standards	Sahlsorte Steel class/grade/type
1.7386	ASTM A 387	9CR
	ASTM A 426	CP9
	ASTM A 691	9 CR
	ASTM A 989	UNS: K90941
1.7387	ASTM A 217	WC9
	ASTM A 426	CP22
1.7389	ASTM A 217	C12
	ASTM A 426	CP9
1.7503	ASTM A 1000	C
1.7511	ASTM A 29	6118
	ASTM A 322	6118
	ASTM A 519	6118
	ASTM A 711	6118
	ASTM A 752	6118
	ASTM A 1040	6118
1.7701	ASTM A 29	4150
	ASTM A 322	4150
	ASTM A 506	4150
	ASTM A 507	4150
	ASTM A 519	4150
	ASTM A 711	4150
	ASTM A 752	4150
	ASTM A 829	4150
	ASTM A 866	4150
	ASTM A 1031	4150
	ASTM A 1040	4150
1.7703	ASTM A 182	F 22V
	ASTM A 336	F22V
	ASTM A 541	22V
	ASTM A 542	D
	ASTM A 832	22V
1.7706	ASTM A 356	9
	ASTM A 389	C24
1.7711	ASTM A 193	B16
	ASTM A 194	16
	ASTM A 437	B4D
	ASTM A 540	B21 class 1

8 US-Sortenbezeichnungen

Auflistung nach steigenden EN-Werkstoff-Nummern ähnlicher EN (DIN)-Werkstoffe

US steel grades

Listed according to EN material numbers of similar EN (DIN) materials

Werk-stoff-Nr. Material no.	US-Normen US Standards	Sahlsorte Steel class/grade/type
1.7711	ASTM A 540	B21 class 2
	ASTM A 540	B21 class 3
	ASTM A 540	B21 class 4
	ASTM A 540	B21 class 5
	SAE J 775	UNS: K14072
1.7735	ASTM A 470	D
1.7765	AMS 6481	UNS: K24340
1.7767	ASTM A 182	F3VCb
	ASTM A 336	F3VCb
	ASTM A 508	3V
	ASTM A 508	3VCb
	ASTM A 541	3VCb
	ASTM A 542	E
1.7783	ASTM A 579	41
	ASTM A 646	H11
	ASTM A 681	H11
	SAE J 438 B	AISI H11
1.7784	ASTM A 646	H11
	ASTM A 681	H11
	SAE J 438 B	AISI H11
1.8150	ASTM A 1000	C
1.8154	ASTM A 231	–
	ASTM A 232	–
	ASTM A 519	6150
1.8159	ASTM A 29	6150
	ASTM A 322	6150
	ASTM A 506	6150
	ASTM A 507	6150
	ASTM A 519	6150
	ASTM A 646	6150
	ASTM A 711	6150
	ASTM A 732	12Q
	ASTM A 752	6150
	ASTM A 829	6150
	ASTM A 866	6150
	ASTM A 1031	6150
	ASTM A 1040	6150

8 US-Sortenbezeichnungen

Auflistung nach steigenden EN-Werkstoff-Nummern
ähnlicher EN (DIN)-Werkstoffe

US steel grades

Listed according to EN material numbers
of similar EN (DIN) materials

Werk-stoff-Nr. Material no.	US-Normen US Standards	Sahlsorte Steel class/grade/type
1.8159	SAE J 1249	AISI 6145
1.8160	ASTM A 732	12Q
1.8201	ASTM A 182	F 23
	ASTM A 213	T23
	ASTM A 335	P23
	ASTM A 1017	23
1.8401	ASTM A 29	5130
	ASTM A 322	5130
	ASTM A 506	5130
	ASTM A 507	5130
	ASTM A 513	5130
	ASTM A 519	5130
	ASTM A 711	5130
	ASTM A 752	5130
	ASTM A 1031	5130
	ASTM A 1040	5130
1.8404	ASTM A 29	5150
	ASTM A 304	5150H
	ASTM A 322	5150
	ASTM A 506	5150
	ASTM A 507	5150
	ASTM A 519	5150
	ASTM A 711	5150
	ASTM A 752	5150
	ASTM A 866	5150
	ASTM A 1031	5150
	ASTM A 1040	5150
	ASTM A 1040	5150H
1.8506	ASTM A 355	B
1.8507	ASTM A 355	D
1.8509	ASTM A 355	A
	ASTM A 519	E7140
	ASTM A 646	Nit.135
1.8545	AMS 6496	UNS: K23280
1.8550	ASTM A 355	C
1.8700	API 5L	A25
1.8707	API 5L	A25P

8 US-Sortenbezeichnungen

Auflistung nach steigenden EN-Werkstoff-Nummern ähnlicher EN (DIN)-Werkstoffe

US steel grades

Listed according to EN material numbers of similar EN (DIN) materials

Werkstoff-Nr. Material no.	US-Normen US Standards	Sahlsorte Steel class/grade/type
1.8713	API 5L	A
1.8723	API 5L	B
1.8724	API 5L	X56
1.8725	API 5L	X60
1.8726	API 5L	X65
1.8727	API 5L	X70
1.8728	API 5L	X42
1.8729	API 5L	X46
1.8730	API 5L	X52
1.8736	API 5L	X60N
1.8737	API 5L	BQ
1.8738	API 5L	X42Q
1.8739	API 5L	X46Q
1.8740	API 5L	X56Q
1.8741	API 5L	X52Q
1.8742	API 5L	X60Q
1.8743	API 5L	X65Q
1.8744	API 5L	X70Q
1.8745	API 5L	X80Q
1.8746	API 5L	BM
1.8747	API 5L	X42M
1.8748	API 5L	X46M
1.8749	API 5L	X52M
1.8752	API 5L	X60M
1.8753	API 5L	X90M
1.8754	API 5L	X65M
1.8755	API 5L	X120M
1.8756	API 5L	X70M
1.8757	API 5L	X52NS
1.8758	API 5L	X80M
1.8759	API 5L	X52QS
1.8760	API 5L	X56QS
1.8761	API 5L	X60QS
1.8762	API 5L	X65QS
1.8763	API 5L	X70QS
1.8764	API 5L	X90Q
1.8765	API 5L	X100Q

8 US-Sortenbezeichnungen

Auflistung nach steigenden EN-Werkstoff-Nummern ähnlicher EN (DIN)-Werkstoffe

US steel grades

Listed according to EN material numbers of similar EN (DIN) materials

Werk-stoff-Nr. Material no.	US-Normen US Standards	Sahlsorte Steel class/grade/type
1.8766	API 5L	X60MS
1.8767	API 5L	X65MS
1.8768	API 5L	X70MS
1.8771	API 5L	X52QO
1.8772	API 5L	X56QO
1.8773	API 5L	X60QO
1.8774	API 5L	X65QO
1.8775	API 5L	X70QO
1.8776	API 5L	X80QO
1.8777	API 5L	X90QO
1.8778	API 5L	X52NO
1.8779	API 5L	X100QO
1.8781	API 5L	X52MO
1.8782	API 5L	X56MO
1.8783	API 5L	X60MO
1.8784	API 5L	X65MO
1.8785	API 5L	X70MO
1.8786	API 5L	X80MO
1.8788	API 5L	BR
1.8789	API 5L	X42R
1.8790	API 5L	BN
1.8791	API 5L	X42N
1.8792	API 5L	X46N
1.8793	API 5L	X52N
1.8812	ASTM A 302	B
	ASTM A 302	A
	ASTM A 533	A
	ASTM A 672	H 75
	ASTM A 672	H 80
1.8815	ASTM A 302	A
	ASTM A 302	B
	ASTM A 533	A
	ASTM A 672	H 75
	ASTM A 672	H 80
1.8821	ASTM A 515	65
1.8823	ASTM A 572	42
	ASTM A 633	A

8 US-Sortenbezeichnungen

Auflistung nach steigenden EN-Werkstoff-Nummern ähnlicher EN (DIN)-Werkstoffe

US steel grades

Listed according to EN material numbers of similar EN (DIN) materials

Werkstoff-Nr. Material no.	US-Normen US Standards	Sahlsorte Steel class/grade/type
1.8823	ASTM A 913	50
1.8825	ASTM A 572	55
	ASTM A 588	B
	ASTM A 588	C
	ASTM A 588	K
	ASTM A 595	C element A 588/K
	ASTM A 633	D
	ASTM A 656	8 grade 60
1.8826	ASTM A 738	A
1.8827	ASTM A 913	65
1.8831	ASTM A 738	A
1.8832	ASTM A 515	65
	ASTM A 516	65
1.8833	ASTM A 515	65
	ASTM A 516	65
1.8834	ASTM A 572	42
	ASTM A 572	50
	ASTM A 633	A
	ASTM A 656	8 grade 50
	ASTM A 913	50
1.8836	ASTM A 572	55
	ASTM A 588	B
	ASTM A 588	C
	ASTM A 588	K
	ASTM A 595	C element A 588/K
	ASTM A 633	D
	ASTM A 656	8 grade 60
1.8837	ASTM A 738	A
1.8838	ASTM A 913	65
1.8900	ASTM A 572	55
	ASTM A 633	E
1.8901	ASTM A 572	65
	ASTM A 633	E
1.8902	ASTM A 678	B
	ASTM A 537	2
	ASTM A 572	60
	ASTM A 633	E

8 US-Sortenbezeichnungen

Auflistung nach steigenden EN-Werkstoff-Nummern ähnlicher EN (DIN)-Werkstoffe

US steel grades

Listed according to EN material numbers of similar EN (DIN) materials

Werk-stoff-Nr. Material no.	US-Normen US Standards	Sahlsorte Steel class/grade/type
1.8902	ASTM A 671	CD 80
	ASTM A 672	D 80
	ASTM A 691	CMSH-80
	ASTM A 694	F60
	ASTM A 860	WPHY 60
	API 5L	X60
1.8903	ASTM A 633	E
1.8904	ASTM A 852	–
1.8905	ASTM A 225	D
	ASTM A 537	2
	ASTM A 572	65
	ASTM A 612	–
	ASTM A 633	E
	ASTM A 671	CD 80
	ASTM A 672	D 80
	ASTM A 691	CMSH-80
	ASTM A 694	F65
	ASTM A 860	WPHY 65
	API 5L	X65
1.8907	ASTM A 225	C
	ASTM A 514	B
	ASTM A 514	F
	ASTM A 514	H
	ASTM A 514	Q
	ASTM A 517	B
	ASTM A 517	F
	ASTM A 517	H
	ASTM A 517	P
	ASTM A 592	F
	ASTM A 671	CJB 115
1.8910	ASTM A 572	55
	ASTM A 633	E
1.8912	ASTM A 537	2
	ASTM A 572	60
	ASTM A 633	E
	ASTM A 671	CD 80
	ASTM A 672	D 80

8 US-Sortenbezeichnungen

Auflistung nach steigenden EN-Werkstoff-Nummern ähnlicher EN (DIN)-Werkstoffe

US steel grades

Listed according to EN material numbers of similar EN (DIN) materials

Werk-stoff-Nr. Material no.	US-Normen US Standards	Sahlsorte Steel class/grade/type
1.8912	ASTM A 678	B
	ASTM A 691	CMSH-80
	ASTM A 738	B
1.8913	ASTM A 633	E
1.8915	ASTM A 537	2
	ASTM A 572	65
	ASTM A 612	–
	ASTM A 633	E
	ASTM A 671	CD 80
	ASTM A 672	D 80
	ASTM A 691	CMSH-80
1.8917	ASTM A 225	C
	ASTM A 514	B
	ASTM A 514	F
	ASTM A 514	H
	ASTM A 514	Q
	ASTM A 517	B
	ASTM A 517	F
	ASTM A 517	H
	ASTM A 517	P
	ASTM A 592	F
	ASTM A 656	8 grade 80
	ASTM A 671	CJB 115
	ASTM A 678	C
1.8918	ASTM A 537	2
	ASTM A 572	65
	ASTM A 633	E
	ASTM A 671	CD 80
	ASTM A 672	D 80
	ASTM A 691	CMSH-80
1.8926	ASTM A 852	–
1.8928	ASTM A 514	F
	ASTM A 514	H
	ASTM A 514	Q
	ASTM A 517	F
	ASTM A 517	H
	ASTM A 517	Q

8 US-Sortenbezeichnungen

Auflistung nach steigenden EN-Werkstoff-Nummern ähnlicher EN (DIN)-Werkstoffe

US steel grades

Listed according to EN material numbers of similar EN (DIN) materials

Werkstoff-Nr. Material no.	US-Normen US Standards	Sahlsorte Steel class/grade/type
1.8928	ASTM A 671	CJF 115
	ASTM A 671	CJH 115
	ASTM A 709	100 type F
	ASTM A 709	100 type H
	ASTM A 709	100 type Q
	ASTM A 709	HPS 100W
1.8930	ASTM A 572	55
	ASTM A 633	E
1.8931	ASTM A 514	F
	ASTM A 709	100 type B
	ASTM A 709	100 type E
	ASTM A 709	100 type F
	ASTM A 709	100 type H
	ASTM A 709	100 type Q
	ASTM A 709	HPS 100W
1.8932	ASTM A 572	60
	ASTM A 633	E
	ASTM A 678	B
1.8935	ASTM A 350	LF6
	ASTM A 572	65
	ASTM A 612	–
	ASTM A 633	E
	ASTM A 738	B
1.8937	ASTM A 225	C
	ASTM A 514	B
	ASTM A 514	F
	ASTM A 514	H
	ASTM A 514	Q
	ASTM A 517	B
	ASTM A 517	F
	ASTM A 517	H
	ASTM A 517	P
	ASTM A 671	CJB 115
	ASTM A 671	CJP 115
1.8945	ASTM A 423	1
1.8946	ASTM A 242	1
1.8947	API 5L	X60QE

8 US-Sortenbezeichnungen

Auflistung nach steigenden EN-Werkstoff-Nummern ähnlicher EN (DIN)-Werkstoffe

US steel grades

Listed according to EN material numbers of similar EN (DIN) materials

Werk-stoff-Nr. Material no.	US-Normen US Standards	Sahlsorte Steel class/grade/type
1.8948	API 5L	X52QE
1.8952	API 5L	X65QE
1.8953	ASTM A 572	65
	ASTM A 678	B
1.8955	API 5L	X70QE
1.8956	ASTM A 633	E
1.8957	API 5L	X80QE
1.8959	ASTM A 588	A
	ASTM A 588	B
	ASTM A 588	C
	ASTM A 588	K
	ASTM A 595	C element A 588/K
	ASTM A 709	50W type A
	ASTM A 871	IV
1.8962	ASTM A 242	1
	ASTM A 423	1
	ASTM A 714	Grade VII
1.8963	ASTM A 588	A
	ASTM A 588	C
	ASTM A 595	C element A 588/A
	ASTM A 618	Grade II
	ASTM A 709	50W type A
	ASTM A 709	50W type B
	ASTM A 709	100 type C
	ASTM A 871	Type IV
1.8965	ASTM A 588	A
	ASTM A 595	C element A 588/A
	ASTM A 709	50W type A
	ASTM A 709	50W type B
	ASTM A 871	Type IV
1.8966	ASTM A 588	A
	ASTM A 595	C element A 588/A
	ASTM A 709	50W type A
	ASTM A 709	50W type B
	ASTM A 871	Type IV
1.8967	ASTM A 588	K
	ASTM A 595	C element A 588/K

8 US-Sortenbezeichnungen

Auflistung nach steigenden EN-Werkstoff-Nummern ähnlicher EN (DIN)-Werkstoffe

US steel grades

Listed according to EN material numbers of similar EN (DIN) materials

Werk-stoff-Nr. Material no.	US-Normen US Standards	Sahlsorte Steel class/grade/type
1.8967	ASTM A 709	50W type A
	ASTM A 709	50W type B
1.8970	API 5L	X56N
1.8971	API 5L	X56M
1.8972	ASTM A 860	WPHY 60
	API 5L	X60
	API 5L	X60NE
1.8973	API 5L	X60ME
1.8975	ASTM A 860	WPHY 65
	API 5L	X65ME
1.8977	ASTM A 860	WPHY 70
	API 5L	X70ME
1.8978	ASTM A 618	Grade III
	ASTM A 714	Grade III
	API 5L	X80ME
1.8979	API 5L	X100M
1.8986	ASTM A 852	–
1.8988	ASTM A 709	100 type B
	ASTM A 709	100 type E
	ASTM A 709	100 type F
	ASTM A 709	100 type H
	ASTM A 709	100 type Q
	ASTM A 709	HPS 100W
1.8991	ASTM A 852	–
1.8992	ASTM A 852	–
1.8995	ASTM A 709	100 type B
	ASTM A 709	100 type E
	ASTM A 709	100 type F
	ASTM A 709	100 type H
	ASTM A 709	100 type Q
	ASTM A 709	HPS 100W
1.8996	ASTM A 709	100 type B
	ASTM A 709	100 type E
	ASTM A 709	100 type F
	ASTM A 709	100 type H
	ASTM A 709	100 type Q